北京市市政工程设计研究总院、分院设置及完成工程设计项目地区分布

示意图

北京天安门广场

首都机场候机楼前停车场

北京市城市道路与立交设计项目分布图

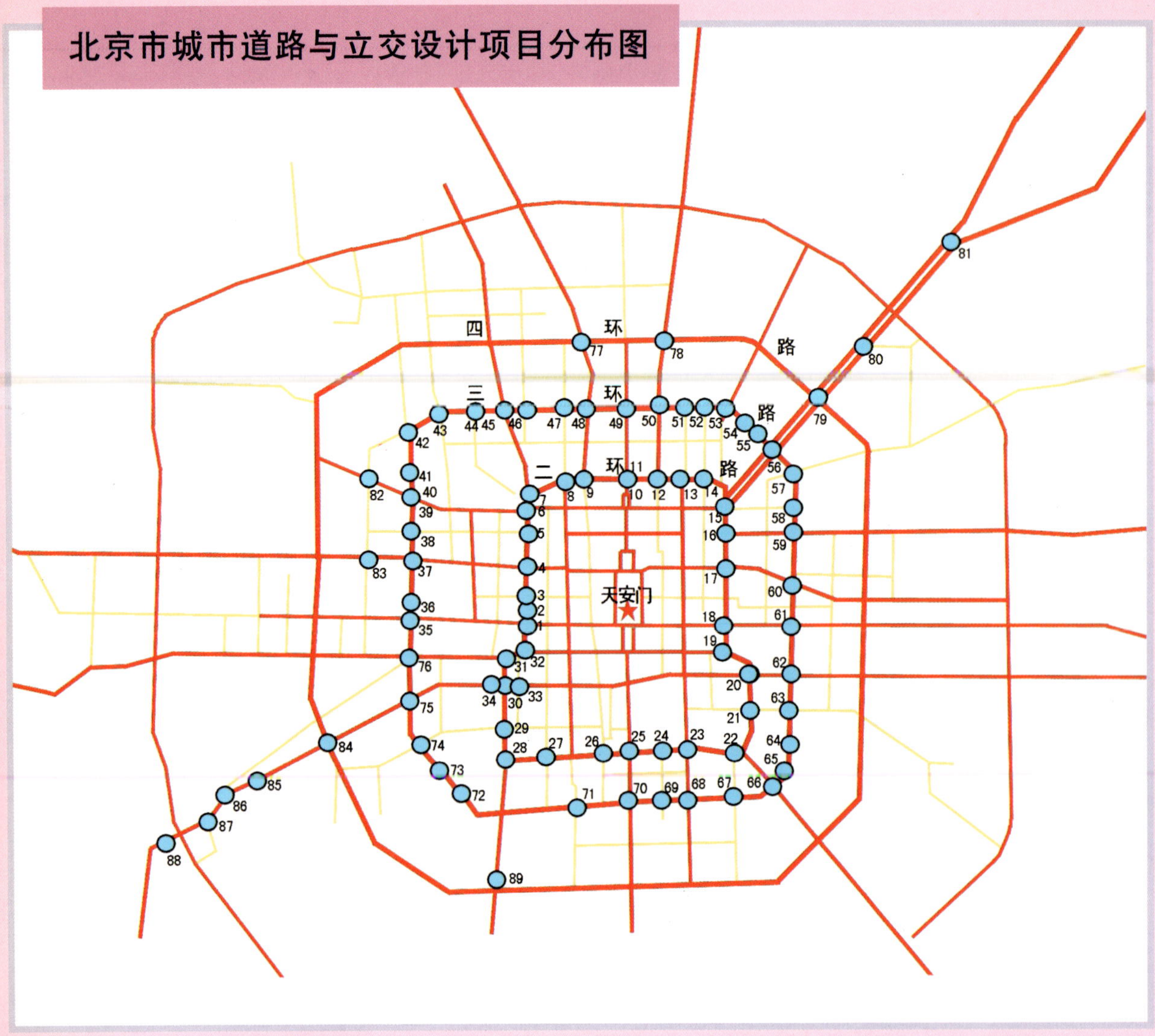

1. 复兴门桥
2. 月坛南桥
3. 月坛北桥
4. 阜成门桥
5. 官园桥(车公庄)
6. 西直门桥
7. 西直门北桥
8. 积水潭桥
9. 德胜门桥
10. 鼓楼(中轴)桥
11. 钟楼北桥
12. 安定门桥
13. 雍和宫桥
14. 小街桥(北小街)
15. 东直门桥
16. 东四十条桥(工体路)
17. 朝阳门桥
18. 建国门桥
19. 东便门桥
20. 广渠门桥
21. 光明桥(劲松)
22. 左安门桥
23. 玉蜓桥(东蒲路)
24. 景泰桥(天坛桥)
25. 永定门桥
26. 陶然桥(太平街)
27. 右安门桥
28. 菜户营桥
29. 白纸坊桥
30. 广安门桥
31. 天宁寺桥
32. 西便门桥
33. 北线阁桥
34. 手帕口桥(白云路)
35. 新兴桥(公主坟)
36. 普惠桥(玉南路)
37. 航天桥(阜成路)
38. 花园桥(车公庄)
39. 紫竹桥
40. 万寿桥(三义庙)
41. 为公桥(三义庙)
42. 苏州桥(三义庙)
43. 四通桥(双榆树)
44. 联想桥(大钟寺)
45. 联想东桥(大钟寺)
46. 蓟门桥(学院路)
47. 北太平桥
48. 马甸桥(德外大街)
49. 安华桥(北中轴)
50. 安贞桥(安外大街)
51. 和平西桥
52. 和平东桥
53. 和平里跨线桥
54. 来广营西桥
55. 曙光桥(三元西桥)
56. 三元桥
57. 三元东桥(南侧路)
58. 燕莎桥(亮马桥)
59. 农展桥
60. 京广桥(朝外大街)
61. 国贸桥(大北窑桥)
62. 双井桥
63. 劲松桥
64. 潘家园桥(工大南路)
65. 华威桥(左安门桥)
66. 方庄桥
67. 东铁匠营桥
68. 刘家窑桥
69. 赵公口桥
70. 木樨园桥
71. 洋桥(西罗园)
72. 万柳桥
73. 丰益桥
74. 丽泽桥
75. 六里桥
76. 莲花池桥(西客站)
77. 健翔桥(昌四)
78. 安慧桥(安四)
79. 四元桥
80. 大山桥
81. 天竺桥
82. 车道沟桥
(跨京密引水渠)
83. 八里庄桥
84. 岳各庄桥
85. 大井桥(永定路)
86. 大瓦窑桥(西道口)
87. 宛平东桥(阀东路)
88. 杜家坎桥
89. 京良东桥(新发地)

上●北京市横贯东西大道——长安街

右●北京市前三门大街

下●北京市二环路

北京市三环路

北京市京开公路

北京市京石高速公路

北京市首都机场高速公路

北京市斋堂公路

北京市怀丰公路

上●北京市八达岭游览公路

中●北京市怀柔八道河公路

下●北京市第一座全苜蓿叶式
立交——复兴门立交

上●北京市建国门立交——第一座机动车与非机动车分行立交

中●北京市东便门立交——第一座采用独柱弯箱梁立交

下●北京市三元立交

北京市天宁寺立交——机动车与非机动车分行的三层苜蓿叶与定向组合形立交

北京市玉蜓立交

北京市安慧立交

北京市公主坟立交

北京市首都机场高速公路四元立交

青岛市八号码头配套工程——杭州路立交

深圳市雅园立交

佳木斯市长安立交一角

北京市首都机场进场路二号立交——飞机滑行跑道与道路立交

北京市西南三环路与铁路立交

北京市密云大关桥(双曲拱桥)

牡丹江市牡丹江大桥

上●北京市京石高速公路永宁大桥

中左●北京市三雁路长安岭隧道

中右●北京市柏平公路横岭根隧道

下●北京工人体育场塑胶跑道

北京市市区供水干管与水厂设计项目分布图

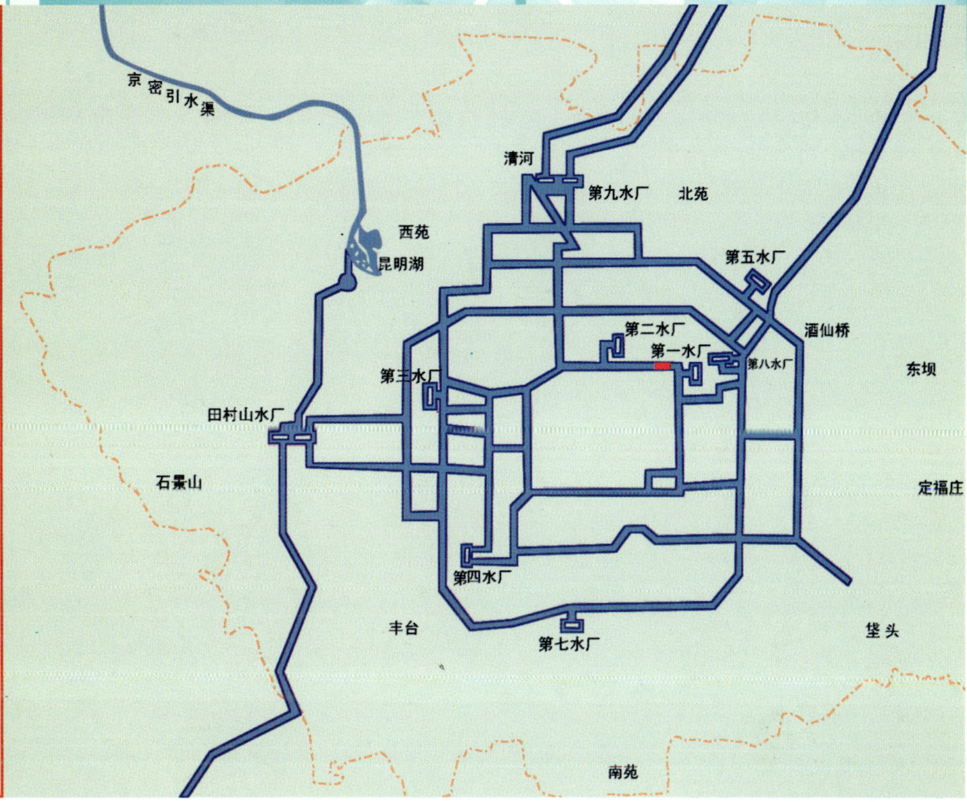

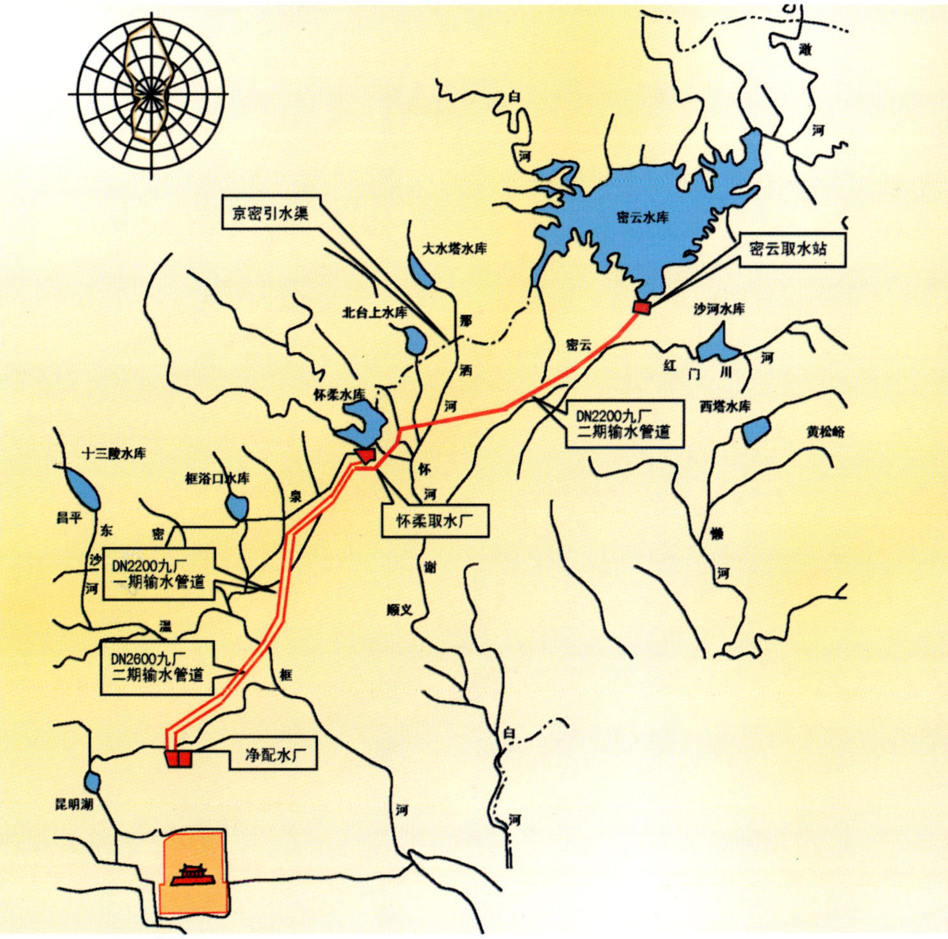

北京市第九水厂工程设计总图

北京市第九水厂鸟瞰

北京市第九水厂(一期)机械搅拌加速澄清池

北京市第九水厂(二期)
侧向流波形斜板沉淀池

北京市第九水厂(二期)综合水处理厅

北京市第八水厂鸟瞰(取用地下水)

北京市第八水厂泵房内景

北京印染厂净水站虹吸滤池

北京市水源六厂
机械搅拌加速澄清池

北京市田村山净水厂
机械搅拌加速澄清池

北京市田村山净水厂虹吸滤池

北京市田村山净水厂臭氧发生器工作间

北京市城子水厂辐流式沉淀池

北京市燕山石化总厂田村
净水厂(二期)同向流梯形斜板

北京市燕山石化总厂田村净
水厂同向流斜板沉淀池

辽阳市自来水厂鸟瞰

三亚市青田水厂净水构筑物

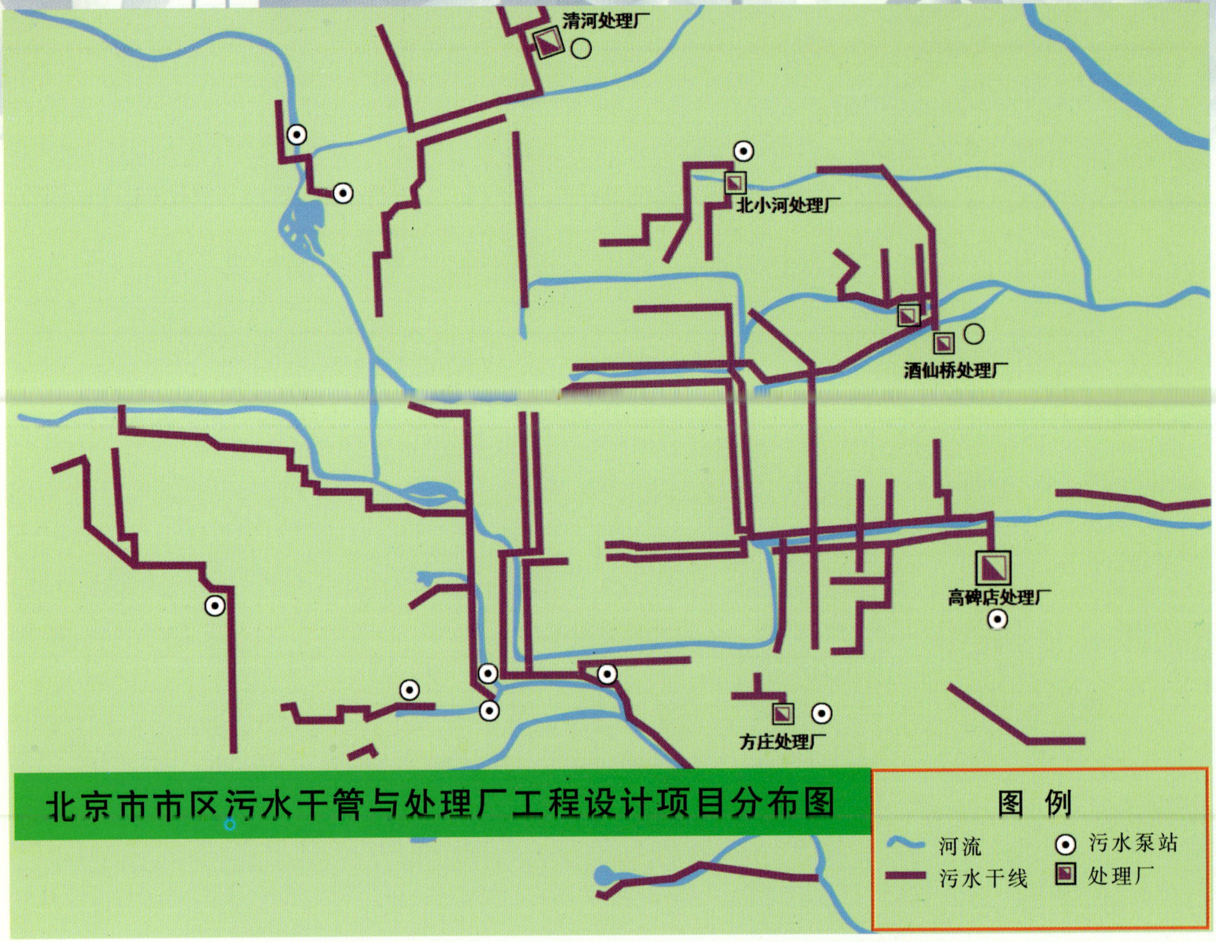

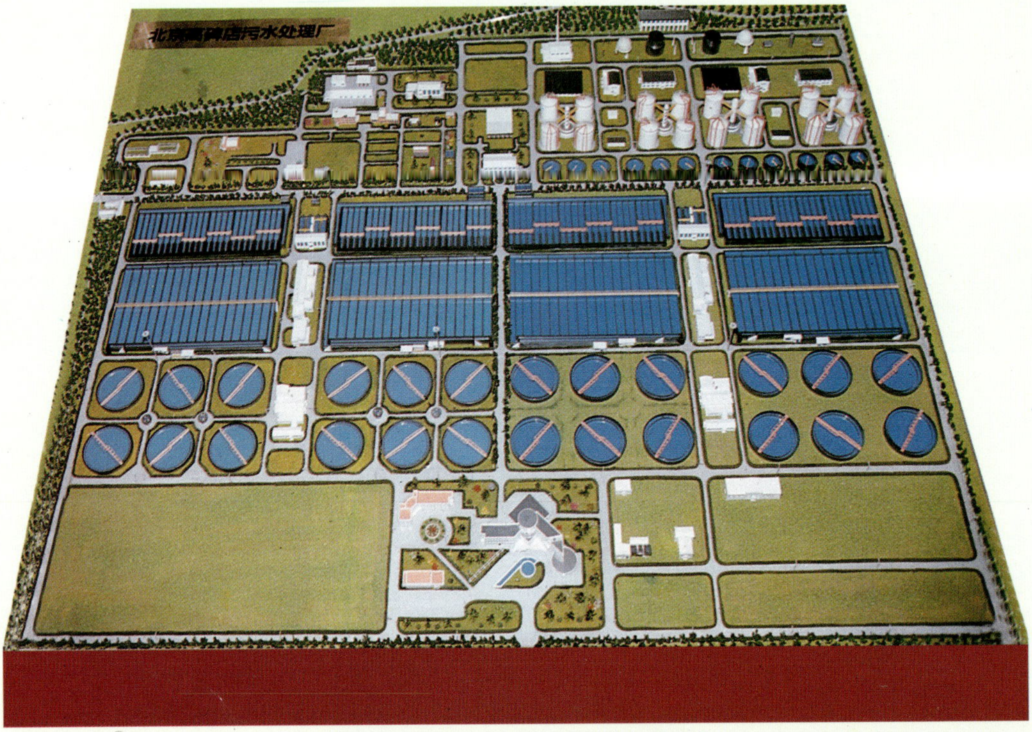

北京市高碑店污水处理厂总体布置图

北京市高碑店污水处理厂鸟瞰

北京市高碑店污水处理厂二次沉淀池

北京市高碑店污水处理厂曝气池

北京市高碑店污水处理厂污泥脱水机房

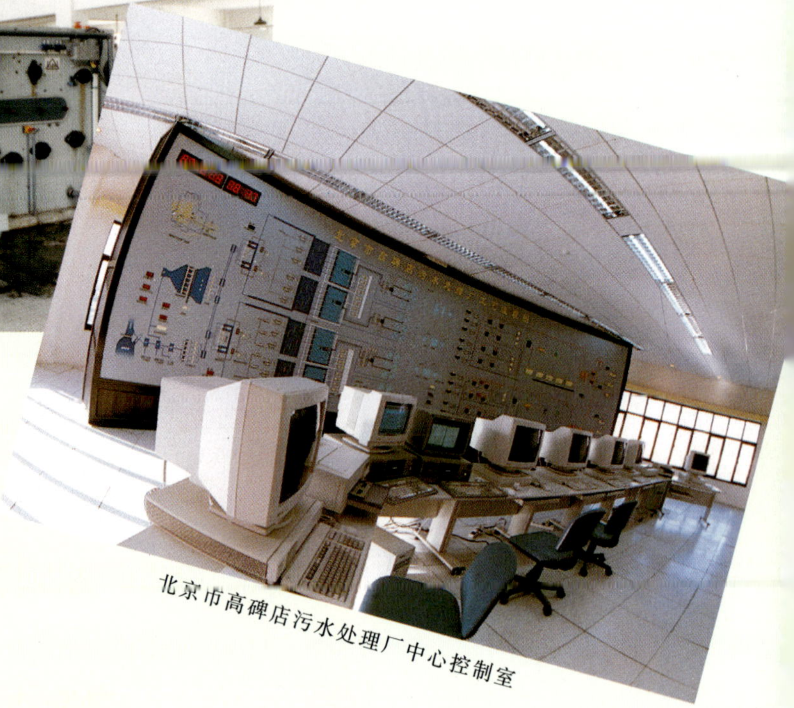

北京市高碑店污水处理厂中心控制室

北京市北小河污水处理厂处理构筑物

北京市北小河污水处理厂曝气沉砂池除砂机

首都机场污水处理厂一级处理构筑物

北京市北小河污水处理厂微孔曝气池

首都机场污水处理厂二级生化处理构筑物

天津石化公司污水处理厂沉淀池

北京向阳化工厂污水处理厂表面曝气池

太原制药厂污水处理厂深井曝气浮选沉淀池

太原制药厂污水处理厂深井曝气供气系统

北京市第九水厂(一期)
2条直径2200毫米输水管线

北京市第九水厂(二期)直径2600毫米输水管线

北京市通惠河南岸污水截流方沟

山东齐鲁石化公司乙烯厂废水排海管线

北京燕山石化总厂输水管道跨河管桥

北京市油气管线跨永定河管架桥

北京市京密引水渠

北京市永定河引水渠

北京市北护城河

北京市小月河

北京市阿苏卫垃圾卫生填埋场

北京市亮马河

北京金海湖水上运动场

北京市第三水泥管厂大管车间(42 米×120 米)

独柱弯箱梁室内模型试验设备

北京市四元桥应力测试

立交隔声屏障科研成果在三义庙立交工程中的应用

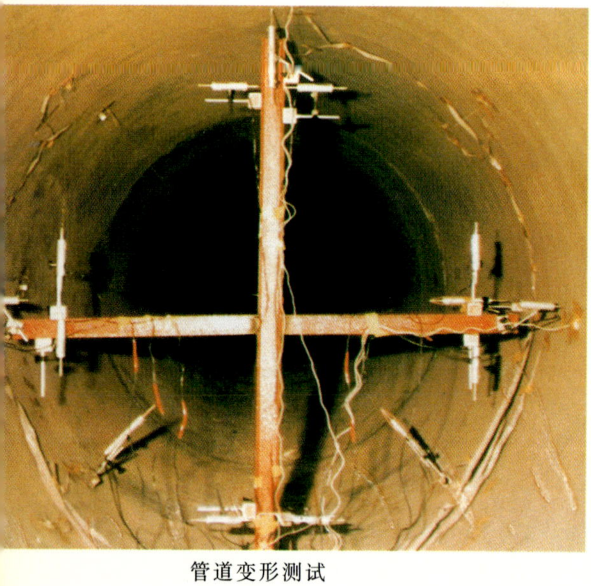

管道变形测试

钢管水泥砂浆衬里力学性能试验

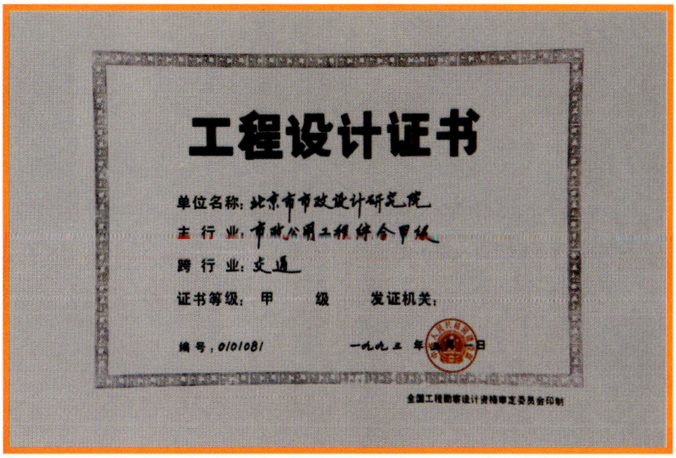

工程设计证书

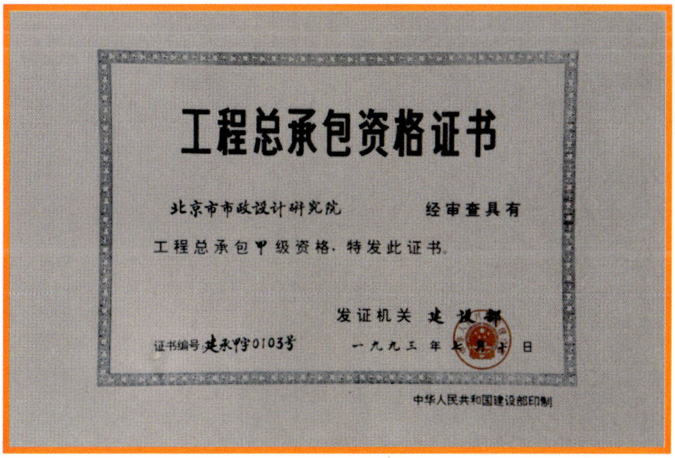

工程总承包资格证书

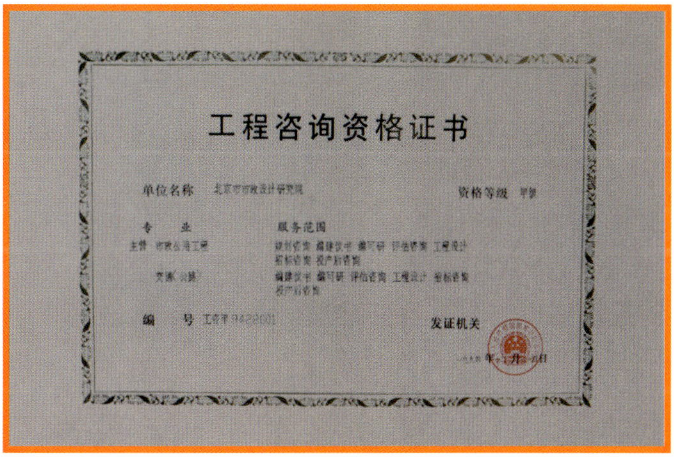

工程咨询资格证书

中国勘察设计单位综合实力百强证书

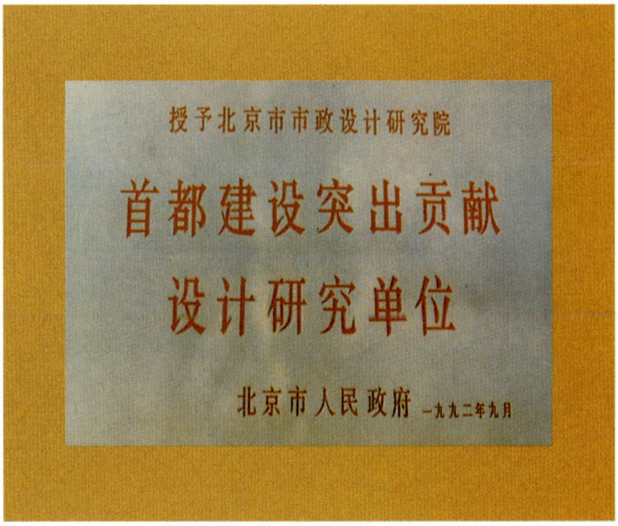

首都建设突出贡献设计研究单位证书

推行全面质量管理先进单位证书

科技事业单位档案管理(国家一级)证书

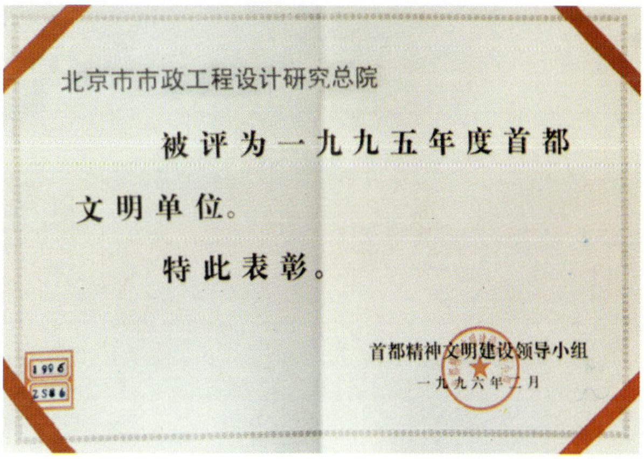

1995 年度首都文明单位证书

全国优质工程银质奖奖牌(北京市田村山水厂工程)

优秀工程设计国家银质奖奖牌(北京市京开公路道路工程、北京市三元立体交叉工程)

国家星火奖奖杯——农村饮用水净水器(BZ系列)研制成果

五环纪念杯——第十一届亚运会工程

山东齐鲁石化公司30万吨乙烯厂排海工程奖杯

北京市模范集体奖杯——北京市东南郊二环市政工程设计集体

首都规划勘察设计行业首届金秋运动会精神文明奖杯

第十一届亚运会设计先进单位奖杯

著名专家
先进人物

陈明绍

许京骐

林治远

李肇祥

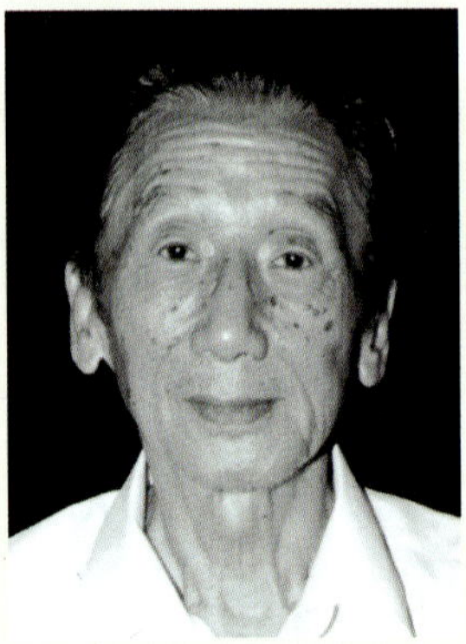
李远义

黄震东

力伯法

彭瑞民

罗　玲

毕延龄

沈世杰

沈中治

石蕴中

潘骏寿

潘家多

冯先松

刘德昭

倪士聪

刘雨生

佟克正

高士国

黄顺禧

赵瑞琳

王春富

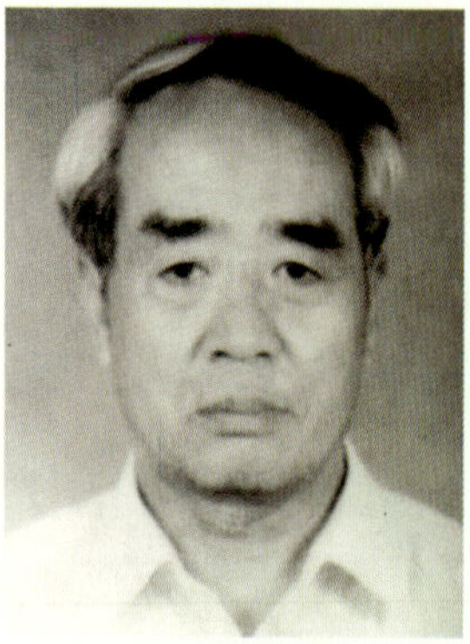
谢万春

院历届
党、政主要领导

王明之

丁　洪

张启功

钟国生

周立人

王　琪

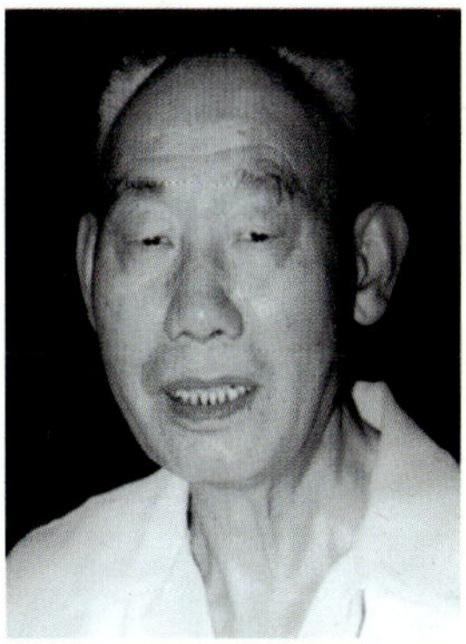

刘安五

王禹华

范励修

曲际水

周　复

左起：张潞明、范励修、陈震、曲际水、王禹华、王琪、史乃俊、赵国基、周立人、孙谦、赵遐、黄常、丁洪、陈明绍、刘安五、黄昏、林治远、李远义、陪同人员、钟国生、许京骐、梁凡初

责任编辑 王 蕾
封面设计 赵一东
责任校对 林 华
责任印制 王 沛

序

古往今来，盛世修志。北京市市政工程设计研究总院走过了40年的历程之后，第一部《院志》问世了。这部志书比较系统、全面、历史、客观地记述了市政院几代人的奋斗业绩。

抚今追昔，感慨万千。我和许多老同志都是历史的见证人。市政院的创业、成长、壮大、发展的过程，历历在目，给我们留下了深刻而美好的记忆。特别是改革开放以来，随着首都建设的空前发展，市政院的同志们不断深化改革、推动科技进步、强化科学管理、两个文明建设协调发展，在首都现代化建设事业中不断创造新业绩，更令人振奋不已。而且市政院的业务逐步扩展到全国20几个省市、自治区，并走向海外。40多年以来，由于市政院实力不断增强，人才不断涌现，机制不断变革，水平不断提高，在全国勘察设计行业之中，成为颇具影响的大院之一，连续被评为行业的百强单位，并得到市政府授予“首都建设突出贡献设计研究单位”称号的殊荣。这一切，应该说是当之无愧的。

同心协力，谱写春秋。院志所记述的市政院发展历程，是一部艰苦奋斗的创业史，可歌可颂的拼搏史，开拓进取的改革史，同时也从一个侧面反映了首都建设日新月异的变化、发展，勘察设计行业的变革、兴盛。这本书对后来者，是全面认识市政院和市政设计行业的生动教材，也是加强两个文明建设的重要教材。

编修院志的同志们付出了艰辛的劳动，特别是一些离退休的老领导、老专家、老同志担当了这次修志的主力，他们大半生精力奉献给了首都建设事业，今天，又以强烈的责任心和一丝不苟的精神，为两个文明建设继续作出新贡献，编纂志书。在此，我向他们表示衷心的感谢和深切的敬意。

承前启后，鉴往知来。中共十五大规划了建设有中国特色社会主义的宏伟蓝图，我们要在不太长的时间内把北京建设成为现代化的国际大都会。任重而道远。在这世纪之交的重要历史时期，我希望市政院的全体同仁继续高举邓小平理论伟大旗帜，进一步解放思想，抓住机遇，振奋精神，大力开拓，按照北京市总体规划积极推进两个根本性的转变，继承和发扬市政院的优良传统，去迎接21世纪更加灿烂的明天。

宣祥鎏

1998年5月

前　言

我院的第一部《院志》，经过4年半的编纂和多次修改补充，现在面世了。这部《院志》是在马列主义、毛泽东思想和邓小平理论指导下，遵照《关于建国以来党的若干历史问题的决议》的精神，力求按照辩证唯物主义和历史唯物主义的观点，较为全面、系统、忠实、概括地记录了我院发展壮大的历程以及所取得的丰硕成果与业绩。在新老世纪之交，它的编纂成功，对我院承前启后，继往开来的发展事业，无疑是一件大事。

我院应运而生在社会主义建设高潮到来之际，成立于第一个五年计划期间的1955年。40余年来，业务领域不断拓展。经国家有关主管部门审批，我院具有市政公用工程（综合）设计、公路设计、建筑设计、工程咨询、工程总承包、工程测量、工程监理和工程造价咨询8项甲级资质，1993年取得对外经营权，以自己的雄厚实力立于全国勘察设计行业之林。

40余年来，为首都城市建设不断做出了新贡献。我院在京共计完成各类工程设计近万项。完成的一批又一批道桥工程、给水排水工程和环境工程，极大地提高和改善了北京城市基础设施的综合服务能力，为首都的现代化、经济发展和环境改善作出了自己应有的贡献。1992年，我院受到市政府嘉奖，获得“首都城市建设有突出贡献设计研究单位”的荣誉称号。

40余年来，特别是改革开放以来，我院不断发展壮大。1984年实行了自收自支、自负盈亏企业化管理的技术经济责任制的改革，1992年实行了技术经济承包经营责任制的改革，大大增强了生机与活力，设计能力成倍增长。年实现创收能力1991年比1984年翻了两番，1995年比1991年翻了两番以上。业务遍及全国25个省、直辖市、自治区以及亚洲、非洲的10余个国家。初步形成“确保北京、服务全国、面向世界”和“一业为主、两头延伸、多种经营、综合发展”的两大格局。连续两次被评为全国勘察设计行业百强单位。

40余年来，科技水平不断提高。我们始终坚持了“科研面向设计，设计依靠科技进步”的方针，科研开发以工程项目为依托，以解决工程建设中急需解决的重大关键技术和薄弱环节为重点，科技成果转化率达到80%以上；不断加强和完善院技术标准体系建设；大力开发和推广计算机辅助设计，大幅度提高了综合设计能力。我院完成的一批重点工程，达到国内先进水平，有的接近或达到同时期的国际先进水平。自1978年以来，共获得国家、部市级科技进步奖、优秀设计奖、软件开发奖等219项，其中国家金奖2项，国家银奖8项。

40余年来，科学管理不断深化，逐步走向规范化的轨道。长期以来，我院注重规章制度建设，形成了一套行之有效的严格管理方法。1987年以来，在认真总结提高传统管理经验的基础上，推行全面质量管理，提高了实施科学管理的水平，1993年获建设部颁发的“推行全面质量管理先进单位”的奖励。此后，围绕积极推进两个根本性转变，与国际接轨，学习贯彻ISO－9000系列标准，不断完善和健全院质量体系，使院内以质量管理为主线的各项专业管理进一步走向科学化和规范化的轨道。

40余年来，两个文明建设协调发展，培养造就了一支思想素质高、作风正，特别能打硬仗的工程技术人员队伍，结构层次与专业配备逐步趋于合理，形成了“团结、开拓、务实、自强”的市政院精神和对工作高度负责，坚持深入实际，团结协作，勇于拼搏的优良传统。涌现了一批以罗玲为代表的先进模范人物。1992年以来，市政院连年被评为“首都文明单位”。

我们所取得的每一项业绩和成就，是全院几代人艰苦奋斗、共同努力的结果。特别是退下来的历届领导、专家，工作认真、作风严谨、言传身教，高度的责任感和奉献精神，为我们今天所取得的成绩，打下了良好的基础。

回顾40年来的历程，我们深刻认识到：邓小平理论伟大旗帜是我们事业兴旺发达的行动指南；改革是我们解放和发展生产力的强大动力；大力推进科技进步、强化科学管理是我们生存和发展的关键和依托；坚持两手抓，两手都要硬的方针，切实加强精神文明建设是我们各项工作的根本保证。

同时我们也要清醒地看到，我院当前的工作同市委、市政府一再提出的高标准、高要求相比，还存在较大的差距；我院设计、科研和管理的总体水平同世界先进水平相比还有不少差距，在不少方面也不如国内的一些兄弟院；内部还缺乏激励竞争机制，在观念、体制、经营管理模式以及人员素质上还不适应两个根本性转变的要求。

当前我院正处于新老交替的高峰期，建院时的老同志已先后离、退休，50年代后半期和60年代毕业参加工作的绝大部分同志，已经或者将要在2000年前陆续退休。当前在建立和发展社会主义市场经济的新形势下，继承我院的优良传统，并发扬创新，为把我院建设成实力雄厚、国内一流、跻身国际的咨询设计单位的重担，历史地落到跨世纪的年轻同志们的肩上。只有深刻地了解和认识过去，才能更好地服务当代，开创未来。我想这正是这部《院志》恰逢此时出版所具有的现实意义。

中共十五大和市第八次党代会为我们绘制了跨世纪的宏伟蓝图。新世纪的曙光已经展现在我们的面前，让我们高举邓小平理论的伟大旗帜，振奋精神，继往开来，同心同德，再创辉煌，为把首都和祖国建设得更加美好，作出更大的贡献！把我院的建设和发展随同建设有中国特色社会主义伟大事业一起全面推向21世纪！

编史修志，功德无量。在编纂院志的过程中，先后直接或间接参加工作的达百人以上。在各级领导的支持和老同志、老专家的热情关怀下，参加编纂工作的全体同志，默默无闻地辛勤耕耘。对此，向为本志做出贡献的院内、外所有同志致以衷心的感谢和敬意。同时，还要向对本志给予极大支持、帮助和指导的北京市首规委办的领导和北京市地方志办公室的领导，建设系统专业志编纂指导委员会副主任王弗同志，致以衷心的感谢和敬意。首都规划建设委员会副主任兼秘书长宣祥鎏同志，是我们的老领导，长期以来对我院工作给予了多方面的指导和帮助，这次又特意为《院志》作序，在此一并向他致以衷心的感谢和敬意。

曲际水

1998年5月

凡　例

一、本志为北京市市政工程设计研究总院首次编纂的院志，由北京市市政工程设计研究总院院志编纂委员会主持编纂。

二、本志上限自1955年建院伊始，下限至1995年12月止。

三、本志记述重点为北京市市政工程设计研究总院的体制与机构、设计勘测工作、科学技术工作、外经工作、生产管理、行政管理、党群工作、人物名录等。

四、北京市市政工程设计研究总院建院时命名为“北京市市政工程设计院”，1960年9月更名为“北京市市政设计院”，1989年4月更名为“北京市市政设计研究院”，1995年10月定为现名。为叙述方便，志文中统一简称为“市政院”或“院”。

五、本志遵循志书通行体例，并参照院内机构分工、工程技术专业归属，按事业立篇，基本以篇、章、节、目4个层次为序，横排竖写，采用述、记、图、表、录相结合的表述方式。

六、各篇志文一律采用语体文，记述体，直述其事。文风力求朴实严谨，简洁流畅，寓观点于事物记述之中。

七、为保持各篇志文的完整性、独立性和连续性，本志篇章部分内容间有交叉。为减少记事重复，叙事各有侧重。

八、本志各篇志文、资料、图表、图片主要由院所属各部门提供，并经部门领导审核，专人撰写。

九、本志文字一律采用1986年10月国家语言文字工作委员会重新公布的“简化字总表”规定的简化字。计量单位以国务院1984年3月4日颁布的“中华人民共和国法定计量单位”的有关规定为依据。

十、本志中数字除习惯汉字表示者外，一律用阿拉伯数字。

目　　录

序
前　言
凡　例
总　述……………………………………………………………………………………(1)
大事记（1955．4－1995．12）……………………………………………………(9)

第　篇　体制与机构

第一章　体制……………………………………………………………………………(37)
第一节　隶属关系……………………………………………………………………(37)
第二节　领导体制……………………………………………………………………(37)
第三节　管理体制……………………………………………………………………(37)
第二章　机　构…………………………………………………………………………(39)
第一节　院机构设置及沿革…………………………………………………………(39)
第二节　直属生产部门………………………………………………………………(45)
一、院内生产部门………………………………………………………………………(45)
（一）第一设计所………………………………………………………………………(45)
（二）第二设计所………………………………………………………………………(46)
（三）第三设计所………………………………………………………………………(47)
（四）第四设计所………………………………………………………………………(47)
（五）市政工程科学技术研究所………………………………………………………(48)
（六）测量队……………………………………………………………………………(49)
（七）计算站……………………………………………………………………………(49)
（八）建设工程监理部…………………………………………………………………(49)
二、设计分院……………………………………………………………………………(50)
第三节　多种经营……………………………………………………………………(51)
社会服务公司经营机构简况与营业范围一览表（表1－1）…………………………(52)
设计咨询及技术开发公司经营机构简况与营业范围一览表（表1－2）……………(53)

第二篇　勘测设计

第一章　设计技术与理论………………………………………………………………(57)
第一节　道路专业……………………………………………………………………(57)
一、线形设计……………………………………………………………………………(57)
（一）横断面设计………………………………………………………………………(57)
（二）平面线形设计……………………………………………………………………(58)
（三）纵断面设计………………………………………………………………………(58)
（四）平面线形与纵断线形的组合设计………………………………………………(59)
二、交叉路口及广场的竖向设计………………………………………………………(59)
三、路基路面设计………………………………………………………………………(59)

(一) 路面结构 …… (59)
(二) 柔性路面设计 …… (59)
(三) 防治道路翻浆 …… (60)
四、道路交叉设计 …… (60)
(一) 道路平面交叉设计 …… (60)
(二) 道路立体交叉设计 …… (60)
(三) 铁路立体交叉设计 …… (61)
五、管线综合设计 …… (61)
(一) 管线线位布置及交叉 …… (61)
(二) 综合管道 …… (61)
六、山区公路设计 …… (62)
(一) 公路选线 …… (62)
(二) 隧道设计 …… (62)
(三) 公路防洪 …… (62)
七、交通工程及设施 …… (63)
八、道路附属设施 …… (63)
第二节 桥梁专业 …… (64)
一、预制装配式桥梁 …… (64)
(一) 钢筋混凝土 T 梁桥 …… (64)
(二) 预应力混凝土 T 梁桥及空心板桥 …… (65)
二、钢筋混凝土及预应力混凝土连续梁桥 …… (65)
(一) 钢筋混凝土连续梁桥 …… (65)
(二) 预应力混凝土连续梁桥 …… (65)
三、异形桥 …… (66)
(一) 异形板桥的设计计算 …… (67)
(二) 异形梁桥的设计计算 …… (67)
第三节 给水专业 …… (67)
一、地下水 …… (67)
二、地表水 …… (68)
三、管道 …… (69)
四、泵站 …… (69)
五、农村给水 …… (69)
第四节 排水专业 …… (70)
一、排水管道工程设计 …… (70)
(一) 雨水管道设计 …… (70)
(二) 污水管道设计 …… (70)
(三) 排水管道的水力计算 …… (71)
二、污水处理工程设计 …… (71)
第五节 给水排水结构专业 …… (72)
一、给排水管道 …… (72)
(一) 钢筋混凝土排水管道力学性能研究 …… (72)
(二) 预应力钢筋混凝土管 …… (73)

(三) 钢管设计的研究 …… (73)
(四) 大口径玻璃钢管 …… (73)
二、贮水池 …… (73)
(一) 矩形水池 …… (74)
(二) 圆形水池 …… (74)
(三) 弹性止水带的研制与开发 …… (74)
三、城市公用设施抗震设计 …… (74)
(一) 在地震波作用下，地下管道的动力反应研究 …… (74)
(二) 矩形有盖水池设计的动力特性研究 …… (74)
(三) 贮水池设计的动力压力计算模式研究 …… (75)
(四) 赤道式球形贮罐设计的动力特性研究 …… (75)
(五) 湿式螺旋导轨贮气罐设计的动力特性研究 …… (75)
第六节　机械专业 …… (75)
第七节　电气专业 …… (76)
一、供电设计 …… (76)
(一) 大中型鼠笼电动机全电压起动技术 …… (76)
(二) 露天 35 千伏变电站设计 …… (77)
(三) 1000 千伏同步电动机的应用 …… (77)
(四) 1500 千瓦、2500 千瓦变频调速应用技术 …… (77)
(五) 水厂专用 110 千伏室内式变电站设计 …… (77)
二、自控设计 …… (77)
(一) 水源井有线三遥技术 …… (77)
(二) 水泵一步化操作技术 …… (77)
(三) 水源井有线三遥系统设计（电子电路） …… (77)
(四) 水厂集散型过程控制系统 …… (77)
三、城市道路立交照明技术 …… (77)
四、电力、通信规划设计 …… (78)
第二章　设计技术标准、资料汇编 …… (79)
第一节　院设计技术标准、资料汇编 …… (79)
一、编制工作简述 …… (79)
二、各主要专业院标简介 …… (80)
(一) 道路专业 …… (80)
(二) 桥梁专业 …… (80)
(三) 给水专业 …… (81)
(四) 排水专业 …… (81)
(五) 给水排水结构专业 …… (82)
(六) 机械专业 …… (83)
(七) 电气专业 …… (83)
院技术标准项目编制完成情况一览表（表 2－1） …… (84)
院编设计资料汇编完成情况一览表（表 2－2） …… (90)
第二节　院主（参）编的国家、部（市）级设计技术标准、资料汇编 …… (91)
一、编制工作简述 …… (91)

二、项目选介 …………………………………………………………………………………… (91)
(一) 室外给水排水和煤气热力工程抗震设计规范 TJ32－78 ……………………………… (91)
(二) 给水排水工程结构设计规范 GBJ69－84 ……………………………………………… (91)
(三) 城市道路设计规范 CJJ37－90 ………………………………………………………… (92)
(四) 方便残疾人使用的城市道路及建筑物设计规范 JGJ50－88(城市道路部分) …… (92)
(五) 机械搅拌加速澄清池搅拌机、刮泥机技术标准 CJ/T32－33－91 ………………… (92)
(六) 农村给水工程 (总册) 86SS991 ……………………………………………………… (93)
(七) 机械搅拌加速澄清池 S774 (一) ～ (八) 国家标准图 ……………………………… (93)
(八) 虹吸滤池 S773 (一) ～ (四) 国家标准图 …………………………………………… (93)
(九) 城市道路设计手册 ……………………………………………………………………… (94)
(十) 给水排水设计手册第五册《城市排水》、第六册《工业排水》和《简明排水设计手册》 ……………………………………………………………………………… (94)
(十一) 建筑结构构造资料集——特种 (工程) 结构篇 ………………………………… (94)
院主(参)编国家、部(市)级设计规范(规定)、标准、定额一览表(表 2－3) ……………… (95)
院编制国家设计标准 (通用) 图一览表 (表 2－4) ……………………………………… (96)
院主 (参) 编全国性专业设计手册、资料汇编一览表 (表 2－5) ……………………… (97)
第三章 工程设计 ……………………………………………………………………………… (98)
第一节 道路工程 ……………………………………………………………………………… (98)
一、工程设计任务 ……………………………………………………………………………… (98)
(一) 北京市城市道路 ………………………………………………………………………… (98)
(二) 北京市公路 ……………………………………………………………………………… (100)
(三) 北京市立体交叉 ………………………………………………………………………… (100)
二、设计项目选介 ……………………………………………………………………………… (103)
(一) 天安门广场工程 ………………………………………………………………………… (103)
(二) 北京市东西轴线道路工程 ……………………………………………………………… (104)
(三) 北京市北海桥改建道路工程 …………………………………………………………… (105)
(四) 北京市三里河道路工程 ………………………………………………………………… (106)
(五) 北京市斋堂公路工程 …………………………………………………………………… (107)
(六) 北京市三环路道路工程 ………………………………………………………………… (107)
(七) 北京市前三门大街道路工程 …………………………………………………………… (108)
(八) 北京市工人体育场田径运动场塑胶跑道及草皮足球场工程 ………………………… (109)
(九) 北京市怀丰公路工程 …………………………………………………………………… (109)
(十) 北京市二环路道路工程 ………………………………………………………………… (110)
(十一) 北京市京密公路工程 ………………………………………………………………… (112)
(十二) 北京市京开公路工程 ………………………………………………………………… (112)
(十三) 北京市八达岭游览公路工程 ………………………………………………………… (113)
(十四) 北京市京石高速公路工程 …………………………………………………………… (114)
(十五) 青岛港八号码头立交道路工程 ……………………………………………………… (115)
(十六) 北京市公共交通总公司驾校教练场工程 …………………………………………… (115)
(十七) 北京市亚运村道路工程 ……………………………………………………………… (116)
(十八) 佳木斯市长安路立交道路工程 ……………………………………………………… (117)
(十九) 首都机场高速公路工程 ……………………………………………………………… (117)
(二十) 北京市阜石路 (西三环至北辛安立交) 道路工程 ………………………………… (118)

(二十一) 深圳市滨河路福田中心区段道路工程 …………………………… (119)
(二十二) 北京市西南四环路道路工程 ……………………………………… (120)
(二十三) 北京西客站北广场工程 …………………………………………… (121)
道路工程设计主要项目一览表 (表2-6) ……………………………… (123)
第二节 桥梁工程 ………………………………………………………………… (129)
一、工程设计任务 ………………………………………………………………… (129)
(一) 北京市公路 (含高速公路) 桥梁 ………………………………………… (129)
(二) 配合北京市水利工程修建的桥梁 ………………………………………… (131)
(三) 改建和兴建北京市城市交通干道与环线所修建的城市桥梁及地下通道 ……… (131)
(四) 北京市的公园桥 …………………………………………………………… (133)
(五) 为外省市设计的桥梁 ……………………………………………………… (133)
二、设计项目选介 ………………………………………………………………… (134)
(一) 北京市密云大关桥工程 …………………………………………………… (134)
(二) 首都机场进场路Ⅱ号立交桥工程 ………………………………………… (134)
(三) 北京市复兴门立交桥工程 ………………………………………………… (135)
(四) 黑龙江省牡丹江大桥工程 ………………………………………………… (136)
(五) 北京市马家堡铁路立交桥工程 …………………………………………… (136)
(六) 北京市玉蜓立交桥工程 …………………………………………………… (137)
(七) 北京市京石高速公路永宁大桥工程 ……………………………………… (137)
(八) 青岛市八号码头立交桥工程 ……………………………………………… (138)
(九) 北京市二环路东便门立交桥工程 ………………………………………… (139)
(十) 北京市四环路安慧立交桥工程 …………………………………………… (139)
(十一) 深圳市雅园立交桥工程 ………………………………………………… (140)
(十二) 北京市天宁寺立交桥工程 ……………………………………………… (141)
(十三) 北京市四元立交桥工程 ………………………………………………… (142)
(十四) 北京市西北三环三义庙立交桥工程 …………………………………… (142)
桥梁工程设计主要项目一览表 (表2-7) ……………………………… (143)
第三节 给水工程 ………………………………………………………………… (146)
一、工程设计任务 ………………………………………………………………… (146)
(一) 北京市城区供水工程 ……………………………………………………… (146)
(二) 北京市远郊城镇及农村供水工程 ………………………………………… (148)
(三) 北京市工厂等用水单位自建供水工程 …………………………………… (149)
(四) 外省市的供水工程 ………………………………………………………… (149)
二、设计项目选介 ………………………………………………………………… (150)
(一) 北京市水源三厂工程 ……………………………………………………… (150)
(二) 北京市水源六厂改扩建工程 ……………………………………………… (150)
(三) 北京印染厂给水工程 ……………………………………………………… (151)
(四) 北京市水源八厂工程 ……………………………………………………… (151)
(五) 北京燕山石化总厂外部给水工程 ………………………………………… (152)
(六) 北京市田村山净水厂工程 ………………………………………………… (153)
(七) 北京市第九水厂一期工程 ………………………………………………… (154)
(八) 辽宁省营口市辽河水源工程 ……………………………………………… (154)

(九) 山东齐鲁石化公司30万吨乙烯厂外部给水工程 …………………………………………(155)
(十) 辽宁省辽阳市汤河水库水源工程 ……………………………………………………………(156)
(十一) 辽宁省阜新市佛寺水源工程 ………………………………………………………………(156)
(十二) 重庆市梁坨水厂工程 ………………………………………………………………………(157)
(十三) 深圳特区2000年城市给水工程规划方案 ………………………………………………(157)
(十四) 北京市第九水厂二期工程 …………………………………………………………………(158)
给水工程设计主要项目一览表（表2-8） ……………………………………………………(159)
第四节 排水工程 ……………………………………………………………………………………(162)
一、工程设计任务 ……………………………………………………………………………………(162)
(一) 排水管道工程 …………………………………………………………………………………(162)
(二) 污水处理与回用工程 …………………………………………………………………………(165)
(三) 北京市城区河湖整治工程 ……………………………………………………………………(167)
二、设计项目选介 ……………………………………………………………………………………(167)
(一) 北京市通惠河污水系统工程 …………………………………………………………………(167)
北京市通惠河污水系统情况汇总表（表2-9） ………………………………………………(168)
(二) 天安门广场排水工程 …………………………………………………………………………(169)
(三) 北京市前三门，东、西护城河改建暗渠工程 ………………………………………………(169)
(四) 北京燕山石化总公司向阳污水处理厂工程 …………………………………………………(170)
(五) 北京市首钢焦化厂含酚废水生化处理工程 …………………………………………………(171)
(六) 北京市城区北部河道疏浚工程 ………………………………………………………………(172)
(七) 首都机场污水处理工程 ………………………………………………………………………(174)
(八) 北京印染厂废水处理及回用工程 ……………………………………………………………(175)
(九) 北京市西郊污水干线工程 ……………………………………………………………………(175)
(十) 山东齐鲁石化公司30万吨乙烯厂废水排海管道工程 ………………………………………(176)
(十一) 山西省太原制药厂工业废水处理工程 ……………………………………………………(176)
(十二) 上海市石化总厂纯氧曝气污水处理工程 …………………………………………………(177)
(十三) 北京制药厂深井曝气法处理制药废水工程 ………………………………………………(178)
(十四) 中德武汉长江啤酒有限公司污水处理厂工程 ……………………………………………(179)
(十五) 北京市首钢特钢公司西区污水处理厂工程 ………………………………………………(180)
(十六) 亚运会北京市北郊市政排水配套工程 ……………………………………………………(180)
(十七) 北京市高碑店污水处理厂工程 ……………………………………………………………(181)
(十八) 北京西站排水配套工程 ……………………………………………………………………(182)
排水工程设计主要项目一览表（表2-11） ……………………………………………………(183)
第五节 水利工程 ……………………………………………………………………………………(189)
一、工程设计任务 ……………………………………………………………………………………(189)
(一) 北京市城市水源引水工程 ……………………………………………………………………(189)
(二) 北京市防洪和供给农业用水的水库工程 ……………………………………………………(189)
(三) 北京市治理郊区旱涝灾害的河道整治工程 …………………………………………………(190)
(四) 北京市近郊区农田灌溉工程 …………………………………………………………………(190)
二、设计项目选介 ……………………………………………………………………………………(190)
(一) 北京市永定河引水工程 ………………………………………………………………………(190)
(二) 北京市京密引水工程 …………………………………………………………………………(191)

(三) 北京市十三陵水库工程 …………………………………………………………… (192)
(四) 北京市海子水库工程 ……………………………………………………………… (193)
(五) 北京市东南郊除涝工程 …………………………………………………………… (194)
(六) 北京市南护城河右安门橡胶坝工程 ……………………………………………… (194)
水利工程设计主要项目一览表（表 2－12） …………………………………………… (195)
第六节 其他工程 ………………………………………………………………………… (196)
一、工程设计任务 ………………………………………………………………………… (196)
(一) 城市垃圾处理 ……………………………………………………………………… (196)
(二) 民用与工业建筑 …………………………………………………………………… (196)
(三) 油、气管线工程 …………………………………………………………………… (197)
(四) 特种工程结构 ……………………………………………………………………… (197)
二、设计项目选介 ………………………………………………………………………… (198)
(一) 北京市阿苏卫垃圾卫生填埋场工程 ……………………………………………… (198)
(二) 佛山市南海狮中垃圾卫生填埋场工程 …………………………………………… (199)
(三) 连云港市经济开发区（第一期）市政配套工程 …………………………………… (200)
(四) 河北省白洋淀温泉城详细规划 …………………………………………………… (202)
(五) 亚运会北京金海湖水上运动场工程 ……………………………………………… (203)
(六) 北京市第三水泥管厂工程 ………………………………………………………… (204)
(七) 北京市北辰离心浇铸玻纤增强热固性树脂砂浆管建厂工程 ……………………… (205)
(八) 房山至北京油、气管线工程 ……………………………………………………… (206)
(九) 北京燕山石化公司供水管跨越永定河管桥工程 …………………………………… (207)
(十) 北京市房京重油、乙烯、汽柴油管道跨越永定河管桥工程 ……………………… (208)
其他工程设计主要项目一览表（表 2－13） …………………………………………… (208)
第四章 工程勘察与测量 ………………………………………………………………… (210)

第三篇 科学技术

第一章 科技发展规划 ………………………………………………………………… (215)
第一节 “十年科学技术发展规划” ……………………………………………………… (215)
第二节 “科研‘六五’规划和十年设想”及“科学技术发展长远规划” …… (216)
一、院“科研‘六五’规划和十年设想” ………………………………………………… (216)
二、“科学技术发展长远规划” …………………………………………………………… (216)
第三节 “1991～1995 年技术发展规划” ………………………………………………… (217)
第二章 专业技术研究 …………………………………………………………………… (219)
第一节 道路专业 ………………………………………………………………………… (220)
一、科研课题 ……………………………………………………………………………… (220)
二、项目选介 ……………………………………………………………………………… (221)
(一) 环形平面交叉口通行能力 ………………………………………………………… (221)
(二) 交通信号灯管制交叉口机动车通行能力 ………………………………………… (221)
(三) 设计小时交通量 …………………………………………………………………… (222)
(四) 北京市柔性路面设计方法及参数 ………………………………………………… (222)
(五) 立交型式选择的适用条件及设计依据研究 ……………………………………… (222)
(六) 城市道路立交工程交通功能评估系统 …………………………………………… (223)

(七) 小流域洪水计算与泥石流的研究 …………(223)
道路专业主要科研成果一览表（表3-1） …………(224)
第二节 桥梁专业 …………(225)
一、科研课题 …………(225)
二、项目选介 …………(226)
(一) 预应力钢铰线“压花锚”研制 …………(226)
(二) 北京市北窑钢桥桥面板铺装材料试验研究 …………(226)
(三) 弯箱梁桥结构测试研究 …………(226)
(四) 立交桥面柔性铺装防水材料性能研究 …………(226)
(五) 北京市四元桥动、静力实测分析 …………(227)
(六) 长桥、宽桥温度应力实测分析 …………(227)
(七) 城市道路立交隔声屏障的研究 …………(228)
桥梁专业主要科研成果一览表（表3-2） …………(228)
第三节 给水专业 …………(229)
一、科研课题 …………(229)
二、项目选介 …………(230)
(一) 机械搅拌加速澄清池 …………(230)
(二) 虹吸滤池 …………(230)
(三) 农村压力罐式自来水系统 …………(230)
(四) 同向流斜板沉淀池 …………(231)
(五) 压力式侧向流斜板除砂器 …………(231)
(六) 应用臭氧、活性炭处理地表水的研究 …………(231)
(七) 波形板填料反应器 …………(232)
(八) 纵向集水梯形斜板沉淀池 …………(232)
(九) BZ型一体化净水器研制 …………(232)
(十) 氯吸收装置 …………(233)
(十一) 直接过滤净水工艺 …………(233)
(十二) 侧向流波形斜板沉淀新工艺 …………(233)
给水专业主要科研成果一览表（表3-3） …………(234)
第四节 排水专业 …………(235)
一、科研课题 …………(235)
二、项目选介 …………(236)
(一) 北京市暴雨径流观测分析——径流系数、集水时间及延缓系数 …………(236)
(二) 新型河道计量建筑物——平坦V型堰的研制 …………(237)
(三) 氧气曝气活性污泥法工艺 …………(237)
(四) 深井曝气活性污泥法工艺 …………(237)
(五) 新型曝气器的开发与研制 …………(238)
院研制的几种暴气器充氧性能比较表（表3-4） …………(238)
(六) 污水资源化——污水再生回用的研究与开发 …………(238)
(七) 生物吸附——氧化法（A—B法）处理城市污水 …………(239)
(八) 北京、天津水资源研究——北京市废水管理的研究 …………(239)
(九) 北京市凉水河上游段污染治理与回用研究 …………(239)

排水专业主要科研成果一览表（表 3－5） …………………………………………（240）
第五节 给水排水结构专业 ………………………………………………………………（241）
一、科研课题 ……………………………………………………………………………（241）
二、项目选介 ……………………………………………………………………………（242）
（一）给水排水管道力学性能的试验研究 ……………………………………………（242）
（二）贮水池的试验研究 ………………………………………………………………（243）
（三）市政工程设施抗震研究 …………………………………………………………（243）
（四）弹性止水带的研制和开发 ………………………………………………………（244）
（五）大型设缝矩形清水池设计与研究 ………………………………………………（244）
（六）城市给水管网的地震动力反应及抗震对策 ……………………………………（244）
给水排水结构专业主要科研成果一览表（表 3－6） …………………………………（245）
第六节 机电专业 ………………………………………………………………………（245）
一、科研课题 ……………………………………………………………………………（245）
二、项目选介 ……………………………………………………………………………（246）
（一）自闭式水锤消除器 ………………………………………………………………（246）
（二）消声止回阀 ………………………………………………………………………（246）
（三）单口大、小孔口高速进排气阀 …………………………………………………（246）
（四）双速自闭闸阀 ……………………………………………………………………（246）
（五）双孔口高速进排气阀 ……………………………………………………………（246）
（六）调流消能阀 ………………………………………………………………………（247）
（七）大容量水泵调速技术研究 ………………………………………………………（247）
机电专业主要科研成果一览表（表 3－7） ……………………………………………（247）
第三章 计算机技术的应用……………………………………………………………（249）
第一节 计算机技术在工程设计中的应用………………………………………………（249）
第二节 工程设计应用软件优秀成果选介 ………………………………………………（251）
一、桥梁综合计算程序 …………………………………………………………………（251）
二、桥梁结构空间分析系统 ……………………………………………………………（251）
三、简支梁桥 CAD 软件包 ……………………………………………………………（251）
四、城市道路 CAD 系统 ………………………………………………………………（251）
五、建筑设计绘图软件包 ………………………………………………………………（251）
六、城市污水处理专家系统 ……………………………………………………………（252）
第三节 计算机技术在管理工作中的应用 ………………………………………………（252）
管理工作中计算机应用状况一览表（表 3－8） ………………………………………（252）
第四章 科技学术组织及科技信息……………………………………………………（254）
第一节 院技术委员会、技术顾问委员会 ………………………………………………（254）
一、院技术委员会 ………………………………………………………………………（254）
二、院技术顾问委员会 …………………………………………………………………（255）
第二节 挂靠的全国性和北京市的专业学术组织 ………………………………………（255）
一、中国土木工程学会给水排水学会 …………………………………………………（255）
二、中国土木工程学会给水排水学会结构委员会 ……………………………………（256）
三、中国土木工程学会市政工程学会城市道路与交通工程学术委员会 ……………（256）

四、中国工程建设标准化协会管道结构委员会 …… (256)
五、中国工程建设标准化协会贮藏构筑物委员会 …… (257)
六、中国工程建设标准化协会城市交通工程委员会 …… (257)
七、中国勘察设计协会市政工程设计协会 …… (257)
八、北京市土建学会给水排水专业委员会 …… (258)
九、北京市土建学会道桥专业委员会 …… (258)
十、北京地区给水排水技术情报网 …… (258)
第三节 科技信息工作 …… (259)
第四节 院主办专业刊物《特种结构》及专业技术专著、译著、论文 …… (260)
专业技术专著、译著一览表（表3-9） …… (261)
专业技术论文一览表（表3-10） …… (262)

第四篇 对外开拓

第一章 对外交往 …… (273)
第一节 技术交流与学术会议 …… (273)
第二节 国外技术咨询与培训 …… (274)
第二章 涉外经营 …… (276)
第一节 工程投标 …… (276)
第二节 合资与合作公司 …… (276)
第三章 涉外工程 …… (277)
第一节 对外经援项目与境外工程设计 …… (277)
一、对外经援项目 …… (277)
(一) 索马里哈尔格萨市供水工程设计 …… (277)
(二) 索马里哈尔格萨市供水扩建工程设计 …… (277)
(三) 索马里巴依多瓦市供水工程设计 …… (277)
(四) 民主刚果（原扎伊尔）金沙萨检阅台、广场、道路及给排水工程设计 …… (277)
(五) 马达加斯加木腊芒加兵工厂给水工程设计 …… (278)
(六) 斯里兰卡普塔兰供水工程设计 …… (278)
(七) 斯里兰卡奇劳供水工程设计 …… (278)
(八) 毛里塔尼亚首都给水工程验收 …… (278)
(九) 格林纳达供水工程方案评估 …… (278)
(十) 刚果韦索供水工程验收 …… (278)
(十一) 阿尔及利亚城市建设工程 …… (278)
二、境外工程设计 …… (278)
第二节 境内外资工程设计与科研 …… (280)

第五篇 生产管理

第一章 经营计划管理 …… (283)
第一节 制度建设 …… (283)
第二节 经营管理 …… (284)
一、设计任务 …… (284)

1955～1978 年院报告设计项目及完成设计概算额统计表（表 5－1） ……………… (284)
1979～1995 年院报告设计项目数及完成设计概算额统计表（表 5－2） ……………… (286)
1985～1995 年分院完成设计概算额统计表（表 5－3） …………………………………… (286)
二、合同及收费 …………………………………………………………………………… (287)
（一）合同管理 ……………………………………………………………………… (287)
（二）收费管理 ……………………………………………………………………… (287)
1984～1995 年总院及各分院每年完成收费额统计表（表 5－4） ………………… (288)
三、测钻委托 ……………………………………………………………………………… (288)
四、技术市场 ……………………………………………………………………………… (289)
1987～1995 年院在北京办理技术市场项目数量统计表（表 5－5） ……………… (290)
第三节 计划及统计分析管理 ……………………………………………………… (290)
一、任务预测 ……………………………………………………………………………… (290)
二、计划管理 ……………………………………………………………………………… (290)
三、统计分析管理 ………………………………………………………………………… (292)
（一）完成工作量统计 ……………………………………………………………… (292)
（二）完成工作指标统计 …………………………………………………………… (292)
（三）生产能力分析 ………………………………………………………………… (293)
第四节 经营承包管理 ……………………………………………………………… (293)
一、试行技术经济责任制 ………………………………………………………………… (293)
1984～1991 年 5 项承包指标值（表 5－6） …………………………………………… (293)
二、实行“两保一挂”承包经营责任制 ………………………………………………… (294)
1992～1995 年主要奋斗目标指标值（表 5－7） ……………………………………… (294)
三、内部承包管理 ………………………………………………………………………… (295)
第二章 技术管理 ……………………………………………………………………… (296)
第一节 制度建设 ……………………………………………………………………… (296)
第二节 设计技术管理 ……………………………………………………………… (298)
一、技术质量管理 ………………………………………………………………………… (298)
（一）设计全过程管理 ……………………………………………………………… (299)
（二）工程设计分级管理 …………………………………………………………… (299)
（三）工程设计事先指导、中间检查、成品校审全面质量管理 ………………… (299)
（四）专业协调配合管理 …………………………………………………………… (299)
（五）定期质量检查、质量抽查与质量复查 ……………………………………… (300)
（六）工程设计质量考核与评定 …………………………………………………… (300)
二、技术经济管理 ………………………………………………………………………… (300)
（一）技经工作程序管理 …………………………………………………………… (301)
（二）设计概算编制规范化管理 …………………………………………………… (301)
（三）技术经济指标分析 …………………………………………………………… (301)
第三节 科学技术管理 ……………………………………………………………… (302)
一、科研规划与课题管理 ………………………………………………………………… (302)
（一）组织编制科技发展规划 ……………………………………………………… (302)
（二）编制科研年度计划 …………………………………………………………… (302)
（三）科研课题管理 ………………………………………………………………… (302)

(四) 科研成果管理 …… (303)
(五) 科研经费管理 …… (303)
二、业务建设管理 …… (303)
(一) 组织编制业务建设年度计划 …… (304)
(二) 业务建设项目管理 …… (304)
(三) 业务建设成果管理 …… (305)
第三章 全面质量管理 …… (306)
第一节 制度建设 …… (306)
一、建立健全以质量责任制为核心的岗位责任制度 …… (306)
二、建立健全标准体系 …… (306)
三、建立健全信息反馈制度 …… (307)
第二节 目标管理 …… (308)
第三节 QC 小组活动 …… (308)
第四节 工程设计工序管理 …… (309)

第六篇 行政管理

第一章 文秘管理 …… (313)
第一节 机构与职责 …… (313)
第二节 制度建设 …… (313)
第三节 文书管理 …… (315)
第四节 调查研究与信息工作 …… (316)
第五节 群众信访工作 …… (317)
第六节 接待工作 …… (317)
第二章 人事与劳动工资管理 …… (318)
第一节 制度建设 …… (318)
第二节 干部管理 …… (319)
第三节 职工队伍 …… (320)
1955～1995 年院职工发展一览表（表 6－1） …… (321)
1979～1995 年院离退休职工一览表（表 6－2） …… (322)
第四节 职称评定 …… (322)
历年晋升专业技术职称一览表（含当年离退休人员）（表 6－3） …… (324)
第五节 劳动工资 …… (324)
一、工资制度 …… (324)
二、劳资制度 …… (325)
第六节 离、退休干部管理 …… (325)
第三章 财务管理 …… (327)
第一节 管理机构与人员 …… (327)
第二节 固定资产管理 …… (327)
一、固定资产分类 …… (328)
二、固定资产的购置、新建或扩建 …… (328)

三、固定资产的分级管理 …………………………………………………………………… (328)
四、固定资产折旧的计算和提取 ……………………………………………………………… (328)
设备、仪器、仪表折旧年限一览表（表6－4） ………………………………………… (329)
房屋及建筑折旧年限一览表（表6－5） ………………………………………………… (330)
第三节　流动资金管理 ……………………………………………………………………… (330)
一、流动资金的来源 ………………………………………………………………………… (330)
二、流动资金的安排使用 …………………………………………………………………… (330)
第四节　专项资金的管理 …………………………………………………………………… (331)
历年专项资金结存情况一览表（万元）（表6－6） …………………………………… (332)
第五节　成本核算与管理 …………………………………………………………………… (332)
一、成本核算 ………………………………………………………………………………… (332)
1983～1990年院总成本支出情况一览表（表6－7） …………………………………… (333)
二、成本管理 ………………………………………………………………………………… (333)
第六节　利润形成、分配及管理 …………………………………………………………… (334)
一、利润形成 ………………………………………………………………………………… (334)
1992～1995年保上交利润、利润基数、工资总额基数一览表（表6－8） …………… (334)
二、利润的分配 ……………………………………………………………………………… (334)
第七节　会计基础工作 ……………………………………………………………………… (336)
一、会计凭证 ………………………………………………………………………………… (336)
二、会计科目和会计账簿 …………………………………………………………………… (336)
三、记账 ……………………………………………………………………………………… (336)
四、会计报表 ………………………………………………………………………………… (336)
五、财产清查 ………………………………………………………………………………… (337)
六、会计档案 ………………………………………………………………………………… (337)
七、经济核算与分析 ………………………………………………………………………… (337)
八、业务建设 ………………………………………………………………………………… (337)
第四章　后勤与档案图书管理 ……………………………………………………………… (338)
第一节　后勤管理 …………………………………………………………………………… (338)
一、职工食堂 ………………………………………………………………………………… (338)
二、房屋 ……………………………………………………………………………………… (339)
三、物资供应 ………………………………………………………………………………… (339)
四、文印、打字 ……………………………………………………………………………… (339)
五、幼儿园 …………………………………………………………………………………… (339)
六、汽车队 …………………………………………………………………………………… (339)
七、保健医疗 ………………………………………………………………………………… (340)
八、公民义务献血 …………………………………………………………………………… (340)
九、计划生育 ………………………………………………………………………………… (340)
第二节　基建管理 …………………………………………………………………………… (341)
一、制度建设 ………………………………………………………………………………… (341)
二、房屋建设 ………………………………………………………………………………… (341)
业务楼及福利设施建筑一览表（表6－9） ……………………………………………… (341)

职工宿舍楼建筑一览表（表 6－10） …………………………………………(342)
三、分院房屋建设……………………………………………………………(342)
第三节　档案及图书管理 ……………………………………………………(342)
一、档案管理…………………………………………………………………(342)
二、图书管理 …………………………………………………………………(344)
第四节　技术装备……………………………………………………………(344)
一、电子计算机设备…………………………………………………………(344)
二、科研试验仪器设备………………………………………………………(344)
三、测量仪器设备……………………………………………………………(345)
四、技术后勤设备……………………………………………………………(345)
五、机动车辆 …………………………………………………………………(345)
技术装备一览表（表 6－11） …………………………………………………(345)
第五章　内部保卫………………………………………………………………(347)
第一节　组织、制度建设……………………………………………………(347)
第二节　保卫工作……………………………………………………………(348)
一、安全保卫…………………………………………………………………(348)
二、消防 ………………………………………………………………………(348)
第六章　职工教育………………………………………………………………(350)
1956～1995 年职工参加各类学习人次一览表（表 6－12） ………………(350)
第一节　机构、设施与经费…………………………………………………(351)
历年教育经费一览表（表 6－13） ……………………………………………(351)
第二节　教育管理 ……………………………………………………………(352)
一、制度建设…………………………………………………………………(352)
二、教育培训规划与计划……………………………………………………(352)
(一) 1981～1985 年培训规划 ………………………………………………(352)
(二) 1986～1990 年培训规划 ………………………………………………(352)
(三) 1991～1995 年培训规划 ………………………………………………(353)
第三节　培训内容与形式 ……………………………………………………(353)
一、文化知识教育……………………………………………………………(353)
二、学历教育…………………………………………………………………(353)
三、专业技术教育……………………………………………………………(354)

第七篇　党群工作

第一章　中国共产党……………………………………………………………(359)
第一节　组织机构 ……………………………………………………………(359)
一、历届党委会………………………………………………………………(359)
二、党委工作机构……………………………………………………………(360)
第二节　组织工作 ……………………………………………………………(360)
一、基层党组织建设及其活动………………………………………………(360)
党员基本情况一览表（表 7－1） ……………………………………………(361)
二、党员管理教育 ……………………………………………………………(362)

历年评选先进支部、先进党员一览表（表7-2） …………………………………………（362）
三、整党、党员重新登记 ……………………………………………………………（363）
（一）整党 ………………………………………………………………………（363）
（二）党员重新登记 ……………………………………………………………（363）
四、发展党员工作 ……………………………………………………………………（363）
历年发展党员情况一览表（表7-3） ……………………………………………（364）
第三节　宣传工作 ……………………………………………………………………（364）
一、机构设置 …………………………………………………………………………（364）
二、理论教育工作 ……………………………………………………………………（365）
三、思想政治工作 ……………………………………………………………………（367）
四、宣传报导 …………………………………………………………………………（371）
（一）院内宣传报导工作 ………………………………………………………（371）
（二）公开报刊的宣传报导工作 ………………………………………………（371）
第四节　纪律检查 ……………………………………………………………………（372）
一、机构设置 …………………………………………………………………………（372）
二、党风建设和党纪教育 ……………………………………………………………（372）
三、案件处理 …………………………………………………………………………（373）
第五节　统战工作 ……………………………………………………………………（373）
一、机构设置 …………………………………………………………………………（373）
二、非党知识分子工作 ………………………………………………………………（373）
三、台属工作 …………………………………………………………………………（374）
四、侨务工作 …………………………………………………………………………（374）
五、民主党派工作 ……………………………………………………………………（374）
六、少数民族工作 ……………………………………………………………………（374）
1995年院统战工作对象分布情况一览表（表7-4） ……………………………（375）
第二章　职工代表大会与工会 ……………………………………………………（376）
第一节　职工代表大会 ………………………………………………………………（376）
一、职工代表大会条例 ………………………………………………………………（376）
二、组织制度 …………………………………………………………………………（376）
三、历届职工代表大会 ………………………………………………………………（376）
第二节　工会委员会 …………………………………………………………………（377）
一、机构设置 …………………………………………………………………………（377）
二、工会活动 …………………………………………………………………………（378）
（一）开展爱国立功竞赛 ………………………………………………………（378）
（二）为职工办实事 ……………………………………………………………（379）
（三）推进精神文明建设 ………………………………………………………（379）
三、女职工工作 ………………………………………………………………………（380）
四、职工技术协会 ……………………………………………………………………（380）
五、工会财务 …………………………………………………………………………（380）
第三章　共青团 ……………………………………………………………………（382）
第一节　机构设置 ……………………………………………………………………（382）

第二节　团的活动 ……………………………………………………………………………………(382)
第三节　青年工作……………………………………………………………………………………(383)

第八篇　人　　物

一、著名专家、先进人物简介……………………………………………………………(385)
二、院历届党、政、技主要领导简介 ……………………………………………………(397)
劳动模范与先进人物名录（表8－1） ………………………………………………………(400)
院级领导名录（表8－2） ………………………………………………………………………(401)
中层及分院党政正职干部名录（表8－3） …………………………………………………(403)
历届党代会、人大、政协会议代表名录（表8－4） ………………………………………(411)
享受教授、研究员级待遇的高级工程师名录（表8－5） …………………………………(412)
高级职称名录（表8－6） ………………………………………………………………………(412)
附　录
附录1　关于市政设计院对委托设计项目试行收费的通知 ………………………………(415)
附录2　关于市政设计院及勘察处试行全面收费的通知 …………………………………(416)
附录3　关于北京市市政设计院试行技术经济责任制的批复 ……………………………(418)
附录4　北京市市政设计研究院实行“两保一挂”承包责任制协议书 …………………(419)
附录5　工程设计获奖项目一览表 ……………………………………………………………(421)
附录6　工程设计计算机优秀软件获奖项目一览表 ………………………………………(426)
附录7　科技成果获奖项目一览表 ……………………………………………………………(427)
附录8　1995年院承包考核计奖办法……………………………………………………………(431)
附录9　1995年分院承包管理办法………………………………………………………………(435)
附录10　关于院属经济实体的管理办法 ……………………………………………………(437)
附录11 北京市市政工程设计研究总院管理标准体系 ……………………………………(439)
附录12　北京市市政工程设计研究总院技术标准体系 …………………………………(444)
后　记………………………………………………………………………………………………(454)

总　述

北京市市政工程设计研究总院经建设部、外经部核定，具有市政公用与交通工程设计、工程总承包、工程咨询的甲级资格与对外经营权，承担各种规模的城市道路、公路、桥梁、城市与工业供水、城市污水与工业废水处理、给水排水管道、城市垃圾处理、城市河湖与防洪、工业与民用建筑等工程的设计、测量、试验研究、工程测试、工程监理与技术咨询服务。1995年底全院职工823名，专业技术干部671名，其中享受教授、研究员同等待遇的高级工程师17名，高级工程师169名，工程师272名。市政院隶属北京市市政府领导，院部设在北京市西城区月坛南街乙2号，在深圳、大连、海口、厦门、北海市和北京市亦庄经济开发区建有6个设计分院。

1979年中共北京市委、市革命委员会授予市政院"大庆式企业"称号。1986年城乡建设部、中国建筑工会授予市政院"科技工作先进集体"称号。1992年，北京市政府授予市政院"首都建设突出贡献设计研究单位"称号，建设部授予市政院"社会主义精神文明建设先进单位"、"全国设计行业推行全面质量管理先进单位"称号；1992～1995年连续4年获"首都文明单位"称号。1993年被建设部和国家统计局评选为"中国勘察设计综合实力百强单位"。

一

1955年4月，北京市副市长薛子正代表中共北京市委、北京市人委宣布成立北京市市政工程设计院，为局级单位，隶属市人委。机构及人员由原市道路工程局、上下水道工程局的设计、勘测、试验机构和原北京市市政建设委员会计划室（大部分人员）合并组建。主要任务为承担道路、桥梁、给水、排水、河湖（水利）等北京市市政工程勘测设计并代行部分政府职能，对地上地下市政工程实行统一综合设计与管理。

1958年10月，市人委为实行规划、设计的统一领导，将市政院改为隶属于北京市城市规划管理局。

1960年9月，更名为北京市市政设计院。"文化大革命"期间，自1968年7月至1975年9月，曾隶属市政工程局、建设局。1970年1月，经市革命委员会批准，将水利设计部分业务及技术干部并入市水利局。1986年10月，中共北京市委、市政府决定市政院为局级事业单位，实行企业化经营，其行政、业务工作由首都规划建设委员会办公室分管。1989年4月更名为北京市市政设计研究院，1995年10月更名为北京市市政工程设计研究总院。

建院初，院设有道路、给水、排水3个设计室及测量钻探队和技术研究所。改革开放后随着设计任务和服务范围的扩大，至1995年年底，院直属生产部门发展为第一设计所（道桥专业）、第二设计所（给水专业）、第三设计所（排水专业）、第四设计所（综合所）、市政工程科学技术研究所、测量队、计算站、建设工程监理部、深圳分院、大连分院、海南分院、厦门分院、北海分院、北京亦庄经济开发区分院，计14个单位。

建院40年来，院在完成大量设计科研任务的同时，职工队伍有很大的发展。建院初期，院有职工541人，其中专业技术干部281人（工程师38人）。至1995年底，院发展有道路、桥梁、给水、排水、结构、水工、机械、电气、采暖通风、建筑、电子计算机技术、技术经济以及工程测量专业计13个工种，工程技术人员649人，为建院时的2.3倍，占全院职工823人的78.9%。近年来院职工中被授予“中国工程设计大师”2人，“全国劳动模范”2人，“国家级中青年突出贡献专家”2人，“全国十大女杰”1人，“全国‘三八’红旗手”2人，“全国优秀科技工作者”2人，部、市级“劳动模范（先进工作者）”12人次，“首都劳动奖章获得者”3人，“北京市有突出贡献科学技术管理专家”3人，“首都市政建设突出贡献专家”10人，享受国务院颁发的政府特殊津贴的专家37人。其中罗玲总工程师获“中国设计大师”、“全国十大女杰”、“全国劳动模范”等多项光荣称号，并当选为中共第十四次代表大会代表。

二

1978年前，院主要承担北京市市政工程设计与科研任务。中共十一届三中全会后，1979年开始开拓设计市场，承揽委托任务，从委托任务收费中提取职工奖金。1983年，试行技术经济责任制，实行企业化管理。1992年，与市政府签定“两保一挂”协议书，实行承包责任制。随着外部条件的改善，内部经营机制不断转变，逐步形成“确保北京、面向全国、走向世界”和“一业为主、两头延伸，多种经营、综合发展”两大格局。

建院40年来，院共完成各类工程设计8900余项，工程概算额200多亿元，在北京市完成一批如天安门广场及东西长安街扩建工程，亚运会、西客站市政配套工程，二、三环快速路工程，京石和首都机场高速公路，以及日供水量100万立方米的第九水厂、日处理量为100万立方米的高碑店污水处理厂为代表的一系列重点工程设计，为发展首都经济、改善人民生活环境作出了应有贡献。

院包括北京总院和6个分院，通过竞争投标，承接了国内25个省、市、自治区100多项市政工程设计任务，其中不少是具有较高技术要求、难度较大的大中型项目。1985～1995年，仅深圳、海南、厦门、大连、北海5个分院，就完成设计概算额68亿元。

在开拓国际工程市场方面，院1957～1990年完成亚洲、非洲的斯里兰卡、索马里等十几个国家十多项对外经援市政工程设计、咨询、监理、验收和施工管理等任务。从80年代后期开始，承担或与中国建筑总公司等单位合作参与了塞浦路斯、泰国等国十几项境外工程和以承包给排水厂站设备成套项目为主的几十项境内外资工程的投标。1991年承担了博茨瓦纳首都哈博罗内市污水处理厂设计。这是我国第一次打入非洲市政设计工程市场，并收取所在国硬通货作为设计费的项目。1994年院联合北京市建筑设计研究院与马来西亚儒代堂工程有限公司合资组建了龙马（集团）工程有限公司，并在马来西亚“古晋中华商厦”总承包工程中中标。这是院首次在境外通过竞标获得的外资工程总承包项目。

与此同时，院还承担世界银行、亚洲银行、联合国开发署、日本协力基金、外国政府贷款等多项大型境内外资工程设计和外援科研项目。1994年院与美国姜氏公司合资，组建中美合资北京京江国际工程咨询公司，并在上海长桥泵站设备成套承包项目中中标。这是院首次在境内中标的外资项目。

在“一业为主，两头延伸，多种经营，综合发展”方面，院组建的建设工程监理部，1992～1995年已完成世界银行贷款北京环境项目污水子项目和昌平阿苏卫垃圾填埋场等5项市政、建筑工程监理项目。此外，还结合市场需要，成立了国内设计咨询公司及技术开发公司9家，社会服务公司7家，连同龙马、京江两家公司和建设工程监理部，共分流了占职工总数13.2%的109人，1995年非主业创收占院总收入12%以上。

三

建院之初，院即成立约百人规模的院属技术研究所，强调科研为设计服务。近年来，院不断树立“科技是第一生产力的思想”，每年抽出10%～15%的设计技术人员投入科技进步和业务建设，每年保证10%的收入用于科技进步。1961～1991年院5次编制科技发展规划，提出院各专业技术发展方向与任务，并在年度计划中落实。“九五规划”的主攻方向为科技、电子计算机技术、设计标准化。建院40年来科技进步的主要成就有：

1955～1995年在科研工作方面，院共取得科研成果245项，约75%用于工程实践。经上级部门组织鉴定的重大成果有49项，多数居于国内领先水平，部分已达到或接近国际水平。

在电子计算机技术应用方面，截至1995年院有小型机1台，工作站6个，各类微机334台。1974年开始把计算机技术用于桥梁设计，并开发应用软件。1986年后计算机技术的应用与开发在各专业得到推广，由单纯科学计算扩展到计算机辅助设计（CAD）技术的应用。目前计算机技术在院的工程设计、科研、测量及内部管理中已得到推广应用。桥梁专业基本实现计算机设计、制图。1995年全院计算机出图率达87.4%，其中道桥专业达90%以上。在1991年西北二环路交叉路口改造工程中，5座立交桥设计采用计算机辅助设计的工作量达95%，仅用4个月就完成了全部任务，提高工作效率5倍多。1975～1995年，院开发一批应用软件，其中1976年开发的《桥梁计算综合程序》，可解决除斜、弯桥以外的任何桥梁结构平面杆件的计算问题，已为国内市政、交通部门等20多个单位应用。水平较高的还有桥梁三维模型系统、简支梁桥CAD软件包、道路CAD系统、建筑设计绘图软件包、城市污水处理厂专家系统等。

在标准化建设方面，1955～1995年，共完成院技术标准219项，其中技术规定82项，标准图137项；主编国家、部、市设计规范、标准、定额15项，参编14项；编制国家标准图25项；主编全国性专业设计手册、资料汇编5项，参编7项。其中：1978年修订的院《城市道路设计标准图》，1983年获国家优秀设计二等奖；1992年修订发行的院《排水管道通用图集》，1995年经建设部通知，被列为国家标准图；《室外给水排水和煤气热力工程抗震设计规范 TJ32—28》等5项国家设计规范（标准）和《农村给水工程（总册）86SS901》等8项国家标准图获得国家、部（市）级奖励。

在学术、技术交流方面，院参加与各专业有关的各种工程技术学会、协会及其专业技术委员会与研究会、技术情报网等学术活动。1995年挂靠在院的全国性学术团体有：中国土木工程学会给排水学会及其所属的结构委员会；中国土木工程学会市政工程学会城市道路与交通专业委员会；中国工程建设标准化协会贮藏构筑物委员会、管道结构委员会和城市交通工程委员会；全国道路桥梁技术情报网；中国勘察设计协会市政设计协会。挂靠在院的北京市学术团体有：北京土建学会所属的道桥专业委员会和给排水专业委员会、北京地区给排水技术情报网等。

为努力提高职工业务技术水平，大力开展继续教育，1979～1995年院共组织了高、中、初级进修、培训班46次，有12145人次参加，写出技术与管理论文199篇。1991年中共北京市委授予院“干部教育先进单位”称号。

在发展科技优势的同时，院逐步强化对生产和行政的各项科学管理工作。1978年起坚持每年一次的质量月活动，对全院设计质量进行检查、抽查、复查、评比。1989年以后，加强技术质量管理，贯彻执行按设计前期、设计阶段、设计后期进行全过程考核和设计事先指导、中间检查、成品校审的质量管理以及专业协调配合管理等制度。1986年起，推行全面质量管理，1989年通过达标验收。1990年通过复查，取得北京市合格证书。1991年被评为北京市和全国设计勘察行业全面质量管理先进单位。院开展QC小组活动后组织了QC小组30多个，参加人数达170多名，占职工总数20%以上，先后获国家级优秀QC小组奖1项，市级优秀QC小组奖3项。

1978～1995年，全院生产业务共获得国家、部、市各种奖励185项，其中工程设计98项（包括标准设计），科技成果76项（包括科研、设计规范、标准等）、计算机软件11项。

四

目前，院在城市快速路和高速公路设计技术，道路立交选型及经济评估，弯、坡、斜及异型桥梁结构设计技术，柔性路面设计技术，大口径远距离输水技术，深度水处理技术，高效节能污水处理技术，给水排水结构与地下管线抗震技术等方面，处于国内先进行列，其中一些方面已接近世界先进水平，较突出、有特色的代表性项目有：

在道路和桥梁工程方面：

50年代建成的北京市东西长安街和天安门广场成为现代化大都市的通衢大道和重大庆典活动的中心。

近些年来北京市建成的二环路是一项规模大、功能完善、技术条件复杂的大型城市道路工程。全长33公里，上下行6条车道，时速60公里～80公里，建有30座立交桥。它的建成使二环路成为我国第一条全立交控制出入的城市快速环路。本工程多次获国家、部、市奖励，其中的东厢工程和整体二环路工程先后获国家优秀设计金质奖。

院设计的京石高速公路（北京段）是北京市通往广州、深圳107国道的一部分，全长约46公里，设计时速为80公里～120公里，双向6条车道，道路立交20多座。本工程设计获得北京市优秀设计一等奖。

1993年建成通车的首都机场高速公路是市区通往首都机场的重要通道，被称为“京门第一路”，全长18.7公里，设计时速120公里/小时，双向6条车道，全立交全封闭的设计标准。在全线8座立交中的四元立交由26座桥梁组成，面积4.2万平方米。

40年来，院设计北京市城市道路、公路、铁路的立交工程有百余座，分布在市区环路和通往远郊及外地的放射路上，其形式多样，层数2～4层不等，具有代表性的有：1965年京密引水二期工程中，引水渠滨河路与昌平路相交处的部分苜蓿叶式立交、1974年二环路复兴门长条形苜蓿式立交、1977年二环路建国门机动车与非机动车分行的3层长条形苜蓿叶式立交，以及80～90年代依据道路网布局修建的三元、四元、天宁寺、三义庙等由两座及两座以上立交组成的立交枢纽等。

此外，在青岛、深圳及佳木斯等城市设计的立交桥近20座，并有多项获得了国家或市级优秀设计奖励。

为发展山区、沟通城乡和外省市的联系，40年来院设计30余条山区公路，共1000余公里。主要有地形艰险的北京市柏平公路；全长百余公里的北京市怀丰公路；体现旅游特色、通往长城风景名胜区的八达岭公路等。

结合设计项目和技术发展需要，院开展道路、桥梁工程的科学研究工作，其中突出的有历时8年的《北京市柔性路面设计方法与参数的研究》。该项成果对城市柔性路面提出采用按双圆荷载3层层状体系，以表面弯沉、弯拉应力、面层抗剪3项为主要控制指标的设计方法，通过建设部鉴定，纳入《城市道路设计规范》。另外，还完成《立交型式选择的适用条件及设计依据》、《城市道路立交工程交通功能评估系统》及《预应力钢铰线"压花锚"研制》、《立交桥柔性铺装防水材料性能研究》、《城市道路立交隔声屏障的研究》等重要项目，获得部、市级奖励。

在给水工程方面：

北京市水源八厂，设计能力37万立方米/日，是院在北京市设计的规模最大的地下水水厂。在总结长期开发地下水的经验基础上，采用大口径井管、组井等有效措施，使单井出水量高达1000立方米/小时，投产后实际总生产能力已突破设计能力，达50万立方米/日。

1985年院设计建成的北京田村山水厂，设计能力17万立方米/日，是国内首先采用臭氧活性炭联合工艺处理微污染水的大型地面水厂。

1979～1995年院相继设计北京市第九水厂一期、二期工程，设计能力均为50万立方米/日。一期工程采用常规处理后活性炭吸附的深度处理工艺，并从国外引进大机组调速水泵，液压转心阀，加药，加氯设备以及计算机控制技术等。二期工程净化工艺采用大波形板填料高效反应池、波形板侧向流沉淀池和厚滤床单层匀质煤滤料、气水微膨胀反洗式滤池等多项技术革新。一、二期工程均实现了水质、可靠性、电耗、药耗的设计目标。

至1995年，院共设计了10余条长距离、大口径输水工程。配合工程研制成功了新型的附属闸阀等设备，进一步保证运行的安全。

在水处理方面，1965年试验研究建成国内第一座机械搅拌加速澄清池，1966年研究设计并建成国内第一座虹吸滤池。1984年研制出同向流梯形斜板沉淀器，获国家发明奖，在北京燕山石化总公司田村水厂二期工程中应用，取得预期效果。

为适应农村给水改革需要，试验研究成功农村压力罐式自来水系统、压力罐简易补气装置、BZ型一体化净化器，在北京市及全国各地进行推广。

在排水工程方面：

排水管道工程设计，1965～1985 年配合北京市地铁与人防工程，设计并建成前三门东、西护城河改建为暗沟工程，总长 17.6 公里，最大设计流量 160 立方米/秒，断面最大宽 7.0 米，高 4. 4 米，为钢筋混凝土方沟。1956～1993 年，设计建成包括北京市护城河两岸总流域面积达 8500 公顷的 11 条污水截流管的通惠河污水系统。

城市污水处理工程设计，1962 年设计建成 26 万立方米/日的北京高碑店简易污水处理厂，70 年代设计建成设施齐全，采用深水中曝新工艺的首都机场污水处理厂，1993 年设计建成高碑店污水二级生化污水处理厂，一期工程规模为 50 万立方米/日，采用缺氧—好氧（A—O）活性污泥工艺，两级中温消化污泥处置及优选硝化与加氯、微孔曝气、沼气发电等措施。获北京市优秀工程设计一等奖。

工业废水处理工程设计，1974 年设计建成规模为 900 立方米/日的燕山石化总公司向阳污水处理厂，对多种有机化工混合废水采用隔油、沉淀——浮选——曝气——二沉处理流程。1993 年研究开发的深井曝气法新工艺，先后推广应用于北京市制药厂、太原制药厂等国内 20 多个高浓度制药、化工废水处理工程。1988 年在上海石化总厂水质净化厂设计建成了我国第一座使用国产设备仪表的氧气曝气处理设施。

此外，从 70 年代起，院陆续研制开发出固定螺旋曝气器，射流曝气器，密集多喷嘴，陶瓷微孔曝气头等多种高效曝气设备，并对城市污水的再生与回用进行了《中水技术开发和利用研究》、《中水道开发及示范工程》、《中水处理装置规范化、定型化》及《洗澡废水处理回用》等试验研究，推动了污水处理节能和城市污水回用技术的开展。

在给排水工程结构方面：

给排水管道设计，对混凝土基础的钢筋混凝土排水管道内力计算，提出弯矩系数的确定方法，在工程实践中取得良好效果；在给水钢管设计中，对荷载图形设置的规定进行调整，修正瞬间荷载作用下弯矩计算公式，取消刚性环设置的规定，取得了减薄管壁厚度的效果；对埋地钢管水泥砂浆衬里进行荷载试验，探索出水泥砂浆衬里裂缝开展及其强度变化的规律，已用于《给水钢管水泥砂浆衬里技术标准》。

贮水池设计，对现浇矩形钢筋混凝土水池采用独立基础整体浇筑底板的设计技术；在矩形装配壁板水池上首先采用了水平向后张预应力；大型矩形水池采用分若干标准单位组装成型的设计方法，可适应各种平面尺寸的大容量水池；对圆形装配式预应力水池提出了缠丝应力及其损失值以及在缠丝时的钢筋混凝土壁板的受力状态与壁板向内的径向位移规律等。

给排水工程结构抗震设计，首次在国内提出考虑管与土共同作用的地下管道地震动力分析模式；通过对有盖矩形水池结构的动力特性测定，给出了具体抗震计算公式和空间工作参数；通过在振动台上进行动力模型试验，拟定了采用弹性池壁脉冲动水压力的计算模式等。

在机电工程方面：

建院以来，针对设计需要，与生产、科研单位协作，完成了多项新产品的研制与新技术的开发应用。

60 年代，研制成功给水管道自闭式水锤消除器，经工程实践，于 70 年代制定了国家通用图。

80年代，为解决高层建筑加压供水系统的停泵噪声问题，在研制成功缓闭止回阀的基础上，研制出消声止回阀，取得了降噪消锤的良好效果。为改善当时国内普遍采用旧式“双孔自动排气阀”排气能力低等缺陷，研制成功“高速进排气阀”，提高了排气效果，保证了运行安全；在上述成果的基础上，又研制出一种可同时替代水泵出水管上电动阀、止回阀及水锤消除器的专用闸阀，即1阀代3阀的“双速自闭闸阀”。

80年代，在学习国外使用大型、高效调速水泵以节约电力的经验基础上，在北京市第九水厂一期工程中，引进了大型调速水泵，于90年代初提出《大容量水泵调速技术研究》的科研成果。

90年代，在已开发的大小孔口排气阀的基础上，研制成功“双孔高速进排气阀”克服了原有排气阀浮球易起跳的缺陷，构造紧凑，安全可靠；为满足北京市第九水厂从水库重力输水在管道上调压调流的需要，研制出一种可以安置在管道任意位置，用以调节压力、流量变化，并能减少气蚀的特种闸阀——调流消能阀。

五

改革开放后，院党委认真贯彻党的基本路线，结合各个时期的中心工作，坚持“两手抓，两手都要硬”的方针，党政工团齐抓共管，在提高干部政治理论水平和职工思想品德、专业素质上下功夫。1979年组织职工深入学习中共十一届三中全会文件，努力把院党委的中心工作转到现代化建设上来，把政治思想工作深入到生产业务中去。1981年开展“为人民服务，对人民负责”的大讨论，并在市规划管理局政治工作会议上交流了院关于落实知识分子政策、结合业务作好政治思想工作、加强班组建设、关心群众生活等工作经验。1983年开展“三优一学”（优质服务、优良秩序、优美环境、学雷锋）活动。1987年制定《院关于七五期间加强社会主义精神文明建设的九条措施》，并表彰在两个文明建设中成绩突出、勇于改革、发挥先锋模范作用的优秀共产党员和支部。1989年制定实施包括《精神文明建设考核计奖管理细则》在内的《党群管理标准七项规定》，发动全院职工对院处二级班子进行民主评议。1992年围绕“两保一挂”承包经营责任制的改革和实行岗位技能工资制，引导职工正确处理国家、集体、个人三者利益的关系，反对一切向钱看的思想。1993年引导职工从克服“自满情绪”、“因循守旧”、“吃大锅饭”、“等靠要”、“政治思想无所作为”等方面的不良倾向，解放思想，自觉走向市场，树立按劳、按效益、按贡献分配和敢闯、敢试、敢创的新观念，进一步明确“两手抓，两手都要硬”和政治工作服务于经济工作的思想。

在纠正行业不正之风和职业道德建设方面，1984年以来，先后围绕“送红包”、个人接受回扣、收受好处费、受聘兼职、业余设计等问题，进行群众性的议、摆、查活动，提高了党员和职工抵制不正之风的自觉性，并从管理上堵塞漏洞，使党风廉政建设纳入制度化轨道。1995年，建设部确定市政院为职工道德试点单位，院调查摸底，明确重点问题后，重点引导，评选典型，发动群众自己教育自己。最后，制定设计、科研、测绘、后勤和职能5个部门的职业道德规范，贯彻执行。

在党风、廉政建设和党纪教育方面，1982年提出全院在党风、党纪、院风等方面的奋斗目标和要求。1986年制定《关于党政技领导干部端正党风、纠正不正之风责任制的规定》，1988年修订为《关于端正健全党风责任制的规定》，明确提出各级党员领导干部要抓好党风建设，对自己管辖范围内出现党风问题承担责任。1990年制定了《关于加强处以上领导干部廉政建设的若干规定》，提高了领导干部自我净化、自我约束的能力。1995年，为了加强领导班子建设，规范成员行为，制定了《领导班子行为规范》，下发基层，以便职工对执行情况予以监督。

通过两个文明建设，市政院巩固发展建院以来长期形成的"为人民服务，对人民负责"、"顽强拼搏，勇攀高峰"、"深入实际，实事求是"、"团结协作，顾全大局"的传统与作风，发扬"团结、开拓、务实、自强"的院风，培育出一支好的干部、党员、专业技术人员、职工队伍，为院完成各项任务起到保证作用。

大 事 记

(1955.4～1995.12)

1955 年

4 月 8 日　北京市市政工程设计院成立。北京市人民委员会为改善市政工程分散投资、分散设计、分散施工出现的矛盾，决定组建市政工程设计院，以统一北京市的道路、桥梁、给水、排水、河湖（水利）等市政工程的勘察、设计和技术研究工作，并代行市政府建设方面的一部分综合管理职能。副市长薛子正出席成立会议。院直属北京市人民委员会领导，为局级事业单位，办公地点在西单北大街 114 号。院成立时，共有职工 541 人，其中专业技术干部 281 人（工程师 38 人），由北京市道路工程局、北京市上下水道工程局的勘测、设计、试验研究机构及原北京市市政建设委员会计划室的大部分人员合并组建而成。院长由道路工程局局长王明之兼任，副院长分别由上下水道工程局局长陈明绍和道路工程局副局长许京骐兼任。陈明绍兼任总工程师。

4 月 20 日　院务会议决定，4 月 25 日正式合并办公。院机构设置有：办公室、人事科、计划室、总务科、第一设计室（道路专业）、第二设计室（河湖、水利及排水专业）、第三设计室（给水专业）、市政工程技术研究所、测量钻探队。

4 月下旬　建立中共北京市市政工程设计院支部，有共产党员 20 名，许京骐任支部书记。

建立共青团院团总支，有团员 50 余名，范励修任书记。

建立九三学社院支社，有社员 23 名，黄震东任主任委员。

6 月 1 日　院务会议讨论通过《委托设计合同》（上级下达以外的设计任务）。

7 月 22 日　为提高设计思想和设计质量，院开展群众性检查设计工作，历时一个月。

8 月　经中共北京市委批准，成立院党组，许京骐任书记。

8 月　根据中共北京市委统一部署，开展了肃反运动（于 1957 年 6 月结束）。

9 月 23 日　根据薛子正副市长指示，王明之院长主持召开北京市市政建设第二个五年计划座谈会。参加会议的单位有：薛副市长办公室、城市规划管理局、规划局设计院、上下水道工程局、道路工程局、公用局、园林局、电业局。座谈会根据“为中央服务、为生产服务、为劳动人民服务”的方针，按照节约资金、合理发展、互相协调的原则，制定了北京市市政建设第二个五年计划的工程项目（草案），上报薛副市长。

10 月　承担北京市水源三厂设计任务，设计供水能力 1．5 立方米/秒，包括水源井 12 口，配水厂 1 座。工程 1956 年 10 月竣工。同时，开展北京市水源四厂至阜成门配水干管设计，管径 1000 毫米，长约 7 公里。

12月28日　院务会议讨论通过《计划管理制度》,《设计总负责人制度》,《设计审核制度》。

本年　开展北京市阜成门至猪市大街西口道路工程设计，沥青混凝土路面宽12～20米，长5.93公里。

1956年

1月中旬　完成北京市北海大桥道路改建工程设计。采用旧桥展宽、团城不动的方案。工程于1957年7月7日竣工通车。

1月16日　开展北京市永定河引水工程渠道及隧洞设计。引水流量35立方米/秒，引水渠长25公里，于1956年2月竣工，4月正式通水。

2月　为贯彻落实中共中央及北京市市委关于做好知识分子工作，加强党对科学文化工作领导，党组制定《知识分子工作七年规划》上报市委。

3月7日 北京市计划委员会批复，同意院提出的设计阶段划分，即一般工程按两阶段（初步设计、施工图设计）设计；新建及较大规模改建的水源厂、污水处理厂工程，应按国家建委《工业、民用建筑设计和预算编制暂行办法》的规定，按初步设计、技术设计和施工图三个阶段进行设计。

3月15日　院党组决定，成立院党总支委员会。经党员大会选举，市人委机关党委批准，许京骐任总支书记。

3月17日　成立院技术委员会。王明之任主任委员。

3月　根据市人委统一部署，进行工资改革工作。所有职工按新工资标准进行定级、套级（于6月结束）。

5月15日　《北京日报》登载了院与道路工程局联名复《北京日报》编辑部的公开信。复信中表示接受《北京日报》4月26日发表题为《道路工程的质量必须提高》的社论批评（主要指道路工程翻浆），检查了保守思想和自满情绪等问题。

7月　完成北京市西单至复兴门道路工程设计。路长1.56公里，路面宽35米，拆房2584间，与复兴门外大街贯通。1957年9月竣工。

8月　完成北京市前三门护城河北岸污水截流管工程设计。最大管径1500毫米，全长5.86公里。

9月5日　北京市计划委员会批准院在白纸坊兴建宿舍楼3100平方米23套，于1957年3月竣工。1978～1995年底经批准又陆续建宿舍楼45935平方米683套。

10月　开展北京市御河污水管道设计，管径1000毫米～1250毫米，全长近两公里。同时开展北京市台基厂道路、雨、污水管道设计，管道为双层结构，上层雨水，下层污水，以节省管道位置。

11月15日　陈明绍副院长随同彭真市长为团长的北京市代表团，应邀抵莫斯科进行友好访问。

12月　成立院工会，隶属北京市总工会市政工会，黄震东任工会主席，1959年3月根据市总工会通知，停止活动。

1957 年

2 月　经市人委编制委员会批准，成立技术室。

3 月 7 日　市人委任命林治远、李肇祥为院副院长。

3 月　完成北京市第一条三幅形式道路三里河道路工程设计。机动车与非机动车分行。当年竣工。

3 月　开展北京市通惠河北岸污水干管工程设计，全长 7.06 公里，半椭圆拱沟，沟径 2100 毫米～2500 毫米，1958 年竣工。

4 月 29 日　院务会讨论通过《计划管理制度》。

5 月中旬　根据党中央 4 月 27 日发布的《关于整风运动的指示》和中共北京市委 5 月 16 日发出的《关于开展整风运动的通知》的部署，开展了整风运动。6 月 10 月根据党中央及市委指示精神，开展了反右派斗争。11 月份转入整风整改阶段。运动于 1958 年 8 月结束。

6 月 11 日　院务会议讨论通过《勘察设计工作程序》、《各级生产人员责任制》。

7 月 20 日　市人委第 29 次会议，任命钟铮为院副院长。同日市委任命钟铮为院党组副书记。

12 月 18 日　根据市委、市人委指示及整风运动中群众所提意见，院拟定了《关于进一步紧缩机构，精简行政人员，下放干部劳动锻炼的初步方案》，报经市人委编制委员会批准执行。

12 月　进行北京市斋堂公路设计。该公路起自门头沟区芹峪口，经下马岭、青白口、斋堂至上清水，全长 33.6 公里，路面宽 6 米。为院设计的第一条规模较大的山区公路。于 1959 年 5 月建成。

12 月　完成北京市莲花河整治工程设计，并将原接入南护城河改道接入凉水河。

12 月　完成三阶段预应力钢筋混凝土管研制科研课题。

1958 年

1 月　开展北京市十三陵水库大坝工程设计。大坝为黏土斜墙坝，最大坝高 29 米，库容 8100 万立方米。工程于同年 6 月 30 日建成。

1 月中旬　院党总支进行改选。钟铮任书记。

1 月 30 日　根据市委工作部署，党组决定，发动群众开展反浪费、反保守运动。2 月初在院干部大会上进行动员，7 月份结束。

2 月　院设计的北京市东南郊灌渠工程开工。灌渠由护城河引水，渠道设计流量 6 立方米/秒，可灌溉农田 5.2 万亩。

3 月　开展北京市怀柔水库大坝工程设计。坝体为黏土斜墙坝，最大坝高 21 米，总库容 9800 万立方米。当年施工，7 月 19 日竣工。

3 月　完成北京市通惠河北岸污水总干管工程设计。是内城和东郊污水的下游主干管，全长 2.07 公里。半椭圆砖拱最大结构断面为直径 3200 毫米。

3月24日　院党组会议传达学习彭真同志关于整风和红专问题的报告。

6月　完成北京市建国门内大街道路工程设计。路面宽35米，全长1400米。当年施工，年底竣工。

6月　完成北京市京周公路小清河桥设计。钢筋混凝土连续梁结构，桥宽9米，最大单跨20.6米，桥长160米。

10月28日　根据北京市人民委员会决定，市政院隶属关系改由北京市城市规划管理局领导。同时，办公地点由西单北大街114号迁至礼士路60号市规划局院内。

12月28日　根据市委建工部指示，由建工部、市政工程局和市政院组成的道路桥涵、给排水两个工程质量检查组，对1958年“大跃进”中的市政工程进行检查。于1959年1月上旬结束。

12月　进行天安门广场、东西长安街、北京火车站等市政工程综合设计。这是中华人民共和国成立以后规模较大，地下、地上市政公用设施较齐全、较集中，标准较高的市政建设项目。由市政院主持，组织近10个设计单位、十几种专业的设计人员，共同进行。于1959年2月完成。

本年　开展北京市密古公路辛庄潮河桥设计，桥长256米，采用沉井基础，钢筋混凝土双悬臂梁及中间吊梁。

1959年

1月8日　院党组扩大会议，传达中共市委副书记刘仁对基建工程的几点指示和市委对学习党中央八届六中全会文件的要求。党组决定一季度要对工程质量、土洋结合、采用新技术、知识分子政策、党对设计工作的领导5个方面进行总结。对六中全会文件组织全体干部学习。

1月14日　召开全院干部大会。传达陈云同志在杭州基建工程事故现场会的两次讲话及市委建工部组织的工程质量检查查出的设计质量问题和应吸取的经验教训。6月，根据市人委指示，组织工程技术人员对建国十周年国庆工程项目进行了全面检查。

3月　院设计的北京市南城输配水干管开工。自水源四厂至天坛东门，全长8公里多，管径1200毫米，于1960年竣工。

4月　完成国庆工程项目北京东长安街改建工程设计。改建东单至南长街路口及道路，将双辐路改为单幅路，路宽44～50米。同年3月开工，8月竣工。

4月　完成京承公路密云至古北口段改线设计。路段长33公里，路面宽6米，工程于12月竣工。

4月　完成国庆工程北京市天安门广场道路、给水、排水工程设计。天安门广场面积由11公顷扩大到40公顷，游行大道铺了长390米、宽80米的花岗石路面，与广场联成一体。同年9月竣工。

4月　完成北京市水源五厂设计，解决酒仙桥地区用水。设计供水能力0.3立方米/秒，凿水源井15口。

6月　完成北京市崇文门火车站站前广场，道路及给、排水管道设计。

8月中旬　根据市委、规划局党组布置，开展“反右倾”整风运动，于1960年7月结束。

9月　进行京密公路工程设计。按一级公路标准，全长73公里。路基宽25.5米，1959年10月开工，1960年4月停工。直至1977年按原定线路重新完成设计，路面宽23米。1978年复工，1980年底竣工。

10月　副院长陈明绍调北京工业大学工作。

10月18日　开展北京市海子水库大坝设计。总库容4980万立方米，最大坝高28米，工程于1960年7月建成。1968、1978年两次进行续建，库容扩大为1.21亿立方米。

12月　完成北京市密古公路清水河桥设计，是配合兴建密云水库、密古公路改线的新桥。上部结构为钢筋混凝土双悬臂梁，最大单跨27.5米。下部结构为沉井基础。桥长160米，桥面宽8.5米。1960年建成。

1960年

1月　开展北京市运潮减河设计。包括通县北关拦洪闸、分洪闸各1座及河道全长11.5公里，分洪流量每秒500立方米。全部工程1965年汛前竣工。

2月　市委决定丁洪调市政院任党组书记兼院长。

2月　开展北京市南城雨水干线设计，以解决南城金鱼池、法华寺地区严重积水问题。雨水方沟最大断面4400毫米×2400毫米。

3月　根据国家科委、市科委要求，院制定《技术革新和技术革命运动三年（1960～1962年）设想和1960年的科学技术重点研究项目》。

9月　市委决定市政院成立党委会，撤销党组。党的关系隶属市委建工部领导。

同月，经市委批准，北京市市政工程设计院更名为北京市市政设计院。

11月10日　全体党员大会，选举第一届党委会，由9人组成，设常委5人。12月6日经中共北京市委批准，丁洪任党委书记，钟铮任党委副书记。

11月14日　根据市委布置，开展“三反整风”运动（反贪污、反铺张浪费、反官僚主义）。于1961年5月结束。

12月27日　党委会讨论通过《关于党委会议制度的几项规定》。

本年　完成北京市京密引水一期工程设计。由密云龚庄子进水闸至昌平县西崔村，渠道全长55公里，渠底宽20米。工程于10月开工，1961年3月基本完工。

1961年

1月　为治理北京市东南郊洪涝灾害开展天堂河疏浚工程、凤河下游疏浚工程设计。工程包括天堂河出口改至永定河及开挖48公里长凤港减河，将凤河洪水导入北运河。工程1963年竣工。

1月11日　根据市委指示，党委决定在全体职工中进行国内形势的思想教育。统一思想认识，振奋精神，发奋图强，自力更生，战胜困难，把群众的积极性引导到工作、学习方面。

3月20日　为贯彻执行干部参加体力劳动锻炼制度，抽调53人（占应下放劳动人数的50%）去小汤山人民公社桃峪口新村、水源六厂（工地）、满井副业基地等处锻炼1年。

6月10日　院决定成立总工程师室，加强技术责任制。

7月13日　党委会传达党中央《关于精简职工工作若干问题的通知》。8月10日党委会传达市委建工部关于精简工作的指示。此后开展精简工作，于1963年5月结束。全院共精简职工139人，其中干部57人，工人82人，带走回乡家属57人。

7月　院制定《科学研究管理暂行办法》。

9月6日　根据聂荣臻、陈毅关于知识分子工作的报告，党委决定，总结3年来贯彻党的知识分子政策及政治思想工作。在肯定成绩的同时也总结了经验教训。

11月23日　党委讨论贯彻执行中央《关于对自然科学研究机构当前工作的意见》、《科学工作十四条》的几个重要问题。于1962年2月拟定正式报告上报市委建工部、大学科学工作部。

1962年

1月6日　经市委建工部批准，李远义、力伯法任院副总工程师。同日，党委决定，任命7名中青年干部分别担任设计室主任、副主任，党支部书记。

2月　院务会讨论通过《总工程师室职责范围》。

3月12日　院务会讨论通过《一九六二年计划管理工作措施》和《勘测与设计协作配合试行措施》。

4月25日　根据北京市委指示，进行院4年工作总结（1958～1961年），上报市委建工部。

9月4日　召开全体党员大会，进行第二届党委会换届选举。经市委批准，丁洪任党委书记，钟铮任党委副书记。

9月　院务会讨论通过《设计总负责人工作制度》、《技术总结管理制度》、《技术档案管理制度》。

9月16日　根据市委要求精简机构的精神，经城市规划管理局批准，技术研究所缩编为试验研究室。

1963年

2月8日　许京骐副院长、黄震东副总工程师到水电部向钱正英部长汇报北京市京密引水二期工程设计方案。钱部长指示：同意工程优先列入基建计划，按设计程序报部审批。

4月8日　根据市委布署，开展“五反”运动（反贪污盗窃、投机倒把、铺张浪费、分散主义、官僚主义），年底结束。

4月22日　党委书记兼院长丁洪调市园林局工作。

7月8日　张启功调院任党委书记兼院长。

7月20日　许京骐、李肇祥副院长，黄震东副总工程师向万里、赵凡、王宪等市领导汇报北京市京密引水二期工程设计方案。万里指示：许京骐、王觉民、钟国生为3人小组，具体领导工程的设计工作。

7月29日　根据北京市人事局的布置，在职工中进行调整工资工作。总升级面占职工总数的43.1%。11月调资工作结束。

8月9日　北京市城区普降特大暴雨，最大降雨量300毫米～400毫米。在暴雨中院组织技术人员到二龙路、西直门外北下关，佟麟阁路等积水地区进行观测调查，院领导还分头到各河湖、水库调查。

8月29日　市委王宪同志召开讨论北京市几项拟建水利工程会议，许京骐副院长参加。会议决定，京密引水工程定西线，通航问题要进一步讨论。

10月16日　经市委建工部批准，撤销党团办公室。成立党委办公室、组织部、宣传部。

10月　院制定《十年科学技术发展规划》。

11月3日　市政院领导向万里、冯基平、赵凡、王宪等市领导汇报怀柔水库续建设计方案。

12月9日　党委决定，将13名解放后毕业的九、十级技术员晋升为工程师。

本年　完成分别位于北京市通县凉水河支流及港沟河上的马坊、兴隆庄、梁家务3座排涝泵站工程设计，排水能力分别为3.52立方米/秒、3.24立方米/秒、2.1立方米/秒。

1964年

1月31日　院职工大会，传达市委《关于各行各业中普遍开展学大庆赶大庆运动的决定》。掀起比、学、赶、帮活动。

2月17日　院党委听取设计质量检查汇报。认为全院设计质量总的趋向有所提高，执行方针政策也是好的。

2月20日　召开全体党员大会，进行党委换届，选举第三届党委会。经市委批准张启功任书记、钟铮任副书记。

3月　开展北京市水源六厂改扩建工程设计。采用经过模型试验、生产性试验设计开发的机械搅拌加速澄清池新技术。工程于1965年秋经试运行投产。

3月　院务会讨论通过《科学技术研究成果技术鉴定办法》。

3月　规划管理局党组决定院测量钻探队调出，并入规划局勘测处。

4月28日　副院长、副总工程师李肇祥调市规划局工作。

6月　院务会讨论通过《设计技术责任制》。

10月13日　院领导及有关设计人员向万里副市长汇报北京市东轴线道路设计方案，东轴线道路自八王坟至通县，长13.8公里。

10月19日　水利部技术委员会审查院设计的北京市十三陵水库续建工程设计，同意十三陵水库续建工程的设计方案。防洪标准提高为百年一遇洪水设计，千年一遇洪水校核。

10月23日　市水利局设计处17位技术人员合并到院第二设计室工作。

10月　开展北京市三雁路工程设计。该路属战备及支援山区建设性质公路，全长

33.85公里，路面宽8米。公路有隧洞两座，其中穿越长安岭的东方红隧洞，长506.55米。工程于1966年10月竣工。

11月1日　传达毛泽东主席对1965年2月将召开的全国设计工作会议的重要批示。11月21日全院部署，开展设计革命运动。1965年3月传达贯彻全国设计工作会议精神，5月召开全院职工大会，进一步发动群众开展设计革命运动，12月28日进行了设计革命运动总结。1974年10月26日，北京市召开庆祝毛泽东主席号召开展设计革命运动10周年纪念大会，院职工200余人参加。11月1日，院召开庆祝大会，周立人代表党委对10年来的设计革命运动进行了总结。

本年　成立院山区公路勘测设计队，负责北京市战备公路设计。

1965年

1月　进一步发动群众，深入开展设计革命运动，组织设计人员下楼出院进行现场设计，一季度有147名设计人员深入44个工程项目。

1月　院抽调一批水利专业技术人员，组建了橡胶坝试制小组，与化工部橡胶研究总院、北京橡胶厂合作，于1966年6月在右安门外南护城河建成国内第一座柔性结构水工建筑橡胶坝。

5月下旬　根据规划局党组要求，党委决定成立3个工作组，分别深入三雁路（山区公路）、水源六厂、地铁（配合工程）现场设计小组，抓学习毛主席著作，抓贯彻群众路线，作好两个"三结合"，抓技术革新。通过现场设计，考察了解干部，帮助设计小组作好思想政治工作。

6月　完成北京市白河堡桥的工程设计。上部结构为5孔33米预应力混凝土简支梁，为当时北京市单跨最长的预应力混凝土简支梁桥。

6月11日　为设计北京市印染厂供水工程，院邀请建工部北京给水排水设计院、纺织部设计院、清华大学及市自来水公司等单位专家，对院采用的虹吸滤池新技术设计方案讨论提出意见。

7月1日　市人委决定，钟国生调市政院任院长，免去张启功院长职务。

7月5日　根据市委决定，院抽调5名工程技术人员支援越南修建北方3号公路建设。于1967年完成任务回院。

7月15日　钟国生院长和黄震东副总工程师及第二设计室技术人员参加水利电力部召开的全国水利设计先进经验交流会。

7月　配合北京市地铁一期工程和人防建设，开展前三门护城河改暗沟工程设计。由崇文门至复兴门全长5781米，最大断面8.5×4.2米，钢筋混凝土结构。工程于1966年6月竣工。

7月　根据市委决定，院恢复党委领导下的院长负责制。

8月下旬　党委决定为支持农村建设，派出给水设计人员到北京市平原区、深山区缺水地区进行农村给水调查规划设计。先后到石景山区西黄村，朝阳区的东坝镇、半壁店，房山县深山区的青林台、金鸡台、四马台、鸳鸯水、柳林水村庄调查，并进行了设计。

9月　开展北京市京密引水二期工程设计。工程由昌平县西崔村至海淀区玉渊潭，渠道全长56.56公里，渠底宽20米。工程于10月开工，1966年4月竣工。

10月20日　市委建工部任命黄常为院党委副书记。

12月15日　市委建工部任命史乃俊为院党委副书记。

12月23日　《北京日报》发表社论，对市政院在南护城河疏浚工程设计中，贯彻以农业为基础的方针，利用弃土填洼地造田的措施给予肯定。

1966年

1月10日　北京市十三陵水库溢洪道续建工程右岸发生塌坡。院副总工程师黄震东等人去现场了解。1月27日，规划局局长佟铮等领导也到现场了解情况，对地质问题作了指示。

2月17日　院职工大会，听焦裕禄同志先进事迹录音报告，在职工中掀起学习焦裕禄同志的热潮。

6月2日　院出现第一张大字报“炮轰”院党委。

6月21日　院第一个群众性“战斗队”组织成立。

6月23日　北京市新市委派以李汉臣为队长的文化革命工作队进驻院。

7月16日　在文化革命工作队领导下，成立院文化革命委员会。宋兆瑞任主任。

8月24日　北京市建委系统各单位文化革命委员会，联合在中山公园音乐堂召开“批斗”建委系统领导大会。院有12名院级、中层党政领导干部被“揪斗”。

1967年

1月4日　国家建委发出通知，北京城市建设总体规划暂停执行。

1月14日　在上海“一月风暴”的影响下，院群众组织东方红公社宣布全面“夺权”。

1968年

2月24日　经北京市革命委员会批准，院成立革命委员会。任命张启功为革命委员会主任，钟铮、史乃俊为副主任。

3月15日　经北京市革命委员会批准，院成立党的核心领导小组，张启功任组长，钟铮任副组长。

4月12日　根据上级部署，开展清理阶级队伍。

7月18日　北京市革命委员会决定：院改属市政工程局领导。党的组织关系属市政工程局党委领导。

9月4日　院革命委员会讨论通过《整党工作计划》。

9月10日　开始分批举办建党学习班。党员有100人，群众代表32人参加，学习班于10月15日结束。

9月19日、22日　首都工人毛泽东思想宣传队、解放军毛泽东思想宣传队先后进驻院参加各级领导班子。军宣队队长王强毅参加革命委员会领导。

年底　北京市市政工程局市政工程研究所调入市政院。

本年　开展北京市琉四公路工程设计。自怀柔县琉璃庙至延庆县四海，全长41.4公里。按六级公路标准设计，路基宽7米～7.5米，建大、中桥7座。

1969年

2月5日　北京市革命委员会决定，将市政工程局，城市规划管理局，建筑工程局和城建委等，合并成立北京市建设局。市政设计院随市政局归属建设局。党的组织关系属建设局党委领导。

3月　开展北京市南护城污水截流管设计，分永定门以西、以东及龙潭湖以北三段设截流管及泵站，将污水抽送农田灌溉。

6月　开展北京燕山石化总厂向阳污水处理厂设计。一期工程设两座生化处理池，处理水量26立方米/时，此后1970～1971年，进行二期工程设计，处理水量一级900立方米/时，二级600立方米/时，于1974年建成。1979年进行三期工程设计，增加前进化工厂污水600立方米/时，直接进入曝气池，1981年建成。

10月　院负责设计的密云大关桥开工，是一座战备性重要公路桥梁，为三孔双曲拱桥。单孔跨度72米，是北京市单跨最大的一座桥梁。工程于1971年竣工。

本年　开展北京市柏平公路工程设计。自密云县二平台至怀柔县柏查子，全长22公里，为一山区公路，建大、中型桥和隧洞各5座。

1970年

1月2日　院第二设计室（水利室）划归北京市水利局。原院长钟国生、原党委副书记黄常同时调往水利局。

1月12日　院革命委员会副主任钟铮调水利局工作。

12月1日　黄昏调院任革命委员会副主任。1971年9月17日调贵州市工作。

本年　开展北京燕山石化总厂胜利化工厂外部给水工程设计。设计水量0.7立方米/秒。工程包括大口井、管井各两口，管径700毫米～1000毫米输水管14.5公里，中间设有加压站一座。

1971年

6月　经建设局决定，原北京市市政工程局市政工程研究所调出市政院。

11月8日　周立人到院任党委书记兼革命委员会副主任。

12月31日　孙谦调院任革命委员会副主任。

12月　北京市水源八厂工程开始编制计划任务书和初步设计。1974年9月进行施工，1979年4月一期工程投产，1980年6月二期工程供水，1982年工程全部竣工，设计日供水量为37万立方米/日。工程包括水源井37口，输水管管径1200毫米～2000毫米，长

37公里，加压站、配水厂各1座，配水干管管径1400毫米～2000毫米，长11.5公里。

1972年

3月　承接北京市怀丰公路重建设计任务。该工程为战备公路，按三级公路标准设计，长103公里，建大、中型桥梁28座，1974年初完成设计，1976年竣工。

3月15日　传达市领导讲话精神，布置批判林彪《571工程纪要》。

5月8日　贯彻全国、北京市计划工作会议的精神，进行机构改革。建设局党委批复：⑴院职能部门设两室、一处、一科；即办公室、设计管理室，政治处，行政管理科。②政治处下设组织组（包括人事）、宣传组、保卫组；③设计管理室下设计划管理组、技术管理组、科研情报资料组。托儿所归行政管理科。其他同意院上报意见。

5月15日　贯彻国务院《关于调整部分工人和工作人员工资的通知》。院480名职工中，调级的有50人，占职工总数的10.4%，6月底基本结束。

5月30日　党员大会换届，选举院第四届党委会。周立人任党委书记，王强毅、孙谦任副书记。

6月　开展北京工人体育场塑胶跑道设计。这是国内第一条塑胶跑道，1979、1991年又进行了两次翻建。

7月17日　开展北京市二环路立交方案设计。为配合地铁二期工程，提出9处道路立交方案，上报市革命委员会。

7月31日　根据国家建委要求，发动群众进行设计质量检查。对1970～1972年上半年的297项设计与47项试验研究项目进行了检查。

9月　开展首都钢铁厂焦化厂含酚废水生化处理工程设计，处理水量4800立方米/日。

11月23日　根据市委城建组通知，撤销建设局。恢复原市政工程局、城市规划管理局、建筑工程局。市政院回归市政工程局领导。

11月26日　党委扩大会决定恢复成立院技术委员会。孙谦任主任。

本年　开展首都国际机场供水工程设计。工程包括水源井10口，曝气除铁处理，设计水量800立方米/时。

1973年

3月9日　党委扩大会议，讨论通过《贯彻国家建委设计会议精神的几点意见》。

3月10日　党委扩大会讨论关于培养新生力量及发展新党员、干部下放参加体力劳动。决定从4月份开始，所有干部除老弱病残外，每人每年劳动不少于30天。

4月12日　院革命委员会主任张启功调建筑工程学校工作。

4月27日　党委扩大会议讨论贯彻环境保护会议精神，总结院废水处理工程设计的成绩与存在的问题。

5月14日　院务会议决定实施《各级技术责任制》。

6月　院务会议决定实施《试验研究室科研管理制度》。

9月　承担北京燕山石化总厂30万吨乙烯供水工程设计任务。工程包括取水泵站、净水厂、加压站及配水厂，管径1500毫米、1200毫米输水管各45.5公里。1975年6月完成施工图设计。

12月24日　王琪调院工作，任革命委员会主任。

1974年

1月　开展首都国际机场扩建工程市政工程配套规划设计。包括首都机场进场道路、雨污水管道。

1月　开展北京燕山石化总厂房山至北京重油、乙烯、汽柴油管道工程设计，院负责线路及土建工程设计，管道总长62.8公里，工程于1976年竣工。

4月17日　市政局党委派工人工作组来院工作。

4月　开展首都国际机场污水处理厂设计，处理水量1.5万立方米/日，采用二级处理工艺。1979年10月竣工。

8月　开展首都机场场前区和配套工程设计。其中进场路Ⅱ号立交桥，是跨越进场路运行大型飞机的立交桥，为国内首例，于1976年建成。

8月3日　市政局党委通知任命邢宝洲为院党委副书记。

10月　院设计的复兴门立交竣工，是北京市第一座城市道路两层互通式苜蓿叶形立交。

11月9日　根据市政工程局党委《关于市政设计院试验研究室与市政工程研究所合并问题的通知》，市政院试验研究室的道桥组、材料结构组、土工试验组和测试组的全部人员和设备，以及机加工车间大部分人员及设备合并到市政工程研究所。原给排水组和化验组仍留院。

12月5日　院党委副书记兼革命委员会副主任孙谦调市政工程研究所工作。

本年　开展北京市东护城河改暗沟工程设计。采用双孔钢筋混凝土方沟，断面宽4.4～7.0米，高4.2～4.4米。

1975年

3月12日　经市政局党委常委批准，许京骐任市政设计院总工程师兼设计管理室主任。

5月22日　召开党员大会，周立人代表第四届党委作工作总结报告，并选举第五届党委会。经选举，并于5月29日经市政工程局党委批准，周立人任党委书记，王琪、邢宝洲任党委副书记。

7月下旬　刘安五调院工作，任革命委员会副主任。

8月　开展北京市东护城河东岸污水管设计。管径1800毫米钢筋混凝土管，全长5.32公里。

9月10日　北京市革命委员会基建委员会通知，为加强规划设计工作的统一领导，经市委批准，将市政设计院由市政工程局划归城市规划管理局领导。党的组织关系归城市规划管理局党委领导。

9月11日　为迎接北京市石油化工总厂进口成套设备的大件运输，根据国务院、国家建委、交通部关于大件运输在特大货件载运前做全程实载试验的要求，院派27名科研技术人员参加了市计委领导、交通局大件运输指挥部组织的大件运输公路北京段东起京津公路通县觅子店、西至房山阎村路段，长99.3公里的测试。于11日开始，24日完成。

10月中旬　院革命委员会主任王琪调城市规划管理局工作。

本年　开展北京市京顺公路工程设计。按一级公路标准，双幅路各宽12米，长度15公里。

1976年

1月中旬　应中国建筑工业出版社之邀，院研究室《农村给水》编写小组开始进行社会调查和编写工作。

4月　院派设计人员参加以工人为主体的北京市前三门三结合市政规划设计小组，配合前三门高层住宅建设进行市政道路、给水、排水配套工程设计。

10月20日　全院职工大会，党委书记周立人传达中共中央文件及华国锋关于解决“四人帮”问题的讲话。

11月　院传达北京市委、市革命委员会《坚决拥护党中央果断处理“四人帮”篡党夺权问题的决定》，开展批判“四人帮”。

1977年

1月8日　全院职工集会，纪念敬爱的周恩来总理逝世一周年。

2月8日　经城市规划管理局党委常委讨论决定，梁凡初任院革命委员会副主任。

3月18日　召开全院职工大会，传达中共中央1号文件，动员开展学大庆。

8月3日　院革命委员会通知试行《计划管理制度》、《技术管理制度》、《科研管理制度》。

9月9日　召开全院职工大会，纪念毛泽东主席逝世一周年。

9月30日　院设计的北京市阜成门立交桥工程竣工。

10月8日到14日　北京市召开科学技术大会，院试验研究所被评为北京市科技战线先进集体。《农村给水》、《快慢车分行的道路立体交叉》、《首都机场立交桥新工艺》、《澄清过滤综合水净化构筑物》、《同向流斜板沉淀池》等几个项目被列为北京市科技重要成果。

12月5日　根据市委决定，对部分职工进行调整工资工作。全院共有229人升级，占全院职工668人的34.28%。

1978年

2月27日　进一步贯彻落实北京市工业学大庆会议精神，召开全院职工“学大庆誓师大会”，并宣布道桥设计室被命名为市“学大庆标杆集体”。

3月18日　全国科学大会召开。在这次大会上，院开发的科研成果《农村压力罐式自来水系统》、《同向流斜板沉淀池（给水斜板斜管沉淀装置）》、《自闭式水锤消除器》、《快速澄清滤池——综合净水构筑物》，获全国科学大会奖。

5月上旬　根据市委通知，撤销院革命委员会，恢复党委领导下的院长负责制。

5月11日　经城市规划管理局党委常委决定：刘安五、赵遐任院党委副书记。许京骐任副院长兼总工程师。

6月20日　中共北京市委基本建设委员会政治部通知，任命刘安五为院长。

7月11日　经城市规划管理局党委常委会研究同意，院11名技术员晋升为工程师，是“文化大革命”后第一批晋升的工程师。

9月　根据国家经委关于开展“质量月”活动的通知，开展第一次“质量月”活动。进行群众性质量大检查，共检查了184个设计项目和19个科研课题。随后每年进行一次质量大检查。

10月9日　根据市委指示，院对“文化大革命”运动中受审查人员遗留下来的问题落实政策。

10月18日　国家基本建设委员会颁发了院主编的《室外给水排水和煤气热力工程抗震设计规范》，并于1979年8月1日起试行。

10月30日　经城市规划管理局党委常委会讨论通过：史乃俊、梁凡初任市政设计院副院长。

1979年

1月　开始进行北京市田村山净水厂工程初步设计。

2月　院设计的北京市西郊污水干线工程开工。西郊污水干线北起甘家口，南至拟建的万泉寺污水泵站，全长6.9公里。最大断面为3500×2300毫米钢筋混凝土方沟，是当时北京市最大的一条污水干管，也是第一次在大型污水管道上采取预制钢筋混凝土结构。第一期工程于1982年6月建成通水。二期工程于1982年开工。1989年4月17日全部完工。

3月12日　城市规划管理局党委通知，刘安五任院党委书记。周立人调建筑工程学院工作。

3月12日　院递交城市规划管理局并市建委《关于市政院拟逐步实行企业化管理的报告》。

3月14日　院务会决定对生产工作进行考核和统计的9项指标。

4月4日　中共北京市委、北京市革命委员会召开北京市1978年大庆式企业命名大会。院被命名为“大庆式企业”单位。

7月19日　经城市规划管理局党委会研究同意：石鑫培任院副院长。林治远任院总工程师。

8月21日　重新成立院技术委员会。

10月　由院设计的北京市建国门道路立交工程竣工。建国门立交是北京市第一座快慢分行的三层互通式立交。

11月8日　北京市人事局复函院，同意从委托工程收费中留25%作为职工资金来源。

11月15日　北京市计委、北京市建委、北京市财税局联合发出《关于市政设计院对委托设计项目试行取费的通知》，同意从1979年10月1日起实行。

1980年

2月12日　院务会决定：从今年开始试行院、室两级经济核算。

3月25日　成立“技术干部职称评定委员会”，林治远总工程师任主任委员，石鑫培副院长、赵遐副书记任副主任委员。

4月　完成北京市南城污水干线下游工程设计。工程包括2根管径1950毫米钢筋混凝土管，长2.16公里。

5月　进行1979年度调整职工工资工作。升级337人，升级面为48.42%。

7月17日　副院长梁凡初调北京市人大常委会工作。

9月11日　承接黑龙江牡丹江大桥设计任务。这是院实行委托设计收费后，第一次接受外省市的大型桥梁委托设计任务。该桥采用双向预应力钢筋混凝土简支梁，重力式墩，埋置扶壁式桥台，共13孔，跨距40米，共长520米。

9月　院设计的永定河引水渠污水截流干管开始修建。工程全长7.8公里，最大管径1640毫米，于1983年7月竣工。

11月6日　经城市规划管理局党组同意，李远义、力伯法任院总工程师，王禹华任院副院长。

12月25日　院设计的二环路北半环快车道建成通车。道路全长17公里，采用三幅路形式，机动车道宽22.7米，二侧非机动车道宽6米。

1981年

1月31日　全体党员大会，选举中共院第六届党委会，刘安五任书记、赵遐任副书记。

2月3日　成立党的纪律检查委员会，赵遐兼书记。

2月　开展北京市北护城河治理工程设计，全长约5公里。河底宽26米，采用钢筋混凝土直墙护岸。沿河设节制闸2座。

同期，进行北护城河北岸污水管设计，全长4.8公里，最大管径1300毫米。

3月18日　召开全院职工大会，动员开展“为人民服务，对人民负责”的大讨论。

5月14日　恢复院工会。邢宝洲任工会主席。

5月　开展北京市门头沟城子水厂扩建设计。设计供水能力4.3万立方米/日，地面水源净化工艺采用常规处理及升流式活性炭滤池。1983年完成施工图设计。

6月7日　院获得国家建委第一批制发的国家级市政工程设计单位证书。

12月　院设计的北京市西南三环路建成通车。

1982年

2月24日　贯彻中央书记处关于首都建设方针的4项指标，开展五讲四美活动。进行集体主义、爱国主义教育。

8月　院设计的北京市学院路雨水暗沟工程开工。工程自土城沟至清河，全长9.65公里，最大断面为4500毫米×2500毫米的方沟。于1983年6月竣工。

9月23日　院党委会决定试行《北京市市政设计院院长工作暂行条例》。

9月24日　院党委会决定试行《中共北京市市政设计院委员会工作制度》。

11月10日　经北京市技术职称评定委员会评定，院有6人晋升高级工程师职称。

本年　开展北京市八达岭长城游览公路工程设计。公路自昌平县城到八达岭，全长15.25公里，二级公路标准，路面宽7.5米。

1983年

4月6日　院开展进行调整职工工资的工作。全院有662人调整了工资，升级面占全院职工总数的92.97%。

4月　院设计的北京市沙河南大桥重建工程完工。新大桥由原来的五孔增为七孔，宽度由7米增到30.7米，桥长由53米增加到96.8米。

4月　院设计的京开路（北京—黄村段）扩建工程开工。一级公路标准，全长12.8公里，三幅路形式，路基全宽38.8米，建跨河桥两座、立交桥5座。工程于1985年6月25日竣工通车。

4月21日　院党委发出通知，试行《设计科研技术保密暂行规定》、《外事工作中的组织纪律和保密问题的规定》、《关于文件材料等的保密规定》。

5月20日　院设计的田村山水厂破土动工。设计能力为日供水量17万立方米/日。在国内首次采用臭氧——活性炭联合工艺。是北京市第一座以地表水为水源的生活饮用水水厂。1985年6月23日竣工。

7月21日　北京市建委、北京市计委、北京市财政局联合发出通知，同意市政设计院试行技术经济责任制，试行全面收费。《通知》规定自1983年1月1日起，承担的勘察设计任务均收取勘察、设计费。

11月28日　中共北京市城市规划管理局党组通知：经中共北京市委城市建设工作部批准，院党政领导成员任职如下：党委书记王禹华，党委副书记贾志学，院长范励修，副院长史乃俊、李森、陈震。原党政领导成员同时免职，不再办理手续。任命刘安五、赵遐为市政设计院咨询员。

本年　开展青岛市八号码头立交工程设计，包括跨铁路、道路跨线桥1座，道路立交1座及跨河桥6座。

1984年

2月7日　规划局党组通知：经中共北京市委组织部批准，离休干部刘安五、赵遐享受局级待遇。

2月15日　院设计的北京市昌平路扩建工程破土动工。全长10.3公里，为“三块板”型一级公路标准。快车道双向设计4～8个车道，设置了港湾式公共汽车停车站、候车廊和人行过街天桥等设施，工程于1984年9月17日竣工。

6月15日　全院党员大会。第六届党委报告工作，选举第七届党委会及纪律检查委员会。经大会选举，规划局党组批准，党委会由7人组成。王禹华任党委书记，贾志学任党委副书记兼纪委书记。

6月20日　北京市城乡建设委员会批准市政设计院进一步试行技术经济责任制。

8月　开展山东齐鲁石化公司30万吨乙烯工程配套给水工程初步设计。工程包括水源地2处，共36口井，配水厂2座。设计水量20.8万立方米/日。1985年完成施工图设计，1986年10月竣工。

9月20日　院设计的三元立交桥竣工。是一座大型互通式立体交叉，由3座钢筋混凝土主桥，5座引桥，8处地下人行过街道所组成，工程总用地面积达26公顷。1983年12月1日正式开工，1984年9月15日全部完工。

9月　召开第一届第一次职工代表大会，会议审议通过《院第一届职工代表大会暂行条例》、《院工作报告》、《设计费收入的收支基本情况》、《院分房调房办法》。

9月　完成上海市石化总厂纯氧曝气污水处理工程施工图设计，设计量3万立方米/日。1988年5月通水运行。

1985年

年初　开展天津石化公司污水处理厂设计，年底完成。1986年10月1日正式投产运行，是国内第一个运行的纯氧曝气法污水处理厂。

1月18日　院设计的北京市北土城沟、小月河疏浚治理工程开工。北土城沟全长10.4公里，于1985年完工。小月河全长10.25公里，于1984年完工。

2月19日至21日，党委召开扩大会议，对院的承包指标，简政放权，调整机构，完善承包责任制等问题作出决定。

4月1日　院向规划局上报《关于我院一九八五技术经济指标的报告》。

4月25日　院职工集会，纪念建院30周年。参加会议的有部市领导，市委城建部、市建委、规划局及有关局的领导，还有自建院以来担任过院级领导职务的老同志。举办了30年成就展览，并出了论文集。

5月28日　北京市建委批复同意，院成立深圳、大连设计部。1990年10月，更名为深圳、大连分院。

6月26日　党委制定《关于制止新的不正之风的七条规定》。

6月　院由南礼士路60号迁至月坛南街乙2号新办公楼。

10月　完成辽宁省辽阳市汤河水库水源工程施工图设计，一期工程设计水量5万立方米/日。

本年　开展北京制药厂废水处理工程设计。设计水量3000立方米/日，采用深井曝气工艺。1989年投入运行。

1986年

3月　院第一届第二次职工代表大会召开。会议审议通过《院1985年工作总结及1986年工作要点》、《财务收支的基本情况》、《关于我院第一届职工代表大会主席团工作情况的报告》、《关于第一届第一次职代会提案意见落实情况的报告》。

4月19日　院研制的梯形斜板沉淀器在瑞士参加了第十四届日内瓦国际发明与新技术展览会并获银质奖。

4月25日　院承接亚运会北京市北郊体育场馆和亚运村外部市政配套工程设计任务。包括新辟及改建道路5条，总长22.44公里，建道路立交3座，道路与铁路立交1座，跨河桥1座，人行地下通道或过街天桥15座；雨、污水管线近30公里，北小河污水处理厂1座及配套给水管线。

4月　院设计的京石高速公路（北京段）工程开工。全长约46公里，路面双向设4～6条机动车道，中设3米～10米宽的隔离带。在当时是我国修建的第一条实现了全立交、全封闭的高速公路。工程分四期进行，于1993年10月全线竣工通车。

5月19日　院设计的北京市大北窑道路立交工程动工兴建。是北京市市区道路上第一座钢结构桥，桥长330米，宽18米，桥下净高4.5米。于同年11月22日建成通车。

5月22日　院设计的北京市第九水厂第一期工程动工兴建。1988年7月1日建成试通水。工程设计日供水量50万立方米，包括取水厂，直径2200毫米输水钢管52.9公里，及净配水厂。

7月28日　院设计的山东齐鲁30万吨乙烯工程60公里长的排海管道一次试水成功。

9月15日　党委制定《关于党政技术领导干部端正党风，纠正不正之风责任制的规定》。

9月17日　党委作出《关于建立若干制度的决定》。

10月23日　市委、市政府决定，北京市市政设计院确定为市属局级事业单位，实行企业化经营。其行政、业务工作由首都规划建设委员会办公室分管；党的工作由市委城建部领导。

10月　开展北京市方庄污水处理厂设计，设计水量4万立方米/日。污水经二级处理及深度处理后，可回用于工业及生活杂用水。工程于1993年竣工。

本年　完成江苏省连云港经济开发区一期市政配套工程规划设计。工程包括1.2平方公里开发区的路网、给水、雨水、污水、燃气、热力、通讯、电力及道路照明等。工程于1987年基本竣工。

1987 年

1 月 3 日　院设计的天安门地下人行通道动工，为两条呈“L”形，各长 170 米的地下人行通道。通道净宽 12 米，是北京市目前建筑面积最大、距离最长的地下通道，工程于当年“五一”节完工。

4 月 11 日　市委决定，王禹华任院党委书记。经市委组织部批准：苏庆东任院党委副书记，赵国基任院纪律检查委员会书记。

4 月 29 日　首规委批准院《关于北京市市政设计院机构设置的请示报告》。

5 月 15 日　北京市人民政府第十次常务会议决定：曲际水、李森、陈震任院副院长。曲际水主持设计院全面行政工作。高士国任院总工程师。

6 月 20 日　全院职工大会。院新的领导班子部署下半年工作，宣布院内机构设置和各处、所领导班子的任命。

7 月 10 日　经市委批准，范励修任院总工程师。

7 月　北京市科技协作中心批准院成立《北京科技协作中心市政设计院分部》。

8 月 11 日　院向首都规委办报送《关于成立技术顾问委员会的请示报告》。经首规委办批准，于 1988 年 1 月院离休和超过退休年龄的 18 名高级工程技术人员组成技术顾问委员会，林治远任主任，李远义、许京骐任副主任。

8 月 14 日　为推进全面质量管理工作，院决定成立全面质量管理领导小组，组长王禹华、副组长曲际水。

11 月 10 日　召开党员代表会议，选举王禹华为北京市第六届党代表大会代表。

12 月 24 日经市工程技术职务高级评委会、院中级评委会和初级评审组分别审批通过，院 504 名技术人员取得工程技术职务任职资格，其中高级工程师 115 人；工程师 188 人；助理工程师 193 人、技术员 8 人。

1988 年

3 月 13 日　张百发副市长批示：同意院在海南建立设计部。

4 月　院领导批准执行《一九八八年至一九九〇年发展规划纲要》。

5 月 30 日　经市委批准，曲际水任院党委副书记。

6 月 17 日　经市委批准，同意苏庆东任院副院长。

7 月 1 日　市委城建部和首都规划建设委员会办公室通知，市政院从 7 月 1 日起实行院长负责制，参照执行《企业法》。

同月　市政府第 16 次常务会议决定曲际水任院长。

8 月 16 日　召开院第一届三次职工代表大会。会议审议并通过了《关于第二次职代会主席团的工作报告》、《职工代表大会条例》、《关于下半年工作和深化改革的意见》、《关于第一届职代会第二次会议提案处理情况的报告》、《关于请示复议办公楼设空调系统的意见》。

8 月 23 日　院党委决定《关于端正党风、健全党风责任制的规定》。

9月1　党委决定，自9月1日起实行《中共北京市市政设计院委员会工作条例》。

11月15日　党委制定并实施《关于党内制度建设若干规定》。

12月24日　院设计的北京市东南二环道路工程及南三环部分道路工程建成通车。全程长13.4公里，为快速路。机动车道设上下行6个车道，另设辅路供地方性交通使用。沿线共新建10座立交桥，13座人行过街桥和5座过街通道，上水及雨、污水管线约45公里，立交排水泵房5座。

1989年

1月　党委制定并实施《党群管理标准七项规定》。

2月　院获北京市职工体育先进单位称号。

3月　组建“北京西城贝士市政高技术开发研究所”（集体性质、设计咨询公司）和“海南贝远技术经济贸易公司”（全民性质社会服务公司）。

4月7日　北京市科学技术委员会、首都规划建设委员会办公室批复市政院，同意更名为“北京市市政设计研究院”。

4月15日　经市工程系列高级职务评审委员会评审通过，院24名高级工程师享受教授研究员级待遇。7月24日又批准11名。

5月5日　首都规划建设委员会办公室批复市政院，同意组建“建设工程监理公司”。

6月　院设计的辽宁省阜新市佛寺水源工程建成投产，设计水量3万立方米/日，自佛寺水库取水。

8月上旬　市委决定，抽调院长曲际水去北京市建筑设计院任代理院长。1990年8月回市政院工作。

8月22日　北京市编制委员会办公室批复市政院，同意成立老干部活动站。

9月24日　院设计的深圳皇岗立交桥（后改名为福田立交）破土动工。是国内首创的双桥双圆互通式立交。于1990年元旦通车。

11月2日　北京市勘察设计行业推行全面质量管理达标验收工作组，对院推行全面质量管理工作进行考察。经检查，工作组宣布市政院全面质量管理工作达标，验收合格。

12日　建设部授予林治远“中国工程设计大师”称号。

本年　党委书记王禹华获“全国城建设计系统优秀政治工作者”称号。

1990年

4月　开展深圳特区2000年城市给水工程规划方案工作。设计总规模184万立方米/日，为一多水源，系统复杂的净配水工程。

4月17日　首规委办批复市政院，同意成立“厦门设计部”，后定名为厦门分院。

5月12日　党委召开全体党员大会，党委书记王禹华作“党员重新登记工作”动员报告。12月21日进行了总结。1991年1月4日，市委城建工委同意验收。

8月　院设计的十一届亚运会金海湖水上运动场工程建成并投入试运转。工程包括比赛航道、下船码头等水上设施及服务中心楼、裁判塔等陆上设施。

1991年

2月26日　院召开1991年度工作会议。会议传达贯彻了市委六届十次全体（扩大）会议精神，讨论通过了院《一九九一年工作要点》、院《一九九一年至一九九五年发展规划纲要》、院《“八五”技术发展规划》等文件。

3月14日　北京市总工会领导看望院承担北京市“西厢”道路等市政重点工程的设计人员，并赠送院“精心设计，造福人民”牌匾。

3月　中共北京市委授予院“优秀思想政治工作单位”称号。

6月1日　曲际水院长、范励修总工程师和有关道桥专家，由首规委办副主任钱连合带领，前往遭受洪水的怀柔县，调查了解公路、桥梁的被毁情况。

6月21日　院召开第一次科技工作会议。贯彻江泽民代表党中央、国务院在中国科协第四次全国代表大会上的重要讲话和北京市科技工作会议的精神，落实院《“八五”技术发展规划》。

6月29日　召开全体职工大会，庆祝中国共产党成立70周年，城建工委、首规委办等领导同志出席会议并作重要讲话。

8月1日　院主编的《城市道路设计规范》颁布施行。

8月15日　院获北京市勘察设计行业推行全面质量管理先进单位称号。

8月　院与北京市市政工程局第五工程公司等单位联合组建“北京市市政照明设施联合公司”。

10月15日　北京市机构编制委员会办公室批复市政院：同意将院属研究所更名为“北京市市政工程科学技术研究所”，其隶属关系、经费渠道、机构规格及人员编制均不变。

12月7日　院设计的北京市“西厢”道路工程建成通车。国务院总理李鹏为通车剪彩并作了重要讲话。全程长4.9公里，建有5座立交桥及10座过街人行通道。

12月28日　院召开一届四次职工代表大会。会议审议并通过院《1991～1995年发展规划纲要》、《关于进一步深化改革完善承包责任制的意见》、《住房制度改革实施方案》、《职工租房和购房办法》。

本年　开展北京市广宁路道路工程设计。自石景山至门头沟大峪，全长56.8公里，路面宽25米，建立交桥，跨河桥5座。

本年　承担博茨瓦纳哈博罗内市城市污水处理厂设计，规模为4万立方米/日，A/O活性污泥法处理工艺。1993年完成设计，1997年竣工投产。

1992年

3月　院召开第一届第五次职工代表大会。会议审议通过《院1992年工作要点》、《院1991年财务执行情况和1992年财力预算》、《院1991年集体福利基金安排使用意见》、《院住房管理的若干规定》。

4月17日　经市委批准，周复任院党委副书记兼纪委书记。免去苏庆东党委副书记职务。赵国基离职休养。

6月20日　全体党员大会。第七届党委报告工作，选举第八届党委会及纪律检查委员会。经市委组织部批准，王禹华任党委书记，曲际水、周复任党委副书记，周复兼任纪律检查委员会书记。

6月29日　经市政府批准，院与市政府10个委、局签定《实行“两保一挂”承包责任制协议书》。北京市副市长张百发及有关方面的领导出席签字仪式。

7月2日　院设计的首都机场高速公路全线开工。首都机场高速公路全长18.7公里，路基总宽34.5米，双向6车道，全立交、全封闭、设计时速120公里，沿线建8座立交，9座大中型桥梁，8座人行车行通道，3处收费站，控制中心、养护中心各1处，线路两侧各有50米宽的绿化带。其中，四元立交桥，占地4万多平方米。总投资10亿元。工程于1993年9月竣工。

8月20日　院召开第二届第一次职工代表大会。会议传达贯彻市委六届十四次全体会议精神，审议通过《院关于深化改革，促进经济上新台阶的意见》、《关于实行岗位技能工资制的试行办法》、《关于调整1992年承包考核计奖办法的规定》、《院第一届职工代表大会工作报告》、院《职工代表大会条例》。

9月25日　北京市召开城建系统各部委、局负责人及单位代表大会，市政府授予北京市市政设计研究院“首都建设突出贡献设计研究单位”荣誉称号。北京市城乡规划委员会决定，根据市政府领导同志的意见和市政府《关于授予北京市市政设计研究院突出贡献设计单位的决定》精神，授予院10名工程技术人员为“首都市政建设突出贡献设计专家”称号，并给予一次性奖励。

9月30日　院设计的北京市“南厢”道路、西北二环快速路改造工程竣工通车。

9月　开展海南省三亚市青田水厂设计。设计水量15万立方米/日，水库水源。1994年完成施工图设计。

本年　建设部授予院“社会主义精神文明建设先进单位”称号。

本年　开展北京市第三水厂防护区污水工程设计。工程利用世界银行贷款，新建管径400毫米～1550毫米污水管道共约28公里。

本年　开展北京西客站北广场工程设计。工程包括主广场、公交停车场、团体客车停车场、半圆形下沉广场及隧道等。总面积4.7万平方米。工程于1995年11月建成通车。

本年　开展深圳市雅园立交桥工程设计。工程包括22座独立桥梁和5座下穿式通道。工程于1993年建成。

1993年

2月　院第二届第二次职工代表大会召开。会议审议通过《院1993年工作要点》、《院1993年承包考核计奖办法》、《分院1993年承包考核计奖办法》、《1993年工程设计质量、科技进步承包办法》、《院1992年财务预算执行情况和1993年财务预算》、《院1992年福利基金收支情况和1993年福利基金预算》、《内部核算试行办法》、《关于院二届一次职代会职工代表提案的处理和落实情况的报告》。

3月　北京市精神文明建设小组批准授予市政院“1992年度精神文明先进单位”

称号。

4月 开展北京市通惠河南岸污水干管设计，包括宽3800毫米～4000毫米，高2500毫米单孔及宽3500毫米～3800毫米，高2500毫米双孔方沟，总长约8公里。

7月 院第二届第三次职工代表大会召开。审议通过《院1993年上半年工作总结及下半年工作安排》。

7月 经国家对外经济贸易部批准，院获得对外经营权。1994年4月，院组建了外经处。

8月 经建设部批准，院成立“北京汇中建设信息咨询公司”。

8月2日 院获建设部颁发的1992年度“中国勘察设计单位综合实力百强”荣誉证书。

8月27日 建设部授予市政院“全国勘察设计行业全年质量管理先进单位”荣誉称号。

8月 院成立“海南建达城乡建设技术开发咨询公司”。

9月 院成立“北京市市政设计研究院工程技术开发公司”。

10月 市委决定，张潞明调院任纪委书记。

10月18日 经建设部批准，院成立“北京市龙泰设计咨询开发公司”。

11月 国家档案局、首规委办、北京市档案局通过考核，同意院为“国家一级档案管理单位”。

12月 经市委批准，穆祥纯任院副院长。

12月 副总工程师罗玲被建设部授予“设计大师”称号。

12月24日 院设计的北京市高碑店污水处理厂一期工程通水。一期工程日处理量50万立方米，其服务范围包括旧城区及东郊工业区，总面积为96平方公里。工程总投资5.58亿元。

1994年

1月 开展广东省东莞市中部及深圳西部供水水源工程设计。总供水量178万立方米/日，是一个大型区域性取水、输水及水源分配工程。年内完成初步设计。

1月 建设部授予院长曲际水“全国优秀勘察设计院院长”荣誉称号。

2月 院第二届第四次职工代表大会召开。会议审定通过《院关于1994年工作安排的意见》、《1994年院承包考核计奖办法》、《1994年人事制度改革的意见》、《1993年集体福利基金收支情况和1994年集体福利基金预算》。

3月7日 市精神文明建设领导小组授予院“1993年度首都文明单位”称号。

4月 开展北京市北辰《离心浇铸玻纤增强热固性树脂砂浆管》建厂工程设计，除制管生产线及设备选用设计外，由院总承包建厂工程的初步设计及施工图设计。工程于1996年初投产。

4月 院与北京市建筑设计研究院及马来西亚儒代堂有限公司联营，在马来西亚古晋市注册了“龙马（集团）工程有限公司”。

7月6日 经北京市科技咨询中心理事会批准，院为北京市科技咨询中心理事单位。

7月　院第二届第五次职工代表大会召开。会议审议通过《院1994年上半年工作总结和下半年工作安排》。

7月21日　院服务总公司成立。

8月　经首规委办批复，院在北京亦庄经济技术开发区建立亦庄设计分院。

9月　院与美国姜氏公司联营，在北京成立“京江国际工程咨询有限公司”。

9月28日　院设计的北京市西北三环道路工程通车。为城市快速路，上下行6车道，路段长16公里，建立交13座。

10月12日　院设计的世行贷款项目——北京市阿苏卫垃圾填埋场一期工程竣工，日处理垃圾2000吨，总填埋量1000万立方米。

10月　院设计的北京市西南四环道路工程竣工，四幅路形式，两侧机动车道共宽19.75米，非机动车道各9米，总长2.6公里，包括立交桥2座。

10月　院设计的北京阜石路道路工程竣工，自西三环路至北辛安，全长12.5公里，包括跨河桥2座。

10月　经首规委办批复，院在广西北海市建立了北海分院。

本年　开展北京市公主坟立交桥工程设计，包括跨线桥一座，匝道桥4座和通道1座。

1995年

2月27日　北京市精神文明建设领导小组授予院“1994年度首都文明单位”称号。

2月28日～3月2日　院第三届第一次职工代表大会召开，会议审议通过《院1995年工作要点》、《院职工代表大会条例》、《院第二届职代会工作情况报告》、《1995年院承包考核计奖办法》、《1994年院集体福利基金收支情况和1995年院集体福利基金预算》。

3月　建设部确定院为职业道德建设与行风建设试点单位。

4月24日　建院40周年庆祝大会召开。院长曲际水简要汇报院40年历程。北京市常务副市长张百发代表市委、市政府到会祝贺。建设部、市人大、市城建工委、首规委等有关领导亦到会祝贺。并邀请历届院级老领导参加座谈会。

5月　完成八达岭高速公路第一段（马甸至昌平段）设计。路段长32.5公里，建立交12座，收费站1处。

6月　完成北京市木樨地立交施工图设计。8月31日竣工通车。

7月28日　院设计的北京市第九水厂二期工程建成正式通水。工程包括密云水库取水站，规模100万立方米/日；输水管：直径2600毫米球墨铸铁管长33公里，直径2200毫米钢管长41.5公里。净配水厂扩建到100万立方米/日。

7月28日　院第三届第二次职工代表大会召开。会议审议通过《院1995年上半年工作总结和下半年工作安排》。

10月12日　经北京市机构编制委员会批准，院更名为北京市市政工程设计研究总院。

11月3日　经北京市工程系列高级专业技术职务评审委员评审通过，曲际水等19名符合享受教授、研究员级同等待遇的高级工程师职务任职条件。

12 月 19 日　经市委决定，周复任院党委书记，同意原院党委书记王禹华免职退休。

12 月 19 日　经市委批准，罗玲任院总工程师。

年末　首都精神文明建设领导小组批准，院为“1995 年度首都文明单位”。

第一篇　体制与机构

北京市市政工程设计研究总院（以下简称市政院或院）的前身为1955年4月8日经北京市人民委员会（以下简称市人委）批准成立的北京市市政工程设计院。当时的市政院由原北京市道路工程局所属道路、桥梁专业的勘测、设计、研究机构和人员；原北京市上下水道工程局所属河湖、下水道、自来水专业的勘测设计，研究机构和人员；原北京市市政建设委员会计划室的大部分人员合并组成。1960年9月更名为北京市市政设计院。1989年4月更名为北京市市政设计研究院。1995年10月起使用现名。

院先后隶属北京市市人委，北京市城市规划管理局，北京市市政工程局，北京市建设局，北京市市政府。

院先后实行过党组领导下的院长负责制，党委一元化领导，党委领导下的院长负责制，院长负责制等领导体制。实行过事业单位计划经济管理，事业单位企业化经营管理。

建院初期，职能管理机构设置为7个科室，生产机构设置为5个部门。后经多次调整，至1995年底，行政管理机构发展为11个处、室，生产机构发展为14个部门单位。1986年以后，院陆续建立18个经济实体（包括社会服务公司7个，咨询设计及技术开发公司11个）。

第一章 体 制

院体制随北京市机构调整和经济体制改革进行调整。隶属关系和领导体制进行过多次变动；管理体制逐步实现了由事业单位计划经济管理向事业单位企业化经营管理的过渡。

第一节 隶属关系

1955年建院时，院隶属于北京市市人委，为市属局级事业单位。行政业务工作由主管副市长直接领导，人事、财务工作分别由北京市人事局、财政局归口管理。

1958年10月，院改为隶属市规划局。

“文化大革命”期间，院一度改为隶属北京市市政工程局和北京市建设局。1975年，为加强规划设计工作的统一领导，院再次划归市规划局领导。

1986年10月，中共北京市委、市政府决定，市政院定为市属局级事业单位，实行企业化经营。

第二节 领导体制

1955年8月，经市委批准，院建立党组，实行党组领导下的院长负责制。党组负责全院党的中心工作和行政、生产重大问题的决策与贯彻；院设党总支、党支部并起监督保证作用；院长分工管理全院生产、行政日常工作。

1960年11月，市政院建立第一届党委会，撤销党组，实行党委一元化领导。

1965年7月，根据市委决定，院恢复党委领导下的院长负责制。

1966～1976年“文化大革命”期间，院党委被迫中止工作，由革命委员会领导（工宣队、军宣队参与领导）。

1972年5月，院第四届党委会成立，恢复党委一元化领导。

1978年5月，根据市委通知，市政院撤销革命委员会，再次恢复党委领导下的院长负责制。

1984年9月市政院召开第一届职工代表大会。为发挥职工参政、议政作用，此后院实行党委领导、院长负责、职工民主管理。

1988年7月，根据市委城建部和首规委办通知，实行院长负责制。

为保证院长负责制的贯彻执行，1988年下半年以后，院制订《职工代表大会条例》、《院长办公会制度》、《中共市政院委员会工作条例》和《关于党内制度建设若干规定》等制度。

第三节 管理体制

中共十一届三中全会以前，市政院属事业单位，经费由北京市财政局全额拨付。设计和科研任务主要由北京市市政府及其下属委办直接布置。

1979年3月，根据国家建委召开的“全国勘察设计工作会议”精神，为逐步实行企业化管理，院向市规划局、北京市基本建设委员会（后改为北京市城乡建设委员会——以下简称市建委）递交《关于我院拟逐步实行企业化管理的报告》，提出承接委托设计任务并实行委托设计任务收费，逐步过渡到实行设计全部收费的申请。1979年11月，北京市计划委员会、市建委、北京市财税局联合发出《关于市政设计院对委托设计项目试行取费的通知》（附录1），同意院在保证完成国家下达的正常设计任务的前提下，承担外部委托设计任务并实行收费。与此同时，北京市人事局发函市政院，同意从委托工程收费中留25%作为职工奖励基金，试行事业单位企业化经营管理。此期间，对市政府下达的任务实行由院申请、主管局核定、市财税局拨付经费办法。为调动职工积极性，合理使用奖励基金，加强增收节支，院务会议作出对生产工作按9项指标（计划项目完成率、工作效率、设计质量、作业率、出勤率、图纸重复利用率、技术革新项目、完成实物工作量、完成工程设计概算额）进行考核和统计的决定。年终院按9项指标对各部门进行考核，并按每人每月7元奖金，拨付给各设计室及职能部门，要求各部门按完成任务的数量、质量进行评奖，合理分配，不得平均使用。

1983年7月市建委、市计委、市财政局再次联合发出《关于市政设计院及勘察处试行全面收费的通知》（附录2），提出“根据国家计委、财政部、劳动人事部《关于勘察设计单位试行技术经济责任制》的通知精神，同意市政院试行技术经济责任制，自1983年1月1日起试行全面收费。

1984年6月，市建委对院试行技术经济责任制作《关于北京市市政设计院试行技术经济责任制的批复》（附录3），批准院试行技术经济责任制，同意院承包的技术经济指标，同意在全面完成5项承包指标（包任务、包质量、包进度、包成本、包技术开发）后，按国家计委、财政部、劳动人事部规定的留院使用盈余金额，暂按生产基金、集体福利基金、奖励基金为4∶3∶3的比例分配使用。院全面试行事业单位企业化经营管理。此期间（1984～1986年）院对基建任务的收费，采取年终由市建委、市计委、市建行根据院完成任务情况协商拨付。

为扩大经营范围，不断提高经济效益，1984年以后，院根据全国设计工作会议精神，在国内一些省、市设立分院，在北京和海南省陆续组建咨询设计和社会服务公司。在部分分院和公司中，实行企业经营法人管理。院的管理体制逐步过渡为事业单位法人管理，企业化经营和企业管理，有多级法人并存的管理。

1986年10月，市委、市政府决定：市政院实行企业化经营。此后院设计任务全部实行委托，全部实行收费。其基建任务的收费，改由市计委按基建项目拨款给主管局，由主管局与院签合同，按国家计委颁发的1984年设计收费标准计算拨付。

1992年6月，经市政府批准，院与市政府10个委、局签订《实行“两保一挂”承包责任制协议书》（附录4），规定在“国民经济发展第八个五年计划”期间，院在保上交利润递增包干，保科技进步的前提下，实行工资总额和实现利润挂钩。

第二章 机 构

市政院机构设置主要包括行政管理机构、生产机构、经济实体三大部分。其中行政管理机构及生产机构，随着体制改革及生产、管理工作不断发展的需要，先后进行过10多次调整；经济实体从1986年开展多种经营后，从开办社会服务公司开始，逐步发展了设计咨询公司，国内合资公司及中外合资公司。

第一节 院机构设置及沿革

1955年建院初期，院根据当时组建的人员和专业配备，按专业分工组建5个生产部门，包括第一设计室（道桥专业设计室）、第二设计室（河湖、水利及排水专业设计室）、第三设计室（给水专业设计室）、技术研究所和测量钻探队。行政管理机构按工作性质设置了办公室、计划室、技术室、人事科、保卫科、文印科和总务科。

1960年院更名为北京市市政设计院。随着全国大兴水利工程的开展，院水利设计任务增重，水利设计人员逐渐增多。为加强院对水利和市内排水工程的设计管理，将原第二设计室排水专业工艺组下水管线专业人员及少数结构专业人员，以及第三设计室管线设计组划归第一设计室。第一设计室成为线路综合设计室。将第二设计室排水专业工艺组污水处理专业人员和大部分结构专业人员划归第三设计室，使第三设计室成为给排水厂站设计室。原第二设计室只保留水利专业人员，成为水利专业设计室，主要从事河道、水库及排涝工程设计。1963年贯彻以农业为基础方针，为加强对排水系统的业务领导，又将原排水专业工艺及结构人员及给水专业少数工艺及结构专业人员调出，成立第四设计室（排水专业设计室），第一、三设计室分别恢复成为道桥、给水专业设计室。与此同时，行政管理机构进行局部精简，将总务科和文印科合并到办公室统一管理。

1964年3月，市政院测量钻探队调出，并入市规划局勘测处。10月份为进一步加强水利专业设计力量，市领导决定将市水利气象局设计室合并到市政院第二设计室。

1968年2月，市政院革命委员会成立。院行政管理机构进行了大范围调整，全院行政、后勤及生产管理工作，统一划归行政科、生产组、办事组3个科组进行管理。6月份，市政院与市水利局联名向市革命委员会请示，拟将院第二设计室划归市水利局。1970年1月，经批准，第二设计室正式调出，划归北京市水利局，院生产机构第三、第四设计室随之改为第二、第三设计室。1969年前后，院隶属北京市市政工程局和北京市建设局领导期间，院设计室、研究所一度改为连队编制，此期间市政工程局研究所曾划归院，编为院六连。1971年，建设部北京给排水设计院援外工程部的部分人员合并到市政院，主要充实院第二设计室给水设计力量。

1972年，按建设局党组关于机构改革的意见，院行政管理机构调整为两室（办公室、设计管理室）一处（政治处）一科（行政管理科）。设计管理室下设计划管理组、技术管理组和科研情报资料组，分别负责计划、技术和科研情报管理工作。同时院第一、第二、第三设计室更名为道桥设计室、给水设计室、排水设计室。

1974年11月，根据市政工程局党委通知，市政院试验研究室的道桥组、材料组、结构组、土工试验组和测试组的全部人员和设备以及机加工车间大部分人员和设备，合并到市政工程局市政工程研究所。市政院试验研究室仅保留给排水组和化验组的设置。

1981年2月，为实行企业化经营管理，院党委决定成立技术室、计划财务科、科研情报室等管理机构。撤销原设计管理室。

1982年6月，根据规划局党组决定，院行政管理机构增设人事科、保卫科、教育科。9月份科研情报资料室更名为情报资料室。10月份，为解决技术人员后顾之忧，院党委决定成立零星基建设计室（简称零建设计室），吸收职工子女中的待业青年参加工作。

1984年，经规划局党组批准，院撤销技术室、情报资料室、计划财务科、行政科，重新组建了生产管理室（吸收原计划财务科的编制和业务）、总工程师办公室（吸收原技术室及情报资料室情报部分的编制和业务）、技术供应室（吸收原情报资料室资料管理和原行政科技术后勤管理的编制和业务）、劳动服务总公司（吸收原行政科行政、后勤管理部分的编制和业务）。11月份，为开展多种经营，院成立市政工程与水处理技术开发部；与北京市通县科委联合成立京通公司；与北京市市政五公司等单位联合成立市政照明设施联合公司。其中市政工程与水处理技术开发部及京通公司于1985年后先后停业。

1985年，为开拓外省市设计市场，经市建委批复，在深圳市和大连市经济开发区分别成立深圳设计部、大连设计部，为院直属生产分支机构。6月份随生产管理需要，撤销生产管理室，组建经营计划室和财务科，零建设计室改编为测量队。

1986年10月，市政院确定为市属局级事业单位。1987年4月，院生产管理机构及生产机构相应更名和进行局部调整。原生产机构道桥、给水、排水3个设计室，分别更名为第一设计所、第二设计所、第三设计所，试验研究所更名为研究所；与此同时，为加强计算机的开发、推广、应用，院组建计算站（先由技术室代管，1988年定为院直属单位）。原行政管理机构人事科、保卫科、财务科及经营计划室相应改为处；原总工程师办公室改为技术处；原咨询部改为情报技术供应处；劳动服务总公司改为行政处。教育科划归技术处。同年10月，为开拓建筑设计市场，院组建建筑设计室（1991年并入第三设计所）。

1988年，经市领导批示，在海南省建立海南设计部。

1989年4月，市政院更名为北京市市政设计研究院。5月份，经首规委办批复，院组建建设工程监理公司（1991年更名为建设工程监理部）。8月份，经北京市编制办公室批复成立老干部活动站（1991年更名为离退休办公室，1993年更名为老干部处）。同年，原情报技术供应处进行改组，成立情报处；原情报技术供应处技术供应业务，划归行政处。增建第四设计所（多专业综合设计所）。

1990年，经首规委办批复，在厦门市建立厦门分院，原深圳设计部更名为深圳分院，原大连设计部更名为大连分院。

1991年，随着全面质量管理工作的开展和生产、经营的需要，院机构设置再次进行调整。行政管理机构，增设全质办（全面质量管理办公室）、档案室和培训中心（1992年更名为教育中心，1993年更名为教育处等部门）。10月份，研究所更名为市政工程科学技术研究所（以下简称市政工程科研所或研究所）。1993年，为统一生产管理工作，原经营计划处、技术处及全面质量管理办公室合并组建了生产办公室。生产办公室下设经营计划科和技术科，分别负责全院计划经营管理和科研、业务建设技术管理及全面质量管理等工作。1994 年，市政院取得对外经营权后，于 4 月份组建了外经处。为开拓设计市场，8 月份在北京亦庄经济技术开发区建立了亦庄分院（院委托第四设计所管理），11 月份在广西省北海市建立了北海分院。

1995 年 10 月，经北京市机构编制委员会批准，市政院更名为北京市市政工程设计研究总院。

市政院机构设置及沿革（图 1－1 至图 1－6）。

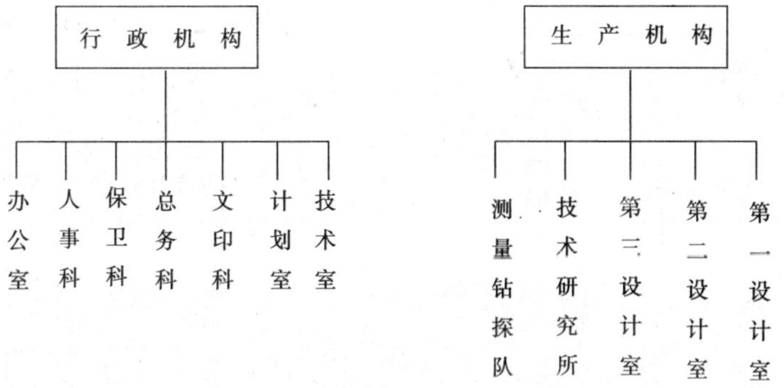

图 1－1　北京市市政工程设计院机构设置示意图
（1955 年 4 月至 1960 年 9 月）

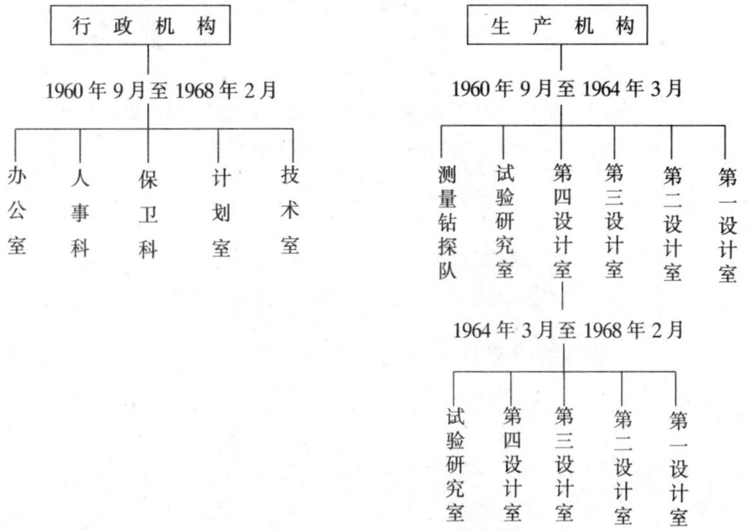

图 1－2　北京市市政设计院机构设置示意图
（1960 年 9 月至 1968 年 2 月）

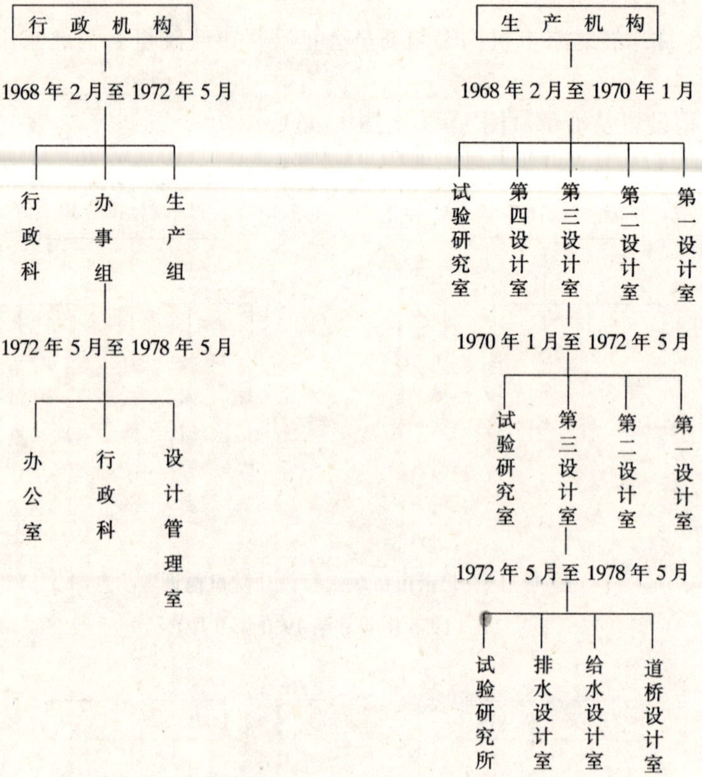

图 1－3　北京市市政设计院革命委员会机构设置示意图

（1968年2月至1978年5月）

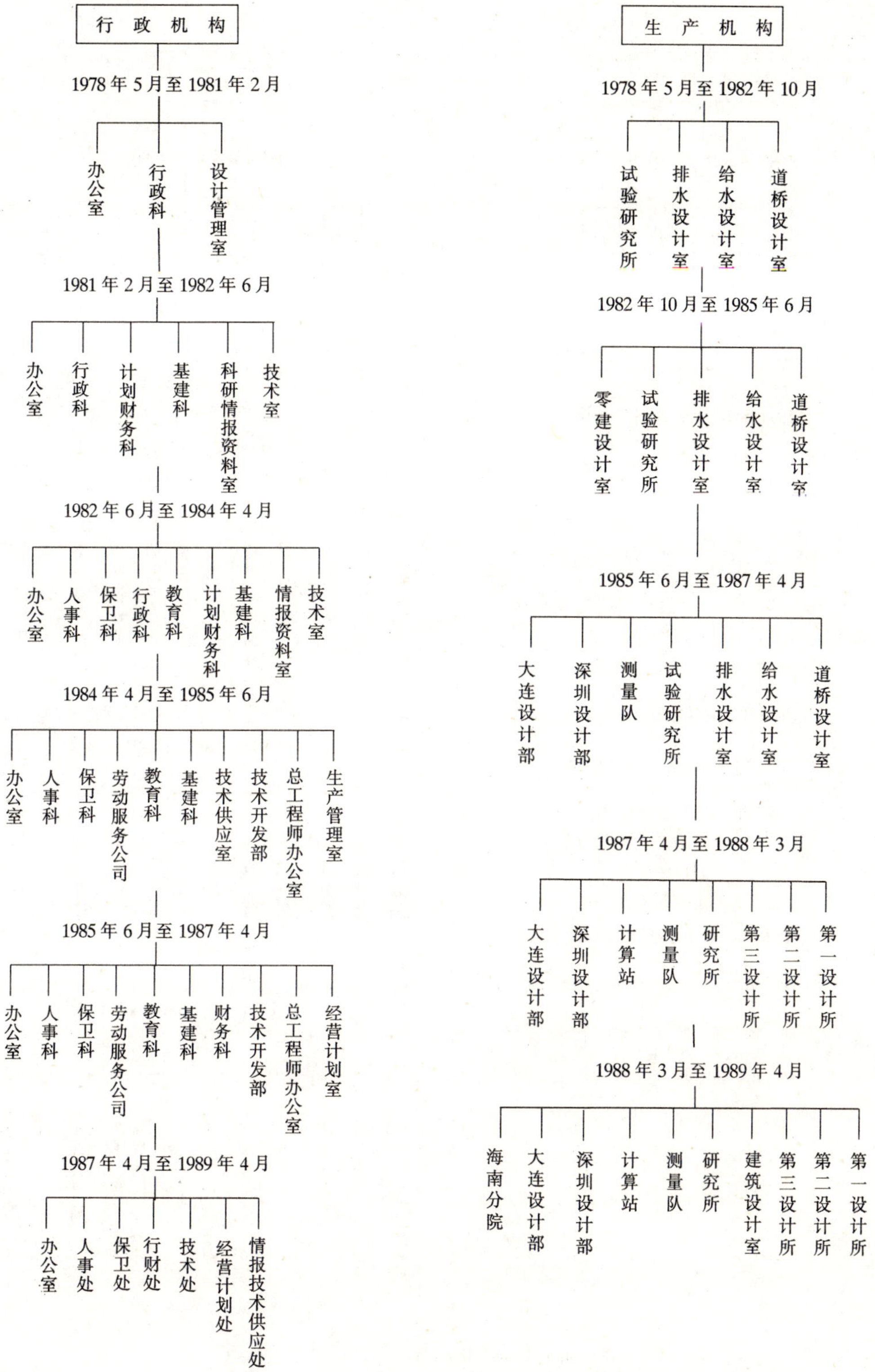

图 1－4　北京市市政设计院机构设置示意图
（1978年5月至1989年4月）

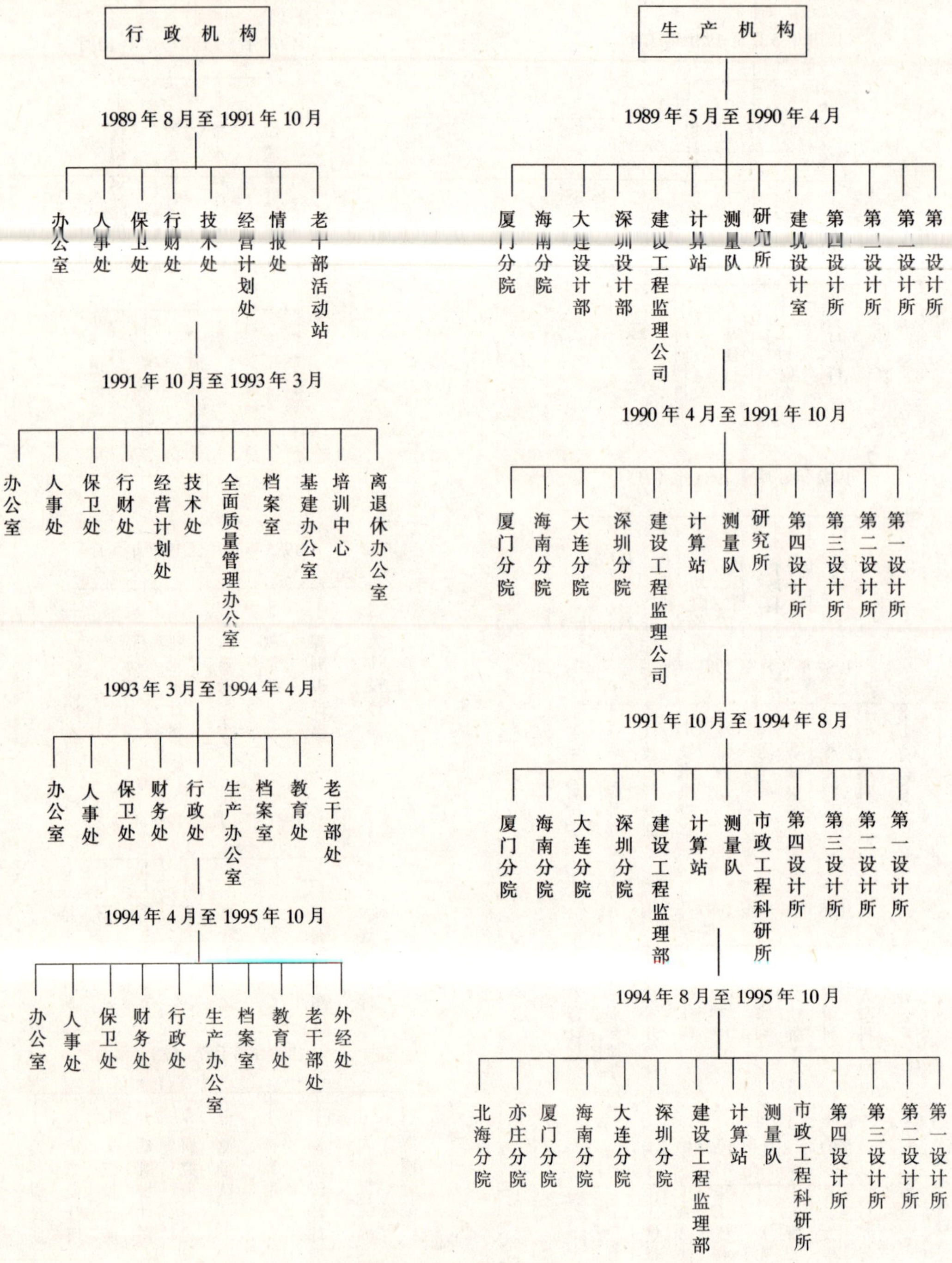

图1－5　北京市市政设计研究院机构设置示意图

（1989年4月至1995年10月）

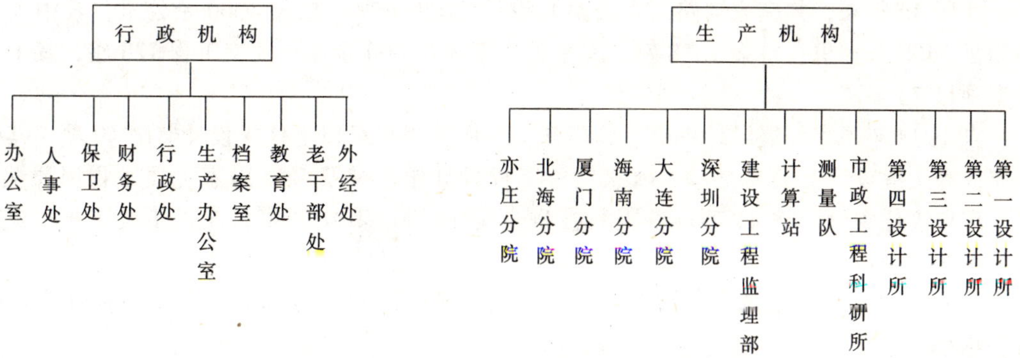

图 1－6　北京市市政工程设计研究总院机构设置示意图
（1995 年 10 月起）

第二节　直属生产部门

市政院直属生产部门包括第一、第二、第三、第四设计所、测量队、研究所、计算站、建设工程监理部及大连、深圳、海南、厦门、北海设计分院，主要承担国内外市政工程及建筑工程设计、咨询、测量、工程监理和科学试验研究任务。设计分院是总院驻外生产机构，经济上实行对总院承包，有自行承揽、承担生产任务并按承包规定自主分配等经营自主权。

一、院内生产部门

（一）第一设计所（以下简称一所）

主要从事城市道路、桥梁、立交工程、公路、隧道、交通工程等专业设计咨询工作。

1955 年建院时，一所为院下属第一设计室，其人员编制主要由原北京市道路工程局技术处设计人员组成。

初建时，全室共有职工 36 人，其中工程技术人员 33 人（工程师 9 人，技术员、助理技术员 24 人），描图员 2 人，行政干部 1 人。机构设置有道路设计组、桥梁设计组。

1960 年 12 月，院机构调整，原二室下水道组及部分结构组人员和原三室管线设计组划归一室。一室机构设置有方案综合管线组、道路组、下水道及给水管线组。

1962 年，为加强三线工程的设计力量和管理，从室内各专业组调出部分工程设计人员，组成保密工程组。1965 年该组一分为二，分别编制在该室和四室。

1972 年按专业性质更名为道桥设计室。人员编制增为 60 余人，室内机构调整为桥梁设计组 1 个，道路设计组 3 个。

1987 年道桥设计室更名为第一设计所。以后人员编制及机构设置经过几次调整，至 1995 年人员编制为 119 人。其中教授级高级工程师 2 人，高级工程师 23 人，工程师 63 人，助理工程师 24 人，技术员 5 人，其他 2 人。所内机构设置为：道路设计室 3 个（一室、二室、三室），桥梁设计室 3 个（四室、五室、六室），以及技经组、管理室、业务建设室。

建所40年来，共完成道路（含公路）设计2100余项，总长4300余公里，其中大中型项目2400余公里；桥梁1028座，其中大中型项目600余座；立交工程123座，其中大中型项目70多座。

自1978年国家开展设计评奖工作以来，一所获得市级以上优秀设计奖励49项，其中国家优秀工程设计金质奖2项，国家优秀工程设计银质奖2项，国家优质工程银质奖4项，部市级优秀设计奖41项。获得科技进步奖14项，其中国家科技进步奖1项；获得部、市级科技进步奖13项。

1988～1995年，连续7年被评为院先进设计所。1993年获得首都城建战线红旗单位荣誉称号。

(二) 第二设计所（以下简称二所）

主要从事城市及工业给水净、配水厂、泵站、输配水管道及城市给水工程规划设计、咨询任务。

1955年建院时，二所名为第三设计室，由抽调的北京市上下水道工程局给水工程设计人员（即1954年并入上下水道工程局的原自来水公司的设计人员）组成。

初建时，全室共有职工40人，其中技术人员39人（工程师7人，技术员及助理技术员32人)，行政专职管理人员1人。室内机构设置有：给水一组、给水二组和机电组（承担全院机电设计任务)。

1960年10月，院机构调整，该室给水管线组划归一室，排水专业污水处理组和结构组大部分人员划归三室。1962年院成立第四设计室，该室部分给水组人员划归第四设计室。

1970年，院第二设计室（河湖水利专业设计室）调出院，第三设计室更名为第二设计室。室内机构调整为：工艺一组、工艺二组、工艺三组、结构组、机械组和电气组。人员编制也有相应的增加，约80人。

1971年，建设部给排水设计院援外工程部部分设计人员共5人调入市政院第二设计室。

1972年，第二设计室更名为给水设计室。1987年院内部调整机构时，给水设计室更名为第二设计所。此后人员编制及机构设置几经调整，至1995年人员编制为112人（包括：教授级高级工程师5人，高级工程师33人，工程师55人，助理工程师19人)。所内机构设置为：给排水工艺一室、二室、建筑结构室、电气自控室、机械设备室、计算机室、概算室。

40年来，全所共完成给水净、配水厂站设计46座，其中大中型水厂20余座，污水处理厂2座；给水管道设计1253项，总长2492公里，其中大中口径2000公里，最大口径2.6米。

自1978年国家开展评奖工作以来，二所独立承担或与其他单位合作共获得部、市以上优秀设计奖28项，其中国家优秀工程设计银质奖1项，国家优质工程银质奖1项，部、市级优秀设计奖26项；获得科技进步奖17项，其中国家科技进步奖1项，全国科学大会奖2项，部、市级科技进步奖14项。

（三）第三设计所（以下简称三所）

主要从事城市及工业排水管道、提升泵站，城市生活污水及工业污水处理，道路立交排水，城市生活垃圾处理，河道整治，防洪及城市排水规划和建筑设计等任务。

1955年建院时，三所当时为院下属第二设计室的一部分，其人员编制主要由原北京市上下水道工程局设计处人员组成。初建时，全室共有职工47人，其中工程技术人员40人（工程师12人，技术员、助理技术员28人），描图员4人，行政干部1人，概算人员2人，机构设置有河道设计组、下水道设计组、污水处理组、结构设计组。

1960年10月，随院机构调整，下水道设计组、污水处理组及结构设计组部分人员划归院一室及三室；1962年院成立第四设计室，上述人员划归第三设计室。

1970年院第二设计室调出划归市农业局，留下10余人合并到院第四设计室。

1972年院按专业性质划分设计室，第三设计室更名为排水设计室，人员编制调整为70余人，室内机构调整为工艺一组、工艺二组、工艺三组、结构组、电气组。

1987年排水设计室更名为第三设计所，此后人员编制及机构设置经过几次局部调整，至1995年人员编制为124人，其中教授级高级工程师3人，高级工程师24人，工程师46人，助理工程师38人、技术员18人，其他4人。所内机构设置为工艺一、二、三室，结构一、二室，建筑室，电气自控室，机械设计室，电算概算室（含计算机软件开发组和技经组），管理室。

建所40年来，共完成雨污水管线设计3000余项，总长4091公里，市区河道50余公里，其中大中型项目1000多项，道路立交排水项目100余处；立交排水泵站和污水泵站30余座，工业废水处理厂49项，城市污水处理厂28项，城市生活垃圾卫生填埋场4座。

自1978年国家开展设计评奖工作以来，三所独立承担或与兄弟单位合作共获得部、市级以上优秀设计奖励22项，其中国家级优秀设计金质奖2项，国家优质工程奖1项，部、市级优秀设计奖19项。获得部、市级科技进步奖8项。

（四）第四设计所（以下简称四所）

于1989年5月成立。主要从事市政工程道路、桥梁、给水、排水、结构、电器、自动控制等咨询、设计任务，为院组建的多专业综合性设计所。

建所时，人员由院研究所抽调30多名科研技术人员及一、二、三设计所部分技术骨干组成。1989年底在册人员61人。1995年底发展为76人，其中高级工程师24名，工程师33名，助理工程师19名。

所内机构设置，1989年组建时有一室、二室、监理部等。1991年2月监理部调出，隶属院经营计划处。1992年2月设计室扩展为道桥一室、二室；排水一室、二室；结构室。1993年6月增设计算机室。1994年初结构室电器专业单独组建了电器室。

1989～1995年6年期间，完成的主要设计工程量有：道路（含公路）200余项，总长270余公里，其中大中型项目106项，长度为193公里；桥梁36座，其中大中型项目34座；立交工程10座；给水管道设计13项，总长约35公里，其中大中型项目7项，长度为29公里；污水处理厂5座；排水管道设计165项，总长度357公里，其中大中型项目93项，长度为234公里；泵站31座；建筑37000多平方米；配电线路10公里；照明12万多平方米。

1989～1995年，四所共获得建设部部级优秀设计奖1项，北京市市级优秀设计奖

2项。

1992～1995年四所连续4年获院先进设计所称号。

（五）市政工程科学技术研究所（以下简称研究所）

研究所为市政院下属具有法人资格的生产部门。主要从事市政工程科学技术试验研究工作。

1955年建院时，研究所命名为技术研究所，由原北京市道路工程局试验室和北京市上下水道工程局试验室人员和设备合并组成。

初建时，全所共有职工73人，其中工程技术人员41人（工程师8人，技术员7人，助理技术员26人），翻译1人，行政干部7人，工人24人。所内机构设置有：材料组、沥青组、土工组、污水组、管理组、机具组。以后逐步筹建了土工、水质、水工材料试验室和加工车间。

1961年人员编制151人。所内机构设有给排水组、道路组、材料结构组、水利组、技术组、供应组、行政组、机加工车间。

1962年精简机构，技术研究所撤销，改名为试验研究室，职工由151人减至87人。所内机构调整为给水组、排水组、道路组、材料结构组、技术组、行政组、机加工车间。到1966年全室职工增加到115人。

1974年11月机构与人员有较大变动，试验研究室的道路组、材料结构组的全部与测试组、加工车间的大部分人员共68人并入市政工程局市政工程研究所。

1977年6月经市规划局党委常委会批准，试验研究室更名为试验研究所，1978年下半年所内重新设置了道桥组。

1987年4月试验研究所人员发展到161人，其中工程技术人员124人，助理翻译1人，行政人员与工人36人。内部机构增设技术推广室。

1989年3月研究所机构再次进行调整，分出一部分工程技术人员，并入院组建的第四设计所。同年4月更名为研究所。人员编制调整为100人。机构设有给水、排水、道路、结构测试4个专业科室及管理、化验、行政财务3个辅助科室。

1993年市科委、市编委、首规委办联合下文，研究所为市直属所，更名为北京市市政工程科学技术研究所，隶属上级单位为首规委办，首规委办委托市政院领导和管理。另名为北京市市政设计研究院研究所。1993年以后，人员编制调整为99人，其中工程技术人员68人（教授级高工1人、高工15人、工程师30人、助理工程师及技术员22人），翻译3人，会计师2人，助理会计师1人，医师1人，行政干部2人，工人22人。所内机构有：给水、排水、道路交通、结构测试4个专业研究室、管理室、化验室、行政财务科。设有给排水、材料、土工、环道、光弹、电测等试验室和加工车间。

40年来，研究所坚持科研为设计服务，面向设计、面向市政与环保工程，提供新工艺、新结构、新材料和新技术。所涉及的研究领域有：给水、城市污水、工业废水处理新工艺，中水处理与回用技术，污水生化处理曝气器研究与开发，饮用水净水器研究，城市生活垃圾卫生填埋与渗沥液处理技术，道路路面结构与设计参数研究，交通工程研究，市政工程结构静力与动力特性分析，地下、半地下构筑物抗震研究，水质与环境评价以及路面新型材料、道路、结构测试技术等。共完成科研成果200余项，其中约75%的科研成果已在设计中应用。

自1978年国家开展评奖工作以来，研究所独立承担或与其他单位合作所取得的科研成果，共有34项获国家、部、市级重大科技成果、科技进步奖。其中获国家科技成果奖5项，部、市级科技进步一等奖1项，二等奖7项，三等奖21项。此外获部、市级优秀设计奖3项。

（六）测量队

测量队于1985年正式组建。主要从事市政工程各专业测量任务，为设计提供测量资料和图纸。获国家二级测量资格证书。

1955年建院时，院生产机构设置有测量钻探队，是由原道路工程局及上下水道工程局的测量钻探人员合并组成。组建时共有生产人员26人，队干部3人，行政管理人员8人，测钻工人85人。1964年测量钻探队调出并入市规划局勘测处。

1985年，随着企业经营的开展，设计及测量任务的需要，院组建测量队。队内机构设置为：测一组、测二组、后勤组、司机组。人员编制近30人，其中工程技术人员10人，测绘技术工人近20人。

1988年以后，测量队机构调整为测一室、测二室、管理室。人员编制一度发展为约40人。1995年人员编制确定为34人，其中高级工程师1人，工程师4人，助工及技术员6人，测工等23人。

1985～1995年测量队共完成测量项目400余项，折合测量标准平方公里约800平方公里。承接任务由10公里以内的中等规模的工程测量，发展到几十公里的大型综合性工程测量；技术上具有导线、中线、纵横断面等线路测量能力，能从事精密量距、三角点观测、精密水准、建筑的变形观测等测量工作。

（七）计算站

计算站为院属生产服务部门，于1987年正式组建。主要从事计算机软件开发，硬件维护，计算机新技术的开拓和研究及全院计算机计算、绘图、网络管理等服务项目。

为加速计算机的开发和应用，院于1986年开始筹备，于1987年正式组建计算站。组建时人员编制为4人，其中计算机专业工程师2人，硬件管理1人，计算机录入员1人。与此同时各设计所建立了计算机室，从设计人员中抽调专人从事计算机软件开发和技术服务工作。

1991年院正式抽调专业设计人员9人充实计算站，计算站人员编制增加为13人，其中高级工程师4人，工程师5人，助工及技术员3人，工人1人。机构设置为软件开发、系统维护、硬件维护、录入及管理等小组。

1994年前后，部分专业设计人员调回设计所，计算站人员进行重新调配和充实。至1995年底，人员编制发展为15人，其中工程技术人员13人（高级工程师2人，工程师3人，助工和技术人员8人），工人2人。机构设置为软件开发（8人），硬件维护（2人），系统维护（1人），录入（2人），制图（1人），计划管理（1人）。

1985年以来，院推广应用计算机新技术取得一定成效，计算站编制或合作编制开发计算机软件程序达几十个。共获得工程设计计算机软件奖11项，其中国家级优秀软件奖3项（含银质奖2项），市级优秀软件奖8项。获部级科技进步奖1项。

（八）建设工程监理部

建设工程监理部于1989年6月经市建委批准正式成立，主要从事市政工程及建筑工程监理业务。

院建设工程监理部（以下简称监理部），1989 年成立时由 4 人组成，设经理、副经理各 1 人。1989 年 7 月，经北京市西城区工商行政管理局批准，办理了院增项登记注册手续。与此同时，经市建委以（89）京质字第 219 号文批准，院监理部被列为北京市工程建设监理 5 家试点单位之一。1993 年 9 月，中国建设监理协会成立，院监理部被吸收为团体会员。

1990 年底，院监理部并入第四设计所，一套班子两块牌子，监理人员兼搞设计任务。

1992 年院决定恢复监理部机构设置，挂靠院生产办公室管理，为副处级建制，监理人员增加为 6 人。至 1995 年监理人员发展为 11 人，其中高级工程师 6 人，工程师 3 人，其他 2 人（均有工程监理资格证书）。11 人中有国家级监理工程师 4 人（全院国家级监理工程师共 8 人）。

1992～1995 年共完成工程监理项目 5 项，完成道路工程监理 12 公里，排水工程监理 10.5 公里，污水工程监理 18.84 公里，垃圾填埋场工程监理 1 处（填埋量 2000 吨/日），建筑工程监理 6 层楼房 2 栋（面积 10000 平米）。

二、设计分院

随着市场经济及企业化经营的开展，为进一步开拓设计领域，扩大外省市设计市场，1985 年以后，陆续在大连、深圳、海南、厦门、北海等省市及北京亦庄经济技术开发区组建了设计分院。

1985 年 5 月，经北京市建委批复，为支援特区及开放城市的建设，同意市政院成立大连和深圳设计部。于 5 月份，经大连经济技术开发区工商行政管理局批准正式成立大连设计部。8 月 15 日经深圳市工商行政管理局批准，正式成立深圳设计部。1990 年 10 月，上述设计部分别更名为大连分院和深圳分院。

大连分院，主要承担大连经济技术开发区及东北地区诸省市市政工程咨询设计任务。主要从事城市道路、高速公路、立交、桥梁、隧洞、广场、交通工程和各种规模的供水厂、污水和工业废水处理厂、给、排水管线、防洪设施、变电站、照明等多专业的综合性工程设计。10 年中，共完成道路设计 25 项，计 148 公里，桥梁 8 座，立交桥 4 座，给排水、排洪 12 项 25 公里，隧道 1 座及照明等。

深圳分院主要承担深圳及广东、广西等省市市政工程咨询设计任务。主要从事各种规模的给水、排水、污水和工业废水处理、城市垃圾处理、城市道路、高速公路、立交、桥梁、防洪设施、大型变电站、照明及交通工程等多专业的综合性工程设计。10 年来，完成深圳市立交工程设计 14 座，完成深圳东区、蛇口、华侨城等道路、排洪、污水泵站、东湖及铁岗水库取水泵站、大口径给排水管线等设计，完成了深圳市 2000 年给水工程规划设计。深圳市北环立交 1992 年被评为深圳市优秀设计一等奖；深圳市雅园立交 1994 年被评为深圳市优秀设计一等奖，1995 年被评为北京市优秀设计二等奖及国家建设部优秀设计三等奖。1992 年深圳分院获得深圳市授予的“建设工作先进单位”称号。

1988 年 3 月，经北京市领导批示，同意市政院在海南省建立设计分部，于 5 月份经海南省工商行政管理局批准，正式成立海南分院。

海南分院，主要承担海南省海口市、三亚市及长江三峡宜昌地区市政工程咨询设计任务。主要从事城市道路、公路、道路立交、桥梁、广场、人行天桥、地下通道、各种规模的供水厂、污水处理厂、给排水管线、排洪、供电和道路照明、垃圾处理等多专业的综合性工程设计。8年来主要完成任务有：海口地区道路工程设计、人行天桥和跨河桥设计，成片开发区市政配套工程和沟渠治理、分洪工程设计，三亚地区道路改建设计，渡假区市政配套及青田水厂等工程设计。海口市滨海大道西延线工程被评为海南省1994年度优秀设计三等奖。海南分院1992年荣获先进驻琼企业单位称号，1994年、1995年连续两年被授予企业免检单位，并被评为1994年度海南省综合实力30强企业单位。

1990年4月，经首规委办批复，同意市政院成立厦门设计部。于5月份经厦门市工商行政管理局批准，正式成立厦门分院。主要承担厦门市及福建省等周边地区的市政工程咨询设计任务。主要从事城市道路、公路、立交、桥梁、广场、人行天桥、各种规模的供水厂、污水处理厂、给排水管线、排洪、供电和照明等多专业的综合性工程设计。6年来，完成了厦门市区及厦门各开发区、工业区市政工程设计有道路工程、立交桥、给排水管线和排洪设计及人行天桥设计。

1994年10月，经首规委办批复，同意市政院在广西北海市成立设计部。同年11月经北海市工商行政管理局批准，正式成立北海分院，并在广西省建设厅进行了注册。主要承担广西省南宁市和北海市市政工程咨询设计任务。主要从事道路、桥梁、立交工程、给排水厂站及管线工程设计，河湖及排洪工程设计。一年多来在北海市承担完成了排水规划方案的复核设计及银滩国家旅游渡假区污水整治工程设计。在南宁市完成了排水及快速环路规划设计，朝阳溪整治工程可行性研究，琅东污水处理厂及道路、排水等工程设计。

1994年4月，经首规委办批复，同意市政院在北京亦庄经济技术开发区成立设计分院。同年8月经北京市工商行政管理局批准正式成立亦庄分院。主要承担开发区内综合性市政工程、公路、建筑设计、市政工程测量、市政规划设计、110千伏变电站设计，市政工程研究，水体环境评价，一、二类压力容器设计，市政工程技术咨询及建设工程监理等业务。亦庄分院为院直属分支生产机构，不实行独立承包核算。院委托四所代行管理，任务及收入均纳入四所，按院计划、技术及承包管理办法等规定对四所进行考核和分配管理。

第三节　多种经营

市政院1984年全面试行企业化经营后，为逐步形成一业为主、多种经营、综合发展的经营格局，开始筹建多种经营机构。1986年正式转入企业化经营后，随着市场经济的发展，陆续组建社会服务公司和设计咨询技术开发公司共18家。其中：社会服务公司7家，含院直属公司5家，分支机构1家（北京市西城区贝远机电设备经营部——海南贝远技术经济贸易公司分支机构），联营公司1家（通县郎府乡金各庄联合养殖场——与通县郎府乡金各庄村联营）；设计咨询及技术开发公司11家、含院直属公司8家，国内联营公司1家（北京市市政照明设施联合公司——与北京市市政工程局第五工程公司等单位联营），国际联营公司2家（龙马集团工程有限公司——与北京市建筑设计研究院及马来西亚儒代堂有限公司联营，京江国际工程咨询有限公司——与美国姜氏公司联营）。

1994年7月，市政院行政处实行内部承包责任制，成立服务总公司，实行自主经营、独立核算。此后原市政院招待所、北京市西城区贝乐小吃店、北京艺兴装璜工程公司、北京艺文服务公司划归市政院服务总公司。

社会服务公司经营机构简况与营业范围见表1－1。

设计咨询及技术开发公司经营机构简况与营业范围见表1－2。

表1－1 社会服务公司经营机构简况与营业范围一览表

公司名称	成立时间	法定代表人或负责人	注册资金（万元）	经济性质	经营方式	经营范围		机构设置
						主营	兼营	
北京市市政设计研究院招待所	1986.6	法定代表人唐小玲	3.7	集体	座店服务	食宿	烟酒糖果、酸奶、汽水、文具纸张	办公室、接待室、服务室、餐厅
通县郎府乡金各庄联合养殖场	1988.9	院法人代理人苏庆东		全民与集体联营	产、供、销	养鸡、养猪、养鱼		董事会
海南贝远技术经济贸易公司	1989.3	法定代表人武桂	130.0	全民	批发、零售、代理、服务、代购代销	市政工程技术咨询、机电设备、仪表、家用电器、建筑材料、科学仪器、计划外钢材	计算机软件开发、农副土特产品、食品、饮料、化工产品	技术咨询部、仪器设备开发部、商贸部、财会部
北京市西城区贝远机电设备经营部	1992.1	法定代表人武桂	50.0	全民	批发、零售、代销	机械电器设备、民用建材、胡椒、腰果、咖啡、椰子制品	日用百货、服务、针纺织品	海南贝远技术经济贸易公司分支机构
北京市西城区贝乐小吃店	1992.10	座店负责人何保海	4.0	集体	服务、零售	中餐、快餐、小吃	冷热饮、酒、食品	财务部、采购部、炊事部
北京艺兴装璜工程公司	1992.12	法定代表人杜新华	50.0	全民		室内装饰、房屋维护、家庭劳务服务装饰设计	批发、零售民用建材	工程部、美工部
北京艺文服务公司	1992.12	法定代表人乔春林	130.0	全民		打字、描晒图、复印、家庭劳动服务	批发、零售、代销仪器、仪表、五金交电、百货、制冷空调设备、针纺织品。修理文化办公用机械日用电器、日用电子器具	打字室、装订室、晒图复印室

表1-2 设计咨询及技术开发公司经营机构简况与营业范围一览表

公司名称	成立时间	法定代表人或负责人	注册资金（万元）	经济性质	经营方式	经营范围		机构设置
						主营	兼营	
北京西城贝士市政高技术开发研究所	1989.3	法定代表人陈国柱	10.0	集体	开发、咨询、零售、修理	计算机工程及外部设备，市政工程技术研究开发，新型结构测试分析，新型建筑材料的开发	零售本所研制的产品，修理计算机、家用电器	
北京市市政工程咨询公司	1993.3	法定代表人施晓明	50.0	全民		综合性市政工程建设咨询服务，市政工程方面新技术服务，新产品开发及信息服务	批发、零售机械电器设备、装饰材料	
北京环桥市政技术开发公司	1993.7	法定代表人马淑惠	30.0	全民		市政、环保工程、工程监理及新产品的技术开发、技术转让、技术咨询、技术服务	销售（含批发、零售）经鉴定合格的产品及其同类、配套产品建筑材料、机械电器设备；技术中介服务	
北京汇中建设信息设计咨询公司	1993.8	法定代表人王禹华	100.0	全民		建筑市政工程方面的技术咨询服务	批发、零售建筑材料、五金交电、百货、机械电器设备	
海南建达城乡建设技术开发咨询公司	1993.8	法定代表人孔繁良	30.0	集体	设计咨询、承揽工程、批发、零售	城乡道路、桥梁、给水、排水房屋建筑等工程技术咨询与技术转让，工程设计、工程监理及建筑材料与设备商贸经营		经营部、财务部
北京市市政设计研究院工程技术开发公司	1993.9	法定代表人贾志学	50.0	全民		技术开发、技术咨询、技术转让、技术协作、技术承包、技术服务、技术中介服务、销售上述开发经鉴定合格的新产品	批发、零售汽车配件、建筑材料、机械设备、五金、交电、百货	公司成立董事会下设：办公室、业务部、财务部
北京市龙泰设计咨询开发公司	1993.10	法定代表人赵遐	50.0	集体		市政工程道路、桥梁、给水、排水的工程设计及技术开发、咨询服务、培训、转让、经济信息咨询	批发、零售机械电器设备、建筑材料、五金交电、百货、仪器仪表	人事部、经营部、办公室
北京市四方建都技术咨询中心	1995.8	法定代表人贾志学	5.0	全民		技术咨询、技术开发、技术服务、技术转让、技术培训、信息咨询服务		办公室 业务部 财务部
北京市市政照明设施联合公司	1991.8	院法人代理人李森	20.0	全民与全民联营	承包、咨询	承担港口、立交桥、广场等市政照明设施的设计、制造和安装	有关市政照明的技术咨询	董事会

续表

公司名称	成立时间	法定代表人或负责人	注册资金(万元)	经济性质	经营方式	经营范围		机构设置
						主营	兼营	
龙马(集团)工程有限公司	1994.4	院法人代理人 李森	8.0(美元)	中外合资	设计咨询、工程承包、技术贸易	建筑工程、市政工程、土木工程的设计、施工、装修、咨询、技术服务、工程监理、工程承包,以及施工机械、机电设备、房地产业、进出口贸易、矿山开采、计算机技术与设备等		董事会,下设总经理
京江国际工程咨询有限公司	1994.9	法定代表人 李森	10.0(美元)	中外合资	设计咨询、技术服务、设备成套	国际工程投标、设计、咨询、工程承包及机电设备技术成套		董事会,下设行政业务部、环境工程部、工程承包部、城建开发部、建筑工程部、工业项目部、道路工程部

第二篇　勘测设计

建院40年来，尤其是中共十一届三中全会以后，院积极开拓市场，广泛承揽国内外勘测设计任务，取得较好成效和稳步发展。与此同时，院始终坚持开展设计技术与理论的发展提高工作，以及设计技术标准和资料汇编的编制工作。

建院初期，在学习采用前苏联设计规范与标准图时，为进一步适合国情和北京地区的特点，院组织系统试验与观测分析研究工作，对柔性路面、雨水管道、水文地质等设计公式与参数进行修改与补充，并用于设计。60～70年代，结合生产任务，院掌握并发展山区公路、交通工程、预应力装配式桥梁及钢筋混凝土连续梁桥、地面水净化、长距离输水及特种闸阀、工业废水处理、管道与构筑物抗震等设计技术。改革开放以后，院结合大型现代化市政工程设施建设，对城市快速路、高速公路、大型现代化城市水厂和污水处理厂等设计技术开展研究，开发弯、坡、斜桥与异形桥设计及深井曝气、纯氧曝气、污水处理CAD、侧向流波形斜板沉淀等技术。

为规范设计，培养人才，提高质量，加快设计进度，院持续组织开展设计技术标准与设计资料汇编的编制工作。从70年代初开始，院在编制技术标准的基础上，陆续承担国家、部（市）级专业设计规范、标准（规定）、标准（通用）图及定额等编制任务；主（参）编全国性设计手册及资料汇编任务。1955～1995年，院编制完成技术标准共219项，其中技术规定类82项，标准图类137项；属国家、部（市）级专业设计标准、手册或资料汇编66项，其中主编45项，参编21项。

院承担完成的勘测设计任务，在项目、规模、专业和涉及的地区，40年来均有较大发展。建院初期，院主要承担北京市地区勘测设计任务，一般规模较小，以道路、给排水管线及中小桥设计为主。改革开放以后，院陆续承担北京市大型市政工程勘测设计，包括：快速路、高速公路、大中桥及立交工程，大型现代化水厂、污水处理厂及其配套工程。1985年以后，院在大连、深圳、海口、厦门、北海市建立5个设计分院，在全国25个省市自治区承接100多项工程勘测设计任务。为开拓国际市场，1994年，院先后与马来西亚和美国的公司联合成立中外合资公司“龙马（集团）有限公司”和“北京京江国际工程咨询有限公司”。先后参加10余项境外项目投标业务，中标了马来西亚“古晋中华商厦”工程总承包项目及国内外资工程“上海长桥泵站”设备成套项目。

院勘测设计领域，已发展有城市道路、公路、桥梁、交通工程、给水、排水、给排水结构、垃圾处理、工业与民用建筑、机械、电气、测量、技术经济等专业。业务范围扩展到勘测设计、小区市政工程规划、设计咨询、投标招标、经济评估、工程监理等领域。

1978～1995年，院勘测设计项目获国家及部（市）级奖励98项，计算机软件获国家及部（市）级奖励11项，科技成果获国家及部（市）级奖励76项。（见附录5、6、7）。

第一章　设计技术与理论

院主要技术专业道路、桥梁、给水、排水、给水排水结构、机械、电气等，设计技术与理论的发展与提高，大体经历了三个时期。

建院初期，主要是学习前苏联经验，采用前苏联的设计规范和标准图。其间，为适应我国国情和地区特点，院组织系统试验与观测分析工作，对前苏联规范的设计参数、公式进行修改与补充。如，测定适合北京地区的柔性路面塑性理论设计的参数；对北京市雨水管设计参数的观测与分析；修正地下水开采水文地质计算中裘布依公式的井径概念；发展钢筋混凝土管管道与管基联合作用的假设等。

60～70 年代，院各专业开辟新的设计领域，在战备工程中掌握山区公路设计技术，在跨河桥、立交桥设计中开创无横隔梁宽腹 T 梁、大跨度预应力混凝土 T 梁及普通混凝土、预应力混凝土连续梁桥设计技术，在开发远距离地面水源工程中掌握地面水净水技术和长距离输水技术，在环境治理工程中，掌握各种工业废水处理技术。与此同时，院广泛学习国外经验，引进发展新的设计技术与理论，以工程任务带动科学技术研究，结合设计需要组织观测、试验与测定。引进国外交通工程理论，通过城市交通流的观测分析，得出符合实际情况的道路设计参数。开发机械加速澄清池与虹吸滤池技术。通过研制开发预应力钢筋混凝土管、大口径钢管、水锤消除器及其他特种闸阀、贮水池设计技术及管道、构筑物抗震设计技术与理论分析。

改革开放以后，院进一步开展国际技术交流与咨询活动，重点加强大型市政工程现代化设计技术的研究及从国外引进新技术的推广应用工作。对国际上通行的柔性路面按弹性体理论设计，进行系统的测试，取得设计参数。为建设现代化道路交通系统研究采用城市快速路和高速公路设计与城市立交设计新技术。开发并推广适用于大型立交桥要求的预应力混凝土连续箱梁结构及弯、坡、斜和异形结构桥的设计技术。在北京田村山水厂，开发应用臭氧——活性炭联合处理新工艺。对高浓度有机废水，开发深井曝气、纯氧曝气处理新工艺。开发污水处理 CAD 技术。开发并掌握大型水厂、大型污水处理厂设计技术。

第一节　道路专业

一、线形设计

建国以来随着城市建设的发展，院道路工程设计的线形设计横断面设计、平面线形设计、纵断线形设计、平面线形与纵断线形组合设计，通过工程实践进行不断改进与提高。

（一）横断面设计

道路路拱曲线的线型，传统的设计方法采用二次方抛物线。此种线形在路面边缘部分横坡度增大，路面愈宽边缘部分横坡度愈大，致使行车倾斜不稳。1955 年院提出采用变方抛物线形，即按抛物线公式 $y=ax^n$，根据不同路面宽度和横坡度分别选用 n = 1.25，1.5，1.75，2.0 计算，利于排水。n 值按中心至横距 0.5 米处割线坡度不小于 0.3%，边缘至横距0.5米处的割线坡度不大于2倍的路面横坡度选定。1955年及1957年院设计北京市西单至复兴门及东单至建国门道路时，因规划路面宽达50米，又首次试用直线插入圆曲线及抛物线的型式。此3种线形作为标准型式纳入1957年院编制的标准图内。近年来变方抛物线型式为国内广泛采用。

横断面型式，在北京市的旧路与中华人民共和国建立初期新建道路中绝大部分为单幅式。由于各种机动车与非机动车混行相互干扰，影响汽车运行速度及交通安全，1957年修建北京市三里河路，院首次设计采用了三幅路的型式，中间为机动车车行道，两侧为非机动车车行道。这种机非分行的三幅路运行组织方式和断面布置，适应我国非机动车众多，尤其是拥有大量自行车的特点，在全国逐步得到推广成为普遍采用的横断面型式。

80年代，针对城市出入干道及快速路的交通特点，采用了四幅路形式，在双向机动车道中间设隔离设施分隔上下行车道。同时依情况也有的采用主路过境或快速交通行驶，两侧或一侧修建副路供地方一般机动车及非机动车行驶的断面布置形式，在京开公路北京段，北京市南二环路，京津塘高速公路北京市区连接段等道路工程中采用。

（二）平面线形设计

曲线的设置，70年代以前，院设计规定路线折角小于5°可不设曲线，即线形为折线，路容有欠美观且对驾驶员操作安全有影响。70年代以后，参照国外经验改为折角小于0.5°时不设曲线；折角在7°以上按规定设置曲线；折角在0.5°～7°之间，按折角7°缓和曲线长度的2倍设置。

弯道处曲线与直线的连接，在较长期间，多采用直线与圆曲线直接相连，仅在山区公路小半径曲线处设缓和切线衔接，弯道加宽。由于汽车性能改进，车速提高，上述的线形设计将迫使驾驶员迅速转向，易导致交通事故。为符合汽车转向行驶的轨迹，驾驶员得以顺势操作，从70年代开始，采用在直线与圆曲线间插入缓和曲线的设置方式，并选定回旋线为缓和曲线的线型，使直线逐渐增大曲率与圆曲线连接。这种设计广泛用于院设计的快速及高速道路。

道路设计直线段长度，80年代中期以前，院设计道路最大直线段长度（米），参照国外经验一般采用计算行车速度（公里/小时）20倍的距离。近年来院在高等级公路设计中，直线段的最大长度（米）限制为70倍行车速度（公里/小时）。为防止引起驾驶员疲劳，减少交通事故，曲线长度占全线长度控制在60%左右，曲线的最大半径以10000米～15000米为宜。城市街道的直线长度由于规划需考虑土地利用率与街景，一般依照规划的总体布置设计。

同向曲线与异向曲线间的直线段长度，过去未予重视，致使往往出现直线过短，即所谓断背曲线，影响行车安全。高等级道路出现后，曲线间的最小直线长度，在城市道路设计规范及公路设计规范中作了规定，院设计按规范执行。当最小直线长度难于满足时，采取调整同向曲线为复曲线或采用回旋线连接的措施解决。

（三）纵断面设计

道路纵坡，一般根据地势起伏为设计原则。公路设计按公路设计准则规定最大纵坡值，一般采用最大纵坡度不大于2%。大量修建道路立交后，经观测研究总结出道路立交机动车道较理想的最大纵坡为3.5%，非机动车道为2.5%。道路的最小纵坡度考虑北京市地势平坦，一般采用0.2%作为设计标准。小于0.2%的路段则于路面边缘部分采用锯齿形偏沟措施，1956年北京市西单至复兴门道路中采用，排水效果良好。

道路纵坡坡段长度，过去随地势定线，往往起伏频繁，行车不舒适。近年来，院主编的设计规范中根据计算车速作了规定。竖曲线设置，过去习惯采用圆曲线。1957年院在个别设计中试用过抛物线形，因其线形曲率变化很小，实际近于圆曲线，故未推广。为保证路面视距、减缓冲击及满足车前灯照射范围，设计选用的竖向曲线的半径均大于《规范》规定的一般值。

（四）平面线形与纵断线形的组合设计

为满足汽车行驶安全顺适及驾驶员视觉、心理的协调，保持视觉的连续性，在平曲线与竖曲线重叠部位，采取将竖曲线包容于平曲线中的设计方法。即将纵坡度与圆曲线结合组成适当的合成坡度，以进一步达到行车安全及排水要求。随着计算机技术的发展，在线形组合设计方面用动态透视图进行视觉分析与景观设计，并作为评价、检验和修改设计的手段开始应用。

二、交叉路口及广场的竖向设计

1955年前，北京市道路交叉路口设计只在平面设计图中表示路口线形布置，没有适当的竖向设计方法进行完整的路口设计，无法表达设计意图，指导施工，而且随着道路的宽度增加，出现宽阔的交叉口，无路口设计的缺点更加明显。1955年院通过承担北海桥及两端道路的设计任务，针对交叉路口、广场及停车场形状不规则、高程受道路、古建筑限制这些条件创造利用等高线设计，用方格网标注高程的竖向设计方法，以充分表达路口、广场各部位高程和坡度、坡向变化，合理布置排水设施。该设计方法，列入道路设计规定。1957年编制的道路设计标准图列入新建、改扩的沥青混凝土及水泥路面路口的设计示范图，绘制相同等级道路相交和不同等级道路相交两类交叉口以及在相交道路为不同纵坡方向组合下的各种路口设计等高线型式的标准图式。1963年及1976年院修订标准图，该内容均予保留。近20年来等高线设计又普遍用于道路立交的竖向设计。

三、路基路面设计

（一）路面结构

道路路面设计在中华人民共和国建立前无理论计算依据，结构材料简单，柔性路面主要为沥青贯入式和碎石路面，少量为碎石灌浆和沥青混凝土路面，一般为单层厚12厘米～18厘米直铺于土基上，只沥青混凝土下设碎石基层。中华人民共和国建立后引进前苏联柔性路面设计以塑性理论为基础、形变模量为指标的设计方法，路面设计开始进入有理论计算阶段。与此同时，路面结构改为多层组合，材料种类逐步发展为多样化。沥青贯入式及沥青混凝土面层材料有不同品种，研制出贯入式沥青砾石、拌合式黑色碎石、沥青表面处治、级配砾石等多种新路面和用于磨耗层的黑色石屑、沥青砂等材料。基层材料广泛采用北京盛产的砂石，重要道路采用大块石基层，并研究开发石灰土，成为常用的基层材料。

（二）柔性路面设计

建国初期柔性路面设计参数引用前苏联资料。院结合国情对路面容许相对形变模量、强度安全系数、各种材料及土基的形变模量值“四大参数”进行研究取得符合实际的成果。

1978年交通部颁行新的柔性路面设计规范，采用弹性层体理论，以弯沉为指标，双圆荷载，按双层体系的计算方法。院根据城市道路的特点，于1980年开始，提出增加高温剪切指标，结合北京市条件，对土基和各种面基层材料的回弹模量等设计参数进行了重新测定，找出相互规律，提出新的数据。同时研制新的基层材料——石灰粉煤灰砂砾混合料，使路面具有半刚性基层，以提高质量及耐久性。该研究成果已纳入设计规范。

（三）防治道路翻浆

1953年以后，随着交通量增长、车重增加，北京道路路面出现翻浆现象。1957年后发生大面积翻浆破坏，院开始防治翻浆路面厚度的研究。根据气温、土基冰冻深度及湿度、地下水位，研究水分积聚情况、测定材料导温系数，提出控制冰冻及水分流导排除土基水分积聚的各项措施，并在道路试验段上设置隔水层、排水层、隔温层等。同时，结构计算中采用“四大参数”研究的成果，增加路面结构厚度，重要干道并考虑结构厚度大于冰冻深度的2/3进行设计，以解决翻浆问题。北京市昌平路改建路面结构总厚度大于60厘米，设隔温层减小冰冻深度，设盲沟排除路基水分。北京市东长安街改建，根据两侧日照情况，路面设焦渣隔温层，南北两侧厚度不同，使用迄今已35年，路面状态依然良好。另外，根据冬季气候冷度即低温度数及延续时间，进行来春道路翻浆预测，以利道路养护。

迄今为止，在路基路面研究方面尚进行沥青混凝土低温开裂指标、路基水分积聚及计算湿度、改性沥青路面性能、旧水泥路面加铺沥青混凝土面层防止反射裂缝等问题的研究，取得成果后在设计中应用。

四、道路交叉设计

（一）道路平面交叉设计

院在60年代初即已对重要路口采用渠化设计，以解决车辆转向造成的交叉混乱现象。1977年及1980年通过对十几处灯管路口的综合观测，提出对交叉口进口道按分道分向行驶的原则布置车道。根据进入路口的交通流量流向比例及车辆组合，确定车道数量与车道类型，分为直行车道、左右转专用车道及混行车道。原则是进口道的直行车道数不少于路段的车道数，即路口部分的道路宽度须较路段加宽，加宽段的长度不小于分道行驶段与渐变段长度之和。

1975年及1978年，为修建环形平交路口和环形立交路口，组织人员赴上海、长春、南京、广州等城市进行环形交叉口的调研工作，取得计算机动车通行能力的公式、有不同数量自行车混行时的机动车通行能力、交通量与环道车速的关系、环形交叉口车辆换算系数及工作状态（正常行驶、饱和、阻塞）等成果。明确在交通量不大的交叉口采用环形交叉不间断运行，较灯控交叉口红灯受阻时间少、交通事故少、可减少交通管理人员、增加城市绿化，但通行能力低于在进口道增设车道的灯控路口，对交通量大的主干路不宜采用。

（二）道路立体交叉设计

1965年修建的北京市京密引水渠二期工程，在昌平县白浮处与昌平路相会。由于引水渠滨河路与昌平路高差甚大，二路相接滨河路纵坡将很陡，且交叉处正居桥头，车辆转弯半径不足，将造成交通运行困难。为此，提出修建立体交叉的方案：设计将跨河桥增设边孔，滨河路降低，车辆自边孔通过，桥两侧设匝道与昌平路连接成半苜蓿叶型立交。这为以后道路建设发展采用立交，进行了试点，积累了经验。滨河路降低后路面高程低于河水位，为防止河水浸入道路，采取路侧河岸设置混凝土挡墙，沉降缝设钢板止水措施，并将土路基铺设黏土层包封，以隔断河水渗透，迄今效果良好。这座立交是北京市第一座道路立交，创造了滨河路立交型式。路基防水措施是前所未有的做法。其后在引水渠通过紫竹院路及阜成路处也采用了相同式样的立交。70 年代北京市修建二环路，建大量的立交。1974 年建成的复兴门立交是在城区修建的第一座立交，根据地形将该立交设计为长条形苜蓿叶型式，突破一般苜蓿叶形立交的标准形式。1977 年在建国门首次建成一座机动车与非机动车分行的三层式长条苜蓿叶形立交，消除机非混行立交的冲突点，适应我国自行车多的特点，为城市修建立交开拓了新思路。此外，根据地形及交通流向，因地制宜，创造多种新的立交型式并根据道路网布局修建三元、四元、天宁寺、三义庙等由两座及两座以上立交组成的立交枢纽。

（三）铁路立体交叉设计

北京市自 1956 年开始对现况道路与铁路平交道口改建为立体交叉，其后新建干路与铁路相交亦采用立交形式，均为上跨铁路形式。1965 年对永外大街现况道路下穿式铁路立交增辟非机动车道桥洞，首次采用预制框架构件、顶进施工的设计施工方法，解决下穿式立交影响铁路停止运行的问题，后在全国推广。经过总结比较，由于道路的建筑限界净高要求低于铁路，机动车与非机动车的净高要求亦不同，因此道路下穿式铁路立交可以将两种车行道下穿铁路的高程安排在不同位置上，构成不同高程的三幅路断面形式，可按各自的纵坡度允许限度决定各自需要的坡度和坡长，从而使道路整体的引道长度缩短，减少工程量及占用土地数量，节约工程造价，另外在环境协调景观美化方面，也较道路上跨式铁路立交有较多的优越性，故新建铁路立交在经过综合考虑确定方案时，一般优先采取道路下穿的做法。

五、管线综合设计

（一）管线线位布置及交叉

1954 年设计扩建北京市西长安街道路（今西单至府右街），同时敷设各种永久性地下管道，市政府要求原有架空明线全部转入地下。由于管线位置及高程排列交叉错综复杂，新设管线与旧有管线之间产生矛盾，因而从技术及经济两方面综合考虑，统一协调安排，进行管线综合设计。随着城市总体规划逐步完善，新建改建道路迅速发展，管线综合成为道路设计中的重要工作。1958 年院成立管线综合设计组，由市政府授权负责全市市政管线的综合安排及审批业务。1960 年以后此项业务划归规划局负责，院在具体设计项目中担任协调各市政专业间的配合。

（二）综合管道

建院初期，为解决城市道路中管线众多、复杂、埋设安排困难及需分期修建扩建等问题，院开展综合管道设计。1956 年在改建北海桥及两端道路工程设计中，为美化园林石拱桥景观在桥面两侧人行道下设置浅埋式综合管道，将电力、路灯电力、无轨电车电力、电信电缆及新建的上水管道分别纳入综合管道中，并预留煤气、热力管道的位置，使桥上空只有新设的路灯杆及无轨电车天线，无其他架空线缆，这是北京市第一次修建的综合管道。1959 年扩建天安门广场时，在天安门前东西向修建长 1070 米的综合管道，是北京市第一条可通行式综合管道。1976 年纪念堂广场设计中也采用综合管道。

六、山区公路设计

中华人民共和国建立初期，北京市公路建设大都在郊区平原地带。1958年，河北省8个县划归北京市后，山区面积大为增加，开始修建大量山区公路。

(一) 公路选线

院在初期测设中遇到地形复杂地段时往往为减少工程量、节约投资，而过多地按等级公路技术标准的极限值选定路线，线形标准偏低，行车速度低，通行能力小，影响运输经济效益且易发生交通事故。1972年经总结，明确行车安全、公路养护及长年经济效益应综合考虑，选择适当的标准。在怀丰公路设计中与过去曾选定的路线比较，曲线数量及小半径曲线分别减少20%及50%，而工程量仅增加5%，路线标准提高很多。

路线经过村镇时，过去曾认为公路穿村可利用旧路节约土地，便于群众使用。但实践证明，由于村镇路旁堆积物及行人家畜干扰影响行驶，有碍行车速度、通行能力及交通安全。因而提出傍村不进村，以支线连接村镇，必须穿村时应加宽路基，增加防护设施的选线原则。

山区越岭线与沿溪线的选择，建院初期考虑沿溪线常需设防护工程增加造价，并有洪水冲毁路基的风险，故倾向于选择越岭线。经调查访问，了解到群众迫切要求靠近公路，以利生产方便生活，而且沿溪线一般纵坡度较缓，有行车速度高等优越性，此后选线按工程量大小、群众要求、经济效益等因素确定方案。

沿溪线经过村庄时一般地势狭窄，村庄背山面河，路线在村前通过往往需局部侵占河道，故护砌量大，造价高，但可护村保田，免受洪水危害；路线在村后则占地拆房较多，且施工爆破影响房屋及群众安全。因此在路基安全有保障、造价增加不多的前提下，优先设计选择村前线。同时选线尽量占用荒地次地。北京市斋堂公路沿溪线经过了解河道变迁历史，将大量河滩圈在道路内，形成围滩造田，受到当地农民好评。

(二) 隧道设计

1965年三雁公路长安岭隧道是院第一次设计的大型隧道，此后陆续设计隧道15座，总长近3000米。北京市三雁路、水二路、八达岭公路等设计中，突破了越岭线才修建隧道的做法，对一些沿溪路段放弃绕梁开堑，选择修建隧道穿梁而过的方案。北京市柏平公路烟筒沟隧道详细考察隧道附近的地形地质条件，尽量避开地质不良施工困难地段，放弃明堑和100米长的短隧道方案，采用长300米的长隧道方案。经过施工及运行验证，长隧道方案是合理的。隧道结构形式，根据不同的地质条件采用不衬砌、半衬砌、锚杆支护及全部衬砌等不同型式。为提高设计效率，在总结隧道设计经验的基础上，院编制隧道设计图集。

(三) 公路防洪

北京市山区公路的路基，特别是沿溪线的路基，经常遇到洪水及泥石流的冲刷毁坏。北京市琉四公路在1969年和1972年两次泥石流山洪中，冲毁桥梁5座，冲毁路基达30%，涵洞破坏或堵塞占56%。为此院进行调研工作，研究北京地区泥石流形成和运动的规律，提出泥石流流量的计算公式和各种防泥石流的措施，并制定泥石流地区的选线要点。根据连续多年的水文观测及洪水调查，制定北京地区最大洪峰流量计算公式。为疏导水流在路基外设置不同类型的导流坝。根据冲刷情况选择冲涮深度计算公式，设计防护设施的基础埋深，并采取在基础外设计沉排、铅丝笼措施以防止冲涮。

七、交通工程及设施

建院以来，针对交通问题院进行大量专题观测研究，提供参数和数据。60年代初对重要路口采用渠化设计，以解决车辆转向交叉混乱问题。1963年开始进行专题观测调查研究，观测城郊道路在不同车速下汽车对向及同向的行驶状态和横向间距，经结合公式验算，取得每条车道宽度及城郊道路路面及路基宽度的模数；观测统计高峰时刻自行车（含少量三轮车）的行驶状态和数量，提出每一条自行车道设计宽度和通行能力；测定行人过街、平交路口、信号灯路口、汽车加减速等影响汽车行驶因素及其规律，取得机动车道的通行能力值；观测客货车及拖斗卡车在路口转弯时的车轮轨迹，制定路口缘石的转弯半径值；测定货运三轮的上坡能力，坡度与坡长的关系值。通过较长时期对城郊若干道路进行24小时交通量的调查分析，得出日交通量中不同时刻的换算系数；平日交通量与星期一至六交通量及与节假日交通量的关系和换算系数。70年代中由于交通量增长，出现道路交通阻塞现象，院根据北京市城区和郊区交通量增长的规律，制定交通量增长率；根据机动车和自行车在路段和路口的通行能力的观测资料，制定以车头时距、信号灯周期为计算依据的信号灯管制路口通行能力计算公式；提出环形交叉路口通行能力的计算方法及确定车行道数量的设计小时交通量计算方法。

上述成果在院设计中逐步推广使用，其大部分成果被纳入由院主编的建设部颁发的《城市道路设计规范》。

80年代为保证汽车安全迅速行驶，在立交设计中增设集散车道或变速车道。重要道路设计均设置供公共交通使用的港湾式停靠站。设计内容增加交通工程、布置交通标志及交通标线、设置人行过街天桥和地道等设计。高速公路设计按规范规定设计超车车道及紧急停车带或港湾式停车道。此时期 院承担国家《立交形式选择适用条件及设计依据》和《城市道路立交工程交通功能评估系统》两项研究任务，取得立交选型评估的量化体系成果，用于指导设计、统一标准。

交通安全和管理设施设计及施工养管业务一直由公安部门负责。院只在山区公路设计中，对必要的安全保护设施予以考虑。1976年院编制新的道路设计标准图，根据多年设计实践并改进充实，列入多种型式和构造的护栏、护墙、标柱等设施。参照国外资料设计底部宽、腰部呈弧形收缩的混凝土护墙新型式。1985年高速公路设计中，根据道路性质设计新的安全设施，即设于桥梁或较高路基及中央分隔带上的防撞护栏，有刚性的混凝土护栏、刚柔结合的波形钢板护栏与钢管护栏3种型式。为防止人畜进入道路，设计防撞护栏；为防止上下行车辆前灯眩目，于中央分隔带设计防眩设施，有防眩板和防眩网两种型式。上述防撞护栏与防眩板在国内后建的高速公路中采用。首都机场高速公路还增设反光路纽及护栏上设反光片，以增加夜间行车的安全。

八、道路附属设施

北京市道路的附属设施过去非常简单，城市街道只有预制L形道牙偏沟或现浇道牙，郊区道路路面边无缘石，涵洞多为石板及木结构，管涵很少且管径小。

50年代初为减轻工人劳动量，将路缘石立、平分开为立缘石及平石，并减小长度。立缘石定为大小两种断面，并增加平缘石。小桥涵多采用混凝土管涵、钢筋混凝土盖板涵洞及轻型桥台预制盖板涵洞。

1956年院第一次编制道路设计标准图，列入立缘石、平缘石、平石、道口缘石、缘石搭版、管涵、步道树池等简易构造物的定型构造和布置图及轻型桥台盖版涵洞专项标准图。

1963年院第二次编制道路设计标准图，路缘石增加用于路口转弯的缘石型式；管涵增加各种管径孔数的构造图，并增设洞口海墁及翼墙防冲刷措施；增加倒虹吸、过水路面及混合式过水路面、边沟过道等构造物。

1976年院再次修订道路设计标准图，进一步充实道路附属构造物的内容。增添斜缘石、反光缘石和立交桥上的缘石，增加不同结构构造倒虹吸及多种构造物定型设计等。列入的附属构造物有：钢筋混凝土管涵、边沟过道、倒虹吸、过水路面和混合式过水路面、重力式挡土墙、护坡、山区公路涵洞各种进出口的构造型式；简易构造物有：路缘石、步道小挡墙及台阶自行车坡道、护栏、标柱、挡土墙、防浪墙、反光柱、边沟加固、水簸箕、跌水、明沟加盖、路堤台阶、滨河路排水管、蹉蹉路面及坡道等。制定各种构造物的型式与构造做法、适用范围、设计要点、材料选择及相应的计算方法。

1980年结合立交设计编制悬臂型重力式挡土墙通用图，其后又编制衡重式挡土墙通用图。院编写的《城市道路设计手册》中对上述附属构造图又作补充，对常用构造物列出设计依据、计算公式图表和设计参数，许多内容可直接用于设计。

近年来配合修建道路立交和高等级道路工程需要，又设计采用一些新的构造物。1983年北京市八达岭旅游公路及京开公路设计采用加筋土挡土墙。1984年北京市三元立交设计采用仿蘑菇石混凝土挡墙及装配式钢筋混凝土悬臂式及扶壁式挡土墙。装配式挡墙已在立交工程中广泛使用，并编制标准图。1991年补充汽—超20级活载两种装配式挡墙标准图。1993年又补充编制墙顶安设防撞设施挡墙标准图。1993年在北京市三义庙立交桥设计中，采用院研究所设计研制的隔音屏障，以减少交通噪声对周围环境的影响。

第二节　桥梁专业

50年代初，北京市修建的桥梁大多是一些临时性的木桥或半永久性的石台与木材混凝土组合桥和木质桁架拱桥。随着国民经济的恢复与发展，以后通过不断实践、总结和创新，院桥梁设计技术进行有计划的研究和发展，特别在城市立交和高架桥方面设计技术发展较快，达到国内先进水平。

一、预制装配式桥梁

60年代开始，院推广设计装配式钢筋混凝土和预应力混凝土简支梁桥。由于它构造简单，便于施工，能缩短建设周期，从而广泛应用于中小跨径的永久性桥梁。在设计过程中对装配式简支梁桥的计算理论、构造方法等作过不少的研究工作，使这种桥梁结构不断得到改进和完善，使以后的桥梁设计中装配式简支梁桥仍占有重要的地位。

(一) 钢筋混凝土T梁桥

院设计的第一座装配式钢筋混凝土T梁桥为北京市德胜门外马甸居民区桥，跨长7.5米，建于1957年。1958年推广应用后，在工程中被大量采用，并编制标准图，逐渐成为跨河桥梁的基本结构型式，其跨长发展为7.5米～22.2米。

装配式钢筋混凝土T梁在工程实践中曾进行过多次变革。早期多采用具有焊接钢筋骨架的薄腹T梁。到60年代中，为了简化钢筋制作工艺，院对跨长15米及以下的桥梁提出采用绑扎钢筋的宽腹T梁。与此同时，为简化模板和整体连结构造，开始研究无中间横膈梁的T形梁桥，并于1966年在北京市三家店至雁翅公路安家庄建造第一座这种桥梁。随后研究无中间横膈梁T梁桥的整体联结型式，提出横向铰结的构造方法。1967年完成横向铰结梁（板）结构分析理论的研究，编制国内第一套适用于绞结梁（板）的荷载横向分布系数计算表。1968年对绞结梁的车行道板进行实验研究，简化配筋。

（二）预应力混凝土T梁桥及空心板桥

院应用预应力设计桥梁结构始于1958年北京市工人体育场内部桥梁，采用的是先张预应力混凝土实体板。1963年在潮白河白庙大桥设计修建一孔跨长22.2米的后张预应力混凝土T梁，同时进行穿珠式后张梁的实验研究，以后逐步推广。院设计的最大跨度预应力混凝土T梁桥为京榆路潮白河桥，跨度44.4米。

1967年院设计第一座先张粗钢筋预应力混凝土T梁桥——北京市葫芦垡永定河大桥，并在现场进行试验研究。该桥单孔跨长15米，取消中间横隔板，按横向绞结梁设计。

第一座后张预应力空心板桥建于1963年，为跨越北京市永定河引水渠的罗道庄桥。先张预应力空心板始于1976年，用于北京市前三门盖板河，于70年代末推广应用于北京市西三环路及以后的京开公路等工程中，采用构件厂预制，最大跨长为16米。

预制装配式简支梁桥经过多年实践，已经成为技术上成熟、使用广泛的桥梁，基本上实现定型化、标准化，同时已配备了CAD软件包，使这种桥梁的设计进入一个新的发展阶段。

二、钢筋混凝土及预应力混凝土连续梁桥

（一）钢筋混凝土连续梁桥

普通钢筋混凝土连续梁桥，在60年代以前仅个别工程（如汤芹路芹城桥）采用过，跨径不大。70年代中期和后期，修建北京市二环路立交桥时，为减少桥面高程和使结构轻巧、美观，设计一批肋板式钢筋混凝土连梁，在德胜门、安定门、东直门、东四十条和朝阳门等立交桥中采用。这些桥梁的基础大都设置在地铁施工回填土上，所以设计设置沉降观测，且还考虑一旦地基沉降不匀，可以将梁顶起加设垫块的措施。桥梁单跨最大跨径为28米。

（二）预应力混凝土连续梁桥

1．分段拼装预应力混凝土连续梁（T梁）桥　1974年修建北京市二环复兴门立交桥时，为缩短施工期限，将该桥3孔预应力连梁分为3段，边孔加悬臂为工场预制，中孔挂梁两端湿接头，最后用预应力钢束连成整体。这种先简支而后转换体系形成连续梁的桥梁结构，在当时是在国内首次采用（其跨径为8.7米+25米+8.7米），由于其受力明确，构造简单，施工方便，被广泛采用。该种桥梁结构在70年代初期用手工计算，是应用结构力学原理解超静定赘余未知力、计算预加应力及次应力，再按结构计算原理进行配筋。70年代后期起，结构计算逐步实现电算化，用有限单元法计算静、活载内力和变形；活载的空间作用以横向分布系数体现；各种施工方法、施工阶段（如分段浇筑、分批张拉、分期拆架等）次应力计算均由计算机计算程序来完成，采用通用综合程序GQ2J－88。

2．现浇预应力混凝土连续箱梁桥　自80年代后期起，由于所修立交桥的跨径增大，T形断面的连梁所需梁高较大，难以符合城市桥梁建筑艺术的要求，因此设计修建预应力混凝土连续箱梁桥，在北京市安慧立交桥，二环、三环若干立交桥以及深圳市的深南大道

上彩田、金田、益田、新洲等立交桥中陆续采用。桥梁的跨径大都为30米～40米，其中最大跨径为52.5米（深圳市金田、益田立交桥）。除安慧、金田、益田为变截面连续梁外，其余均为等截面。

3. 预应力混凝土连续弯箱梁桥　由于城市快速干道和高速公路交通功能的要求，桥梁的平面布置必需根据道路的线形而展开，因此需修建弯桥、斜桥。1984年设计的青岛八号码头跨线桥是院（也是国内）第一次设计的弯、斜、变宽度预应力混凝土连续箱梁桥，主桥三跨一连，中跨最大为43.0米，1985年建成。北京市二环路东便门立交桥中的$10^{\#}$、$11^{\#}$及$12^{\#}$桥，由于桥位处河道与道路均处于弯道上，两者交角不足30°，为不使河道因设置多柱式桥墩而严重阻水，在国内首次采用独柱支承的弯梁桥，不但减少河道壅水，而且使斜桥化为正交弯桥，为设计、施工带来方便。该桥1987年建成。此桥分析，采用院开发的曲线型正交异性弯桥理论电算程序，并以有限元法验证。同时为解决弯桥独柱承受的扭矩较大的问题，设计还提出将独柱偏置，在不增加材料用量和难度的情况下使主梁扭矩减少约50%。

独柱连续弯梁桥在院跨河桥、城市立交桥和高架桥设计中广泛应用。因为该桥梁具有空阔旷达，轻巧壮丽，并可腾出空间和用地，留作他用（铺设地下管线和人行道）等优点，所以很快得到推广，在北京市莱户营立交、天宁寺立交、四元立交、京石高速公路上许多立交以及深圳市雅园立交、泥岗立交等工程中采用。

4. 拱桁连梁桥　1970年改建北京市区至周口店公路时，跨越小清河，设计下弦为圆弧曲线桁架连杆的拱桁连梁桥。该桥单跨30米，共7孔，全长210米，为国内首次采用。这种桥型采用现场预制，结构轻巧，吊装方便，材料较省，美观大方。1971年改建北京市区至门头沟公路时，跨越永定河引水渠的模式口桥，推广修建为拱桁连梁桥。

拱桁连梁桥的结构分析，外部为连梁，内部为平面桁架，都是静不定结构。当时用手算比较繁杂，现在用平面杆系的电算程序进行计算。

5. 预应力钢筋混凝土板与I型钢组合连续梁桥　1992年在设计修建北京市大北窑立交桥时，由于桥梁跨度比较大，要求施工不断绝交通、桥梁构件吊装重量轻、现场拼装速度快，因此设计一种钢筋混凝土桥面板与I型钢组合梁并在混凝土板中加设预应力的连续梁板，其跨径为40米+46米+40米，全连共长126米。该桥型造价较高，但通过施工实践，效果甚好，能满足上述要求。1993年设计北京市西北三环大钟寺立交桥及三义庙立交桥时，采用该种结构型。

该桥型结构分析，采用与通常的预应力混凝土连梁相似方法，将混凝土板I型钢换算成同一材料计算；预应力的作用，按外加荷载考虑。

三、异形桥

由于城市快速路、高架桥和高速公路的发展，桥梁的修建需满足道路线形和交通功能的要求。因此，院在设计修建弯桥、斜桥、坡桥的同时，还因地制宜修建一些特殊的、形状不规则的异形桥。截至目前为止，已设计修建的异形桥，其平面形状有：“十”字形、“T”形、“人”形、“口”形等。有板式和肋板式；有钢筋混凝土结构和预应力混凝土结构。

异形桥的设计计算，通常采用异形板和异形梁桥型式。

（一）异形板桥的设计计算

这种型式广泛应用于立交桥上，80年代中期北京市东二环工程首先采用，以后被推广，其计算方法采用：

板体内力主要有限元法，按板壳单位进行分析，并根据钢筋的布置转换为设置钢筋方向的配筋内力；

车辆荷载内力，在满足实现设计精度的条件下，根据经验人工布车，求得活载内力；

对预应力异形板中预应力的作用，主要用“梁板单元主从节点法”计算，用梁单元的杆端力实现预应力的作用；

对点支承异形板桥墩柱顶负弯矩峰值计算，在采用有限元分析的基础上，提出“外插”公式；墩柱顶板体抗冲切强度计算，参考工民建建筑规范的设计无梁楼盖冲切公式，换算为适用于公路桥梁规范的冲切公式；点支承异形板桥，为解决柱顶板体抗冲切问题，采用加大承托、设置钢托架以及用钢纤维高标号混凝土等构造措施予以加强，并根据有关资料和试验数据，提出相应的计算公式。

（二）异形梁桥的设计计算

这种型式主要用于立交桥、高架桥桥梁交汇处，其计算方法采用：

一维型的异形梁桥，计算时尽量将空间结构简化为平面梁系，其静、活载的空间作用，以横向分布系数来表示，用平面梁系程序计算。

二维型的异形梁桥，一般按空间结构处理，将梁肋（含桥面板）离散为许多梁格组成的“交叉梁体系”，用电子计算机有限元理论，计算各梁内力。车辆的空间布载根据设计者的经验，找出计算截面最大（或最小）内力的车辆不利位置，逐个布截，以满足工程实际要求（有时留10%的安全储备）。

第三节　给水专业

一、地下水

1956年北京市水源三厂设计，在水文地质调查的基础上开凿勘探性生产井，利用该井抽水试验资料计算出开采地区的渗透系数，并据此推算其地下水的储量，以确定开采规模和水源井设计。这种方式节约勘探费用，加快工程进度，数据切合实际，在国内得到推广。

总结在北京高渗透系数地区凿井的经验，突破引进前苏联水文地质学中裘布依公式中的井径概念，提出加大井的直径以加大井的出水量的做法，在北京水源三厂工程设计中采用当时国内最大口径DN500毫米的管井，在北京水源八厂工程设计中进一步扩大到DN800毫米～1000毫米管井，使单井出水量加大到900立方米/小时左右，得到降低造价，减少用地和加快工程进度的效果。

北京市水源八厂水源地含水层厚，且渗透系数很大。为加大开采密度，在国内首先采用组井分层取水的方式，在一个井位处开凿两口深度不同的管井，分别安装深井泵，从不同深度的含水层取水，使一个井位出水量达到1800立方米/小时以上，达到大幅度地节约建设资金、加快工程进度、减少用地、管理方便的效果。

在井的设计上，坚持用泥浆护壁代替钢套管加大井径；加大开孔直径和填料厚度，扩大井的实际直径；采用活塞洗井保证井的出水量和水质；补充填砾，延长井的寿命。

二、地表水

60年代初，北京市市区永定河冲积扇的地下水进入超量开采阶段，水源开发向地表水转换，设计扩建水源六厂，供北京市东南郊化工区工业冷却用水。当时国内水处理中的沉淀工艺主要沿用过去的平流沉淀池，占地面积较大，排泥不便。个别单位试用苏式悬浮澄清池，均未达到理想效果。院在六厂设计中采用当时在美国较为流行的机械搅拌加速澄清池。该池具有机械搅拌和提升机械，能做到泥渣回流接触，促进絮凝，并有泥渣分离好、出水较清、排泥容易等优点，能适应水温、水质、水量的变化，适用于低温低浊水的处理。由于当时环境闭塞，资料少，院从小试、中试入手，取得数据，进行工程设计。1965年于水源六厂建成国内第一座自行研究、设计的大型机械搅拌加速澄清池，并取得良好的效果。1966～1978年院受建设部委托，参编及主编机械搅拌加速澄清池系列定型图，1988年主编机械搅拌加速澄清池搅拌机、刮泥机技术标准。设计计算方法和数据编入给排水设计手册。

过滤方面曾沿用普通快滤池，即4阀滤池，当时由于阀门供货紧张，经常造成工程上的困难。1964年院从日本来京技术展览会上，了解到虹吸滤池用虹吸管代替闸阀，用一组中其它池格出水冲洗另一格。不用反冲洗泵，便于机械化和水力自动化，于是组织力量攻关，从试验入手，结合当时北京市印染厂工业供水工程的设计任务，以分部试验方式取得设计数据，进行设计、施工，在两年内投入生产，取得良好的效果。1967年受建设部委托，院编制虹吸滤池系列定型图，设计方法和数据编入给排水设计手册。1979年定型图进行二次修编。

30年来机械搅拌加速澄清池系列定型图和虹吸滤池系列定型图在国内得到推广使用，应用项目均达200座以上。

70年代结合北京燕山石化总厂供水工程设计，院在泥水分离技术上进一步试验、设计高效的同向流斜板沉淀装置，利用水流与泥碴同方向流动，在薄层斜板中流动下沉，使沉淀效率进一步提高，达到30立方米/（平方米·小时）的指标，使用效果良好。

80年代初期，由于北京市市区供水紧张，地下水不能再超量开采，开始取用地表水为水源。市政府决定先在北京燕山石化总厂田村水厂旁建一座17万立方米/日的地表水水厂，平时用密云水系水，冬季用永定河水系水作为水源。该水源在市区附近受污染比较严重，常规处理难以达到生活饮用水水质标准。经过试验取得成果，采用深度处理工艺，即臭氧活性炭联合处理工艺能达到要求。该厂是国内第一座深度处理的城市水厂，投产后达到预期效果。

关于水厂布局，过去均在工艺流程选定后，按构筑物分别建造，以管渠相联。这种方式占地多，工程量大，管理不便。院于60年代末，参考国外资料，在北京市农药二厂污水处理工程中采用集团布置方式，将各处理构筑物靠在一起，不另设管道走道，取得占地少、节约资金和管理方便的效果。以后在辽阳、营口、阜新等工程中，以不同方式采用此种布置方法，也均取得良好效果。

90年代，在北京市第九水厂二期工程净配水厂设计中，按照集团布置方式，将日产水50万立方米/日的大型净水工艺系列，包括混合、反应、沉淀、过滤及炭吸附及相应的设备、变配电等装置集于一体，在流程简捷、节省占地、降低工程造价、方便管理等方面，显示了突出的优越性。

三、管道

60～70 年代院结合石棉水泥油麻与硫磺胶圈水泥铸铁接口（化学接口）设计推广石棉水泥胶圈接口。这种接口具有一定柔性，能适应一般管道的不均匀沉降、温度涨缩和一定程度的地震力，使用至今，效果良好。此外，结合当时国内情况，设计插入式橡胶圈接口，以满足北京市地铁工程的特殊需要。在钢筋混凝土管、预应力钢筋混凝土管管道接口方面，院设计简易半柔口和人字柔口及转换接口和钢管件，以增加管道的柔性来代替基础处理，解决不均匀沉降问题。

在管道附件方面，院按多年实践经验使用暗杆楔形闸阀、单独闸井；按照院试验的接口摩擦力设计管道支墩等，经几十年来的实践，均逐步纳入国家系列标准图中，得到普遍推广使用。

管材方面，除采用预应力钢筋混凝土管外，结合北京市水源八厂长距离、大水量、低压力输水管工程，设计分段浇注、橡胶止水带连接的拉模钢筋混凝土管，以解决当时钢材不足问题，使用 20 年来，效果良好。在钢管外防腐上，由过去的沥青麻布发展为环氧沥青玻璃布；内防腐上在北京市第九水厂大口径钢管中采用人工、机械并举，对 80 多公里的输配水管进行水泥砂浆衬里，取得良好效果；并据此编制钢管水泥砂浆衬里的国家标准。

在管网分析上，由于 50 年代只有手摇的机械计算机和三角函数、对数表，在北京的大型、多环、多水源的管网平差计算上，提出预先大环平差、进一步全面计算的方法，提高了效率，加快了进度。

四、泵站

1956 年北京市水源三厂设计时，院参考国外资料，将泵站的电气控制盘柜和值班室设在泵站相隔的房间内（称为控制室），用隔间玻璃窗与泵站隔开，使值班人可以观察到泵站内情况，但不受泵站内水泵电机发出的噪音侵扰。另外对大型水泵的进出水管，采取直进直出及在管道上设活联接及承受终推力等措施。这种方式随后在国内得到推广使用。

80 年代中北京市第九水厂一期工程设计时，学习国外使用大型、高效、调速水泵以节约电力的经验，在取水泵站中设计安装 6 台流量 3.1 立方米/秒、扬程 42 米、电机 1500 千瓦的电机水泵，其中 4 台调速 2 台定速，一期工程 2 台调速 2 台定速；在配水泵站中设计 6 台流量 4.1 立方米/秒、扬程 53 米、电机 2500 千瓦的电机水泵，其中 4 台调速 2 台定速，一期工程 2 台调速 2 台定速。投产后不仅取得节电 15%～20% 效果，而且简化调度工作，提高水压稳定性，减少水泵开停次数。

五、农村给水

自 1959 起院曾数次派设计人员深入山区缺水地区，帮助当地农民解决生活用水问题。在 60 年代中期，与北京市大兴县防疫站合作设计农村简易自来水，试验使用薄壁塑料管和压力罐供水设备，在北京郊区得到一定程度普及。80 年代中，院协助全国和北京市的爱国卫生运动委员会开展世界银行农村改水贷款项目，取得成功，并编制农村给水用全国通用图集及农村给水设计规范。

第四节　排水专业

排水工程设计技术大体可分为两大方面：一是排水管道工程（包括泵站及其他附属建筑物）设计技术；一是污水处理工程设计技术。

一、排水管道工程设计

（一）雨水管道设计

1. 暴雨公式分析　50年代初，北京市无自己的暴雨公式，设计雨水管道时，采用天津市的暴雨公式。以后，北京市卫生工程局设计处收集中央气象局下属雨量观测站的10年（1941～1950年）自动雨量计记录，采用数理统计方法和皮尔逊Ⅲ型曲线频率分布进行分析，制定第一个北京市的暴雨公式，院开展雨水道设计以此为依据。1961年，降雨资料增加到20年，院重新修订暴雨公式。80年代初，再一次修订暴雨公式，对40年中各降雨历时的160个年最大降雨资料进行分析，并按历时和频率分段处理，提高计算精度，在理论上和方法上取得较大进步，提高了雨水道设计质量。

2. 暴雨径流量计算三大系数的分析研究　50年代，北京市雨水道设计暴雨径流量计算中的3个重要系数——径流系数、进水时间和延缓系数，采用前苏联排水设计规范所定的数值。为了取得北京市三大系数的正确数值，院于1961年在北京市西郊百万庄居民区北部，选择一个汇水面积为11.65公顷的雨水管系统，在其关键部位建量水设施，并设站观测。从1961年至1974年的14年中有3年因故未作观测，其他11年积累了100场降雨资料和300个径流资料。通过资料的整理与分析，认识到影响径流系数的因素是十分复杂的，如地形、地貌、雨水口密度、降雨强度、雨型等，而影响最大的是前期降雨。通过分析，对现行规范数值进行适当提高。

为决定上游管段的暴雨强度和径流量，对进水时间即起点井地面汇流时间进行观测。观测资料分析结果表明，在现状地面覆盖情况下，雨水地面淌流的速度约为10厘米/秒。一般起点井距流域边界约为50米～100米，进水时间在5～10分钟左右。关于延缓系数，在观测资料分析中，未发现延缓现象的产生。

1978年国家“室外排水设计规范管理组”委托院主持研究《雨水道计算方法》课题中的《雨水管空隙容量的利用》专题，合作单位有同济大学和哈尔滨建工学院。经过3年多的研究，及对百万庄的实测资料深入剖析，从理论上明确设计雨水管中存在着可利用的空隙容量，前苏联公式中提出的延缓系数实质上是对空隙容量加以利用的手段，并非真正时间上的延缓。我国降雨强度公式一般为 $i = A/(t+b)^n$，t 为降雨历时，$t = t_1 + mt_2$，其中 t_1 为进水时间，t_2 为管内流行时间，m 为延缓系数。由院和同济大学、哈尔滨建工学院三方算得的 m 值，均在 $1.8 \sim 2.2$ 之间，为便于计算，采用 $m = 2$。

3. 雨水口进水量的研究　1957年，为确定雨水口进水量决定设计雨水口数量，院进行了2:1的水工模型试验，取得第一手资料，为雨水道设计提出依据。

（二）污水管道设计

1. 污水量变化系数　50年代，院在设计污水管道时，污水量变化系数引用前苏联规范中所定的数值。考虑到我国与外国人在生活习惯上有很大差异，气候条件也不相同，

1961 年院组织力量，对北京市建国门外永安里小区污水管进行全年观测，取得大量数据，经分析计算，得出变化系数公式，并制订不同流量下的变化系数表，供设计使用。这一成果有效地提高了污水管道设计的精确性，被国家排水设计规范采用。

2. 污水管的最小设计坡度　1965 年为解决污水管一般按照设计充满度下最小设计流速控制的最小坡度设计，在地形平坦的地区会使管道埋深加大，增加施工难度和建设费用等问题。院对北京市已建的 34 条小于规范规定最小坡度的污水管进行全面、长期的观测。结果表明，只要管内保持一定的水深和一定的流速，就可以保持稳定流动，不致淤积。因此，提出一种按照最小充满度下不淤流速控制的最小坡度。这一成果已纳入国家《给水排水设计手册》，在全国得到广泛应用。

(三) 排水管道的水力计算

50 年代中，院引用前苏联巴甫洛夫公式按照无压、有自由水面的重力流设计计算排水管渠。由于计算繁琐，70 年代初改用曼宁公式，公式中混凝土管的表面粗糙系数 n 值为 0.013～0.014。

二、污水处理工程设计

1959 年为处理利用城市污水，实现污水资源化，防治水环境污染，缓解水荒问题。院在东郊高碑店村迤南地区，设计 3 立方米/秒规模的一级污水处理厂，污泥经干化场脱水后用作农肥。该工程 1960 年建成，出水用于灌溉农作物。污水灌溉农田在初期效益是显著的，但随着工业的发展，城市污水水质日趋复杂，进一步引起农作物受害和地下水污染等一系列问题。因此，院提出城市污水须经二级处理后方可用于灌溉，作为农肥污泥必须经消化处理等要求。

60 年代末和 70 年代初，北京市在房山地区建设石油化工基地，并同时修建污水处理厂。院承担向阳污水处理厂的工程设计任务，是院首次设计的污水二级处理厂。为选定工艺流程取得正确可靠的数据，对高浓度的化工废水进行试验，除人工配制废水外，还深入到上海性质相近的工厂中进行现场试验。在这一设计中院采用表面机械曝气的活性污泥法。在预处理流程中，除沉淀、隔油外，加入溶气浮选池，保证曝气池的正常运转。除此以外，流程中还加设大容量的事故储水池，以防止化工车间的事故排水或检修排水对处理设施的冲击，破坏处理功能。经过长期运转实践证明这种考虑是正确的。

1973 年 8 月，第一次全国环境保护大会在京召开，城市污水处理工作被提上日程。1974 年，在北京市建委的领导下，组织在京有关科研、设计和管理单位，成立以院为主的高碑店污水净化回用科研设计组。经两年时间收集并学习国内外有关城市污水处理的经验和资料，开展一系列小型试验，取得大量资料和数据。在此基础上，1976 年开始设计城市污水处理试验厂。考虑到高碑店污水处理厂是一个百万吨级的大厂，为慎重起见，进行一定规模的中间试验。试验厂采用活性污泥法流程，流程中各单元工艺均采用当前较先进的工艺。二级处理设四段式纯氧曝气池 1 座，容积 128 立方米。作为对比，平行设置 1 座 205 立方米的普通曝气池。两种曝气池均有各自的斜板二沉池和出水溶氧测定仪。另外，还建有 2 座 100 立方米的污泥中温消化池。试验厂于 1980 年投入运转。经过两年多的试验运行，对高碑店系统的污水水质及其处理工艺的运行参数，取得第一手资料，为高碑店二级污水处理厂设计打下基础。同时，也为院污水处理设计人员提供一个理论联系实际的课堂，对提高技术水平起到积极作用。

1975～1976年，院接受首都机场污水处理厂的设计任务。在设计中，采用深水中层曝气的先进方法。两座曝气池，1座采用密集多喷嘴曝气器，1座采用固定螺旋曝气器。这几种新技术在使用前都通过试验证实是有效的，建成后在长期运行中，取得节能效益。

1984～1989年，除继续从事高碑店污水二级处理厂的设计外，院还承担多座工业与城市污水处理厂的设计工作。其中主要的城市污水处理厂有为十一届亚运会服务的北京市北小河污水处理厂和为北京市方庄10万居民住宅区配套建设的污水处理厂。这两座污水厂规模均为40000立方米/日。两座处理厂的二级处理工艺均采用了A/O法，是高碑店污水处理厂计划采用的二级处理工艺。通过这两座厂的实际运行，为高碑店污水处理厂设计的生产性试验提供数据。方庄小区污水处理厂是按照污水回用的目的设计的，除二级处理外，还有部分三级处理，以提高水质，使其达到回用标准。为保证回用水安全卫生，院组成《中水回用技术研究小组》，对二级处理出水用于生活杂用所需深度处理的程序及工艺进行试验研究。1986年，在小试的基础上，在首都机场污水厂进行每小时5立方米规模的中试，获得大量数据为方庄小区污水处理厂设计提供依据。1987年12月，建设部科技局及北京市科委主持召开全国性的鉴定会，确认其水平已达国内领先地位。

80年代，院在工业废水处理技术上较为突出的有深井曝气和纯氧曝气。前者应用于处理制药废水，先后设计了沈阳、北京、苏州、杭州等制药厂的废水处理工程，取得很好的效果，具有明显的省地、节能、耐冲击、管理简单等优点。此技术在国内已获推广。纯氧曝气技术是院由小试到中试，长期研究，并学习国外经验而获得的成果。1986年首先应用于天津石化公司的废水处理，取得良好的效果。1988年，又为上海石化总厂污水处理厂设计建成30000立方米/日规模的纯氧曝气池。该工程是我国第一座自行设计并采用国产设备、仪表的纯氧曝气处理设施。1987年，院接受武汉长江啤酒厂的废水处理设计任务，与联邦德国专家合作建成国内第一座悬吊式曝气法的处理设施，获得节省用地、节能的效果。此外，院还对多种曝气装置进行试验研究，并应用于生产。如，首都机场污水处理厂的密集多喷嘴和固定螺旋曝气器，北京市506厂污水处理厂的射流曝气装置，以及北京市北小河、方庄、高碑店、华都啤酒厂等污水厂的微孔曝气器等，均取得较大的效益。

40年来，院在排水专业设计技术和理论方面，通过生产实践有很大的提高；在暴雨分析，雨水管道设计方法，以及污水处理工艺设计等方面，达到国内先进水平。国家“八五”科技攻关项目中已列入《污水处理工艺CAD》课题，院承担该课题的《优化计算与专家系统的研究》和《成套软件包的编制》等专题研究。

第五节 给水排水结构专业

一、给排水管道

(一) 钢筋混凝土排水管道力学性能研究

50年代在排水管道施工中，发现管子敷设后出现纵向裂缝，经分析主要是由于管子直接放置在地基或现场浇筑的混凝土平板上，造成管子在基础上一点受力的不利条件。为改善其受力状况，院研究提出采用管座支承角分别为90°、135°与180°的混凝土管座支承的办法。经砂箱法荷载模拟试验及现场实地外荷载试验，得出管子的内力。试验肯定管子与管座为一整体，撇开前苏联按管子与管座分离的计算方法。按管子与管座共同作用的假定，采用弹性中心法计算管子内力，计算结果与试验成果相符，从而确定了 90 度、135 度与 180 度 3 种混凝土管座支承角的管顶与管侧的弯矩系数。1956 年以后，在设计中采用上述系数进行计算，在使用中效果良好。60 年代中与 80 年代初，院对埋地管道上作用的汽车荷载对管道的影响进行测试，根据试验结果确定车轮压在土中的分布角，进一步明确汽车荷载对埋地管道的作用。80 年代初制订《给水排水工程结构设计规范》(GBJ69－84)国家标准时，采用院确定的弯矩系数等成果。与此同时，院采用光弹模型和石膏模型电测两种模拟试验，并配合进行电算成果加以延伸扩展，研究管体、管座和地基三者的共同作用，确定管座的合理尺寸，从而取得一定的经济效益，并在修编《给水排水工程结构设计规范》(GBJ69－84) 时采用。

(二) 预应力钢筋混凝土管

50 年代中，院与北京市制管厂联合研制预应力钢筋混凝土管，根据具体条件，采用拔丝母（模）工艺在预制的混凝土平口管上绕钢丝，增强管壁的抗拉强度，用以承受有内压的给水管道工程；接口用套管石棉水泥灰和沥青麻辫打口连接。该管于 1957 年研制成功，口径为 600 毫米～1000 毫米。50 年代末、60 年代，用于给水管道工程达几十公里。进入 90 年代此种管大量被承插口振捣成型预应力钢筋混凝土管代替。

(三) 钢管设计的研究

钢管设计计算的研究。国内钢管设计曾以前苏联水电系统 1958 年规范为准则，由于城市给水管道工程与水电系统的条件不同，院对该规范的计算理论进行了研究，对钢管四周的荷载图形进行调整，通过理论推导修改该规范地面瞬时荷载作用下弯矩计算公式，在设计中减薄管壁厚度，取得较大经济效益。此外结合市政管道内水压比水电系统管道高的特点，取消在沿钢管纵向设置刚性环的规定，以方便施工。该设计方法在《给水排水工程结构设计规范》(GBJ69－84) 中采用。

埋地钢管水泥砂浆衬里的研究。为防止钢管内壁锈蚀结垢，产生铁菌瘤，以延长管道使用寿命，院对 DN600、DN1000、DN1400 毫米钢管水泥砂浆内衬，在试验室内进行外荷载试验，并用 DN2600 毫米带水泥砂浆内衬的球墨铸铁管在现场进行试验。通过试验取得水泥砂浆与金属管子在复合状态下的受力状况，尤其是管子变位时，水泥砂浆出现裂缝及其开展的规律，以及不同管径的水泥砂浆强度的变化规律。上述成果在《埋地给水钢管水泥砂浆衬里技术标准》(CECS10：89) 中采用。

(四) 大口径玻璃钢管

1990 年针对玻璃钢管重量轻，施工安装方便，内表面光滑不结垢，且有耐腐蚀等优点，1990 年院与广州市自来水公司广州宇宙玻璃钢管厂，共同对 DN1800 毫米采用缠绕工艺的玻璃钢管进行现场荷载试验。在复土 1.2 米和 29 吨汽车荷载作用下，采用 3 种不同密实度的回填土，对管子变形、管子上作用的垂直与侧向压力以及管子应力进行测试，取得大量数据。为大口径玻璃钢管的设计与使用提供了依据。

二、贮水池

建院以来，院对给水排水工程中贮水池构筑物的技术进步与质量，结合工程实践进行了探索与改进。

（一）矩形水池

50年代对现浇矩形水池的设计是结合北京市的地质条件，在无地下水的情况下，池壁基础按独立基础进行计算，底板与基础整体浇筑。60年代用压力盒量测地基反力，用量测成果验算，证明地基较好的条件下，上述假定是可行的，可以保证工程质量。

70年代在工程中应用矩形装配壁板水池，采用水平向后张预应力的施工方法，并用压力盒、应变传感器、混凝土表面应变仪以及倾角仪等仪器设备测地基反力、底板应力、水池注水阶段应力以及角隅变形等数据，为设计同类型水池，提供可靠依据。

80年代对矩形水池的板式长墙在侧向荷载作用下，角隅处产生的局部水平弯矩以及池壁顶端以走道板、工作台作为支承结构时的必要条件，进行分析研究，根据其研究成果提出计算公式，供设计应用，并列入《给水排水工程结构设计规范》（GBJ69-84）。

70～80年代对矩形水池采用分若干单元组装成大容量水池（目前已用到容量10万立方米以上设计）。这种水池可结合厂平面情况，任意布置，使用方便，且节约用地。已编制定型图，在全国范围内推广使用。

（二）圆形水池

70年代设计应用机械缠丝方法施加预应力圆形装配板2000立方米～10000立方米水池。在工程中用钢丝应力测定仪、千分表等仪器，进行测试测得缠丝应力的平均值、钢丝预应力损失值、混凝土壁板水平向平均压力值以及壁板在缠丝时向内的位移值等成果，用在圆形水池设计中并列入《给水排水工程结构设计规范》（GBJ69-84）。

（三）弹性止水带的研制与开发

60年代，院与北京塑料研究所等单位进行新的塑料弹性止水带的开发与应用。院承担止水带在水压作用下变形性能的试验，取得塑料止水带适应2厘米～3厘米不均匀沉降的数据。该塑料止水带在被以后研制开发的新型橡胶止水带取代前，曾在水池与沟渠上广泛应用。

80年代，院在参考国外资料基础上，与北京市市政工程三公司、北京市橡胶六厂等单位研制开发新型橡胶止水带，改进止水带的形式，根据止水带的功能与机理，将其变形段（伸缩部分）和止水段（止水肋部分）分开，使止水带各部分功能更明确。通过试验证明橡胶止水带比原来的塑料止水带的变形适应能力提高1倍以上（大于4厘米）。在国内给排水行业水池与沟渠工程中广泛应用。

三、城市公用设施抗震设计

为掌握地震动力影响及其对工程设施的作用，院对六七十年代国内遭受过地震的城市公用设施震害以及国外相应的震害材料，进行实地调查研究和文献记载分析，对一些课题进行研究，取得很好效果。

（一）在地震波作用下，地下管道的动力反应研究

通过国内外震害资料的分析，尤其是我国1975年辽南海城地震及1976年河北唐山地震中给水、排水管道的震害数据统计分析，在国内首次提出考虑管道与土共同作用的地下管道地震动分析模式，并给出具体计算公式。其中有关管道与土共同作用的计算参数，系根据实测海城、唐山地震中相应管道震害地区的剪切波速，核算震害数据获得。

（二）矩形有盖水池设计的动力特性研究

通过对国内若干大型清水池的震动情况测定，证明有盖矩形水池的横向振型明显不同

于敞口水池，其结构在地震动影响下存在空间工作特性，顶盖的横向作用及平行于地震动方向的边墙可吸收大量的地震荷载，成为良好的抗震墙结构。据此，拟定有盖矩形水池结构的空间工作模式，并给出具体抗震计算公式和空间工作参数。该成果1985年在美国AMS的P.V.P年会论文集发表。

（三）贮水池设计的动力压力计算模式研究

动水压力的计算模式，各国引用不尽相同。院针对给水排水工程设施的特点（池体结构材料、容积、水深、长度比等）进行动水模型试验（在振动台上进行），拟定采用弹性池壁，脉冲动水压力的计算模式。在考虑地震动脉冲作用（地震动周期远较水体振动周期为短）的同时，计入池壁弹性变形对动水压力的分布影响。

（四）赤道式球形贮罐设计的动力特性研究

院通过对不同容量的赤道式球罐的动力特性实测（采用突然释放法激振）进行统计分析，获得该类球罐结构的自振周期计算方法和阻尼影响修正系数。

（五）湿式螺旋导轨贮气罐设计的动力特性研究

院根据湿式螺旋导轨贮气罐套筒式构造，在地震动影响下的非线性特性，为简化设计工作量，对不同容量的这类贮罐进行动力特性实测，统计分析提出自振周期的确定方法，并以唐山地震中天津大港的湿式螺旋导轨贮气罐的震害实测，进行核算，拟定抗震验算方法。

以上各项成果，均列入《室外给水排水和煤气热力工程抗震设计规范》（TJ32－78）中。

第六节　机械专业

50年代，机械专业主要开展地下水为水源的给水厂的设备选型和安装、污水处理工程的专用机械、管道闸阀以及水利机械等设计。当时国内生产的离心水泵的规格、种类不能满足需要，为此开展水泵叶轮和立式单级双吸污水泵设计。自来水消毒技术当时在国内也很落后，一般均用漂白粉稀释后加入原水中进行消毒，为采用液氯消毒，开展墙挂式和钟罩式加氯机的设计研制。此外，为解决在市区干道上不能大开槽施工的困难，设计盾甲，在国内首次应用于北京饭店管道穿过长安街工程。

1957年为配合北京市水库、河渠工程建设，相继设计弧形闸门、平面钢闸门、叠梁闸门启闭机、其型式有电动、手动、卷扬机、螺杆式、固定式或移动式等。其中三家店拦河闸采用弧形闸，其启闭设备为电动固定式双吊点钢丝绳卷扬机，检修闸则采用木制叠梁闸，起重量为3吨。由于孔数较多又不常用，所以设计1台移动式启闭机，驱动电源为拖动电缆，起吊水下闸板用自动挂钩装置。

1963年，在北京市以地表水为水源、供工业用水的水源六厂设计中，院在国内首先推出机械搅拌加速澄清池。同年又为北京印染厂工业用水工程设计同类池型。搅拌机是机械搅拌加速澄清池的主要设备，由院自行设计，一次投产成功，至今运行良好，并普及全国。

70年代后，北京市城市给水工程开始以地表水源为主，排水工程也开始上二级处理项目，给排水专用机械的设计范围扩大，任务增多，技术要求也相应提高。

在给水厂水处理机械方面，为北京燕山石化公司田村水厂配水井设计活动套筒式配水装置，可作为启闭，又可调节水量和进行药剂混合。此外为该厂沉淀池设计螺旋式排除污泥的输送机。为编制《机械搅拌加速澄清池搅拌机、刮泥机国家标准图》，在全国进行调研的基础上，将中小型搅拌机和刮泥机主轴采用套轴式；大型刮泥机采用轻型辐射式销齿传动，性能较前有很大改进，并首次用于北京市田村山水厂，取得很好效果。

在污水处理机械方面，开展泵型翼轮曝气机的设计，用于北京向阳化工厂、首都机场污水处理厂等工程；开展污水处理厂重力式钢丝绳牵引格栅除污机设计，选用通用齿轮减速机，把限位装置设计在水面以上，用于北京市右安门、高碑店污水处理厂设计。

1982年，为原水最大含沙量达30千克/立方米的北京市城子水厂辐射沉淀池设计刮泥机，采用无轨道传动，取得很好效果。

在1989年辽阳给水工程设计中，在重力流输水管道上，采用新研制出的移动套筒式、环向出流、倒锥型调流阀，气蚀系数0.2以下，运行效果良好，可安装在管道起终端及中间任意位置，填补了国内产品的空白，比美国同类产品只能安装在管道末端的工况条件，在功能上提高了一步。此外，在天津石化供排水厂工程中设计ϕ35米吸泥机，在亚运会水上运动场工程中设计皮划艇起航和赛艇起航浮台，在北京市北小河污水处理厂工程中设计旋流除砂设备以及在给排水处理工程设计中广泛应用涡轮式和推进式的各类搅拌机等。

院结合国内工程技术上遇到有关机械设备方面的难题和需要，在给水机械方面还开展了新产品研制工作。自70年代中开始，院研制停泵水锤消除设备。院与营口市自来水公司合作，在北京石油化工总公司供水工程中首先研制成功自闭式水锤消除器，克服了下开式水锤消除器不能满足遥控泵站的要求；需人工复位，易产生误操作；发生水锤事故和人身事故等缺点。由于这种水锤消除器装置较复杂，价格较高，只适用于大、中型泵站，因此利用自闭式水锤消除器的原理，又研制适用于分散的水源井小型泵站、构造简单、价格低廉的缓闭止回阀，并按照工作压力不同，研制出2型、3型缓闭止回阀。80年代中参考美国自闭转芯阀的功能，研制出适合大中型水泵的双速自闭阀，能在停电后自动先快后慢地关闭闸门，消除停泵水锤，防止水大量回流。在正常开停泵时，还能开泵后自开；停泵时先关阀门后停泵，完全地取代电动闸阀、止回阀和停泵水锤消除器，起到一阀代多阀的作用，比缓闭止回阀和蝶阀节电。另外，针对高层建筑加压泵自停后，止回阀关闭时发生的噪声问题，研制消声止回阀等一系列消除水锤的专用阀。除此以外，为消除长距离输水管道中具有破坏性的拉断水柱水锤，研制大孔口和小孔口高速排气阀及特殊安装方法，同时解决了老式自动排气阀大量排气时自行关闭的问题。还研制成功虹吸滤池分格停水的平底阀。

第七节　电气专业

一、供电设计

(一) 大中型鼠笼电动机全电压起动技术

1956年在北京市水源三厂工程中首次采用550千瓦、6000伏鼠笼电动机全电压起动技术，在被拖动水泵的起动特性、供电变压器容量与电动机比例有限的条件下，分析电动机全电压起动对系统的影响，在试运行中进行技术测定，证明理论计算与实测基本符合。

（二）露天35千伏变电站设计

1975年在北京燕山石化总厂外部给水工程中，完成3座35千伏露天变电站设计，采用等径杆中架结构，管型母线，得到供电局的认同并确认院可承接35千伏变电站设计。

（三）1000千伏同步电动机的应用

1980年在水源八厂工程中，配水泵采用6000伏、1000千瓦同步电动机，励磁机应用可控硅整流装置，使水厂的功率因数始终处于1.0附近运行，节电效益显著。

（四）1500千瓦、2500千瓦变频调速应用技术

1990年在北京市第九水厂一期工程设计中首次引进大型变频调速设备，拖动离心水泵。水泵转速可调，能始终处于高效区运行，与定速泵相比，有降低能耗、电机能软起动、平稳加速、对电网没有冲击等优点。在采用变频调速技术中，针对技术难题提出有关高次谐波的危害和抑制措施的专题论文。

（五）水厂专用110千伏室内式变电站设计

1990年在北京市第九水厂一期工程中设计兴建两座水厂专用110千伏室内式变电站，110千伏侧为全桥结线，能够作到倒路不断电，主变压器带有载调压，控制室安装弱电化集控台。设计布局合理，操作方便，至今连续安全运行。

二、自控设计

（一）水源井有线三遥技术

1957年北京市水源三厂井群设计中采用N+1有线三遥设计，由水厂控制室对水源井进行开、停、测量电机电流和故障报警，线路简单实用，作为一种典型结线系统收入《给水排水设计手册》。

（二）水泵一步化操作技术

1957年在配水泵控制中根据工艺条件，设计水泵一步化操作系统，将真空引水、电动启动、水力闸门控制联为一体。针对系统设计一部分专用元件，简化运行工的操作程序。

（三）水源井有线三遥系统设计（电子电路）

1975年院与北京市自来水公司、上海市自动化仪表四厂和上海电科所组成联合设计组，研制成功为北京市水源八厂井群应用的有线三遥系统。该系统根据操作指令完成对水井的三遥控制，测量水井的水位、流量等参数。此系统已成为定型产品。

（四）水厂集散型过程控制系统

1985年在北京市第九水厂初步设计中，首次提出在自来水厂水处理过程应用集散型过程控制系统，使水厂的自动化控制由集中型的控制系统转入到分散控制集中管理的系统。

此后，院在5座大、中型污水处理厂自行设计和引进计算机监控系统。结合水处理过程以开关量为主的特点，应用可编程序控制器与工业计算机相结合的方式，构成简单实用的分散型计算机系统。其中北京市高碑店污水处理厂一期工程的自控设计，引进国外设备，其开关量及模拟量输入及输出点共5000余个，是目前国内规模最大的污水处理厂自控系统。

三、城市道路立交照明技术

院在城市道路立交照明设计方面进行过大量的测试与研究工作。现场测试取得上千个

技术数据，并参阅大量国内外技术资料，开发出高杆照明中采用的泛光灯具与投光灯具，以及两种型式灯具相结合的照明方式，提高了照明质量及节能效果。1984 年，院在北京市三元立交桥工程设计中与灯具制造厂结合，开发出“牵牛花”式高杆照明灯具，造型美观。建成后经过测试，照度均匀，弦光小，达到较高的技术指标，受到各方好评。这一灯型为全国各地广泛采用。三元立交桥照明工程在国内是立交桥使用高杆灯的先例。

此外在北京市二环快速路、京石高速路及首都机场高速公路立交设计中，院与制造厂结合，还设计了多种立交照明高杆灯、中杆灯的灯型。

道路照明高杆灯金属灯杆的防腐最初采用涂防腐漆的方式，其寿命 3 年左右，维护工作繁，费用高。1988 年，院与制造厂结合，开发出高杆灯杆用铝热喷涂防腐技术，使防腐寿命由 3 年左右延长到 20 年。1991 年以同样方式开发出中杆灯灯杆采用分段插接及热浸锌的防腐方法。

1990 年以前路灯变电所采用每座立交桥建一座照明专用变电所，其位置确定困难，既影响市容观瞻，工程费用又高。1990 年院结合北京市西二环路改造工程，与路灯主管部门结合，经过调查国内、外生产的箱式变电站的结构及使用情况，设计出适合路灯使用的箱式变电站。经过试用，达到不占地、不影响市容美观、节省投资的效果，经济技术效益显著。

10 多年来，院在北京及外省市共完成了几十座立交桥照明工程设计。

四、电力、通信规划设计

80 年代以后，院陆续承担海南、厦门、连云港等地经济技术开发区的电力、通信规划及设计，由此，进一步掌握了通信电缆工程的设计方法。

第二章 设计技术标准、资料汇编

建院40年来，为规范设计、保证与提高设计整体水平、培养青年设计人员、加快设计进度、在设计中合理利用各项资源，院积极开展技术标准及资料汇编的编制工作。截止1995年，据不完全统计，共完成院技术标准（以下简称院标）219项，其中技术规定类82项、标准（通用）图类137项；院设计资料汇编9项；国家、部（市）级设计规范（规定）、标准、定额项目29项，其中主编15项，参编14项；院编制国家设计标准（通用）图25项；院主、参编全国专业设计手册、资料汇编12项，其中主编5项，参编7项。

第一节 院设计技术标准、资料汇编

一、编制工作简述

建院初期，院道路、给水、排水、结构等专业在中华人民共和国建立后大量工程实践经验的基础上，结合工作急需，开展编制标准图、设计须知、技术规程（规定）等工作。1955年，院总结结构专业制定排水管道结构设计规定、统一计算方法及排水专业编制排水管道标准图的经验，于1956年开始，在各设计室年度计划中列入编制设计规程、规定、标准图及统一设计程序、方法和标准等项目，作为提高设计质量与效率、完成全年设计任务的重要措施。1958～1961年“大跃进”期间，受片面追求设计数量忽视质量倾向的影响，院标准化工作受到削弱。1961～1963年3年调整时期，院要求充分利用工时，搞好包括标准图在内的业务建设项目，要求所占工时不少于全部计划工时10%～20%，有的设计室成立了有固定人员的业务建设项目编制组。

据不完全统计，1955～1966年院完成技术规定11项，标准图8项。1967～1977年，完成技术规定2项、标准图28项。

1978年后，院要求设计室逐步建立制度、固定人员，进行标准图和设计手册的编制工作。1984年起，院实行完成业务建设工日与承包奖金挂钩办法。1992年起，院以全年毛收入的1.5%用于业务建设的奖励，对标准化项目明码标价，由院与承担方签定协议，以经济措施促进标准化建设。

1987年，为加强对标准化工作的领导，汇集当时施行的有效院标，并按国家对企业标准化体系的要求，按7个专业（道路、桥梁、给水、排水、结构、机械、电气），4个层次（基础、通用、专业标准、标准图），编制各专业技术标准体系表。1991年调整压缩院技术标准体系表，修改为技术规定和标准图2类，共计304项。

1978～1995年，共编制院标188项，占完成项目总数的80%，其中技术规定类71项，标准图类117项，分别占该类项目总数的87%和76%。

二、各主要专业院标简介

(一) 道路专业

1. 技术规定　1956～1959年，在已有设计经验和学习先进技术的基础上编制包括各类道路方案比选、选线、平纵横断、小桥涵、水文计算等设计要求的《道路设计须知》、《内部道路设计须知》及《山区道路设计须知》。

1988～1989年，在1976年编制道路标准图的基础上，结合交通工程的观测研究成果，总结1977年以来的设计经验，按照标准化系列的要求，对道路设计的一般原则、道路通行能力、横断、线形、路基、路面、广场与停车场、排水设计以及制图等，制订《道路设计一般技术规定》[BSY—DG—01 (01—12)] 等12项规定。

1984～1992年，根据《城市道路设计规范》等国家标准，针对北京市具体情况，采用院在柔性路面、交通工程等方面的科研成果和数据，制定《城市道路设计技术规定》[BSY—DG—01—92]。此后，北京市城市道路设计均照此执行。上述规定，主要技术指标原则上与国家规范一致，但对国家规范没有具体规定的柔性路面设计参数、道路交通量与通行能力等，本规定给出了具体数据或计算方法。1995年编制《北京市道路、桥梁无障碍设施设计技术规定》[BSY—DG07—95]。

1955～1995年，共编制道路设计技术规定21项。

2. 标准(通用)图　1956年首次编制道路设计标准图，1963年作补充、修订。1976年，在原标准图的基础上，根据20余年城郊道路特别是山区公路的设计经验，参考现代道路工程技术，系统地编制了包括城市街道、郊区道路、山区公路3个方面的《道路设计标准图集》[BD—1～BD—17]。图集规定道路设计主体工程的图纸内容、制图标准与设计深度；列有路拱曲线的型式和应用数据、路面结构组合、构造作法、计算图表和定型厚度；适应各类道路的构筑物和防护支挡排水构造图；山区隧道设计模数计算图表和定型数据，以及局部设计的处理方法、构造图式和参考图等。该标准图集1977年印制发行，在国内有不少城市使用。

90年代为配合城市快速路和高速公路设计编制《交通安全防护设施、交通标志牌架结构 BSY—FD04—91》和《预制装配式钢筋混凝土挡土墙 BSY—TD03—91》等。根据《方便残疾人使用的城市道路及建筑物设计规范》编制国内第一本道路无障碍设施定型图《人行道无障碍设施定型图 BSY—TD06—93》，内容包括不同种类和型式的缘石、盲道的位置与宽度、不同使用性质的盲道铺装设计。

1955～1995年，共编制道路设计标准(通用)图10项。

(二) 桥梁专业

1. 技术规定　桥梁专业90年代编制的技术规定有：《点支承异形板桥技术规定 BSY—G002—01》已应用于北京市东西厢等立交工程11座桥梁，面积约2.2万平方米；《桥梁结构分析暂行规定 BSY—GQ01—92》对桥梁材料、荷载、设计一般原则、桥梁上部结构(板、梁、刚架、拱、曲线梁)、桥面板、牛腿、墩台、铰与支座等计算作出具体规定；在收集各制造厂家技术资料、有关规范、专题论文及国外资料基础上，编制《桥梁支座设计技术规定 BSYG007—93》，对各种常用桥梁支座的适用条件、技术参数等作出规定，并提出相应的设计、施工注意事项。

1955～1995年，共编制桥梁设计技术规定6项。

2. 标准（通用）图　70 年代院编制的桥梁标准图主要有:《装配式宽腹钢筋混凝土 T 形梁桥上部结构标准图 BQ—183—79》（为无中横隔梁、横向铰结结构)、《装配式钢筋混凝土实体正板和斜板桥上部构造标准图 BQ—181—77 和 BQ—182—77》、《装配式钢筋混凝土矩形板下部结构（轻型桥台）标准图 QS—82—78》。

1985 年编制《地下人行通道通用图 BSY—QT811》，为现浇钢筋混凝土底板、预制拼装侧墙及顶板。1991 年新编地下人行通道通用图，在无地下水时采用装配式门式刚架；有地下水时采用闭合框架或组合整体现浇闭合框架。

1955～1995 年，共编制桥梁设计标准（通用）图 7 项。

（三）给水专业

1. 技术规定　给水专业设计技术规定，80 年代后期，编有《给水管道设计技术规定》、《清水池设计技术规定》、《加氯间设计技术规定》、《加药间设计技术规定》等。90 年代依据院《技术标准编制 3 年规划（草案)》，编制了《给水厂（站）平面布置设计技术规定》、《给水管道防腐设计技术规定》、《流量计井设计技术规定》及《卧式泵泵房设计技术规定》等。

1955～1995 年，共编制给水设计技术规定 15 项。

2. 标准（通用）图　60 年代初结合设计工作需要，成批开展标准（通用）图编制工作。采取成熟的急用的多用的项目优先编制原则，将标准图编制工作列入设计工作计划。

60 年代完成的项目主要有给水管道支墩、管件、附件井标准图（分册铅印出版），水源井、补压井井泵安装及建筑标准图，清水池及其附件标准图。

70 年代的主要项目有卧式泵安装标准图及真空式加氯机安装标准图。

80 年代主要项目有援外给水构筑物、水厂常用附属构筑物通用图及压力式侧向流斜板除砂器，静态混合器等通用图。

90 年代主要项目有泵房排水泵安装，插入式流量计井、回流泵房及负压式加氯机安装等通用图。

1955～1995 年，共编制给水设计标准（通用）图 36 项。

（四）排水专业

1. 技术规定　建院初期，排水专业在北京市排水管道工程实践的基础上，对排水管渠水力计算及设计等内容，作出统一规定。1975 年院在铅印的《排水管道设计资料汇编》中，系统地总结中华人民共和国建立后的工程实践，根据国家规范，修订完善以往的各项规定，特别是对排水管道地基处理、管道综合、管道交叉处理、顶管等，都作出具体规定。为与国家排水规范的修改保持一致，体现一个时期工程实践的发展，1983 年将以上主要内容修订为《室外排水管渠设计规定 BSY—PG—81》，1994 年修订为《排水管渠设计技术规定 BSY—GP07—94》。

1993 年根据现行国家规范和院规定、北京市多年来立体交叉道路排水设计及运行的经验，编制《立体交叉道路排水设计技术规定 BSY—GP08—93》，对立交道路排水方式、设计一般规定、立交雨水量的计算、设计参数的选择、雨水口的布置等，作出具体规定。

1994 年，综合 1975 年《排水管道设计资料汇编》、1983 年《室外排水管渠设计技术规定》和 1985 年《给水排水设计手册》有关章节制订《排水管道穿越障碍物技术规定 BSY—GP04—94》，内容包括总则、一般规定、排水管渠穿越铁路、公路、桥涵、立体交叉桥、建筑物、河道、旱沟及洼地等规定。

1992～1994年院根据自行开发的新工艺,在推广应用、总结经验基础上编制《深水曝气工艺技术规定BSY—GP05—92》和《氧气曝气活性污泥法设计技术规定BSY—GP08—94》,对工艺设计的一般要求、曝气构筑物设计、计算公式及工艺参数,作出具体规定。

1955～1995年，共编制排水设计技术规定13项。

2.标准（通用）图　自1955年起，排水与结构专业合作，开始编制钢筋混凝土圆管、砖墙盖板方沟及其附属构筑物的标准图，是当时国内编制最早、内容最全的一种。这些标准图随着工程实践的发展和国家规范的修订，几经修改补充，1973年汇编成为包括钢筋混凝土圆管和砖砌盖板方沟的管基、接口、检查井、雨水口、出水口等内容的《排水管道通用图集》（一）（二）（TP1、TP2），正式发行。此后院排水管道设计采取出平面、纵横断面、加注相应标准图图号的方式，施工管理部门照标准图施工或验收。这部标准图集除北京市外，国内不少单位，都有采用。1991～1992年又按新的排水、结构、抗震等规范，考虑近年来北京市管材规格、管道技术标准、施工工艺等变化，对图集作较大修改：增加了管材规格，分编为《铸铁井圈与纤维篦子雨水口》、《多种井型的检查井与跌水井》、《污水检查井》、《混凝土井圈雨水口》、《铸铁井圈雨水口》、《跌水井》、《出水井》、《其他雨水口》8册《排水管道通用图集BSY—TP01～08》，于1991～1992年出版发行。该图集积40余年实践的总结，品种、型式多，尺寸分档细，适用性强，1995年经建设部通知，被列为国家标准图。

此外，1963年院编制倒虹吸（排标—53）、巴氏计量槽、滑轮式水位计（B—P—3）、栏杆（排标—51）等标准（通用）图，1964年编制直径200毫米～300毫米暗杆式闸门标准图，1974年编制排水泵站零星大样、钢板管件图集，1985年编制《雨水泵站通用图集PT—31》，1988年编制《顶管橡胶衬垫BSY—PT—04》、《新型橡胶止水带BSY—PT—06》、《曝气沉砂池BSY—PT—07》等标准（通用）图。

1955～1995年，共编制排水设计标准（通用）图20项。

（五）给水排水结构专业

1.技术规定　建院后至60年代初期，给水排水结构专业在总结北京市给排水管道工程实践经验和开展相应试验研究的基础上，于1963年制定《给排水管道结构设计规定》，对混凝土与钢筋混凝土圆管，结合施工敷设方式（开槽埋设或不开槽顶进），分别给出作用在管道上荷载的确定方法及计算公式、不同基础作法（各种包角混凝土管座、土弧基础）的相应管截面内力计算方法及参数、截面配筋确定和开裂验算公式、管座及接口构造要求、施工回填土的密实度控制要求，对混合结构矩形管道给出荷载计算、结构分析简图及相应内力计算公式，盖板与基础型式及构造要求、砌体侧墙厚度的确定等；对砖砌马蹄形或半椭圆形结构的内力分析模型及计算方法、构造，拟定具体要求；针对当时给水工程常用的灰口铸铁管道，在管件和支墩设计等方面，作出具体规定。上述规定在刊印后发挥很好的效益，作为当时国内第一本内容较为充实的给排水管道结构设计规定，与院外同行进行交流。

为统一结构设计标准，1963年还对给水排水工程钢筋混凝土结构构造以及钢筋混凝土清水池、给水泵房、吸扬井等结构设计，作出技术规定。

80～90年代,主要项目有厂站构筑物建筑装修、结构构造以及深井、沉井结构设计等。

1955～1995 年，共编制给水排水结构设计技术规定 13 项。

2. 标准图　80 年代编制的有矩形清水池、建筑配件、铁路顶管、厂站附属构筑物等标准（通用）图。90 年代编制的有大型设缝清水池、钢筋混凝土与混合结构矩形套管及其附件、回流泵房、砖砌方沟及其附属构筑物等标准（通用）图。

1985 年与北京铁路局共同编制的《铁路顶管通用图 TP1—10》较好地解决圆形钢筋混凝土管穿越铁路的技术标准问题。该通用图考虑不同管径（1050 毫米～3000 毫米）、管顶覆土高度（1～12 米）、铁路机车荷载、管道接口型式等因素，并遵照相应的国家标准、规范和行业标准，给出各种不同条件下圆管外压试验（三点法）的荷载标准（抗裂、裂宽控制、破坏）和构造要求。同时还根据现况施工技术条件，给出不损坏管口的纵向最大控制顶力，供实际顶进施工的参考。

1955～1995 年，共编制给水排水结构设计标准（通用）图 15 项。

（六）机械专业

1. 技术规定　机械专业的国家、行业标准比较齐全。在给排水专用机械设计中，经常使用的就有 300 多项。而且这些标准、规定在 80 年代中期以后，已逐步与国际接轨。院机械专业根据工作需要，计划补充编制 5 项有关机械设计和 7 项压力容器设计的技术规定。1985 年编制完成的项目有《机械设计计算书及制图采用的计量单位统一规定 BSY－MG02》和《压力容器设计文件编制校审规定 BSY－MG01》，1990 年编制的有《溶药搅拌设备设计技术规定》。

2. 通用图　机械专业结合给排水工程专用机械设计编制了系列化通用图。设计前，先编好系列模数、图号、结构形式，按系列逐步完成。

完成系列化的通用图项目主要有：缓闭止回阀，机械搅拌澄清池搅拌机、刮泥机，无塔式供水压力罐及简易补气装置，单双孔大小孔口高速排气阀，双速自闭闸阀，传力活箍，调流消能阀，矩形铸铁闸门，静态混合器。已完成多档次，但未形成系列的通用图有：周边传动刮泥机、刮泥机、格栅除污机等。

1955～1995 年，共编制机械设计通用图 34 项。

（七）电气专业

1. 技术规定　电气专业的技术规定多为 90 年代编制，主要有：《给水自控仪表技术规定 BSY—GE04—91》按物理量与化学量分别对计量单位、输出信号和优先选用的表型，以及按工程规模和工艺处理的复杂程度对控制系统作出规定；《滤站电气与自控设计要求 BSY—GE04—91》配合虹吸滤池标准图，对滤站的配电设计、控制设计及仪表选型等作一般规定；《滤池电气设计技术规定 BSY—GE05—92》对滤池的电气环境条件、电气设备的选择，作出规定，并以滤池运行工况为条件，提出滤池电气设计顺控技术的原则要求。

1955～1995 年，共编制电气设计技术规定 6 项。

2. 通用图（重复使用图）　电气专业编制的通用图（重复使用图）主要有：

《水源井遥控结线图 TD—2001～2004》（1966）列出了有线、极性控制方式，对水源井电机远距离开停、遥测电流、电机状态信号及事故报警。

《35/6.0 千伏变电所二次结线——电 3/009—3/015、2/019—2/025》（1974）结合北京市水源八厂设计的 3 座 35/6. 0 千伏变电站，根据北京市供电局对用户的两次结线要求而绘制。内容包括：电源进线、变压器出线、电动机路、电容器路及出线等的控制结线。

《10千伏钢筋混凝土电缆加工图》(1976)结合北京市水源八厂水源地专用10千伏架空线路设计进行编制，用于梢径 ϕ150 毫米的10千伏钢筋混凝土电杆线路，包括直线、转角、断连、终端、电缆引出、变电器台以及金具加工图纸。

《城市立交照明图 DT—2》结合北京市东直门、朝阳门立交照明设计，将今后设计中可能应用的大样图汇集整理成通用图。

《深井泵房电气安装图 TG6023》(1980)按电动机相对应的深井泵房电气控制、保护接线以及与工艺土建配套的施工图进行编制。

《66千伏钢筋混凝土电缆附件加工安装图 TG6203》(1981)配合营口市供电局66千伏送电线路设计编制，为院自行设计的电杆附件加工图纸。

《吹气装置测量液位系统通用图 YT—01》(1987)利用吹气法测量污水和非腐蚀液体的液位，列出吹气系统及所需设备。

《给水设计通用图集（水位控制）TG65—01》(1988)利用自制浮标干簧接点控制排水井中排水泵的自动开停；包括1台及2台排水泵的全部设计及加工图纸。

《10/0.4千伏变电所结线通用图 BSYET—05》(1989)包括排水泵站、污水处理厂电气设计中常用的10/0.4千伏变电所的控制结线图。

《雨水泵站电气照明通用图 BSYET—04》(1990)，为与雨水泵站工艺、土建设计配套使用。

1955~1995年共编制电气设计标准（通用）图15项。

院技术标准项目编制完成情况，见表2-1。

院编设计资料汇编完成情况，见表2-2。

表2-1　院技术标准项目编制完成情况一览表

专业	类型	序号	项目名称及编号		编制单位	主要编制负责人	完成时间（年）
道路	技术规定	1	道路设计须知		原第一设计室	颜本菘	1956
		2	内部道路设计须知		原第一设计室	颜本菘	1956
		3	山区道路设计须知		原第一设计室	赵继仁	1959
		4	道路设计一般技术规定	BSY—DG—01（1）（2）			
		5	道路交通量通行能力技术规定	BSY—DG—01（3）			
		6	道路横断面设计技术规定	BSY—DG—01（4）			
		7	道路线形设计技术规定	BSY—DG—01（5）	第一设计所	徐　森	1988
		8	道路与道路交叉设计技术规定	BSY—DG—01（6）			
		9	道路与铁路交叉设计技术规定	BSY—DG—01（7）			
		10	道路路基设计技术规定	BSY—DG—01（8）			
		11	道路柔性路面设计技术规定	BSY—DG—01（9）			
		12	道路混凝土路面设计技术规定	BSY—DG—01（10）			
		13	广场与停车场设计技术规定	BSY—DG—01（11）	第一设计所	徐　森	1988
		14	道路排水设计技术规定	BSY—DG—01（12）			
		15	道路工程设计制图统一规定	BSY—DG—02	第一设计所	徐　森	1989
		16	道路柔性路面定型结构图式				
		17	道路柔性路面施工技术要点		第一设计所	徐　森	1990
		18	城市道路设计技术规定	BSY—CD01（01-12）—92	第一设计所	徐　森	1992
		19	城市车道路面宽度统一标准	BSY—DG05—93	第四设计所	刘　憬	1993
		20	公共交通停靠设施设计技术规定	BSY—DG06—93		刘　憬	
		21	北京市道路桥梁无障碍设施设计技术规定	BSY-DG07-95			1995

续表

专业	类型	序号	项目名称及编号		编制单位	主要编制负责人	完成时间（年）
道路	标准（通用）图	1	道路设计标准图		原第一设计室	颜本菘	1957
		2	道路设计标准图		原一设计室	颜本菘	1963
		3	道路设计标准图		原道桥设计室	颜本菘	1976～1977
			图例示意	BD—1	原道桥设计室	颜本菘	1976
			路拱曲线	BD—2	原道桥设计室	杨春华	1976
			钢筋混凝土管涵	BD—3	原道桥设计室	徐　森	1976
			过沟过道	BD—4	原道桥设计室	徐　森	1976
			倒虹吸	BD—5	原道桥设计室	朱长仁	1976
			过水路面及混合式过水路面	BD—6	原道桥设计室	徐　森	1976
			简易构造物	BD—7	原道桥设计室	颜本菘	1976
			重力式挡土墙	BD—8	原道桥设计室	王肇基	1976
			护坡	BD—9	原道桥设计室	刘堪秀	1976
			柔性路面	BD—10	原道桥设计室	周冰如	1976
			水泥混凝土路面	BD—11A	原道桥设计室	徐　森	1976
			设传力杆的水泥混凝土路面	BD—11B	原道桥设计室	徐　森	1976
			水泥混凝土路面板加固	BD—12	原道桥设计室	杨春华	1977
			隧道	BD—13	原道桥设计室	刘堪秀	1977
			涵洞进出口型式（参考）	BD—14	原道桥设计室	颜本菘	1977
			重力式浸水墙挡土墙	BD—15	原道桥设计室	王肇基	1977
			水泥混凝土路面路口分块（参考）	BD—16	原道桥设计室	杨春华	1977
		4	衡重式挡土墙	BD—17	原道桥设计室	王肇基	1977
		5	悬臂型重力式混凝土挡土墙及管沟	BD—18	原道桥设计室	李炯为	1977
		6	路缘石定型结构图式		第一设计所	徐　森	1990
		7	交通安全防护设施定型（通用图）		第一设计所		1990～1991
		8	预制装配式钢筋混凝土挡土墙	BSY—TD03—91	第一设计所		1991
		9	交通标志牌架结构定型图	BSY—TD04—91	第一设计所		1991
		10	人行道无障碍设施定型图	BSY—TD06—93	第四设计所	赵天伟	1993
桥梁	技术规定	1	异形板桥技术规定	BSY—GQ02—91	第一设计所	沈中治	1991
		2	桥梁设计结构分析暂行规定	BSY—GQ02—92	第一设计所	何　伟	1992
		3	预应力钢筋混凝土连续梁技术规定	BSY—GQ04—92	第一设计所	吴西伦	1992
		4	桥梁结构防水排水设计技术规定	BSY—GQ05—92	第一设计所	罗保恒	1992
		5	四元立交桥桥梁设计技术规定		第一设计所	沈中治	1992
		6	桥梁支座设计技术规定		第四设计所	谢万春	1993
	标准（通用）图	1	装配式钢筋混凝土矩形板下部结构（轻型桥台）	QS—02—70	原第一设计室	容社安	1970
		2	装配式钢筋混凝土实体板桥上部结构	BQ－101－77	原道桥设计室		1977
		3	装配式钢筋混凝土斜板桥上部结构	BQ－102－78	原道桥设计室	王澍冀	1978
		4	装配式钢筋混凝土宽腹T梁桥上部结构	BQ－103－79	原道桥设计室		1979
		5	地下人行通道通用图	BSY－QT01	原道桥设计室	沈中治	1985
		6	地下人行通道通用图（修改）		第一设计所	沈中治	1991
		7	整体式钢筋混凝土连续板桥上部结构		研究所	常　岭	1991

续表

专业	类型	序号	项目名称及编号	编制单位	主要编制负责人	完成时间（年）
给水	技术规定	1	管道设计技术规定 BSY—GG—01	原给水设计室	潘骏寿	1986
		2	清水池设计技术规定 BSY—GG—05	第二设计所	李炳琨	1989
		3	加氯间设计技术规定 BSY—GG—03	第二设计所	崔孝光	1989
		4	加药间设计技术规定 BSY—GG—06	第二设计所	姚光石	1989
		5	管道测压标准统一规定 BSY—GG—02	第二设计所	马桂荣	1989
		6	给水厂站构筑物采暖设计暂行规定（草稿）	原给水设计室		
		7	给水管道穿越构筑物防护设计暂行规定	第二设计所		1989
		8	给水管道防腐技术规定	第二设计所	宋润田	1990
		9	给水厂（站）平面布置设计技术规定 BSY—GG07—94	第二设计所		1994
		10	给水厂（站）检测设施设计技术规定（工艺部分）	第二设计所		1994
		11	给水钢管内外壁防腐设计技术规定 BSY—GG08—95	第二设计所		1995
		12	流量计井设计技术规定 BSY—GG09—95	第二设计所		1995
		13	卧式离心泵泵房设计技术规定 BSY—GG11—95	第二设计所		1995
		14	氯吸收装置设计技术规定 BSY—GG10—95	第二设计所		1995
		15	加氨间氨库设计技术规定	第二设计所		1995
	标准（通用）图	1	深井泵井室通用图	原给水设计室	李炳琨	1973
		2	井管（DN250—500 铸铁螺纹连接） TG10—01 （DN250—1000 铸铁铆焊连接） TG10—02 （DN250—1000 钢制连接） TG10—03	原给水设计室	刘益萱	1979
		3	深井泵安装及井室（地面及半地下方形井室） TG13	原给水设计室	凌赓龙	1979
		4	转子流量计安装 TG20	原给水设计室	杨晓白	1979
		5	压力式侧向流斜板除砂器 TG22—91	原给水设计室	张维明	1979
		6	压力式侧向流斜板除砂器井 TG22—92	原给水设计室	张维明	1979
		7	加氯机安装 TG24—01	原给水设计室	刘益萱	1979
		8	轴流通风机安装 TG24—09	原给水设计室	何纯提	1979
		9	卧式水泵安装设计图表 TG31	原给水设计室	姚光石	1979
		10	清水池通用图 TG32	原给水设计室	张书林	1979
		11	真空泵安装 TG36—01	原给水设计室	刘益萱	1979
		12	水泵真空吊水 TG36—02	原给水设计室	刘益萱	1979
		13	排水泵安装 TG36—03	原给水设计室	刘益萱	1979
		14	立式排水泵安装 TG36—04	原给水设计室	李炳琨 潘　明	1979
		15	泵房管件 TG37—01—08	原给水设计室	姚光石	1979
		16	联轴器罩安装 TG39—1	原给水设计室	钱绍如	1979
		17	给水管道管件（钢制和用于预应力钢筋混凝土管的铸铁管件）TG41	原给水设计室	张书林	
		18	给水管道附件（闸井、消火栓、水表、排气井等） TG42	原给水设计室	马连魁	1979
		19	给水管道支墩（铸铁和钢筋混凝土管道支墩） TG43	原给水设计室	马连魁	
		20	清水池附件 TG（1）（2）	原给水设计室	陆元珍	1979
		21	给水厂卫生设备安装 TG—89	原给水设计室	杨晓白	1979
		22	深井泵房（援外用，适合热带、亚热带地区） YDS101（A）（B）	原给水设计室		1980
		23	潜水泵安装（援外用，适合热带、亚热带地区） YDS102	原给水设计室		1980
		24	加氯消毒（援外用，适合热带、亚热带地区） YDS103	原给水设计室		1980
		25	气压罐给水设备（援外用，适合热带、亚热带地区）BSY－HT01	原给水设计室	潘　明	1980
		26	管道附属构筑物（援外用，适合热带、亚热带地区） YDS109	原给水设计室		1980
		27	矩形清水池（50，750，1500，1000，2000 立方米） TG50	原给水设计室		1980
		28	围墙大门 TG84	原给水设计室		1980
		29	给水设计通用图集 TG58	原给水设计室	陆元珍	1980
		30	清水池附件补充 TG59	原给水设计室	周琪涵	1984
		31	清水池附件 BSY－GT03	第二设计所	李炳琨	1988
		32	氯气吸收装置	第二设计所	刘益萱 张　昕 石　薇	1989
		33	加氯机安装标准图 BSY－TG11－91	第二设计所		1991
		34	流量计安装标准图（插入式） BSY—TG12—91	第二设计所		1991
		35	单台排水泵安装通用图 BSY—TG15—91		谢德泉	1991
		36	双台排水泵安装通用图 BSY—TG15—92	第二设计所	谢德泉	1992

续表

专业	类型	序号	项目名称及编号		编制单位	主要编制负责人	完成时间（年）
排水	技术规定	1	排水管道与其它市政管道交叉处理规定	排标 34			
		2	排水管道设计资料汇编（技术规定部分）		原排水设计室	李远义	1975
		3	室外排水管渠设计技术规定	BSY—PG—01	原排水设计室	张文熙	1983
		4	排水管渠设计制图规定	BSY—PG—	原排水设计室	张　愈	1986
		5	污水处理制图规定		原排水设计室	张　愈	1986
		6	立交排水泵站技术规定		原排水设计室	张　愈	1986
		7	排水管道穿越障碍物技术规定		原排水设计室	张　愈	1986
		8	深井曝气设计技术规定		第四设计所	孟书琪	1993
		9	立体交叉道路排水设计技术规定	BSY—GP06—93	第四设计所	陈　辉	1993
		10	氧气曝气活性污泥法设计技术规定	BSY—GP08—94	第三设计所	任　锋	1994
		11	排水管渠设计技术规定	BSY—GP07—94	第三设计所	张文熙	1994
		12	排水管渠穿越障碍物技术规定	BSY—GP04—94	第三设计所		1994
		13	排水管渠设计制图技术规定	BSY—GP01	第三设计所		1994
	标准（通用）图	1	滑轮式水位计标准图		原第四设计室		1963
		2	倒虹吸标准图	排标 53	原第四设计室		1963
		3	巴士计量槽标准图		原第四设计室	王彩霞	1963
		4	直接 200—300 暗杆式闸门标准图		原第四设计室		1964
		5	栏杆标准图	排标 51	原第四设计室		1965
		6	排水泵站零星大样		原排水设计室	王彩霞	1974
		7	钢板管件图集		原排水设计室	王彩霞	1974
		8	排水管道通用图集（一）	TP1	原排水设计室	王彩霞	1974
		9	排水管道通用图集（二）	TP2	原排水设计室	王彩霞	1975
		10	砖砌方沟标准图		原排水设计室	黄秉浦 陈　辉	1978
		11	立交排水泵房通用图		原排水设计室	姚振华	1981
		12	雨水泵站通用图集	BSY—PT—31	原排水设计室	张　愈	1985
		13	顶管橡胶衬垫	BSY—PT—05	第三设计所	盛奕节	1988
		14	新型橡胶止水带	BSY—PT—06	第三设计所	王憬山	1988
		15	曝气沉砂池	BSY—PT—07	第三设计所	曹志农	1988
		16	排水管道通用图（修改）雨水检查井	BSY—PT—02	第三设计所	郭　钧	1989
		17	排水管道通用图（修改）污水检查井	BSY—PT—03	第三设计所	郭　钧	1989
		18	排水管道通用图（修改）管壁基础	BSY—PT—01	第三设计所	盛奕节	1989
		19	排水管道通用图（修改）装配式雨水口	BSY—PT—04	第三设计所	盛奕节	1989
		20	排水管道通用图集	BSY—TP01—08	第三设计所	王憬山 盛奕节 郭　钧	1992

续表

专业	类型	序号	项目名称及编号	编制单位	主要编制负责人	完成时间（年）
给水排水结构	技术规定	1	给排水管道结构设计技术规定	原第四设计室	沈世杰 潘家多	1963
		2	给水泵房结构设计技术规定	原技术室	周琪涵	1963
		3	给水工程吸扬井结构设计技术规定	原技术室	周琪涵	1963
		4	给水排水工程钢筋混凝土结构构造统一技术措施	原技术室	周琪涵	1963，1979
		5	钢筋混凝土清水池结构设计技术规定	原技术室	周琪涵	1963，1985
		6	给水排水管道结构设计荷载规定	原排水设计室	沈世杰	1981
		7	给排水结构制图规定	第三设计所	王憬山	1989～1990
		8	厂站构筑物建筑装修设计规定	第二设计所	百　音	1990
		9	厂站构筑物结构构造统一规定	第三设计所	朱晓云	
		10	深井结构设计技术规定	第四设计所	丁荫春	
		11	给水、污水处理厂工程建筑装修标准统一规定 BSY－GJ07－92	技术处	王文贤	1992
		12	沉井结构设计技术规定	第三设计所	谢　娴	1994
		13	混合结构、矩形管道结构设计技术规定　BSY－GJ08－94	第三设计所	高毓德	1994
	标准（通用）图	1	矩形清水池标准图　D—3—（1）	原给水设计室	周琪涵	1981
		2	建筑配件通用图　GJD01－17	原给水设计室	李燕虹	1984
		3	铁路顶管通用图　TP1—10	原排水设计室	李佐平	1985
		4	建筑配件通用图——增补之一　GJD—18	第二设计所	黄桂兰	1987
		5	建筑配件通用图——卷材屋面构造详图　GJD—19	第二设计所	黄桂兰	1988
		6	建筑配件通用图——建筑抗震构造详图　GJD—20	第二设计所	黄桂兰	1988
		7	厂站附属构筑物（汽车库、解冻箱等）通用图（一）　D—6	第二设计所	凌赓龙	1989
		8	厂站附属构筑物(吊车梁、爬梯、栏杆、围墙)通用图(二)D－5－(1)－(5)	第二设计所	李燕虹	1989
		9	钢筋混凝土结构矩形套管通用图　BSY—JT	第二设计所	黄桂兰	1989
		10	矩形套管附件通用图　BSY—JT05—90—J01	第二设计所	黄桂兰	1990
		11	大型设缝矩形清水池通用图　TG52	第二设计所	周琪涵	1990
		12	混合结构矩形套管通用图　BSY—JT	第二设计所	黄桂兰	1990
		13	回流泵房标准图	第二设计所	陶红英	1991
		14	砖砌方沟　BSY—PT09	第三设计所	何　彬	1994
		15	砖砌方沟附属构筑物　BSY—PT01			

续表

专业	类型	序号	项目名称及编号	编制单位	主要编制负责人	完成时间（年）
机械	技术规定	1	压力容器设计文件编制校审规定 BSY—MG01	第二设计所	王光杰	1988
		2	机械设计计算书及制图采用的计量单位统一规定 BSY-MG02	第二设计所	王光杰	1988
		3	溶药搅拌设备设计技术规定	第二设计所	朝振旺	1990
	通用图	1	电磁排泥阀 给标 44	原第二设计室	王光杰	
		2	Dg20 塑料安全阀 84GJ10	原给水设计室		1984
		3	DN25 表冲喷嘴 87M03	第二设计所	张延蕙	1987
		4	单孔大孔口排气阀 BSY—MT07	第二设计所	张延蕙	1987
		5	UHA 型静态混合器 BSY—MT05	第二设计所	张延蕙	1987
		6	格栅除污机通用图 BSY—MT08			1987
		7	给水气压罐标准图 BSY—MT01	第二设计所	张延蕙	1988
		8	双速自闭阀 BSY—MT02			
		9	浓缩池、调节池刮泥机 BSY—MT03	第二设计所	张延蕙	1988
		10	高速双孔排气阀 BSY—MT04			1988
		11	排水压力溶气溶器罐 BSY—MT09			1988
		12	排水压力容器贮气罐 BSY—MT10			1988
		13	排水压力容器污泥压力罐 BSY—MT11			1988
		14	直径 2000 搅拌机 BSY—MT12	第三设计所	谢苏宁	1988
		15	HB—3 缓闭止回阀 BSY—MT13	第二设计所	张延蕙	1988
		16	调流跌落圆筒阀 BSY—MT14			1988
		17	传力活箍 BSY—MT15	第二设计所	张延蕙	1988
		18	4 米除砂机 88M8	第三设计所	卜曦洪	1988
		19	7 米刮泥机 88M31	第三设计所	谢苏宁	1988
		20	直接 1000 螺旋泵 88M30	第三设计所	王　丽	1988
		21	机械搅拌加速澄清池 200 立方米/小时～1800 立方米/小时搅拌机、刮泥机 DSY-MT06	第二设计所	王光杰	1989
		22	XBH 吸泥机 88M31	第三设计所	邓振东	1989
		23	传力活箍系列	第二设计所	李　跃	1990
		24	机械搅拌加速澄清池搅拌机、刮泥机			1991
		25	DN200 调流消能阀 BSY—TM25—92	第二设计所	林海燕	1992
		26	小型机械搅拌加速澄清池搅拌机			
		27	2500×600 调流堰 BSY—TM22—93	第二设计所	刘小琳	1993
		28	2500×1000 调流堰 BSY—TM23—93	第二设计所	刘小琳	1993
		29	ϕ1400 电动铸铁闸门 BSY—TM24—93	第二设计所	刘小琳	1993
		30	1000×1400 手动铸铁闸门 BSY—TM25—93	第二设计所	刘小琳	1993
		31	污水处理沉淀池刮泥机通用图 BSY—TM26—93	第三设计所	王　丽	1993
		32	高链格栅除污机通用图 BSY—TM27—93	第三设计所	刘燕云	1993
		33	ϕ1 米螺旋泵图 BSY—TM01—94	第三设计所		1994
		34	矩形池 7 米刮泥机图 BSY—TM03—94	第三设计所		1994

续表

专业	类型	序号	项目名称及编号		编制单位	主要编制负责人	完成时间（年）
电气	技术规定	1	排水电气制图规定				
		2	DCS流程控制制图标准		第三设计所	黄一心	
		3	给水自控仪表技术规定	BSY—GE04—91	第二设计所	边　瑞	1991
		4	滤站电气与自控技术要求	BSY—GE05—92	第二设计所	张　岚	1992
		5	滤池电气设计技术规定	BSY—GE06—92	第二设计所	许以僔	1992
		6	城市立交照明设计技术规定	BSY—GE07—95	第三设计所	马国俊	1995
	标准（通用）图	1	水源井遥控接线图	TD—2001—2004	原第二设计室	许以僔	1966
		2	35/6.0千伏变电所二次结线(重复使用图)电3/009－3/015、2/019－2/025		原给水设计室	许以僔	1974
		3	10千伏钢筋混凝土电杆加工图（试用图）	DT/76－1	原给水设计室	徐玉坤	1976
		4	DT—Z立交照明图	DT—Z	原给水设计室	田玉岭	1979
		5	深井泵房电气安装图	TG13－61、13－62	原给水设计室	马国俊	1980
		6	66千伏钢筋混凝土电杆附件加工安装图	TG6203	原给水设计室	韩　莹	1981
		7	援外给水构筑物定型图深井泵安装（电）	YDS181（D）	原给水设计室	陈运珍	1981
		8	吹气装置测量液位系统通用图	YT—01	第三设计所	刘　沙	1987
		9	给水设计通用图集（水位控制）	TG65—01	第二设计所	韩　莹	1988
		10	10/0.4千伏变电所结线图通用图	BSYET—05	第三设计所	何晓冬	1989
		11	给水气压罐电气设计通用图	BSY—MT01—E	第二设计所	徐玉坤	1990
		12	雨水泵站电气照明通用图	BSYET—04	第三设计所	柏洪军	1990
		13	电动机控制结线图	TGB—63、TGB—64	第二设计所	张久宝	1990
		14	城市立交照明通用图	DT—Z			
		15	立交照明配电室结线及大样通用图				
测量	技术规定	1	市政工程测量通则		原测钻队	倪鸿钧	1955
		2	北京市市政工程设计院施工桩位交付办法		原测钻队	倪鸿钧	1957
		3	市政工程测量技术规定		原测钻队	倪鸿钧	1963
水文	技术规定	1	小汇水面积径流计算办法		原道桥设计室	刘德昭	1978
		2	泥石流计算方法		原道桥设计室	刘德昭	1986

表2－2　院编设计资料汇编完成情况一览表

序号	名称及编号	内容	主要编写人	完成时间（年）
1	给排水管道结构设计技术规定（第四章附录Ⅰ－Ⅴ；第五章附录Ⅰ－Ⅲ）	弹性地基上条形板计算的弯矩系数表、半椭圆形管道内力分析及计算图表、管道承受施工荷载及H1＜0.6米时处理方法等	潘家多 沈世杰	1964
2	涵洞水力计算　JD—1	充压及压力式涵洞孔径计算	章泰报	1976
3	汽车资料汇编　ZD—1	包括国产及进口汽车	朱长仁	1977
4	工程运输机械资料汇编　ZD—2	包括常见施工及运输机械	徐　森	1977
5	栏杆围墙图集　ZD—3	汇集本市及各地栏杆、围墙式样	彭世明 徐　森	1977
6	排水管道设计资料汇编（附录1—38）	包括平均污水量与最大污水量关系曲线、非满流对满流的水力元素图表、每米管沟开槽土方数量表、支撑型式与施工排水方法选择，以及对管道还土密实度和闭水试验要求等	李远义	1977
7	排水管道设计计算图表（铅印本）	为适应《室外排水设计规范TJ14—74》关于排水管渠，按曼宁公式计算的规定，编制圆形管沟、梯形明渠水力计算图表	王彩霞 宋士元	1977
8	广场、停车场图集　ZD—4	汇集本市各类型有代表性广场、停车场	彭世明 徐　森	1979
9	雨污水管道费用函数	给出不同钢筋混凝土雨污水管在不同复土深度的费用函数计算公式与曲线	李裕娴	1991

第二节　院主（参）编的国家、部（市）级设计技术标准、资料汇编

一、编制工作简述

从70年代初期开始，在编技术标准的基础上，院发挥技术优势，承担国家计委、建设部、北京市等部门下达的国家、部（市）级设计规范、标准、定额、标准（通用）图等编制任务，编撰全国性专业设计手册、资料汇编等。在编制过程中，各有关专业搜集、分析总结国内外相关的规范、指南、标准、规定与科研成果资料，吸取其先进、适用部分；广泛向全国同行业有关单位函调，了解使用的相关设计理论、方法、参数、计算公式、处理工艺、设备等及其在工程建设、运转的经验与数据；进行了有重点的走访调查，深入现场，取得第一手资料；进行专题试验，以取得设计或计算参数；以引进为主的项目，进行国外考察学习。

截止1995年，院共完成各类主编项目45项，参编项目21项，共66项。其中，主编设计规范、标准（规定）、定额15项，参编14项，共29项（见表2—3）；编制国家标准（通用）图25项（见表2—4）；主编全国性专业设计手册、资料汇编5项，参编7项，共12项（见表2—5）。

二、项目选介

选介包括院主编并获奖的国家、部（市）级设计规范、标准、定额项目，院编制并获二等奖以上或影响较大的国家标准图项目，以及院主编的全国性专业设计手册、资料汇编项目。

（一）室外给水排水和煤气热力工程抗震设计规范 TJ32—78

1973年国家建委以（73）建单设字第239号通知责成北京市建委主持编制《室外给水排水和煤气热力工程抗震设计规范》，并由北京市建委下达任务，委托院担任主编单位，北京市煤热设计院为副主编单位，其他参加单位有北京市地震大队、中国市政工程华北设计研究院、上海市政工程设计研究院、石化总公司兰州设计院。

规范分4章10节和5个附录，内容包括工程抗震设防标准、场地和地基的抗震鉴别、各种构筑物（水池、赤道式球形贮气罐、卧式贮气罐、水槽式螺旋轨贮气罐、地下管道等）的结构抗震验算、工程总体设施的抗震措施等。在编制过程中，进行了调查研究和科学试验工作，认真总结了建国以来国内各地区多次强烈地震的震害和抗震经验（包括云南通海地震、四川东川地震、广东阳江地震、河北邢台地震，尤其是辽宁海城地震和河北唐山地震），并对水池的动水压力进行动态模拟试验；对矩形水池的空间作用以及各种贮气罐的动力特性（基频、阻压、机型等）进行实测，通过统计分析，获得可供设计用的系列计算参数，为编制规范提供依据，还结合撰写了《地下管道的抗震设计》、《水池动水压力的合理确定》、《矩形有盖水池在地震作用下的空间分析》、《赤道式球罐地震力的确定》、《水槽式螺旋轨贮气罐的动力特性分析》等专题报告。

编制工作自1973年下半年开始，至1977年初完成，经上报国家建委批准，自1979年8月1日起颁发全国执行。此项规范为国内第一次编制。

（二）给水排水工程结构设计规范 GBJ69—84

1978年国家建委以（78）建发设字第562号通知委托北京市建委为主编部门，并责成

市政院为主编。参加编制的单位有中国市政工程西南、中南、西北、东北设计研究院、上海市政工程设计研究院、天津市市政工程勘测设计院、铁道部专业设计院、冶金部武汉钢铁设计院、化工部第二设计院、南京工学院、北京工业大学、北京建工学院等单位。

本规范共分7章和7个附录，其主要内容有总则、基本规定（包括水池、水塔、沉井、地下管道等）、材料要求、荷载、内力分析、构造要求等。在编制过程中，进行调查研究，总结国内各地区的工程实践经验，开展必要的科学研究试验，吸取国外标准、规范的应用成果。通过上述工作，制定单元构件在不同受力状态下（轴柱、偏柱、偏压、弯曲）裂缝开裂宽度的系列计算公式、长壁水池的角隅应力计算公式，倒锥壳水塔的P—Δ效应计算公式以及适应于给水运行条件的钢管结构设计方法等。

1980年开始编制工作，于1983年底完成。经报国家计委批准，自1985年1月1日起颁布施行。

（三）城市道路设计规范 CJJ37—90

1980年国家城建总局下达编制任务，委托院为主编单位，上海市政工程设计院、天津市市政工程勘测设计院、同济大学道路与交通工程研究所为参编单位。

规范结合国内城市交通特点，总结建国以来城市道路建设经验，吸收国内外先进科研成果，在柔性路面设计部分采用双圆均布垂直和水平荷载作用下3层弹性体系设计理论，在水泥混凝土路面设计部分采用有限元法解算弹性地基方法，对路线平面、纵断面、横断面、道路通行能力、道路与道路立交、道路与铁路立交、路基、柔性路面、水泥混凝土路面、广场、道路排水、道路绿化、道路照明、交通设施、地上杆线、地下管线等设计，作出技术规定。

规范于1988年5月完成，经建设部审核批准，于1991年颁布施行。

（四）方便残疾人使用的城市道路及建筑物设计规范 JGJ50—88（城市道路部分）

1985年由建设部、民政部、中国残疾人联合会委托院和北京市建筑设计院共同编制，院承担其中城市道路部分。当时无障碍城市道路及其设计在国内基本上属于空白。院在功能试验、调查、座谈和出国考察的基础上，根据我国残疾人代步工具是手摇三轮车，有时须长距离出行；城市设有专用非机动车道等国情，作出对无障碍城市道路、桥梁、立体交叉、人行天桥、人行地道等空间尺寸和坡度的技术规定，解决残疾人和老年人行动功能的要求。

规范1988年经建设部、民政部、残联批准，1989年4月1日颁行。

（五）机械搅拌加速澄清池搅拌机、刮泥机技术标准 CJ/T32－33－91

院编制的《机械搅拌加速澄清池 S774（一）～（八）》国家标准图广泛用于水质净化或石灰软化水处理工程。搅拌机、刮泥机是澄清池的主要机械设备。1988年建设部以国发［1988］011号文下达标准编制任务，由院主编、沈阳矿山机械厂参编。编制组在搜集资料、函调和走访的基础上完成征求意见稿。经请国内3所大专院校、7个设计科研单位、3个生产厂家、9个用户的25位专家函审，综合函审意见，编制标准的送审稿（包括编制说明、背景材料）。

标准对搅拌机、刮泥机的型式、规格、基本参数以及技术条件或技术要求、方法与检验规划，作出具体技术规定。

标准送审稿于1990年7月经建设部组织有关专家审查通过，1991年批准颁布执行。

（六）农村给水工程（总册）86SS991

《农村给水工程》图集是我国参加第35届联合国大会《国际饮水供应和环境卫生十年》活动中，为了争取使用世界银行贷款，改善国内农村饮用水状况，按照世界银行对中国农村饮用水项目评估的要求，于1983年由中央爱国卫生委员会会同建设部委托院主编。院采用两个阶段组合设计的方法，图集编制包括农村给水工程初步设计图册（即总册）和各种单元构筑物的施工图图册。

总册包括总说明、以地下水地表水为源的典型（常用）给水工艺流程20种，水厂平面布置3例，编制取水、净水、配水单元构筑物共25种类别。每个单元构筑物有5立方米/时、10立方米/时、15立方米/时、20立方米/时、30立方米/时等5种水量规模。使用者可根据总册的典型工艺流程以确定适用于各自工程的工艺流程，再从总册中查出单元构筑物标准图的编号，以对应的单元构筑物标准图组合编制成工程设计施工图。

本图册1986年由中国建筑标准设计所出版。

（七）机械搅拌加速澄清池S774（一）～（八）国家标准图

1966年建筑工程部北京给水排水设计院主编、院参编完成第一套机械搅拌加速澄清池标准图（试用），规模20立方米/时、40立方米/时、60立方米/时、80立方米/时、100立方米/时、120立方米/时、200立方米/时、300立方米/时、400立方米/时。

为适应建设需要，调整扩大原有标准图设计规模，改进技术，1978年国家建委以（78）建发设字57号文下达院修编机械搅拌加速澄清池标准图任务。

院于1978年12月至1979年2月，分3路到东北、西北、西南、华北、华东、中南进行调研，共走访设计单位22个，生产管理单位22个，考察已建加速澄清池180余座。根据调研成果编写了“机械搅拌加速澄清池标准图设计修编调研报告”。

依据调研拟订“机械搅拌加速澄清池标准设计技术条件”。按此条件编制典型图。于1979年11月，由中国建筑科学研究院主持，邀请全国有关设计院、管理单位近60人召开审查会。确认修编规模为200立方米/时、320立方米/时、430立方米/时、600立方米/时、800立方米/时、1000立方米/时、1330立方米/时、1800立方米/时，共8种，并要求提高进水浊度的适应性，方便挖潜、留有提高1倍单池处理水量的条件。

全套修编标准图设计于1980年底完成，上报后正式出版发行。

（八）虹吸滤池S773（一）～（四）国家标准图

1967年国家建委下达院编制虹吸滤池国家标准图任务。编号S732～737，计160立方米/时、200立方米/时、240立方米/时、320立方米/时、400立方米/时、600立方米/时共6种规模。

标准图经试用，于1975年国家建委下达市政院修编任务。

院于1975年6～7月派人分3路到国内27个城市、162个设计、管理单位，对近百座虹吸滤池进行调研。在调研基础上，拟订修编虹吸滤池标准图设计技术条件，并编制典型图。1976年底由建筑工程部标准设计所主持召开审查会，确定本次修编内容为：设计规模调整为320立方米/时、430立方米/时、600立方米/时、800立方米/时、1000立方米/时、1330立方米/时、1800立方米/时、2400立方米/时8种，滤池配水系统由豆石滤板改为双层孔板，将滤池真空泵手动冲洗系统更换为水力自动冲洗系统。

修编标准图设计于1979年完成，并出版发行。

（九）城市道路设计手册

1977年由城乡建设部下达院承担编写任务。1978及1979年为调研阶段，先后走访国内一些大城市有关单位，了解各地道路设计情况，征询意见。1979年拟定篇目大纲。1983年最后定稿。全书共365.5万字，分上下两册，分别于1985年及1986年出版发行。

手册包括城市街道、郊区道路及城市所属公路3种类型的道路。主要内容有道路的几何线形、路面结构、道路排水和小型构造物、挡墙护坡、倒虹吸、隧道等道路构筑物的设计依据、设计计算方法、计算公式、适用范围、常用的计算图表、设计参数和设计参考资料，并汇编有常用道路材料的品种、性能、规格、质量标准以及立交、广场、交通设施、道路绿化和照明、各种市政及公用管线在道路中统一布置和相互配合的必要资料。还编有道路设计程序、各设计阶段的设计步骤和勘测资料要求，设计文件的内容及编制、工程设计概算需用的资料及文件组成等。

手册中一些项目的数据、实验测定结果及采用的设计数值，以北京市的资料为主，并汲取其他城市的一些资料。此外还摘录国内外有关道路交通的规定及技术标准。

（十）给水排水设计手册第五册《城市排水》、第六册《工业排水》和《简明排水设计手册》

院主编中国建筑工程出版社1986年组织修订、再版的《给水排水设计手册》第五册《城市排水》、第六册《工业排水》和1990年出版的《简明排水设计手册》。

《城市排水》汇编城市排水设计的数据和计算，主要内容包括城市排水管渠及附属构筑物、城市河湖工程、排水泵站、城市污水、污泥处理以及城市污水处理厂总体设计。《工业排水》汇编工业排水设计的数据和计算，主要内容包括工业排水管道，料渣水力输送，工业污水处理前期工作及常用预处理，若干国内工业污水处理实例，并附录有关排水标准。以上两书篇幅约为115万字。

（十一）建筑结构构造资料集——特种（工程）结构篇

全书分上下两册共6篇。上册为混凝土结构、特种（工程）结构，下册为砌体结构、钢结构、木结构及地基基础。院受出版社委托，主编上册中的特种（工程）结构篇。该篇包括水池、沉井（泵房）、油罐、管道、管道支架、储气罐、筒仓、水塔、烟囱共9章，其中除管道一章由院负责编写外，其余各章分别由上海市政工程设计研究院，中国石油化工总公司洛阳设计院、鞍山焦化耐火材料设计研究院、中国市政工程华北设计院、北京煤炭设计研究院、铁道部专业设计院、包头钢铁设计研究院等专业设计院编写，院负责审定。

该篇总结国内特种工程结构构造方面的设计经验和科研成果，并吸收一些国外可资借鉴的资料，内容包括各种特种工程结构的常用构造，是以图为主，辅以文字说明的工具书。

资料集于1990年12月出第一版至1995年9月第9次印刷共出版11.922万册。

院主（参）编国家、部（市）级设计规范（规定）、标准、定额见表2－3。

院编制国家设计标准（通用）图，见表2－4。

院主（参）编全国性专业设计手册、资料汇编，见表2－5。

表 2－3 院主（参）编国家、部（市）级设计规范（规定）、标准、定额一览表

	序号	名称及编号	任务来源	主要编制负责人	出版单位	完成时间（年）
主编项目	1	室外给水排水和煤气热力工程抗震设计规范 TJ32—78	国家建委	沈世杰，陈震，姚传洪	中国建筑工业出版社	1978
	2	北京市市政工程概算定额（1970）	北京市基本建设委员会	房道生，周守纲		1978
	3	给水排水工程抗震鉴定标准 GBJ43—82	国家建委	沈世杰	中国建筑工业出版社	1982
	4	市政工程技术经济指标（给水工程、排水工程、道路工程、桥梁工程）（1983 年）	北京市基本建设委员会	周守纲，房道生，任淑珍，陈辉		1983
	5	给水排水工程结构设计规范 GBJ69—84	国家建委	沈世杰，姚传洪，翟荣申	中国建筑工业出版社	1984
	6	城市道路设计规范（CJJ37－90）	建设部	林治远，杨春华，赵坤跃，王秀兰	中国建筑工业出版社	1988
	7	方便残疾人使用的城市道路及建筑物设计规范 JGJ50—88（城市道路部分）	建设部	赵天伟，邓昭瑜，相伟丽，聂大华	中国建筑工业出版社	1988
	8	砖砌圆筒仓技术规范	全国贮藏构筑物标准委员会	钟启承	中国建筑工业出版社	1989
	9	贮藏构筑物常用术语标准 CEC11:09	中国工程建设标准化协会	钟启承	计划出版社	1989
	10	北京市市政工程概算定额（1989 年初稿）	北京市基本建设委员会	周守纲		1989
	11	埋地给水钢管水泥砂浆衬里技术标准 CECS10:09	建设部	潘骏寿，刘雨生	中国建筑工业出版社	1991
	12	机械搅拌加速澄清池搅拌机、刮泥机技术标准 CT/T32，33—91	建设部	王光杰，张延蕙，刘小琳，王明志	中国建筑工业出版社	1992
	13	深井曝气设计规范 CECS42:91	建设部	曲际水，李连生，孟书琪	中国建筑工业出版社	1992
	14	饮用水一体化净水器标准 CJ3026—94	建设部	崔招女，阮如新，刘殷	中国建筑工业出版社	1994
	15	柔性路面设计参数测定方法标准（CJJ/T59－94）	建设部	林治远，杨树祺，邓昭瑜，张明	中国建筑工业出版社	1995
参编项目	1	城市道路设计准则（试行）	原建筑工程部	陈孔步	中国工业出版社	1956
	2	城市排水设计规范（JG－11－63）	原建筑工程部	刘千里	中国工业出版社	1963
	3	室外给水设计规范 TJ13—74（试行）	原国家建委	徐彬士，朱克绍	中国建筑工业出版社	1974
	4	室外排水设计规范 TJ14—74（试行）	原国家建委	石鑫培，常憬，俞惠文	中国建筑工业出版社	1974
	5	中国农村自来水技术管理规定	建设部	刘学功	中央爱国卫生运动委员会	1984
	6	城市道路标准化体系系列	建设部	颜本菘		1985
	7	室外给水设计规范 GJ13—86	原国家建委	朱克绍	知识出版社	1987
	8	室外排水设计规范 GB14—87	建设部	余英影	中国计划出版社	1987
	9	电镀废水设计规范	建设部	张秉镛	中国建筑工业出版社	1987
	10	道路工程术语标准（GBJ124－88）	国家计委	颜本菘	计划出版社	1988
	11	城市基础设施投资估算指标道路篇	建设部	俞惠文，李国祥，王澍冀		1988
	12	公路工程抗震设计规范	交通部	常岭	交通出版社	1991
	13	给水排水建设项目经济评价实施细则	中国勘察设计协会	俞惠文		1993
	14	道路与铁路立交的设计规定	建设部 铁道部	杨树祺，齐秀珍		

表2－4　院编制国家设计标准（通用）图一览表

序号	图集号	标准类别	名　称	主要编制负责人	任务来源及出版单位	完成时间（年）
1	CS142	重复使用图	自闭式水锤消除器	毕延龄	中国建筑标准设计所	1977
2	S143	标准图	圆形立式阀门井及阀门套筒	钱宝政，杨学军，李桂茹	中国建筑标准设计所	
3	S144	标准图	矩形卧式阀门井	钱宝政，马连魁	中国建筑标准设计所	1977
4	S145	标准图	水表井及安装	钱保政，杨学军	中国建筑标准设计所	1977
5	S146	标准图	排气阀、排泥阀安装	钱保政，杨学军	中国建筑标准设计所	1977
6	S147	标准图	井盖、铁爬梯及阀门开关把	钱保政，杨学军	中国建筑标准设计所	1977
7	S231	标准图	圆形排水检查井	张嘉祥，郭　钧，许可泰，俞惠文	中国建筑标准设计所	1977
8	232	标准图	矩形排水检查井	俞惠文，张嘉祥，郭　钧，许可泰	中国建筑标准设计所	1977
9	233	标准图	扇形排水检查井			
10	S773（一）～（四）	标准图	虹吸滤池（一）～（四）320、600、1000、1800立方米/日	张书林，刘益萱，谢　娴，百　音	中国建筑标准设计所	1977
11	S234	标准图	跌水井	张书林，刘益萱，谢　娴，百　音	中国建筑标准设计所	1977
12	S235（95S235－1）（95S235－2）	标准图	雨水口	张书林，刘益萱，谢　娴，百　音	中国建筑标准设计所	1977
13	S236	重复使用图	耐腐蚀检查井及耐腐蚀管道接口	王彩霞，邱荣进，刘坤一	中国建筑标准设计所	1978
14	S774（一）～（八）	标准图	机械搅拌加速澄清池（一）～（八）	张书林，郭文霞，谢　娴，王光杰，黄一心	中国建筑标准设计所	1980
15	85SS347	标准图	小型投药设备		中国建筑标准设计所	1985
16	85SS654	标准图	小型取水口			
17	85SS848	标准图	小型砖石圆形蓄水池			1985
18	86SS656	标准图	IS型水泵安装			1986
19	86SS901	标准图	农村给水工程（总册）	毕延龄，钟亮洁，石　薇，陆元珍		1986
20	88S810	标准图	小型钢筋混凝土蓄水池		中国建筑标准设计所	1988
21	88S162	标准图	室外消火栓安装	宋润田	中国建筑标准设计所	1990
22	90S319	标准图	水池通气管、吸水喇叭管及支架		中国建筑标准设计所	1990
23	90S321	标准图	格栅、格网及起吊架		中国建筑标准设计所	1995
24	95S222	标准图	排水管道基础及接口代替1975S222		中国建筑标准设计所	1995
25	95S223	标准图	排水管道出水口代替1975S222		中国建筑标准设计所	1995

表 2-5　院主（参）编全国性专业设计手册、资料汇编一览表

	序号	名　　称	主要编写人	出版单位	出版时间（年）
主编项目	1	《索马里援外成套项目设计基础资料汇编》	余英彪	对外经联部	1976
	2	《城市道路设计手册》	颜本菘等	中国建筑工业出版社	1985
	3	《给水排水设计手册》第五册、第六册	张中和，李远义等	中国建筑工业出版社	1986
	4	《简明排水设计手册》	张中和等	中国建筑工业出版社	1990
	5	《建筑结构构造资料集》（特种结构篇）	潘家多，姚传洪， 王憬山，盛奕节等	中国建筑工业出版社	1990
参编项目	1	《给水排水设计手册》第四册《室外排水》	刘千里	中国工业出版社	1968
	2	《给水排水工程结构设计手册》 第七篇 管道 第八篇 抗震	沈世杰等	中国建筑工业出版社	1984
	3	《给水排水设计手册》 第三册　《城市给水》 第八册　《电气与自控》 第九册　《专业机械》	张书林， 陈运珍， 张延蕙等	中国建筑工业出版社 中国建筑工业出版社 中国建筑工业出版社	1986 1986 1986
	4	《中国农村给水工程设计手册》 大纲、第三、六、八章	刘学功	农村读物出版社	1988
	5	《水污染防治手册》 第三篇　污水的物理法与化学法处理	李远义等	上海科学技术出版社	1989
	6	《中国大百科全书》 土木工程卷、交通卷、水利卷		大百科全书出版社	1990
	7	《土木工程指南》 第八篇　道路工程	林治远等	中国建筑工业出版社	1991

第三章　工程设计

建院以来院承担的工程设计项目主要有道路工程、桥梁工程、给水工程、排水工程、水利工程，其他工程（包括垃圾处理、工业建筑、特种工程结构等）。工程项目遍及全国二十几个省，几十座城市，以及国外十几个国家的市政、建筑工程的设计、咨询及监理任务。

40 年来院完成工程设计项目 8900 余项，设计概算额 200 多亿元。另外 5 个设计分院完成设计概算 68.2 亿元。

1955～1995 年，院完成工程设计实物工作量累计有：道路 4779 公里，立交工程 145 座，桥梁 1116 座，给水管道 2228 公里，给水厂站 49 座，排水管线 4637 公里，排水厂站 118 座，中小型水库 12 座（总库容 3.71 亿立方米），引水及排洪明渠 611 公里。

第一节　道路工程

一、工程设计任务

建国初期，北京市在“为中央服务，为生产服务、为劳动人民服务”的方针指引下，针对历史遗留的道路状况，按照“在普及基础上提高”和“少花钱多办事”的原则，进行北京市道路建设，对城郊道路改建翻修，并配合城郊区的建设发展设计新建和改建了一批道路。1953 年以后北京市道路建设进入全面发展阶段。1958 年河北省的 8 个县划归北京市管辖后，山区面积达到北京辖区的 62%。为发展山区生产、改善人民生活及利于北京与外地的联系，大规模开展公路，尤其是山区公路建设。70 年代北京市道路建设开始大量进行道路立交、城市快速道路、高速公路工程建设。市政院从 1955 年建立以来，承担北京市道路工程绝大部分的设计任务，同时还承担大量大中型厂矿企业的内外部道路工程设计。

院还在国内应邀承担青岛、佳木斯、秦皇岛、龙岩、邯郸、石家庄、连云港、大连、海南、厦门、深圳等 10 多个城市的道路和立交设计任务。

此外院承担国际援外任务，为蒙古、巴基斯坦、越南、扎伊尔等国设计道路及广场。

1955～1995 年，建院 40 年来，全院累计完成北京市、外省市及国外的高速公路、城市快速路、城郊区干支路、山区公路、工矿企业内外部道路、居住小区道路设计 4779 公里，立交 145 座。

（一）北京市城市道路

建院后首先开始的城市主干道路设计是以天安门为中心的东西轴线道路设计。展宽东长安街，扩建西长安街及打通西单至复兴门和东单至建国门道路。以后又继续向东西延伸，向东扩建建国门至西大望路八王坟道路，并辟建八王坟至通县北苑道路，完成东轴线。向西改建复兴门至玉泉路，打通玉泉路至八角并展宽八角至石景山道路，贯通了西轴线。此时期还改建打通内城中部的东西向主干路，即自阜成门经西四、西安门大街、景山前街、沙滩汉花园、东四至朝阳门的朝阜干线。在内城北部打通地安门东西大街、展宽东四十条并向东延伸至东三环路。此外还扩建或新建永定门内大街、德胜门内大街、广安门内大街、东直门内大街、体育馆路、天坛北路、虎坊路、永安路、御河路等城市道路及永外大街、德外大街、阜外大街、朝外大街、首都机场路等城区通往郊区的道路并辟建东三环、东南三环和北三环路，开始三环路的初期建设。

1957 年院设计国内第一条机动车与非机动车分行的三幅路形式的道路——三里河路。配合人民英雄纪念碑建成，设计天安门广场南部的纪念碑广场。配合城市建设，设计东郊工业区、东南郊工业区、西郊工业区、西北郊文教区、仓储区和多处住宅小区等一批道路，以及石景山钢铁厂、东方红炼油厂、电子管厂等大型企业的内外部道路。

1959 年为配合北京市的国庆十大建筑，院承担天安门广场及周围地区的道路工程设计及北京火车站广场和站前街、工人体育场内外部道路、迎宾馆内部道路、军事博物馆内外部广场及道路等工程设计。东西轴线道路自东单经天安门至府右街路段，根据国庆庆典需要，按远景规划扩建，路面最宽路段为 80 米。

1960 年以后，国民经济进入调整时期，但道路建设仍有一定的发展。按照城市规划，院进行东、南、北三环路的扩建设计，完成东轴线西大望路至通县北苑道路设计，贯通全长 40.4 公里的东西轴线。对磁器口至虹桥、天坛东侧路、新街口北大街、南礼士路、月坛南街、展览路等道路进行新建或扩建设计。在京密引水工程的滨河路与郊区干路相交处，相继修建的 3 座半苜蓿叶式立交，为北京市最早修建的道路立交。

1966～1976 年，完成广安门内外大街、宣外大街、安内大街、朝阳路、五棵松至丰台、首都机场进场路、首都体育馆南路、月坛北街、东郊使馆区等一批道路工程的新建或改建设计。结合地铁一线工程新建前三门大街，改建西轴线复兴门至古城的道路。结合地铁环线工程新建二环路北半环道路，同时在 9 处原城门位置设计道路立交。这是院首批设计的干路系统立交工程，首次设计了环形立交及机动车非机动车分行的立交型式。为了提高道路通行能力和行车速度，并保证行人过街安全，在二环路第一次设计地下人行过街通道。

中共十一届三中全会以后，北京的道路建设又进入一个新的阶段。主要是修建二、三环之间的联络线，打通或展宽一些城区干线。如新街口外大街、紫竹院路、车公庄大街、甘家口至三环、百万庄路、学院路、东直门外大街、安外大街、广渠门外大街、东兴路、骡马市大街、东单至蒲黄榆等道路。新辟西南三环及西三环路，至此三环路全线贯通。在近郊区新建及改建一批道路，并对许多平交路口进行拓宽渠化设计。在北三环路的一些重要路口设计大型立交。在此期间配合修建毛主席纪念堂，设计改建天安门广场的前门以北纪念碑以南部分。

80 年代中期以来，北京市城市道路建设向系统化、立体化方向发展，重点加速环路和放射路的建设。并为举办第十一届亚洲运动会新建北郊一批道路。此外按城市快速路标准设计二环路的南半环，改造北半环，在遗留的平交路口处建高架桥跨越或建菱形立交。至此，二环路全线贯通，为国内第一条全控制的城市快速环路。同时对已贯通的三环路改造扩建，南三环、东三环、西三环和西北三环陆续设计改建为快速路，平交路口均建立交。在此期间还设计扩建昌平路，新建一批区域性道路，如和平东路、和平西路等道路。配合居住小区的建设，设计方庄、望京等一些小区道路。在天安门广场、东长安街多处设计大型人行过街地下通道。

（二）北京市公路

北京市的公路建设，在建国初期主要是针对历史留下的公路大部破损的情况，对原有公路进行整修改善。1955年院成立后，按交通部颁布的《公路工程设计准则》规定的等级公路标准，相继设计香山至八大处公路、十三陵环陵公路、通县永乐店至郭县公路、芦沟桥至周口店的京周公路、南口至芹峪的南芹公路等项公路。门头沟至潭柘寺的门潭公路是院设计的第一条山区干线公路，为五级公路标准长21.8公里，同时设计门潭路连结戒台寺、苛罗陀、石门的3条支路，共长23.1公里。

1958年河北省8个县划归北京市管辖后，山区公路建设迅速发展。在“全民办交通”和“依靠地方、依靠群众、先普及后提高”方针指导下，院的公路设计任务大量增加。相继设计门头沟芹峪口至斋堂的斋堂公路、密云至古北口公路、密云水库环湖路、十三陵水库环湖路、怀柔至杏树台公路、昌平长陵至黄花城公路、京西矿区坨里至磁家务公路、延庆刘斌堡至千家店公路，以及为矿产运输的大安山公路、木城涧公路等，还有北京至承德公路、北京至山海关公路、怀柔公路等部分路段的改建设计。1959年设计的长达73公里的北京至密云公路是北京市第一条一级公路。

1964年院成立山区公路勘测设计队、专门负责山区公路的设计，此后设计昌平县至延庆公路、延庆至赤城公路、琉璃庙至四海公路、上清水至孔涧公路（京兰公路）、东茶棚至石坟公路等国道和县级公路干线。三雁公路的东方红隧道长526.62米，是当时北京市最长的公路隧道，也是第一座双车道公路隧道。延庆公路大柏老处的混合式过水路面长800米，是山区公路中最长的过水路面。

10年“文化大革命”期间，北京公路建设以修建战备公路为主。院设计人员坚持三结合现场设计，设计了怀柔至丰宁公路、柏查子至二平台公路、十三陵至永宁公路、松树峪至曹家路公路、密云新农村至墙子店公路、房山大安山公路、周口店至张坊公路、怀柔八道河公路、秦九公路、京顺一级公路等项新建公路。完成改建北京至周口店公路为二级公路的设计及京张、京保等干线公路部分改建的设计。怀丰公路北京段长103公里，是北京最长的山区公路。设计将位于平曲线上的钢筋混凝土板桥及石拱桥均按曲线弧形设计，并设计栈桥，均为市山区公路中首创。

1977年以后，随着改革开放国民经济的发展与繁荣，卫星城的开发建设，公路建设的重点向市区靠近，着手打开“大门”，解决公路运输“出城难”的问题。新建一批城市进出口干线公路和旅游公路，设计标准向高等级发展。1978年重新设计京密一级公路。1983年设计的昌平公路、京开公路，为机动车与非机动车分行及过境交通与地方交通分开的三幅式一级公路。1985年改建八达岭公路，在关沟内开辟旅游公路，与过境交通分开各成系统，这是北京市第一条二级标准的山区公路。此外，还设计为游览慕田峪长城等风景区的一些旅游公路。1986～1993年分期设计建成的京石高速公路（北京段）是北京市第一条全封闭全立交设备完善的高速公路。1993年设计具有现代国际水平的首都机场高速公路。

（三）北京市立体交叉

60年代中期开始，院陆续承担立体交叉设计，立交型式和功能逐步发展完善。

1965年院设计京密引水二期工程，同时修建滨河道路，在昌平白浮与昌平路相交处，设计部分苜蓿叶式立体交叉，是北京市第一座道路立交。1966年又相继在引水工程与西郊机场路车道沟相交处及与阜成路八里庄相交处设计同式样的两座立交。

70年代北京市结合地下铁道建设，辟修二环路北半环道路，在复兴门、阜成门、西直门、德胜门、安定门、东直门、东四十条路口、朝阳门、建国门及城西北角10处修建立交。1971年院首先设计复兴门立交，考虑结合地形，改变了通常苜蓿叶型立交匝道形式，设计为长条形苜蓿叶型立交。其后按同式设计阜成门立交。1976年结合我国自行车多的交通特点，设计建国门三层式苜蓿叶型及西直门三层环形机动车与非机动车分行的两种立交型式，这在国内为首次采用。1976年以后由于资金、材料及拆迁房屋的困难，除二环路西北角处立交外，其他立交均设计为二层环形立交，机动车与非机动车虽仍存在冲突点，但相对减少。二环路西北角立交为三岔路口，设计为定向式立交。1976年配合首都机场扩建修建专用进场道路，与大型飞机滑行道相交，设计为进场路下穿的立交，为国内第一座道路与飞机滑行道立交，桥梁荷载500吨。1983年扩建北三环路，同时设计牛王庙（三元）、蓟门、马甸、安贞4座立交。安贞立交为二层环形，另3座均为二层苜蓿叶型。三元立交位于三环路与京顺公路、首都机场路相交处，设计为两个苜蓿叶型的组合立交，为北京市当时规模最大的立交，设计根据交通运行组织采用匝道立交，解决转向机动车的平面交叉矛盾。80年代中期以来，配合北京市道路建设快速发展，院完成二环路南半环的设计，同时改建二环北半环和三环路为快速路，设计亚运村道路、京石高速公路、首都机场高速公路及北京西客站莲花池道路。上述工程中设计有大量道路立体交叉工程，立交范围内各种地下管道按规划预埋一次完成，立交的车行道设计增加有变速车道和集散车道，以适应车辆快速或高速运行及加减速的需要。

东厢工程（东二环东便门至南三环赵公口和木樨园）中设计有东南二环路的东便门、广渠门、劲松、左安门、玉蜓（蒲黄榆）立交；东南三环路的赵公口、刘家窑、方庄、东铁营、木樨园立交。东便门和玉蜓立交采用匝道提前与主路分离的措施，降低跨越铁路的高差，解决左转匝道布设的困难；利用护城河道开阔条件降坡，解决非机动车直接下穿铁路距离不足的矛盾；采用左转匝道自身立交的方式，解决立交附近机动车进出难的问题，使立交在不利地形条件得以设立。东便门立交是北京市第一座机非分行的喇叭型立交。东南三环路的立交由于可用地范围小，地下管线多，竖向下挖控制很紧，只能使三环路上跨做成高架，造成道路起伏较大，但为后来改造城市快速路采用高架形式，启迪了思路。

西厢工程（西二环菜户营至西便门）设计有菜户营、白纸坊、广安门、天宁寺、西便门立交，并同时设计广外大街白云路立交。西便门及天宁寺位于西二环路的两个直角转弯处，西便门处有城墙遗址需保留，天宁寺处有南北向护城河交叉，致使立交选型十分复杂困难，设计将二处立交合并为立交枢纽。西便门处设定向立交，解决二环路自北向东交通；西端护城河处利用开阔条件设部分苜蓿叶立交，解决二环与宣武门西大街其他3个方向的左转交通联系；左转匝道采用一个迂回匝道解决两个方向左转交通的要求。菜户营立交位于西二环与南二环衔接处，有京开路和丰北路切线接入，交通主要流向多，立交范围大，包括南线阁路立交、首钢铁路专用线立交、接凉水河立交，同时需考虑辅路与主路立交等。立交选型为苜蓿叶加定向的组合型式，以确保主要交通快速行驶，解决京开路丰北路进出二环路的问题，是一种立交新型式。广安门立交为三层长条形苜蓿叶式，辅路系统为环形并与广安门大街重叠，布置于中层。特点为将非机动车道系统改为辅路系统，可供立交周边建筑物机动车进出，也为公交车提供了便利乘客的停靠站。

南厢工程（南二环右安门至天坛南路）设计有右安门、陶然亭、永定门和天坛南立交。永定门立交设计方案为二层苜蓿叶形，但交通运行可达到机非分行效果。因永南路规划不能实现及投资限制，近期改为二环路下穿的菱形立交。

二环北半环改造工程因平交路口处在建地铁时未配合预留互通式立交高程，故设计为高架桥分离式立交。在7处路口建高架桥6座（其中月坛南北街为一座桥跨越两个路口），以保证快速交通不受信号灯影响。

亚运村配套道路工程中，设计了双北（安华）、昌四（健翔）、安慧立交，型式均为苜蓿叶式。安慧立交根据现况条件，将环形非机动车道系统置于苜蓿叶形机动车道系统下，用两层建筑高度设计出机非分行的立交。

西客站莲花池东路设计有白云路、北蜂窝、莲花池、万寿路立交。莲花池立交受南侧铁路线位及高程控制，设计为3层苜蓿叶型。非机动车道系统基本设在机动车道系统下面，南侧非机动车道则在三环之上，使立交建筑高度接近两层式立交。设计中首次采用变速车道和集散车道与主路完全分开的形式，更利于交通安全。

京石公路为全封闭全立交高速公路。与干线道路相交为互通式立交，与地方道路相交为分离式立交。全线共建立交25座，通道64座。首都机场高速公路设计有北皋、将台路、南湖渠路、大山子、四元、苇沟、林荫路、天竺共8座立交。北皋立交主要解决京顺公路与机场路和机场路辅路的交通联系，设计为部分苜蓿叶型式。四元立交是四环路、机场高速公路和京顺公路相交的枢纽，为苜蓿叶式和定向式组合的立交型式。其特点是为保证四环路与机场方向的车速60公里/小时，布设了自北向机场与自机场向南的定向匝道，解决左转交通运行；自机场向北的右转匝道采用跨越京顺公路并与其向北的右转匝道合并，使进入四环路的入口减少了一处。定向匝道采用双车道进入主路，为首次采用。

东三环路改建工程设计的新建双井、太平街、朝外大街、农展馆、首机南侧一路、亮马河路等立交，均为菱形。设计改建大北窑立交，为三层苜蓿叶型式，三环快速路高架跨越现况建外大街桥，现况桥两侧加宽，各增建双车道桥，作为东西向建外大街、建国路的一条直行车道和一条变速车道。设架空匝道与三环路及建国路、建外大街相连接，构成苜蓿叶型立交。桥下原三环路改造为环形交叉口作为辅路，供非机动车及立交周边地区的机动车行驶。西北三环改建工程设计了新建立交15座，改建蓟门立交一座。其中三义庙立交规模超过四元、天宁寺、三元立交。公主坟立交路口原为环形平面交叉，环岛为长圆形街心公园，多古树，设计为三环路高架跨越，复兴路的机动车道直穿环岛公园的苜蓿叶形立交。三环辅路设于环岛东西两端与复兴路非机动车道构成环形交叉，以确保路线标准，并保存大量古树，节省投资。

在道路与铁路立交设计方面，由单一的道路建桥跨越铁路逐步发展为更多的采用不中断列车通行、预制箱形桥体、顶进施工的工艺。1964年院与施工单位合作，在永定门铁路立交桥首次采用预制顶进技术，以后经改进设计了西南三环路的东管头铁路立交（顶进桥体为3跨共长44.4米）及马家堡立交（顶进桥体长67.8米，自重1.5万吨，总顶推力1.68万吨）。为节省投资、便利施工，设计采用分节顶拉的工艺，以增大顶进桥体的宽度和长度，该工艺用于丰台铁路立交，穿过8～12股道铁路线。

二、设计项目选介

(一) 天安门广场工程

天安门广场在明清两代是皇城的前院，自天安门向南延伸呈狭长的“T”字形，四周绕以黄瓦红墙各设宫门，是一个从属于皇城的封闭式广场。北端为天安门，东西侧为长安左门及长安右门，即俗称东、西三座门。南端宫门明朝称大明门，清朝称大清门，民国后改称中华门。广场面积 11 公顷。民初 1912 年拆除 3 座门两侧红墙保留门洞，两三座门间道路命名中华路，与门外道路连通放行，构成北京城区贯穿东西的干路。广场始成为开放式广场。

1949 年为举行开国典礼及人民英雄纪念碑奠基，整修了中心南北向石板甬路。并于北部中轴线位置修建高 22.5 米的自动升降国旗旗杆。1950 年为满足受检阅部队及群众队列宽度需要，在两三座门间石板路南侧修建了宽 15 米的沥青路。1951 年将广场旗杆南北石板甬路翻修，两侧红墙间铺 40 厘米×40 厘米混凝土方砖北接沥青路，铺砌面积共 12510 平方米。同时为使天安门前更便于游行及布置标兵岗位，将金水桥前的石狮及华表各一对北移至玉带河边改为并列。1952 年 8 月经市人代会通过拆除东西三座门及广场两侧纪念碑以北的红墙，使西皮市及公安街两条道路与广场得以连成一片。1955 年翻建并扩建铺装地面，改为 49.5 厘米×49.5 厘米混凝土大方砖，面积为 33760 平方米。

1958 年修建的纪念碑广场与已铺装的集会广场合为一体。1959 年建国 10 周年大庆再次扩建广场，1976 年建毛主席纪念堂改建广场，最终完成了广场的规模与布置。

此外，为绿化需要，1983 年拆除玉带河南岸观礼台，辟为总面积为 5000 平方米的 4 块绿地。1987 年为便于群众出入广场，避免行人车辆相互干扰，在广场东西两侧，修建穿越游行大道及广场东、西侧路的 2 座地下人行横道，共长 240 米，内宽 12 米。

1957 年 11 月配合人民英雄纪念碑建碑进行纪念碑广场设计，于 1958 年 4 月竣工。广场北面在纪念碑北 25.22 米处与集会广场相接，南至正阳门前棋盘街，长 353 米。东西接公安街及西皮市道路宽 108 米。纪念碑位于中轴线上，距天安门城墙 463 米。

广场布置为沿纪念碑月台四周为人行道，围以花坛松墙，外围亦为人行道，花坛呈四角围绕形状，东西长 100 米，南北长 106.48 米。碑后至中华门原有石板甬路宽 10 米，长 176.82 米，两侧布置绿化区，均为长 151 米，宽 45 米，植油松 470 株。尚存的红墙均拆除，只保留中华门作为广场南入口，中华门外至正阳门原石板甬路宽 21 米，两侧亦为绿化区植油松，均为长 47 米，宽 39.5 米。

广场地面铺装为按原平面形式翻建石板甬路，街心板厚 33 厘米，两翼斜斗板厚 30 厘米，石板表面均细凿剁斧两遍。基层为 90# 水泥混凝土 10 厘米，级配砂石 10 厘米。人行道用 25 厘米×25 厘米光面水泥混凝土方砖铺墁。花坛及道路缘石均为花岗石凿制。全部铺装面积 7868 平方米，缘石 2309 米。

1958 年 9 月为迎接建国 10 周年大庆，配合修建中国革命历史博物馆和人民大会堂，进行天安门广场扩建工程设计，将纪念碑以北广场予以改建扩大。改建广场范围北至天安门城墙，南至纪念碑南端，长 511 米。东西以两大建筑为界长 500 米。工程包括将劳动人民文化宫前东红墙及中山公园前西红墙各向东、西退建 70 米，即相距为 500 米。相应地将玉带河接砌护岸石墙。在此范围内修建观礼台。天安门前道路改建为宽 80 米的游行大道，以供 120 人横列的游行队伍通过。废除西皮市及公安街旧路，在正对劳动人民文化宫和中山公园大门的位置，新建广场东侧路和西侧路。北起游行大道，向南经纪念碑广场连接正阳门原有道路，路宽各30米。两路路边净距280.6米，人民大会堂及历史博物馆前各宽约80米范围，用以布置人行道、绿化及建筑物门前广场。扩建工程完成后天安门广场即按规划全部实现。

路面结构采用不同类型，天安门前大道为花岗石石板铺砌，天安门至纪念碑中轴线上原10米宽的石板道，予以翻建整修。道路间的广场地面及玉带河两岸全部铺筑49.5厘米×49.5厘米混凝土大方砖，行车部分砖厚15厘米，其他部分厚10厘米。人行道均铺混凝土小方砖，路缘石全部为花岗石制作。全部石板及混凝土方砖铺筑面积共138034平方米。

竖向设计，游行大道东西向纵坡以天安门中心为高点，坡向东西两侧，坡度0.2%；南北向横坡为向南一面坡，坡度0.44%。广场竖向因受旗杆及纪念碑控制，南北高程基本一致，故以中轴线为脊线向东西两侧下降，坡度0.32%，至广场东、西侧路横坡延续向路外侧降坡，坡度为0.83%。玉带河两岸东西向纵坡与游行大道相同，南北向横坡为0.5%，坡向河道。

1976年配合建毛主席纪念堂，在天安门广场南部修建纪念堂广场工程。将已植之油松树林全部移出，拆除中华门，改建为纪念堂广场，与纪念碑广场铺装场地相连接。于1977年与纪念堂同期完工。

纪念堂为边长105.5米方形，四周广场包括绿地带，南北长260米，东西宽220米。绿地带外为铺装地面，东西侧各宽30.4米，南侧宽70米，北侧宽55.10米。即铺装外廊为东西向280米，南北向380米，作为群众活动场地，铺以混凝土大方砖，与已建广场一致，面积48076平方米。为防止胀拱，设置了白色天然橡胶胀缝。广场竖向高程与已建广场衔接协调为一整体。纪念堂北门至纪念碑广场南端长55.10米，纵坡为0.163%。绿地带南北向两边缘纵向为水平，横坡均为0.3%，坡向东西两侧。纪念堂南门至正阳门长60米，纵横坡度均为0.5%。

天安门广场南北向长891米，东西向长500米，面积44.5公顷。除去四周道路，群众活动场地为南北向长为738米，东西向长280米，面积22.66公顷。

（二）北京市东西轴线道路工程

北京市东西轴线道路经过天安门前，连接天安门广场，是城市总体规划东西向的主轴线。东单经天安门至西单是该道路的中心路段，长3.7公里，路面宽35米～80米；向西延伸经复兴门、公主坟至石景山首都钢铁厂东门长17.8公里，路面宽15米～35米；向东延伸经建国门、八王坟至通县北苑长18.9公里，路面宽14米～35米。东西轴线道路，全长40.4公里，号称“百里长街”，是北京市东西向的主干路，也是首都政治、文化和外事活动的交通要道。自1950年起陆续分段修建、改建，至1966年全线贯通，历时16年。

建院前由北京市道路工程局设计的有1950年竣工的东单至府前街段改扩建工程及1955年竣工的西长安街扩建工程。

1955年秋院进行西单至复兴门（现复兴门内大街）及东单至建国门（现建国门内大街）两段道路的方案设计。远景断面的红线宽度均定为100米，单幅路面宽50米。近期道路路面35米，路拱曲线按全宽50米采用直线插入圆曲线或抛物线形式截取一段，即近期为偏路拱，以后展宽可不再调整。路面为双层式沥青混凝土面层，大块石嵌碎石基层级配砂石底基层。西单至复兴门道路长 1.6 公里，于 1956 年年底竣工。东单至建国门道路长 1.4 公里，1958 年 6 月完成设计，9 月底竣工。至此东西轴线的中心路段建国门至复兴门得以贯通。

1959 年为迎接 10 周年国庆，对东单向西经天安门至南长街口道路进行改建设计，将 1950 年修建的上下行双幅路合并为单幅路，沥青混凝土路面宽 44 米～50 米。其中南池子南口至南长街南口一段长约 1 公里，为游行群众队伍汇合后通过天安门接受检阅的路段，称为“游行大道”，按 120 人横排列队需要，路面宽度定为 80 米。天安门前路段长约 390 米，为与建筑、广场配合协调，并适应重型坦克行驶，路面采用 100 厘米×50 厘米长方形花岗石，板厚 25 厘米，人字形铺砌；基层为 140# 水泥混凝土厚 15 厘米，按 9 米×9 米分块，底基层为级配砂石 15 厘米。1959 年 9 月底全部完工。

西轴线复兴门以西道路经过几次改建与新建。其间 1956 年改建设计复兴门至木樨地段（现复兴门外大街），将原双幅路北侧路向北展宽为 17 米，供双向机动车及单向非机动车行驶；原南侧路作为单向非机动车行道。1959 年初设计展宽木樨地至军事博物馆迤西道路（现复兴路）。1960 年辟建设计玉泉路口向西至八角与旧路相接，长 4 公里，路面宽 22 米。并将八角至厂东门长 1 公里道路展宽为 15 米。1967～1969 年修建地下铁道，线位在复兴门向西至古城道路位置，为明槽施工将道路全部掘除。地铁完工后重建道路，利用地铁的加强层建为水泥混凝土路面。部分路段采用橡胶管条胀缝。复兴门至公主坟段为单幅路，路面宽 35.2 米。公主坟至古城段为三幅路，机动车道为水泥混凝土路面，宽 22.2 米，两侧为沥青混凝土非机动车道，各宽 6 米。

东轴线建国门以东道路，自建国门至八王坟长 3.7 公里（现建国门外大街及建国路），曾于 1953 年展宽，1958 年再予改建。设计利用旧路面加铺面层结构并展宽，改建为沥青混凝土路面宽 32 米，1959 年完工。1964 年自八王坟向东延长，新建道路至通县北苑，全长 13.8 公里，道路标准为一级公路，设计路基宽 19 米，路面宽 14 米，为带有传力杆的水泥混凝土路面，施工中因水泥供应短缺，只建成长 2 公里的路段，其他均改为沥青混凝土路面。设计于 1964 年 9 月制定方案，年底进驻现场设计，边设计边施工。全线工程于 1966 年 6 月竣工。至此东西轴线道路总长 40. 4 公里全部建成贯通。

道路修建同时，埋设了大量地下管线。尤以东单、西单间，除雨水、污水、给水、电力、电信、广播、照明、煤气、热力各种管线外，还安装集会游行所需设施。原有明线全部转入地下。

（三）北京市北海桥改建道路工程

北海桥道路辟建于民国初年，桥梁建于明嘉靖，为 9 孔石拱桥。桥面纵坡大，中部突起，翼墙部分坡度达 7%。石板桥面只宽 8.5 米，桥东端有团城。道路绕团城与桥端相接，形成陡坡急弯，行车极不安全。北海桥道路改建，市政府要求既要保持原有风景面貌，又要满足干道交通需要。

1954 年末院承接改建方案设计。在测绘旧桥纵断面及 9 孔石拱圈顶高及沿路各古建门口高程的基础上，设计采用试定纵断，降低桥顶、提高桥端，将纵坡调整到 2%，路面结构厚度不影响拱圈，从而提出旧桥可利用改造方案。将桥向南侧展宽、中线南移，团城偏于一侧，道路设平面曲线绕过。向东辟新线与现况北长街及三座门大街相接，废弃曲折旧路，构成三岔路口。道路线形符合主干道标准，道路高程可与各古建门口适应，不影响外观及使用。新路与北海公园正门间辟为广场及停车场。此方案经市政府通过后报国务院，获得批准。

北海桥道路工程西起西安门内大街西小石作路口，东至北长街与三座门大街路口，长663米，并将三座门大街展宽为18米，长170米，共833米。石拱桥长120米，展修全宽为34米，其中车行道26米，两侧人行道各宽4米。桥东道路宽29米，南侧人行道5.5米，北侧设4.9米分隔带，作为公交站台并与北海公园门前广场分隔。广场及停车场面积共3420平方米，东、南两侧设进出口。桥梁及桥东道路广场均作为永久规划实现。桥西道路展宽为20米及21米，两侧人行道宽4.4米及1.1米，以后随发展再实现规划。

路面结构为双层沥青混凝土面层，大块石嵌碎石底层，级配砂石基层，共厚43厘米～46厘米。人行道用紫酱色缸砖铺装，使与环境色泽协调。为防止桥面雨水急流下泄及道路广场大面积径流影响交通及建筑，道路排水计算采用较高降雨强度，在桥面车行道边设混凝土小方沟，覆多孔平石盖截流。道路广场利用竖向设计调整高程，划分汇水面积分别计算流量，于边缘设置多篦雨水井接入干管。在桥面及桥两端道路范围内的两侧人行道下，设置浅埋式综合管沟，容纳路灯及无轨电车电力、电信、自来水、电力等管线，并为尚待发展的煤气、热力管预留了位置，共容纳7种管线，是北京市首次采用的综合管沟。

石拱桥改建，采用以堤代桥作法。新建侧墙为桩基混凝土挡土墙，青白石镶面。侧墙与旧桥间填土夯实。展宽部分只在中孔建钢筋混凝土拱圈接旧桥通水，其余8孔于墙面做成假拱圈。两边孔在常水位下敷设暗管，避免桥两端形成死水。

设计采用细粒式与粗粒式结合的双层沥青混凝土路面面层新技术，为北京市第一次采用。设计采用等高线及方格网控制标注高程的竖向设计方法。

本工程于1955年完成方案，并开始设计，1956年1月完成施工图设计并同时动工，1957年初竣工。

（四）北京市三里河道路工程

三里河路自复兴门外木樨地向北至西直门外大街，长3.3公里，为北京市主要道路之一。原有道路为沥青路面宽7米～9米。1957年改建此路。道路规划横断面采用三幅路型式。近期车道为远景规划的一部分，机动车与非机动车分道行驶，是北京市第一条三幅路型式的道路。1957年6月完成设计并开工修建，1957年底竣工。

该路依据规划定线设计。木樨地至社会路（现名月坛南街）交叉口段因受永定河引水渠及木樨地桥限制，设置两个半径为50米的反向平曲线。社会路至西直门外大街基本为直线，在阜成门外大街交叉口处有一小角度的折点。

本路在规划中属次干路，远景断面全宽80米，中间机动车道为21米（6条车道线），两侧非机动车道各宽7米，并设有人行道及绿化带。设计近期横断面布置中间机动车道宽14米，两侧非机动车道各宽6米，分隔带宽2.5米～5.5米。

两边路侧及分隔带全部绿化、广植乔木灌木，针叶树与阔叶树并存。

机动车道为贯入式沥青碎石路面层15厘米，级配砂石基层25厘米，共厚40厘米，非机动车道为沥青表面处理2.5厘米，基层为石灰土20厘米，共厚22.5厘米。

道路排水自木樨地至阜成门外大街采用明沟排水，阜成门外大街至西直门外大街采用雨水管道排水。根据水文地质情况，为防止因土壤含水量高造成路面翻浆，在机动车道下设置纵横盲沟，缸管接入雨水口。

（五）北京市斋堂公路工程

斋堂公路位于北京市门头沟区斋堂地区深山峡谷之中，起自芹峪口经下马岭、青白口、军响、斋堂至上清水牧场，全长 33.6 公里。自 1957 年冬开始进行勘察设计工作，1958 年 6 月完成设计文件。1958 年 3 月开工，1959 年 5 月竣工。

道路设计标准为 1956 年颁行的《公路工程设计准则》五级公路标准。其主要技术指标为：路基宽 8 米，路面宽 6 米，最大纵坡 5%，平曲线最小半径 20 米，桥梁载重标准汽—13、拖—60。

车响至上清水路段长 19 公里，为节约用地，结合修路造田，公路线位选在现况的河滩内，并以路基作为防洪堤。结合修路治理河道，改变了常规沿溪线靠山选线的做法。共少占耕地 400 亩*，整滩造田 2000 余亩，并起到护田保村作用。

沿溪河滩线路段由于设计防洪标准偏低，于 1958 年 7 月山洪暴发时，洪水将新筑的路基冲毁和基本冲毁长达 2/3。导致重新加固整修路基防护工程，增设顺水坝、丁坝、铅丝笼等设施。

（六）北京市三环路道路工程

三环路位于北京市规划区的中部，是联系各近郊区大客货源点与大型居住区、连接城市各放射路，承担近郊各区间的客货运输，并疏导过境交通避免穿行中心区的重要环路，是北京市第一条建成全线贯通的环路，全长 49 公里。

三环路建设分期分段进行。第一期 1952～1960 年建东部大半环；第二期 1979～1981 年建西部，完成全路贯通。第三期 1980～1986 年改建第一期工程，于主要道路交叉口建立交。第四期自 1988 年开始向快速路发展。建设进程及标准采取先通后畅逐步提高，最后按规划标准实现。每个时期密切配合城市发展，满足交通量增长及路网合理运行的需要，避免了资金过早投入，占用土地农田。

三环路的建设由东三环路开始。1952 年修建广渠门外双井至朝阳门外呼家楼路段，1957 年向北延长至首都机场路牛王庙，为 7 米宽级配砾石路，1958～1961 年加铺水泥混凝土路面并展宽为 14 米，路基宽 19 米。与此同时修建东南三环路，自永定门外木樨园向东利用部分旧路展宽，并辟新路至双井与东三环路衔接，自牛王庙向西至西颐路辟北三环路，两路均为沥青路面宽 15 米，路基宽 25 米，1960 年竣工。至此三环路的东南、东、北三部分连通，共长 28 公里。

70 年代中期为调整交通流向，缓解路网交通堵塞状态，修建西三环及西南三环路，两路均为三幅路型式。西三环自西颐路向南，利用两段已有道路改建，并辟新路连通。阜成路以北段机动车道为 6 车道，宽 22 米，两侧分隔带宽 2.5 米，非机动车道各宽 6 米，阜成路以南段机动车道为 4 车道宽 15 米，两侧分隔带宽 2.5 米，非机动车道各宽 5 米。西南三环路机动车道宽 15 米，两侧分隔带宽 1 米，非机动车道各宽 5 米。工程于 1979 年设计并施工，全长 21 公里，设铁路立交 1 座。1981 年建成通车后，三环路总长 49 公里全线贯通成环。

修建西南三环路的同时，鉴于使用近 20 年的东三环及北三环交通量增长，已出现阻塞拥挤状态，因此予以分段改建拓宽。1979 年开始设计，1980 年东三环北段牛王庙至大

* 注：1 亩 = 0.0667 公顷

北窑扩建完成，为三幅路。原14米水泥混凝土路面增设立缘石及平石成为宽15米4车道的机动车道，两侧分隔带为尽量保留已植树木，宽度为8米及9米，新辟非机动车道宽5～7米。沿线建公交港湾式停靠站，平面交叉口进口道加宽为22米，以提高通行能力。1983～1985年扩建北三环路，自西颐路向东至土城为三幅路，机动车道为6车道宽22米，非机动车道宽6米。土城至北太平庄为四幅路，机动车道为8车道，宽2×15米，中间分隔带宽2米，非机动车道各宽7米。北太平庄至牛王庙为三幅路，机动车道为6车道宽23米，非机动车道各宽7米。北三环全路设立交4座。1985年扩建东三环南段自大北窑至劲松路口，设计采用单幅路宽28米，其中机动车道为4车道。1988年在北三环增建安华立交，在东三环大北窑处建跨越三环的高架桥，桥下为信号灯控制的平交路口。

1988年以后，三环路的建设向改建为快速路发展。首先改建南三环路，计算行车速度为80公里/小时，设计横断面为四幅路形式。中间主路为过境机动车道，上下行共6车道，宽2×12.5米，中间分隔带宽2米。两侧为辅路供地方交通及非机动车单向行驶，其宽度根据红线宽度、沿线建设及交通情况而不同。行人过街均建天桥，汽车出入主路只限于道路立交附近。1988年改建木樨园向东至成寿寺段，设立交5座。1990年改建成寿寺至东三环劲松路口，设立交5座。此二段道路辅路宽均为9米，两侧分隔带宽6.5米。1990年改建木樨园向西经洋桥至玉泉营段，两侧分隔带宽2米，辅路宽7米。此次改建南三环路，在立交处均增设了变速车道，供汽车出入立交加减速专用。立交的型式根据相交道路的性质等级，分别采用二层环形、苜蓿叶形及菱形，二层环形立交均保留了扩建为3层的可能。

东三环路改建，于1992年进行设计，1993年竣工。为四幅路断面，主路上、下行共6车道，宽2×12.25米，中间分隔带宽2米，辅路宽12米及15米，两侧分隔带宽2.5米。建道路立交4座和跨越大北窑立交桥、通惠河及京承铁路的高架桥，长1800米。

1993年设计改建西北三环路，自西三环六里桥向北至北三环东端三元立交。主路布置为上下行6车道另加变速车道，宽2×15.5米，中间隔离，辅路宽一般为12米，为保留路树局部宽度为9.5米～11.50米。两侧分隔带宽2米，西三环局部为4.75米，以保留路树。全路段建道路立交11座，铁路立交2座，跨河桥3座，并新建和改建过街人行天桥和地道。工程于1994年9月竣工。至此三环路全线改建完成，成为北京市第二条全控制的快速环路。且为四幅路型式，立交范围均设变速车道，保证交通运行迅速安全，充分发挥快速路的功能。

（七）北京市前三门大街道路工程

前三门大街东起崇文门路口，向西经正阳门（即前门）、和平门、宣武门至长椿街，全长约5公里。它是北京市城区东西向的主要干路。连接二环路北半部构成内二环，与东西长安街分担城区中部东西向的交通流量。始建于1969年，经两期工程建设于1979年完成。

1965～1969年配合北京市修建地铁，利用地铁上的加强层做为前三门大街道路路面，宽22.5米。由于交通量增长，东西长安街卡车交通转移至此路，将该道路设计改建为三幅路断面形式，机动车与非机动车分行。1970年研究道路横断面布置，根据交通调查，非机动车道宽度至少需要6米，而由于地铁出入口的限制，宽度最窄处只能建4米，即全路非机动车道为4米～6米。工程于1973年建成。

1978年市建委组织有关单位讨论确定前三门大街二期改建设计原则，规划道路永久横断面的机动车道宽原为30米，改为28米，两侧分隔带各宽5米不改变，非机动车道由原8米改为9米。设计机动车道自正阳门至宣武门长1.8公里路面宽度展为25.1米，原水泥混凝土路面上加铺沥青面层，结构为黑色碎石5厘米，碎石7厘米～17厘米。其他路段仍维持原水泥混凝土路宽22.5米。配合沿街房屋建筑发展情况，将南侧非机动车道向西延长到京周公路冰窖口弯道处。北侧非机动车道自崇文门交叉口向西修至西二环路弯道处。考虑交通量增长及东西长安街在节日集会游行时，一般集会车辆需停放在本路的需要，并结合埋设地下管线，全线两侧非机动车道的宽度均设计为9米。在地铁出入口范围内的线位除正阳门箭楼外，一律设于地铁出入口外侧。该路成为目前北京市三幅路形式道路中，非机动车道最宽的道路。结构为沥青石屑3厘米，碎石7厘米，级配砂石20厘米。

（八）北京市工人体育场田径运动场塑胶跑道及草皮足球场工程

北京市工人体育场田径运动场原为煤渣跑道，1972年为筹办第三届全国运动会，国家体委决定将煤渣跑道改建为塑胶跑道，并翻建中心草皮足球场，解决积水问题，使达到全天候的标准，以满足国内及国际比赛的需要。其后于1979年及1991年又将塑胶跑道进行了两次翻建。塑胶跑道包括主跑道、辅助跑道、练习跑道、障碍赛跑道及各项田赛的助跑跑道，总面积约12000平方米。翻建中心草皮足球场6500平方米。跑道基础结构为沥青混凝土5厘米，沥青稳定碎石7厘米，级配砂石20厘米，石灰、焦渣土15厘米，共厚47厘米。塑胶面层一般厚1.3厘米，田赛起跳区为1.8厘米，障碍池前为2.8厘米。

塑胶跑道或称“塔当”（Tartan）跑道，是1968年被批准使用的国际比赛跑道，为一项新技术，其制做当时属于专利。

1979年为迎接第四届全国运动会且塑胶面层已有损伤破坏，决定予以翻建。为达到国际标准，在原有沥青基础上加铺沥青混凝土5厘米～8厘米，并按日本做法采用密级配沥青混凝土。塑胶面层系采用联邦德国拜耳厂的技术。

1991年筹办第十一届亚运会，工人体育场全面整修改造，因塑胶跑道已使用12年，国家体委决定再次予以翻建，挖除塑胶将基础表面加铺沥青石屑厚3厘米～4厘米。在有裂缝处洒布粘层油后均铺设玻璃纤维质网纱，以解决国产沥青因延度小含蜡量高产生的裂缝影响面层问题。

解决足球场排水问题改变传统的在田径场内圈布设4～6个雨水口的模式。设计为沿400米内圈全部设2厘米宽进水口即全周式进水口。并考虑草皮对水流的阻力，在不影响体育运动的前提下，将足球场的纵坡加大到0.7%。在草皮足球场下设纵横盲沟和反滤层，填土选用既能渗水又利于草皮生长的细亚砂土。

工程造价分别为：1972年250万元，1979年150万元，1991年150万元。

运动场周缘石首次采用铝合金可拆装式缘石。草皮足球场“排渗结合，以排为主”的排水方法，被纳入《给排水设计手册》中。

（九）北京市怀丰公路工程

怀丰公路为国家干线公路，自北京怀柔县至河北省丰宁县。1969年及1971年两次受特大洪水破坏。1972年列入交通部和北京市国防公路修建计划，予以重建。本路为北京市一次建成的最长公路，沿途山岭连绵，山势陡峭，具有高填方，大挡墙、桥涵密集的特点。北京段设计路线起自怀柔河防口，经琉璃庙、汤河口至喇叭沟门北大梁过市界与丰宁路段相接，全长103公里。沿线建大桥8座，中桥20余座，小桥涵640座，过水路面21座，隧道2座，土石方410万立方米，砌挡土墙17.63万立方米。投资3200余万元。每公里造价31万元。于1974年初完成全部设计文件，1975年竣工。

设计标准按交通部1972年3月颁布的《公路工程技术标准（试行）》中三级路进行设计。主要技术指标为路面宽6米，路基宽7.5米，最大纵坡7%，最小平曲线半径25米，回头曲线半径20米。桥梁载重汽—15，挂—80级，桥隧净宽7米。河防口至汤河口段，根据北京公路使用实践经验路基宽度增为9米。

桥梁设计采用多种结构形式，有钢筋混凝土T梁桥、石拱桥、混凝土双曲拱桥，下部结构有灌注桩、混凝土及浆砌石墩台等多种。后安岭处上依高山下临白河，为避免开山引起滑坡，设计为悬臂栈桥长42米。最大跨度桥为峪道河桥，长100.1米，中跨64米为双曲拱桥。

位于平曲线上的桥按曲线半径及道路纵坡度设计为弯坡形状的石拱桥或多孔盖板桥，为北京市首次采用。

设计选线采用傍村不进村的原则。全线经过37个村镇，只有2处从村中穿过。同时在沿溪路线经过村庄时，考虑修路与护村保田相结合。全线存在护村保田问题的村庄共24个，在保证路基安全，工程量增加不大的前提下，有15个村采用护村保田的方案，9个村采用沿山根走村后的方案。

为提高路况，工程选线设计在不大量增加土石方的情况下，力争达到规范规定技术标准较高值。该路于1970年曾勘测设计，标准偏低。1972年设计提高标准，弯道由831个减少到660个，曲线半径小于50米的弯道由291个减少到153个。路线标准提高，但土石方工程量只增加5%左右。

（十）北京市二环路道路工程

二环路位于北京市旧城区边缘，沿城墙轮廓呈凸字形状围绕城区，将城区道路连接成网，并作为对外放射道路的起点，构成中心区完整的道路系统，对疏导穿城的车流以减缓中心区道路交通压力有重要作用。二环路全长33公里，建有道路立交30座，是国内第一条全控制的城市快速环路。该路设计配合错综复杂，涉及地铁、道路、桥梁、护城河道及埋设雨水、污水、给水、电力、电信、热力、照明、绿化，是一项大型综合性工程。

二环路北半环道路，自西便门沿城墙旧位向北折向东再折向南至东便门，共长17公里。其中复兴门至建国门路线均位于地铁之上，建国门至东便门段为在城墙位置辟修。道路规划红线宽度均在80米以上，计算行车速度80公里/时。设计横断面为三幅路形式，机动车道为双向6车道宽22.7米，两侧非机动车道宽6～8米，分隔带宽2米。建国门至东便门段及全部非机动车道均为沥青混凝土路面，位于地铁上道路的机动车道路面与地铁加强层结合铺筑水泥混凝土路面。全线在与各城门内外大街相交处、东四十条相交处及西北城角均建立体交叉共10座，预埋地下人行通道10座。工程于1977年动工，1980年底全线机动车道通车放行，1981年以后陆续修建部分立交的匝道及非机动车道，完成北半环全部工程。北半环两端与结合地铁一期工程时修建的前三门大街相接构成围绕内城的环路。

1987～1991年对二环路的南半环进行建设。同时，确定二环路建成快速路。南半环道路走向自东便门沿原外城护城河外侧至西便门共长16公里，两端与北半环连接成凸字形环路。道路按快速路要求布置，主路为快速机动车道双向共6车道，宽2×12.25米，中间分隔带宽2米。主路一侧或两侧设辅路，设分隔带与主路隔离，供沿线地方性机动车及非机动车行驶。辅路自成系统，车辆出入主路均须通过立交，使快速路交通与地方交通严格分开，不相干扰。

1987年设计东便门至蒲黄榆段，1989年5月竣工。主路位于护城河东岸，东侧依次为分隔带宽6米（最窄处3米），辅路宽12米，人行道宽6米。辅路交通为机动车单向、非机动车双向行驶。全路段建立交5座。1990年设计并施工西便门至菜户营段，1991年竣工。主路位于护城河西岸，中间分隔带最窄处2米，西侧依次为分隔带（最窄处3米），辅路宽12米，人行道宽5米。辅路交通为机动车单向、非机动车双向行驶，将原有内滨河路作另方向机动车行驶。全路段建立交5座，在立交范围内主路单幅路面宽增为16米，设变速车道及集散车道。1991年设计并施工南二环路，自蒲黄榆至菜户营将二环道路连通，于1992年竣工。主路位于护城河南岸，南侧依次为分隔带宽6.5米，辅路宽12米，人行道宽5米。辅路交通为非机动车双向、机动车自西向东单向行驶。另于河北岸修建内滨河路宽14米～21米，亦作为辅路，车辆双向行驶。全路段建立交4座，立交范围内主路单幅路面宽16.5米，设变速车道及集散车道。立交桥下设置公交车辆港湾式停靠站，设站处单幅路面宽度为20米。南二环建成后南半环全线贯通，与已建成之北半环连接，构成完整的二环路。

与此同时，对已建成的北半环中10处平面交叉口亦进行改造。根据交通情况，其中3处采取封闭措施只准右进右出，7处均将机动车道部分建高架桥跨越交叉口成为快速车道。高架桥范围内原两侧非机动车道加宽至12米改为辅路，机动车与非机动车单向混行。高架桥下辅路与相交道路仍为平面交叉信号灯管理。交叉口间增加行人过街天桥。共建高架桥6座，其中1座为跨越两个交叉口。至此，二环路全长33公里，建立交30座，设人行天桥或地道，成为全控制出入，主路交叉口无信号灯的快速环路。

设计应用交通工程理论，结合其具体情况对交通流量、流向、通行能力、几何线形、立交与桥梁的结构选型，交通管理和环境等多方面进行综合设计。采用快速路与辅路各成系统、合理沟通的方式，并合理设置人行过街设施，避免横向干扰。西便门至菜户营段还进行盲道及通行轮椅的地下通道设计，一些立交桥下设置了港湾停靠站。

平面及竖向设计充分考虑铁路、河道及管线等控制条件，协调与周围建筑物的关系，应用计算机进行优化，既满足交通需要，又协调各项设施空间相对关系。

二环路北半环的复兴门、阜成门两个立交设计为双层苜蓿叶型；建国门、西直门立交首次设计为机、非分行三层的新型式。西北角立交为定向式。其他立交为二层环形，并保留增建为3层的条件。南半环立交则根据相交道路性质，采用多种型式。在与主干道、放射路相交处设计为机、非完全分开的互通式立交。在与次要干道相交处，则为机、非混行的苜蓿叶形。在与一般道路相交处为机、非混行的菱形或半苜蓿叶形立交。由于立交受到河道、铁路及众多地下管线制约、立交造型及布局突破了传统作法。如东便门立交为喇叭型，3次穿过铁路，4次跨河，连同跨路共建桥梁14座，人行天桥1座。为减少桥墩阻水，避免遮挡视线，采用独柱预应力连续弯梁，为国内首创。玉蜓立交为3层机、非分行苜蓿叶形立交，共建通道桥及引桥16座，其中跨河又跨路的主桥长500米。西便门内与天宁寺两路口相距700米，设计将二环快速车道建为高架路，将2座立交连接成为两条干路分离，主辅路分开，四层式的立交交通枢纽。为合理便捷地组织交通，将不同立交类型的匝道形式加以融合，突破了常规作法。

附属构筑物尽量采用预制构件装配，如挡土墙、栏杆、防水结构、侧墙等。防护网采用金属镀塑新工艺。北半环利用地铁加强层作混凝土路面。高架桥挡土墙用钢筋混凝土桩与加强层连接。

(十一) 北京市京密公路工程

京密公路系京承公路的一部分，为重要国道，起于朝阳区北皋经顺义西、怀柔东、密云南，止于密云水库九松山副坝，全长73公里。原有道路为1953年《公路工程设计准则》四级公路，桥梁等构造物多为临时性建筑。1959年9月予以改建，按一级公路标准设计。工程于1959年10月开工，1960年4月停工。随着国民经济的好转，1977年初继续设计修建京密公路，于1977年完成设计工作，1978年复工，1980年底全部竣工。为北京市第一条设施比较齐全、路况良好的一级公路，也是我国最早建成的高等级公路之一。

设计计算行车速度80公里/小时，桥梁载重标准为汽—20，挂—100，设计抗震烈度为9度。设计采用最小平曲线半径为600米，最大纵坡度1.25%，设计路基宽度25米，路面宽度23米，为沥青混凝土及沥青贯入式路面。

京密公路按规划要求需经过顺义、怀柔、密云3县。设计采取公路在县城以外通过，并修联络支线连接县城。

(十二) 北京市京开公路工程

京开公路是北京通往开封的重要国道。1982年市政府为打开首都南大门，开发黄村卫星城，并缓解京广铁路北京至石家庄段、京沪铁路北京至德州段客货运输的压力，决定改建京开公路北京至黄村段为一级公路。

京开公路为北京市进出口干线，北起南三环路草桥村，经马家楼、潘家庙、新发地、西红门至黄村，全长12.8公里。设计计算行车速度80公里/小时。横断面按三幅路布置，中间主路宽17.6米，双向各两个车道。两侧分隔带各宽3米，副路宽6米，土路基全宽38.8米。南三环路至西红门村南端长9.8公里为新建路段。再向南至黄村长3公里为改建路段。

本路主要工程量为：土方30万立方米，沥青混凝土路面32.1万平方米，桥梁2座，道路立交4座，铁路立交1座，平面环行交叉1处（原设计为半苜蓿叶形立交），小桥涵98座，车行通道3处，加筋土挡墙2处共长1454米，港湾式停车站7对，以及各种交通标志，绿化和边沟护砌等工程。工程总设计概算为5560万元。平均每公里造价为434.4万元。配合修建公路安装道路照明设施8公里。

工程于1983年初完成设计，1983年5月开工，1985年6月竣工通车。

考虑城市进出口干道交通特点，为保证主路车辆安全畅通，设计采用限制出入，减少横向干扰的措施。将一般三幅路布置的机动车道改为主路供过境交通行驶。两侧非机动车道改为辅路，供附近地方交通和沿线各单位出入使用，限制在立交或规定的平面交叉口进出主路，从而减少主路平面交叉路口。

结合主辅路的不同防洪标准，将其路面标高分别设置在不同平面上，构成过境交通与地方交通分行的新型道路横断面，使行人和自行车不能任意横穿主路，提高了分隔效果。

采用加筋土挡墙新技术。针对填料为粉砂土及黏性土的不利条件，将塑料拉带设计为新的网格形状，并对挡土墙面板做了改进，在近郊立交桥引道首次采用L形面板，以达到构筑物轻型化，节省工程造价，并便于民工施工。

结合交叉道路的性质和使用要求，在本市首次采用菱形立交，缩小立交工程规模，减少工程投资。

道路组成设路缘带，变速车道，停车港湾和中间实体分隔设施以及交通工程设施，以保证车辆在主路上安全、快速行驶。将公交汽车停靠站设在道路立交或车行通道附近的辅路上，使其靠近村镇，方便乘客。立交桥洞和车行通道可兼作人行通道，以解决车辆与行人横穿主路及汽车停靠对快速车辆影响问题。

（十三）北京市八达岭游览公路工程

工程起于昌平县南口镇狼窝桥以西温南路（温泉至南口）交叉口，经居庸关等10个村庄，终于延庆县三堡梁以北与旧路相接。道路标准按交通部1972年颁《公路工程技术标准》的二级公路进行设计，是北京市第一条二级标准的山区公路。本着安全、舒适、经济、美观、保护文物古迹和自然景观的原则，新辟主路不穿行沿线村庄，保留关沟内现有旧路作为辅路，公路与铁路相交采用立体交叉，设计行车速度在规定的平原微丘80公里/时和山岭重丘40公里/时之间增设60公里/时的过渡车速段。主路长15.25公里，辅路4处共长3.76公里。路基宽9.5米，路面宽7.5米，设硬路肩，挡土墙等防护设施均设在路基有效宽度以外，控制路面超高横坡度不大于3%，全线设公共汽车停靠站5对，汽车停车场（带）2处，大中桥（包括南口铁路立交桥）2座，隧道2座共长191米，小桥涵89座。

工程总设计概算为1734万元，其中路线部分的土建工程费为1261万元，大中桥工程费115万元，隧道工程费165万元，汽车停靠站站廊工程费5万元，交通工程费27万元，拆迁准备费161万元。于1982年6月至1984年6月完成设计。1985年9月竣工通车。

根据交通观测资料分析，八达岭公路过境交通量占全部交通量的70%，按“交通分流”设计，将已建成的通过德胜口沟的公路作为过境交通专用路线，设计的关沟内路线作为游览公路，过境交通和游览交通各成系统。

在确定关沟游览公路标准时，以八达岭游览区最大游人容量，对本路交通量进行换算。根据分析资料，本路应改建为一级公路，为减少投资，保护游览区，决定采用二级公路与辅路分行方案，即保留关沟内旧路为辅路，作为沿线村庄和机关单位的各种车辆使用的混行道路。主路则利用地形，结合桥涵设计在适当位置设置行人和车辆通道，以避免主、辅路的横向干扰。

八达岭游览区景区范围长达19公里，地势险峻，自然景色优美，游览内容丰富。因此，公路设计构思突出关沟地形险峻和长城的气势雄伟。选线时，考虑路线总体位置，尽量将路线设在河谷底部，减少破坏地形，使由河谷底部仰视景区更显雄伟险要。为突出表现重要关隘及其他景点，路线尽可能与之连接，令游人看到关沟内的优美景色、文物古迹，使游人左顾右盼皆有景，情趣加深。

针对各处文物古迹不同的特点、意义、功能，区别对待，路线位置与之协调。对于重要的文物古迹完整保留，对于一般的文化古迹，只要有可能也尽力保护。对沿线的挡土墙、导流坝、护栏、站廊等外形设计，注意与风景环境相协调，在游人需要停留的地方设置了停车场、停车带、登山梯道等设施。

路面和附属工程构造物，尽量采用当地材料就地取材，路基填方充分利用沿线附近工业废碴，并结合整治河道取料。

该工程采用加筋土挡墙（两种面板和两种拉带）新技术，采用衡重式挡墙。设置带有变速车道的港湾式公共汽车停靠站及停车场（带），并采用水工构造物挡墙防洪，以减少圬工体积和施工困难。

（十四）北京市京石高速公路工程

京石公路是北京经石家庄、郑州、武汉、长沙、广州至深圳的107国道的组成部分，是北京西南方向的重要进出口干线，为分期建设的高速公路。

京石公路起自三环路六里桥，经芦沟桥、良乡、窦店至琉璃河市界，全长45.88公里，分四期设计施工。1985年底设计第一期工程，1986年4月开工，12月竣工。其他三期分别于1987年11月、1991年11月、1993年10月竣工。

第一期工程自西道口至赵辛店，长7.3公里。计算行车速度为100公里/时。横断面为双向四车道，宽2×7.5米，两侧车道外侧均设宽2.5米的连续停车带。中间分隔带及路缘带共宽3米，中设水泥混凝土隔离矮墙。无照明路段在隔离墙上设防眩板或防眩网。土路肩上设波形板防撞护栏。公路两侧路界处设栏网，防止人畜进入。

二期工程自京石公路起点六里桥至西道口长6.7公里。此段为城市进出口干线性质，计算行车速度为80公里/小时。横断面为六车道宽2×11.25米，中间分隔带宽3米。车道分配为靠近分车带的车道为超车车道，其余两条为行车车道，每隔500米设港湾式紧急停车处一处。

三期工程自赵辛店至阎村长13.88公里，四期工程自阎村至琉璃河市界，与京石公路河北省段相接，长18公里。此两段计算行车速度均为120公里/小时，双向6车道，每隔500米设港湾式紧急停车处一处。为增加绿化美观，设中间分隔带为10米宽绿化带，沿路两侧各宽100米亦为绿化带。

公路与干路、地方道路、铁路、乡间大车道、人行路相交均为立交。共建互通式及分离式道路立交25座，铁路立交7座，通道桥64座，人行天桥1座。公路共建跨河桥7座，其中特大桥2座。大石河桥桥长660米。永宁大桥跨大兴灌渠、永定河及大宁水库全长1120米，是北京市当时最长的公路桥。

配合公路修建雨水管道32公里，排水泵站5座，公路专用监控及通讯电缆管道44公里，收费站1座，收费亭38个，具有加油、维修、住宿的大型服务区1处。全线还设置大型高强反光交通标志、立交高杆照明、绿化浇水管道等设施。

旧路作为辅路自成系统，供地区车辆行驶。在适当位置主辅路联结，主辅路系统合为一整体，构成功能较强的交通枢纽。

立交选型考虑相交道路性质、周围建筑及地形，分别修建为二层式及三层式立交。道路边缘大量采用较平缓土坡从而减少挡土墙、护坡等构造物，增加了绿化面积。

设计中采用新的技术措施，路面磨耗层采用玄武岩为骨料的沥青石屑，使粗糙度增加，保证在恶劣气候条件下安全快速行车。基层采用石灰粉煤灰砂砾混合料半刚性基层，以保证稳定。创造预制混凝土网格护坡，避免路肩边坡流失，又利于绿化种植。南岗洼铁路立交处公路下穿，因地下水位高，设计采用盲沟排水，在土基表面铺土工布以滤水，其上设砂砾盲沟导水外流，盲沟顶上铺筑路面基层。

桥位选择及桥梁构造服从于路线走向及线形设计要求，故大部分桥梁为斜桥、坡桥或弯桥。

京石公路是全封闭全立交的高速公路，具有完备的交通安全设施和管理设施，先进的收费系统，完善的服务区。沿线依据车辆判读距离设置大型交通标志，牌面文字图案用定向反光材料制作；路面标线齐全，在防撞栏杆及中间隔离墙上安有反光胶带及反光路纽；公路与辅路沟通设有足够长度的变速车道。公路无横向干扰，纵向干扰亦减少至最低限度，因而通行能力大为提高。

（十五）青岛港八号码头立交道路工程

青岛港八号码头为国家重点建设工程项目，立交道路为码头建设的配套工程，位于青岛市四方区。为便利进出港交通运输，并改善地区交通状况而修建。1982 年青岛市建委委托院设计，于同年 11 月完成方案，1983 年 7 月完成初步设计，1985 年 8 月完成施工图设计。

工程包括 3 部分，即建跨越胶济铁路的跨线桥，杭州路与温州路相交路口的杭州路立交及武林桥路口的平面环形交叉。共铺筑道路 4.6 万平方米，跨线桥面积 1.1 万平方米。建跨河桥 6 座（杭州路立交南匝道上的小村庄东桥及西桥，环形交叉处的武林东桥及西桥，跨线桥旁的孟庄路东桥及西桥），面积共 0.54 万平方米。建挡土墙长 1.73 公里。人行地道 5 座，并修建高杆组合灯 5 处及交通设施、地下管线及绿化等附属工程。占地共 20 公顷，总投资 1258 万元。

进出港口的跨线桥接到温州路。温州路与杭州路交叉路口设计为互通式变形苜蓿叶型立交，跨线桥道路跨越铁路后折向东北，下穿杭州路与温州路衔接。

武林桥路口近期建环岛组织交通，并采取封闭杭州支路、限制康宁路左转措施。

杭州路立交地处长途客运站，附近建有旅馆，且为规划建体育馆处所，人流密集。为避免车流人流相互干扰，在路堤挡土墙外设计独立完整的人行道系统，并修建 5 座人行地道及桥头坡道。

为疏导交通使车辆顺畅安全通过立交，设置各种交通设施。

绿化布置，在挡土墙下设置了宽 2 米，高 0.5 米的花坛，并将立交 4 个匝道范围布置为花园，以取得较好的景观效果。

（十六）北京市公共交通总公司驾校教练场工程

北京市公共交通总公司驾校教练场位于大兴县芦城乡狼垡村，占地 84.42 亩。于 1989 年 9 月委托制定教练场规划方案，包括建筑、道路、桥梁、给水、排水、照明等项目。1991 年 7 月～12 月进行施工图设计。1992 年 7 月竣工。

教练场布置系将汽车在道路上行驶可能遇到的各种道路状态、交通组织形式、交通设施均集中于 20 余公里长的道路内，据以制定训练科目，使学员适应路况，并掌握在各种情况下的操作技术。教练场土地利用系数达到 52%。场内设置大坡度路（纵坡 10%）、8 字形路、S 形路、起伏路、三角形路、折线形路、单边桥、双边桥、跨越障碍、港湾停车、环岛、立交等，满足 17 种 102 个训练科目。共铺筑沥青混凝土路面 20.5 万平方米。针对教练场汽车空载和低速行驶多的特点，适当减薄路面结构厚度，约节省造价 1/2。修建三孔简支板立交桥 1 座（桥上路宽 22 米，桥下净跨 24 米）。交通工程设信号灯 5 处，交通标志 21 种 170 面，绘交通标线 21.3 公里。同时修建供渗透排水的蓄水池，总容积

1.5万立方米。建直径为300毫米～1000毫米雨水管道共长1646米，ϕ200毫米及ϕ300毫米污水管道共长1128米。全部工程竣工决算1250万元。

（十七）北京市亚运村道路工程

1990年我国举办第十一届亚洲运动会，在首都北郊兴建奥林匹克体育中心及亚运村。为市政设备配套，解决交通运输路线，根据道路规划，确定应实施的该地区的道路系统。为保证自首都飞机场至亚运村及亚运村至城区、郊区各比赛场馆的交通捷便通畅，并满足亚运村生活的需要，新辟及改建道路五条，总长22.444公里，并建道路立交3座，道路与铁路立交1座，跨北护城河桥一座，地下人行通道及人行天桥15座。工程于1986年开始进行方案工作，1990年完成设计，1990年9月竣工。道路工程费8500万元，拆迁征地费11500万元，总投资2亿元。

1. 北四环道路　西起学院路，东至机场路，全长10.6公里，是横贯亚运村和体育中心之间的快速路，红线宽80米，道路横断面布置为四幅路，包括以下两段：学院路至和平东路段，长6公里，基本按规划断面修建，机动车道为双向六车道，宽2×12.25米，外侧设港湾式停车站，中间分隔带宽2米，两侧分隔带宽6.75米，非机动车道各宽7米，外侧人行道与绿化带共宽5米。和平东路至机场路段，长4.6公里，横断面为三幅路。机动车道为双向4车道，宽16米，两侧分隔带宽2米，非机动车道各宽5米。

2. 安立路道路　位于亚运村和体育中心东侧，南起安定门立交，北至成府路，全长5.24公里，是亚运村向南联系的干道。此路规划为城市主干路，红线宽60米，横断面布置为三幅路，按规划断面一次建成。机动车道为双向6车道，宽24米，设有港湾式停车站，两侧分隔带各宽2.5米，非机动车道各宽7米，绿化带及人行道宽5米。

3. 北辰路道路　为北京市规划的北中轴线，全长4.34公里，是亚运村向南联系的一条新辟干道。根据北中轴线规划，北辰路自北二环至安德路北街红线宽60米，安德路北街至土城北路红线宽80米，土城北路至北四环路红线宽200米，上下行车道之间绿化带为80米。设计布置北二环路至土城北路即鼓楼外大街按规划断面三幅路一次建成。机动车道为双向4车道加停车车道，路宽24米，两侧非机动车道各宽7米，分隔带宽2.5米，绿化带与人行道宽5米。从土城北路至北四环路近期先建规划东半部，设计横断面为三幅路形式。机动车道为双向四车道宽16.6米，设港湾式停车站。两侧非机动车道东侧按规划修建宽9米，西侧宽7米。

4. 北辰左路及成府路道路　北辰左路位于亚运村西侧，南起北四环路，北至成府路，全长921米；成府路位于亚运村北，西起北辰左路，东至旧北苑路，全长1343米，两路均为规划次干路，红线宽50米，规划横断面为三幅路型式。近期修建为单幅路，宽16米。

5. 安华立交　位于北三环路与北辰路（鼓楼外大街）相交处，为二层互通式苜蓿叶型立交。北辰路上跨，北三环路下穿，其在地下水位以下部分的路面用土工布加固路基和渗水材料，并采用盲沟降低地下水。

6. 健翔立交　位于北四环路与昌平路相交处，为二层互通式苜蓿叶型立交。北四环路上跨，昌平路下穿。

7. 安慧立交　位于北四环路与安立路相交处，坐落在亚运村中央，为机动车与非机动车分行的三层苜蓿叶型互通式立交。安立路位于最上层，北四环路居中，非机动车道在最下层，需下穿安立路和北四环路，且需穿越匝道。故此座立交包括1座主桥，16座斜、弯型匝道桥和2座跨越北四环路的非机动车道桥。

8. 来广营铁路立交　位于进出和平里货场的专用铁路与北四环路相交处，结构为箱涵一座，道路自铁路下穿过。

9. 地下人行通道及人行天桥　在3条主干路上的行人比较集中过街处，修建15座地下人行通道及人行天桥。

（十八）佳木斯市长安路立交道路工程

长安路立交道路位于佳木斯市中心区西侧，是城市东西向主干路。1987年，佳木斯市城建局委托院承担此项目的工程可行性研究、初步设计及施工图设计。1988年1月完成可行性研究报告。1989年1月完成初步设计，1990年5月完成施工图设计。同年12月15日竣工通车。全部工程修建道路59536平方米，桥梁10886平方米，地道桥1015平方米。设计概算为3100万元。

主路计算行车速度40公里/时，环形交叉为22公里/时～30公里/时，高架桥最大平曲线半径400米，最小为50米，按路口处理。环岛半径红旗路为30米，长青路为22米。高架桥跨铁路净高≥6.7米，立交下主路净高≥4.5米，下穿铁路净高≥4米，非机动车道净高≥2.5米。载重标准高架桥为汽－超20，挂车－120。

设计依据道路交通情况，采用公路过境交通与城市交通分流行驶，即在长安路上建高架桥道路，供过境交通行驶。

设计布置为自红旗路由北向东转入长安路方向建高架桥，跨越红旗路口、铁路道口、长青路口进入市中心区。道路全长1980米，其中高架桥长690米，设双层防撞栏杆，立交引道采用预制钢筋混凝土挡土墙。高架桥下红旗路口和长青路口均设环岛成环形平面交叉。长安路规划断面为三幅路，机动车道宽18米，两侧为分隔带6米，非机动车道9米，人行道6米，全宽60米。高架桥车行道宽11米，包括栏杆全宽13.5米。高架桥下为四幅路，中间分隔带宽5米设立高架桥墩，两侧依次为机动车道6米，分隔带1.5米，非机动车道6米，绿化带7.5米，人行道4米。在与铁路立交处，高架桥上跨铁路，辅路机动车道非机动车道及人行道地道自铁路下穿过，地道为9.75米＋15米＋9.75米3跨，长35.5米。进入环岛前道路断面布置为高架桥宽13.5米，两侧各宽13.5米机非混行车道及4.5米宽人行道。路面结构为中粒式沥青混凝土5厘米，贯入式沥青碎石10厘米，石灰土30厘米，级配砂砾20厘米，共厚70厘米。立交桥下为水泥混凝土路面。

（十九）首都机场高速公路工程

1989年，市政府决定改建机场路为具有国际水平的高速公路。1991年底开始设计，1992年完成。于1993年9月14日建成通车。

该路起自东三环路三元立交，利用旧路线位至北皋村后，于旧路以北辟新线，沿现况绿化带北侧向东经后苇村南，跨越温榆河于天竺村东与现况进场路相接，终于首机广场前环岛．道路全长18.7公里。共建道路立交8座，跨河大中型桥9座，人行及车行通道8座。旧路作为辅路供一般交通及地方交通使用。高速路占用旧路路段新建辅路7.7公里。由于修建立交，现况京顺公路也作部分改建。道路全线设照明设施，并配合道路修建给水、雨污水、电力、电信等管道。工程总投资约10亿元。其中道路工程21472万元，桥梁工程36606万元。

工程为汽车专用高速公路，设计行车速度120公里/时，路线共设折点10个，平曲线最小半径1000米，最大半径11000米。道路纵坡度0.3%～3%，变坡点最小距离350米。桥梁设计荷载主干路为汽－超20，挂－120级，次干路为汽－20，挂－120级。设计洪水频率为1/100。

横断面布置为双向6车道。中间分隔带宽3米，两侧依次为路缘带0.75米，车行道11.25米，硬路肩3米（内0.5米为路缘带，2.5米为停车带），土路肩0.75米，路幅全宽34.5米。路拱标准横坡度2%，土路肩横坡度2%，路基边坡值最小为1:2。道路立交处车行道增设变速车道或集散车道，宽4.25米。

路面结构面层为双层式沥青混凝土10厘米（中粒式4厘米，粗粒式6厘米），底层为沥青碎石8厘米，基层为水泥稳定砂砾16厘米，结构共厚67厘米。硬路肩结构为中粒式沥青混凝土面层4厘米，沥青碎石底层6厘米，石灰粉煤灰砂砾混合料基层26厘米，石灰土底基层16厘米，共厚52厘米。

道路中间分隔带及路堤两侧设防撞栏杆，道路用地外缘设隔离防护网。全线设置完备的通讯、监控、养护管理及安全设施。

道路立交型式根据相交道路等级、性质及交通量，结合地形，考虑交通运行组织，分别采用各种互通式立交及分离式立交。立交净空按高速路上跨及下穿，分别为4.5米及5米。支路及车行通道净宽≥3米，人行通道≥2.5米。匝道计算行车速度≥40公里/小时，最大纵坡4%，单向单车道宽7.25米，单向双车道宽9米。

路面沥青混凝土采用改性沥青，具有良好的热稳定性，为国内首次采用。骨料为玄武岩石料，抗磨抗滑力强。基层用水泥稳定砂砾，在本市为首次采用。

在公路美学设计方面，采取平面纵断对应设计，以透视图检验效果采用分段等宽设计边坡，按路堤高度划分区段，边坡值按以坡值1:2确定的边坡宽度调整变化，以增加视觉美感；中央分隔带植绿篱美化并兼防眩；路两侧广植杨树成为杨林大道；水簸箕和坡脚排水沟均为预制件铺砌，以增加路容整齐美观。

道路立交因地制宜采用各种型式。四元立交为四层苜蓿叶型互通式立交，并增设3条定向匝道，是北京市当时规模最大的道路立交。

主路收费站单向设7个收费口，为迎送贵宾的特殊需要，站中央设9米宽的绿色通道。

（二十）北京市阜石路（西三环至北辛安立交）道路工程

阜石路为自阜成门通往郊区石景山的规划放射道路，其中阜成门至五棵松路间的阜成门外大街及阜成路已建。1992年结合修建石景山热力管道，市政府决定将阜成路向西延伸，辟建五棵松路至石景山区北辛安道路，与1991年建成的北辛安至门头沟区大峪的广宁路连通，使放射路直达门头沟区。同时为配合兴建恩济里小区，将原有西三环至五棵松路道路予以扩建。工程全长自西三环路至北辛安立交为12.5公里，分两段设计施工，分别于1992年及1993年完成施工图设计，1994年全部竣工。

工程总投资8203.8万元。其中：西三环至五棵松段道路工程费1797万元（不计拆迁费），经济指标140.4元/平方米，交通工程费135万元；五棵松至北辛安段道路工程费4223万元，经济指标163元/平方米，交通工程费47.8万元；桥梁工程费2001万元。

西三环至五棵松路段长3公里，规划红线宽80米，设计按规划断面扩建完成。道路横断面为四幅路型式，中间分隔带宽2米，两侧依次为机动车道宽16米，分隔带宽4米，非机动车道宽7米，路侧带设条形树池宽2米，铺装人行道宽3米。中间分隔带铺装混凝土大方砖，设门式隔离栅以防止横穿道路。全路段设人行地下通道3座。机动车道路面结构为粗级配中粒式沥青混凝土5厘米，厂拌沥青碎石6厘米，石灰粉煤灰砂砾混合料30厘米，12%石灰土15厘米，共厚56厘米。非机动车道路面结构为中粒式沥青混凝土5厘米，石灰粉煤灰砂砾混合料20厘米，石灰土15厘米，共厚40厘米。旧路面部分加铺面层中粒式沥青混凝土一般厚15厘米，加铺厚度超过5厘米部分用沥青碎石调整高度。全路段设置交通标志牌路面标线等交通设施。

五棵松至北辛安立交路段长9.5公里，规划道路红线宽度五棵松至龚村公路环段为80米，公路环至北辛安为60米。设计利用敷设热力管道征地宽度30米，加征地6米，共宽36米作为道路用地，基本位于规划道路的北半幅。五棵松至京门路路段长9.05公里，设计为三幅路型式，机动车道宽16.6米，两侧分隔带各宽1.5米，非机动车道5米，路侧带南侧为2.37米，北侧为3.37米，其中铺装人行道宽2米。横断全宽为35.34米。京门路至北辛安立交路段长0.45公里，设计为单幅路型式，车行道宽23米，两侧人行道各2米，全宽27米。全路段共设港湾式汽车停靠站9处，每处长60米宽2米。路面结构机动车道为粗级配中粒式沥青混凝土5厘米、厂拌沥青碎石10厘米、石灰粉煤灰砂砾混合料25厘米、12%石灰土15厘米，共厚55厘米。非机动车道为中粒式沥青混凝土5厘米、石灰粉煤灰砂砾混合料15厘米、石灰土15厘米，共厚35厘米。全路段设交通标志牌路面标线等交通设施。

道路与四条铁路、永定河引水渠及京密引水渠相交。设计考虑两条铁路专用线及101折返线车次较少，采用平交设专人看管道口。与京门铁路相交处为减少拆迁及工程量，近期暂按平交处理。道路跨永定河引水渠处建3跨钢筋混凝土梁桥，全长45米。京密引水渠处旧路与滨河路相交原为半苜蓿叶型立交，本次改建新桥，其跨河部分为3跨，每跨19.6米，两端边跨为各27米，供两侧滨河路下穿通过，并满足滨河路规划宽度。桥西端与现况滨河路仍修建为半苜蓿叶型立交。

路线经公路环附近需通过历年挖掘砂石遗留的大砂坑，长230余米，宽80余米，深23米左右。道路路基全部回填土方。为保证路基稳定，采用一次回填预压加载，然后分层剥离，用震动压路机分层压实，中间夹50厘米厚石灰土处理。砂坑回填后，当年铺修路面。

(二十一）深圳市滨河路福田中心区段道路工程

福田中心区为深圳市规划的市中心，城市道路网规划布置有9条快速路，组成独立的快速道路系统。位于福田中心区的滨河路路段为南环快速路的主要组成部分，是通过福田中心区的主干路，具有城市快速路和城市主干路双重性。机动车、非机动车及人行设计为互不干扰的独立运行系统。

福田中心区段滨河路西起新洲路东至滨河路立交，全长2.8公里。相交道路有新洲路、益田路、金田路、彩田路4条主干路，交叉口均设立交，共4座。全路建地下人行通道17座，人行天桥4座，同时敷设给水、中水、雨水、污水、电力、电信、照明等管道，是一项大型综合工程。总投资4.8亿元，其中道路工程1.82亿元，桥梁工程1.45亿元。单位造价为道路450元/平方米，桥梁4500元/平方米。1993年11月完成全部设计。

道路远景交通量及流向的预测分析，采用系统动力学方法，根据历年工业总产值、人口量等社会经济指标，预测2014年滨河路及相交各主干路的高峰小时双向交通量。滨河路自皇岗路至金田路为9741辆/时，金田路至新洲路为7000辆/时，新田路为2611辆/时，金田路为3782辆/时，益田路为2660辆/时，新洲路为6091辆/时。据此预测成果进行道路及立交设计。

计算行车速度：滨河路快速系统80公里/时，4条相交主干路60公里/时。快速路平曲线半径2000米。道路最大纵坡度机动车道为5%，非机动车道为2.5%。道路立交匝道计算行车速度30公里/时～40公里/时，桥下净高机动车道5.5米，非机动车道2.5米，荷载标准机动车道桥为汽超-20，挂-120级，非机动车道桥为汽-15，挂-80级。

道路横断面按规划红线宽105米，中间部分为全封闭快速路，两侧为上下行主干路对称布置。快速专用车道上下行四车道，中间分隔带宽1.5米，路面宽2×8.75米，与主干路车道间设1米宽分隔带隔离。主干路分设于快速路两侧，每侧4车道，路面宽16米。其中3条车道为主干运行车道，最外侧车道作为连续停车带或集散车道，并兼作辅路使用。机动车道外侧依次为分隔带宽4.25米，非机动车道5米，人行道5米。在立交范围内主干路单向直行车道仍为3条，共宽12.25米，集散车道增为2条车道，宽8米，与直行车道间以0.5米宽分隔带隔离。

路面结构面层为350#水泥混凝土板，纵缝设拉杆，胀缩缝设传力杆。面层厚度机动车道为28厘米，非机动车道为18厘米。基层为适应土基较软、地下水位较高的情况，均为水泥稳定石粉碴双层组合，水泥剂量上层6%，下层4%，各厚20厘米。结构总厚度机动车道为68厘米，非机动车道为58厘米。软土路基根据情况分别采用强夯处理或深层水泥搅拌处理，效果良好。

机动车道路面的设计标准为标准轴载100千牛，交通等级为特重级，设计初期一条车道的日标准轴载的轴数为1800，设计年限40年，交通增长率12%，一次最大行车荷载的轴载为120千牛。土基 E_o=30兆帕。非机动车道路面设计标准按汽-15级考虑。

道路立交的选型及布局系根据交通运行流向全面分析而决定。为使快速路纵断线形平顺无过大起伏，并取得良好的景观效果，4座立交均为相交道路上跨滨河路。新洲立交为联系北环快速路、深南大道的重要交通枢纽，具有交通汇流分流作用，采用长条苜蓿叶型式。益田立交为三层喇叭型立交，为解决自北面和西面左转进入福田中心的交通，设左行定向匝道，其余左行交通利用区间路绕行。金田立交为三层定向式立交，在跨线桥西侧设左行定向匝道，以利自北向东左行交通。彩田立交为喇叭型，为便于联系南侧保税区的交通运行，在西北向位设左行匝道。各立交范围内全部安设监控系统及电脑指示系统，利于交通管理。

人行天桥均设顶盖，并考虑可与道路两侧的楼房建筑相联结，为行人过街提供良好方便的条件。

(二十二) 北京市西南四环路道路工程

1992年北京丰台区政府为发展繁荣丰台大桥以南地区，决定修建西南四环路道路。道路起自丰台镇正阳大街立交，向南经看丹路、康辛路，东折至丰葆路立交为止，全长2.6公里，建立交3座。1992年12月完成初步设计，1993年6月完成施工图设计，1994

年10月竣工。全路修建道路面积12万平方米，桥梁面积2.6万平方米，工程造价1.2亿元。

四环路为北京市总体规划的快速环路，设计行车速度为80公里/小时，规划红线宽80米，设计断面按规划一次建成。断面布置为四幅路型式，中间分隔带宽2米，两侧机动车道各为四车道另加连续停车带宽19.75米，两侧分隔带宽1.5米，非机动车道各宽9米，路侧带铺装人行道宽5米，中设1.5米×1.5米方形树池。

立交工程：考虑该路位于丰台镇中心，两侧为住宅、商店及新建高科技开发区，过路行人较多，且看丹路及康辛路两路口相距仅492米，故设计将此2路口合建为一高架桥立体交叉形式，桥长661．73米，高架桥面道路设中间分隔带宽2米，两侧机动车道各四车道宽15.75米。高架桥下两侧各设辅路宽12米，供机动车与非机动车混行，单向行驶。辅路与看丹路及康辛路相交为平交路口，设交通信号灯管理。正阳大街立交受地形及建筑物限制，设计为半苜蓿叶型机非混行立交。丰葆路立交设计为菱形立交。

道路路面结构：机动车道为沥青石屑2厘米粗级配中粒式沥青混凝土5厘米，厂拌沥青碎石8厘米，石灰粉煤灰砂砾混合料35厘米，12%石灰土15厘米。考虑机动车道在工程施工期需供材料及机械运输使用，有损路面，故面层加铺玄武岩沥青石屑2厘米，规定于竣工前铺筑，结构共厚为65厘米。辅路结构为中粒式沥青混凝土6厘米，沥青碎石6厘米，石灰粉煤灰砂砾混合料30厘米，石灰土15厘米，共厚57厘米。非机动车道结构为中粒式沥青混凝土6厘米，石灰粉煤灰砂砾混合料25厘米，石灰土15厘米，共厚46厘米。

附属工程：交通工程设计设置交通标志牌及路面交通标线等设施。路段中建人行过街地道1座。配合道路建设修建雨水管道，排除路面水进入马草河。全线道路照明设置高杆灯及中杆灯。

（二十三）北京西客站北广场工程

北京西客站位于前三门大街向西延伸的莲花池路南侧，莲花池湖畔。新建客站设南、北广场。1992年5月完成北广场方案设计，1993年5月完成施工图设计。1992年11月开工，1995年11月21日通车使用。

西客站北广场濒临莲花池东、西路，位于新建的莲花池立交和北蜂窝立交间，长1607米。交通运行组织设计原则要求过境车辆与进出站车辆分离，人行、非机动车与机动车分离，进站旅客与出站旅客分离。广场交通运行布置为4层，地面广场为进出站汽车，地下一层为行人和非机动车，地下二层为过境机动车，地下三层为地下铁道。

地面广场布置客站主楼前为主广场，东配楼前为公交停车场，西配楼前为团体客车停车场。北侧设东西向椭圆形大型长环岛，长轴620米，短轴30.5米，组织场内汽车运行。另为东西配楼的行包房车辆运行，两侧各设小环岛，站前形成双岛环形交通。环岛北设半圆形下沉广场，半径为77米，供绿化美化协调环境使用。

莲花池立交与北蜂窝立交为西客站的进出口，通过两座立交分流过境车辆和进站车辆，分流行人、自行车和汽车；组织出站汽车与过境汽车分流；自行车并入立交辅路。莲花池路北侧的羊坊店路正对西客站中轴线，自路口向南延长建桥跨越下沉广场，与环岛道路连通，使经羊坊店路进出站的汽车可直接通行进出广场。

广场长环岛的地下建非机动车和行人隧道及自行车停放场，分南北两条隧道。南隧道与客站的进站口、出站口、自由通道口、无障碍通道口、地铁通道口、公交停车场的进出口均相连，并与客站东西配楼的地下非机动车库相连通；隧道内主要车流自西向东。北隧道与地面下沉广场及羊坊店路、羊坊店支路、羊坊店西路均可沟通；隧道内主要车流自东向西。

非机动车隧道底下为双孔机动车隧道，供过境机动车辆上下行分别行驶。

西客站的交通通过立交调整组织后，东北和西南为进站口，西北和东南为出站口。进出站道路宽 8.5 米，西南部考虑邮电中心的车辆道路增宽为 12.25 米。场内车辆运行均于环岛处汇集及疏散，按环形交通分析，环道设计为 3 车道，宽 12.25 米。长环岛中部为绿化带长 320 米，中心将设巨形雕塑。

主广场长 335 米，宽 56.6 米，面积 18934 平方米，全部用花岗石铺装。主广场为公交汽车落站地，设 7 米宽公交汽车停靠带。广场内设国旗旗杆、电话亭、公安岗亭、报亭，并准备布设小品及盆栽花卉。设有两部扶梯通站房地下一层和非机动车隧道。

公交停车场面积 10240 平方米，设宽 4.5 米站台 5 个，车行道 5 条，各宽 9.5 米，供 8 条公交路线车辆停靠。每个站台设自动扶梯和楼梯通站内出站大厅，使出站旅客直接进入公交站台。停车场地面铺装为水泥混凝土路面。

团体客车停车场面积 8929 平方米，供机关团体大中型客车停放。可容大客车 56 辆，面包车 10 辆。场内设自动扶梯一部，通出站大厅。北站房设有地下车库供停放小客车。

半圆形下沉广场半径 77 米，面积 9313 平方米。为坡面倾斜，北高南低，周边设汉白玉围栏，3 米宽人行道及 7 米宽非机动车道。

非机动车及行人隧道两条，各宽 10 米，设非机动车道宽 7 米，人行道宽 3 米。南隧道长 1062 米，北隧道长 790 米。两隧道中部连通长 410 米，总宽 50.5 米，其中 30. 5 米宽为自行车存车场。连同隧道南侧的 4 个客站内部自行车存车场，共计停车面积 14280 平方米，可同时存放自行车 4200 辆。

隧道结构采用预应力空心板、梁、柱、钢筋混凝土挡墙结构。隧道设管道通风、消防、卫生冲洗、安全监控等系统，以及排水、照明、电话、报警、停车架等设施，并有各种管理用房。

机动车隧道长 410 米，由双孔闭合框架构成。每孔净宽 14.1 米，车行道宽 12.25 米。行车净高大于 4.5 米，计入通风照明设备的总净高为 5.97 米。两孔隧道之间设有安全门 3 个。

隧道中设有电视监控、紧急电话、广播、交通监测、火灾报警、风机房控制、地下泵站控制、电子信息显示、照明、供电等系统。监控系统网络由视频系统、音频通讯系统、工控系统、报警指挥系统等通过多媒体技术，纳入统一的计算机局域通讯网。

隧道采用全射流纵向通风，卫生标准为 CO 允许浓度 150ppm，烟雾允许浓度 K＜0.07M－1，透过率 T＜40％。

在站房北主楼的东、西方体部分各设一座人行天桥，与路北的两座大厦相通。结构为 3 孔钢箱连续梁，各宽 6 米，长 90 米，桥体用聚碳酸脂板封闭。

道路工程设计主要项目概况见表 2－6。

表2－6　道路工程设计主要项目一览表

序号	设计项目名称	设计年代	工程与设计摘要	概算额（万元）	主要设计负责人
1	天安门广场工程	1950～1976	1950～1955年两次铺装，原广场为水泥混凝土方砖地面，后翻建石板甬路。1957年设计修建人民英雄纪念碑广场。1958年为迎接国庆十周年扩建广场，按规划完成广场规模。1976年建毛主席纪念堂改建纪念碑广场南部为纪念堂广场，形成现在广场布置。天安门广场面积44.5公顷，日常群众活动场地20.66公顷		颜本菘　赵天伟 范励修　孙惠卿
2	北京市东西轴线道路工程	1950～1966	为北京市东西向主干道。自天安门向西经复兴门至首钢厂东门，向东经建国门至通县北苑，全长40.4公里。自1950年分段改扩建或新辟至1966年全线贯通。路面宽度大部分路段超过30米，最宽为80米		颜本菘　范励修 杨树祺　岑恩廉 赵天伟　宋富顺 彭世明
3	北京市三环路道路工程	1952～1960 1979～1981 1980～1986 1988～1994	全长49公里，分期分段建设逐步提高标准。1952～1960年辟建东部大半环。1979～1981年全线贯通，为北京第一条环路。1980～1986年改建并修建立交。1988年开始逐段改建为快速路。南三环及东三环为四幅路型式，过境机动车为6车道，宽2×12.5米，西三环及北三环为6车道，另加变速车道，宽2×15.5米，全线设辅路宽12～15米，交叉口均建立交		强十洲　杨春华 范励修　房道生 颜本菘　宋富顺 赵坤耀　尹明华 孙文虎　姚振淮 焦光群
4	北京市三里河道路工程	1956～1957	道路自复兴门外木樨地向北至西直门外大街，长3.3公里，为规划次干路，远景断面全宽80米。近期断面中间机动车道宽14米，两侧非机动车道各宽6米，分隔带宽2.5～5.5米		张继慈　徐惠敏
5	北京市门潭公路工程	1955	北京市第一条山区公路，自门头沟何各庄至潭柘寺长21.8公里，同时建戒台寺、苛罗陀、石门村3条支路，共长23.1公里。按1953年公路准则平原区为四级标准，山区为三级标准，路面宽6米，路基宽9.12米。马鞍山处山势陡峭用了4个回头曲线以达到标准，涵洞排水按地势设计为多落差，进出口设跌落井急流槽等措施		陈孔步等
6	北京市朝阜路（阜成门至猪市大道西口）道路工程	1955～1956	朝阜路为城区东西向主干路，为建第一条无轨电车路线改建阜成门至猪市西口道路。总长5.93公里。路面分段宽度分别为：12～20米，最大局部达29米。路面结构为双层式沥青混凝土面层，大块石及砂石基层	17.76元/平方米	颜本菘　朱长仁 伏政明
7	北京市北海桥及两端道路工程	1955～1956	为朝阜路改建的重点路段。旧桥为园林九孔石拱桥，两端纵坡大桥面狭窄，市政府要求保存原有风景面貌并满足道路交通使用，采用旧桥展宽并调整纵坡的方案。1956年完成设计，道路全长833米，广场停车场3420平方米，旧桥加宽4倍，桥面车行道26米，桥东道路宽29米，路面结构为双层式沥青混凝土面层，大块石砂石基层。桥两侧的浅埋式综合管道国内首次采用		颜本菘
8	北京市东北放射路（东直路）道路工程	1956	为配合兴建酒仙桥工业区而修建，自东直门至酒仙桥长7.2公里。路基宽15米，路面9米，沥青路面结构厚45厘米。1956年春因严重翻浆改建为水泥混凝土路面，并设疏干路基措施加厚基层总厚55厘米。保留200米长度为试验路段，建沥青路面总厚80厘米，设纵横盲沟防止翻浆		傅宗正　杨春华
9	北京市朝阳路（东大桥至十里堡）道路工程	1956	原路为单幅路，交通拥塞，在旧路侧辟新路成为双幅路，建沥青混凝土路面宽9米，全长4.95公里		高凤翔
10	北京市虎坊桥道路工程	1957	宣武区南新华街南口向南延伸至北纬路西口，全长0.7公里，按远景规划一次实现，单幅路面宽28米，其中机动车道为四条，铺装人行道至建筑物边缘		范励修

续表

序号	设计项目名称	设计年代	工程与设计摘要	概算额(万元)	主要设计负责人
11	北京市东直门内大街道路工程	1957	长1.44公里，结合有轨电车更换新轨改建并展宽道路，沥青混凝土路面宽18米		徐 森
12	北京市老山摩托车训练场跑道工程	1957	供比赛训练的沥青路面跑道，呈环形。环长4公里。线形包括直线、大小半径平曲线、反向曲线、不同纵坡度（最大8%），错综连接，以训练各种路况下的驾驶技术		颜本萩
13	北京市东四十条至东三环道路工程	1958	配合兴建工人体育场，辟建自东四十条东口至东二环道路，全长3公里，沥青混凝土路面宽21米		朱长仁
14	北京市斋堂公路工程	1957～1958	自门头沟芦峪口经青白口、斋堂至上清水公路全长33.6公里，为1956年公路准则五级公路，路基宽8米，路面6米，桥梁荷载汽－13，拖－60。设计注意筑路、防洪、造田三结合。军响至上清水段长19公里。路线选在河滩内，以路为堤并于河滩修坝蓄洪存淤，少占耕田400亩，造田2000余亩，公路起护田保村作用		陈孔步 卢长瑞 王玉良
15	北京火车站广场及站前街道路工程	1958	配合新建北京火车站修建广场及道路。广场行车部分22000平方米，混凝土路面人流活动区28000平方米。站前街至建国门内大街长350米，路面宽30米		潘家骅
16	北京市迎宾馆内部道路工程	1958	迎宾馆内部道路按建筑总图布置，交通主路及十七座楼房均有道路连通，馆地中心设花坛环路，总长3公里余，路面宽5～9米，服务楼前设有广场、均为沥青混凝土路面。迎宾馆为园林式布置，道路多弯曲		颜本萩
17	北京市昌平路翻建道路工程	1957、1959	自土城至昌平长约30公里，原沥青路面因1956年大翻浆破坏，改建为水泥混凝土路面。1957年设计土城至西三旗段路面宽7米，路基宽16米，面层厚25厘米。1959年设计西三旗至昌平段，路面宽12米及14米。面层厚22厘米。面层下为砂垫层5厘米～8厘米，砂石或石灰土30厘米～40厘米，结构下均设盲沟导路基水人边沟。土城至苇子沟段设炉渣隔温层为试验路段		杨春华 杨树祺
18	北京至密云公路工程	1959、1977	朝阳区北皋经顺义、怀柔、密云，止于密云水库九松山副坝，全长73公里。1959年设计为一级公路，路基宽25米，路面宽23米，沥青路面。1969年完成路基75%，因经济困难而停工。1977年继续修建。设计行车速度80公里/小时，是北京市第一条一级公路		徐惠敏 王春富 刘 憬 卢长瑞 宋富顺 朱长仁 杨树祺 尹明华 宋 玉 傅连台
19	北京市立水桥至小汤山道路工程	1960	自立水桥向北至大柳树接小汤山至顺义道路，为郊区干路，长15.3公里。立水桥至太平庄辟新路，太平庄至东三旗为旧路拓宽，东三旗至大柳树以南辟新线接旧路，路基宽10～12米，沥青碎石路面宽7米		颜本萩 张继慈
20	北京市香山公园内部道路	1963	通往公园内各处山庄，供小轿车行驶及行人游览。路线依山体自然坡度及原游览路选定，共长3公里，路面宽5米，路线转弯满足小轿车回转。大部分为陡坡路段，最大纵坡11%。坡度较缓路段为沥青路面。陡坡路段采用预制混凝土大方砖砌成蹉蹉路面或现浇混凝土路面压横槽以利行车		赵继仁
21	北京市西大望路道路工程	1963	为规划次干路。自朝阳路至广渠路长2.4公里。旧路为单幅路较窄，改建为三幅路宽5～9～5米，沥青路面		朱长仁

续表

序号	设计项目名称	设计年代	工程与设计摘要	概算额（万元）	主要设计负责人
22	北京市三雁公路工程	1964	自门头沟三家店经下苇甸、黄土台、安家庄至雁翅，全长33.85公里。按1956年准则五级公路设计，路基宽7.5～8米，路面宽6米，最小平曲线半径30米，最大纵坡8.5%。建中小桥13座。担礼及长安岭两座隧道，净宽8米，车行道7米。长安岭隧道长526.55米，路面为山碴石路面，后加铺沥青表面处治		张均任　佟克正 刘　杰　刘　憬 王镜泉
23	北京市京密引水渠配套道路工程	1965	配合京密引水第二期工程（自昌平西崔村至昆明湖）修建滨河道路，共长约8公里。该路与昌平路在白浮处建道路立交，增加跨河桥边孔供滨河路下降穿过匝道联络连接成半苜蓿叶式立交。为本市第一座道路立交		颜本菘
24	北京市昌怀路道路工程	1966～1967	自昌平立交至西台上，以后辟新路至怀柔庙城与京密公路相接，全长约38公里。路基宽12米，路面宽7米，为级配砾石路面，后加铺沥青面层		颜本菘　杨春华 房道生
25	北京市新街口北大街道路工程	1966	设计自新街口向北拆房展宽至豁口长1公里。路面宽18米为沥青混凝土路面		尹明华
26	北京市琉四公路工程	1968～1970	山区公路。自怀柔县琉璃庙怀丰公路，经得天沟、崎峰茶、鱼水洞、三义、梁根，入延庆县经郭家弯至四海，全长41.4公里。标准为1956年准则六级公路。路基宽7～7.5米，土石方2万立方米/公里，建大中桥7座		付宗正　赵继仁 刘杰　赵天伟等
27	北京市柏平公路工程	1969～1971	山区越岭公路。自密云二平台密青公路，经南对峪、烟筒沟、大龙门、小龙门、鸡爪沟至怀柔县琉璃庙乡柏查子接怀丰公路，全长22公里。标准为1956年准则六级公路，最大纵坡8%，土石方量一般为5万立方米/公里，艰巨段达10万立方米/公里。建大中桥5座，隧道5座。其中白河桥为3孔40米，南对峪及烟筒沟隧道均长300米。本路设计难度大，山势陡峭，选线测量多处成为“飞线”。大龙门沟为桥隧相连，桥长40米，隧道长75米。不能爆破处设哑叭拱或栈桥通过		范励修　赵继仁 刘杰　王肇基等
28	北京市前三门大街道路工程	1969～1970，1978	结合建地铁新建城区东西向主干路，自崇文门至长椿街长5公里。单幅路宽22.5米，利用地铁混凝土加强层做路面。1970年建非机动车道成三幅路。1978年改建正阳门至宣武门长1.8公里，机动车道展为25.1米，路面加铺黑色碎石面层，延伸非机动车道并加宽至9米		宋富顺　王秀兰
29	北京市京周公路工程	1969	自西便门天宁寺向西经莲花池、芦沟桥、良乡至周口店长50公里，标准为1956年准则二级公路。芦沟桥以东路基宽12米，路面9米。芦沟桥以西路基宽16米，路面宽12米。建大中桥40余座。跨永定河为17孔30米的双曲拱桥，长546米。公路穿过三条铁路，采用顶进箱涵		徐惠敏
30	北京市八道河公路工程	1969	山区公路。自怀柔县范各庄至八道河长21.3公里，标准为1956年准则六级公路		蔡德龙　颜本菘 尹明华
31	北京市工人体育场塑胶跑道及草皮足球场工程	1972，1979，1991	原煤渣跑道改建为塑胶跑道，并翻建草皮足球场解决积水问题。跑道共约12000平方米，足球场6500平方米。塑胶面层为国内试制，要求厚度分别为1.3厘米，1.8厘米，2.8厘米，基础为沥青混凝土，下设碎石、砂石、石灰焦渣土，共厚47厘米。足球场周边设进水口，地下设纵横盲沟及反滤层，填细亚砂土。1979年翻建面层，改用国际通用塑胶材料，基础加铺密级配沥青混凝土5厘米～8厘米。1991年再次翻修面层		宋富顺

续表

序号	设计项目名称	设计年代	工程与设计摘要	概算额(万元)	主要设计负责人
32	北京市秦九公路工程	1973	山区公路。自昌平县秦城至九渡河，道路标准为1956年公路准则六级公路。南段自秦城至上庄长11.5公里。北段上庄至九渡河长约12公里		张嘉明　颜本菘
33	北京市怀丰公路工程	1974	怀柔县至河北省丰宁县的国家公路干线。设计为北京段，自河防口至喇叭沟门北大梁市界，全长103公里。标准为1972年公路准则三级公路，路基加宽为9米，路面宽6米。地势全为山区，越岭四次，建大桥8座，中桥20余座，小桥涵640座，过水路面21座，隧道2座，挡墙17.63万立方米，土石方410万立方米。	3200	徐惠敏　刘　憬 王玉良　徐　森
34	北京市二环路道路工程	1974～1978 1987～1991	环路全长33公里，结合北京地铁建设建北半环道路，为三幅式路，机动车道宽22.7米，地铁混凝土加强层上建路面，非机动车道宽6～8米。1987年建南半环，标准改为快速路。主路为六车道，宽2×12.25米，在主路一侧或两侧设辅路，宽12米。同时改建北半环为快速路，平交路口设跨线高架桥分离式立交，桥两侧非机动车道加宽改为辅路。全环路共建立交30座，人行天桥地道齐全，是国内第一条城市快速道路		李炯为　彭世明 李德顺　赵坤跃 邢玉海　马　刚 潘家骅　石蕴中 王玉良　张　仁 刘堪秀　董全喜 康　平　康　颖 张双喜　周宝珍
35	北京市东单至蒲黄榆道路工程	1975	自东单路口向南经崇文门、磁器口、虹桥、天坛东侧路至南护城河，全长3.6公里。路面展宽为单幅路19～24米，沥青混凝土路面，步道宽3～5米		宋　玉
36	北京市京顺公路工程	1975	位于东直门外原机场路北侧，利用原东直副线改建。起自东三环路经西八间房、大山子、北皋、孙河镇跨温榆河至马连店接京密公路。标准为一级公路，全长约15公里。为双幅路各宽12米，中间分隔带宽1米，路基宽27.5及28米。为沥青混凝土路面		王秀兰
37	北京市新街口外大街道路工程	1976	设计自新街口豁口到炸货屋子，改建旧路延长至北三环，长2.2公里，为三幅路，路面宽6－16－6米，沥青混凝土路面	170 (19.76元/平方米)	王嘉惠
38	首都机场进场道路工程	1976	自机场新候机楼停车场至天竺与机场路相接，长2.32公里。系机场快速路之末端，设计行车速度80公里/时。横断为四车道双幅路各宽7.5米，保留发展为六车道。东侧设辅路宽10.5米，供公共汽车及场内车辆使用，两侧人行道各3米。道路与飞机滑行道相交建立交。路面为沥青混凝土路面，立交桥下引道长590米，为混凝土路面。立交桥跨度按六车道设计，桥下地下水采用盲沟排除	(39.76元/平方米)	孙彦杰　王秀兰
39	北京市骡马市大街道路工程	1979	城区干路，旧路翻修展宽。自菜市口至虎坊桥长0.9公里，沥青路面宽17～26米	59 (24.9元/平方米)	尹明华
40	北京市安定门外大街道路工程	1980	为城区通往北郊干路，规划放射线，长0.9公里，展宽为宽18米沥青路面	54 (36.37元/平方米)	晏志英
41	北京市万泉河路道路工程	1981	新辟郊区干路，自三环路西北角至西苑接颐和园路，长4.18公里。结合治理万泉河，在原河道位置修道路，路基宽29米，路面23米。路东侧新挖河道，直墙护岸，河宽10米。河东侧建小区区间路，长1.76公里，路面宽5米。原河道清淤回填砂石，铺沥青混凝土路面，结构总厚60厘米。区间路为沥青混凝土路面，总厚32厘米	814 (72.55元/平方米)	张式骞

续表

序号	设计项目名称	设计年代	工程与设计摘要	概算额（万元）	主要设计负责人
42	北京市八达岭游览公路工程	1982～1984	自昌平县温南路交叉口至延庆县三堡梁以北旧路，设计标准为1972年公路准则二级路，新辟主路长15.25公里，路基宽9.5米，路面7.5米。保留关沟内旧路作为辅路，计四处共长3.76公里。道路设硬路肩，挡土墙等防护设施	1734	卢长瑞 王玉良 张式骞 邢玉海 刘德昭
43	北京市京开公路工程	1983	设计自南三环草桥至黄村长12.8公里，内新辟9.8公里，旧路改建3公里。标准为一级公路，为本市进出口干路，并在两侧增设辅路成为三幅路。主路宽17.6米，辅路各宽6米，分隔带各3米，路基全宽38.8米，沥青混凝土路面。建跨河桥2座，道路立交4座，铁路立交1座，平面环交1座，车行通道3座，小桥涵98座。设公交港湾停靠站7对。采用加筋土挡墙新技术	5560	王玉良 王肇基 张式骞 吴 琼 刘德昭
44	北京市装甲车试验场试验跑道工程	1983	位于北京市丰台区槐树岭，是我国第一座功能齐全的试验场，世界第三位。5条试验跑道，共长6.15公里。路线有直线及环线2种，分一般跑道及特种跑道，路面有混凝土、砂石、石灰土3种	389	张晚融
45	北京市昌平路道路工程	1983	旧路改建，自北三环向北至西三旗环岛，全长10.7公里。四环路以南为城市干路标准，四幅路型式，机动车道宽2×15.75米，非机动车道各7米，人行道4.5米，雨水管排水。四环路以北为一级公路标准，其中清河桥以南为四幅路，机动车道宽2×8.5米，以北为三幅路，机动车道宽17.6米，均设港湾停车站，辅路宽6米及5.5米，四幅路中央分隔带宽3米，两侧分隔带均为3米，沥青混凝土路面结构总厚机动车道50厘米～60厘米，非机动车道30厘米	1930	朱春英
46	青岛港八号码头立交道路工程	1983～1985	建道路立交1座，环岛平交1处，跨铁路立交1座。铺筑道路4.6万平方米，跨线桥1.1万平方米，跨河桥6座0.54万平方米，人行地道5座及交通设施，地下管线、绿化等附属工程	1258	尹明华
47	北京市京石高速公路工程	1985～1993	起自西三环六里桥经良乡至琉璃河市界，长45.88公里，为国内第一条全立交全封闭的高速公路。分四段设计，计算行车速度分别为80公里/小时、100公里/小时、120公里/小时，双向4车道及6车道。中间分隔带宽3米，设隔离防眩设施及宽10米绿化带两种。设连续停车带或每500米设港湾停车处。全线共建道路立交25座，铁路立交7座，通道桥64座，人行天桥1座，跨河桥7座，其中永宁大桥长1120米是北京目前最长的公路桥。配套建雨水管道32公里，排水泵站5座，监控及通讯管道44公里，收费站1座，收费亭78个，大型服务区1处及交通标志、照明、绿化浇水管道等		姚振准 王肇基 顾启英
48	北京市东直门外大街道路工程	1986	为城市主干路。自东直门向东至东兴路，长1.43公里。设计为三幅路型式，路面宽7－23－7米。两侧分隔带各5米，路侧带设条形树池宽2米，人行道3米。沥青混凝土路面	1307 (282.9元/平方米)	张晚融
49	北京市京榆公路工程	1986，1989	京榆公路朝阳区段大黄庄以东原为7米旧路，1986年改建大黄庄至双井东路长5公里，为四幅路，路面宽5.5—2×8.5—6米。1989年设计双桥东路至京承铁路，长3.52公里，为三幅路，路面宽5.5—17.6—6米。均为沥青混凝土路面	西段1430 (100.3元/平方米) 东段1673 (163.3元/平方米)	段铁铮 宋 玉

续表

序号	设计项目名称	设计年代	工程与设计摘要	概算额(万元)	主要设计负责人
50	北京市亚运村道路工程	1986～1990	为第11届亚运会在北郊辟建改建道路5条，共长22.44公里。北四环路长10.6公里，西段为四幅路宽7—2×12.5—7米，全宽64米；东段为三幅路宽5—16—5米，全宽40米。安立路段长5.24公里，为三幅路宽7—24—7米。北辰路段长4.34公里，为三幅路。路面宽南段7—24—7米。北段9—16.6—7米。北辰左路段长0.92公里，成府路段长1.34公里，均为单幅路宽16米。全工程建道路立交3座，铁路立交1座，跨河桥1座，人行人桥及地道共15座	20000	石蕴中 尹明华 孙文虎 周宝珍 晏志英 关 棣
51	佳木斯市长安街立交道路工程	1990	道路全长1980米，其中高架桥道路690米，跨越铁路及两个路口。高架桥车道宽11米，全宽13.5米。桥下两侧为干路交通，断面为四幅路，每侧机动车道6米，分隔带1.5米，非机动车道6米、绿化带7.5米、人行道4米。另断面为高架桥两侧各为机非混行车道13.5米、人行道4.5米。高架桥下两路口均为环形平交，环岛半径为30米及22米。城市主干路自铁路下穿过设地道桥为9.75+15+9.75米三跨长35.5米	3100	潘家骅 段铁铮
52	北京市广宁路道路工程	1991	为门头沟区至城区的主要道路。起自石景山北辛安路口向西折向南经广宁村至门头沟大峪环岛，长56.8公里，设计路面宽22.5米。建道路立交1座、跨河桥1座、铁路立交3座，漫水桥1座	4782	赵继仁
53	北京市公共交通总公司驾校教练场工程	1991	道路全长20余公里，包括大坡度路、8字形路、S形路、三角形路、起伏路、折线路、单边桥、双边桥、跨越障碍、港湾停车、环岛、立交等各种路况及交通设施，满足17种102个训练科目使用。铺沥青路面20.5万平方米，建立交1座，设标志牌信号灯等，并建雨污水管道	1250	聂大华 和坤玲 陈 东 艾 凌
54	北京市首都机场高速公路工程	1991～1992	自北京市三元立交起经北皋、后苇村至天竺接进场路至广场环岛，长18.7公里，为六车道，系全立交全封闭的高速公路。旧路作为辅路，新辟辅路7.7公里。建立交8座，跨河桥9座、车行人行通道8座、收费站3处	道路21472 桥梁36606	王玉良 王君臣 刘桂生 柴小平 洪于洁 林富生 赵艳红 臧金萍
55	北京市阜石路(西三环～北辛安立交段)道路工程	1992，1993	全长12.5公里。西三环至五棵松为扩建现况道路长3公里，为四幅路布置为7—4—16—2—16—4—7米，路侧带铺装人行道5米，建人行地道3座。五棵松至北辛安为新辟道路长9.5公里，为三幅路，断面布置为2.37－5－1.5－16.6－1.5－5－3.37米,建跨河桥2座	8023	董全喜 孙文虎
56	深圳市深南大道(中心区段)道路工程	1992	道路长2.52公里，按规划一次建成。中心为广场，向东西道路各设立交2座，断面为四幅路，机动车道宽2×16米，中间分隔带12米。两侧对称布置绿化带50米，辅路7.5米，分隔带3.5米，非机动车道4.5米，分隔带2米，人行道4米。道路用地总宽197米。广场设椭圆形环岛，东西向400米，南北向120米。路面为双层沥青混凝土，基层为水泥稳定石粉碴，总厚67厘米	23000 (444元/平方米)	石蕴中 尹明华 燕桂兰 段铁铮

续表

序号	设计项目名称	设计年代	工程与设计摘要	概算额(万元)	主要设计负责人
57	北京西客站北广场工程	1992～1993	广场分设主广场18934平方米，公交停车场10240平方米，团体客车停车场8929平方米，半圆形下沉广场9313平方米。设长620米，宽30.5米，长形环岛组织交通。广场地下一层为非机动车道及行人隧道2条，各宽10米，共长1852米中设自行车存车场，地下二层为过境机动车隧道长410米，为双孔宽14.1米，高5.97米。非机动车隧道与客站进出站口及地面广场道路均沟通	市政工程费总计70000万元	和坤玲　徐中豪
58	深圳市滨河路福田中心区段道路工程	1993	长2.8公里，具有快速路与主干路双重性。横断面布置中间为快速路，路面宽2×8.75米，中间分隔带1.5米。快速路与主干路车道间分隔带宽1米，向两侧依次为主干路路面宽16米，分隔带4.25米，非机动车道5米，人行道5米。全路设道路立交4座，人行地下通道17座，人行天桥4座。路面为混凝土路面	18200	石蕴中　宋　玉 燕桂兰　李俊忠 王昌燕
59	北京市西南四环路道路工程	1993	自丰台正阳大街立交向南折向东至丰葆路立交，全长2.6公里。断面为四幅路，中间分隔带2米，两侧机动车四车道加连续停车带共宽19.75米，两侧分隔带1.5米，非机动车道9米，铺装人行道5米。建跨两路口高架桥1座长661.73米，桥两侧辅路各宽12米。建半苜蓿叶形及菱形立交1座。路面均为沥青混凝土面层	13000	晏志英
60	大连经济开发区5#路道路工程	1993	本路起于龙江路向东至重点旅游区金石滩。为贯穿新市区主干道，长10公里。断面为机非分行四幅路，机动车上下行共6车道。中央隔离带宽10米，供绿化防眩隔音，并预留轻轨交通位置。红线两侧绿地宽各17米以防噪音。全线大桥1座，中桥2座	10000	刘堪秀　王秀兰 蔡德龙
61	石家庄市二环路1#立交道路工程	1995	位于二环路与正定大街交叉口采用半定向苜蓿叶型立交。二环路为上下行各三车道各宽12.25米，位于渠道两侧，立交出口设变速车道。正定大街亦为上下行各三车道，路面各宽12.25米，中间分隔带2.25米，居立交上层，二环路居中，底层为非机动车道，匝道利用河道空间布设。共建道路8.08万平方米，桥梁2.17万平方米，挡土墙2702米，改河道715米	11200	姚振淮　彭　程

第二节　桥梁工程

一、工程设计任务

建院40年来，全院共完成桥梁设计1116座，立交桥梁145座。桥梁设计任务来源主要有：北京市郊区公路、水利建设和城市道路等方面和深圳、大连、厦门、海南分院及外省市桥梁工程。

（一）北京市公路（含高速公路）桥梁

1958～1962年，由于兴建密云水库，密云至古北口公路部分地段位于水库淹没区而另辟新路。此段设计大中型桥梁5座，其中清水河桥单跨27.5米，全长160米；辛庄潮河桥单跨33米，全长256米。这两座桥的桥型都采用现浇钢筋混凝土双悬臂加吊梁，其下部结构的基础都是沉井，是北京市首次采用。此外，密云北甸子潮河大桥，利用旧的单线铁路桥的墩台，改成双车道的公路桥，墩台帽及上部结构采用预制钢筋混凝土构件，单跨长20米，全桥17孔，总长340米。

1959年建成的斋堂公路跨清水河的塔岭沟桥，是一座钢筋混凝土肋拱桥，净跨44米。同年建成的十三陵水库七孔桥，桥体采用花岗岩细料石，栏杆采用细琢汉白玉，拱跨10米，共7孔。

1960～1970年，设计的桥梁有两大特点，一是在平原和近山区的跨河大桥大都采用装配式钢筋混凝土和预应力混凝土梁式结构，二是山区公路比较多地采用双曲拱桥。

装配式钢筋混凝土梁桥：最早在马甸桥上采用。由于其施工快、造价低，得到推广。这种桥最长的是1960年修建的顺义到平谷公路跨潮白河的俸伯桥。该桥单跨22.2米，共11孔，全长244.2米，下部结构采用钢筋混凝土高桩承台，其中基桩用的是钢筋混凝土预制桩。这种桩在1955～1965年被广泛地应用，以取代过去的木桩。由于装配式钢筋混凝土梁式桥，裂缝开展不易控制，将影响其使用寿命，而且耗钢量也较大。所以在此以后设计的较大跨度的桥梁，改为预应力钢筋混凝土梁桥。有预制和现浇两种。1963年改建京山公路设计的潮白河白庙大桥，采用的是装配式后张预应力钢筋混凝土梁，跨长22.2米，共12孔全长266.4米。该桥的预制梁，大部分为整体浇筑通长张拉钢束而后吊装，其中取出一孔采用分段浇筑，串联张拉钢束，连成整体而后吊装，作为试验桥，为以后工场预制，方便运输和施工，摸索经验。1965年设计的昌赤公路跨越白河的白河堡大桥，亦采用后张预应力钢筋混凝土T梁，该桥单跨长33米，共5孔，全长165米，设计载重汽—26，拖—80；下部结构为双节沉井重力式墩台。1968年设计的良黄公路永定河葫芦垡大桥采用的则是先张预应力混凝土梁，在桥头现场用高强粗钢筋预制，靠墩头锚锚固而形成梁体。该桥单跨15米，共45孔，全长677米，下部结构采用钻孔灌注桩排架墩台。

双曲拱桥：在60年代后期较盛行，这一时期，院设计的双曲拱桥属于大型桥梁范围的有3座：一是密云水库环湖西路白河入库处的大关桥，单孔净跨72米，共3孔，全长265.88米，是目前为止北京市单孔跨度最大的双曲拱桥；二是大关桥南的云沟桥，单孔净跨53米；三是柏平（柏査子至二平台）公路上对营子双曲拱桥，3孔净跨40米，全长130多米。

1970年改建京周公路设计新芦沟桥采用了单跨30米的双曲拱桥，共17孔，全长537米；与该桥相接的小清河桥采用结构轻巧、便于施工的钢筋混凝土拱桁连梁桥，跨长30米，共7孔，全长210米。

1974～1975年修建、改建怀柔至丰宁公路时，先后建成大中型桥梁28座，其中琉璃庙以北如长哨营等大桥采用装配式钢筋混凝土T梁桥，琉璃庙以南则采用双曲拱桥。为弥补在此以前所设计的双曲拱桥预制构件太小、太零碎，施工工序太多、整体性不易充分保证等缺点，对峪道河双曲拱桥设计进行改进，拱坡、拱肋都采用了大型预制构件。

1979年建成的京密公路，沿线共修建大中型桥梁10多座，其中雁栖河桥为石砌拱桥，单孔净跨10米，共10孔，全长110米，宽25米。其他如怀河桥等为后张预应力混凝土梁桥，下部结构为钻孔灌注桩排架墩台。

1986～1993年，北京市先后修建两条高速公路，一是从北京的六里桥至河北交界的京石高速公路，全长约46公里，共建成道路立交25座、跨河桥7座、通道桥64座、铁路箱涵7座、人行天桥1座。其中跨永定河及大宁水库的永宁大桥，为预应力混凝土连续箱梁桥，单跨35米，全长1120米，这是北京市目前最长的桥梁。该桥的下部结构，采用的是Y形墩、高桩承台。设计载重除按汽—超20，挂—120计算外，还按通过平板拖车500吨进行验算。二是1992～1993年，从北京的三环路三元立交至首都机场高速公路，全长18.7公里，修建了8座大中型立交，7座通道桥及3座跨河桥。

此外，在新建或改建公路的同时，还设计、建成密云至平谷公路的潮白河桥、白河上的马圈桥、千家店桥、潮白河上的牛栏山桥，温榆河上的沙河南大桥、通县拦河闸、分洪闸、东关、沙鼓堆等桥；永定河上的珠窝、安家庄、清水涧等桥；还有怀柔九渡河桥、黄花城桥等重要桥梁。

（二）配合北京市水利工程修建的桥梁

50年代至60年代，北京市修建两项规模巨大的引水工程——永定河引水渠和京密引水渠。这两条引水渠与道路相交处兴建桥梁70多座。

1956年开始沿永定河引水渠先后共建桥梁27座。其中三家店桥和高井桥采用50年代流行的现浇钢筋混凝土悬臂梁桥。1971年，在模式口处修建了一座预应力混凝土连续桁梁桥。

1960年和1965年京密引水先后两期兴建，沿渠共修建46座桥梁，其标准分为4个等级：一种是可通行汽—13、汽—18荷载标准的桥梁；一种是可通行汽—8、汽—10荷载标准的桥梁；一种是行驶农用拖拉机的农用桥和行人桥；还有一种是引水渠经过公园的桥梁。前两种属于重载桥，采用装配式钢筋混凝土梁式桥；第三种是轻载桥，多采用装配式钢筋混凝土梁和桥面板分开预制的组合式桥；第四种经过公园的桥梁在造型上与风景区相协调，如颐和园17孔桥下游的绣绮闸人行桥和八一湖人行桥。由颐和园至玉渊潭间，所有桥梁都预留六级通航标准的净空，为将来通行游艇创造条件。

1961～1964年北京市对东南郊通县和大兴县的易涝盐碱地区进行了第一期整治工程，疏浚凉水河、凤河、天堂河及龙河。此外还开挖了通惠排干及运潮、凤港、龙凤减河。在第一期工程中，共设计修建大中小桥梁50多座，这些桥梁大部分采用钢筋混凝土板式或梁式桥，其中运潮减河上的招里桥、凤港减河上的京津公路桥，分别为150米和125米。1970～1974年进行第二期整治工程，配合设计修建一些中小型桥梁。

（三）改建和兴建北京市城市交通干道与环线所修建的城市桥梁及地下通道

1956年改建北海大桥（原名金鳌玉蝀桥），设计采用旧桥向南原样展宽的方案，原有9孔桥洞中保留中孔通水，其余做成假拱，两端边孔埋设涵管，以消除水流死角，保持水面清洁。桥身用青汉白玉镶面，栏杆仍用旧料。改建后的桥面宽34米，纵坡减小到2%。

1974～1984年，为配合地铁第一二期工程，修建二环路，先后设计修建复兴门、阜成门、西直门、德胜门、安定门、东直门、十条豁口、朝阳门、建国门，连同西直门北共10座立交桥。其中复兴门立交桥采用预制与现浇相结合的变截面预应力混凝土连续梁；西直门立交为快慢车分行直行加环行立交，除规则部分采用肋板式结构外，还采用大量不规则非直接支承于梁肋上的梁板式结构，组成高架转盘桥；建国门立交为快慢车分行的三层立交，主桥上部结构采用预应力简支箱梁。上述立交桥的下部结构大都采用薄壁墩结构。

1983～1985年，设计修建北三环路三元、安贞、马甸和蓟门立交桥，其中三元立交桥采用斜腿刚构。1988年设计修建安华立交桥。

1986 年设计东轴线大北窑立交桥，首次采用正交异性变截面连续薄壁钢箱梁，主桥跨径为 33 米 + 39 米 + 33 米，中跨跨中梁高仅 0.7 米，高跨比为 1/56，东西两端引桥为装配式钢筋混凝土宽腹 T 梁，跨径分别为 8×15 米和 7×15 米。整座桥梁位于半径为 2000 米的竖曲线上，横跨东三环干道。

1987～1988 年，在东南二、三环路上，设计修建东便门、广渠门、光明（劲松）、左安门、蒲黄榆（玉蜓）、刘家窑、赵公口（天坛南）、东铁营、方庄、木樨园 10 座立交。东便门立交桥中主要跨河桥均采用预应力连续箱梁和预制 Y 形桥墩，跨度 30～35 米，孔数 3～8 孔不等，其中 10#、11#、12# 桥，河道和道路均处于弯道上，两者交角不足 30 度，采用了独柱支承的弯桥，在国内当时尚属首次采用。广渠门立交桥和劲松立交桥，主桥采用钢筋混凝土组合结构，转盘部分采用多点支承钢筋混凝土异形板式结构。玉蜓立交桥为双层结构。即上层为机动车道，中层有铁路及二环路穿过，非机动车道设置在桥梁的最底层，另外还设计建成 37 度斜交铁路箱涵顶进桥 1 座。

1990～1992 年设计修建西二环 5 座立交桥（西便门、天宁寺、广安门、白纸坊及菜户营立交桥），其中弯、斜、异形桥占 51%。天宁寺立交为 1 座四层定向式立交，上部结构为预应力混凝土连续曲梁，曲线半径 220 米，共 20 孔，跨径 21.14～42.73 米不等，全长 579 米。下部结构设计成独柱支承。广安门立交为机、非分行 3 层变形苜蓿叶立交，桥梁结构为上、中两层双向预应力混凝土连续梁，在转盘桥上采用多点支承双向预应力混凝土板结构，在国内尚属首次。菜户营立交为二环路定向的互通式立交，二环路与河道及多条道路斜交，且位于半径 260 米的圆曲线上，上部结构设计成独柱支承的预应力混凝土连续曲梁，跨径为 24 米 + 2×36.4 米 + 24 米共 3 连，加上两端的预应力简支梁，全长 626.8 米，是北京市当时最长的一座高架跨线桥。

1991～1992 年的南二环工程，设计修建 4 座立交桥，即右安门桥、陶然亭桥、永定门桥及景泰桥。

1992 年为解决北京市二环、北半环几处平交路口通行能力差、严重影响二环路的交通问题，对西、北二环进行了改造，平交路口处建高架桥，消灭信号灯管制。共设计了 6 座高架桥，即月坛南 街北街桥、官园桥、积水潭桥、钟楼桥、雍和宫桥和小街桥。

50 年代后期至今，院在北京市共修建道路与铁路相交的立交共 40 余座。1959 年，首先在南苑路建成跨越铁路环线的大红门立交桥。该桥净跨 12 米，全宽 35 米，净高 6.65 米，是北京市第一座道路与铁路跨线桥。1980 年修建八达岭路南口跨线桥，为斜交桥，相交角仅 21°（斜 69°），为避免斜跨过长，该桥采取斜桥正作措施。1964 年于永定门外京山铁路上，在国内首次采用不中断铁路运输的顶进箱涵。此后修建的顶进箱涵还有北辛安、城子镇、西南三环、南苑、马家堡、丰台东站等。箱涵的孔数由 1 孔发展到 3 孔、4 孔；顶进的长度由 6 米～7 米发展 60 米～70 米；顶进的总重量由几百吨发展到数万吨。丰台东站的顶进箱涵，是目前全国最长、最重的同类桥梁，全长分 5 节顶进，总重 2 万多吨。

为改善城市交通干线的车辆行驶条件，方便行人过街，除新建的城市立交已配设行人过街地下通道外，在繁华地区城市干道交叉口还设计修建单独的地下通道，如前门大街大栅栏通道、王府井南口通道、天安门广场东西侧通道以及西单路口通道等。其中西单路口通道是配合地铁西单站的出入口而修建的。

(四) 北京市的公园桥

北京市在新建和扩建公园的同时，在动物园、陶然亭、颐和园、紫竹院和青年湖等公园内，新建公园桥19座。这些桥的设计与桥址四周的景观相协调，有我国传统的圆弧拱桥，也有近代的双曲拱桥，还有迂回曲折的板式曲桥等。

(五) 为外省市设计的桥梁

自80年代初改革开放以来，先后为黑龙江省牡丹江市和佳木斯市，广东省广州市和深圳市，山东省青岛市，辽宁省的大连市，福建省龙岩和厦门市设计了若干大桥和立交桥。牡丹江大桥为双向预应力混凝土简支梁桥，单跨跨长40米，共13孔，全长520米，下部结构为能抗御流冰撞击的重力式墩、埋置扶壁式桥台，桥面全宽20米，设计载重汽—20，挂—100。青岛市杭州路立交桥主桥采用变截面预应力混凝土连续弯梁，在当时属国内首创。

深圳市先后共设计近20座立交桥，其中1990～1991年设计修建深圳市福田立交桥。该桥位于深南路和皇岗路相交处，共有跨线桥2座，采用预应力混凝土连续T梁作为上部结构，下部结构则为六角形墩柱和钻孔灌柱桩。另外还有4座通道桥。

1991～1992年设计修建深圳市北环立交桥和滨河路皇岗立交桥。前者位于北环路与皇岗路相交处，共有跨线桥3座和通道桥3座。跨线桥上部结构为预应力混凝土连续梁，其跨径为19米～24.5米，共8跨，全长155.88米，下部结构为ϕ130厘米墩柱，再下为钻孔灌注桩。

1992～1993年设计深圳市雅园立交桥和深南大道彩田、金田、益田、新洲立交桥。雅园立交桥为3层立交，采用预应力混凝土连续箱梁，独柱支承，弯、斜、异形桥占80%以上，彩田立交桥为彩田路上跨深南路，上部结构为预应力混凝土连续箱梁，其跨径为20米+4×25米+20米=140米，全宽29.7米，下部结构为ϕ120厘米墩柱，另外还有通道桥3座；金田、益田立交桥，位于深圳市规划中心广场的东、西两侧，分别为金田路和益田路上跨深南路，两桥的上部结构均为5跨变截面预应力混凝土连续箱梁，其跨径为25米+40米+52.5米+40米+25米=182.5米，横向将全桥一分为二，中墩为独柱支承。新洲立交为深南路上跨新洲路之跨线桥，跨径为30米+36.5米+30米=96.5米，全宽38米，分为平行独立的两座桥。另有8座通道桥。

1993～1994年设计深圳市泥岗和梅林立交桥。泥岗立交为北环、泥岗交叉三层定向立交，共有跨线桥5座，均为预应力钢筋混凝土连续箱梁，最大跨径43米，下部结构为ϕ120厘米～ϕ160厘米墩柱下接灌注桩，另有8座通道桥；梅林立交有预应力混凝土连续箱梁跨线桥2座，通道桥5座，总建筑面积7328平方米。

1994～1995年设计深圳市福新立交桥和滨河路上的彩田、金田、益田、新洲立交桥。福新立交桥为福华路上跨新洲路，上部结构为28米+37米+28米=93米3孔连梁，双向预应力，下部结构为ϕ130厘米墩柱下接承台和ϕ120厘米灌注桩；滨河路彩田立交桥为彩田路上跨滨河路之跨线桥，跨径30米+2×33米+30米=126米，4孔双向预应力混凝土连续箱梁，桥宽32.25米，横向断面为单箱5室，下部结构1×2.6米墩柱下接承台和灌注桩。另有通道桥5座（面积1904平方米）和人行天桥1座（面积1328平方米），金田路上跨滨河路之立交为3层定向式立交，为预应力连续刚构，其中弯桥部分R=52米，L=43.8米，宽桥部分B=28.5米，全长188米，总面积10416平方米，另有通道桥4座

（面积1072平方米）和人行天桥1座（面积1303平方米）；益田路上跨滨河路之立交桥为2.5层定向式立交，为预应力连续刚构，其中弯桥部分R=74米，宽桥部分B=32.25米，单箱5室，下部为1×2.6米及1×2米墩柱，跨线桥总面积6819平方米，另有通道桥5座（面积1865平方米）和人行天桥1座（面积1331平方米）；新洲路上跨滨河路之立交桥，为L=25米+2×30米+25米=110米4孔预应力混凝土连续箱梁，单箱4室，跨线桥总面积为5005平方米，另有通道桥5座（面积2040平方米）和人行天桥1座（面积1342平方米）。

二、设计项目选介

（一）北京市密云大关桥工程

大关桥位于密云县石城乡大关村附近，距北京市城区约90公里，是一座跨越白河大跨径双曲拱桥，主桥为3孔净跨72米，全桥长265.88米，向东北方向可抵古北口、承德市和东北各省；向西北方向可抵怀柔、延庆和张家口地区。该桥1967年设计，当年完工。

设计荷载：汽—26，拖—80。

设计洪水：白河$Q_{1\%}$=8910立方米/秒；密云水库200年一遇水位157.0米。

桥位选择：50年代末，修建密云水库时，曾研究过几处桥位的选择。最后选择云沟桥以北的桥位。该桥位处在水库上游的回水区内，当水库水位上升到137米时，桥下成为库区，水位低于136米时，恢复为天然河床。水库200年一遇的洪水位是157米，桥中心高程定为158.5米，与天然河床高差为22.5米。

上部结构：型式为双曲拱桥，主拱圈采用变截面悬链线拱轴线，拱轴系数1.998。拱矢比为1:5。截面变化规律系数$n=0.4$，拱肋及拱背混凝土同时变厚，截面上、下缘高度变化按重心轴位置不变的原则确定设5条拱肋，间距1.6米。每条拱肋分5段预制，现场安装。拱肋顶部厚42厘米，拱脚厚77.5厘米，加上拱波及现浇拱背混凝土，拱圈顶厚1米，拱脚厚1.5米。拱波厚8厘米，净跨1.32米，为圆弧拱，矢跨比1:3。拱圈上部设14排40厘米×40厘米的立柱，立柱上设钢筋混凝土横梁，横梁上设钢筋混凝土简支板。

设计中进行了主拱圈恒载及活载内力分析，裸拱拱肋吊装应力计算及拱上结构柔性排架立柱制动力、温度力计算。

下部结构：两个中墩采用沉井基础，沉井高9米，宽6米，人工筑岛一次制作，排水开挖下沉。沉井置于砂卵石上，东岸沉井埋深10.5米，西岸沉井埋深8.5米。为提高土层抗力，对沉井四周作灌浆加固处理。

（二）首都机场进场路Ⅱ号立交桥工程

首都机场Ⅱ号立交桥是一座供机场内运转，连接机场西跑道和国宾座机停机坪，跨越进场路的立交桥。该桥为75度斜交，桥梁全长51.96米，全宽60米，分为3孔，每孔斜跨径16.8米。其中：中孔和西孔为进场路上下行车道，东孔为机场内部专用线。是国内运行大型飞机的首座桥梁，于1976年完成设计，当年建成。

桥梁载重标准为综合机型波音—747型客机荷载等级LSN120级，飞机总重500吨，一个起落架轮组120吨，桥梁总宽与设计通行机型翼展60米同宽。其中中间飞机滑行道宽32.6米，两侧汽车道宽各8.0米，喷气防护罩宽各3.9米，排水流水槽宽各1.2米，桥下净高4.5米。

由于该桥荷载标准大，从结构选型上采用宽翼缘的抗弯抗扭性能均较好的分离式预应力混凝土箱型梁，全桥共10片梁，其中滑行道6片，汽车道每侧各2片。滑行道与汽车道之间，用分隔带将结构隔开，互不影响。边箱梁外侧悬臂为长4.5米的现浇槽形梁及预制盖板组成的变截面悬臂式空心结构。

桥位处地质以砂粘为主，中夹粘土透镜体及粒砂均属中等高压缩性土，地下水位较高。因此，桥梁基础采用钻孔灌注桩。桥墩为上宽下窄的倒梯形预制钢筋混凝土薄壁墩，墩壁厚0.45米。

主梁采用预制装配式结构，每片箱梁分成3段预制，中段为20.82米，重120吨，边段长15.57米，重80吨，3段箱梁用通模预制，以利拼合，干接缝用环氧树脂配剂粘结。为加强滑行道箱梁的整体刚度，横梁除采用箱梁外，并设横向预应力钢束，成为双向预应力结构。箱孔内模采用充气组合胶囊，以减少模板用量，改善施工操作，加快进度。

等跨连续梁所产生的边孔跨中计算内力超出其他控制设计断面内力的不平衡现象，采用变位调整法，予以改善，即在连续梁借预应力成形后，按设计计算量，降低端支座高程，以减少端支座反力，从而达到减少边孔跨中内力的预期目的。

根据民航局要求，在桥梁建成交付使用前，按国际惯例，进行荷载试验，试验结果必须报送瑞士国际航运协会备案，方能开启使用。荷载试验按模拟设计机型的总重吨位、轴重、轮组重进行，按设计荷重的120%加载。试验内容包括上部结构和局部构造的整体受力、变形；薄壁墩的应力分布；桥面板的钢筋应力。试验观测结果证实，桥梁结构工作符合设计要求，各项观测指标，均属正常。

（三）北京市复兴门立交桥工程

复兴门立交桥位于北京市区东西轴线与西二环路的交汇处，1974～1989年修建北京市第一二期地铁工程，并拆除旧城墙改建二环干路时，沿线配合修建立交10座，其中复兴门立交是第一座。该立交于1974年国庆节前建成通车，是北京市第一座互通式全功能长条苜蓿叶式立交。

设计荷载：汽—20，挂—100；人群400公斤/平方米。

桥梁净空：桥下车行道净空4.5米，非机动车道净空3.0米。

桥上车行道宽度40.0米，两侧人行道宽度各5.0米；桥下二环路车行道宽度24.0米，两侧非机动车道各宽7.5米。

抗震：8度设防。

结构体系与跨径：该桥的西端为西护城河盖板暗沟，东端为地铁车站，桥梁的跨长被限制，因此桥梁跨径确定在基本满足西二环车道宽度条件下定为8.7米+25.0米+8.7米=42.4米。跨径布置原为双悬臂结构体系，为避免两个桥头出现行车时上翘跳车，故将桥的两端用钢板与桥台相连，把桥作成3跨连梁，两端的负反力由钢板承受。设计考虑先将两个边孔按预应力混凝土单悬臂梁预制，然后吊装就位，中间再现场浇筑挂梁，用预埋预应力钢束孔道，最后穿束张拉，转换体系，形成预应力混凝土连梁。桥梁结构断面形式为T形加马蹄，共21根，间距2.40米；梁的高度在跨中为70厘米，高跨比为1/36，下缘作成抛物线，形成变截面梁。预应力钢束用$R_y^b=1500MPa$的高强钢丝作成，锚头采用星形锚。

复兴门立交桥在设计时进行了优化计算，材料用量较省，其中预应力钢丝用量为12.6公斤/平方米，普通钢筋为90公斤/平方米，上部结构混凝土（45#）用量为0.35立方米/平方米。

该立交桥的配套工程，采用了花岗岩挡墙、梯道，磨光花岗岩栏杆及铸钢花饰。

（四）黑龙江省牡丹江大桥工程

牡丹江大桥位于牡丹江市南侧，是牡丹江市向江南开发及通往丹东的重要干线公路桥梁。

载重标准为汽—20，挂—100；洪峰流量 $Q_{1\%}=9260$ 立方米/秒。上部结构为40米双向预应力混凝土简支梁，共13孔，全长520米；下部结构为能抗流冰撞击的重力式桥墩，埋置扶壁式桥台。该桥于1982年完成设计，同年5月开工，1984年9月建成通车。全桥总设计概算为926万元。每平米造价为860元。

每平方米桥梁面积用料：混凝土1.49立方米，钢筋93.2公斤，高强钢丝19.3公斤。

上部结构为适应东北地区气候、地质条件及完工期限的要求，采用跨径40米的双向预应力混凝土简支梁。主梁截面型式为T型，设计采用电子计算机优化分析，选定最合理的截面尺寸。主梁间距为2.40米，每孔8片梁，较常规的（交通部标准图）12片梁少用4片梁。为加快安装速度，在主梁安装就位后，部分桥面板浇注前，能通过安装机械，在横梁内施加了预应力。

下部结构由于桥面较宽，基础根据承载力要求宽度较小，故而采用上宽下窄倒坡型式的悬臂薄壁墩。

经对地质资料分析及对上、下游已施工的桥梁和水利工程的调查，基础埋深一般为9米左右，最深为14米，采用机械明挖的扩大基础。

（五）北京市马家堡铁路立交桥工程

马家堡铁路立交位于北京南城陶然亭公园以南，在永定门铁路客车站与货车站之间，与京山线、京广线、永定门车站调度线及冷库专用线等9股铁路线相交，每天约有250多次往返全国各地的列车通过。

新建立交道路与各铁路线交角为77°～86°不等，为下穿铁路地道桥，采用顶拉法施工。

工程包括立交桥1座2346平方米，道路长约800米，铺装面积33660平方米，排水泵站1座。立交桥桥体为3孔连续闭合框架结构，中孔净宽16米，边孔净宽8米，全宽34.6米。

工程总概算为543万元；其中立交桥319万元，道路146万元（拆迁费未计），泵站与排水管道71.2万元，照明6.6万元。每平方米造价：立交桥1360元/平方米，道路46元/平方米。

该立交桥于1981年6月完成初步设计，1982年11月完成施工图。工程于1984年1月开工，当年11月13日建成通车，排水泵站1985年7月交付使用。

立交桥桥上按铁路标准“中—活载”设计。桥下按道路荷载标准为汽—20、挂—100。机动车桥下净空4.5米，非机动车桥下净空3米。

为使桥位两端引道线型顺直。新选桥位离开原有平交道口，将旧路裁弯取直，施工期间用旧路维持交通。桥型为道路下穿铁路的地道桥，按正桥设计。采用多节顶拉施工工艺：将长达63米、混凝土体积为4640立方米、自重达11600吨的桥体结构的底板分成前、中、后3节，每节各长21米。避免了铁路线从分节之间的缝隙通过。分节顶拉力为

5500吨。为充分发挥16锰钢筋强度，设计中将桥体主筋改用绑扎骨架。为加强每节间的纵向联系，设计在分节处设承上启下的搭肩，搭肩的工作条件类似牛腿。

（六）北京市玉蜓立交桥工程

玉蜓立交桥位于南二环路与东蒲路交叉处，是城区通往南郊的重要交叉口。立交型式为机动车与非机动车自成系统的3层互通式，上层为连接天坛东路与蒲黄榆路的南北向机动车跨线桥，连续跨越二环路和京广、京山铁路以及护城河和北滨河路；中层为南二环快速路和京广铁路；下层为非机动车道，下穿二环路及京广铁路。桥梁总建筑面积为25000平方米。

立交系统由全长约500米的南北向高架跨线桥（其中跨线桥两座共长257.09米，北引桥1座长56.36米和南引桥3座长176.36米），全长约410米的6条架空匝道桥（其中弯桥4座共长186.55米，预应力简支梁桥6座共长223.94米），4座非机动车道桥（共长88.8米），3座铁路地道桥和2座跨河桥所组成。共计桥梁25座。

该工程总投资2300余万元，经济指标为：主桥960元/平方米；引桥592.7元/平方米；1#跨河桥403.7元/平方米；2#地道桥2014元/平方米。

工程于1987年设计，同年11月开工，1988年12月竣工。

设计荷载：汽—超20，挂—100。

抗震：8度设防。

该立交桥机动车与非机动车车道采用分层分流设计，南北向穿越南护城河、京广铁路和南二环路为双层桥梁结构。为减少建筑高度，改善线路纵坡，缩短桥长，主桥采用等截面双向预应力连续箱梁结构；1#跨河桥设计为中孔跨径30米，结构厚度0.5米的下承式桥梁，步道为预应力箱梁，车行道为横向T型板；2#地道桥设计为3孔斜交闭合框架结构；跨二环路的匝道桥设计，采用预应力串连梁（施工时改为现浇）。由于宽12米的非机动车道在高架跨线桥桥墩之间穿过，桥墩柱跨拉开至14米，主桥横梁跨径较大，故主桥设计为双向预应力结构。为配合逐跨浇注，逐跨张拉的滑移桁梁模架施工工艺，主桥横向设计为2个分离单箱梁，每个箱梁由独根直径1.2米的圆柱支承，横梁连接采用预应力张拉成整体并用钢板箍焊接以利滑模施工。滑移过程中，横梁受力采用临时预应力束办法。

主桥预应力钢束采用钢铰线，其固定端首次采用压花锚。下部结构设计，首次采用无粘结预应力用作Y形墩墩顶的水平拉杆和桥台的拉力支座。1#～4#小半径弯匝道桥，设计采用桥墩支座偏置，进行调整内外支点反力差和平衡恒载下出现的负反力。跨线桥桥墩基础，除跨河双层桥桥墩采用3根直径1.0米的灌注桩外，其余桥墩均采用2根直径1.0米的单排桩基。

（七）北京市京石高速公路永宁大桥工程

永宁大桥位于京石高速公路连续跨越大兴灌渠、永定河和大宁水库，被永定河两岸河堤辟为3座独立的桥梁，统称为永宁大桥。该桥全长1120米，建筑面积28000平方米，为一特大公路桥。全桥共30孔，其中大兴灌渠桥跨径为30米+40米+30米，桥宽25米；永定河桥和大宁水库桥位于线路的曲线上，前者跨径为17×35.5米，桥宽25.5～28.0米；后者跨径为10×35.5米，桥宽25.5米。

该桥于1986年3月开始设计，10月完成施工图。同年6月开工，1987年10月建成通车。工程总投资2800万元，单位造价：大宁水库桥为1075元/平方米，永定河桥和大兴灌渠桥为958元/平方米。

设计荷载标准除按汽—超20、挂—120设计外，还考虑到该桥之重要交通位置，按挂车500吨进行验算。设计洪水频率：1/300。地震设计烈度7度。

桥梁平面布置：根据高速公路平面线型布置，本桥两端均设置圆曲线和回旋曲线，全桥平面线型呈反“S”型。

结构形式：该桥因宽度较大，故沿纵向中线设置纵缝，横向为两座独立的体系。桥梁上部结构均采用等截面预应力混凝土连续箱梁，首次采用大吨位的XM型预应力锚具。下部结构采用Y形墩，桥基采用扩大基础。主梁梁高1.8米。

主梁施工与张拉：全桥30孔连续梁分为7联，每联主梁均采用逐孔浇注混凝土，逐孔张拉施工工艺。

桥梁照明：在桥上钢筋混凝土防撞拦板内侧设置地灯，采取光带照明。

(八) 青岛市八号码头立交桥工程

青岛八号码头立交，位于青岛市四方区，是为配合青岛港八号码头国家重点工程项目的建设而修建的一座大型城市立交，担负着满足进出港口繁忙交通运输及改善市区道路交通状况的功能。

工程包括1座跨越胶济铁路及其他道路的跨线桥（后命名为铁港立交桥）、1座杭州路立交和6座不同类型的跨河桥。桥梁总面积16645平方米。该桥于1983年开始设计，于1984年3月开工，1986年9月竣工。

桥梁设计荷载为汽—20，挂—100，人群400公斤/平方米。

铁港立交桥下净空大于6.7米，杭州路立交桥下净空4.5米。

地震设计烈度为7°。

铁港立交桥：由于出港道路与胶济铁路斜交成65度，在弯道上桥梁设计为弯桥，其主桥跨径为25米+43米+26米，东引桥跨径为27米+28米+29.5米，西引桥为利用现况已建桥墩、台，其跨径为16米+6×20米+14米。桥宽一般正常段为20.5米，在弯道加宽处桥宽为20.5～24.5米。主桥及东引桥上部结构为后张预应力连续弯箱梁，下部结构为双柱墩直接支承箱梁。西引桥上部结构为后张预应力组合梁。该立交桥上部结构设计，对弯、斜兼备的梁选择有限元方法进行结构分析，用“剪力柔性梁格法”模拟单元力学特性，把箱梁的变形分解为4个变形分量即：纵向弯曲、横向弯曲、扭转、扭曲变形；将预应力分解为空间力系施加于结构上。分析结果反映弯斜桥的整体和局部结构工作状态。

针对弯、斜兼备的梁采用预应力、箱形断面、连续梁3种结构措施，以减小扭矩和加强断面抗扭能力；两组箱梁间分开，仅在中横梁及支点设置横梁连结两组箱梁，以横梁抗弯约束主梁的扭转并使箱梁畸变得到控制；为调节弯、斜桥在受力过程中包括施加预应力过程中产生的滑动位移，设支座位移调整措施，在施工后期根据观测位移的数据进行必要调整，以保持桥梁处于有利的工作状态。

杭州路立交桥：上部结构为5跨变截面预应力连续梁，与温州路斜交，交角为57度27分34秒，斜跨径为2×25米+30.86米+2×25米，桥宽31米。桥型选择采用梁柱体系，全桥共分两组梁系，中间隔开1.9米，隔离带透空，每组梁系由间距5.4米的两根圆柱直接支撑在梁体上，为使桥梁立面简洁舒展，采用造型优美的大挑檐。上部结构在每跨中 1/3 跨为 T 型断面，支点附近为箱型断面，用较大抗扭刚度的箱梁抵抗由于斜交而产生的较大扭矩。采用较小梁高，高跨比为 1/25，因而纵横向布置预应力，使之能有效地抵抗外载纵横弯矩及扭矩。下部结构墩柱直接支撑在梁体上，使桥下有开阔明朗之感觉，中墩为两根柱式桥墩，设有系梁在地下连系；桥台为桩基托盘型承台，桥台翼墙和前墙形成悬臂支撑于承台上，以减少了工程量。

跨河桥：大部分设置在路口喇叭形环岛上，多为异形桥，上部结构采用预制 T 梁与现浇异形板相结合的简支结构。

（九）北京市二环路东便门立交桥工程

东便门立交桥位于北京二环路东便门转角处，连接二环路与崇文门东大街。立交形式为喇叭形，共包括各种类型桥梁 16 座，桥梁总面积为 17000 平方米，于 1987 年设计，同年建成。

设计荷载：汽—超 20，挂—120。

抗震：8 度设防。

立交范围内各种构筑物较多，相互交错，关系复杂。立交桥与道路、东南护城河、京山、京广铁路及前三门暗沟多次交织，在数百米距离内立交道路 7 次跨河，2 次穿过铁路。立交工程上受铁路桥梁底高程的约束，下受河道设计洪水位的限制，高程紧张，要求新设计桥梁尽量减少梁高；河道中不能布置较多的桥墩，以免减少流水面积而发生较多的壅水。

桥位处地质条件较差，地层构造以软塑砂粘土为主，50 米范围内未见好土。跨河桥梁上部结构采用预应力混凝土连续箱梁，下部结构采用预制 Y 形桥墩，以减少阻水，降低结构厚度，轻巧、美观。立交共有此种类型结构的桥梁 7 座，跨度 30 米～35 米，孔数 3 孔～8孔不等。基础采用钻孔灌注桩，桩径 1.0 米，桩长达 40 米。

10#、11#、12#桥桥位处，河道和道路位于弯道上，两者相交不足 30 度。为避免交角很锐的斜桥桥墩阻水，采用独柱支承的预应力混凝土连续弯梁。此种桥型当时在国内尚属首次采用。由于弯梁宽度大，横向变形成为不可忽视的因素，许多以截面周边不变为前提的弯桥计算理论难以应用。为分析此种桥梁结构，采用院新开发的曲线型正交异性理论电算程序进行计算，并以有限元法验证。为解决较大的横向弯矩，在墩顶横梁施加了后张预应力，使桥梁成为双向预应力混凝土结构。

为减少弯桥在静、活载作用下主梁的扭矩，采取独柱偏置的位置，在不增加材料用量和施工难度的情况下，使主梁扭矩减少约 50%。为验证本设计中使用的计算方法、偏置立柱效果及主梁侧倾稳定安全度，在设计过程中以铝合金制作模型进行模拟试验，试验结果表明所拟计算法是符合实际的。竣工后作了实桥荷载试验，效果理想。

该立交中的一些较长的桥梁，如 3#桥（长 188 米）、4#桥（长 122 米）及 12#桥（长 155 米）采用国产 XL—150 型预应力钢索联接器，以减少摩阻损失，取得预期效果。

（十）北京市四环路安慧立交桥工程

安慧立交桥位于北京北郊安立路与北四环的交汇处，为亚运城中心的主要交通枢纽，是第十一届亚运会的大型重点市政配套工程之一。该立交是 1 座机动车与非机动车分行的三层菱形苜蓿叶式立体交叉。由 19 座桥组成，包括 1 座南北跨越四环路的主桥，16 座机动车匝道和非机动车道交叉的斜、弯异形桥，以及 2 座下穿四环路桥，建筑面积 9474 平方米，道路铺装面积79600平方米，道路挡墙长4400米。

桥梁跨径与桥宽：主桥为7孔变截面连续梁，跨径为20米+2×30米+40米+2×30米+20米，全长200米。桥宽：车行道三上三下，宽2×12.25米，中间隔离带宽2米，两侧检修道宽各1米，全宽28.5米。斜、弯匝道桥为单孔，跨径为14米，全宽9.5米。四环路桥为单孔，跨径为12米，桥全宽40米。

投资与经济指标：工程总概算为2950万元（仅道路、桥梁及照明专业）；其中19座桥1100万元，道路1806万元（未计拆迁），照明44万元。每平方米造价：立交桥1160元/平方米，道路74元/平方米。

该立交桥于1986年12月完成初步设计，1988年4月完成施工图，工程于1987年9月开工，1988年11月20日建成通车。

设计荷载：主桥、斜、弯匝道桥为汽—20、挂—100；四环路桥为汽—超20、挂—120。桥下净空：机动车道：为4.5米，非机动车道为3.5米。

上部结构：以“主桥先进，斜、弯匝道桥经济”为原则，主桥选用7孔变截面连续梁，匝道桥为异形简支梁、空心板结构。主桥横断面为双箱室。为保证逐段浇筑施工的主桥箱梁整体性，采用XL型预应力筋联结器，使逐段张拉的短筋，通过联结器成为长筋，避免短束反复张拉锚固造成的局部开裂现象。

桥面：为避免混凝土桥面开裂、剥落损坏，主桥和四环路桥采用钢纤维混凝土桥面。

下部结构：主桥采用H形墩钻孔灌注桩承台基础。8座弯匝道桥采用土工聚合加筋材料与粘性土回填料组成的分离式加筋土桥台。选用土工聚合物材料与就地取材的粘性土分别代替国外的钢带与砂性土。

（十一）深圳市雅园立交桥工程

深圳市雅园立交桥位于罗湖区文锦路与东门路和笋岗东路两个交叉口处，新建的立交桥即将这两个交叉口连成整体。该处交通繁杂，大型建筑（如雅园宾馆、儿童公园、老干部住宅等）林立，立交布局受到用地范围的严重限制，立交道路采用高架多层次地互穿叉方式。为使本立交的桥梁结构尽可能简洁和便于施工，主桥的上部结构选用多种跨径组合，由22座体系独立的桥梁组成，另外，为解决行人和非机动车的分行修建了5座下穿式通道。该立交桥于1992年设计，1993年建成。

设计荷载：机动车道为汽—超20；挂—120；通道桥为桥上同机动车道，桥下人群荷载3.5千牛/平方米；防撞护栏水平力30千牛/米；人行道人群荷载3.5千牛/平方米；栏杆竖向力1千牛/米，水平力0.75千牛/米。

桥下净空：机动车道除15号桥按净高4.5米设计外，其余各桥均按5.5米，非机动车道按净高2.5米设计。

地震设防：7度。

桥梁宽度：主桥和通道的桥面车行道宽度，随道路的不同部位而异，桥梁在车行道两侧各加0.75米的步道和栏杆。

22座主桥的上部结构，均采用等截面预应力混凝土连续箱梁；中墩采用圆柱；桥面连接设伸缩缝；公用墩盖梁隐蔽在主梁高度范围内，主梁端部作牛腿。由于本立交的桥梁大部为弯桥和异形桥，而且半径较小（大部分圆心角在34°～54°之间）以及部分墩台的位置受到道路线形的限制，下部结构大部采用独柱墩。

为加强上部结构的抗扭能力和整体性，在各种跨径组合的连续箱梁支点处设置强大的支承横梁；各跨跨中加设中横梁；在公用墩梁端牛腿后设端横梁。

全桥共有109根支承横梁。根据不同受力情况，横梁的高度采用与主梁等高，宽度选用2.5米和3.0米两种；端横梁宽1.0米；17#、18#、32#、33#和64#横梁采用预应力结构，其他横梁为普通钢筋混凝土结构；牛腿处的横梁，纵向按预应力锚固配筋，横向按钢筋混凝土构件配筋。

全桥设16根盖梁。盖梁卧在主梁高度范围内，梁高65厘米，其中25#、60#盖梁采用普通钢筋混凝土结构，其他盖梁纵向为预应力混凝土结构，横向为普通钢筋混凝土结构。

全桥设92根墩柱。除中墩柱、公用墩中的2#、16#、60#柱为直径130厘米的普通钢筋混凝土结构，64#柱为直径150厘米的普通钢筋混凝土结构外，其余公用墩柱均采用预应力结构，直径150厘米。

全桥中墩设91个承台。除64#承台下设4根ϕ120厘米钻孔灌注桩外，其他设2根ϕ120厘米钻孔灌注桩。承台的平面尺寸因情况而异。8#、12#、13#、19#、30#、50#、52#等承台，设有墩柱预应力钢束，非张拉锚固端设在承台的底面。

全桥设15座桥台，均为桩基重力式桥台。

支座采用板式和圆板式橡胶支座。

（十二）北京市天宁寺立交桥工程

天宁寺立交，位于二环路西便门以西天宁寺处，为四层定向式立交。由14座桥梁组成，桥梁总面积3.80万平方米，其中主桥1座，主干线桥1座，匝道桥9座，辅路桥2座，人行梯道桥1座。整个立交占地面积8公顷。

立交桥区有护城河南北贯穿，有2米电力管沟和热力管道横穿，还有规划中的地铁线通过，桥梁比较集中，立交线型复杂，客观条件限制较多。

设计于1990年3月开始，1991年5月完成。工程于1990年8月开工，1991年11月完工。工程总造价6460万元，折合1680元/平方米，（主桥1970元/平方米，匝道桥1350元/平方米）。

桥面宽度：快速路为三上三下双向六车道，每条车道宽3.75米，中间设分隔带。

设计荷载：快速路桥梁为汽—超20，挂车—120，道路为汽—20，挂—100，人群荷载3.5千牛/平方米。

桥下净空：快速路跨主干路4.50米；快速路跨辅路3.75米。

洪水频率：跨越西护城河设计洪水频率按1/100考虑。

地震烈度：按基本烈度8度设防。

设计行车速度：主路为80公里/小时，定向转弯路段为60公里/小时。

桥型选择采用正交桥梁、弯桥、斜桥、坡桥、异形桥等桥梁结构。在这14座桥梁中，不规则的有10座，占总数的72%。

结构选择考虑不规则桥型的受力特点，选用独柱弯桥，双向预应力多室梁桥，点支承异型板等多种结构。

二环路主桥是6跨，由南往东曲线半径为220米的预应力连续箱梁弯桥，在曲线处跨越下层桥梁及河道，采用独柱桥墩。桥梁高度21米，桥面全宽20米，桥最大跨度42.37

米，主桥总长度579米。

匝道桥和辅路桥结构分为两种类型，一种是正交桥梁，采用预应力混凝土简支梁桥，由构件厂预制后，运至现场吊装。另一种是弯桥或异形桥梁，均采用现场灌注，是预应力或普通钢筋混凝土的结构。

桥梁下部结构为钻孔灌注桩（人工挖孔桩）基础，桩径1.0～2.0米。当地基土质较好时，少数也采用扩大基础，全部墩柱均采用圆柱墩，墩柱直径为1.0～2.0米。

设计中提出和采用空间计算，空间地震力计算，异型板计算等，计算方法并作了相应的简化。设计采用球形支座（进口的及国产的），Ts仿毛勒伸缩缝，圆钢管混凝土等。

（十三）北京市四元立交桥工程

四元立交桥位于北京东四环快速路与首都机场高速路、京顺快速路两条道路相交处，是1座机动车与非机动车分行的苜蓿叶加定向4层大型立交，包括12条匝道和8条辅路；主桥2座，匝道桥10座，辅路桥6座，跨河桥8座，共26座。桥梁全长2773米，桥梁总建筑面积4.06万平方米，总占地约50公顷。

主桥桥宽为双向各4车道，全宽38米；各匝道桥桥宽为双车道，全宽10.25米；辅路桥桥宽34.5～38.8米；跨河桥桥宽11～38.5米。

工程总概算为19340万元；其中26座桥12840万元，道路6500万元。其指标：桥梁3163元/平方米，道路306元/平方米。

该立交桥1992年7月完成初步设计，1993年3月完成施工图。工程于1992年8月31日开工，1993年9月24日建成通车。

设计荷载：机场路、京顺路、四环路及匝道桥为汽—超20、挂—120；辅路桥为汽—20、挂—100；人群5千牛/平方米。

抗震烈度：8度设防，防护措施按9度设计。

6条匝道桥、设计为曲线半径R=250～390米独柱支承的双向预应力连续曲箱梁桥，其弯桥之总长度、一联孔数之多、单孔跨径之大，居北京市已建立交桥之首。

桥面排水采用改进后可沉积杂物的铸铁盒式雨水口，并在沥青混凝土铺装层下埋设排水管。

墩柱较高的匝道弯桥，其下部结构采用独柱、隐形盖梁。上部结构采用等截面大悬臂梁及地袱挂檐板。

为适应弯桥受力的需要，设计采用独柱偏置，球型支座及废钢碴混凝土配重等措施，以改善主梁扭转效应。

两座弯桥衔接处，形成的叉口异形桥，设计中首次采用预应力混凝土曲线桥梁数值分析程序，并以SAP90程序验证，进行内力和配束计算。

设计中开展了建立“伸缩缝单元”，模拟伸缩缝、各种类型支座、防落梁抗震挡块设施及相邻连桥影响的动力分析及实桥动、静载实验，分析非线性状态下各种作用及受力情况，找出桥梁结构薄弱环节，推出抗震加强点。

（十四）北京市西北三环三义庙立交桥工程

三义庙立交桥位于三环路西北角处，为3层定向式立交。由一座主路高架桥（长1257米）及两座匝道桥（长568米和209米）组成。主桥分别跨越厂洼路口，魏公村路口及三义庙路口。桥梁总建筑面积为45638平方米。

该立交桥于 1994 年 7 月完成施工图设计，于 1994 年 10 月 1 日建成通车。

设计荷载：汽—超 20、挂—120，地震烈度按 8 度设防。

桥面宽度：主桥标准桥面总宽度为 28 米，上、下行车道各宽 12.25 米，两侧各设 0.75 米的单层防撞栏杆，匝道桥全宽 10 米，车行道宽 8.5 米，两侧各设 0.75 米单层防撞栏杆。

线型及坡度：西段桥梁中线位于直线段内；三义庙路口三环路由西向东，道路中线处曲线半径为 R=250 米。一般纵坡 0.2%～0.25%范围内，桥两端最大纵坡为 2.95%。标准直线段设双向 1.5% 横坡。曲线段设单向 4%～5%横坡。

桥下净空：大于 4.5 米。

上部结构共分为 3 种形式：即预应力混凝土连续梁（全桥共有 14 联，主桥 12 联，匝道桥 2 联，梁高 1.7 米，跨径各异，从 25～44 米不等）；钢混凝土组合梁：（全桥共 3 联，主桥 2 联，匝道桥 1 联，钢梁高度 1.77 米，混凝土桥面板厚 0.27 米，并设有预应力钢束）；预应力简支梁：（主桥与匝道桥分别采用跨径为 22 米、27 米的两种，共 42 跨，梁高 1.4 米）。

下部结构有 3 种类型：即在连续梁中墩处采用 $\phi=1.2$ 米，$\phi=1.5$ 米的独柱；梁的各联连接处采用内盖梁加双柱；简支梁采用 T 型墩。针对柱子的强度及交通防护要求，有的柱设为钢套管混凝土柱。桥台为 T 型盖梁内砌块石挡墙，外饰磨菇石。

为降低噪音，该立交在桥上设置新型 PC 材料制做的隔声屏障。

道路桥梁总概算值 15753.8 万元，其中桥梁概算值 13537.7 万元（平均 2953.4 元/平方米）。道路概算值 2216.1 万元（179 元/平方米）。

桥梁工程设计主要项目概况见表 2－7。

表 2－7　桥梁工程设计主要项目一览表

序号	设计项目名称	设计年代	工程设计摘要	概算额（万元）	主要设计负责人
1	北京市密古公路清水河桥	1958～1959	钢筋混凝土双悬臂＋吊梁，沉井基础，跨径 11.25＋5 米×27.5＋11.25 米，全长 160 米。桥宽（净－7）＋2×0.75 米，设计荷载汽－18，拖－80		冯先松
2	北京市密古公路辛庄潮河桥	1958	钢筋混凝土双悬臂＋吊梁，沉井基础，跨径 12.5＋7 米×33＋12.5 米，全长 256 米，设计荷载：汽－18，拖－80		孙尚文
3	北京市斋堂公路塔岭沟桥	1959	钢筋混凝土肋拱桥，净跨 44.0 米，设计荷载：汽－18，拖－80		那　祥
4	北京市十三陵水库七孔桥	1959	细凿花岗岩石拱桥，汉白玉栏杆，跨径 7 米×10 米，全长 90 米。设计荷载：汽－18，拖－80		冯先松
5	北京市顺平公路潮白河俸伯桥	1960	装配式钢筋混凝土 T 梁桥，高桩承台基础，跨径 11 米×22.2 米，设计荷载汽－26，拖－80		孙尚文
6	北京市京山公路潮白河白庙桥	1963	装配式预应力混凝土 T 梁，高桩承台基础，跨径 12 米×22.2=266.4 米。设计荷载：汽－26，拖－80		王春富
7	北京市三雁公路长安岭隧洞	1964	钢筋混凝土三心圆拱衬砌，全长 506.62 米，净高 4.5 米，宽 9 米，是北京市当时最长的隧洞		冯先松　沈中治
8	北京市昌赤公路白河白河堡桥	1965	装配式预应力混凝土 T 梁，沉井基础跨径 5×33.0=165.0 米。设计荷载：汽－26，拖－80		容社安
9	北京市密云大关桥工程	1967	主桥为 3 孔净跨 72 米的双曲拱桥，跨越白河密云水库入口处，是本市最大的双曲拱桥。设计荷载：汽—26，拖—80		冯昌茂

续表

序号	设计项目名称	设计年代	工程设计摘要	概算额（万元）	主要设计负责人
10	北京市良黄公路永定河永立大桥	1969	先张预应力混凝土T梁，排架桩基础，跨径45×15米，设计荷载：汽—26，拖—80		冯昌茂
11	北京市柏平公路对营子桥	1969	钢筋混凝土双曲拱桥，跨径3米×40米，设计荷载：汽—26，拖—80		魏瑞增
12	北京市京周公路新芦沟桥	1970	钢筋混凝土双曲拱桥，跨径17米×30米，全长537米，宽16米，设计荷载：汽—26，拖—80		谢万春　李芸英
13	北京市京周公路小清河桥	1970	钢筋混凝土拱桁连续桥，跨径为16+6米×20+16米，全长210米，设计荷载：汽—26，拖—80		谢万春
14	北京市通顺公路温榆河桥	1974	装配式钢筋混凝土T梁，跨径18米×12米，全长216.0米，全宽10.7米，设计荷载：汽—20，挂—100		罗保恒
15	北京市复兴门立交桥工程	1974	北京市第一座互通式全功能长条苜蓿叶式立交，结构型式为三跨预应力混凝土变截面连梁。设计时先将边孔预制成单悬臂梁，再浇中挂梁，转换体系，形成连梁。设计荷载：汽—20，挂—100，人群400公斤/平方米		罗　玲　冯先松
16	北京市怀丰公路峪道河桥	1975	钢筋混凝土双曲拱桥，净跨64.0米，全长100.1米，桥宽（净—7）+2×1.0。设计荷载：汽—26，施—80		黄燕生
17	北京市阜成门立交桥	1975	变截面预应力混凝土连续箱梁桥跨径12米+25米+12米，全长49.0米，宽4+32+4=40米，总面积1960平方米。设计荷载：汽—20，挂—100		谢万春
18	北京市建国门立交桥	1976	全立交共3桥6洞，主桥为建国路上跨二环路，跨径26.0米，桥宽32.0米，总面积3380平方米，结构型式为分离式四室箱形预应力简支梁，设计荷载：汽—20，挂—100		苏庆东
19	北京市首都机场进场路Ⅱ号立交桥工程	1976	本桥是首都机场连接西跑道和国宾座机停机坪，跨越进场路的立交桥，全长51.96米，宽60米。荷载按飞机总重500吨、一个起落架轮组120吨设计，采用宽翼缘分离式预应力混凝土箱梁，全桥共10片		何　伟
20	北京市京密公路雁栖河桥	1978	旧桥为10孔，10米浆砌块石拱桥，加宽为钢筋混凝土梁桥，桥宽1.5+22+1.5=25.0米，设计荷载：汽—20，挂—100		黄燕生
21	北京市京密公路怀河桥	1978	装配式钢筋混凝土T梁，跨径9×15=135米，全宽25.0米。设计荷载：汽—20，挂—100		罗保恒
22	北京市京密公路温榆河桥		装配式预应力混凝土T梁，跨径10×21=210米，桥梁全宽25.0米，设计荷载：汽—20，挂—100		黄燕生
23	北京市潮白河引水工程牛栏山桥	1979	预应力混凝土简支梁桥，跨径为21×21，全长441.0米，双车道+自来水管，设计荷载：汽—20，挂—100（两用桥）		冯昌茂
24	黑龙江省牡丹江大桥工程	1982	本桥为13孔跨长40米，全长520米的双向预应力混凝土简支梁，重力式墩，埋置扶壁式桥台。设计荷载：汽—20，挂—100	926	沈中治
25	北京市马家堡铁路立交桥工程	1982	本立交为下穿铁路（京山、京广、永定门车站调度线及冷库专用线等九股）地道桥，采用顶拉法施工，桥体为三孔连续闭合框架结构，中孔净宽16米，边孔净宽8米，全宽34.6米，总重11600吨，分3节顶拉，分节顶拉力为5500吨。设计标准为“中—活载”	543	罗保恒
26	北京市三环路三元立交桥	1984	三环路上跨京顺路，机场路，共有跨线主桥3座，匝道桥5座，通道8座，1、3号跨线桥跨径13.5+27.3+13.5，全长54.3米，2号桥跨径2×22.25米，总面积12400平方米，主桥为V型墩刚架，设计荷载：汽—超20，挂—120		何　伟

续表

序号	设计项目名称	设计年代	工程设计摘要	概算额(万元)	主要设计负责人
27	青岛市八号码头立交桥工程	1983	本工程包括：跨越胶济铁路及其他道路的跨线桥1座，杭州路立交桥1座和不同类型的跨河桥6座，总建筑面积16645平方米。设计荷载：汽—20，挂—100，人群400公斤/平方米		罗玲 何伟
28	北京市京石高速公路永宁大桥工程	1986	本桥全长1120米，连续跨越大兴灌渠永定河和大宁水库，宽25～28.0米，总面积28000平方米，为一特大公路桥。设计荷载除按汽—超20和挂—120设计外，还按挂车500吨进行验算；洪水频率1/300；地震按7度设防		吴西伦
29	北京市东轴线大北窑立交桥	1986	建国路上跨东三环路，主桥跨径为33米+39米+33米=105米，宽18.2米，结构型式为变截面薄壁钢箱梁，两端引桥分别为7×15和8×15，共225米，简支T梁。设计荷载：汽—超20，挂—120。总面积6552平方米		罗玲 黄顺禧
30	北京市二环路东便门立交桥工程	1987	本立交共有各种类型桥梁16座，总面积17000平方米，其中11#、12#、13#桥采用了独柱支承的预应力混凝土连续弯箱梁，在国内属首次采用。设计荷载：汽—超20，挂—120。地震8度设防		谢万春
31	北京市四环路安慧立交桥工程	1986～1988	本工程为机、非分行的3层菱形苜蓿叶式立交，包括1座跨越四环路的主桥和16座异形桥以及2座下穿四环路桥，总面积9474平方米。设计荷载：汽—超20，汽—20；挂—100，挂—120等	2950	罗保恒 李秀兰 冯先松
32	北京市玉蜓立交桥工程	1987	本立交系统由全长500米的南北向高架跨线桥、全长约410米的6条架空匝道桥、4座非机动车道、3座铁路地道桥和2座跨河桥所组成，共计桥梁25座，总面积25000平方米。设计载重：汽—超20，挂—120等。抗震：8度设防	2300	何伟
33	北京市天宁寺立交桥工程	1990～1991	本立交为4层定向式立交，由14座桥梁组成，总面积3.80万平方米。占地面积8公顷。设计荷载：汽—超20，挂—120，汽—20，挂—100等，人群3.5千牛/平方米（因桥而异）	6460	沈中治 谢万春 贾引 王玉柱 徐忠豪
34	北京市西南三环莱户营立交桥	1991	全立交由19座桥和1座通道组成，其中二环路1#桥跨径为：2（25+2×35+25）+（24+2×36.4+24）+4×22+5×22+24+2×22=626.8米，等截面单箱三室独柱连梁，简支梁，宽14.75米总面积36471平方米，设计荷载：汽-超20，挂-120		徐军 张捷 黄顺禧 刘桂琴 谢万春
35	北京市京石高速公路大石河桥	1992	装配式预应力混凝土T梁，跨径22米×30米，全长660米，宽2×14.25米，斜桥交角52.5度，设计荷载：汽-超20，挂-120		韩一民 何伟
36	北京市西北二环高架桥	1992	由5座高架桥组成，其中月坛南北街立交桥共33跨，全长714米，全宽26米，总面积18564平方米设计荷载：汽-超20，挂-120		钟键 秦大航 沈中治
37	北京市四元立交桥工程	1992～1993	本立交为机、非分行苜蓿叶定向四层大型立交。共有主桥、匝道桥、辅路桥、跨河桥26座。总长2773米，总面积4.06万平方米。设计荷载：汽—超20，挂—120；汽—20，挂—100（因桥而异）	19340	沈中治

续表

序号	设计项目名称	设计年代	工程设计摘要	概算额（万元）	主要设计负责人
38	北京市首都机场高速公路温榆河桥	1992	装配式预应力混凝土简支梁，跨径9米×35米，全长315米，设计荷载：汽—超20，挂—120		韩一民　何　伟
39	深圳市雅园立交桥工程	1992	本立交道路采用高架多层次互相穿叉，由22座体系独立的桥梁组成，另外还有5座下穿式通道。大部分桥梁为弯桥和异形桥。大部分下部结构为独柱墩。设计荷载：汽—超20，挂—120，人群350千牛/平方米		吴西伦
40	北京市西北三环三义庙立交桥工程	1994	本立交为3层定向式立交，由1座主路高架桥及两座匝道桥组成，总面积45638平方米。是当时本市最大的立交桥。设计荷载：汽—超20，挂—120；地震按8度设防	15753.8	韩一民
41	北京市西三环公主坟立交桥	1994	全立交由跨线桥1座，匝道桥4座和通道1座组成。其中跨线桥共21跨，全长510.0米，宽36米，全立交总面积20180平方米（包括双向预应力连续异形板）		包琦伟

第三节　给水工程

一、工程设计任务

从1955年建院到70年代中期，院给水工程的设计任务范围，基本上限于北京市供水设施的工程项目，外省市只有个别的工程项目。北京市的工程设计项目大致可分为城区供水，远郊城镇及农村供水，以及工厂等用水单位自建供水系统。70年代后期，随着改革开放形势的发展，广泛开拓了外省市工程设计任务，并积极承接涉外工程设计任务。

40年来，院给水专业共完成给水工程设计约1500多项，包括给水厂站49座，给水管道2228公里。工程内容有大中小不同规模及类型的地下水水厂、地表水水厂、管道长距离输水系统，配水管网系统、水质软化、地下水除铁、除锰、除砷、地表水除盐等水质特殊处理，以及污染水源深度处理等。

院给水专业在设计工作中，注意吸收国外先进技术，提倡勇于开拓创新的进取精神，从60年代到90年代，先后开发机械搅拌加速澄清池、虹吸滤池、同向流斜板沉淀、污染水源深度处理，波形板反应及侧向流波形斜板沉淀、长距离输水等新技术、新工艺用于给水工程设计，收到较好的技术经济效益。

（一）北京市城区供水工程

1949年中华人民共和国建立之初，北京市城区供水设施基础薄弱，不少居民靠手压机井或浅井用水。经过几年恢复发展，1955年院成立时，北京城区只有两个水厂、40多口水源井供水，日供水不足20万立方米/日。城区管网也多呈树枝状。而截止到1995年，北京市城区供水水厂已增加到9座，其中包括日供水百万立方米的特大型地面水水厂——北京市第九水厂，城区供水能力已达到250万立方米/日，相当1949年全市供水能力的30倍，同时建成以大环为骨架和成百环干管遍布城区的配水管网。

1955～1995年40年期间，院承担北京市城市供水设施几乎全部工程项目的设计任务。地下水水源厂站工程设计有水源三厂、水源四厂、水源五厂、百井工程、水源七厂、水源八厂；地表水水源厂站工程设计有水源六厂、田村山净水厂、第九水厂一期、第九水厂二期等，其中八厂、九厂包括长距离输水工程。与厂站设计同时，还完成上千公里的城区配水管网工程项目设计，包括各水厂直径1000毫米～2200毫米的出厂干管，按规划实现的沿二环路，三环路及部分四环路直径1000毫米～1600毫米的环状骨架干管和穿过城区东西向、南北向的主干管，还有大量的区间配水干管。

1953年北京市城区着手建设新水厂。当时城区附近的永定河冲积扇地下水处于未经大规模开发的原始状态，西郊、北郊均有地下水溢出地表。结合改善城区水厂的布局，拟在城区西北、西南分别建设三厂、四厂。四厂工程设计的主要工作完成于1955年，院建立前夕，其主要设计人员以后均成为院给水专业的首批骨干力量，由他们担负的四厂工程施工配合一直延续到1955年院建立以后。

1955～1956年，水源三厂工程是院建立后设计的第一座地下水水厂，水厂供水能力为17万立方米/日。由于该厂地势较高，距城区管网近，投产后城市管网供水水压大为改善。该厂于70年代几经扩建，供水能力最大曾达45万立方米/日，一直是城区供水的主力水厂。

1958年后，东郊通惠河南北、酒仙桥、西郊衙门口、南郊铁匠营等地区均新建扩建了一批工厂，用水量急剧增长。考虑到市区附近地下水资源数量有限，市政府决定开发地表水水源。

在1958年水利化建设高潮中，为拦蓄永定河官厅水库以下山峡区洪水，修建三家店水库，秀府村河水厂工程设计就准备由该水库取水。秀府村河水厂工程设计完成引水隧洞、引水暗渠和水厂构筑物等主要工程设计，并部分施工后，1960年正值国家经济困难，压缩基本建设，以及水库泥沙问题没有解决，水库停建。秀府村河水厂工程也由此下马。

1959年为解决酒仙桥电子工业区738厂、774厂等生产生活用水，设计位于东北郊的水源五厂。该厂日供水量2万立方米/日。

1960年在投资紧缩情况下，为缓解城区供水紧张局面，北京市决定利用刚刚施工完密云水库大坝惟幕灌浆的钻机，在城区或用水大户院内空地分散凿井，就近补充管网供水。这一工程设计历时近两年，共选址设计管井100多口，是谓“百井工程”。这些井单井平均产水约2000立方米/日左右，陆续投产后缓解了当时城区供水的燃眉之急。1963～1965年，为解决南郊易燃工业区和城区南部缺水，设计水源七厂工程，共13口水源井，日供水能力5万立方米/日。

1963年东郊有机化工厂等一批新工厂兴建，原建于1958年的水源六厂需进行改扩建工程设计。该厂是北京市唯一的1座供工业用水的地表水水厂，设计日供水17万立方米/日。设计科研人员通过生产试验取得设计数据，开发高效的机械搅拌加速澄清池，为水源六厂设计单池产水1330立方米/时，直径23.88米的大型机械搅拌加速澄清池，于1965年试运投产，效果良好。这一新池型受到国内给水界的关注，迅速推广。同一时期该池型还用于院设计的北京印染厂工业给水工程中。其后应国家建委要求，作为全国给水排水标准图集，由院设计编制200立方米/时～1800立方米/时8种不同处理水量的机械搅拌加速澄清池标准设计图，在全国使用。

进入70年代城区出现了严重缺水。为此市政府决定开发远郊潮白河冲积扇地下水源，在顺义县牛栏山镇东，向北沿潮白河丰水区打井建水源地，长距离输水到城区，修建水源八厂工程。

八厂工程设计供水能力37万立方米/日，包括水源地、输水管及加压站，配水厂、配水干管等部分，为一大型长距离输水的地下水源供水系统。输水距离长达37公里。工程设计的特点是在水源地设计中，注意总结长期开发永定河冲积扇地下水的技术经验，进行合理的成井设计及组井式的群井布置，以发挥沿潮白河厚含水层的丰富产水能力，取得良好的技术经济效果；在长距离输水设计中注意管线选位和结合当时管材选择的可能性，合理布置管线上的附属构筑物，以保证长距离输水的安全运行及维修管理。水源八厂工程投产后成为北京市供水的主力水厂。经过1993年的扩建，供水能力已达到50万立方米/日。

1979年院接受在西郊田村山建地表水水厂——田村山净水厂的设计任务。该水厂作为北京市第一座地表水水源的城区供水厂，供水量17万立方米/日。设计的主要问题为从团城湖取用微污染原水的水质处理。在试验的基础上，设计采用在常规处理之后，进行臭氧氧化和颗粒活性炭滤床吸附的联合深度处理工艺。该水厂于1985年6月建成投产。

依照城市供水规划，进一步解决城区供水，须开发城区百公里以外远郊密云水库水源，修建第九水厂。第九水厂是一次规划设计供水100万立方米/日的特大型城市水厂。1984年完成该厂一期工程的初步设计，随后开展施工图设计。一期工程包括取水站、输水管道、净配水厂和配水管道等部分，设计水量50万立方米/日。一期工程利用密云水库至怀柔水库引水渠，在怀柔水库取水。输水管道长41.5公里，为直径2200毫米钢管至净配水厂，配水干管直径1000毫米～2000毫米，计20多公里。设计采用了从国外引进一批关系到水厂安全经济运行的关键性设备，提高了水厂的现代化水平。1990年7月第九水厂一期工程全面投产，实现了高水质、高可靠性、低电耗、低药耗的设计目标。

第九水厂一期工程投产当年即已满负荷运行。为此，1990年开始了第九水厂二期工程的设计工作。二期工程由密云水库直接取水，设立密云取水站，取水量100万立方米/日。输水管道怀柔水库以上直径2600毫米球墨铸铁管1条，长约33公里，怀柔水库以下增建直径2200毫米钢管1条，长约41.5公里。净配水厂扩建到100万立方米/日。

第九水厂二期工程采用球墨铸铁管较好地解决了特大口径输水管的管材问题。同时，净配水厂净化构筑物采用了大波形板填料高效反应池、波形斜板侧向流沉淀池和厚滤床单层均质煤滤料、气水微膨胀反冲洗式滤池等多项革新技术；在构筑物平面布置上采用了集团式，连成为一体，节省用地，降低造价。

第九水厂二期工程于1995年7月建成投产。第九水厂实现了供水100万立方米/日的设计目标。

（二）北京市远郊城镇及农村供水工程

北京市远郊城镇供水工程包括由北京市自来水公司50～60年代陆续接管的长辛店水厂，门头沟城子水厂，南口镇水厂及通县水厂。这些水厂初建规模都比较小，供水人口2万～4万人，日供水几千立方米。随着用水增长及水源条件变化，各水厂均经过院设计进行扩建、改建，供水规模多增至用水人口10多万或更多，日供水几万立方米。水厂工艺设备得到更新，出水水质提高，技术管理条件趋于现代化。如门头沟城子水厂，1953年前为煤矿井下水源，只经简易沉淀过滤后供水，供水量仅1.5万立方米/日。1955年改用永定河城龙灌渠来水。1968年经设计扩建，但处理设施落后，不能满足供水发展需要。为解决城子地区10万居民的生产生活用水，1981年院接受城子水厂改建设计任务。当年完成初步设计，1983年完成施工图设计。水厂设计供水能力4.3万立方米/日（二期达8.6万立方米/日），设计净水工艺除常规混凝沉淀过滤外，在前边设有高浊期用的直径为54.8米的辐流式预沉池，滤后设有去除有机污染物的升流式活性炭滤池。1990年3月改建后的现代化水平的城子水厂投产，改善了城子地区的供水。再如1983年完成的通县水厂扩建工程设计，扩大地下水源供水能力1.9万立方米/日，新建水厂设计了除铁除锰设施。

60～70年代院还先后为远郊县镇平谷、昌平设计供水系统。随着经济发展，80年代以后，北京市远郊县镇陆续兴建现代化供水设施。出院设计的有大兴县黄村水厂工程，昌平县化庄水厂工程，顺义县第一水厂工程等。

院开展农村供水工程设计，改善京郊农民饮水卫生条件，最早开始于1960年。当时，接受中央爱国卫生运动委员会的委托，为北京市大兴县一批乡镇农村开展改水试点的设计工作。首先在大兴县采育镇，设计开发凭借出水压力计触点自动开停水泵的压力罐式无水塔供水系统。这一系统此后在京郊农村以及全国不少乡镇、小型供水单位采用。

1965年前后，院设计人员还曾深入北京市远郊房山县深山区，与县水利主管部门一起，为缺水山村解决农民生活饮用水问题。先后完成青林台村引水下山，柳林水村栏沟筑坝，金鸡台村、鸳鸯水村沟中暗坝等工程勘查设计工作，部分地解决当地用水的困难。

（三）北京市工厂等用水单位自建供水工程

北京市的一些工厂、公用建筑、旅游风景点等用水单位，由于用水量大或远离城区供水管网或水质有特殊要求，需要自建独立的供水工程。这类工程的设计项目数以百计，其中不少是地下水源的小型供水工程，也有一些大中型的或设计上有代表性的供水工程。突出的如1964年与北京市水源六厂改扩建工程，同期开展设计的北京印染厂工业给水工程。该工程取用通惠河水，设计水量1.68万立方米/日，主要为漂染及中压锅炉用水，水质分别要求软水和化学除盐水。净水设计中的过滤工艺，参考国外技术信息，设计开发新型的虹吸滤池。这一新型滤池受到国内给水界的关注。其后应国家建委要求，作为全国给水排水标准图集，由院设计编制160立方米/时～600立方米/时6种不同处理水量的虹吸滤池标准设计图，在全国使用。

1970～1973年院承担北京燕山石化总厂的向阳化工厂、胜利化工厂、东风化工厂3个分厂的外部给水工程设计。3个设计供水规模均在6万立方米/时～8.6万立方米/时之间，水源均为房山县大石河河滩地下水。胜利化工厂供水工程为一长距离（约14公里）的多次扬水的供水系统。

1972～1975年设计北京燕山石化总厂外部给水工程，这是一个大型的地表水水源净化和长距离输水供水系统，设计供水规模34万立方米/日。其中田村净水厂设计，借鉴国外技术资料，经过试验，开发设计同向流斜板沉淀池。

1972～1977年，为北京首都机场供水扩建工程进行设计，除新增水源井，清水池外，还增设曝气过滤除铁除锰装置。

此外，1972～1975年先后为八达岭长城、颐和园、香山公园等著名旅游景点设计供水工程。近几年，又为一些开发区、别墅区进行供水工程规划和设计。

（四）外省市的供水工程

1960年前后，接受外省市地方主管部门委托，院曾完成过山西省侯马市供水工程设计，沧州市河水厂工程设计等。

进入80年代，在改革开放形势下，院开始大量承揽外省市的给水工程设计项目。在河北、内蒙古、河南、辽宁、山东、四川、广东、福建、海南等10几个省市完成给水工程设计近30项。工程总投资额约25亿元。其中设计供水规模20万立方米/日以上的大型设计项目约占项目数的1/3。如深圳特区2000年城市供水工程规划方案、山东齐鲁石化总公司外部给水工程、营口市三道岭引水工程、重庆市梁坨水厂工程、厦门市西部开发区外部给水工程规划、广东省东莞市中部12镇及深圳市西部供水水源工程等。

1990年完成的深圳特区2000年城市供水工程规划方案，为该特区规划具有多水源的净配水工程，设计总规模184万立方米/日。规划方案利用现有水库调蓄，降低造价和运行能耗。这一规划方案业经批准，并正组织逐步实施。

1993年完成施工图设计的重庆市梁坨水厂工程，由嘉陵江取水，设计日供水量30万立方米/日（近期20万立方米/日）。设计针对原水浊度变化大，采用二级混凝、沉淀及滤池过滤净水工艺，厂区构筑物采用集团式布置，方便管理、节省用地。设计中利用国外贷款，引进调速电机，控制系统等设备。该水厂已于1995年建成投产。

广东省东莞市中部12镇及深圳市西部供水水源工程设计工作，1993年完成可行性研究报告，1994年完成初步设计。该工程是一个大型区域性取水、输水和水分配系统。设计总规模179万立方米/日，包括取水泵房、中途加压泵房共5座，直径600毫米～2400毫米输水管共160余公里。

二、设计项目选介

（一）北京市水源三厂工程

水源三厂工程是建院后设计的第一座地下水厂。设计供水量1.5立方米/秒，共有水源井12口。配水厂内设5000立方米圆形清水池5座，配水井及吸扬井各1座，配水泵房控制室一座及加氯间、办公楼等。厂内外输水管8.64公里，动力线及控制线各7公里。

工程于1955年6月开始设计，1956年10月建成投产，工程总投资399万元。由于当时北京市还没有专门的水文地质勘察部门，水源三厂工程的水源水文地质勘察工作由设计人员承担。设计人员依据水源四厂建设摸索出来的，凿勘探性生产井以确定水源地水文地质设计数据的经验，水源三厂工程首先在拟建水源地的地段内四季青乡板井村凿勘探性生产井1口。据该井抽水试验得出水源地单井的单位涌水量为200立方米/时·米，渗透系数近400米/日，以此确定单井设计产水量600立方米/时，共布井12口。

工程设计采用水源井遥控及配水泵房大型配水泵电机直接启动，试运一次成功。

（二）北京市水源六厂改扩建工程

北京市水源六厂是专供东郊的化工二厂、小氮肥厂等工业生产冷却用水的地表水水厂，原水取自窑洼湖，供水能力3.85万立方米/日。1964年北京市引进维尼纶设备，在东郊建有机化工厂、蒸气厂等，要求供水量增加，改善水质。为此进行北京市水源六厂改扩建，设计供水能力17万立方米/日。

设计工作开始于1963年，1964年底完成。工程于1965年7月建成投产，工程设计概算值约90万元。

改扩建工程水厂原水取自窑洼湖。其水源来自城区南护城河，经该湖沉淀后，原水浊度不高。鉴于冷却用水浊度要求低于20°，所以改扩建工程除包括取水、配水泵房外，净水工艺采用加氯除藻后混凝沉淀处理。

设计中对混凝沉淀构筑物形式进行方案比较：按当时常用的平流式沉淀池，设计停留时间需4小时左右，池子占地较多。

根据国外技术资料，机械搅拌加速澄清池的停留时间仅1～1.5小时，技术先进运行可靠。为掌握这项新技术及其设计数据，设计和科研人员通过制作有机玻璃模型，探索其内部构造和工作原理；继而在现场进行16立方米/时处理能力的模型试验，取得二反应室、一反应室及澄清区容积比为1:2:7，澄清区上升流速1毫米/秒，以及在三角进水渠加药等效果最佳的设计数据。依此设计六厂直径23.88米的机械加速澄清池6座，每座处理能力1360立方米/时，1965年秋试运行投产，效果良好。

（三）北京印染厂给水工程

北京印染厂位于东郊纺织工业区。1964年该厂为解决新建的中压锅炉用水和漂染等车间扩大生产用水，决定以厂南的通惠河为水源进行工业给水工程设计，设计水量700立方米/时。水净化包括常规处理后供厂内一般生产用水，钠离子交换处理后的软水供漂染用水，氢钠离子交换处理后的化学除盐水供中压锅炉用水。该工程于1964年开始设计，1965年底完成施工图，1966年10月竣工投产。工程总投资470万元。

工程设计主要有3部分：虹吸式取水头部及取水泵站；配水井、机械搅拌加速澄清池3座、虹吸滤池1座；水的深度处理车间和配水管道。

设计中采用的新技术、新工艺，主要有虹吸滤池和不足量酸再生氢离子交换。

为开发虹吸滤池新技术用于北京印染厂给水工程，院设计与科研人员先在试验室做小口径虹吸管试验，继而按工程所需尺寸作排水虹吸管试验，提出虹吸滤池的工艺构造，确定其主要设计参数。为便于集中管理，北京印染厂虹吸滤池设计为圆形，中心设同心圆排水井；为满足反冲强度要求，滤池分作7格扇形。排水井上设屋盖，虹吸用真空泵及配电盘设于屋内。

不足量酸再生氢钠离子交换是针对北京印染厂所用水源，原水中永久硬度占总硬度的30%～40%，通过生产试验后，确定采用同周期初期出的酸性水，和中、后期出的碱性水混合搭配，达到厂方要求的硬度和碱度指标。解决不足量酸再生氢离子交换工艺不能用于永久硬度高的原水的问题，并取得节能的效果。

（四）北京市水源八厂工程

进入70年代，北京市城区用水年递增10万立方米/日以上，出现严重水荒。1971年末市指派院和市自来水公司组成供水规划小组，研究开发利用密云、怀柔、顺义三县交界地区潮白河地下水源。1974年3月国家计委批准建设密怀顺水源工程，并正式定名为水源八厂工程。

八厂工程设计规模37万立方米/日，包括水源地、输水、配水厂及配水干管4部分。

水源地位于顺义县牛栏山，沿潮白河布井18组37口，井管直径800毫米～1000毫米；水源地设管理点一处。输水管自水源地至东三环路牛王庙配水厂，距离37公里。中途在温榆河南岸设加压站1座，加压站内设5000立方米圆形清水池2座、加压泵房1座及加氯设施。配水厂内设14000立方米圆形预应力钢筋混凝土清水池6座，配水泵房1座及补氯加氨设施。配水干管2条，即自配水厂向南沿东三环路到劲松路口直径1400毫米，约7公里，自配水厂向西沿亮马河至东二环路直径2000毫米，约4.5公里。

设计前期工作为1971年10月至1972年9月。1973年4月报出初步设计。1975年10月完成主要施工图设计。工程于1974年9月开工，1979年4月部分通水，1981年5月达到设计能力。全部工程投资15038万元，单位造价407元/立方米。

配水厂厂址选择曾比较东三环牛王庙与利用东直门附近水源一厂厂址。经过供水布局与施工条件等因素的比较，确定设计采用东三环牛王庙厂址。

结合当时管材供应条件，对温榆河加压站以上到水源地，曾比较压力和重力两种输水方式。依照管线位置、长度、施工及维护条件等论证，确定采用压力输水方式。并依据工作压力分段，采用4条直径1200毫米预应力钢筋混凝土管、1条直径2000毫米现浇拉模钢筋混凝土管或离心预制钢筋混凝土管，管道总长约80公里。

水源地设计采用沿河布置组井，分层取水，采用大口径井管，加大缠丝间距，使单井产水达900立方米/时。

为水源地设计开发压力式侧向流斜板除砂器，保证除砂效果。

潮白河跨桥输水钢管采用承插式橡胶圈接口。管支座用橡胶垫剪切变形替代钢滚动支座，以吸收钢管温度变形。

输水管线合理布置溢流塔、补气阀，保证运行中各管段不超压，消除气阻及水锤。

加压站开发研制泵后蓄能式双速自闭闸阀，替代逆止阀和出水闸阀，取得了消除停泵水锤和节能的双重效果。

配水厂14000立方米大型清水池池底下设盲沟排水，减少池底地下水浮力。

(五) 北京燕山石化总厂外部给水工程

该工程是北京燕山石化总厂30万吨乙烯工程的配套建设项目，设计规模4立方米/秒。1973年9月国家建委、水利部、燃化部，北京市共同决定，北京燕山石化总厂外部给水工程以京密、永引两渠来水的颐和园团城湖湖水为水源。工程包括团城湖清淤衬砌、改河、建取水头部，送水到北坞取水泵站的两条长2公里的直径1800毫米来水管（输水能力6.6立方米/秒，其中为北京市区用水预留2立方米/秒）取水泵站及其到田村水厂的两条直径1500毫米长8公里的输水管道；田村水厂及该水厂到燕山石化总厂附近的羊头岗配水泵站的单线长46公里的直径1500毫米，直径1200毫米的送水管各1条；中途在阎村设加压站1座；另外在总厂厂区内还有直径1000毫米及其以下配水干管若干公里。工程用管材除直径1800毫米为钢筋混凝土管外，其余均为钢管。

设计工作于1972年开始方案设计，1973年9月至1974年2月完成初步设计，1974年3月至1975年6月完成施工图设计。工程于1974年5月开工，1975年9月末建成。工程总投资13000万元。

1972年设计方案阶段，曾根据北京工程地质水文地质公司提供的“北拒马河冲积扇地下水水文地质勘察报告”，提出开采北拒马河冲积扇地下水的供水方案。在原房山县与毗邻的河北省涿县一定范围内，布置水源井40口，单井产水可达万立方米/日，并相应布置农业用水补偿井几十口。但由于未获有关地方部门的同意而中止。随后设计又进行开发拒马河地表水的供水方案。自拟建的张坊水库坝址下游取水，并选定高、中、低3条重力流引水线路方案，在房山县附近建调节水库，以确保不间断供水。这一方案亦因有关地方部门异议而中止。

田村水厂根据燕山石化总厂提出的供水水质要求：浊度平时不超过5毫克/升，最大不超过 10 毫克/升，设计净水工艺流程如下。

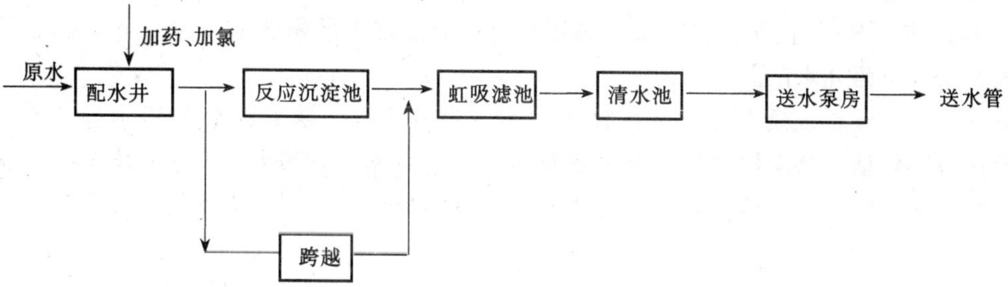

田村水厂反应沉淀池开发采用同向流斜板沉淀技术。同向流斜板沉淀技术见于 1972 年在北京展出的瑞典工业展览会，称兰美拉高效沉淀器。院经过单管、单片试验，确定设计参数。在田村水厂设计的同向流斜板，间距 35 毫米，分离区斜板倾角 35 度，板长 2 米，滑泥区斜板倾角 60 度，板长 0.5 米，斜板宽 1.43 米，用工字肋支承。斜板变坡点下方设有带集水孔的梯形集水管，并用矩形管将水上引到集水槽，斜板下池底设穿孔管排泥。该沉淀池投产后，处理水浊度达到设计要求，液面负荷可达 50 立方米/平方米·时。运行中发现分离区斜板上积泥严重。后又开发出沿程集水梯形斜板沉淀新工艺，并加大斜板倾角，解决积泥、改善收水条件。

（六）北京市田村山净水厂工程

为解决西郊广大地区的用水，并作为第九水厂建成前增加供水的过渡措施，经国家建委 1980 年 5 月批准，同意建设北京市田村山净水厂，建设规模为供水 17 万立方米/日。

田村山净水厂取用颐和园团城湖水，系利用北京燕山石化总厂外部给水工程兴建时，为北京市城区供水预留的 2 立方米/秒的原水取水能力，经过必要的扩建，合用已有的取水泵站和通向净水厂的输水管。田村山净水厂工程主要内容包括：燕山石化总厂外部给水工程取水泵房扩建，建田村山净水厂及配水管干管直径 1400 毫米长 8 公里。工程总投资 6361 万元，其中净水厂投资 4897 万元，单位造价 288 元/立方米水。

田村山净水厂是北京市兴建的第一座以地表水为水源的城市水厂。由于原水受到污染，草腥味较重，酚、汞、铬及农药、有机磷等有害物含量均有超标情况。对此院技术研究所经过近两年的原水在常规处理后的臭氧、颗粒活性炭，折点加氯等不同组合的深度处理试验，并经过设计方案的技术经济比较，决定采用臭氧氧化和颗粒活性炭滤床吸附的联合深度处理工艺。田村山净水厂投产后的运行实践表明：臭氧氧化和活性炭吸附的联合深度处理可以将微污染原水处理成合格的饮用水。

鉴于田村山净水厂与北京燕山石化总厂外部给水工程合用同一取水设施；2 个净水厂相毗邻，1981 年 12 月报出的田村山净水厂初步设计，曾依照 2 个净水厂统一管理的原则进行设计，以利合理利用水源，节省投资。后由于实现统一管理的实际困难，于 1982 年 4 月报出补充初步设计，改为分别进行管理，并决定取水泵站由北京燕山石化总厂统一扩建、集中运行管理。

设计为节约水厂自用水量，设滤池排水的回流泵房。设计引进日本东芝、富士的 5 公斤臭氧/时的大型臭氧发生装置。清水池设计容量 24000 立方米，采用矩形单元组合拼装式。

水厂加氯间首次设计开发建成 1 吨/时的氯事故吸收装置。

（七）北京市第九水厂一期工程

70 年代末到 80 年代初，北京市高峰用水时城区出现大面积缺水。1983 年经国家计委批准建设北京市第九水厂。

第九水厂建设总规模 100 万立方米/日，分二期建设，一期工程规模 50 万立方米/日。工程设计内容包括：怀柔取水厂，有进水管道、取水泵站、加氯间、110 千伏变电站及相应辅助生产和附属生活设施；输水管道为直径 2200 毫米钢管，长 41.5 公里，及施工难点部位一次建成的为二期使用的管道直径 2200 毫米钢管，长 11.4 公里；花虎沟配净水厂。1979～1982 年进行设计前期工作，1982～1984 年 12 月进行初步设计，1985～1990 年进行施工图设计。工程于 1986 年 5 月开工，1989 年 6 月投产 34 万立方米/日，1990 年 7 月全部建成投产。工程投资 74700 万元，其中取水工程 5631 万元，输水工程 20139 万元，净配水厂工程 24459 万元。单位造价 1004.50 元/立方米水。

方案设计对颐和园、怀柔水库、密云水库 3 处取水进行比较，为减少初期投资，确保原水水质，决定一期工程自怀柔水库取水，并预留自密云水库取水的条件，对输水用钢管或钢筋混凝土渠道的比较，确定采用钢管。

初步设计阶段对净配水厂 4 个厂址即花虎沟村，北湖渠村，洼里村及大屯村进行比较，经委托国家地震局鉴定，认定花虎沟村厂址在空间上处于 2 断裂之间，水平距离较远，处于相对稳定部位，优于其余 3 个厂址。

初步设计净水工艺，部分采用二级过滤工艺；施工图设计取消部分二级过滤，净水工艺统一采用澄清过滤和炭吸附工艺。

花虎沟净配水厂设计净水水质指标为浊度≯1 度 NTU，色度≤5 度，嗅阈值≯4。其设计净水工艺如下：

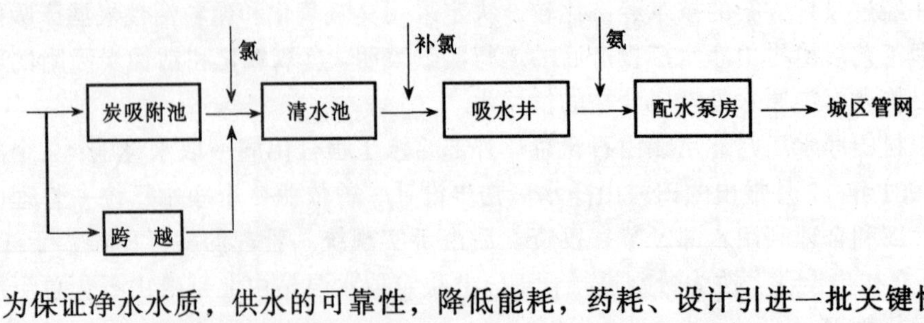

为保证净水水质，供水的可靠性，降低能耗，药耗、设计引进一批关键性的机电设备，包括取水、配水用的变频调速电机及水泵，转芯阀门、隔膜计量泵、真空加氯机、集散型监控设备。此外还采用钢管水泥砂浆衬里，快速机械混合等。

（八）辽宁省营口市辽河水源工程

营口市辽河水源工程专供工业用水，用以替下优质的地下水，以满足生活用水的增长，达到优质优用的目的。该工程于1980年开始设计，1984年完成初步设计，1985年完成施工图设计，工程于1985年开工。由于资金不足，工程不能顺利进行。于1986年开始申请世界银行贷款。同时开展一个以农用三道岭水库为水源的引水工程，引水到第二水厂后利用辽河水源工程的净、配水构筑物进行净化和配水形成6万立方米/日的生活供水能力。工程于1986年初投产。辽河水源工程取得贷款后，又按世界银行评估意见，对取水厂预处理能力进一步提高，以减少向市区输进的泥砂。全部工程于1996年全部竣工，形成工业供水能力6万立方米/日。

1984年初步设计概算为3320万元。世界银行贷款共1300万美元。包括三道岭引水在内全部工程决算24000万元，其中三道岭工程8400万元。

取水厂设在上游的营口市北端黑鱼沟，基本上能避开咸潮影响。在河中设取水头部。用2根直径900毫米钢管引水到取水泵站下部的斜板池中。经斜板沉淀后由泵站上层水泵加压输向净水厂，必要时可以投加3#混凝剂以提高混凝沉淀效果。斜板池底部积泥，用排泥泵抽升排入套堤内洼池。取水泵站上部装有3台24SHB水泵，1台备用。取水泵站设计能力为12万立方米/日。取水厂内还有66千伏变电站1座，加氯、加药间各1座，以及其他生活附属建筑。输水管道为2条直径900毫米预应力钢筋混凝土管，到原有的第二水厂，单线全长23.2公里。

原有的第二水厂为大清河水源的配水厂。新建辽河水源的净配水厂布置在厂区北部。西侧为66千伏变电站和配水泵站及中控室，东部为4个系列净水构筑物。输水管进入厂区北墙处的配水混合井。经加药、加氯快速混和后，分别流向4个净化系列。每个系列先经直径29米、水量1370立方米/时的机械加速澄清池后，进入流量1313立方米/时、滤速9米/时的煤砂滤料虹吸滤池，再经加氯消毒后进入ϕ36米4000立方米清水池。合计处理能力为12万立方米/日。配水泵分工业和生活两部分，分别装14sh－13型泵5台，其中1台调速，1台备用；12sh－9A型泵3台，其中1台调速，1台备用。另外建有回流泵站、加氯间、加药间各1座。水厂仪表采用集散型，对进出水和处理过程中的水质、水位、流量、水压以及主要电气参量进行监测。对加药，加氯进行自动控制。通道设施除取水厂用超短波无线外，厂内其他均用电缆。将信息集中在中控室，经过处理后，用显示器进行监测和打印机打印表报。

配水管网：工业用水管网新建直径600毫米～900毫米干管7.9公里，支管则由用户自行筹资建设，管材：直径400毫米及以下用灰铁口铸管，直径400毫米以上用球墨铸铁管。

（九）山东齐鲁石化公司30万吨乙烯厂外部给水工程

该工程为解决新建齐鲁石化公司30万吨乙烯厂生活及生产用水的配套项目，以解决新建石油化工厂的近期用水。远期用水将以引黄河水源做为最终水源。工程设计包括建两座地下水厂，西夏水厂及湖田水厂。

1980年4月至1983年4月进行设计前期工作。1984年6月至8月进行初步设计。1985年4月至9月进行施工图设计。工程于1985年4月破土动工，1986年10月完工通水。

西夏水厂，设计能力17.87万立方米/日，采用地下水源共打井31眼，输水管道总长度 28.64 公里，最大管径 1000 毫米，清水池两座 12000 立方米/座。配水泵房水泵采用程序控制，实现配水自动化。其中 1 台配水泵配置了 1 台 Y0T—800 型液力偶合器，进行水泵的无级调速，以适应厂区用水量变化的需要及节约用电。附属建筑面积 4345 平方米。由于水源地距配水厂较远且分散，为此在水源地中心设立 1 座水源井控制中心，与开闭所合建，其建筑面积 602 平方米。水源井均采用了进口日本产潜水泵。

湖田水厂设计能力 3.0 万立方米/日，其中工业用水 2.74 万立方米/日，设清水池 1 座 4000 立方米，生活用水 0.26 万立方米/日，设清水池 1 座 750 立方米。配水泵房 1 座。附属建筑面积；1260 平方米。输水管道长 3.44 公里。

（十）辽宁省辽阳市汤河水库水源工程

为解决辽宁省辽阳市城市供水不足及改善供水水质，辽阳市政府决定兴建汤河水库水源工程，1983 年辽阳市建设局，自来水公司委托院进行设计。1983 年初完成初步设计。1984 年辽宁省建设厅组织审查。1985 年 10 月院根据省建设厅批复意见完成施工图设计，并于同年开始施工。

该工程设计以汤河水库为水源，经过取水、输水至净配水厂。原水经过净化处理达到生活饮用水标准后，经配水泵房加压后送至市区配水管网。取水工程系自电站取水隧洞开凿支洞引水。取水支洞内径 2 米，全长约 150 米，在洞口处接出两根直径 900 毫米的接口。输水工程采用直径 900 毫米重力输水管道 1 条，全长 32.3 公里，采用预应力钢筋混凝土管利用水库水位重力输水。净水工程采用混凝、沉淀，过滤常规工艺流程。

工程规模按日供水 10 万立方米一次规划，两期建成。一期日供水规模 5 万立方米。水厂中共用设施一次建成。工程总投资 3928 万元。

在长距离输水管道始端，设计采用调流节能阀（自行设计，国内首次）根据水库水位及需要的取水流量进行调控，使输水管道压力保证在设计压力范围内，以消除水锤，保证管道安全运行。

配水泵房设计中为节约能耗和调度管理方便，采用液力偶合器调速水泵机组。配水泵房出水管安装院设计的双速自闭阀，以防止水锤。

净配水厂厂区布置紧凑，生产构筑物间采用廊道型式连接，管理方便且适合东北地区气候要求。

（十一）辽宁省阜新市佛寺水源工程

佛寺水源工程是为了缓解阜新市供水紧张状况而设计的。阜新市自来水公司根据市政府决定，于 1983 年委托院编制工程设计。1985 年完成施工图设计。

该工程是阜新市第一个以地表水为水源的给水工程。原水取自佛寺水库，工程规模按 3 万立方米/日设计，5 万立方米/日校核。1984 年 11 月工程动工兴建，1987 年 6 月部分建成投产送水，1989 年 6 月全部建成投产。经多年生产运行，处理后的水质均达到国家生活饮用水卫生标准。实测供水能力为 5.2 万立方米/日，各种指标均达到设计要求。

工程总造价为 1344 万元。按 5 万立方米/日计算，每立方米水的造价 268 元，扣除配水管投资，每立方米水的造价为 215 元。

设计包括水库取水泵站一座，直径 700 毫米输水管道 6.74 公里，6 千伏双回路输电线路及通信电缆各 6.70 公里，净配水厂 1 座，66 千伏变电站 1 座，直径 900 毫米配水管道 5 公里。

取水泵站，建有取水头部、取水管、取水泵房及控制值班室、变压器室、附属建筑等。由于水库水位变幅较大，为充分利用水库水位，采用库内取水，在库边山坡高地基岩上建合建式取水泵房。设箱式取水头部，采用在库边筑岛沉井施工；取水管道采用重力流与虹吸进水相结合的方式，减少水下工作量。泵房内径为 14 米，采用吊挂法施工井壁，节省土建工程量。

净配水厂，为节省投资、节约用地、方便管理，水厂与原地下水源第四泵站合建。根据水库水质条件，采用常规处理工艺。净化构筑物尽量利用厂内地形高差，分两个系列布置。厂内新建配水井、机械搅拌加速澄清池、虹吸滤池、加氯间、加药间、回流泵房、变电站及附属建筑等；改建和扩建配水泵房，并对四泵站已有 66 千伏变电站进行了技术改造，以提高供水安全度。厂内设备控制标准，根据当地条件及管理水平，仅对必要的工艺参数进行检测与记录。

工程建成投产后，增加供水量 5 万立方米/日，每年创造工业产值几亿元，并解决 20 万人的生活用水。

（十二）重庆市梁坨水厂工程

为解决重庆市重点开发区——江北区供水不足、改善水质，重庆市政府决定修建梁坨水厂工程。工程设计规模：30 万立方米/日。工程一次规划，两期建成，一期日供水 20 万立方米/日。工程以嘉陵江为水源，包括取水头部及取水泵站，净配水厂采用二级混凝沉淀及过滤净水工艺；配水泵房加压送至配水管网及加压站；加压站再将水送至另一级配水管网及高位调节水池。

1989年初至 1989 年 10 月编制可行性研究报告，1990～1991 年进行初步设计，1991～1993年进行施工图设计。工程于 1992 年开工，1995 年 8 月建成通水。工程总投资 80890 万元。

设计针对汛期泥砂含量高，颗粒大，为提高沉淀效果，降低药耗，预沉池及二沉池均设计成分区沉淀的平流、斜管沉淀池。混合反应后，先经平流区去除大颗粒矾花，再经斜管沉淀，提高沉淀效果。

净配水厂地处山区，地形复杂。厂区平面布置采用功能分区及混凝、沉淀、过滤构筑物密集布置，构筑物间廊道连接。廊道竖向由排泥渠道、管廊、走道组成，以方便维护管理、节省用地。

设计中使用日本海外经济协力基金贷款，引进国外先进设备，如效率达 91％的水泵、水冷式电机、GTO 元件的变频调速装置，SF6 组合电器，气水反冲滤池设备及控制系统等，初步估算一期工程年节电约 140 万千瓦时。

（十三）深圳特区 2000 年城市给水工程规划方案

深圳特区 2000 年城市给水工程规划需水量为 5.8 亿立方米/年（合高日用水 184 万立方米/日）。而 1990 年现有水源仅 1. 76 亿立方米/年。规划方案的主要水源为新建东深三期引水工程，即从广东东江引水 8.8 亿立方米/年至深圳水库。其中给香港 4.8 亿立方米/年，留深圳特区 4 亿立方米/年。规划方案提出建立东部与中、西部 2 个独立给水系统，进行源水输送，分配与净化。

东部地区 2000 年规划用水量 20 万立方米/日，在深圳水库建老虎坳取水泵站，输水管长约 18 公里，新建莲塘净水厂（8 万立方米/日），沙头角净水厂（5 万立方米/日），盐田净水厂（7万立方米/日）。

中西部地区2000年规划用水量164万立方米/日，已有水厂4座供水能力62万立方米/日。需扩建新建水厂3座，即新建梅林水厂（60万立方米/日）、新建南头水厂（24万立方米/日）、扩建大冲水厂（由12万立方米/日增到30万立方米/日）。建泵站3座，即深圳水库取水泵站1座（108万立方米/日）、铁岗水库取水泵站1座（一期26万立方米/日），大冲转输泵站。输水管线长73.4公里，建立自来水调度中心，可对各水库，各场站及管网进行监测调度。

设计工作自1990年4月至1990年8月。规划方案经批准，于1991年开始实施。

设计通过对深圳特区11年资料进行逐月逐日统计分析，确定用水日变化系数为1.24，年用水量平均增长率为26%左右。由此得出2000年及逐年的预测用水量，为规划编制提出科学依据。对深圳特区地下水，地表水资源进行全面的调查及定量评估，摸清了深圳境内可利用的水资源量。规划方案中拟建和扩建水厂沿地势较高的北环路布置，以原水输水管相连，使输水管长度缩短，节约投资。通过系统的工况分析确定各设施的合理规模，选出高日，平均日、低日、停水期4种工况，科学确定各泵站及不同管段的设计规模。

作为深圳主要供水水源的东深引水工程，每年12月份检修，仅11个月供水。为此设置调蓄设施。设计中利用4个水库组成联合调蓄调配系统，即以深圳水库为接纳水库，利用已建的西沥水库和铁岗水库及新建的马泻水库作调节的水库。设计搜集香港近百年的水文资料，补充深圳水文资料之不足，以保证调蓄系统设计的科学性。

在大冲水厂附近设置转输泵站。在低日时，把深圳水库供水的富裕水量转输入铁岗、西沥两水库储存。在12月份东深引水检修期及高日用水时，以上两水库放水，经泵站转输到水厂，使各水源间合理调配降低能耗。

深圳特区2000年城市给水工程规划方案于1990年经深圳市主管部门批准，指定院为工程设计抓总单位，由成都、武汉等地5个设计院进行设计，将规划方案付诸实施。

（十四）北京市第九水厂二期工程

根据国家计委1990年、北京市计委1991年批复的九厂二期工程可行性报告，并同意二期工程从密云水库潮河库区取水。

二期工程取水规模100万立方米/日，在密云水库九松山副坝东约1200米新建取水口和取水站。由直径3.5米长约3公里隧洞（由北京市水利规划设计研究院设计）、直径2.6米球墨铸铁管长度约33公里输水管道，及直径2.2米钢管长约41.5公里，自流输送原水到净配水厂。九厂一期工程建的怀柔取水厂作为备用取水口。二期工程净配水厂设计规模50万立方米/日，仍采用常规处理加活性炭吸附净水工艺，并设有污泥处理厂，一并处理一二期工程净水处理中的沉泥。二期工程的配水管道设计，总长度约52公里，管径1.0～1.6米。

1990年4月报出可行性研究报告及补充报告。1992年2月报出初步设计。1993年10月完成施工图设计。1990年12月10日工程开工。1995年7月28日正式通水。工程总投资168600万元，其中净配水厂42039万元。

密云水库设计水位高出取水口约40米。为调节流量和消能，设计引进直径1600毫米压力式大口径调流阀2台。

由日本引进直径2.6米球墨铸铁管计32公里，管内壁有水泥砂浆衬里及表面喷敷聚丙烯膜。在工程设计中，对管壁厚度进行核算，经与日方谈判壁厚由25毫米减为23毫米。同时将日本提出170度砂基，核算改为105度，并通过测定将管底填土密实度95%改为90%，改善了受力状态。

净配水厂净水工艺设备选型及厂平面布置设计，混合采用双桨快速轴流式机械搅拌器、反应池采用高效大波形板填料、沉淀采用侧向流波形斜板沉淀池、过滤采用厚滤床单层均质煤滤料、气水微膨胀冲洗方式。

净水构筑物设计采用密集型集团式布置，实现混合、反应、沉淀、过滤及炭滤、设备、配电连于一体，方便管理，并节省占地约2公顷。

给水工程设计主要项目概况见表2-8。

表2-8　给水工程设计主要项目一览表

序号	设计项目名称	设计年代	工　程　与　设　计　摘　要	概算额（万元）	主要设计负责人
1	北京市水源四厂配水干管工程	1955～1956	包括四厂到阜成路、阜成路到西外大街、西横干线等直径600毫米～1000毫米，约11公里	200	力伯法　伊承勋 任福琛
2	北京市水源三厂工程	1955～1956	地下水厂设计水量1.5立方米/秒，水源井12口；配水厂1座	399	力伯法　伊承勋 田　煦　毕延龄 王禹华
3	北京市水源三厂配水干管工程	1956～1960	包括三厂到三里河北路，到西直门、学院路等直径600毫米、1200毫米，约12.7公里	440	伊承勋　田　煦 杨玉清
4	北京市天安门广场及东西长安街配水干管工程	1959～1974	包括直径600毫米～1000毫米，配水干管约7公里及广场、游行大道饮水喷泉等	290	田　煦　冯耀君 王东菊等
5	北京市南城供水干线工程	1959～1960	四厂到白广路，到天坛东门直径1200毫米全长8公里多	290	田煦　高士国等
6	北京市城区、近郊区百井工程	1960～1962	在城区、近郊区空地及用水大户院内布井百余口，就近向管网或用户供水，平均单井产水2000立方米/日	约2000	伊承勋　李京璋 张愈　马国俊等
7	北京市水源五厂工程	1959	地下水厂位于东北郊，设计水量0.3立方米/秒，水源井15口，配水厂1座，配水管直径400毫米，约9公里	300	毕延龄　张　愈
8	北京市水源六厂改扩建工程	1963～1965	地面水源，位于东南郊，工业用水厂，设计水量17万立方米/日，自窑洼湖取水，建有取水泵房，直径23.88米机械搅拌加速澄清池，加药间及配水泵房	90	力伯法　毕延龄 徐彬士　许以傅
9	北京市水源七厂工程	1963～1964	地下水厂，位于南郊，设计水量1.0立方米/秒，水源井13口，配水厂1座，直径800毫米配水管约5.1公里	160	伊承勋　徐大本 田　煦　张家善
10	北京市印染厂给水工程	1964～1965	地面水源，工业用水厂，设计水量700立方米/时，供漂染用水及中压锅炉用水。自通惠河取水、设计包括取水泵房、机械搅拌加速澄清池、圆形虹吸滤池及钠离子软化，氢钠离子交换缶等化学处理车间	470	力伯法　高士国 钟亮洁　崔文荣 刘雨生
11	北京燕山石化总厂胜利化工厂外部给水工程	1970	地下水源，设计水量0.7立方米/秒，包括管井5口，D7.5米大口井2座，直径700～1000毫米，输水管约14.5公里，中设加压站1座	300	伊承勋　高士国 刘益萱　潘骏寿

续表

序号	设计项目名称	设计年代	工程与设计摘要	概算额(万元)	主要设计负责人
12	北京市水源八厂工程	1971～1981	地下水厂设计水量37万立方米/日，在顺义县牛栏山潮白河沿岸布井18组37口，水源地到配水厂距37公里，铺直径1200毫米～2000毫米输水管长约80公里，中设加压站1座，配水厂1座	15038	力伯法 毕延龄 高士国 李京璋 周琪涵 许以僔 田用三 杨超群 张维明 朱克绍
13	北京市水源八厂配水干管工程	1974～1980	包括八厂配水厂到劲松路口直径1400毫米约8公里，八厂配水厂到东直门直径2000毫米，约4.5公里	1050	高士国 李京璋 何玉珍 齐永昌
14	北京燕山石化总厂外部给水工程	1972～1975	地面水源，工业用水，设计水量4立方米/秒，自颐和园团城湖取水，北坞村建取水泵站，至田村净水厂输水管直径1500毫米8公里双管，田村净水厂建有混合井，同向流斜板沉淀池，虹吸滤池，清水池，送水泵房。田村净水厂输水管直径1500毫米钢管及直径1200毫米铸铁管各45.4公里，中设加压站1座，总厂厂区羊头岗设配水厂1座	13000	力伯法 伊承勋 高士国 毕延龄 徐彬士 潘骏寿 刘雨生 许以僔 彭瑞民 陆元珍 刘益萱 钟亮洁
15	北京市首都机场供水工程	1972～1977	地下水源、设计水量800立方米/时，新凿水源井10口，原水经曝气及无阀滤池除铁，原有配水泵房扩建	300	力伯法 高士国 钱绍如 张家善 钟亮洁
16	北京市八达岭长城旅游区供水工程	1972～1973	地下水源，设计水量50立方米/时，包括水源井、加压泵站、高地水池及配水管	25	李京璋 张维明
17	北京市海军三院大口井水源工程	1972～1975	永定河大宁水库以东河滩地，包括D9米×20米大口井二座，设计水量0.6立方米/秒，输水管直径500毫米～800毫米，约2公里		李京璋 许以僔 杨超群 谢 娴
18	北京市二环路环线配水干管工程	1974～1981	配合北京市地铁及二环路形成逐步修建，包括前门至崇文门至东便门至东直门及西环、北环等直径600毫米～1200毫米，约20公里		伊承勋 朱锦文 张家善 高淑琴 杨超群
19	北京颐和园给水工程	1974～1975	地下水源，设计水量2200立方米/日，包括水源井，高地水池，消防泵房及配水管	30	徐彬士 姚光石 崔文荣
20	北京市前三门地区高压供水工程	1977	统一为前三门高层楼房群供水，包括高压泵站一座，高压配水管约5公里		朱锦文 张家善 谢 娴
21	北京市第二毛纺厂净水站工程	1977	工业用水，自京密引渠来水，设计水量360立方米/时，包括一元化快速澄清滤池一座，加药间、加氯间及泵房等		陆 萄 赵世增
22	北京市三环路环线配水干管工程	1977～1986	配合北京市三环路修建逐步建成，包括东北三环、北三环、东南三环、西三环等直径1200毫米～1400毫米，约40公里		伊承勋 陆元珍 杨小白
23	北京市田村山净水厂工程	1979～1985	自颐和园团城湖来水、设计水量17万立方米/日、净水工艺包括常规处理机械搅拌加速澄清池、虹吸滤池、及深度处理包括臭氧接触池、颗粒活性碳滤池，最后经清水池、配水泵房送出	6361	力伯法 伊承勋 李京璋 陆元珍 谢 娴 许以僔
24	北京市田村山净水厂配水干管工程	1978～1981	田村山净水厂到公主坟直径1400毫米8公里，公主坟到木樨地直径1000毫米3公里	1080	李京璋 韩秀英 宋润田
25	北京市第九水厂一期工程	1979～1990	北京市第九水厂规划水量100万立方米/日，一期工程设计水量50万立方米/日，工程包括怀柔水库取水厂，至净配水厂输水管直径2200毫米钢管41.5公里，净配水厂包括机械搅拌加速澄清池、砂滤池及活性炭滤池、清水池、配水泵房等，并引进一批国外先进机电及控制设备	74700	毕延龄 潘骏寿 刘雨生 许以僔 田用三 陈运珍
26	辽宁省营口市辽河水源工程	1980～1985	辽河取水，设计水量12万米/日，工程包括辽河取水厂，设有取水泵站；取水厂到净配水厂直径900毫米输水管23.2公里；净配水厂有机械搅拌加速澄清池，煤砂虹吸滤池、清水池及配水泵房；工业配水管直径600毫米～900毫米，7.9公里	3320	毕延龄 潘骏寿

续表

序号	设计项目名称	设计年代	工程与设计摘要	概算额（万元）	主要设计负责人
27	北京市通县水厂扩建工程	1981～1983	地下水源、设计水量1.9万立方米/日，包括水源井13口，曝气过滤除铁锰净配水厂1座，配水干管若干		伊承勋 朱锦文 李炳琨 百音 钱少如
28	北京市门头沟城子水厂扩建工程	1981～1983	永定河来水，设计水量1立方米/秒（一期工程0.5立方米/秒），净水工艺除常规混凝澄清过滤外，前设有D54.8米幅流式预沉池1座，后设有升流式活性炭滤池	3030	陆元珍 刘益萱 濮晓蓁
29	辽宁省辽阳市汤河水源工程（一期）	1983～1985	汤河水库取水，设计水量10万立方米/日，一期水量5万立方米/日，包括直径900毫米输水管，长32.3公里，净水厂采用混凝沉淀过滤工艺	3928	毕延龄 潘骏寿 郭文霞
30	辽宁省阜新市佛寺水源工程	1983～1989	佛寺水库取水，设计水量3万立方米/日，工程包括取水头部（筑岛沉井施工）、取 水泵房、净水厂1座及输配水管线	1344	伊承勋 凌赓龙 钟亮洁 许以僔 富平易 百音
31	山东省齐鲁石化公司30万吨乙烯厂外部给水工程	1980～1985	地下水源，设计水量20.8万立方米/日，工程包括水源地2处共36口井，配水厂2座及配水管。水源井装日产潜水泵、配水泵采用液力偶合器调速	3360	伊承勋 朱锦文 张书林 刘益萱 周琪涵 张胜增
32	北京市第九水厂一期工程配水干管工程	1984～1990	工程包括净配水厂到清华东路，清华东路到北四环路，昌平路到学院路等直径1200毫米～2200毫米，约15公里	4000	陆元珍 刘益萱 李炳琨 何纯提
33	北京市四环路环线配水干管工程（部分）	1989～1991	包括北苑路至和平东街，至首都机场路，直径1400毫米约4公里，学院路至昌平路直径1000毫米，约2公里	1500	陆元珍 刘益萱
34	重庆市梁坨水厂工程（一期）	1989～1993	嘉陵江取水，设计水量30万立方米/日（一期工程20万立方米/日），工程包括淹没式取水头部，取水泵房及净配水厂。适应高浊期，净水工艺采用二级混凝沉淀过滤工艺，沉淀池为分区沉淀的平流斜管沉淀池	80890	潘骏寿 朱锦文 郭文霞 凌赓龙 许以僔
35	深圳特区2000年城市供水工程规划方案	1990	以东江至深圳三期引水工程为水源，规划高日用水184万立方米/日，方案分作东部及中、西部两个独立的原水输配及净化系统，包括新建水库取水泵站及转输泵站4座，新建及扩建净水厂6座，输水管道91.4公里及监测调度系统	120000	高士国 钟亮洁 何纯提 许以僔
36	河南省驻马店市给水工程（一期）	1990	地面水源，设计水量12万立方米/日（一期工程6万立方米/日）包括净水厂及配水管道	2500	刘益萱 何纯提
37	北京市第九水厂二期工程	1990～1995	密云水库取水，取水规模100万立方米/日，输水管自密云水库至怀柔段直径2600毫米球铸管道长约33公里，怀柔至净配水厂段直径2200毫米钢管，长41.5公里，净配水厂扩建规模50万立方米/日，包括机械快速混合波形板反应，波形斜板侧向流沉淀池，匀质滤料滤池，活性炭滤池，清水池、配水泵房等，净化构筑物为密集式集团布置	168600	高士国 沈世杰 钟亮洁 刘雨生 许以僔 刘益萱 何纯提 周琪涵 边瑞 白健
38	厦门市西部开发区外部给水工程规划	1991	地面水源设计水量37.4万立方米/日，包括净水厂及输水配水管	15700	李同德 伊承勋
39	深圳市东湖泵站	1991～1992	设计水量12.5立方米/秒，工程包括取水泵房，变配电控制室，加氯间等，泵房设泵6台（Q=3.12立方米/秒，H=37米），其中4台工作泵采用串极调速电机	600	高士国 陆元珍 姚光石
40	海南省三亚市青田水厂工程	1992～1994	青田水库取水，设计水量15万立方米/日包括取水泵房及净水厂一座	8000	钟亮洁 刘益萱 濮晓蓁

第四节　排水工程

一、工程设计任务

院排水工程设计可分为排水管道、污水处理与城市河湖整治等分类。

排水管道工程设计，按任务特点分为1955～1962年、1963～1975年、1976～1995年三个时期。第一时期设计修建并初步形成北京市的几个重要污水系统，为首都分流制排水管道建设发展时期。第二时期北京市排水管道建设进展缓慢，主要开展一些配合改建工程；第三时期在改革开放形势促进下，设计任务大幅度增加，由北京市发展到内蒙古、黑龙江、山东、海南以及秦皇岛、连云港、大连、深圳、厦门、海口、三亚等沿海城市。该期间，北京市设计项目又可分为排水骨干工程，配合新扩建城市干道修建的排水工程，居住区、工业开发区以及运动场馆、大型公共建筑、饭店宾馆、交通枢纽、道路立交等排水配套工程。

污水处理设计是院排水工程另一项重要设计任务，院除完成北京市城市污水处理厂设计外，还积极承接石油化工、冶金、纺织、化工、轻工、铁路、建材及其他工业废水设计，服务范围遍及全国15个省市、23个地区。在国外完成博茨瓦纳国首都哈博罗内市4万立方米/日的城市污水处理厂工程设计，是院承担的第一个在国外使用所在国资金设计的污水处理厂。

1955～1995年，据不完全统计，院排水专业共完成排水管道设计4637公里，排水厂站设计118座。

（一）排水管道工程

1955～1962年北京市排水管道设计任务可概括为以下几个方面：

为解决城区和关厢地区污水排入护城河的水质污染、环境恶化问题，1956年修建前三门护城河北岸污水截流管，主要截流前三门护城河北侧各合流管道排入河中的污水；1957年修建东护城河西岸污水截流管，主要截流城区和关厢地区合流管道排入东护城河的污水。由于以上两条截流管将污水集中排入通惠河，使通惠河水污染更趋严重，为此1958年修建通惠河北岸污水截流管，接纳前三门北岸和东护城河西岸两条截流管的污水，并向东修至东郊热电厂取水口以下；1959年修建通惠河污水总干管，下游尾闾接入1962年建成为一级处理的高碑店临时污水处理厂。

配合市区干路改建，改进环境卫生，修建雨污水分流系统。其中1956年配合台基厂道路改建，修建双层方沟，分别在上下层排除雨污水；继1955年加建御河污水管后，1958年加建御河污水管中段，以实现该地区的雨污水分流。

配合工业项目建设，修建一批排水工程。其中1958～1962年期间，为解决西郊石景山、衙门口一带新建工业区排水出路问题，于1958年修建石景山污水干管工程，起自金顶街，经古城路至吴家村入新开渠，在尾闾修建了吴家村泵站。

配合庆祝建国10周年国庆工程的排水需要，1959年修建天安门广场排水工程、人大西侧路雨污水管、西郊三里河段迎宾馆外部雨水管、东郊工人体育场河湖水系及场外雨水管、崇文门北京火车站雨污水管及农展馆外部雨污水管等工程。

经过这一时期的建设，主要解决新建楼房区的雨污水排除和二龙路、金鱼池及城关地区百余处重点地区的积水问题；疏浚半壁店明渠系统下游尾闾；改善护城河污染。至1962年，已初步形成了以下几个城市污水排除系统：

通惠河污水系统——流域范围包括城区大部分和东郊部分地区。

东南郊污水系统——流域范围包括焦化厂、染料厂等东南部化工区及垡头居住区。

化工路污水系统——流域范围包括京通公路以南纺织工业区及大郊亭以上地区。

西滨河路污水系统——项目包括西滨河路污水截流管及其上游的阜外污水管、西郊行政区污水管、百万庄污水管、右安门泵站等工程，主要接纳西郊地区污水。

西北郊文教区污水系统——项目包括文教区污水干线、污水西干线和苏州街污水泵站等工程。

石景山污水系统——项目包括古城路污水管及其上游的金顶街、苹果园等污水支线、石景山工业区污水干管和吴家村污水泵站等工程。

南郊污水系统——流域范围为南郊卫生工业区

1963～1975年城市基础设施资金严重不足，排水管道建设十分缓慢，设计建成大型排水骨干工程主要有：

1965年，为配合兴建地铁一期工程，将前三门护城河改建为雨水暗沟，1971年配合地铁二期工程又将西护城河改建为雨水暗沟，俗称盖板河；利用暗沟作为人防掩体。在暗沟旁埋设污水截流管，以满足远期污水量发展的需要，并避免在地铁路上反复开挖。

为解决南护城河的污染，沿南护城河修建3段污水截流管和污水泵站。东段，于龙潭湖以北截流龙须沟、夕照寺、大石桥等合流管污水，经龙潭泵站抽升向南，送入南苑公社进行灌溉。中段，为截流左安门一带污水，建泵房1座。西段，为永定门以西的河段，沿河修建污水截流管和姚家井泵站，污水提升后也送入南苑公社进行灌溉。

为解决北京市污水污染天津市海河水源问题，京津两市共同规划，1970年在榆林庄北运河上修建拦洪闸，将北京市污水导入港沟河，并在下游龙风新河出口处建筐兜港交叉工程，使污水从北运河底下的倒虹吸过河，经永定新河于北塘直接入海，不再进入海河。

1976～1995年城市基础设施受到重视，院承担的北京市城市排水工程设计任务又有进一步发展，主要有以下几个方面：

为保护饮用水水源和治理河道污染，解决北京市区排水严重不畅或新区排水出路问题，设计城市排水骨干工程：1979～1989年为解决西郊阜外大街，西滨河路、行政区等污水管道的溢满流问题和西郊地区的排水出路，修建西郊污水干线；工程北起甘家口，南至万泉寺，并修建泵站，将污水抽升，排入凉水河；担负着西郊52.2平方公里的污水排除任务，投入使用后，已大大减轻西滨河路污水截流管的负担，基本上解决了西郊地区污水出路问题。1980年为解决503泵站、农大泵房抽升不足污水溢流问题，取消了这2个泵站，建成自流的南旱河污水截流管工程。1982年为解决劲松住宅区，肿瘤医院等东南护城河以东新建地区的排水问题，结合规划修建南城污水干线（下段）工程。1983年为解决永定河引水渠担负着输送西郊、燕山石化公司、长辛店等地区饮用水水源严重污染问题，由排污单位集资建成永定河引水渠污水截流干管下游工程，污水截流入西郊污水干管。1986年建成由复兴门外木樨地至田村的永引渠污水截流二期工程，沿渠道99%的污水得到截流，使近百万人的饮用水水质得到改善。1984年建成万泉水系截流管工程，解决了万泉水系沿河地区的污水出路和河道污染问题，改善了这一地区的环境卫生，特别是解决了清华大学的校园环境问题。1991 年为使南护城河河水还清，结合道路改建，修建南二环路污水管，取消姚家井泵站，将截流污水直接排入凉水河北岸污水管。1992 年为解决西郊水源三厂防护带污水溢流、污染地下水及河道问题，修建水源三厂防护区污水工程（世行贷款项目）。工程包括西郊机场路、闵庄路、车公庄路西延污水管；双紫支渠整治及污水截流、体育馆路污水管等。1993 年考虑到高碑店污水系统应具有一定截流倍数以及管网其他发展需要，修建通惠河南岸污水干线（世行贷款项目）工程，全长 8 公里。

配合新扩建道路设计的排水工程：1974～1984 年为配合兴建地铁二期工程及北、东北二环路改建，两次整治疏浚北护城河，并修建两侧污水截流干管；配合东二环路立交桥建设，陆续设计改建东护城河为暗沟，全长 5.2 公里，并结合远景规划修建了东护城河东岸污水截流干管。1980～1983 年结合扩建道路，为实现两侧流域面积的雨污水分流进行东直门外大街、朝阳路、安外大街、安定门大街、学院南路、北三环路、学院路、五棵松路、东北三环、北三环、广渠路、首体南路等雨污水工程设计 20 多项，占院排水管道总设计项目的 35%。此外 80～90 年代修建的东厢、西厢、南二环、东三环、北三环等城市快速路均配合进行雨污水管设计。

配合修建道路立交设计的排水工程：60～80 年代配合地铁修建二环路及 80～90 年代修建东厢、西厢、南二环、东三环和西北三环等城市快速路，在道路立交处设计并修建排水工程。1978 年首都机场二号立交桥采用自流排水，修建雨水管和明渠，将雨水排入温榆河；1987 年修建东便门、广渠门、光明桥立交排水，雨水自流排入南护城河龙潭闸以下。80 年代修建怀柔立交，由于地下水位过高，采取防水及抗浮措施，设计成封闭式引道，是立交排水增加的新方式。截止 1995 年，院在北京市设计建成立交桥排水工程 121 项，其中自流排水 85 项，占 70%；利用贮水池调蓄后排放的 1 项，不足 1%；设泵站抽升排水的 35 项（其中道路与铁路立交排水 24 项，道路与道路立交排水 11 项），占 29%。

配合建设居住区、使馆区、工业开发区、旅游区以及宾馆、饭店、大型运动场馆、火车站等工程，设计的排水管道工程：70 年代以来，北京市大面积建设居民住宅区，在新建住宅区内配套设计修建雨污水工程，其中有些属于地区性干线工程，如石景山八角污水干线，其流域包括金顶街、苹果园、西黄村、八角居住区等 573 公顷的流域范围；又如 80 年代配合科学院、双榆树、五路居、马甸等统建区的开发，设计修建土城北路、北三环路雨污水管工程。1980～1983 年，设计修建三里屯使馆区排水、团结湖小区三期、丰台南雨污水、香山饭店外部污水管、劲松小区雨污水、西郊车道沟小区雨污水、团结湖小区二期污水、以及清河镇、魏公村、清华寺小区、罗家园小区、八达岭游览区雨污水，香河园小区雨污水等 15 项，占院同期排水管道设计总项目的 26%。1984～1995 年设计修建方庄、西罗园、望京、劲松、南磨房等居住小区排水；配合工业开发区或高科技园区的建设，设计修建亦庄、上地、西三旗、丰台、石景山等处排水工程。1990 年为配合北京市北郊修建亚运村，设计修建北四环路、北中轴路、安立路、北苑路以及亚运会用地范围内布置的雨污水管工程，雨水干管通过疏浚后的仰山大沟向北排入清河，污水干管下游接入同步建设的北小河污水处理厂。1992～1994 年设计修建北京西客站排水配套工程，主要解决由于隧道、地铁及两座立交桥的阻挡而造成的西站北部地区的雨水出路被截断及车站用地问题，将新开渠改道并改建为暗渠，并把该地区雨污水分流，将污水纳入西郊污水干线系统，将八一湖水引入莲花池，使莲花河、凉水河河水还清。

改革开放以后，院排水管道工程设计任务已由北京市扩展到全国不少省市，特别是沿海开放城市。80年代初在秦皇岛市的塔岭开发区承接约1.7平方公里7种管线的规划、设计任务；在连云港承接经济技术开发区1.2平方公里的7种管线的规划设计任务；完成佳木斯市长安路排水及立交照明设计、内蒙古临河市雨污水规划和初步设计任务。1982～1985年承接了山东齐鲁石化公司30万吨乙烯废水排海管道工程设计，为节省投资，不建泵站，设计为管道上游重力流；下游压力流，最大排水能力8000立方米/时。1985年以来在深圳、海南、厦门、大连等开放城市和特区承接多项排水工程，包括海口市中心区市政雨污水规划，规划面积96平方公里，规划调整污水处理厂的布局及市区污水干线和次干线的位置安排、走向、控制标高，说明海口市区大雨时受洪水及潮位影响而大面积淹水的原因以及分洪的必要性和可能性，提出分洪措施及实施分洪的线路；承接海口市海府路雨污水改建工程、东西湖大同沟治理工程、滨海大道及滨海大道西延雨污水、海甸岛东部、西部开发区及滨海渡假村雨污水工程以及美舍河开发区龙昆沟等工程、琼山市桂林洋开发区、琼海市龙头开发区、三亚市鹿回头开发区、牙龙湾开发区等雨污水设计任务；在深圳市承接华侨城市政工程管线设计及市区道路排水、道路立交排水设计任务；在厦门市承接夏禾路改造雨污水工程、集美开发区雨污水和马青路排洪工程等项目，并和福建省规划研究院合作，完成漳州市雨污水规划和龙岩市解放路等雨污水工程设计。

(二) 污水处理与回用工程

1955～1995年市政院完成的污水处理项目共80余项，处理规模为236万立方米/日，其中城市及小区生活污水处理33项，处理规模217万立方米/日，工业污水处理49项，处理规模18.4万立方米/日。设计的项目涉及16个省市24个地区。

50年代市政排水工程的建设重点是修建排水管道，污水处理建设项目较少，只在50年代末期为配合污水农业灌溉修一些污水沉淀池工程。

60年代末至70年代初，院污水处理设计项目只限于北京市少数污染特别严重的工厂，如皮革皮毛、农药、焦化含酚等废水。

70年代以后，污染日趋严重，1973年第一次全国环境保护会议明确提出“要有计划，有步骤地建设污水处理厂”。1974年设计建成规模为600立方米/时的北京燕山石化总公司向阳污水处理厂。此后特别是80年代以来，随着改革开放政策的落实，经济实力的增强，院设计的城市污水处理、工业污水处理项目逐年增多，污水处理新技术得到进一步发展。

80年代以后完成的污水处理项目有65项，处理规模为204万立方米/日，分别占总完成项目的79%和处理规模的86%。

1. 城市污水处理　1960年设计建成高碑店简易污水处理厂，处理规模为25万立方米/日，用于农田灌溉。随着工业的发展，污水水质日趋复杂，农作物、浅潜层饮用地下水、尾闾河道、污灌区的农田都受到严重污染，对环境卫生和人体健康影响很大。为此1973年市政府提出修建二级处理工程，会同5个协作单位，组成“高碑店污水处理科研设计组”，开展污水处理工艺的小型试验研究，探求最佳处理工艺，并于1980年建成一座处理2000立方米/日污水的中型试验场。根据试验结果，高碑店污水处理厂采用A/O活性污泥法污水处理工艺和中温厌氧消化污泥处理工艺以及沼气发电、余热回收工艺。

1984年院报出高碑店污水处理厂一期工程初步设计。1990年12月开工兴建，于

1993年12月通水试运行，处理效果达到设计要求，出水水质达到国家排放标准。

高碑店污水处理厂是目前国内规模最大、工艺、设备先进的污水处理厂，按照远景规划日处理250万立方米/日，近期100万立方米/日，服务范围96平方公里，分两期施工。它的建成可使北京1/4的城市污水得到治理，污水处理的人口普及率增加40%，通惠河在高碑店闸以上河水可还清，灌溉用水水质得到改善；同时为发展工业、使用中水、节省水资源创造了条件，对治理北京水污染，改善首都的生态环境，有十分重要的作用。

另外还设计了许多中小型城市污水处理厂。其中还有为亚运会服务的北小河污水处理厂（1989年已投产使用）、为方庄小区10万居民服务的方庄污水处理厂（1990年建成投产使用），该两座污水处理厂设计规模均为4万立方米/日，污水生化处理工艺均为A/0法，污泥处理工艺一为厌氧消化，一为好氧消化。怀柔污水处理厂，处理规模1.5万立方米/日，北京物资学院污水处理厂，处理规模1500立方米/日，经贸部干部进修学院污水处理厂，处理规模600立方米/日，均采用了氧化沟工艺。松榆里小区生活污水处理厂，用沼气净化池分散处理工艺，规模为2000立方米/日。

2. 工业废水处理　院共设计完成石油化工、冶金、纺织、化学、轻工、铁路、建材及炸药等工业的废水处理厂，包括化工、酸碱、农药、制药、有机化工、焦化、电化、染料、印染、针织、啤酒、造纸、屠宰、乳品、感光胶片等44种产品的废水处理。

1969年成功地采用碱化水解、表面曝气活性污泥法，设计农药二厂污水处理厂。

1968~1981年分3期设计房山地区大型石油化工基地——燕山石化总公司向阳污水处理厂工程，尾闾排入同期建设的牛口峪水库。这个处理厂的进水有多种化工废水，能否混合进行生化处理，当时国内无实践经验。设计之前进行了处理工艺模型试验，并在上海高桥化工厂用生产废水实地试验，为设计决定采用活性污泥法提供了依据。这个厂设计处理规模28800立方米/日，采用完全混合型、表面曝气的生化处理工艺。运转实践说明，处理工艺合理，处理效果达到预期目标。

70年代末研究开发的氧气曝气活性污泥法，于1986年在国内首次应用于天津石化公司废水处理厂，并于1988年为上海石化总厂水质净化设计建成了我国第一座自行设计、完全采用国产设备及仪表的氧气曝气处理设施。

1983年研究开发的深井曝气活性污泥法新工艺已推广应用于国内20多个高浓度制药、化工、化纤工业废水处理工程。

1985年研究开发的微孔曝气新型装置，广泛应用在北京华都啤酒厂以及北小河、方庄、高碑店等城市污水处理厂，降低了电耗，降低了处理成本。

3. 城市污水回用　北京市高碑店污水处理厂1993年建成后，其二级处理出水可直接用于灌溉下游20万亩农田；按回用规划经深度处理后还可替代清水供第一热电厂、高碑店热电厂、化工二厂、化工试验厂等厂作为循环冷却水。

北京市方庄污水处理厂部分二级出水按回用规划经加药混凝沉淀过滤，可回用于工业和生活杂用水。此外还按照北京市节水办公室的规定，设计了城乡贸易中心、中日青年友好大厦、外文出版事业管理局、民族学院、新大都饭店、幸福大厦等多处小型回用水处理工程。

（三）北京市城区河湖整治工程

建院以来，院承担北京市河湖整治主要工程设计任务有：

1956年展宽前三门护城河，疏浚中南海。50年代末，在全市开展爱国卫生运动中将关厢和城区的窑坑、苇塘疏浚成湖泊，其中有北郊四湖：新街口外太平湖、人定湖、展览馆后湖、青年湖，以及红领巾湖、团结湖、东大桥湖及工人体育场水系等。还配合国庆10周年天安门广场的扩建，对玉带河水系进行了整治，整修了堤岸。这些工程的修建，有效地改善了城区环境卫生。

1965年为提高排洪能力，疏浚南护城河，设计排洪量达175立方米/秒。同年完成莲花河整治工程设计，为不使莲花河污水流入通惠河，将其下游河道往南改建1.87公里，于万泉寺汇入凉水河。

1980年中共中央书记处提出首都建设方针“四项指示”，“要把首都建设成环境最清洁、最卫生、最优美、全国第一流的城市”，对城市河湖建设提出了新的更高的要求，要将河道建成为不仅能排水，而且要能作为美化环境、供人们休息观赏的场所。在这一方针指引下，院承担一些主要设计项目有：

北护城河治理工程，全长6.7公里。其主要功能是排泄长河来水及宣泄沿此河道的两岸雨水，并兼向四海、东直门灌渠及燕京造纸厂、一轧钢厂供水。该工程分两次进行。1976年为第一次，工程名称为北护城河改河工程。此项工程西起西直门，东至德胜门，全长1.9公里，并新建松林闸枢纽。1981年春开始第二次北护城河治理工程设计，由松林闸至东北城角，全长4.85公里。为满足建成花园式河道要求，河道断面采用钢筋混土直墙，在安定门西修建水闸一座以提高河水水面。东北城角在河道终点疏挖一个小人工湖，0.2公顷，结合绿化布置成供广大群众休息观赏的园林式公园。为向坝河分洪、亮马河供水及分洪，还修建东北城角水利枢纽工程。

亮马河疏浚工程。1980年动工，1982年竣工，西起东北城角，向东经使馆区北侧，于西坝河村汇入坝河，全长9.9公里，总流域面积12.25平方公里，全部人工护砌，两岸修建7米林荫道。

万泉水系河道整治工程。1982年设计，全长9.68公里，流域面积25平方公里。院于1981年3月接受并进行此项工程的设计。这一工程显著地改善了沿河地带，特别是清华大学校园的环境卫生。

土城沟疏浚工程。土城沟起于学院南路，往北经黄亭子向东至祁家豁子（即小月河上段），穿过德清路往东至东北城角往南折后流入坝河，为北郊一带的主要排洪河道。土城沟西段（即小月河）疏浚工程于1981年开始设计，1982年动工，1984年竣工，全长10.25公里，并修建沿河截流管2.2公里。此项工程修建后，恢复和保护了元大都遗址土城沟，保护了土城，美化了环境。土城沟作为一个风景河道，把保护古都文物和城市基础设施建设有机的结合起来，具有城市防洪、灌溉输水、美化环境的综合功能。

二、设计项目选介

（一）北京市通惠河污水系统工程

通惠河是北京市区主要排水河道之一，其上游连接护城河及前三门河，下游经通县流入北运河。

为解决护城河河水污染问题，北京市人民政府自1956年开始修建沿河分流制污水管，以截流旧沟及合流管内的污水。到80年代末，通惠河污水系统已基本形成，计有北护城河、东护城河、前三门河两岸污水管、南城污水干线及通惠河北岸污水管和总干管，解决了北京市城区、沿通惠河沿线使馆区、东郊工业区的污水排除问题。1960年在总干管末端建成北京市第一个污水处理厂——高碑店污水处理厂，设计规模为3立方米/秒，只建设一级处理设施，处理出水作农业灌溉使用。80年代末，为进一步减轻通惠河污染，改善首都的环境，市府决定修建现代化的日处理100万立方米的高碑店污水二级处理厂。工程分两期建设，第一期工程50万立方米已于1993年投入运转。

通惠河污水系统已设计建成的污水管线有11条，其建设年限、水量标准及流量、管径及长度、流域面积、概（预）算情况见表2－9。

表2－9　北京市通惠河污水系统情况汇总表

	建设年代	水量标准及流量	管径及全长	流域面积	概算(或预算)
1. 前三门河北岸污水管	1956	129.6立方米/公顷·日；1900升/秒	管径ϕ1250毫米～ϕ1500毫米，全长5.86公里	1699公顷	374.7万元(下段3273米)
2. 东护城河西岸污水管	1957	129.6立方米/公顷·日；2150升/秒	最大管径ϕ1500毫米，全长5.8公里	1690公顷	344.8万元
3. 通惠河北岸污水管	1957	129.6立方米/公顷·日；6097升/秒	半椭圆形拱沟ϕ2100毫米～ϕ2500毫米，全长7.06公里	5690公顷	492.0万元
4. 通惠河污水总干管	1958	129.6立方米/公顷·日；9780升/秒	半椭圆形拱沟3200毫米，全长2.07公里	8180公顷	200.9万元
5. 前三门河南岸污水管	上段1965 下段1976	140立方米/公顷·日；2800升/秒(包括南城1280升/秒)	管径ϕ500毫米～ϕ1600毫米，全长7.06公里	412.8公顷	
6. 前三门改建工程污水管	1975	按沿线最高层建筑面积计算15升/平方米·日；187升/秒	管径ϕ500毫米～ϕ1050毫米，全长3.9公里	包括在南岸下段中	
7. 东护城河东岸污水管	1975	城内140立方米/公顷·日；3199升/秒 城外120立方米/公顷·日	管径ϕ1800毫米，全长5.3公里	东、西两管总面积2668.8公顷	
8. 北护城河南岸污水干管	1978	300立方米/公顷·日；1650升/米	最大管径ϕ1500毫米，全长6.5公里	415公顷	322.8万元
9. 北护城河北岸污水管	1981	380立方米/公顷·日；970升/秒	最大管径ϕ1300毫米，全长4.8公里	398公顷	378.0万元
10. 南城污水干线	1980	250立方米/公顷·日；5639升/秒	管径1950毫米两根，全长2.16公里	1913公顷	250万元
11. 通惠河南岸污水干线	1993	250立方米/公顷·日；29400升/秒；雨水截流倍数1.9	单孔方沟(3800×4000)×2500毫米 双孔方沟(3200×3800)×2500毫米 全长8.0公里	8643公顷	1.2亿元

通惠河北岸污水管，设计流量大，所需断面超过制管厂能力，经比较，决定采用砖砌半椭圆形拱。

前三门河北岸污水管的线路位置有两个方案，一是城墙以北沿顺城街，一是城墙以南与河道之间。经结合拆迁、地上地下管线和障碍物等因素进行比较，设计采用前一方案。

南城污水干线下游一段过铁路的管线位置，也有两个方案，一是顺铁路向西绕行，选择路线股数较少地段穿过,另一是直线穿过20股铁路线。经过技术经济比较和对穿过铁路长距离顶管的可行性研究,决定采用后一方案。施工中采用触变泥浆顶管并加中继间等先进施工措施,实现一次顶进210米长度的新纪录,为国内顶管施工提供了经验。

设计考虑远近期结合,将前三门河北岸污水管、东护城河西岸污水管在下游通惠河污水管未修建前,先在东便门附近设置临时出水口入河,让已建的管道及时发挥作用。通惠河北岸污水干管沿干线设置了3处事故安全出水口,作为管线临时出口,完成一段即可使用一段。通惠河北岸污水干管全线设置了6处过河倒虹管,近期可以接纳前三门南岸污水管、南城污水干线及通惠河南岸的污水,充分发挥北岸污水管的作用,推迟南岸污水干线的建设,远期也起到与南岸连通相互调济的作用。

由于污水管道埋设较深,受水文地质条件影响大,在一些地下水位高,土质情况复杂的地段,基础处理措施要在开槽后才能确定。为保证安全,设计人员同施工部门密切配合,及时研究对策,采取了以下基础处理措施:在前三门通惠河北岸污水干管中,针对不同土基扰动情况,采用挤块石,之字形短桩、挤桩等不同基础处理的措施。在前三门河北岸及东护城河两岸污水管经过一些重点古建筑或高层建筑,如前门、正阳门、东直门、朝阳门等门楼及国际饭店、新侨饭店等,管中心线离这些构筑物仅10余米,而槽深6米~8米,地下水位高,土质又不好,为确保构筑物安全,采取设井点加强排水,桩基、木筏基础及顶管等措施。

(二) 天安门广场排水工程

天安门广场的排水工程设计按照规划采用雨污水分流制,在广场两侧布置主要管网,由北向南排至广场以南的城市排水管网。

为配合广场道路和建筑物雨污水的排放,根据广场地形地物情况,结合规划要求,将雨污水管道分为广场东路、广场西路和人大西路3个系统由北向南分流,雨水分别流入前门箭楼以南的前三门暗沟,污水分别流到前三门北岸污水干管中。雨水管道的设计重现期采用10年,是城区雨水管道设计中的较高标准。管径为D=700毫米~1800毫米,并有部分宽为900毫米~1600毫米的矩形暗渠,雨水管道总长约4公里。污水管道的污水量按规划计算,管径为400毫米~800毫米,总长约4公里。为保持广场地面的完整性,只在广场以北游行大道以南的交接处及广场东、西、南道路处布置雨水口,雨水的最长地面径流长度达14米。设计中同时解决纪念堂排水和管道穿越地下铁道的交叉问题。

(三) 北京市前三门,东、西护城河改建暗渠工程

北京内城南面的前三门护城河,东、西、北三面的东护城河、西护城河、北护城河,是城内外下水道沟渠总汇流河道,是通惠河水系的重要组成部分。

1965年,北京地下铁路一期工程开始修建。为考虑战备,保证地铁安全和利用暗渠作为人防工程,将前三门护城河西便门至崇文门长5779米改为暗渠;1975年结合修建前三门道路和沿河高层建筑将崇文门至东便门长1350米的河道改为暗渠。共计总长7129米。

1965年配合地铁一期工程,先将西护城河复兴门至西便门长920米改为暗渠,1971年配合地铁二期工程又改建复兴门至西直门三岔口长3445米,1973年竣工。1985年配合西便门居住小区建设,干管由西便门向西延长至甘雨桥,长487米,总计全长4852米。按照首都人防办公室的要求,雨水暗渠做成双孔钢筋混凝土方沟,小雨时一孔排水,大雨时双孔排水。全线预留人防进出口和厕所各23处,交通道7处,指挥所和医务所各4处,通气孔多处。

配合建国门立交桥的建设,1974 年将该处 448 米东护城河改为暗渠,以后随着朝阳门、十条豁口和东直门立交桥的建设将全长 5172 米的东护城河全部改为暗渠。预留人防进出口 10 处,汽车出入口 2 处。工程于 1984 年全部完成。

上述 3 条护城河改暗渠工程,总长达 17.6 公里。

前三门护城河改暗渠工程流域范围西至南北沟沿以西、西便门,北至西安门大街、景山,东至王府大街、崇内大街,南至广安门大街、李铁拐斜街、西河沿,总流域面积 1553 公顷,设计流量由 10.9 立方米/秒至 115 立方米/秒,为一孔宽 4 米高 2.2 米至宽 8.5 米高 4.2 米钢筋混凝土方沟。西护城河改暗渠工程,流域范围西至三里河路,北至西直门内外大街,东至新街口大街、西四、西单,南至复兴门大街,总流域面积 1236 公顷,设计流量由 10 立方米/秒至 98 立方米/秒,为双孔宽 2.5 米高 2.5 米至宽 5.3 米高 3.8 米钢筋混凝土方沟,工程概算 2576 万元。东护城河改暗渠工程,流域范围除东护城河本身流域外,尚包括长河和北护城河流域范围。其中东护城河本身流域范围为西至新街口南大街、地安门、王府井大街,北至什刹海、东直门内大街,东至沿河以东狭长地带,南到建国门内大街,流域面积 1493 公顷;长河、北护城河部分汇流面积(洪峰产流面积)556 公顷,总受水面积 2049 公顷,设计流量由 69 立方米/秒至 160 立方米/秒,为双孔宽 4.4 米高 4.2 米至宽 7.0 米高 4.4 米的钢筋混凝土方沟,工程概算 2127.3 万元。

为保证南护城河疏浚和整修时不影响对北京热电厂和东南郊灌溉的供水,在西便门处做西护城河与前三门河联通设计;为减少北护城河的流量对东护城河和通惠河的压力,在东北城角将北护城河 1/3 的流量,即 30 立方米/秒,向坝河分洪,以节约东护城河改暗沟的工程造价,确保北京城北地区排洪的安全。

根据多年实践经验,在干沟两侧各支线长度差不多的情况下,大雨时所产生的流量,多半同时汇流。干沟设计流量能比各支线满流累计流量稍大一些即可。设计用雨水道计算流量的方法,对前三门、东、西护城河改暗沟干支流的洪流量进行各种情况的验算,证明这一计算方法符合实际,是可行的。根据 3 条河道所处地区情况和起始点担负排洪情况的不同,前三门护城河设计重现期采用 20 年;西护城河按流域面积大小,从上游到下游,采用变重现期,即 3、5、10、20 年;东护城河采用 50 年。由于流量较大,方沟断面水力计算按三面湿周计算,一般留有 50 厘米余高,并用四面湿周进行校核。建成后实测前三门暗沟行洪水向波动情况,无论在长距离、短距离和方沟横向,其波动在 13 厘米左右,证明用三面湿周计算方沟断面是合理的。

本工程结构设计中内力分析考虑了结构与地基土的共同作用,按弹性地基上的框架进行计算,可减少侧墙和底板内的钢筋用量,约可降低每延米配筋量 10% 左右。全线方沟防水、防渗主要以混凝土自身的密实度保证水密性,采用 S4 抗渗混凝土标号,不再另设抗渗措施,运行效果良好。为防止混凝土浇筑时的水化热温、湿度作用所产生的结构裂缝,方沟沿线纵向每隔 25 米(个别段长达 35 米)设变形缝 1 道,内设宽 30 厘米的橡胶或塑料止水带及沥青木丝板嵌缝抗渗,取得了满意的效果。

(四) 北京燕山石化总公司向阳污水处理厂工程

向阳污水处理厂承担着燕化总公司下属的向阳、曙光、前进 3 个化工厂的生产废水和工厂内部生活污水的处理任务。废水水质属石化类,含有多种有机化合物,成分复杂。

污水处理工程分 3 期进行。一期工程始于 1968 年,在修建向阳化工厂的苯酚丙酮车间的同时，配套修建废水处理设施，按当时化工工艺人员提供的废水量 26 立方米/时进行设计。废水量实际达到 100 立方米/时～150 立方米/时，一期污水处理厂无力容纳，又另建新厂，即二期工程。二期工程的规划设计吸取一期工程的经验和教训，将厂址选择在歇息岗村东南约 300 米处，并预留 3 期工程发展余地。二期工程设计有一级处理和二级处理。一级处理按最终水量 900 立方米/时（其中向阳 600 立方米/时，曙光 300 立方米/时）设计，二级处理按近期水量 600 立方米/时（ 其中向阳 400 立方米/时，曙光 200 立方米/时）设计。3 期工程增加前进化工厂的 600 立方米/时污水量，直接进入曝气池，使全厂二级处理规模达到 1200 立方米/时。

二期工程于 1974 年建成投产。3 期工程土建部分 1979 年竣工，因设备延误，至 1981 年才投入运转。

设计之前进行模型试验，采用人工配制水质。后来又到上海高桥化工厂用该厂的废水进行试验。结果证明：用活性污泥法处理这种混合污水，可以获得令人满意的结果。据此，决定采用如下流程：

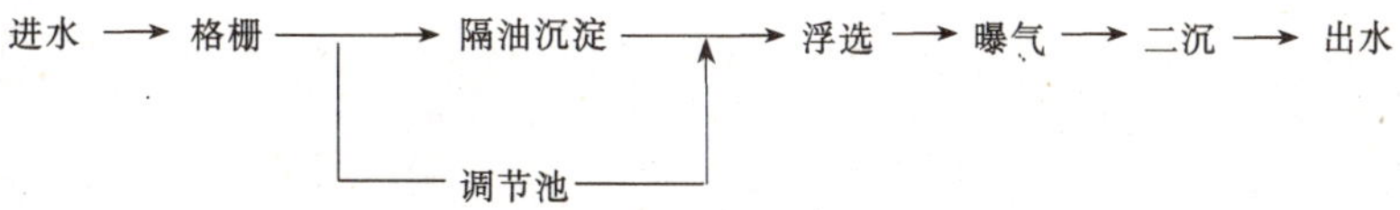

采用完全混合式机械搅拌圆形表面曝气池。

进出水水质：进水按 BOD_5＝900 毫克/升计算，一级处理去除率为 30%，进入生物处理的 BOD_5 为 630 毫克/升，按曝气池去除率为 95%计，最终出水 BOD_5 为 31.5 毫克/升。运行后，达到预期效果。

处理流程中加入大储量的调节池，其功能为：储存由于事故或设备检修造成的大量高浓度水；储存降雨初期厂区，特别是罐区，地面含高浓污染的迳流水；工厂停产检修时，废水来源断绝，为维持活性污泥微生物的生存，调节池中存水可供生物营养之用；当水质超标时接纳浮选出水，向调节池分流，以保证生物处理的正常运行。

运行实践证明，化工设备种类繁多，事故难免，建调节池以保证污水处理的正常运行，是十分必要的。

污水处理厂内管线种类繁多，纵横交错，难于处理。本工程按管线综合设计要求，将各种管线铺设在 1 个总管道内，既压缩管线埋设用地，减少土石方量，又为今后的维修管理提供方便。

（五）北京市首钢焦化厂含酚废水生化处理工程

首钢焦化厂高浓度含酚废水严重污染北京市西郊地下水源。本工程采用鼓风曝气活性污泥法对废水进行处理，设计规模 4800 立方米/日。工程于 1972～1973 年进行设计，1974 年 9 月竣工投产。设计概算 50 万元，单位造价 104 元/立方米/日。

1. 设计废水水质

进水水质——挥发酚 200 毫克/升，油 200 毫克/升，水温 53℃。

出水水质——挥发酚≤1 毫克/升，油≤50 毫克/升。

2. 工艺流程

除油　在隔油沉淀池之前加设架空的旋流式除重油池，去除水中之重油；在平流式隔

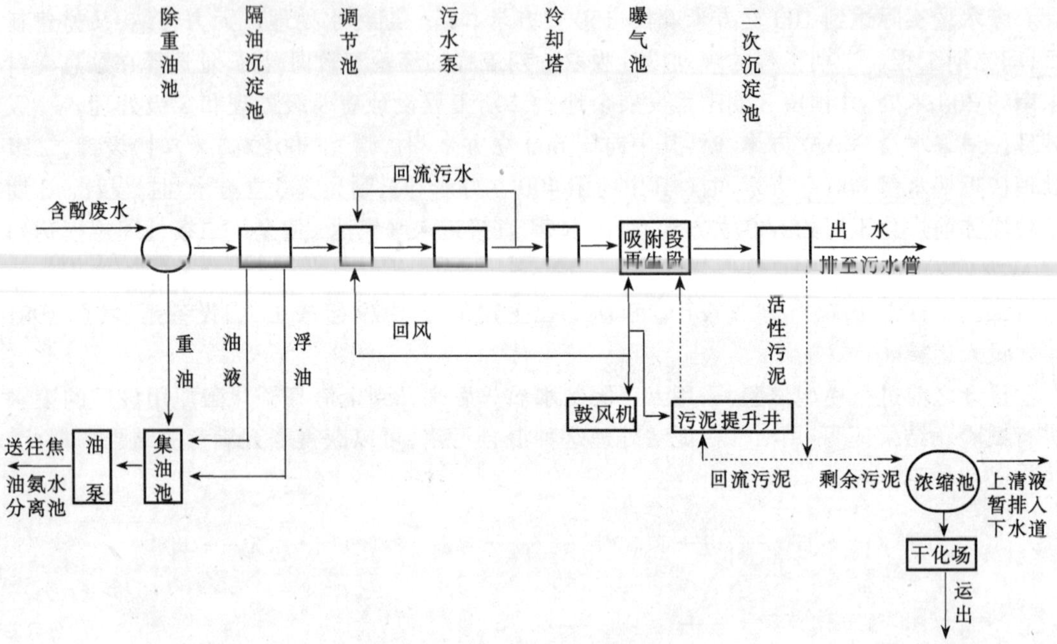

首钢焦化厂酚水生化处理工艺流程图

油沉淀池中设浮油集油管,收集水中之浮油;沉淀下来的重油及浮油经油泵抽走,送厂外焦油氨水分离池再回收处理。

均化调节　受厂区用地极度紧张的限制,设计将水泵集水池体积适当加大,作为均化调节池。为加强水量及水质的均化调节,采用污水回流混合、回风混合以及调节池进水侧堰等技术措施。

降温　设计进水水温 53℃,高于生化处理水温＜40℃的要求。设计采用机械鼓风逆流式冷却塔降低水温。为节省用地并增加塔高以利降温和排气,将塔布置在水泵房的房顶上。

曝气池　采用高压(H＝3500 毫米水柱)多孔管曝气方式,污水进水口共设 5 处。采用吸附再生或阶段曝气等多种运转方式或其组合。池中加设曲径障板,以加强混合,提高效率。

二次沉淀池　设计采用竖流式斜管沉淀池,沉淀时间缩短到 0.5 小时,并提高了澄清效果。

剩余活性污泥的处理　设浓缩池 1 座,污泥经浓缩后排至干化场干化后运出。

(六) 北京市城区北部河道疏浚工程

1978 年以后,为配合北二环道路建设和西北部居住小区建设,解决排水出路问题,对北护城河、亮马河、万泉河、土城沟(含小月河)等河道进行整治,将其中具有水流条件的河道,建设成绿树成荫、环境优美、可供人们休息、散步的观赏河道。

1. 北护城河治理工程　北护城河为内城护城河中仅存的 1 条明河。由于北二环道路的修建占压部分河床,因此继北二环道路工程之后,于 1981 年冬开始从松林闸以下到东北城角的总长为 4995 米河道的治理。北护城河除担负本流域 10.5 平方公里排水任务外,还担负着向造纸总厂和东郊平房灌区、坝河灌区的输水任务,是常年有水的河道。由于河岸高、水面低、地形狭窄,沿河不可能有大的绿化用地。为尽量扩大水面宽度和抬高河道水位,争取两岸各建一条林荫道供市民休息、散步,河道断面采用直墙护岸,宽26米,并在安定门西和北护城河终点(东护城河暗沟进口处),修建安定门闸和东北城角枢纽两座节制闸,分别将西段河道常水位抬高到标高42.5米和40.0米。为使游人接近水面,将两岸林荫道降低至距河道常水位1米的位置。北林荫道宽5米,南林荫道宽6米,林荫道以上到地面为1:2斜坡和直墙,以解决地形狭窄的问题。

因沿河两岸的合流下水道有污水排入河内,为此在河道两侧埋设了滨河污水截流管,并抬高部分合流管出口溢流堰顶或加设闸门,以解决由于抬高河道常水位而使河水倒灌污水管的问题。此外,在东北城角河道的右侧,利用规划立交桥的位置,建设一个有小河流水的小型公园。河道工程于1984年6月基本完成。河道终点节制闸于1986年5月交付使用。

2. 疏浚亮马河　亮马河西起东北城角与北护城河相连,东经使馆区东侧,于西坝河村汇入坝河,全长9.9公里,总流域面积12.25平方公里。为解决新源里居住小区和东三环路的排水,于1980年11月开始疏浚壅水闸(东三环路东侧)以下至坝河的河道,长6.6公里,于1981年冬完成。1982年汛期,河道下游弯道处冲刷严重,所以又在汛后补做河坡衬砌设计,总投资约800万元。

壅水闸上游的河道濒临使馆区,虽河面宽阔(最宽处达45米左右),但由于污水排入,河水黑臭,环境卫生很差。为此1981年开始上段河道的疏浚工程设计,并按照规划要求在绿化范围内整治河道。上段河道的疏浚工程于1981年12月动工,从东北城角处开始至壅水闸,先疏浚新东路至壅水闸段。河道采用梯形断面、浆砌石护砌,沿岸设两层台滨河路。燕京造纸厂至新东路段,由于地形狭窄,河道大部分采用直墙护岸。在与从燕京造纸厂内通过的输水暗沟相接处河道下游,设溢流堰1处,以抬高水位形成水面。沿河埋设亮马河污水管,截流入河污水,同时还考虑北护城河北岸污水向亮马河系统分流问题,以减轻东护城河污水截流管的负担。规划考虑特大暴雨时由北护城河通过亮马河向水碓湖分洪30立方米/秒。由于亮马河道穿过燕京造纸厂院内约400米长暗沟断面太小,设计结合规划路增建1条长约1公里的暗沟,于工人体育场西侧路处汇入亮马河,设计流量30立方米/秒～35立方米/秒。另外为向工人体育场水系换水,并考虑通过工人体育场水系,经二道沟向通惠河输水,在十字坡北侧由亮马河分出支流为梯形断面浆砌块石护坡明渠,并在东直门外大街北侧建节制闸一座,输水或换水时开启,汛期时关闭,以防工人体育场受淹。

3. 疏浚万泉河　万泉河属清河支流,是海淀区主要排水河道之一。它发源于万泉庄,由南向北经六郎庄、北京大学西门,过清华大学院内,于京包铁路桥下汇入清河,全长9.68公里,流域面积25.25平方公里。万泉庄一带原有泉水入河,由于城市的发展,大量抽采地下水,使得地下水位下降,60年代后期逐渐枯竭,沿河排入大量生活和工业污水而使万泉河成污水河。多年来河道淤积严重,河身窄浅,排水不畅,每逢大雨即漫溢成灾。再加上近年来流域内大量建筑、河道洪水流量增加,排水问题也急需解决。工程于1981年开始设计,1982年动工。

由于万泉河沿线地形狭窄,河道采用直墙护岸的矩形河道断面。清华大学大石桥以上7.8公里的河道,改造成风景观赏河道,在绿化带外面修建滨河路。清华大学西门外的南北向河道,改到清华大学院内,(北京大学西门的河道,向西推移约400米),使清华大学院内形成一个长约2.8公里的花园河环,改善了校园环境。

为使万泉河能保持一定常水位,沿河修建4座节制闸。为解决水源问题,在河道首段万泉庄附近修建长约1055米,直径1.2米～1.4米的钢筋混凝土圆管与京密引水渠相连,并在相接处设闸控制。

为保持河道清洁,沿河道修建万泉河污水截流干管,近期暂排入清河,远期入规划清河污水处理厂进行处理利用。

4. 土城沟疏浚工程　土城沟原为元大都城的护城河。它起于学院南路,往北经黄亭子向东至祁家豁子,穿过德清公路,往东往南后流入坝河。

为满足城市排洪、灌溉、保持土城遗址、美化环境以及在土城沟两侧兴建五路居、樱花、塔院、马甸等居住小区、中日友好医院,以及扩建和新建北三环路、学院路、中轴路、樱花西街、和平东路等大面积建设对排水的要求,1981年市政府将疏浚整治小月河——土城沟,列为重点市政工程,分土城沟西段疏浚工程和祁家豁子以东至坝河河段工程。

土城沟的西段(即小月河)疏浚工程,1981年设计,1982年动工,1984年竣工运行。该工程起自学院南路向北经北三环蓟门立交桥至北京重点文物保护的蓟门烟树折向东,经文物保护的牯牛桥至祁家豁子后向北至清河,全长10.25公里。沿河修建污水截流管2.2公里。工程设计标准为频率3～5年。设计流量为46立方米/秒～65立方米/秒,总流域面积为2708公顷。设计采用矩形直墙河道断面,宽15米。在河道两边设4米～7米的林荫道,供游人休憩,为使水位保持距林荫道路面约1米的距离,在祁家豁子设节制闸1座。祁家豁子节制闸以上段,河道结构断面首次采用预制钢筋混凝土壁板式挡土墙,现场安装。河底采用1200毫米混凝土护底。祁家豁子节制闸以下段,河道脱离土城沟旧址向北折向清河,形成单独排水系统,即小月河下游。该段基本平行毗邻的昌平路,在四环路以上1段由于拆迁等原因,修建1段暗渠,四环路以下近期设计采用梯形断面明渠。

祁家豁子以东至坝河河段,全长约6公里,总流域面积826.6公顷。与小月河同期进行疏浚整治,并使污水截流,其主要功能是在满足河道泄洪要求的同时美化环境,使河道形成一个常水位的水面,并且兼顾园林及农业灌溉的要求。河道在祁家豁子附近与小月河(土城沟西段)用引水管相接,并穿过昌平路,引长河水为水源,在小关附近及入坝河前设置节制闸,以提高水位形成水面。在昌平路东侧引水管出口处及小关闸下,进行建筑处理,形成两座跌水,美化环境。土城沟采用矩形河道断面,宽15米,为浆砌块石的挡土墙护岸,河底为现浇混凝土。在河道两侧各设置7米宽滨河路,铺砌2.5米宽彩色小方砖步道。滨河路和河道挡墙采取近水面方式设置,岸顶一般距水位0.8米左右。河道所经道路均修建桥梁,除和平东路、北三环路等几座桥为旧有公路桥拓宽、加固外,在北中轴路(北辰路)上,北中轴西路和北中轴东路(北辰左路和北辰右路)上,设计3孔石拱桥。施工后的北辰桥西侧,保持元大都旧址土城。在和平北路桥西侧建设元大都土城遗址公园,恢复土城旧貌。

(七) 首都机场污水处理工程

首都机场建成于1956年。在机场建设的同时,修建污水处理站,以处理该地区的生产和生活污水。70年代中期首都机场进行扩建。为解决机场扩建后排水问题,在原污水处理站的旧址,修建1座二级处理的污水处理厂。院于1974年底完成初步设计,1976年10月至1978年6月进行施工图设计。1979年底全部竣工。1980年初开始试运转后投入运行。工程概算为243.96万元。

处理厂近期平均设计污水量为400立方米/时，最高为640立方米/时，远景平均为600立方米/时，最高为900立方米/时。考虑到远近期水量相差不大，土建工程不再分期，只设备安装按近期水量配置。进水水质按BOD_5 200毫克/升，SS 200毫克/升设计。初沉池去除率BOD_5为20%，SS为40%；生物处理去除率BOD_5为>90%。

该厂用活性污泥法处理污水，采用旋流曝气沉砂池和深水中层曝气池新工艺。污泥经浓缩、加热，进行中温消化。消化污泥送往厂外干化场。干化污泥作为农肥使用。

设计结合新建工程工艺要求，利用原有双层沉淀池改建为4座立式初次沉淀池。

泵房设计，为适应来水量变化较大的特点，对其中1台水泵设置可控硅串级调速电机；沉砂池采用曝气沉砂新工艺，使水流呈旋流状态，不受水量变化的影响；曝气池采用深水中层曝气的新工艺，既可节约用地，又不增大风压，便于使用国内定型产品；采用密集多喷嘴和固定螺旋两种曝气器，氧的利用率分别为6.6%及7.4%～11.4%，比一般的多孔管曝气器的效率有较大提高。

该工程是北京市第一座建成投产的污水二级处理厂。

(八) 北京印染厂废水处理及回用工程

北京印染厂印染废水水质复杂、色度高，且含有多种有机物，直接排放，严重污染环境。

该项目为一期治理工程，废水经二级处理后，排入下水道，设计规模5010立方米/日。设计概算142.4万元(不计拆迁费)。工程于1979～1980年进行设计，1980年开工，1982年竣工投产。规划二期工程将进行深度处理，出水可回用于本厂生产。

工艺流程：

原废水→吹脱池→调节池→一泵房→生物接触氧化池→混合池→反应池→斜管沉淀池→二级出水

污泥→污泥浓缩池→污泥泵房→机械脱水机房→泥饼外运

设计进出水水质：

进水水质——水温 t=34℃，pH=8.7，色度=300～400倍，COD=400毫克/升～500毫克/升，SS=150毫克/升～180毫克/升。

出水水质——BOD_5=30毫克/升～50毫克/升，COD=100毫克/升～150毫克/升，SS=50毫克/升～100毫克/升，pH=6～8，色度=100～200倍。

出水基本达到排入城市下水道标准。

设计采用射流曝气吹脱工艺，以去除洗涤剂及表面活性剂。

生物接触氧化池，采用既可串联又可并联的运行方式，填料布置采用多层重新布水方式，以防止堵塞。

布气采用周边密集型，以克服边壁效应带来的不均匀现象。

反应池采用大波纹板反应器，以减少反应时间与提高凝聚效果。

设计采用一体化处理池型，处理构筑物共用隔墙节省占地，且流程短、水头损失小，节省能耗。

(九) 北京市西郊污水干线工程

1954年修建的阜外污水管和西滨河路污水截流管担负着北京市西郊地区污水排除任务。由于原污水量标准偏低和跨流域污水的不断接入，造成超负荷运行，有的地方污水从检查井溢出并在下水道出口处溢入护城河。为解决这一地区排污能力严重不足以及新建区污水排除问题,1977年立项修建本工程。

西郊污水干线流域面积:北起北长河,南至魏家村,西起田村、八大处,东至展览路,总面积5220公顷。干线位于北京城区西部,北起甘家口,南至万泉寺,全长7.3公里。建一处连通管及一座污水泵站。

污水干线分上、中、下3段。上段全长4190米,最大管径2.2米。中段、下段管线长度3122米,最大梯形断面3.3米~3.5米×2.3米。1989年全线投入使用。设计总概算2276万元。

污水量标准按未建成区250立方米/(公顷·日)、基本建成区及仓库区120立方米/(公顷·日)设计。

西郊污水干线按规划进入郑王坟污水处理厂,近期设万泉寺中途泵站,将污水抽入莲花河,排至凉水河,待郑王坟污水处理厂建成后,作为该厂的专用中途泵站。泵站的设计规模为满足远期郑王坟污水处理厂处理能力的要求,最大极限抽升能力为5.47立方米/秒。

中段的管线位置有两个方案,一个是沿京周公路向西,经马连道北路,至广外大街再向东至莲花河,与下段相连。该方案管线绕行线路长,又多次穿越铁路,拆迁量大。另一方案是直穿北京钢厂至广安门外大街,线路顺直,管道可缩短1600米,并可节省1米坡降。最后决定采用后一方案。

西郊污水干线设计控制高程,除尽量提高下游凉水河污水管的埋设深度外,还考虑近期西滨河路污水管的污水,可通过京周公路连通管进入西郊污水干管西干线,充分利用其近期尚未达到设计流量的宣泄能力,延缓修建东侧污水管工程。在远期,可将西滨河路污水管自流接入凉水河污水截流管,取消现况的右安门污水泵站。

为减少拆迁,避免对迎宾馆地区的干扰,上段管线全部采用地下顶管;中段管线,穿过北京钢厂,采用将110千伏高压电力沟与污水管道做成上下双层沟型的方案;下段工程是大型污水管道,需排泄8.6立方米/秒的污水量。为加快施工进度,选用梯形断面的预制管道。管道底板为现场浇筑混凝土,上部采用预制梯形钢筋混凝土结构,现场机械化安装。

(十)山东齐鲁石化公司30万吨乙烯厂废水排海管道工程

山东齐鲁30万吨乙烯工程是70年代末引进的大型联合化工设备项目,为国家"六·五"重点建设项目之一。齐鲁石化公司于70年代初期建设的石油化工设施所排放的污水经淄河流入小清河,致使淄河至小清河段鱼虾绝迹,河两岸二三百米范围内地下水受到不同程度的污染。本工程项目要求新建厂的污水与老厂污水一并解决,新、老厂污水经处理后进入管道排至小清河下游入海,管道全长59.5公里,最大排水能力为8000立方米/时,最大管径为2米。

1983年4月完成方案设计,1984年8月完成初步设计,1985年9月完成施工图设计,1986年7月建成通水。工程总概算为9963.6万元,工程结算为9196.62万元。

为不设置提升泵站,采用了上游管段重力流、下游管段压力流等技术措施,节省3个泵站并减少管理工作量和运行费。采用最小坡度及加大检查井井距等措施,进一步节约投资。

(十一)山西省太原制药厂工业废水处理工程

山西省太原制药厂是以生产抗生素为主的全国化学医药行业重点企业之一。全厂排放的污水量为4000立方米/日,污水水质为COD2000毫克/升,BOD_5 1000毫克/升。全部污水经厂区管网进入1986年建成的深井曝气污水处理厂。污水处理后,出水指标为COD600

毫克/升，BOD_5 100 毫克/升。出水排入城市排水管道，剩余污泥经机械压滤成泥饼后外运。该工程于 1984 年进行设计，1986 年建成。

设计处理工艺流程：

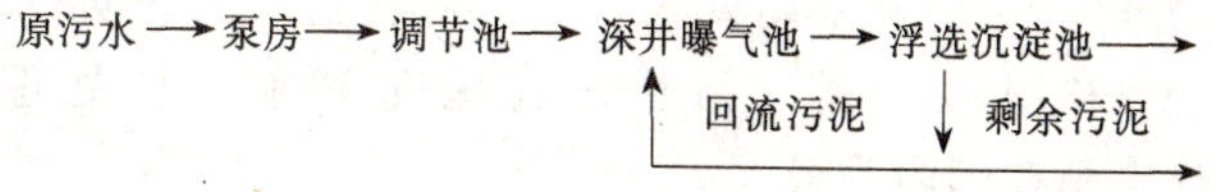

设计采用连续设置 4 组纵向排列的 U 形管深井群。U 形管深 80 米，管径 ϕ700 毫米。深井施工用长槽钻孔技术，深井头部的大气泡脱气池建成长条形。污水和回流污泥从同端进入，经推流式处理后，形成混合液从另一端出流。每一组 U 型管之间设置导流墙。运转方式采用气提循环，其工艺特点是充分利用推流式曝气池的优越性，实现进水前段深井具有高有机负荷，后段深井低有机负荷，以提高处理效果，节省供气量。每组 U 型管升流量和降流量可以相互置换。

（十二）上海市石化总厂纯氧曝气污水处理工程

上海石化总厂纯氧曝气工程，位于上海市金山化工区，设计规模为 30000 立方米/日。

1984 年 9 月完成施工图设计。1987 年 10 月完工。1988 年 5 月通水试运行。1989 年 12 月"氧气曝气法的生产性试验研究"科研项目通过建设部主持的技术鉴定，至此工程正式投入运行。

设计概算值为 104.3 万元(1984 年编制)。

1979～1983 年总进水的水质特性：COD 420(94～1385)毫克/升；BOD_5 210(12～1100)毫克/升；pH 7.6(4.7～9.1)。

要求出水水质：COD≤60 毫克/升；BOD_5≤20 毫克/升。

设计将原曝气池改建，池型改为加盖密封的分段推流式曝气池，共 6 段，每段净尺寸为 14.2×14.2×5.2 米，水深 4.2 米，气相空间高 1 米。采用 6 台国产 PE108 泵型叶轮表面曝气机，池内并设有导流柱和导流锥。废水、回流活性污泥和氧气均从池子的第一段进入，然后依次通过各段，在第六段混合液出水处设内堰，以稳定池内水位。再经二沉池分离活性污泥后，出水进入氧化塘。残余氧气由第六段尾气管排空。

氧气气源来自化工二厂生产氮气后副产排空的氧气，属于综合利用。氧气进入第一段，气相压力为 40 毫米水柱。这个压力与进氧阀门相联，通过压力调节回路，自动控制供氧量。气相中氧的浓度，逐段降低，由第一段 98％降到第六段 40％～50％左右。尾气管上装有氧浓度测量仪，可调节阀门，控制排放量。

设计在第一段和第六段分别安装可燃气体报警仪，进行监测、报警。当气相中可燃气体浓度达到最低燃烧下限的 25％时，发出警报，自动关闭进气阀门，开启鼓风机，吹扫池内可燃气体，若可燃气体浓度继续增长，发出第二次警报，关闭曝气机，直至危险消除。为保持池内压力，不论是正压或负压，都在安全界限以内，保证池体结构不受损害，在第一段与第六段顶部，设有液压安全阀。

本工程将原处理厂表面曝气改建为氧气曝气，提高处理能力，降低动力消耗；污泥沉降性能好，产泥率低；加盖密封运转，基本无气味排出，是院长期进行小试、中试在生产运用上的成果，也是国内自行设计并采用国产设备和仪表的第一个纯氧气装置，经长期运行达到全部设计指标和所要求的排放标准。

（十三）北京制药厂深井曝气法处理制药废水工程

北京制药厂为使废水排放符合环保要求，"七五"期间将其化工合成原料药生产车间由市区迁到郊区，建立一分厂。市环保部门要求一分厂对有机污染物实行总量控制，COD去除率不低于2/3。设计采用深井曝气活性污泥法对废水进行处理，设计规模3000立方米/日，深井直径与体积在国内为最大。

工程于1985年3月开始设计，1989年11月投入运行，经运转测定，有机物去除率满足环保部门要求，达到设计预期效果。全年运转总费用为37万元，处理成本0.366元/立方米，去除COD成本为0.185元/公斤COD。

根据单位产品的废水量和该厂建成后的产品品种与生产规模，推算设计水量、水质为：制药废水650立方米/日；冷却水约9000立方米/日，其中75%循环使用，25%即2250立方米/日作为废水排放；生活污水量按100立方米/日计，则1200名职工总废水量为3000立方米/日。废水水质为COD=3500毫克/升，BOD_5=1250毫克/升，无机盐10000毫克/升；排污量COD10.5吨/日，3.75吨BOD_5/日，30吨无机盐/日。

该厂废水处理包括除盐和生化处理两部分。除盐处理分别在各车间排放前与制药工艺统筹考虑。以下为生化处理部分。

设计处理工艺流程：

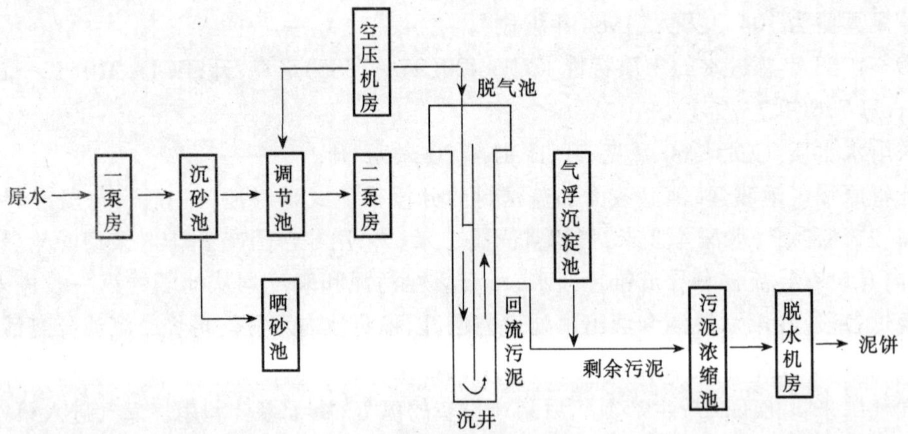

一次提升泵房：设4台4PW污水泵。中和用碱和生化所需营养盐投加于泵前吸水池中，利用水泵及泵后压水管进行混合。

沉砂池：采用立式旋流沉砂池，直径1.5米，高3.3米，旋流速度0.3米/秒，停留时间2分钟。

调节均化池：按水量变化系数1.5、调节均化时间按6小时设计，平面尺寸为20米×10米，高5米，2池。

深水曝气池：深井曝气是以地下深井作为曝气池的活性污泥法，深井纵向被分隔为降流管和升流管两部分。本工程采用气提循环，注入降流管内的空气被混合液带至井底，因静水压力的增大而溶解。在升流管中溶解的气体又随静水压力减小而解析，至深井上部的脱气池脱除。注入井内的空气既是生化的氧源，又是循环的动力。曝气池按停留时间4小时，容积负荷COD14公斤/(立方米·日),混合液浓度6克/升~8克/升,曝气量1200立方米/时设计。深井直径4.5米,深50米,井容积750立方米,采用地下连续墙法施工。曝气深度为液面下23.5米。深井上部设14米×7米×5.5米脱气池,水深3.4米,容积330立方米。脱气池内设泡沫溢流槽。

气浮沉淀池:固液分离采用气浮与重力沉淀相结合的方式,池上设桁架式刮泥机。气浮沉淀池的固体负荷为SS225公斤/(平方米·日)~300公斤/(平方米·日),水力负荷12.5立方米/(平方米·日),水力停留时间4小时,长24米×宽5米×高6.9米,2池。污泥回流比100%~150%。

污泥浓缩池:长3米×宽3米×高5.8米,2池。浓缩时间10小时,浓缩污泥含水率97%。

污水脱水机房:采用1米带宽的带式压滤机。

空压机房:安装3台3LB-15/3空压机,供深井曝气用;2台风机供调节池和污泥脱水反应池搅拌用。

1990年11~12月进行连续运转测定,其处理效果见表2-10。

表2-10

项　　目	数　　据
处理水量(立方米/日)	2880
曝气量(立方米/时)	900
停留时间(小时)	6.25
进水COD(毫克/升)	2606(806~4908)
出水COD(毫克/升)	628(196~871)
COD去除率(%)	75.9(55.5~87.8)
进水BOD_5(毫克/升)	878.6(130.8~2379)
出水BOD_5(毫克/升)	83.7(17.5~396)
BOD_5去除率(%)	90.5(81.3~98.2)
MLSS(克/升)	9.75
MLVSS(克/升)	4.82
COD容积负荷(公斤COD/立方米·日)	10.0
COD污泥负荷(公斤COD/公斤VSS·日)	2.08
BOD_5容积负荷(公斤BOD_5/立方米·日)	3.90
BOD_5污泥负荷(公斤BOD_5/公斤VSS·日)	0.81
无机盐(毫克/升)	4990

注:括号内数据是变化范围。

根据测定数据,由供气量与有机物的去除量推算,深井的氧利用率达50%,实测废水处理过程中井底溶解氧达9毫克/升~12毫克/升。对比运转数据和微孔曝气法的可生化试验数据,深井曝气的停留时间为6小时,是微孔曝气的一半,而COD容积负荷为10公斤COD/(立方米·日),是微孔曝气的2.5倍以上。废水日间COD浓度变化有时高达2~4倍,但深井处理效果波动不大,且恢复较快。产泥量约为600公斤干泥/日,污泥增长率约为0.0586升/日,泥龄为16日。根据BOD_5去除量求得的剩余污泥产量为0.23公斤干泥/公斤BOD_5。

(十四)中德武汉长江啤酒有限公司污水处理厂工程

中德武汉长江啤酒有限公司为中德合资经营的啤酒厂,年产啤酒15万吨,一期工程为5万吨。其生产废水主要为糖化发酵、包装间等生产过程中排出的污水,BOD、COD浓度高,须进行处理。污水厂与啤酒厂同步建设。

中德武汉长江啤酒有限公司委托院和联邦德国VON、NORDESK JOLD公司联合进行该污水厂设计,院为总负责单位。设计于1986年11月开始至1987年3月完成,1987年9月施工,1988年12月竣工,1989年2月通水运行。工程总造价434万元。

由于啤酒厂废水生化性好，但水质浓度高，水质、水量变化大，经市政院与德方协商，设计采用德方的延时曝气工艺与棒形微孔曝气器。

全厂污水汇合后进入泵房格栅间，经提升进入第一段曝气池，在该池末端用浮动挡板隔成一沉淀区，进行泥水分离。澄清水进入第二段曝气池。最后，污水流入稳定池，经出水堰流出处理厂，进入厂外下水道。在沉淀池中，设气提泵，将污泥提升到污泥槽中，经泥水分配阀，通过回流污泥管把污泥回流到第一段曝气池的端部，并定时排除剩余污泥到污泥贮池中。污泥池中的污泥定期清除，不另外处理。

设计污水量第一、二、三期工程各为2100立方米/日，合计6300立方米/日。污水进水水质，BOD_5 900毫克/升，COD 1600毫克/升～2000毫克/升，T－N 65毫克/升，pH 5～12。出水水质，BOD_5 20毫克/升，COD 120毫克/升。

该工程自1989年初起运行正常，各项处理指标均达到设计要求。出水经武汉市环境监测中心监测，符合国家排放标准。

（十五）北京市首钢特钢公司西区污水处理厂工程

首钢特钢公司炼钢、轧钢冷却水含有油和大量氧化铁皮，大都未经处理即行排放。为根治废水对环境的污染，实现废水再生利用，院于1988年为该公司设计规模为1.2万立方米/日的废水处理回用工程。

工程投产运行后，每年可回收利用处理后的废水360万立方米，节省下水道排水费和超标排污费近100万元。

工程总投资400万元。单位废水处理成本0.12元/立方米（不包括人工费）。

废水处理工艺采用物理化学方法，废水经隔栅后进入隔油沉淀池，去除浮油、浮渣及较大颗粒的悬浮物质。隔油沉淀池出水经一级泵提升至加药间，投加中和剂、混凝剂后进入反应沉淀池。反应沉淀池出水经二级泵提升至冷却塔降温后流入清水池，经三级泵进入该公司西区冷却水循环系统。在上述主流程的反应沉淀池后，还设快滤池一座，如反应沉淀池出水不合格，可进入快滤池补充处理，以确保最终出水满足使用要求。

工程投产运行后，经检测全流程出水水质达到预期要求，全流程主要污染物去除率为：COD＞50％，SS＞93％，Fe^{++} 90％，油83％，进水原为黑色，出水已澄清。

反应沉淀池采用大波板高效反应——异向流波形斜板沉淀池，是院80年代开发的一种新型高效水力反应与沉淀处理装置，容积系数大，占地少；对水量变化适应性强，处理性能稳定可靠；运行管理简单易行。反应池设计流速V1、V2、V3分别采用0.18米/秒、0.09米/秒、0.045米/秒；沉淀池设计表面负荷9.1立方米/平方米·小时，总停留时间 $t=35$ 分钟。反应沉淀池装置在该工程生产规模条件下运行良好，可有效去除废水中的悬浮物、Fe^{++} 离子、大部分乳化油和COD，达到设计要求。

隔油沉淀池排出的乳化油、浮渣和沉淀泥渣以及从反应沉淀池排出的絮凝污泥均排至渣滤池过滤。渣滤池滤料利用该公司废渣；滤液回流至隔栅间，重新进入处理流程；被滤渣截流的废水泥渣则连同滤渣一起被运走。

（十六）亚运会北京市北郊市政排水配套工程

为解决第十一届亚运会场地及配合其修建的四环路、北中轴路、安立路、北苑路等道路的雨污水排除，疏浚清华东路南北地区的仰山大沟，改入清河，作为这一地区的雨污水出路修建雨污水管，总长32.9公里；修建北小河污水处理厂，规模为4万立方米/日。

设计于1986年开始,1989年完成施工图。工程于1990年6月完工。

设计考虑雨水排入北小河和排入并疏浚仰山大沟改入清河两个方案。鉴于建设奥林匹克体育中心、亚运村及其配套道路后,排洪量增加很多,若排入北小河须疏浚河道十几公里,全线桥闸均需改建,工程量很大,因此决定疏浚3公里多长的仰山大沟,将一部分雨水经仰山大沟改入清河。仰山大沟疏浚标高考虑安慧立交桥最低点雨水的排除,不设泵站。仰山大沟疏浚工程与清河导流渠相交处采用平面交叉。

雨水管道采用雨水管管径400毫米～雨水方沟4200毫米×2250毫米,合计总长度19.5公里,总流域面积7.20平方公里。

污水管沿各条道路布置,其排水方向为北、东。四环路上为主干管,经北中轴路、成府路、北苑路入污水处理场。污水量标准按250立方米/(日·公顷)设计,污水流域面积13.16平方公里,污水管管径400毫米～2000毫米,总长13.4公里。

从自然地形和对亚运村环境影响考虑,处理厂选在北小河北岸和安立路东侧的辛店村,位于亚运村东北约5公里处。

污水处理采用A/O法生化处理工艺。为改善污泥性质和部分脱氮,采用厌氧消化工艺。曝气池采用微孔曝气装置,进气量根据溶解氧浓度自动控制和调节。设微机控制系统,可监视全厂工艺流程与供电系统运行情况。污水提升泵采用变频调速装置,池水位自动控制水泵运行台数及转速。污水厂总耗电量1.9万度/日。单位水量直接运行费0.09元/立方米污水。单位水量处理成本0.137元/立方米污水。

处理厂出水水质达到国家排放标准。

(十七)北京市高碑店污水处理厂工程

高碑店污水处理厂位于东郊高碑店村南,接纳城区和东郊工业区的污水,流域面积96.6平方公里,服务人口1990年约244万人,污水量达80万立方米/日,其中生活污水占50%～60%,其余为工业废水。

高碑店污水处理厂按远景规划的规模为250万立方米/日,近期规划100万立方米/日,分两期施工,一期工程50万立方米/日,包括污水处理、污泥处理构筑物、厂区附属建筑物、各种管线、管廊、绿化、道路、采暖、通风、供电、仪表监控等厂区工程,以及通水渠道、半壁店明沟改暗沟、厂外道路、给水、雨水、电源、电信、农灌配套等厂外配套工程。工程总概算5.58亿元。

工程于1984～1990年进行设计,于1990年开工,1993年竣工投产。

设计进出水水质:

进水——BOD_5 200毫克/升,COD 500毫克/升,SS 250毫克/升,NH_3-N 30毫克/升,水温15～25℃。

出水——$BOD_5<16$毫克/升,SS<30毫克/升,NH_3—N< 3毫克/升。

处理工艺采用缺氧—好氧(A—O)活性污泥法,延长曝气时间,使出水完全硝化,并可改善污泥沉降性能,减少二沉池内反硝化过程,从而减少二沉池污泥的上浮,提高了出水水质;采用优选硝化与加氯耗能的合理费用,当氨氮降至3毫克/升时,硝化耗能的费用可与因氨的减少而节约的加氯费相平衡,使运行费用达到最低;采用两级中温消化污泥处理工艺,产生的沼气用以发电、补充本厂能源。发电机组的冷却水供消化池加热;将部分二级出水经混凝沉淀和过滤后,用作厂区生活杂用水。

进水泵房包括新建泵房120万立方米/日，原有泵房改建50万立方米/日(作为提升初期雨水用)；曝气沉沙及初次沉淀池150万立方米/日；曝气池4座，每座分6组，每组隔成3条宽9.3米、长96米、水深6米的廊道，曝气时间9.2小时，第一廊道进口端划出24米作为缺氧区；800千瓦离心式鼓风机8台(两台备用)；直径50米幅流式圆形二沉池24座；直径23.5米的重力浓缩池12座；直径20米、高25米的消化池16座；以及配套的回流污泥泵房、脱水机房、沼气发电房等。

设计初沉池由圆形改为矩形，缩短配水渠道，减小流程水头损失；对平面布置和竖向水力流程合理设计，降低提升水头。利用沼气发电满足二级处理总耗电量的20%～30%。采用微孔曝气器和可以调节导叶片的高效离心鼓风机；曝气器布置采用渐减曝气方式；采用溶氧压力微机控制调节供氧量，与各段污水的需氧量相适应。

(十八) 北京西站排水配套工程

该工程是配合北京西站而修建的排水配套工程，解决由于站前隧道、地铁及2座大型立交桥的阻挡而造成的北部广大地区的雨水出路被截断的问题，并将新开渠改道改为暗沟，以解决西站的用地问题。另外，为地区实现雨污水分流，将污水纳入西郊污水干线系统，为莲花池、凉水河还清创造条件。修建莲花池引水工程，将八一湖的洁净水引至莲花池中，改善公园的景观。

工程于1992年1月开始设计，于1994年3月竣工交付使用。

流域面积：

雨水工程，西起翠微路东侧，东到白云路，北至复兴路，南到新开渠改暗沟；总流域面积约330公顷。

污水工程，西起老山，东到北蜂窝路以东约300米，北以复兴路为界，南至莲花池东路以南250～600米处，总流域面积为1083公顷。

新开渠改暗沟工程，西起石景山铁路线，东至马连道路，北到八宝山及复兴路，南以吴家村路为界，总流域面积34.89平方公里。

设计标准：

路段雨水，设计重现期 $P = 1$ 年，径流系数一般地区 $\psi = 0.55$，路面及广场 $\psi = 0.9$。

立交雨水，$P = 2$ 年，集水时间 $t = 8$ 分钟，$\psi = 0.9$。

综合污水量指标采用250立方米/(公顷·日)。

新开渠改暗沟，$P = 2$ 年，$\psi = 0.45$，$Q = 85m^3/s \sim 92m^3/s$。

泵站设计：

莲花池立交雨水泵站及2座隧道泵站首次选用潜水泵(进口飞利泵)，节省用地约1/3。隧道内2座泵站，与站前地下建筑结构相结合，设在地下一层，使地上站前广场的景观不受影响。

工程主要设计项目包括：莲花池立交雨污水管、白云路立交雨污水管、北蜂窝立交雨污水管、北广场雨污水管、羊坊店路雨污水管、羊坊店西路污水管、新开渠改暗沟、莲花池引水管等雨污水管工程，计雨水管道 ϕ300毫米～1800毫米、单孔方沟2600～3600毫米×1600～2000毫米、双孔方沟4600～5600毫米×3200毫米等总长约25公里；还有莲花池立交、北蜂窝立交、隧道雨水泵站及莲花池引水泵站等5座泵站。

工程总概算额15282.6万元。

排水工程设计主要项目概况见表2－11。

表2－11　排水工程设计主要项目一览表

排水管道与河道部分

序号	设计项目名称	设计年代	工程设计摘要	概算额（万元）	主要设计负责人
1	北京市西郊百万庄北雨水下水道	1955.5	解决百万庄住宅区的雨水排除及二里沟出路问题，流域面积116公顷，径流系数0.45，管径ϕ1000毫米至拱沟2600毫米×1500毫米	53.1	李远义
2	北京市前三门河北岸污水管	1955年二季度	水量标准129.6立方米/公顷/日，流量1900升/秒，流域面积1699公顷，设计管径ϕ1250毫米至ϕ1500毫米，全长5.86公里，为城中心区首先建成的一条污水干管	374.7	刘千里　金友昌 赵世增
3	北京市台基厂雨污水管	1956.10	流域面积：雨水72.51公顷；污水：605公顷；雨水径流系数：0.5；污水量标准：129.6立方米/公顷/日。沟道断面采用双层砖砌方沟，钢筋混凝土盖板，上层为雨水，下层为污水，以解决台基厂路段狭窄、管位问题	41.8	汪　弘　李　森
4	北京市御河污水下水道及御河污水管中段	1956.11 1958.6	全长1974米，最大管径ϕ1000毫米，流域面积741.5公顷，管径ϕ1000毫米至ϕ1250毫米。解决内城中心区污水出路，施工中结合地段情况采用盾甲施工、开槽施工及顶管施工	53.8 48.6	常　憬
5	北京市通惠河北岸污水干管上段、下段	1957.3 1957.12	污水量标准129.6立方米/公顷/日，设计流域面积：5690公顷，流量6097升/秒 管径ϕ1500毫米至半椭圆形拱沟2100毫米、2300毫米、2500毫米，全长7.06公里	上段267.7 下段224.3	刘千里　万　周 张敏生　张秉令 赵世增　韩克明 杨福卿　沈世杰 高毓德
6	北京市东护城河西岸污水管	1957.5	污水量标准129.6立方米/公顷/日，流域面积1690公顷，流量2150升/秒，最大管径ϕ1500毫米，全长5.8公里	344.8	汪　弘　李　森
7	北京市石景山工业区污水干管	1958.9	解决石景山工业区和居住区污水排除问题，污水量标准：生活：1.22升/秒/公顷；生产：分别计算；流域面积：3200公顷。全长7.88公里。采用断面：ϕ900毫米至拱沟1800毫米×1800毫米	178	石鑫培　常　憬 刘玉珍　尤淑筠 沈世杰
8	北京市通惠河污水总干管	1958.3	污水量标准：129.6立方米/公顷/日，流量9780升/秒 总流域面积：8180公顷；断面：半椭圆形拱沟3200毫米，全长2.07公里	200.9	刘千里　杨福卿 沈世杰
9	北京市崇文门东站雨污水管	1959.6	解决北京东站及附近地区排水问题，流域面积：污水34.09公顷；雨水：33.16公顷；污水量标准：1.15升/秒/公顷；径流系数：0.4～0.9；雨水：ϕ300毫米至ϕ1640毫米；污水：ϕ300毫米至ϕ500毫米，总长度4119米	31.8	王世乐
10	北京市天安门广场排水工程	1959 1976	配合1959年国庆工程，解决天安门广场地区排水，雨水采用重现期10年，为城区雨水设计最高标准。雨水：ϕ700毫米～ϕ1800毫米～方沟1600毫米，长4公里；污水：ϕ400毫米～ϕ800毫米，长4公里。1976年配合修建毛主席纪念堂，修建部分管道		张文熙　陆　静 薛玉琴　代德华 陈　辉
11	北京市南城雨水水干线	1960.2	结合城区改建，修建干管，解决永内、金鱼寺、法华寺街一带严重滞水问题。流域面积501公顷，径流系数0.5，方沟3800毫米×2600毫米至方沟4400毫米×2400毫米		张中和　吴明敏
12	北京市南郊污水管工程	1960.2	解决南郊地区污水出路，包括：天坛东路流域面积446.75公顷，流量411升/秒，管长5013.7米，明渠279米；龙潭口路流域面积161.6公顷，流量193.5升/秒，管长2407米，明渠171米；龙岗路流域面积193公顷，流量280升/秒，管长1828.9米，明渠140米；污水管管径ϕ400毫米～ϕ900毫米	138.1	李　森　李金生

续表

序号	设计项目名称	设计年代	工程设计摘要	概算额（万元）	主要设计负责人
13	北京市化工路污水管下段工程	1965.5	解决化工二厂及有机化工厂污水出路，总流域面积348.2公顷，污水量540升/秒，管径ϕ1000～ϕ1250，总长度1547米。	40.32	陈　辉　张中和
14	北京市前三门护城河改暗渠	1965.7 1975	流域面积1553公顷，设计流量10.9立方米/秒～115立方米/秒，方沟断面单孔宽4.0米，高2.2米，至宽8.5米，高4.2米钢筋混凝土结构，结合人防，设置进出口及厕所等，全长7129米		石鑫培　张文熙 陈　辉　沈世杰
15	北京西护城河改暗渠工程	1965.8 1971 1985	流域面积1236公顷，设计流量10立方米/秒－98立方米/秒，方沟断面：双孔宽2.5米，高2.5米至宽5.3米×3.8米，钢筋混凝土结构，结合人防设置进出口，交通道、指挥所等，全长4852米	2576	石鑫培　王巧英 张文熙　沈世杰 杨福卿　张为城
16	北京市前三门河南岸污水管	上段1965 下段1976	污水量标准：140立方米/公顷/日，设计流量2800升/秒；流域面积：412.8公顷，管径ϕ500毫米～ϕ1600毫米，全长7.06公里		王巧英　李新毓 李　森
17	北京市东三环路污水管	1973.7	污水量标准：100立方米/公顷/日，流域面积：1043.9公顷管径ϕ1050毫米～ϕ1800毫米，全长6370米	156	郭　钧　赵瑞琳
18	北京市东护城河改暗渠	1974	总流域面积：2049公顷，设计流量：69立方米/秒～160立方米/秒，设计断面由双孔方沟宽4.4米，高4.2米至宽7.0米高4.4米，钢筋混凝土结构	2127.3	石鑫培　丁纪舜 王世乐　李　森 潘家多
19	北京市东南郊工业区污水管工程	1974.4	为解决焦化厂、染料厂污水处理，改善东南郊工业区环境卫生创造条件，修建污水管。总流域面积223公顷，污水量487升/秒，管径ϕ500毫米～ϕ900毫米，总长4243米	45.59	吴明敏　李　森 张俊桥　张文熙
20	北京市东护城河东岸污水管	1975.8	污水量标准：城内140立方米/公顷/日，城外120立方米/公顷/日，总面积（东、西两管）2668.8公顷，流量3199升/秒，管径1800毫米，全长5.3公里	118.2	王世乐
21	北京市西郊污水干线	1977～1982	全工程分三段，上段全长4190米，管径D＝2.2米；中、下段全长3122米，采用梯形断面3.3米～3.5米×2.3米，设置万泉寺中途泵站，设计流量5.74立方米/秒	2276	常　憬　杨福卿 王憬山
22	北京市北护城河南岸污水干管	1978.3	污水量标准：300立方米/公顷/日，流域面积415公顷，管径ϕ700毫米～ϕ1500毫米，全长6.5公里	322.8	俞惠文
23	北京市蒲黄榆至凉水河雨水工程下游	1979.7	流域面积：321.39公顷，径流系数：0.55；断面ϕ1500毫米～方沟3200毫米×2250毫米，全长2966米。管道采用钢筋混凝土企口管顶管施工及装配式钢筋混凝土预制墙板及盖板方沟	119.2	丁纪舜
24	北京市亮马河疏浚工程	1980～1981	西起东北城角，东至坝河，全长9.6公里，总流域面积12.25平方公里，设计中考虑了特大暴雨时，北护城河向水碓湖分洪30立方米/秒	800	姚振华　张文熙 王彩霞　丁纪舜 罗宗方
25	北京市东大桥路污水管	1980.5	污水量标准：250立方米/公顷/日，流域面积：521.2公顷；管径ϕ1050毫米～ϕ1550毫米，结合道路展宽，实现分流制解决建国饭店等污水出路，全长2550米	163	郭　钧　赵瑞琳
26	北京市南旱河污水截流管	1980.8	为解决503泵站、农大泵站抽升不足和污水溢流。取消泵站，建污水自流管。污水量标准：120立方米/公顷/日～250立方米/公顷/日，流域面积1664公顷，管径ϕ400毫米～ϕ1640毫米，全长5953米	304.1	吴仲琴
27	北京市南城污水干线	1981	污水量标准：250立方米/公顷/日，流域面积1913公顷，流量5639升/秒，管径ϕ1950毫米，全长2.16公里，施工中采用触变泥浆顶管并加中继间等措施，实现一次顶进210米长度上新纪录	250	陈　辉
28	北京市北护城河北岸污水管	1981.2	污水量标准：300立方米/公顷/日，流域面积398公顷；设计流量970升/秒，最大管径ϕ1300毫米，全长4.8公里	378	蔡宏怡　俞惠文

续表

序号	设计项目名称	设计年代	工程设计摘要	概算额(万元)	主要设计负责人
29	北京市北护城河治理工程	1981.2	流域面积10.5平方公里,松林闸～东北城角全长4995米,采用钢筋混凝土直墙护岸,底宽26米,并在安定门西及北护城河终点设置安全闸及枢纽闸	1975.8	刘千里 俞惠文 李俊生
30	北京市土城沟疏浚工程	1981	起自学院南路向北经蓟门烟树折向东至祁家豁子处,分成两段,分属两个水系,下游入清河及坝河,西段全长10.25公里,流域面积2708公顷,并修建下游污水截流2.2公里,东段全长6.5公里,流域面积826.6公顷	7712.6	赵瑞琳 陆静 许可泰 王憬山 盛奕节 孟国典 李俊生
31	北京市万泉水系河道整治工程	1981	始于万泉庄,下游入清河,流域面积25平方公里,沿线修建节制闸4座,河道断面为直墙护岸(宽×高)10000毫米×1650毫米～12500毫米×2170毫米	5567.3	刘千里 黄文权 陈辉 张秉镛
32	北京市北三环道路排水工程	1982.2	配合道路展宽,修建雨污水工程。雨水:流域面积:147.55公顷,径流系数0.55～0.65,管径ϕ300毫米～ϕ1500毫米～方沟1600毫米×1500毫米～2000毫米×1000毫米,长7266米。污水管标准:250立方米/公顷/日,流域面积227.21公顷,管径ϕ300毫米～ϕ1100毫米,长4447米	418.3	阎宏 李萍
33	山东齐鲁石化公司30万吨乙烯厂排海管道	1982～1985.9	直径2米,排水能力2.2立方米/秒,全长59.5公里	9192.6	朱锦文 张书林 李炳琨 周琪涵
34	北京市学院路雨水工程	1982.3	流域面积:800.87公顷,径流系数:0.5,断面:ϕ300毫米～ϕ2000毫米～方沟2000毫米×2500毫米～方沟4500毫米×2750毫米,全长9652米。结合学院路扩建,解决道路及沿线排水出路,并减轻小月河排水负担,降低疏浚小月河的工程量	1487.1	赵瑞琳 陆静 王憬山 盛奕节
35	北京市广渠门半壁店明渠改暗沟	1983.12	按市政规划要求,将污水截流,明渠改暗渠,加盖至东四环路。雨水:流域面积488.2公顷,径流系数0.55,断面双孔方沟宽3400毫米,高2000毫米～双孔方沟宽4000毫米,高2000毫米,长2090米。污水:污水量标准:250立方米/公顷/日,流域面积640.3公顷,管径ϕ200毫米～ϕ2000毫米,长2330米	雨403.3 污908	吴仲琴
36	北京市亮马河污水干管(上游)	1984.9	解决近期亮马河沿线污水排除,并减轻东护城河污水管负担流域面积:950.6公顷;污水量标准:120立方米/公顷/日～250立方米/公顷/日;管径:ϕ400毫米～ϕ1800毫米,全长2875米	729.4	蔡宏怡
37	北京市土城北路污水管	1985.2	解决土城北路沿线各单位的污水出路,改善土城沟水质和环境。流域面积:201.12公顷。污水量标准:250立方米/公顷/日;管径:ϕ300毫米～ϕ1100毫米,全长5850米	397.8	刘玉珍
38	京石公路(一、二期)排水	1986.7 1987.3	一期工程:ϕ200毫米～ϕ2000毫米～方沟2400毫米×2000毫米 二期工程:ϕ1000毫米～方沟1600毫米×1375毫米～4600毫米×2000毫米,总长25.66公里	1824.8	丁继舜 罗宗方
39	北京市亚运会北郊市政配套工程排水工程	1986	雨水:总流域面积7.20平方公里,雨水管径ϕ400毫米,方沟4200毫米×2250毫米,总长度19.5公里 污水:污水量标准:250立方米/公顷/日,总流域面积13.16平方公里,管径ϕ400毫米～ϕ2000毫米,总长度13.4公里	雨:4302 污:2561	赵瑞琳 许可泰 张丽林 龙安平 郭钧 孟宪东 邱荣进 阎宏 李俊生 韩克文
40	北京市南郊成寿寺路污水	1988.8	解决方庄小区污水出路及方庄污水处理厂的事故排放退路。流域面积:502.86公顷;污水量标准:100立方米/公顷/日～250立方米/公顷/日;管径:ϕ800毫米～ϕ1550毫米,全长3404米	517.3	李萍

续表

序号	设计项目名称	设计年代	工程设计摘要	概算额(万元)	主要设计负责人
41	北京市京榆路排水	1989.2	配合道路修建，解决道路及区域性排水，改善环境卫生。雨水：流域面积714.9公顷，径流系数：0.5 断面：φ400毫米～φ2000毫米～方沟宽3000毫米，高2000毫米，全长16506米，污水：流域面积909.2公顷，污水量标准：120立方米/公顷/日 断面：φ400毫米～φ1600毫米，全长10277米	3056.5	武　红
42	北京市西厢工程西便门立交，天宁寺立交排水	1990.3	雨水：流域面积：74.91公顷，径流系数0.55～0.90 管径：φ400毫米～φ1800毫米，全长5016米 污水：污水量标准：250立方米/公顷/日～350立方米/公顷/日，流域面积：654.5公顷，管径：φ500毫米～φ1750毫米，全长2555米	742 1343.1	丁纪舜　高燕妮
43	北京市南二环道路工程污水管	1991.12	结合道路修建，解决南护城河还清问题，取消姚家井现况泵房，污水排入凉水河北岸污水管，管径φ500毫米～φ1750毫米，全长11290米	2460	许可泰　杨　青
44	北京市水源三厂防护区污水工程	1992	世行贷款，北京环境项目市区河道污染治理子项目之一，解决西郊水源三厂防护区一带污水漫流污染地下水及河道问题。项目中含西郊机场路污水管，闵庄路、东久庄路西延污水管，双紫支渠整治及污水截流，体育馆路污水管等管径φ400毫米～φ1550毫米，管长28000米	3442	余英影　武　红
45	北京西站排水配套工程	1992.1	主要项目包括：莲花池立交、白云路立交、北峰窝立交、北广场、羊坊店路、羊坊店西路，新开渠改暗沟，莲花池引水管等雨污水管，管径由φ300毫米～1800毫米，单孔方沟2600毫米～3600毫米×1600毫米～2000毫米，双孔方沟4600毫米～5600毫米×3600毫米等，总长约25公里，还有莲花池立交，北峰窝立交，隧道雨水泵站及莲花池引水泵站等5座泵站	15282.6	陈　辉　丁荫椿 黄一心　邱荣进 谭爱涛　张秋来 李福春　陈　重 陆　静　郭晓蒙 龙　干　李月红
46	北京市通惠河南岸污水干线	1993	流域面积8643公顷，污水量标准：250立方米/公顷/日，流量28400升/秒；设计断面：单孔方沟（宽3800毫米～4000毫米）×高2500毫米至双孔方沟（宽3200毫米～3800毫米）×高2500毫米；总长8.0公里	12000	常　憬　陈　辉 王憬山　张　祺 高毓德
47	北京市北三环路改建雨污水管	1993.10	配合北三环路改建，解决雨污水问题 雨水管：管长20085米 污水管：管长6790米	5484	孟宪东　李裕娴
48	北京市亮马河北路污水工程（东四环—铁路环）	1994	流域面积约1580公顷（其中绿地594公顷），流域范围坝河以南姚家园以北、东三环路—铁路环之间地区及和平里地区，污水量标准：一般居民区250吨/日·公顷；绿化区为86.5吨/日·公顷。管径φ800毫米～φ2600毫米，长度2531米。方沟W×H＝4500×2500毫米，长度为160米	4480	郭　钧　蒋旨谨 李裕娴
49	北京市大屯地区市政配套工程CD区雨污水工程	1995	CD区内雨水流域面积96.65公顷，雨水管管径φ500毫米～φ2200毫米，长度3597米；污水管设计采用标准250立方米/日·公顷，污水管管径φ300毫米～φ500毫米，长度1723米。	1484	龙安平　蒋旨谨
50	北京市西马厂小区外部雨污水工程（太平街南延路雨污水）	1995	小区位于北京市丰台区大红门附近，小区占地总面积33公顷。雨水流域面积98.88公顷，雨水管φ600毫米～φ1600毫米，长度为628米，砖砌方沟W×H＝2200毫米×1800毫米，长度178米，污水总流域面积58.2公顷，污水管φ400毫米～φ1100毫米，长度为522.6米，污水量标准250立方米/日·公顷	383	崔　欣　陈　怡 吴仲琴

续表

序号	设计项目名称	设计年代	工程设计摘要	概算额(万元)	主要设计负责人
51	北京市西马厂小区马家楼东路雨污水工程	1995	小区位于北京市丰台区大红门附近,设计雨水总流域面积42.03公顷,管径ϕ500毫米～ϕ1800毫米,长度为780.5米,重现期P=1年,径流系数为0.55。污水总流域面积41.7公顷,管径ϕ400毫米～ϕ1000毫米,长度为817.5米,污水量标准:250立方米/日·公顷	5145	陈怡 崔欣 吴仲琴
52	北京市紫玉山庄外部市政配套工程雨污水管工程	1995	紫玉山庄位于北京市北部,辛店村以北。雨水流域面积434.7公顷,径流系数建筑用地采用0.55,道路采用0.9,绿地和农业采用0.3,雨水管管径ϕ300毫米～ϕ1800毫米,长度为2919米。污水流域面积5482公顷,污水量标准建筑用地采用250立方米/日·公顷,绿地、公园、别墅区采用50立方米/日·公顷,污水管管径ϕ300毫米～ϕ1200毫米,长度为1579米	1578	梁晓琴 蒋旨谨 臧金萍
53	北京市东直门大街改造工程(鼓楼—东直门)雨污水	1995	鼓楼至东直门大街,雨水总流域面积76.82公顷,管径ϕ1200毫米～ϕ2000毫米,管长1820米。污水总流域面积为236.58公顷,分为南北两侧,污水标准采用250立方米/日·公顷,管长为6080米,其中北侧管径ϕ500毫米～ϕ900毫米,长度为3140米,南侧管径ϕ400毫米～ϕ1000毫米,长度为2940米	1189	蒋旨谨 李萍 李裕娴 赵瑞琳
54	北京市安定门大街改造工程(美术馆—安定门)雨污水工程	1995	安定门大街改造分4系统。雨水:北护系统,流域面积27.4公顷,径流系数0.55,管径ϕ900毫米～ϕ1800毫米,长度620米,排入北护城河;东直门流域面积23.1公顷,径流系数0.55,管径ϕ1200毫米～ϕ1600毫米,长度为450米,排入东直门雨水管;四海系统,流域面积23.68公顷,径流系数0.55,管径ϕ1400毫米～ϕ1600毫米,长度450米;朝内大街雨水干管流域面积21.77公顷,径流系数0.55,管径ϕ1200毫米～ϕ1600毫米,长度800米,排入朝内大街。 污水:污水量标准250立方米/日·公顷及600立方米/日·公顷,其中北护系统流域面积50.97公顷,管径ϕ400毫米～ϕ800毫米,长度700米;东直门流域34.43公顷,管径ϕ400毫米～ϕ500毫米,长度400米;四海系统流域面积51.65公顷,管径ϕ400毫米～ϕ600毫米,长度730米;朝内大街流域面积28.96公顷,管径ϕ400毫米～ϕ800毫米,长度700米	871	李萍 蒋旨谨 李裕娴 赵瑞琳
55	北京市虎坊桥腊竹危改小区外部雨污水工程	1995	腊竹小区北临珠市口西大街,南临永安路,西临虎坊桥,东临万明路。雨水设计重现期P=0.5～1.0年,径流系数0.55,雨水流域面积14.2公顷,雨水管径ϕ500毫米～ϕ1000毫米,全长1120米;污水量标准250立方米/日·公顷,流域面积416.4公顷,管径ϕ400毫米～ϕ1400毫米,全长1855米	350	吴仲琴
56	东四十条大街改造工程(地安门至东二环)	1995	污水量标准250立方米/日·公顷,其中北侧流域面积142.87公顷,管径ϕ600毫米～ϕ1200毫米,长度为3270米;南侧流域面积124.65公顷,管径ϕ700毫米～ϕ1600毫米,长度为3330米。总投资2331万元	2331	赵瑞琳 李萍 蒋旨谨 李裕娴
57	北京市动物园商业一条街雨污水工程	1995	位于西直门外大街北侧,雨水重现期$P=1$年,径流量为0.55～0.90,雨水管管径ϕ400毫米～ϕ1100毫米,长度为2326米;污水:设计污水量标准250立方米/日·公顷,污水管管径ϕ400毫米～ϕ500毫米,长度为1110米	240	高燕妮 吴仲琴

污水处理与回用部分

续表

序号	设计项目名称	设计年代	工程设计摘要	概算额（万元）	主要设计负责人
1	北京燕山石化总公司向阳污水处理厂工程	1970	污水经隔油沉淀、浮选、曝气、进入二沉池后出水。二期：水量一级按900立方米/时，二级按600立方米/时设计。三期增加前进厂600立方米/时，直接入曝气池，出水水质BOD_5为30毫克/升		张锴 李远义 刘巨勇 潘家多 方履森 黄一心
2	北京市首钢焦化厂含酚废水生化处理工程	1972.9	污水经除油均化调节、降温冷却、鼓风曝气、斜板沉淀后，出水达到设计要求，符合排放标准，处理水量4800立方米/日，污泥经浓缩池、晒泥场处理外运	50	陈辉
3	北京首都国际机场污水处理工程	1974～1978.6	北京市第一座建成投产的生活污水二级处理厂，污水量近期400立方米/时，远景平均600立方米/时，沉砂池中采用曝气沉砂新工艺，曝气池中采用深水中层曝气新工艺	243.96	李森 陈辉 余英影 刘玉珍 张祺 高玉德 杜秉义
4	北京市506厂污水处理工程	1979.9	含酚与含铬的工业废水与生活污水混合处理，污水二级处理，处理污水量150立方米/时，生化法射流曝气工艺，污泥浓缩压滤，用作农肥	143.6	张秉镛 张愈
5	北京印染厂废水处理及回用工程	1980.6	设计规模5010立方米/日，一期工程污水经二级处理后，排入下水道，规划二期工程将进行深度处理，出水可回用于生产	142.4	赵瑞琳 杭世珺 许可泰
6	上海市石化总厂纯氧曝气污水处理工程	1984.2	将原有曝气池加盖密封改为处理水量30000立方米/日的纯氧曝气池，分段推流式；出水经二沉池分离活性污泥后，进入氧化塘。氧源属综合利用，来自化工二厂的副产排空氧气	104.3	常憬 任锋 高毓德 何晓东
7	山西省太原制药厂工业废水处理工程	1984～1985.9	污水水量4000吨/日，采用深井曝气工艺，处理废水，原污水经泵房、调节池后进入深井曝气池，浮选沉淀后，出水排入城市管网		巴兴辉 邱跃东
8	北京市高碑店污水处理厂工程（一期）	1984～1990	城市大型污水处理厂，近期规模100万立方米/日，分二期，各为50万立方米/日。污水处理采用缺氧－好氧（A.O）法新工艺，污泥处理采用两级中温消化，产生的沼气用以发电，并进行回用水的深度处理	55800	常憬 杭世珺 刘坤一 任锋 赵汝侨 张韵 王憬山 刘海泉 马国俊 杜秉义 何晓冬 姚振华 陈怡 黄一心 刘沙 陆慎贤 李裕娴
9	北京制药厂深井曝气法处理制药废水工程	1985	设计水量3000立方米/日，进水COD=3500毫克/升，采用气提循环深井曝气活性污泥法进行处理，COD去除率达75.9%，达到市环保要求目标，年处理费37万元，处理成本0.366元/立方米		曲际水 邱跃东 李泽光
10	天津石化公司供排水厂污水处理厂扩建工程	1985	处理水量450立方米/时，二级处理，工艺采用氧气曝气处理，污泥采用中温消化处理	1155.7	常憬 任锋 马国俊 高毓德
11	北京市方庄污水处理厂	1986.10	处理水量40000立方米/时，二级处理采用A－O法工艺，二级出水进行深度处理后回用，污泥经好氧消化浓缩脱水，用作农肥	9059.1	张愈 赵鸿芳
12	中德武汉长江啤酒有限公司污水处理厂	1986.11～1987.3	处理水量6300立方米/日，污水采用延时氧气曝气法，污泥定期清除，不作处理	434	常憬 任锋 李艺 马国俊

续表

序号	设计项目名称	设计年代	工程设计摘要	概算额（万元）	主要设计负责人
13	北京市北小河污水处理厂	1987	近期处理规模40000立方米/日，污水二级处理曝气池采用厌氧－好氧工艺，污泥经二级消化后脱水成泥饼后外运	3500	常　憬　任　锋 李曼云　赵汝侨
14	北京市首钢特钢公司西区污水处理厂工程	1988	处理规模1.2万立方米/日。废水经隔油、加药、混凝、沉淀后，用于西区冷却水循环系统补充水。采用了大波纹板高效反应及异向流波形斜板沉淀新工艺	400	叶　安
15	博茨瓦纳博罗内城市污水处理厂工程	1991.1	设计处理规模：远期为8万立方米/日，近期为4万立方米/日，进水水质BOD_5＝200毫克/升，SS＝300毫克/升，采用传统的二级处理活性污泥法，曝气装置为倒伞形表面曝气器，设计出水标准：BOD_5＝20毫克/升，SS＝30毫克/升	7000万普拉（博国货币，相当于人民币2.1亿元）	常　憬　刘坤一 任　锋　蒋旨谨 李　艺　张　琪 陈　都　张淡瑞 徐　以　王乃震 赵　杰　马国俊 陈东升
16	清河污水处理厂（可行性研究报告）	1993	处理厂占地29公顷，总规模为40万立方米/日，服务人口81.4万人，近期规模为20万立方米/日，进水水质：BOD_5＝200毫克/升，COD＝400毫克/升，SS＝250毫克/升；出水水质：BOD_5≤20毫克/升，COD≤60毫克/升，SS≤50毫克/升	69400	余英影　武　红 杨燕华　高燕妮 王憬山　要　锐 陈东升　徐履安 李裕娴　赵瑞琳
17	酒仙桥污水处理厂（可行性研究报告）	1994	处理厂远期占地405亩，远期总处理规模为35万立方米/日，服务人口2015年预计为48万。一期工程按2000年规划考虑污水量为20万立方米/日，生活用水量为2329.9万立方米/年，年均日用水量6.4万立方米/日。工业用水量为1857/4万立方米/年，年均日用水量5.1万立方米/日。进水水质：BOD_5＝200毫克/升，COD＝350毫克/升，SS＝250毫克/升；出水水质：BOD_5≤20毫克/升，COD≤60毫克/升，SS≤20毫克/升	20239	李　艺　王乃震 刘　沙　王进民 卜曦洪　马献国 李裕娴

第五节　水利工程

一、工程设计任务

1955年建院到1970年期间，院承担北京市水利工程规划和设计任务。

截至1970年，院完成的主要水利工程设计有：中小型水库12座，总库容3.77亿立方米，总投资约7800万元（不包括地方投资、民工工资及以后的加固维修及扩建工程的投资）；永定河、密云水库至市区的两大引水渠共长135公里，总投资约6570万元；其他排涝工程及灌渠工程多项，多为民办公助项目。

院承担的北京市水利工程设计任务主要集中在以下四个方面。

（一）北京市城市水源引水工程

永定河引水工程是院成立后参加设计的第一个大型引水工程，其中，引水渠首枢纽及模式口水电站由水电部北京勘测设计院承担，其他工程由院负责。

京密引水工程是院承担的另一项重大引水工程设计，引水渠全长111.56公里。1959年开始进行京密运河的规划方案，1960年引水渠作为紧急引水工程任务，在运河规划基础上进行设计。工程于1960～1966年分两期完成。

（二）北京市防洪和供给农业用水的水库工程

1957年全国水利化运动开展后，院先后承担了郊区12座中、小型水库的设计任务，

1958年完成十三陵水库设计，1958年3月与水电部北京勘测设计院共同完成怀柔水库的设计任务。1960～1970年院相继完成平谷县的海子水库、黄松峪水库、西峪水库，房山县的天开水库、青崇水库、牛口峪水库，昌平县的桃峪口水库、响潭水库，怀柔县的北台上水库、大水峪水库等。这些水库都是在边勘测、边设计、边施工的条件下完成的，没有做设计的前期工程，尤其是地质勘探工作都是在开工后补做的，只对坝址地基进行少量勘探，对水库渗漏问题研究不够，因此在水库蓄水后，大都出现了一些水库渗漏及其他地质问题。在以后的管理过程中，很多都进行了处理。当时的水文资料不全，防洪标准偏低，经过1963年8月华北大雨及1975年8月河南大雨后，这些水库都根据水利部的要求和新的水库防洪标准，进行水文复核。有的水库还进行提高防洪标准的改建措施，摘掉了病险库的帽子。

在中型水库中，以平谷县的3座水库效益最好，不仅解决下游河道的防洪问题，而且保证了农业灌溉用水，为平谷县近几年来工农业的发展，提供了可靠的水源。其次是怀柔县的3座水库。怀柔水库已成为城市供水的主要调蓄水库。尤其是北京市第九水厂从怀柔水库取水，更加大怀柔水库的重要性。昌平和房山县的水库，由于近年来雨量较小，蓄水不多，效益较差。

（三）北京市治理郊区旱涝灾害的河道整治工程

河道整治工程设计主要是解决北运河水系的市区排水河道尾闾的洪涝灾害问题。由于城市的发展，市区排水工程日趋完善，加大了下游河道的排洪量，加之北运河水系各支流多年失修，河道淤塞，出口又受河北省边界排水矛盾的制约，因此东南郊成为北京市的洪涝灾区。1959年北京大雨，东南郊受灾严重，为此水利部负责组成有北京市、天津市、河北省参加的海河水系北四河防洪除涝规划领导小组，制定了《北四河规划纲要》。1961年底中央召开华北平原地区五省市团结治水会议，达到《关于解决京津边界地区水利问题会议纪要》的协议。根据这些规划和纪要院承担该地区的防洪除涝设计任务。

为分流北运河洪量，设计运潮减河工程及通县北关拦河闸和分洪闸。为减少凤河流域的排洪量，进行开挖凤港减河等设计。完成凉水河、龙河、凤河及天堂河的疏挖治理工程设计，并设计解决边界排水矛盾的排水沟系及排涝扬水站等。经过几年的排涝整治工程的修建，基本上解决了东南郊的洪涝灾害问题。

（四）北京市近郊区农田灌溉工程

为发展通县的农田灌溉，设计修建通县北关闸及榆林庄闸，以壅高北运河水位进行灌溉。在凉水河上设计修建马驹桥闸及大红门闸以壅高凉水河水位进行灌溉。在清河上设计修建清河闸及清河灌渠。为解决东南郊农田灌溉，设计修建东南郊灌渠。该灌渠成为北京市第六水厂的主要供水渠。为发展东北郊灌溉设计东直门灌渠。该灌渠成为东直门造纸厂、工人体育场水系及亮马河涉外饭店区的环境水系的供水渠。

二、设计项目选介

（一）北京市永定河引水工程

永定河引水工程设计是1955年院成立后与水电部北京勘测设计院共同承担的第一个大型水利工程。

永定河水渠从三家店引水，穿过模式口隧洞后，利用30米水头跌差建水电站，沿旧金沟河向东入南旱河，经玉渊潭、木樨地至西便门入前三门护城河，全长25公里。南旱河入口以上的渠道引水与山洪分流，南旱河入口以下的渠道接纳了洪水，行洪能力为75立方米/秒。由于区间径流进入，至西便门甘雨桥处渠道行洪能力达100立方米/秒。引水渠的最大引水流量，原设计渠道进水闸为35立方米/秒。1969～1971年相继两期扩建永定河引水渠，最大引水流量可以达到50立方米/秒。另外疏挖自双槐树至紫竹院入长河共长3公里的一条输水渠道。

三家店渠首设枢纽，包括孔宽12米的17孔栏河闸，采用12米×8米的弧形钢闸门。进水闸2孔，每孔宽4.5米，每孔可引水35立方米/秒。设计认为永定河的浑水经过官厅水库调蓄后，大量泥沙将淤积在库中，下泄水含沙量不会太大，为节省投资，暂时不设沉沙池。从几十年的运用情况看，这个决定是正确的。

渠道经过长708米的隧洞及一段绕山道后，经模式口水电站后进入西山平原地区。该地区皆为砂砾石地层，渗漏严重。在当时的条件下采用了黏土衬砌措施。从几十年的运用情况看，防渗效果很好。渠道利用一段南旱河直达玉渊潭。疏浚玉渊潭，并做进出水闸，利用玉渊潭作为城市调洪水库，起到滞洪作用。渠道到西便门与前三门护城河及西南护城河相接，全长25公里。

设计中采用山洪不入渠、黏土衬砌防渗以保证引水渠不间断的运行；利用玉渊潭作为城市的滞洪水库，削减下游河道的洪量，是市区防洪“西蓄东排、南北分洪”的一项重要措施。

永定河引水渠建成后，当年即向首钢和石景山电厂供水，后来还为陆续建成的第一热电厂、造纸总厂、北钢、水源六厂、酒精厂、印染厂、一轧钢、高井电厂、一一三电站、第二热电厂和燕化石油总厂（冬季）等工业企业供水。引水后，在城市下游开辟东直门、东南郊、凉凤、通惠等大型灌区，实际灌溉面积达到约4.2万公顷。在市区开辟玉渊潭、八一湖、紫竹院、龙潭湖、陶然亭等一批湖泊，增加水面156.8公顷。护城河的卫生状况也有很大改善。经过35年的不间断供水运用，共输水230亿立方米，对北京城市建设的发展和工农业的发展，起了重要的作用。

(二) 北京市京密引水工程

京密引水工程是北京另一条向市区供水的输水工程，引密云水库的水经过密云、怀柔、顺义、昌平、海淀5个县区，长111.56公里。1958年夏，密云水库开始筹建，院根据中共北京市委要求京密引水工程兼顾通航的指示，结合当时的城市总体规划中京津运河与京密运河相连接的设想，提出京密运河规划方案。

1960年，华北地区大旱，预计官厅水库来水很少，将不能满足首都工农业的正常生产用水。中共北京市委决定立即修建京密引水工程，以保证首都工农业用水。

院规划方案曾提出运河底宽40米和20米两个方案，均因工程方量过大，难于在半年内完成。最后决定怀柔水库以上暂放弃通航条件，改用白河灌渠进行扩建；怀柔水库以下经过李史山、桃峪口、兴寿至西崔村，河底宽改为20米。渠线至昌平县西崔村以后即改走原运河支线方案，直向南经沙河和清河，于东直门外与护城河相接，以保证第一热电厂的用水。修改后的线路总长缩至90公里，土石方量约为1100万立方米。

引水工程于1960年10月开工，1961年3月基本完成由龚庄子进水闸至西崔村长约55公里的引水工程，达到通水要求。

1961年3月，官厅水库来水多于预计的来水量，缓和了首都用水的紧张情况。1961

年4月市委决定工程暂停。因此该段已完成的55公里渠道称为京密引水一期工程。

1965年9月1日，官厅水库总蓄水量仅2.45亿立方米，北京市又面临严重缺水形势，市委决定兴建京密引水二期工程。工程自西崔村至玉渊潭，总长56.56公里，渠底宽20米，设计流量40立方米/秒，总土石方量570万立方米。工程于1965年10月开工。

一期工程后，院对崔村以下的渠道线路作较深入的比较研究。市政府还邀请了清华大学及水利部的教授专家进行现场勘查与审查，认为一期工程的下段（即东线方案）不能引水解决市区西部及市中心区的用水，不符合总体规划的要求，故推荐沿规划运河干线输水入昆明湖的西线方案。

1963年市委根据专家意见，决定采用西线方案。据此，院进行初步设计的准备工作，进一步研究西线的线路位置及主要建筑物方案，并补充勘测资料。1963年起先后在沙河北大桥、念头公路桥、韩家川公路桥等处设汛期水文测站，在昌平县三堡设汛期雨量站，对小汇水面积的洪水进行观测研究，为沿线山洪交叉建筑物的洪水流量计算准备资料，并在1963年8月北京普降暴雨时查勘西部山区洪水的漫流情况，为以后排洪设计寻求可靠的技术措施。

对渠道渗漏及盐渍化问题，由北京水文地质大队进行地质勘查研究，最后提出“京密引水渠道选线工程地质勘察报告”、“京密引水选线水文地质及盐渍化预测图”等勘察成果。

为节约投资加快施工进度，第一次在设计中采用塑料薄膜防渗，效果良好；在桥梁基础设计中采用大锅锥施工的灌注桩基，克服地下水位高及打混凝土桩的困难；京昌公路桥设计采用立交桥，解决滨河路与主要干路的交叉问题；在山洪渡槽设计中，考虑将来通航的需要，采用可吊装移去的预制槽牙和边墙；在倒虹吸设计中，除采用钢筋混凝土框式洞身外，并将倒虹吸布置在渠道的一侧，另侧留有将来建船闸的位置。

1965年在扩建南护城河工程中，考虑京密引水进城后的输水及排洪需要，改建右安门闸。首次进行橡胶坝的试验研究和设计。

京密引水工程自建成后至今共供水约150亿立方米，运行正常。

（三）北京市十三陵水库工程

十三陵水库，位于昌平县温榆河支流东沙河上，座落在明十三陵附近，总库容8100万立方米，是一座为工业供水、农田灌溉和防洪的中型水库。

早在1954年夏，水利部和市人民委员会就传达了周恩来总理对修建十三陵水库的设想。1955年7月，在十三陵东山口设立水文观测站，为水库设计积累水文资料。

1957年12月在全国水利化运动高潮中，中共北京市委农村工作部布置院着手水库的设计。院于1958年元旦提出初步设计方案，元月4日经市委批准，并决定元月21日开工。在设计过程中，水利部和地质部的专家多次到现场指导和审定设计中的技术问题，同时得到许多单位的大力协作。市地质地形勘测处完成大坝坝址及库区的地形测量图；地质部901队及市地质地形勘测处提供地质勘探资料；水利部水科院水文研究所协助院作水库水文分析；水科院土工所协助作大坝渗漏电渗模拟试验，并提出保证大坝安全的防渗措施意见。

水库主体工程按市委要求于当年6月底基本完成，并拦洪蓄水。院配套设计的长12公里的环湖公路也同时竣工。

水库控制流域面积223平方公里，来水量按25%保证率计算，最大坝高29米，坝顶高程103米，坝顶长度627米，总库容8100立方米。为节约用地又便于施工，坝型选用粘土斜墙坝，坝前采取粘土铺盖防渗。输水管道用3排并列、直径为1.0米的铸铁管埋于坝下，最大输水能力为28.5立方米/秒。防洪标准为百年一遇，设计洪峰为306立方米/秒。溢洪道设在大坝右端，将右坝肩开挖成深5.0米的缺口，形成侧堰式溢洪道，堰顶高为98.0米。另在堰顶上填筑高1.5米的土墙，当库容达6000万立方米时，可溃堰泄洪，最大泄洪能力为610立方米/秒。土石方量为192万立方米，工程总投资为1967万元。

水库经过多年应用后，为保证大坝安全，1964年和1969年进行过二次加固改建。

对坝基的渗漏问题，经过10来年的蓄水运用、观测和勘探，摸清了渗漏途径，于1969年由院提出浇灌混凝土防渗墙的方案。设计墙厚0.8米，最大墙深57.5米，墙长554米，于1970年12月竣工，经过高水位运用，坝下游渗水极少，效果良好。

1963年8月海河流域大雨后，水利电力部要求各大、中、小型水库的防洪标准都要按这次大洪水校核。十三陵水库经复核后，达不到防洪标准，需按百年洪水设计，千年洪水校核标准提高。于1964年对溢洪道进行扩建，把岸边开敞式溢洪道，扩建成14米宽的闸室，最大泄量可达1091立方米/秒。

（四）北京市海子水库工程

1959年9月，北京市中共市委决定修建海子水库。水库位于平谷县沟河山峡，以灌溉、防洪为主，发电、养鱼为辅；主要建筑物除主坝外，还有副坝、输水管和1座浆砌块石的重力坝式溢洪道；设计库容4980万立方米，为一中型水库。院于1960年4月完成技术设计，1960年7月水库竣工蓄水，1961年进行过防洪加固；1968、1978年进行二次扩建。现状库容1.21亿立方米，为一大型水库。

在1959年兴建海子水库时，河北省决定，在沟河上游同时修建城下水库。因此海子水库以城下与海子区间流域面积117平方公里计算水库规模。大坝采用粘土斜墙土石坝，最大坝高28米，坝顶高程为104米，总库容4980万立方米。水库开工不久，唐山地区决定暂不修建城下水库。为适应城下水库缓建而引起洪水加大的问题，对设计进行修改，将溢洪堰顶高由103米降至97米，非溢流段坝高程由106米降至104米，水库兴利库容减少1850万立方米。

1960年7月水库完成后开始蓄水，当主坝前水深17～19米时，主坝下游及两岸山岩出现多处泉涌。主坝渗漏量较大，坝下游出现沼泽和管涌现象。在库水位97米时，地表渗流量为190升/秒，下游两岸山岩出现泉眼47处。由于主坝、副坝及两岸山岩渗漏严重，于1961年提出防渗帷幕灌浆处理设计，经数次帷幕灌浆处理，减少了渗漏量，保证了大坝安全。

水库建成后，至1968年，工程配套灌溉面积扩大到约0.3万公顷，水库库容过小，供水不足。另一方面，上游城下水库未建，上游来水较多，几乎每年都弃水。北京市决定扩建海子水库。院提出的扩建方案为降低溢洪道溢流堰顶高程，加设拱形闸门，门宽13米，高6米，共设6孔，为“弧起平卧”式，解决因堰顶不够宽、不能安装弧形闸门的困难。最高蓄水位仍维持原设计的103米高程，可增加兴利库容1850万立方米。

1978年为增加灌溉效益，水库再次扩建，并由平谷县辟为金海湖公园。1986年市委选定金海湖为第十一届亚洲运动会场地，院承担了水上运动场设计。

（五）北京市东南郊除涝工程

院接受治理北京市东南郊洪涝灾害的设计任务，于1960～1961年先后完成《大兴县天堂河疏浚工程设计》、《凤河下游疏浚工程设计—凤港减河工程》及《运潮减河工程设计》。前两个工程于1963年竣工，后一工程于1965年竣工。

天堂河疏浚工程：系将大兴县天堂河下段出口改至永定河，完成土方量120万立方米，投资45万元。

凤港减河工程：系将凤河上游的水导入一条长48公里的减河，将洪水导入北运河，设计流量200立方米/秒，总土方量500万立方米，投资约500万元。

运潮减河工程：系于通县城北挖一条减河将温榆河的部分洪水通过减河导入潮白河，以减轻北运河的洪水。工程包括通县北关拦河闸及分洪闸各1座，长11.5公里的减河，分洪流量为500立方米/秒，总土方量375万立方米，总投资1026万元。

上述3项除涝主体工程的完成，为该地区挖通了排涝出路，又经过了多年配套工程的建设，使该地区除涝达到10年一遇的标准，地下水位下降，消除了盐碱化的问题。

（六）北京市南护城河右安门橡胶坝工程

1965年南护城河疏浚工程设计中，院提出在右安门水利枢纽工程上采用橡胶坝代替传统的水闸，经组织试验、研制，取得数据后应用到工程上。

1965年9月开始橡胶坝的模型试验工作，选用1:20塑膜模型，进行有关水力学及坝袋受力情况的试验，并用1:5橡胶坝的胶布模型进行坝袋材料试验、坝袋锚线布置及锚固形式试验、坝袋安全溢流管、坝袋充水时的排气等多项试验研究，为设计取得许多参数并得出处理各项问题的措施。同时，还得到水电部北京水利院提供的国外参数资料。据此，进行研制与设计。

橡胶坝坝袋材料的研制，有化工部橡胶研究院、北京橡胶总厂、天津第一帆布厂等单位参加。研究橡胶坝袋的材料配方、帆布材料选择及加工、布幅的搭接方法与粘接材料、胶布层数与各层胶厚、坝袋运行安全与老化、坝袋磨损与维修等问题。

设计的右安门橡胶坝是一座充水坝，按原河梯形断面布置，河底宽24米，最大坝顶长度37.6米，最大坝高3.4米。橡胶坝于1966年6月建成，正常运行22年后，改换新坝袋，使用至今，是国内第一座橡胶坝挡水工程。

水利工程设计主要项目概况见表2-12。

表 2-12 水利工程设计主要项目一览表

水库工程

工程名称	所在流域	流域面积（平方公里）	总库容（万立方米）	主要特征			
				坝型	最大坝高（米）	坝顶长度（米）	设计负责人
海子水库	沟河	43	12100	黏土斜墙坝	40.5	413	胡家恒 李肇祥
怀柔水库	怀河	525	9800	黏土斜墙坝	21	1088	侯建功 李文顺
十三陵水库	温榆河支流东沙河	223	8100	黏土斜墙坝	29	627	黄震东 胡家恒 杨新民 邓乃勤 丛蔼森
青崇水库	小清河支流刺猬河	102	2900	黏土斜墙坝	16	1127	崔式珍
天开水库	大石河支流夹括河	48.5	1475	黏土斜墙坝	24.5	250	沈永全
桃峪口水库	桃峪口沟	40	1008	黏土斜墙坝	21.1	320	李文顺
西峪水库	错河支流	81.1	1430	混凝土重力坝	33	283	宋文祷
黄松峪水库	沟河支流	49	1040	混凝土重力坝	48	185	刘佩琦
北台上水库	雁栖河	102.2	3830	黏土斜墙坝	31	483	宋文祷
大水峪水库	潮白河支流沙河	55.6	1460	混凝土重力拱坝	59	283	白家琬
牛口峪水库	大石河支流沙河	2.3	1000	黏土斜墙坝	35.4	290	黄成功
响潭水库	北沙河支流沙河	57.5	718	混凝土重力坝	42.2	168	赵凤莲

大型引水渠、减河工程

工程名称	最大流量（立方米/秒）	总长（公里）	工程起止地点	设计负责人
京密引水渠	70	111.56	龚庄子—玉渊潭	黄震东 白家琬 李文顺 胡家恒 杨新民 董世光 宋文祷 赵凤莲
永定河引水渠	50	25.0	三家店—西便门	黄震东 宋文祷
运潮减河	500	11.5	通县北关—东堡村	刘佩琦
凤港减河	150	41	大兴县凤河老观里—港沟	刘佩琦

主要水闸工程

水闸名称	所在河流	主要特征			过闸流量（立方米/秒）		设计负责人
		闸门形式	孔数	闸门尺寸高×宽（米）	设计	校核	
通县北关拦河闸	北运河	弧型	12	5×6	850	1155	李文顺
通县北关分洪闸	北运河	弧型	10	5×6	600	900	李文顺
榆林庄拦河闸	北运河	平板	15	5×6	1353	1935	杨新民
沙河闸	温榆河	翻板闸门	20	4×4	750	1200	董世光
马驹桥拦河闸	凉水河		14	3.45×3	317		杨新民
右安门橡胶坝	南护城河	坝长 37.6 米，坝高 3.4 米，为充水坝					杨新民 解士博 丛蔼森 王丽华 王淑娴 陈茂升 张秉令

第六节　其他工程

一、工程设计任务

建院40年来，院除承担道路、桥梁、给水、排水等工程设计外，针对任务的需要不断开辟新的设计领域，包括垃圾处理、油气管线、民用与工业建筑、各种特种工程结构、小区规划等项目。

（一）城市垃圾处理

院于70年代初开始进行垃圾处理的设计工作。1972年设计建成首都国际机场垃圾处理站，采用远红外线高温消毒烘干炉工艺，日处理量5吨；80年代承担杭州市天岭垃圾场工程设计，采用分层填埋、渗沥液进行处理的流程；北京市门头沟王村焦家坡垃圾消纳场工程设计，处理量300吨/日及北京市大灰厂垃圾简易卫生填埋场设计，处理量1000吨/日～1500吨/日。

近年来我国城市卫生日益受到重视，一些大中城市的垃圾处理相应提到议事日程，院陆续承担一些大中型现代化城市垃圾处理场设计任务。1989～1991年承接《北京市城市垃圾处理工程可行性研究》；1992年设计世界银行贷款项目《北京市阿苏卫垃圾卫生填埋场工程》，服务人口200万人，处理规模2000吨/日，主要由卫生填埋、渗沥液与垃圾废气的收集与处理等几部分组成，是国内第一座规模最大，按国际标准建成的垃圾卫生填埋场。该项目于1994年完成填埋场、调节池及附属工程等一期工程并正式启用。1992～1994年设计建成佛山市南海狮中垃圾卫生填埋场工程，其场区位于三面环山、一面建有土坝的自然低谷地区，设计填埋量300吨/日，工程于1995年完工，渗沥液处理后出水基本达到农灌标准。

（二）民用与工业建筑

80年代以来，院设计的民用与工业建筑有：辽宁省梅河口市具有餐饮，宾馆功能等多种用途的10层梅河口饭店；北京市昌平畜牧水产局用作展览、商贸及办公管理的7层7000平方米综合楼；北京通县成人教育中心，包括计算机房、演示厅、阶梯教室等设施完善的5000平方米的教育楼以及食堂、锅炉房、配电、给排水管道系统等配套齐全的校区；北京市朝阳区法院审判厅，设有大小审判厅、候审室、会议室和审判专用电梯等。

为发挥院内多专业协作配合的优势，多年来院积极承接包括规划布局、河湖绿化、竖向规划、道路、给水、排水、电力、电信燃气、热力等内容的综合性小区详细规划设计任务。

1985～1986年完成连云港市经济技术开发区市政配套工程规划设计，包括1.3平方公里规划区内的道路网、给水、雨水、污水、燃气、热力、电信等管网，以及石油液化气站、变电所等。

1991年完成《河北省白洋淀温泉详细规划》，该规划利用广阔水域和温泉资源，开发滩涂荒地，建设一个集旅游、疗养、休息、渡假等多种功能的风景优美的城镇。规划内容包括功能分区、规划布局、河湖绿化、交通、给水、雨污水、温泉与供热、电力、通信等。1991～1992年完成《厦门市集美北部工业区市政工程详细规划》，是根据集美区总体规划，作出全区市政工程初步规划，以此为基础，对北部工业区1.37平方公里作出详细规划。该规划在调查国内和厦门市类似工业开发区供水量、供电量、通信量等实际资料后，分别论证确定该区各项工程规划指标、竖向规划与排水系统、道路横断与管线综合、电力电信及各种厂站布局等。

80 年代末，院承接体育建筑《亚运会北京金海湖水上运动场工程》设计。为固定水上航道标志位置与高程，设计根据湖水水位差达 10 多米的情况采用可随水位调节的水下钢缆，以保证湖面水位涨落时，比赛航道的要求。这是国内第一个在水库水域设计建成的符合国际比赛要求的水上运动场。设计的陆上配套建筑物总计近 1 万平方米，包括服务中心楼；5 层高 20 多米的裁判塔；船库与停船场；以及相应的道路、停车场、给水、排水、供暖等全部设施。

院承接的工业建筑项目主要为大型制管厂项目。包括：大型制管厂项目的可行性研究，厂内外全部工业、民用建筑物以及给水、排水、道路、采暖、通风、供电等配套设施设计。1975～1977 年院设计建成北京市第三水泥管厂，可生产管径 ϕ700 毫米～ϕ3000 毫米的钢筋混凝土排水管及铁路顶管管材，单班年生产能力 5 万立方米混凝土，机械化水平较高、检测试验设备齐全，为国内比较现代化的大型水泥制管厂，是 70 年代国内唯一生产管长 3 米、管径 ϕ2000 毫米～ϕ3000 毫米的大系列企口管的管厂。

1992～1996 年院设计、建成北京现代管道有限公司引进的《离心浇铸玻纤增强热固性树脂砂浆管》，建厂工程是国家八五计划重点开发研制的新型化学管材项目。该管材有轻质高强、耐腐蚀、综合造价比较低等特点。项目引进国外主要制管专利生产设备，采用全封闭、电脑控制的自动化生产线，可年产不同压力与刚度等级、ϕ500 毫米～ϕ2400 毫米给水排水管材产品 1.8 万吨。

（三）油、气管线工程

1974～1976 年，院与北京石油化工总厂设计院、石化部炼油设计院、商业部设计院、北京煤气热力设计院协作，设计北京燕山石化总厂 30 万吨乙烯配套项目，房山至北京油、气管线工程，将总厂生产的重油、乙烯、汽柴油、液化石油气分别用管道输送至东郊第一、二热电厂、化工二厂，东郊小武基石油总公司油库和丰台郊庄子。输送能力和距离分别为 150 万吨/年～200 万吨/年和 56 公里，30 万吨/年和 54 公里，10 万吨/年和 43 公里，8 万吨/年和 47 公里。院负责管线和穿跨越建筑物的土建设计，其中长距离重油管设计在国内尚属首例。

（四）特种工程结构

院设计的特种工程结构，主要有：水、油、气管道桥及其储藏构筑物；烟囱、水塔、高灯杆等高耸结构。

1974 年设计《北京燕山石化公司供水管道跨越永定河管桥工程》，其中 ϕ1500 毫米和 ϕ1200 毫米的两根输水钢管，都是利用管子自身纵向支承强度进行跨越；一根 ϕ159 毫米液化气管采用斜拉吊索支承，吊索顶端设在 4 米高的钢支架上。1975 年设计房山——北京重油、乙烯、汽柴油管道跨越永定河管桥工程，为 3 条油气管道，铺设在斜拉水平钢桁架结构管桥上。以上 2 管桥，1976 年建成，至今运转正常。斜拉钢桁架油气管桥，当时在国内为首例。

高灯杆照明是院为道路交通枢纽、立交、广场、停车场、码头等大面积场地照明需要而开发的，单根高柱灯杆一般高 30 米～40 米，顶部装泛光形投光灯和窄束弧光灯灯具，每灯柱照明直径一般可达120米，平均照度满足20勒克斯，可相当20个高10米左右的常规灯杆。1984年院在北京市西直门、三元等立交桥首次设计安装了20多个25米～30米高的高杆灯。随后，院在北京的其他立交桥及为哈尔滨、青岛、太原、重庆、深圳、广州等同类工程中设计高杆灯。院还为大同市、成都市火车站广场及烟台市、塘沽市码头作高杆灯照明设计。至1995年底，院设计建成的高杆灯总数近1000根。用钢材制作的高杆灯柱，1987年前为ф500毫米～ф600毫米等直径杆体。经过改进加工，1988年后改为上端ф300毫米左右，下端ф600毫米左右的拔梢杆。依据照明功能需要，兼顾美观，院和灯具厂共同研制高杆灯灯具，其中一部分形成定型产品。为使设计经济合理，安全可靠，院还对已建成的灯杆进行风震测试，并从理论上进行分析计算。其成果用于设计，在《特种结构》杂志发表并载入《高耸结构设计手册》。

二、设计项目选介

(一) 北京市阿苏卫垃圾卫生填埋场工程

北京市1988年垃圾量达320万吨，并以每年8%的速率递增。市区垃圾通过转运站送到郊区裸露堆放，造成城区周围环境日趋恶化并污染水源。为实现垃圾处理的安全化、减量化、资源化，北京市引进世界银行贷款兴建阿苏卫垃圾卫生填埋场，由北京市环境卫生局委托院设计。

阿苏卫垃圾卫生填埋场位于北京市昌平县境内，距市区约40公里。该场主要消纳东城区、西城区和朝阳区的生活垃圾。垃圾场采用分层挤压、覆盖等填埋工艺，包括渗沥液收集、处理和垃圾废气导排系统等，组成一个整体的卫生处理系统。整个填埋场占地60公顷，其中有效填埋面积40公顷，地下挖深5米，地上堆填高40米，总填量达1000万立方米。按服务人口200万、日处理垃圾量2000吨计，其使用年限达10年以上。垃圾填埋场最终封场后，将形成1座全部用植物或经济林覆盖的绿色山丘，供游览或辟为果园。

该工程于1992年完成设计，在设计过程中世界银行认定的国外咨询公司给予咨询。1993年4月开始施工，在完成一期工程，包括填埋场调节池、修理机房、办公楼、车库、油库、锅炉房等设施后，于1994年7月正式启用。一期工程总投资约7600万元，其中世界银行贷款投资287万美元，单位运行成本为3.40元/(吨·日)。二期工程包括渗沥和废气的处理设施，准备填埋到相应高度后再修建。

工程采用卫生填埋法处理生活垃圾，将场地挖深5米，以挖坑土作为垃圾分层填埋用的覆盖土，实现就地取材，挖填平衡。引进德国宝马公司垃圾压实机，将垃圾容量由原来的0.6吨/立方米，压实到1.0吨/立方米，提高填埋场的垃圾容量。填埋场基底防渗沥措施根据土质确定，土基土为黏土层且不小于2米处，即利用黏土层防渗；在非黏土层或黏土层厚度不足2米处，采用铺设国产膨润土防水板防渗。

为避免二次污染设置渗沥液收集管道系统和二级处理系统，使渗沥液经处理后达到排放标准，确保不污染水源。设置垃圾废气导排系统，防止污染大气、引发火灾或爆炸。

此外，针对填埋场附近建有农田水利灌渠、地层内上层滞水水位较高的现况，在填埋场开挖坑周围设计人工降低地下水位盲沟，沟外壁设置土工布，提高防渗系统功能。在填埋场周围设置完整排水系统，截雨水，不使进入填埋场。

该工程建成后可处理北京市垃圾总量约1/6。

（二）佛山市南海狮中垃圾卫生填埋场工程

佛山市1992年城区垃圾约300吨/日，合10.5万吨/年。垃圾成分中有机垃圾约占55%，无机垃圾约占31%，其他废物约占14%，垃圾容重270公斤/立方米。

垃圾填埋场位于佛山市西北约30公里处。场区三面环山，一面建有土坝，为一自然低谷地区。设计垃圾填埋量300吨/日，设计使用年限10年，设计渗沥液处理量500立方米/日。填埋场总占地面积约14公顷，其中填埋区约9公顷，渗沥液处理设施用地约0.7公顷。

佛山市城建局于1992年委托院对该市垃圾填埋处理进行可行性研究。1993年中完成可行性研究，经审查通过后，于1993年10月开始施工。1994年调节池修完后，即开始接纳垃圾。渗沥液处理工程于1995年完成，1996年渗沥液处理后出水基本达到农灌标准，目前该填埋场正常运转，效果良好。该工程由佛山市自筹资金建设，工程概算1350万元。

平面布置分为垃圾填埋区、渗沥液处理区。两区之间设挡垃圾的土堤。填埋区根据地形情况划分为3个区域，可分期施工，分期填埋，填埋高度与三面山势相平。渗沥液处理区设在土堤南面，渗沥液通过埋设在挡土堤下的钢筋混凝土管道引入调节池，经处理后排至自然水体。沿垃圾填埋区外侧为环场道路，挡土堤南侧及渗沥液处理区东侧道路均设有排洪沟，雨水可通过排洪沟直接下泄到下游天然水体，不进入填埋区。

填埋区地基土质主要为亚粘土，渗透系数$K=6.79\times10^{-4}$厘米/秒～7.5×10^{-5}厘米/秒，属弱透水性地层。为防止填埋垃圾生成的渗沥液污染地下水，做防渗处理。填埋场根据其自然标高采用3层台阶式场底。场底原状土层经夯实碾压达到大于95%密实度后，采用膨润土防渗，压实厚度为15厘米，其渗透系数$K\leqslant10^{-7}$厘米/秒。在膨润土层上再铺30厘米厚黏土层并压实。场地侧壁采用PVC复合土工膜防渗。

渗沥液收集采用碎石盲沟集水导流，干沟与支沟网状分布，碎石粒径32毫米～50毫米，外包裹透水性土工布，并用5毫米～32毫米碎石覆盖。坡度均为2‰。

垃圾填埋采用垃圾收集车将垃圾卸在填埋场后，由推土机铺平碾压，达到容重0.6吨/立方米。当垃圾层厚度达2米后，在其上面覆盖土层，碾压后土层厚0.2米。达到封顶高度后，进行终期覆盖，碾压后覆盖土厚0.5米，上面再铺0.5米可绿化的营养土。填埋场总容量为1万立方米～5万立方米，垃圾总受纳量为113万立方米，覆土与垃圾体积比为1:10。

为避免二次污染对垃圾填埋后有机物降解产生的气体（其主要成分为CO_2、CH_4、N_2和H_2S等，采用在垃圾层中设置导排气系统排除。有机物在生物降解过程中产生的渗沥液及降水渗入形成的垃圾渗沥液，均经处理使其水质达到环境要求的标准后排放。

渗沥液进水水质为COD2500毫克/升，$BOD_5$1600毫克/升，经处理的出水水质标准为COD≤300毫克/升，BOD_5≤150毫克/升。根据该地区最大月平均降水量、填埋垃圾量以及土质等条件，渗沥液设计处理量定为500立方米/日。

渗沥液处理工艺流程为：

↓混凝剂

原水→调节池→厌氧池→好氧池→沉淀池→过滤→出水

处理构筑物分两个系列布置，每系列处理能力为250立方米/日。调节池、好氧池、沉淀池合建为一个建筑物。厌氧池采用上流式厌氧污泥床工艺；好氧池采用延时曝气活性污泥法、橡胶微孔曝气盘曝气；沉淀池采用竖流式；过滤采用压力滤罐，气水反冲洗。

（三）连云港市经济开发区（第一期）市政配套工程

连云港经济开发区位于连云港市市区与港口之间的黄九桥附近，第一期工程占地1.3平方公里。该市要求第一期工程的市政配套项目按当地先进标准设计，30年不落后；要求在软土地基上一次建成给水、雨水、污水、电力、电信、热力、燃气等管线及其上的混凝土路面。

1985年连云港市政府委托院承担第一期工程市政配套项目的规划设计任务。1986年院完成各项目的主体设计。1987年各项目主体工程基本竣工。院为第一期工程规划设计的市政配套项目有：

道路工程——以连云港市道路红线规划为基础，布置10条道路，形成1.3平方公里面积的道路网。设计内容包括道路平面、纵横断面、主要路口、路面结构、基础处理、地形平整、交通工程、道路绿化等。道路竖向控制高程根据管线综合及洪水位确定，纵坡不小于0.2%，不大于4%。在地形平整上，因北部地形平坦，尽量压低标高，南部按自然地形规划。道路红线分50米、42米、30米3种。交通干线采用上下分行的两辐路形式，路面宽各8米，隔离带宽3米，次干道采用机动车与非机动车分行的3幅路形式，中间路宽15米，两侧路宽各5米，隔离带宽3米。其他道路均为单幅路，有15米和8米两种。地下管线采用柔性接口、砂垫层处理，回填风化石。工程概算4279.2万元。

给水管网——配水管网供水来自经二路与307公路交会处已预留的一根500毫米通往开发区的给水支线。设计供水标准12升/（平方米·日），供水压力4公斤。管材采用预应力钢筋混凝土管，钢制管件均加做水泥砂浆内衬。工程数量：ϕ300毫米～ϕ500毫米预应力钢筋混凝土管总长6240米。工程概算193.9万元。

雨水管网——一期工程位于连云港东部中云地区，雨水通过排淡河排除。雨水设计重现期 $P=4$ 年，径流系数 $\psi=0.55$，管径ϕ400毫米～ϕ1500毫米，全长11445米。工程概算600.3万元。

污水管网——设计污水量200立方米/（公顷·日）。ϕ300毫米～ϕ1000毫米钢筋混凝土管4852米，工程概算394.2万元。

燃气管网——燃气采用石油液化气，供应量3000吨/年，近期为1000吨/年～1200吨/年，其中60%为工业用气，40%为生活用气。输气管道按远景规划考虑，中压输送。燃气管径300毫米～400毫米，设闸门井3座，中压凝水器7座。工程概算40.9万元。

热力管网——工程用地，一期工程划分为7个小区。北部1、3小区各建一个独立锅炉房，供生产、生活用热。2、4小区为工业区，在其西侧建1座3吨/时～10吨/时蒸汽锅炉房。5、6、7小区为生活区，在区内建1座6吨/时～10吨/时热水锅炉房。管网按此原则配套。蒸汽干线沟断面为半通行式1800毫米×1400毫米及1600毫米×1400毫米两种；支线沟道断面为不通行式1200毫米×800毫米。蒸汽管ϕ159毫米×4.5毫米及凝水管ϕ76毫米×3.5毫米～10.8毫米×4毫米各长700米；热力管ϕ76毫米×3.5毫米～ϕ325毫米×8毫米长320米。工程概算：蒸汽部分43.6万元，热水部分12.4万元。

电讯管网——全部线路均通过地埋管块敷设。电话局设在第三小区。根据市电话局要求，除按一期工程需要在经二路设置1条24孔局出线口外，在纬二路加做1处24孔局出线口，并在经二路西侧加设一条 90 毫米的塑料管。除干线外，支线分别按 6 孔及 12 孔管块敷设，总长 2270 米。工程概算 62.4 万元。

110 千瓦变电所——位于纬三路南与经六路交会处，占地 7.7 亩。近期负荷 2.4 万千瓦，远景负荷 6 万千瓦。电源由茅口变电所及平山变电所提供。主接线 110 千伏侧为内桥接线，10 千伏侧为单母线分段带旁路母线。选用两台带有载调压装置的 31.5 兆伏安变压器，初期装 1 台。两路电源分列运行，互为备用。10 千伏母线自投，出线为 16 路，近期装 10 路。其他设备一次到位，土建按远景考虑。工程概算 525 万元，其中电气 400 万元，土建 125 万元。

10 千伏变配所——在 7 个小区内各设一个，内装两台容量为 630 千伏安 10/0.4 千伏变压器，双电源供电。电源引自 110 千伏变电所 10 千伏配电室二段母线。10 千伏系统为单母线分段结线，高压电直供高压用户。0.4 千伏侧为单母线分段结线，供低压用户。只考虑低压电容补偿。10 千伏两段母线分列运行，负荷率约为 65%。继电保护及控制采用成套集控装置及晶体管保护柜。10 千伏断路器采用直流操作，共 7 处。工程概算 421.3 万元。

输电工程——电力负荷按 1 万千瓦/平方公里计算，总用电负荷约 1.3 万千瓦。采用 10 千伏双回干线式结构，10 千伏双路电源自 110 千伏变电所 10 千伏配电室架空出线，经二回架空线送到一期工程区东侧电缆间后，经由电缆引入区内。区内电缆主干线沿电缆沟敷设，过路处采用电缆套管敷设。其余支线采用电缆直埋敷设。架空输电工程概算 22.4 万元，电缆敷设工程概算 240.1 万元。

道路照明——路灯电源由本小区 10 千伏变配电所 380/220 伏系统专线供给，采用集中控制方式，分手动及自动控制 2 种，具有开、停及半夜灯切除功能。除直埋采用 BLV29—1 千伏铠装电缆外，全部采用 VLV—1 千伏全塑电缆穿 G50 钢管埋地敷设，并做二油一布防腐处理。路灯全部采用 9 米混凝土杆和高压钠灯。功率因素采用就地补偿方式，补偿后的功率因素在 0.85 以上。备有接地保护装置。工程概算 147 万元。

污水处理厂——一期工程污水处理厂排水尾闾为排灌两用的“排淡河”，是一条封闭的河段，容积不足 50 万立方米，环境容量有限。污水经二级处理后允许排入，并以此做为核定引进项目的基础。设计进水水质，$BOD_5=200$ 毫克/升，COD＝350 毫克/升，SS＝250 毫克/升，TN＝30 毫克/升。设计出水水质，$BOD_5=30$ 毫克/升，COD＝100 毫克/升，SS＝30 毫克/升，$NO_3-N=10$ 毫克/升，$NO_4-N=2$ 毫克/升。处理厂采用氧化沟工艺。污水经细格栅及沉砂设施进入氧化沟，在沟内完成初次沉淀、曝气、二次沉淀、污泥回流、污泥消化、脱氮等处理工序，消毒后排放。剩余污泥经浓缩、混凝及脱水后，用皮带运输机送往堆置场待运。操作管理人员定员 54 人，处理成本 4.16 元/立方米，工程概算 1085 万元（不含基础处理费、购地费、补偿费）。

石油液化气站——站址位于蝙蝠山西侧，占地 22.5 亩。供气规模 3000 吨/年，第一期工程 1000 吨/年～1200 吨/年，其中 60%为工业用气，40%为民用气。灌瓶装置按总量 25%考虑。石油液化气站原油用汽车槽车输送，配备 120 立方米卧罐 6 台，20 立方米残油灌两台。生产匹配备灌瓶间、压缩间及气化间。操作管理人员定员 42 人。工程概算 398 万元。院为设计总承包单位，提供选址、规模分期、总平面和工艺流程等设计资料，北京市煤气设计院负责具体设计。

(四) 河北省白洋淀温泉城详细规划

1991 年 9 月院受保定市白洋淀温泉城开发总公司的委托，完成白洋淀温泉城详细规划，并于 1992 年开始进行温泉城市政基础设施工程设计。

规划包括旅游基地和渡假疗养区，南北长约 2800 米，东西宽约 1200 米，总面积约 3.2 平方公里，主要是开发这一带滩涂荒地，利用其广阔水域和温泉资源，建成适合旅游、观光、疗养、休息文化活动、风景优美的城镇。规划到 2000 年，可接待日游客 9000 人。旅居日游客 6000 人；到 2005 年，可接待日游客 12000 人，旅居游客 10000 人。

白洋淀温泉城分为 3 个区域：南区、北区及别墅区；南北两区建设公共游览公园，为游览基地，南区占地约 31 公顷，北区占地约 27.2 公顷；别墅区供各单位建设休养基地，设康乐中心、医疗中心及服务中心。别墅区开发成 101 块，每块 0.7 公顷～1. 4 公顷大小不等的休养区，共占地 109.6 公顷。为突出白洋淀的水域景观，利用地形开辟足够的水面，使每个休养区都基本上能面临淀泊，规划水域总面积达 112 公顷。规划绿地面积 74.4 公顷，道路用地 8.7 公顷。别墅区安排建筑基底占地约 26.53 公顷，为总面积的 25%，建筑层高定为 2～3 层，可建休养建筑 59.3 万平方米，旅居人口达 1 万人。从规划区东部可分别向南或向北进入南北园区。南区西侧是集贸市场、餐厅、旅游饭店、商业中心及地区管理中心，可直达西部码头及观光塔。西部沿岸开辟了天然游泳场。此外在靠近已开辟的温泉井附近，有供 500～600 人使用的泉浴中心和利用地热开辟的热带植物园。北区道路西侧设餐厅、旅游饭店、集贸市场及管理中心，并利用原有码头和航道通航到康乐中心和游泳池等温泉城各种设施。北园区三面环水，建成后是一个风景优美的公园。规划西部设宽 7 米的游览堤将南北园区相连，在堤上分设闸门和泵站，用以控制规划区内水系的水位、水流，并保持水体的清洁。别墅分为Ⅰ～Ⅴ区，Ⅰ区为外资开发区；Ⅱ区为高级别墅区，其余作为各单位开发的休养区。在Ⅲ区设有为别墅区服务的服务中心及商业网点、医疗中心等必要的设施。

温泉城与河北省雄县、保定地区以及京、津地区均有公路相通，可从东西公路进入温泉城。城区道路呈人字形展开通向南北园区。路面宽 7 米，路基宽 9 米，从主路通向各处支路路面宽 5 米，路基宽 7 米。南北园区各设停车场两处，停车场总面积共 4.5 公顷，可停放大小车辆 800 辆左右，能满足按规划高峰旅居游客 1 万人、日游客 1.2 万人的交通量停车要求。此外在附近设置几处自行车停车场。

给水规划：按旅居游客及工作人员高峰日用水量 400 升/人，当日游客用水量 60 升/人计，规划总用水量为 4920 吨/日。绿化用水取湖水。该地区地下水可开采量为 623.8 万立方米/年，补给量 693.1 万立方米/年，地下水水质符合国家卫生标准。规划采用地下水作为生活用水源，井深 151 米，单井出水量 62 立方米/时，共打井 5 口，其中有 1 口井为备用。

排水体制采用雨污水分流制。雨水就近排入水体。污水用混凝土管道由西向东集中进入位于安新北堤西侧的规划污水处理厂，污水量为 4000 吨/日。污水经二级处理后排入排碱渠。

据河北省地矿局第三水文地质大队资料，该地的地热资源，一为水温 30～55℃，单井出水量 30 立方米/时～60 立方米/时，可作洗浴、饮用、温水游泳等水源；一为水温 70～80℃，单井自流量 20 立方米·时～50 立方米·时，机井出水量 40 立方米/时～100 立方米/时，可作供暖和疗浴等水源。规划打 2 口井，用管道送到各别墅浴室等处，供医疗、洗澡、温水游泳及热带作物养殖。温泉水用作房屋采暖，待试验成功后实施，此前建采暖用集中锅炉房供暖。

根据河北省文件，温泉城照明和电力用电，设 1 座 35/10 千伏变电站。电源由雄县化肥厂引进 35 千伏架空线至变电站，设 2×4000 千伏安变压器 2 台，并保留第 2 电源的接线。配电系统设变电室 17 座，每座设变压器 1～2 台，供电半径 20 米～300 米。高压配电架空明设，形成环路。

温泉城设邮电局，建筑面积 1600 平方米。旅居游客电话机规划指标为 1 门/6 人；当日游客为 1 门/250 人，总数量为 1715 门电话机。较大单位设交换机。

工程估算包括土方、道路、桥梁、给水、排水及垃圾处理、温泉及供热、电力、通讯等工程，总计 12237 万元。

（五）亚运会北京金海湖水上运动场工程

金海湖水上运动场是北京市为第十一届亚运会赛艇、皮划艇等比赛项目在金海湖兴建的水上赛场。金海湖系 50 年代由院设计库容 6000 万立方米的海子水库。经 60～70 年代由水利部门进行加高加固，现该水库库容已增到 1.2 亿立方米，水面面积 65 平方公里。成为一个蓄洪，灌溉、养殖及旅游的多功能水库。原水库形成的金海湖水域的水面广阔，最大水深超过 20 米。亚运会指挥部要求，院在此基础上设计水位稳定、比赛航道固定的水上划艇赛场和陆上配套设施。这是国内第一个在水库水域按照国际竞赛规则兴建的水上运动场。

该项目于 1986 年开始筹建，1989 年 10 月完成，1990 年 8 月通过国家级验收。1990 年 9 月 23 日至 10 月 7 日成功举办了第十一届亚运会赛艇及皮划艇比赛，一切设施运转正常。

比赛航道：航道区位于水库北侧，东西向长 2300 米，宽 131 米。其中比赛用航道区宽 81 米，可设 13.5 米宽的航道 6 道（2～8 人的赛艇比赛用）和 9.0 米宽的航道 9 道（皮划艇比赛用）。比赛航道区外部水域为西侧回游道及前后缓冲区，航道起点设在西端。沿航道线全长均设置用泡沫塑料浮球组成的界限标记，浮球间距 10.0 米，用尼龙绳固定在水面以下 2.0 米深的 ϕ6 毫米航空钢缆上，水下钢缆通长拉设在东西两岸的塔架、滑道等锚定设施上，在塔架、滑道上安装相应的卷扬机、滑车等传动装置用以调节水下钢缆的深度以适应水位涨落，最大调节深度可达 11 米。航道线共 15 条。水上除东西向水下航道钢缆，还敷设为设置赛区水域标志的水下钢缆及为固定各种浮台而拉设南北向拉索。航道牌、距离标志、航道标志、起点线标志、终点线标志等空中标志均挂在 ϕ10 毫米空中拉索上。

下船码头：固定码头为钢筋混凝土浇筑的用 1:6 坡度坡向库底的栈桥结构，按水位落差 6 米设计，其水平长为 36 米，宽为 6 米；浮码头用矩形钢浮箱，上辅松木板，浮出水面 20 厘米，可随水位上下浮动前后移动，保证与固定码头紧接，浮码头是运动员上下赛艇的水上平台。

各种比赛用平台：均为浮在水上的工作台，有起航浮台、叠标浮台、发令塔、取齐台、中间记时浮台等。起航台用钢制浮筒及型钢连接，每个泊位上均有伸缩的拉板以适应不同船长要求。

服务中心建筑：是位于半岛中，面朝赛场的主要建筑，中间为餐厅、舞厅、会议厅等各种用途的多功能厅；东侧为裁判、仲裁、检录等竞赛组织系统及新闻、通信、广播、复印、电话等服务系统用房；西侧为2层的运动员休息室（提供代表队的单独房间）及药物检验用房；北侧为厨房、浴室、配电、锅炉房等附属用房。

裁判塔：塔高20多米，1层为配电室，2层为裁判室，3层为计时及摄像室，4层为广播室，5层平台为录像及了望用。裁判员斜形台阶式坐席，位于裁判塔前端与2层裁判室连接在一起。主席台和看台紧靠在裁判塔西侧下方，是结合护岸工程利用护砌作成的阶梯看台，在比赛期间可安装活动式罩棚及旗杆等赛场用设施。

船库及停船场：船库建筑面积1000平方米，分6米及4米两种开间，进深均为20米，每间船库两侧为5层的活动金属船架；停船场地为600平方米用混凝土大方砖及彩色混凝土砖铺装的平坦地面，位于船库前面并与前方下船码头相连；用于修理和调度赛艇。

以上陆上设施全部集中在水库东端航道终点，即北岸突出的半岛上，除了比赛用的建筑物外，相应的修建道路、停车场、给水、排水及供电、供暖等配套设施，占地总面积5.84公顷。

（六）北京市第三水泥管厂工程

北京市第三水泥管厂工程，是1975年北京市建委和市政工程局，为供修建北京市水源八厂工程用管径φ2000毫米低压输水管道及市政用大口径排水钢筋混凝土管材而修建。院承担该工程厂区内外全部生产、生活用建筑结构及给水、排水、道路、采暖、通风、供电等配套设计任务。制管工艺及设备的设计选用由市政局与院组成联合设计组负责。该工程于1975年开始调查研究，边设计边施工，于1977年建成投产。

该厂位于北京市昌平县东河套十三陵水库大坝下游2公里处，占地面积约28公顷，厂区场地长800多米，宽350多米，可生产管径φ700毫米～φ3000毫米的30多种标准规格的钢筋混凝土排水管及铁路顶管用管材。年生产能力为5万立方米（单班）混凝土，按φ1200毫米～φ2000毫米平均管径计，年生产管材长度可达75公里以上，是70年代国内唯一能生产管长3米的企口管、管径为φ2000毫米，φ2200毫米，φ2400毫米，φ2600毫米，φ3000毫米大管系列的制管厂。制管上料、进料过秤，蜡脱膜采用机械设备，实现了机械化。建试验室，配有砂石、钢筋及管材等力学试验设备。管材质量年检在国内一直位于前列，其产品覆盖全国11个省市和地区，并已出口到国外。

制管车间及车间办公和试验室用房：大管车间为42米（18米+24米）×120米排架结构，设有制作大管的离心制管机和中管的悬辊制管机3台、混凝土搅拌机平台及喂料机，配套蜡脱模及蒸汽养护池，起重30吨及20吨桥吊3台等设施。车间办公室及试验室为与车间联在一起的3层楼房，共计1000平方米。

钢筋车间：为24米（2×12米）×80米排架结构，设有钢筋辊焊机、悬辊制管机及相应配套起重养护设施。

机械化混凝土搅拌站：采用全封闭二级提升砂石及计量工艺，砂石由皮带运输廊道提升。

2000立方米水泥筒仓为4×φ7米，高18米，用压缩空气输送水泥，设有符合环保要求的吸尘装置。

辅助生产设施设有机加工车间和钳工车间，装备有3.4米立式车床、C50车床、大型卷板机、冲天炉化铁设备及仓库区等设施。除能满足本厂加工维修工作外，还可对外承接各种制管机械的制造与维修。

管理及生活设施：建4层3000平方米办公楼，4层3000平方米单身宿舍，5层3000平方米标准家属宿舍，供200多人用餐及600多人开会的大型标准食堂，60～80人两班的托儿所及供全厂职工洗澡的标准澡堂。

厂区水电汽等动力及生活设施：建16吨蒸汽锅炉房及45米高砖砌烟囱，设4台4吨快装蒸汽锅炉及相应的软化水设施，机械化上煤和地沟出碴系统和符合环保要求的消烟除尘系统，可供全厂生产和生活用汽。砖烟囱内设抗震钢筋混凝土骨架，可耐8度地震。蒸汽管道均为地沟敷设。动力车间，设4台9立方米/分空气压缩机。自备水源设2口深井，取地下水供应全厂生产及生活用水；设50吨水塔1座及相应的地下管线系统。供配电系统，设总功率为5000千瓦的高低压供配电系统，以满足全厂的生产和生活用电。

厂区内道路：均铺设水泥混凝土路面，并设置相应的排水系统。

该厂总建筑面积约20000平方米，投产使用至今运转正常。

（七）北京市北辰离心浇铸玻纤增强热固性树脂砂浆管建厂工程

该项目是国务院经济贸易办公室、国家教育委员会和中国科学院于1992年联合下达的《产学研联合开发工程高技术产业化计划》中的项目，由北京北辰实业集团公司承担建厂并引进国外最新生产线。

北京北辰实业集团于1992年委托院及挂靠在院的中国工程建设标准化协会管道结构委员会共同编制本项目的《可行性研究报告》。1993年9月北辰集团又根据国家经贸委批准的《可行性报告》，委托院总承包建厂工程的初步设计及施工图设计。其中，制管生产线和设备选用设计，由北京北辰实业集团玻纤增强塑料材料专家承担。院于1994年4月报出初步设计，后边设计边施工，于1996年初正式投产。

玻纤增强树脂砂浆管是国家八五期间重点开发研制的新型化学管材之一。该厂主要设备离心制管机及喂料机等均引进90年代奥地利HOBAS集团公司的专利生产设备，采用全封闭的电脑控制自动化生产线制管，可生产管径为φ500毫米～φ2400毫米，管长为6米，压力等级PN为0.6兆帕斯卡、1.0兆帕斯卡、1.6兆帕斯卡、2.5兆帕斯卡，刚度等级SN为2500牛顿/平方毫米、5000牛顿/平方毫米、10000牛顿/平方毫米、15000牛顿/平方毫米的管子。经测试，其管材性能及物理力学指标符合美国、英国、意大利、日本、德国等国相应的现行标准要求。该厂是90年代国内引进离心浇铸玻纤增强树脂砂浆管的第一家工厂。

该厂位于北京市大兴县黄村工业区大庄库区，中国黑色金属材料北京公司所属的北京剪板厂内。厂区占地面积约1.5公顷，主体建筑由厂房与办公楼组成，东西长168.5米，南北宽33米，建筑面积7065平方米。东侧制管车间部分为长50.4米，宽33米，高12米的单跨厂房。厂房采用双坡钢房架，内设15/3吨桥式吊车一台，制管设施离心制管机3台，喂料机1台及相应的原材料贮存、运输、搅拌系统、管材整修设施等，并留有扩大生产增加3台离心机等配套设施的位置。西侧为宽（15米+18米）长108米的双跨厂房，采用单坡钢梁屋顶承重结构，部分厂房用作套筒接头及配套管件和贮罐制作并设置相应的管理间、配电室等。全部厂房均采用12米柱距的承重轻钢结构，外墙和屋面除用砖砌的墙群外均采用彩色复合钢板外墙板、屋面板和铝合金门窗。

东侧综合办公楼为3层现浇钢筋混凝土框架建筑，底层为试验室，二三层为办公及管理用房。

厂房及办公楼均建在已用钢筋混凝土灌注桩处理过的柱基及经过重锤强夯处理的地坪上，厂房建筑执行有关防火、抗震、环保、采光、采暖、通风、安全生产等现行有关规范标准。

厂区东面为4000平方米的成品堆放场及水压试验室、空压机房、食堂等附属建筑。道路、给水、排水及相应的暖气沟等均沿建筑物成环形布置。工程中所用蒸汽、暖气及水源等设施由该库区已建的锅炉房，水源井等提供。

工程总投资15000万元。

(八) 房山至北京油、气管线工程

该工程是北京燕山石化总厂30万吨乙烯项目的配套工程，包括将燕化炼油厂生产的重油用管道送至北京东郊第一热电厂和第二热电厂作锅炉燃料，总输油能力为150万吨/年～200万吨/年，管径ф219毫米～ф325毫米、壁厚8毫米，总长56.4公里；将燕化乙烯总厂生产的30万吨乙烯用管道送至东郊北京化工二厂作为聚氯乙烯原料，输送能力为30万吨/年，管径ф219毫米，壁厚6毫米，总长54.4公里；将燕化总厂生产的汽柴油用管道送至东郊小武基石油总公司油库，输送能力为10万吨/年，管径ф159毫米，壁厚6毫米，总长62.8公里；将石化总厂生产的石油液化气用管道送至丰台区郊庄子与城市管网相连接，作为北京市市区的居民生活用气，输送能力为8万吨/年，管径ф108毫米，壁厚6毫米，总长约47公里。对乙烯、汽柴油、液化气管道均一次加压输送，对重油管道则设首站和分输站，二次加压加热输送。

工程由北京市投资。市经委、计委、建委组成工程指挥部，组织领导工程设计、施工与安装。由市政院与北京石油化工总厂设计院、商业部设计院、石化部炼油设计院、北京煤气热力设计院等单位组成设计组。院负责4条管道的路线和跨越建筑物的土建设计。1975年完成4条管线工程的初步设计。1976年7月建成，8月进行重油管线热水升温试验，9月投油，一次试运、投产成功。

油气管道线路路由：4条管线同用钢管，同走一个路由，同槽施工，平行敷设，管中心距各2米，埋深1.2米～1.5米，其中重油管最长，为56.4公里；房山北庄首站为起点，东北向经房山、丰台、大兴、朝阳4个区县；在丰台区高立庄设分输站；中途跨越大中河流、灌渠、湖泊27处，穿越铁路、公路27处至第一热电厂。重油、乙烯、汽柴油管道共用一座跨度为40米，宽4.0米的斜拉水平钢桁架管桥跨越永定河，桥长1768米；ф159毫米石油液化气管与北京燕山石化总厂外部给水工程ф1500毫米和ф1200毫米输水钢管在另一处共用一座管桥跨越永定河，桥长近1公里，共43跨，跨径25米。石油液化气管采用组合跨越体系，在桥墩间跨空部分的管道1/3处设斜拉吊索支承。以上两座管桥结构在国内均为首次采用。

采用牺牲阳极作为钢管防腐绝缘措施，选择铝、镁、锌材料作为阳极，与被保护的钢管作为阴极连接起来，以解决4条埋地钢管的电腐蚀问题。

重油管道工程设计：重油入房山首站罐区6座1万立方米油罐，用泵将重油送至丰台高立庄分输站、站内进行加热循环和倒罐，并送至分输站，或经换热器升温后正输、返输。在分输站，首站来油经换热器加热后进入6个5000立方米的油罐，用泵分别将重油送往一二热电厂作锅炉燃料。在热电厂返输站，分输站来油进罐，返输时油经换热器加热后，用泵返输至分输站，以保证重油管内油温始终保护在95℃左右。

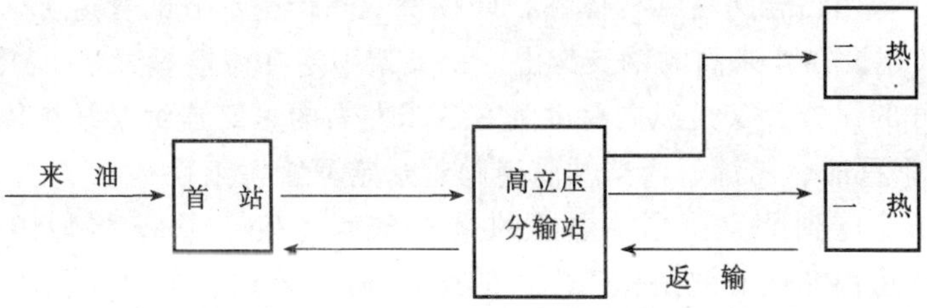

重油管工艺流程图

对高温长距离输送重油管道，在国内还是第一次设计。设计采用直埋弹性敷设理论，靠土壤摩擦力来抵消热油管线的轴向温度应力，达到管线在土壤中的稳定。因此，除利用转弯、跨越设置一定补偿器外，在全线其他处均不设置。

为减少重油管道热消耗，设计选用聚氨酯硬质泡沫塑料新材料作为管道外壁保温用。这在北京是首次使用。经试运转测定，效果良好。

（九）北京燕山石化公司供水管跨越永定河管桥工程

该工程属北京燕山石化外部给水工程，是从田村水厂到燕山的输水管道工程中的一座大型跨越永定河的构筑物，管桥上敷设 φ1500 毫米和 φ1200 毫米输水管各一条及 φ159 毫米液化石油气管一条。

永定河现状河床标高 55.00 米～59.0 米，按百年一遇洪水流量 3870 立方米/秒标准设计，冲刷深度在 2.0 米以上，如采用管道在河底穿越的方案，须将管外顶控制在河床最低点 51.0 米以下 4.0 米，施工最大挖深 9 米～10 米，土方量达 270000 立方米。根据当时工期以及排洪灌溉等条件限制，在河底埋管道是不可能完成的，故采用管桥方式跨越。

管桥全长将近 1 公里，敷设 2 根大口径压力钢管和小管径的液化气管，为不同用途的多根管径综合的大型管桥。工程于 1974 年中进行设计，1975 年建成，当年通水运行，1976 年唐山地震，经核算可耐 8 度地震。该管桥使用至今，一直运行正常。

管桥轴线长 856 米，共 43 跨，其中直管部分 31 跨，跨径 25 米；3 组∩形弯管补偿器每组 4 跨，每根输水钢管在两岸之间总长 976 米。

管桥下部结构：桥墩采用现浇钢筋混凝土灌注桩柱，按照河底永久标高及冲刷深度要求，桩底入土深度在河底永久标高以下 11.5 米，桩径均 φ800 毫米。桩柱和帽梁组成框架结构体系，框架柱直径与桩径同，中距 2400 毫米。帽梁顶长 6600 毫米，高 700 毫米，分两类，一类为帽梁上设管道活动管托的由两根桩柱和上部帽梁组成的Ⅱ形框架；一类为帽梁上设管道固定管托的由 4 根（2 排）桩柱及帽梁体系组成的空间框架结构（共两个，位于Ⅱ形补偿器之间）。两端桥台均建在河道东西大堤上，也是管道的固定支承。

管桥上部结构：两根输水钢管均采用“自承式”管道跨越，即利用管子自身纵向支承强度跨越的多跨连续梁体系，管子自重、水重、保温、人行支架等荷载均由管道结构自身强度承担，φ1500 毫米管壁厚为 14 毫米，φ1200 毫米管壁厚为 12 毫米，均包括 2 毫米的防腐蚀裕量。管道在支承管托处构造用 4 圈环肋加固，肋厚 16 毫米，环肋与管托焊成整体结构，活动管托采用滚动滑动，滚轴放在帽梁上的固定装置内。弯管补偿器Ⅱ形尺寸南北均为20米，东西为14米（ϕ1500毫米管）和9.2米（ϕ1200毫米管）。ϕ159毫米液化气管为标准规格钢管，采用组合跨越结构体系，即在桥墩间跨空部分的管道1/3跨度处设斜拉吊索支承，吊索顶端设在4米高的钢支架上，钢支架固定在桥墩帽梁上。ϕ159毫米液化气管既是输送液化气的设施，又是纵向跨度为8.3米左右的多跨连续梁结构体系。

（十）北京市房京重油、乙烯、汽柴油管道跨越永定河管桥工程

该管桥载有房山北庄到北京第二热电厂的全长56.4公里、管径为ϕ219毫米～ϕ325毫米输送重油管道；房山北庄到北京化工二厂的全长54.4公里、管径为ϕ219毫米输送乙烯管道和到小武基油库的全长62.8公里、管径为ϕ159毫米的输送汽柴油管道，为共用的一座大型跨越永定河构筑物。跨越结构采用跨度为40米的斜拉水平钢桁架结构。

管桥于1975年下半年进行设计，四季度开始施工，1976年与管线工程同时完工并投产运行。该桥全长1768米，敷设3种油气管道。

管桥轴线全长1768米，共45跨，中跨均为40米。桥墩有2类，一类为由单根桩柱和帽梁组成的T形墩，共36个；一类为由2根桩柱和帽梁组成的Ⅱ形加固墩，共8个。桥墩均为现场浇筑。桩柱共52根，全部采用灌注桩，总长25.5米，直径均为800毫米，入土不少于20米，帽梁宽3600毫米。

管桥上部结构，采用由两根平行纵梁组成的斜拉水平钢桁架的结构跨越体系，桁架的支承拉杆塔架高6米，由型钢焊制，固定在帽梁上，帽梁每端一个。塔顶对称支承2根斜钢拉杆，拉杆用ϕ28毫米钢筋制作，用可紧固的花篮螺栓调节桁架高程。钢桁架两端简支在帽梁上，宽3200毫米，用槽钢焊制，纵梁用300毫米槽钢，3米左右设200毫米槽钢横梁一道，每根纵梁上有4个吊点，对称放置，吊支在两端塔架的拉杆上。

重油、乙烯、汽柴油3根管道均铺设在钢桁架横梁上，采用∩形弯管补偿器，在桁架中部设有检修用的钢板人行通道。所有输送管道及人行通道钢板等荷载均支承在钢桁架上，两岸桥台位于永定河大堤上，均为现浇钢筋混凝土结构。

其他工程设计主要项目概况见表2－13。

表2－13　其他工程设计主要项目一览表

序号	设计项目名称	设计年代	工程设计摘要	概算额（万元）	主要设计负责人
1	北京市阿苏卫垃圾卫生填埋场	1992	占地60公顷，有效填埋面积占2/3，地下挖深5米，地上填埋40米，总填埋1000万立方米，日处理垃圾2000吨。使用年限10年以上。一期工程包括填埋场调节池，修理机房、办公楼、锅炉房等。1994年7月投入应用	7600	刘希曾　杭世珺 陈健生
2	广东省佛山市南海狮中垃圾卫生填埋场	1993	占地约14公顷，填埋区面积约9公顷，总填埋量113万立方米，日处理垃圾300吨。渗沥液处理量500立方米/日，处理达标可用于农灌	1350	刘学功　郄燕秋 胡志红　瞿　沙 郭奎英
3	江苏省连云港市经济开发区（第一期）市政配套工程	1985至1986	开发区（第一期）占地1.3平方公里，一次设计建成给水、雨水、污水、电力、通讯、热力、燃气等管线，及其上的水泥混凝土路面	8643.3	姚振华　马国俊 王憬山　高燕妮 丁纪舜　刘巨涌 柏洪军　黄群芳 要　锐　何晓冬 陈丽温　李佐平

续表

序号	设计项目名称	设计年代	工程设计摘要	概算额（万元）	主要设计负责人
4	河北省白洋淀温泉城详细规划	1991	包括旅游基地及渡假疗养区，规划面积约3.2平方公里。除布局分区规划还包括交通、给水、排水、温泉供热、电力及通讯规划	12237	赵瑞琳　许可泰 刘海泉　赵俊然 罗宗方
5	亚运会北京金海湖水上运动场	1986至1990	按国际竞赛规则，为第十一届亚运会赛艇及皮划艇兴建的比赛场地，有水上设施及陆上设施两部分。包括航道、码头、服务中心、裁判塔、船库等	/	潘家多　王憬山 盛奕节　王乃震 徐　以　赵永惠 柏洪军　陆胜贤
6	北京市第二水泥制管厂	1975至1977	可生产口径2米低压输水管及大口径排水管，设计包括厂内外全部生产，生活用建筑物结构及给排水、道路、采暖、通风、供电等。厂区面积约28公顷，总建筑面积约2万平方米	/	潘家多　栗培光 黄秉浦　李佐平 丁荫椿　盛奕节 马献国
7	北京市北辰离芯浇铸玻纤增强热固性树脂砂浆管厂	1994至1996	厂址位于北京市大兴县黄村工业区，占地约1.5公顷，包括厂房及办公楼建筑面积7065平方米。厂区还有成品堆放场，水压试验室、道路、给排水管、暖气管等	15000	潘家多　刘雨生 百　音　赵　彤 李桂芬　杨超群
8	北京燕山石化总厂供水管道跨越永定河管桥	1974	管桥墩为现浇钢筋混凝土灌注桩（直径800毫米）与其上帽梁组成框架结构，跨越管道包括口径1500毫米，1200毫米输水钢管各一条，口径159毫米液化石油气管采用桥墩上高4米，高固定钢筋，设斜拉索吊1/3跨度处。管桥轴线长856米，共43跨，设有3组弯管补偿器	/	潘家多　王憬山 高毓德
9	房山至北京重油、乙烯、汽柴油管道跨越永定河管桥	1975	管桥轴线长1768米，共45跨，桥墩有单根据柱和帽梁组成的T型墩及二根桩柱和帽梁的型墩。墩上设二根平行纵梁，由帽梁两端塔架斜拉	/	潘家多　张　祺 李俊生　韩　敏 张秀云
10	房山至北京油气管工程	1975	是北京燕山石化总厂30万吨乙烯配套工程，将重油送到第一第二热电厂，管径219毫米～325毫米，长56.4公里，乙烯送到化工二厂，管径219毫米，长54.4公里，汽柴油送到小武基石油公司仓库，管径159毫米，长62.8公里。 院负责管道线路及穿越障碍物设计	/	王端亭　刘坤一 陈　禹　张　祺

第四章　工程勘察与测量

1955年建院时，院设测钻队承担全院工程设计项目的地质勘察和工程测量任务。1964年4月，该队并入北京市城市规划管理局勘测处。随着改革开放的深入和首都市政建设的蓬勃发展，在项目多、任务急的形势下，设计与测量亟需紧密配合。为此1985年4月，院重新组建了测量队。

原测钻队在建队初期通过业务培训，一帮一、一专多能、岗位练兵等活动，提高已有职工的业务知识和技术能力。对新分配到队的中专毕业生，先放到作业组内，在干中进行传帮带。对新招收来的测工、钻工，先办培训班，进行从政治思想到勘测知识与基本操作的教育，经考核合格后，分配到组内。通过请国家测绘局专家授课到市勘测处跟班学习勘测操作等“请进来，走出去”的办法，提高业务技术水平。在工程测量的设备方面，早期只有一般平板、经纬仪、水准仪和测竿、塔尺等简单设备，以后逐步添置了测距仪、精密经纬仪与精密水准仪。业务范围从线路工程测量、地形图测绘逐步发展了导线等控制测量和各种精密工程测量。在计算手段上，早期计算座标用对数表，后改用手摇计算机、袖珍计算器，目前已广泛使用微机处理。在勘察设备方面，早期只有手摇钻，包括勺钻、管钻、钻架、取土器等，以后逐步建设，成立土壤试验室，进行各项土壤物理性质试验和土壤固结、剪力等力学性质试验；添置进行荷载、抽水、水流流速流向等野外试验设备，以及进行大型地质勘探的100型和300型钻机。

1955～1964年，测钻队共完成城市道路、小区公路、雨水、污水、给水、电信、电力、油、气等各种管线的工程测量和勘察任务7000多公里；道路路口、广场、停车场、桥址、给水排水泵站与水厂处理厂、水利枢纽等平面测量300多平方公里，以及桥梁、隧洞泵站、给水净化与污水处理工程构筑物、水利工程构筑物等地质勘察任务。该队承担的北京市重点市政工程测量与勘察项目有天安门广场及东西长安街改扩建、阜成门至朝阳门及北海大桥改扩建等城区干路工程；斋堂、三雁、怀丰、密云柏查子至二平台等山区公路工程；水源三、四、五、六厂及其输配水干管等给水工程；前三门北岸污水截流管、通惠河污水总干管、石景山工业区污水干管等排水工程；十三陵、柔怀等12座水库、永定河与京密引水、运潮减河、龙凤减河及东南郊排灌渠等水利工程。外省市、解放军、厂矿单位委托的重点测量勘察项目有山西省候马市、河北省沧州市城市供水工程；总参三部内部道路、排水工程；618厂内部测图及地下管线调查等。此外，还为设计、科研项目搜集基础资料，如道路交通量，现况地下管线调查；河道水文、地下水位长期观测；山体滑坡与建筑物沉降观测；多年大范围的路基土壤冰冻深度观测；以及在许多城郊道路路面钻孔，取出路基原状土样，对其土壤分类、冻融前后土壤容重和含水量变化等，进行试验测定。

测钻队在计划、技术管理方面，坚持勘测成果的计划进度和精度，与设计、施工配合协调，满足设计施工要求。针对不同市政工程设计对测绘成果成图的不同要求，与各设计专业共同研究制定不同专业平面图、纵横断面图、定线图的标准格式、图幅规模，统一精度，编写了《市政工程测量通则》、《任务交接委托书》、《市政工程专用图例》等，并在此基础上制定出《测量操作规程》等。为确保勘测成果质量，坚持执行自检、组校、队审核的三级校审制，对重大工程则由队主任工程师审定后报出。为设计测量成果成图、桩位交付施工单位使用的顺利进行，1957 年由院组织测钻队与各有关施工等单位共同制定了《北京市市政工程设计院施工桩位交接办法》。

1985～1995 年测量队累计完成各种路线测量、平面测量约 460 项，折合综合工作量 800 余平方公里，完成的重点测绘项目有：北京市工人体育场塑胶场地工程，是亚运会主会场，为该队第一次进行精密量距和精密水准测量，1990 年完成；大连经济技术开发区滨海路、保税区路工程，总长 25 公里，该队首次采用激光测距仪测距，1991 年完成；北京市南厢快速路工程，自菜户营至蒲黄榆，全长近 6 公里，包括道路、各类市政管道、立交桥，属综合性任务，1991 年完成；怀柔县城规划图，从建立永久性县镇测量基点到图幅的划分，均按城市基本图的规范要求进行测绘。测区面积 10 平方公里，1991 年完成；北京市京石三、四期高速公路，是北京市西部放射性干线，属国家级干路，全长近 40 公里，全线 60% 由回旋曲线构成，为确保施测精度，该队首次用 PC1500 计算机程序计算回旋曲线，1990 年开始，1993 年完成；浙江奉化公路，全长 20 公里，在没有基础控制资料情况下，该队第一次建立独立坐标系统，进行地形图和定线测量，同时，为施工提供了不规则立交的复杂放线资料，1993 年完成；北京市第九水厂二期工程，用大口径钢管从密云水库引水到怀柔水库，全长 20 公里。为第一次从事大区域三角测量和山区地形图测量，其输水管道入山洞的定线测量与官厅水库水利测绘队测量的成果相互衔接。1991 年开始，1995 年完成；河北省邯郸外环路，全长 20 公里，提供导线、中线、定线间的相互关系和纵断面、横断面、平面图等电算成果，其中平面图首次用自编开发的软件 ESP 系统成图，1994 年开始，1995 年完成。

测量队在科技进步方面，主要开展应用计算机辅助测量技术。建队初期，测量制图靠手工绘制，主要数据计算靠使用计算器小程序进行。1987 年开始推广使用 PC—1500 机和 386 微机进行内业计算，1989 年在 PC 计算机上开发成功导线平差和中线计算程序，主要解决测量中线、水准、回旋线及三角高程点控制等线形计算问题，编制了数据软盘。1993～1994年自行开发 ESP 交互绘图系统软件，在生产中逐步运行使用，从而实现计算机测绘计算成图技术，成果资料全部实现数字软盘提供，为院内各专业进行计算机辅助设计提供测量成果资料软件。

第三篇　科学技术

1955年建院时设市政工程技术研究所，进行市政工程应用技术的试验研究，开发新材料、新技术、新工艺、新设备，以满足北京市政建设设计、生产的需要。40年来，结合院工程设计任务，共完成科研成果200多项。自1978年以来，获国家、部、市级科技成果、科技进步奖70余项；研究成果用于工程的约占75%。

业务建设主要围绕设计标准化进行基础性工作，内容包括编制设计标准图、通用图、设计技术规范、规定、技经定额及编写设计手册、设计资料汇编、工程设计技术总结等。1961年在贯彻“调整巩固充实提高”的方针时，利用设计任务不够饱满的时机，开展设计基础性工作。建院40年来，各设计专业共完成近300项成果，反映了院设计实践经验和专业技术的成熟，同时建立了专业配套、内容协调的院内专业技术标准体系。

在科技信息、科技咨询与交流方面，建院初期开展过国外（主要是前苏联）技术资料的译介及院内专业技术讲座等活动。1964年在院技术室首次设立了技术情报组。其后，随着科研和技术革新活动的开展，尤其在消化吸收国外先进技术过程中，开展了技术、科技咨询与交流，这对取得若干项重大技术进步成果起到了明显作用。70年代初，院进一步充实科技情报队伍，除为院内各专业搜集技术信息资料，编辑出版院内技术资料刊物，同时负责接待技术来访，联系社会专业学术组织的活动，进而组织国内涉外的技术交流活动。改革开放以来，结合院重大工程设计项目、重大科研项目，尤其是技术革新成果，进一步组织科技信息、科技交流工作，组织院内科技人员参与科技信息与科技交流活动，并把院科技成果积极向社会交流推广。

1975年，院开始在工程设计中应用计算机技术，开发工程设计应用软件。经过10多年的发展，于1987年建立院计算机站，培训了一定数量的有软件开发或软件使用能力的工程设计人员。目前院计算机技术的开发应用，致力于实现分专业、按系统、有计划地编制开发先进实用的设计软件、CAD系统，适当提高硬件装备水平。

第一章 科技发展规划

院科技发展规划的编制工作经历了一个认识由浅入深和内容逐步完善的过程。

建院之初几年，院科技工作主要围绕工程设计任务，研究安排科研、业务建设任务，并列入院年度工作计划。直到1963年10月，依据中共中央1961年发布的“关于自然科学研究机构当前工作的意见（草案）”（科研工作十四条）精神，第一次编制了院“十年科学技术发展规划”。该规划只限于院科研工作，对1964年前后院技术革新活动起到了一定推动作用。但由于当时各种运动的干扰，特别是后来“文化大革命”的冲击，院科技工作的开展受到很大影响，科技发展规划的编制工作也告中断。

中共十一届三中全会后，院科技发展工作再次被列为重要议事日程，并于80年代重新恢复了院科技发展中长期规划的编制。

1981年5月，院编制了“科研‘六五’规划和十年设想”。该规划年限为1981～1985年，正值国家国民经济发展第六个五年计划，故称‘六五’规划。

1983年7月，根据国务院批转国家计委、科委编制科技长远规划报告的文件精神，院编制了“科学技术发展长远规划”。规划的期限下延到1990年。其内容在院“科研‘六五’规划及十年设想”基础上作了较详细的补充与充实，其范围仍限于科研工作。

1991年3月，院编制了“1991～1995年技术发展规划”。规划首次明确提出着眼于院综合设计能力的提高，内容包括科研、业务建设、科技信息与交流、计算机技术开发应用等各个方面，按照道路、桥梁、给水、排水、给水排水结构、机电、技经、测量、计算机技术开发应用等专业，分别提出任务和目标及实现规划的各项基本措施。这是第一个内容比较全面的院科技工作发展规划。为动员全院干部和科技人员落实这一规划，于1991年6月召开了建院以来的第一次科技工作会议。

第一节 “十年科学技术发展规划”

为贯彻1961年中共中央“科研工作十四条”，于1963年10月院编制了“十年科学技术发展规划”。规划内容限于院科研工作。按照科研单位“要出成果出人才”的要求，规划提出院工程设计要积极采用新技术，以促进科技发展及技术水平的提高。采取的主要措施是有条件地组织若干由设计、科研、生产建设单位三方人员相结合的现场试验小组，对工程设计采用的新技术、新工艺进行攻关试验，力争较短时间内取得研究和设计成果，及时用于工程建设。较突出的科研成果如1962～1964年期间，用于北京市水源六厂扩建工程设计的机械搅拌加速澄清池，用于北京印染厂给水工程设计的虹吸滤池和不足量酸再生氢—钠离子交换工艺。这三项成果，当时曾在院内被誉为技术革新的“三朵银花”。此后还有一系列设计项目采用现场三结合的方式开发新技术、新工艺，并取得成功。

第二节 “科研‘六五’规划和十年设想”及“科学技术发展长远规划”

一、院“科研‘六五’规划和十年设想”

1981年5月院编制了“科研‘六五’规划和十年设想”，规划年限为1981～1985年。规划包括现状分析、内容和指标，实现规划的主要措施3个部分。

院科研现状部分分析列举了研究所建立以来，主要在管道结构、城市道路交通、给水排水工艺等试验研究方面取得的成绩。指出存在着科研力量不足、水平不高，院科研工作还处于试验验证、测定参数的一般水平，而理论研究、机理分析工作开展很少等问题。明确亟待加强力量，以适应首都市政建设需要。

规划部分结合首都市政建设的设计、生产需要，提出院内给水、排水、道路、桥梁、结构几个主要专业科研课题的十年设想和五年规划，以及相应的科技人员发展计划。规划科研课题13个项目38个课题。其中，给水专业5项10个课题，主要是配合北京市建设地面水水源供水系统，开展“提高地面水水质处理的研究”及“长距离输水技术的研究”；排水专业2项8个课题，主要是为城市污水及工业废水处理需要，开展“充氧曝气型式研究”、“生活污水及工业废水深度处理”、“污泥处理”等研究；道路专业2项10个课题，主要为进行“沥青混凝土路面早期破坏问题”、“提高柔性路面结构设计质量”等研究；桥梁专业1项4个课题，主要是对“立体交叉选型”、“不规则梁、板测定及应力分析”进行研究；给水排水结构专业3项6个课题，主要是结合院主编给排水工程抗震和给排水结构两项国家规范需要，对水池、半地下泵房抗震，及活载对地下管道影响进行研究。

实现规划的主要措施部分有加强领导，健全科研管理制度及培训现有科技人员，吸收大专毕业生、研究生等。

二、“科学技术发展长远规划”

1983年7月，院编制了“科学技术发展长远规划”，下限为1990年。

规划首先阐述了院科研工作的指导思想“主要为北京市城市建设重点项目的市政工程设计采用新技术提供设计依据。此外，还要研究国外先进技术的发展水平及动向，作好技术储备，使科技规划真正作到超前一步，促进首都建设的发展”。

规划提出的奋斗目标是“到1985年，院各专业的科技水平有较大的进步与提高。1990年力争进入全国市政科技工作的先进水平的行列”。

院科研现况分析部分除分析院专业技术科研水平与国外先进水平的差距外，还就科研设备及测试手段、技术人员力量等，列举了不足和存在的问题。

规划内容主要根据北京市重点建设工程及行业的业务建设需要，在院“六五”科研规划基础上，对院给水、排水、道路、桥梁、给水排水结构几个主要专业的科研课题提出了补充和细化。相应提出科研设备测试手段的建设规划，科技人员培训及发展要求。

实现规划的主要措施，除院科研“六五”规划中提到的加强领导和增加科技人员力量外，特别强调了规划科研项目的组织实施，“有些项目要组织科研、设计、生产使用单位共同协作攻关，已取得成果的项目要积极组织推广应用到设计中去付之生产使用”。

规划附有“重大科研项目表”与“科技干部发展计划表”。重大科研项目表中共列有18项，其中给水专业有“北京市第九水厂净化工艺研究”等4项，排水专业有“污泥分离技术研究”等6项，道路专业有“柔性路面设计研究”等5项，给水排水结构专业有“半地下泵房抗震性能研究”等3项。有些项目的部分科研经费由市科委或国家城乡建设环境保护部拨给。

第三节 “1991～1995年技术发展规划”

1991年院编制了“1991～1995年技术发展规划”。这一规划首次提出着眼提高院综合设计能力。突破了前几次院科技规划只是科研规划的局限性，开展包括计算机技术开发应用等业务建设内容，从设计、科研两个方面整体考虑各个专业的科技发展。规划包括四部分，即现况分析、指导思想、任务及目标、基本措施。

院现况分析部分，总结了1986～1990年院技术发展取得的成绩，同时提出要解决的重点问题。

1986～1990年，院共完成上千个工程设计项目，包括大型的城市道路立交工程，百万立方米级的城市给水厂和污水处理厂，以及大口径长距离输水及排海工程设计。设计中采用新技术、新工艺，多方面带动了院科技工作的发展，获工程设计、科技进步奖达62项。

规划列举了院各专业取得技术发展的主要方面。道路专业主要集中在现代交通工程方面，如快速路、道路立交及路面结构组合等；并相应承担了国家、部级的研究课题及编制设计规范，如“立交型式选择的适用条件及设计依据研究”、“城市道路设计规范”等。桥梁专业围绕大型立交桥中大量异型桥设计，在其结构造型、计算及桥梁美学方面取得了新的进步，增强了处理复杂立交桥的综合设计能力。给水专业主要结合北京市第九水厂工程设计，在水库水源净化工艺及活性炭滤池深度处理技术，以及长距离输水技术上取得了突出进展。排水专业结合城市和工业废水处理工程，设计采用了多种新工艺，取得了新进步，如深井曝气、纯氧曝气、A－O法等工艺。此外，继续进行了中水处理技术的开发。给水排水结构专业在管道结构、组合板体结构及结构抗震设计理论方面进行了试验，并取得了一定成果。机电专业主要在水泵电机调速节能、给水厂、污水厂集散型微机监控系统，以及给排水工程专用阀门、专用机械的开发设计中取得了进展。

在此期间院计算机技术开发应用已逐步普及到各专业，并有一批CAD软件投入使用，完成设计图纸1200余张。

院技术发展规划提出的主要问题是思想上对工程设计技术进步认识不足。一定程度上表现为设计工作重数量轻质量，追求产值忽视提高的倾向。对科研和业务建设重视不够，设计任务紧时被挤掉。还有科技骨干队伍老化，专业人员比例不协调等问题。

规划从多方面明确指导思想，有科学技术工作要面向经济建设，要使院设计工作走依靠技术进步以不断提高劳动生产率和综合效益的发展轨道；院技术进步应以提高技术经济效益为目标，集中到提高设计质量、降低工程造价及提高经营管理水平上来；要稳定、协调地推动全院整体技术进步；科研和新技术开发工作要以工程建设为依托，与工程设计相结合；各专业要发展自己的技术特色和优势，开发专有技术，建立拳头产品，充实竞争能力。

规划按道路、桥梁、给水、排水、给水排水结构、机电、技经、测量、计算机技术开发应用9项提出规划期间的科技发展任务和目标。其内容包括前一期规划各专业技术课题的延续和深化及新课题两部分。道路专业提出研究影响城市道路服务水平的主要因素和水平等级的划分问题，提高道路交叉路口、路面结构设计水平及加快道路设计应用软件的开发等。桥梁专业提出为承接大跨度桥梁设计作准备。给水专业提出要完成设计常用技术标准的编制。排水专业提出要开拓生活垃圾处置的设计业务、开发污水处理厂初步设计专家系统、建立排水专业计算机设备库等。

规划提出的基本措施，首先强调从思想上提高对技术进步重要性的认识，工程设计要真正转移到依靠科技进步和提高设计人员素质上来，加强科研、业务建设和新技术开发工作。同时要加强计算机技术的运用，加强技术管理、技术信息和技经工作，调整充实专业技术队伍等。

为研究和落实院“1991～1995年技术发展规划”，动员全院干部和科技人员解放思想、奋力开拓科技工作新局面，1991年6月召开院第一次科技工作会议，参加的人员有院所两级行政和技术领导。会议着重讨论“八五”期间院科技工作的目标和任务，以及1991～1992年的工作重点，院“技术标准编制三年计划”（草案）、“计算机应用开发规划”、“研究所‘八五’规划”及“院1991～1995年继续教育与职工培训规划”等文件。

第二章　专业技术研究

1955年建院之初，院设立技术研究所，即提出了“科研为设计服务”的方向，主要研究北京市市政工程设计中需要解决的技术问题。研究课题的专业范围包括道路、桥梁、给水、排水、给排水结构及机电专业。重点开展了下水管道开裂、沥青混凝土路面裂缝、城区道路翻浆、石灰土稳定性、雨水口设计技术参数以及北京市河湖污染调查等试验研究课题，完成了预应力钢筋混凝土管和石棉水泥管的试验研究。到50年代末共提出研究成果13项。

60年代初，配合工程设计采用新技术，重点研究开发了机械搅拌加速澄清池、虹吸滤池以及适用于农村给水建设的压力罐式自来水系统。这3项成果均为国内工程设计中首次应用。此外，还开展暴雨径流的观测分析工作。到1966年共提出研究成果10项。

70年代初，开展斜板桥计算研究。经过震区调查分析为桥梁抗震设计计算提供了完整方法与参数。结合北京燕山石油化工总公司工业废水处理工程设计，进行多种有机废水处理试验研究。为提高水处理沉淀单元的沉淀效率，开展逆向流、同向流、侧向流斜板（管）沉淀试验研究。同时还对矩形装配壁板水池采用水平向后张预应力施工方法进行了测试与分析，提出设计依据。

70年代中期，开始对交叉路口通行能力及设计小时交通量进行实测分析研究。借鉴国外资料，研究设计同向流斜板沉淀池用于北京燕山石油化工总公司田村水厂一期工程。对氧气曝气活性污泥法与普通活性污泥法在北京高碑店污水处理中试厂进行了生产性对比试验，提出完整研究成果及设计参数。结合设计需要，对钢管荷载图形进行调整，修正计算公式，使管壁厚度减薄并及时用在长距离输水工程设计中。通过对国内外震害资料调查分析，首次提出管道与土共同作用下地震力分析模式、计算公式与参数等有关市政工程设施抗震研究成果，并用于抗震设计规范中。至70年代末10年间，各专业提出的技术研究成果共47项。

80年代初期，贯彻全国科学大会精神，加强了科研工作领导，调动了科技人员积极性。自1981年开始，历时8年，完成《北京市柔性路面设计方法及参数研究》，成果纳入《城市道路设计规范》。结合立交桥梁设计中的结构问题，开展了薄壁墩、圆孔箱梁、门式刚架角隅节点区等多项光弹性应力试验研究，成果均在设计中得到应用。为保证和提高饮用水水质标准，开展深度净化工艺试验研究，提出臭氧－活性炭联合净化工艺，并在国内首次用于北京市田村山净水厂工程设计中。在总结同向流斜板沉淀池生产运行的基础上，研制成功纵向集水斜板沉淀新工艺——梯形斜板沉淀池并通过生产性试验，用于北京燕山石油化工总公司田村水厂二期工程。为解决高层建筑内部加压供水系统停泵产生噪声问题，研制消声止回阀，达到消锤防噪的效果，其产品广泛应用在工程中。在排水专业方面，对深井曝气法工艺进行系统研究开发，在处理高浓度有机废水工程中进行推广应用。为提高生化法曝气充氧效果，降低能耗，自80年代初至今陆续研制开发出多种新型曝气器，形成产品，用于工程实践，取得10%～40%的节能效果。开展钢筋混凝土圆管力学性能研究，提出管座刚度、管体截面、配筋方案等成果，用于设计规范修编中。

1980～1984年各专业累积完成的科技成果共计50项，约80%的成果在工程设计中得到了应用。

80年代中期，先后承担了国家“七五”攻关项目中的子课题“立交型式选择的适用条件及设计依据研究”；建设部下达的“城市道路立交工程交通功能评估系统”和“城市沥青道路使用性能和可靠度分析研究”。为提高桥梁工程设计中的技术水平，先后开展了“钢桥桥面铺装材料研究”、“弯箱梁桥结构研究”以及“桥梁减震研究”。随着对絮凝在水净化过程中重要性的认识，进行了“波形板絮凝（反应）的试验研究”，同时结合水库低浊水的特点，开展“微絮凝直接过滤的研究”，并对北京市密云、怀柔两水库水质长时期逐年逐月地进行了水质监测工作，累积大量的水质资料，提供设计使用。为了节约水资源，开发城市污水回用的途径，开展“中水道技术开发与应用研究”，并通过示范工程，完成“中水处理装置定型化”的研究课题，用于北京市方庄小区污水处理厂设计中，并在宾馆、饭店、机关、院校中水处理与回用工程中进行推广。给水排水结构专业，结合《埋地给水钢管水泥砂浆衬里技术标准》的编制，开展“钢管水泥砂浆衬里力学性能研究”，为标准的编制提供资料数据。在水处理机械方面，研制成功压力输水管道常用的特种阀门——高速进排气阀及水厂中常用的一阀代替三阀的双速自闭闸阀。生产应用后，均起到了安全、节能的效果。

1985～1990年共完成科技成果81项，并在工程设计中进行推广应用。

90年代以来，开展了“城市路桥交通噪声防治技术与示范工程”、“立交桥面柔性铺装防水材料性能研究”、“侧向流波形斜板沉淀新工艺试验研究”、“均质滤层过滤技术研究”。完成“亚洲开发银行技术援助项目——京津水资源管理研究”中的子课题“北京市废水管理研究”以及“生物吸附氧化法（A－B法）处理城市污水研究”。结合管网抗震设计与有关单位合作完成“城市给水管网的地震动反应及抗震对策”的研究成果。此外，研制开发了调流消能阀和大容量水泵调速技术。上述成果均用于工程设计中。5年来共提出成果44项。

建院40年来，累计取得科技成果共计245项，其中改革开放10多年来为125项，占总成果数的51%。经上级部门组织鉴定项目有49项。自1978年以来，共获科研成果奖、科技进步奖51项。其中全国科学大会奖4项，国家发明奖1项、星火计划奖1项，国家、部、市级科技（成果）进步奖45项。共获得国家专利9项。研究成果用于工程设计的约占75%。

第一节　道路专业

一、科研课题

1955年建院初期，结合北京市道路工程设计需要，对沥青混凝土路面裂缝、道路翻浆、道路沥青等材料以及石灰土在道路工程中的应用，进行大量调查、观测及试验研究，为设计、施工与养护提供了多项成果。

60年代初期，为适应北京市交通量的增长，开展对城郊道路小时交通量变化规律和换算系数的研究。

70 年代中期开始对环形交叉路口（环岛）交通信号灯管制交叉路口通行能力研究。

80 年代初开始了设计小时交通量较为系统的分析研究。

在此期间，根据设计中遇到的问题，开展了小流域洪水计算与泥石流的研究工作，成果用于工程设计中。

1980 年开始，历时 8 年，系统地研究和建立了柔性路面的设计方法，并为《城市道路设计规范》编制提供依据，完成《北京市柔性路面设计方法及参数研究》的课题。成果用于设计，并纳入《城市道路设计规范》中。

1987～1990 年，承担国家“七五”攻关项目中的子课题——“立交型式选择的适用条件及设计依据研究”。经过对全国 14 座城市的调查、实测及分析研究，建立起立交修建、立交选型和立交评估的定量标准体系。开展“城市道路立交工程交通功能评估系统”的研究。应用其成果优选立交方案设计。

90 年代以来，为提高设计技术水平和工程设计中的需要，还开展了“城市沥青道路使用性能和可靠度分析研究”、“北京市立交与交通事故的分析”、“路基强度指标的研究”、“装配式悬壁挡土墙试验研究”以及“水泥混凝土路面加铺沥青混凝土防止反射裂缝的研究”等。

建院以来，共完成科研成果（报告）56 项，多数成果已直接用于工程设计中。自 80 年代以来共获得国家、部、市级科技进步奖 14 项。

二、项目选介

（一）环形平面交叉口通行能力

1977～1979 年为研究环形交叉口的通行能力及其适用条件，先后在上海、长春、广州、南京等城市进行交叉口综合观测，以取得机动车进出交叉口数量及流向，在环道内的车速以及非机动车数量的数据。

经分析研究，得出：

机动车在环形交叉内行驶的交织时间和通过时间的计算方法和推荐数值；

环形交叉内车辆行驶的不均匀系数 ϕ 的推荐值；

交织长度、交织角和环道宽度的关系；

交织长度与通行能力的关系；

研究成果中提出修正系数 ϕw 的计算式、环形交叉通行能力 Nw 计算公式，以及最大通行能力的推荐值，并对适用条件和优缺点进行了分析；

成果中还给出了环道宽度及加宽值的确定表及环形交叉车辆的换算系数等。

该成果已应用于工程设计中，并为《城市道路设计规范》采用。

（二）交通信号灯管制交叉口机动车通行能力

1977～1980 年先后对北京市东单、西单等十几个交叉口进行综合观测，重点研究左转车通过交叉口的特点和规律，各种车辆通过交叉口停止线的间隔时间、信号灯周期的影响、车种换算系数、交叉口红灯阻车数量及长度以及车辆通过交叉口的延误损失时间等。

根据观测资料和研究分析，取得：

信号灯交叉口机动车通行能力计算公式，包括一条直行专用或直右混行车道，一条直左或直右混车道，左转专用车道，右转专用车道，交叉口等。

交叉路口阻车时间及阻车长度分析：

按交叉口交通负荷系数、车辆通行交叉口的平均损失时间、红灯平均阻车长度将交叉口服务水平分为四级。

在确定交叉口的通行能力时，应根据交叉口的等级和要求分别计算。

本项目研究成果已被编入大专院校的教材。其计算方法和参数为《城市道路设计规范》采用。

(三) 设计小时交通量

1982～1985 年承担建设部下达的设计小时交通量科研项目。为取得城市道路规划设计中，在确定道路的车道数和车行道总宽度时，应采用的设计小时交通量，分别在北京、上海、哈尔滨、福州 4 城市 6 车道路进行了连续 3 年的断面交通量（含机动车和非机动车）观测。观测采用抽样的方法，每年撷取 52～53 天共约 680 小时交通量的数据。

经分析研究取得：高峰小时交通量的确定方法；平均昼夜 12 小时交通量（N12）与平均日交通量（N24）的比值；高峰小时交通量与日交通量比值；日、周、月交通量变化曲线及换算系数的确定方法；重方向交通量与断面交通量的比例系数 δ；确定标准高峰小时交通量与年平均日交通量的比值 K；车辆换算系数；设计小时交通量计算公式等成果。

以上成果已在《城市道路设计规范》中采用。

(四) 北京市柔性路面设计方法及参数

1980～1988 年开展北京市柔性路面设计方法及参数的研究，对北京市不同使用年限道路进行观测，按照弹性层体理论的推导，利用弯沉、弯拉、抗剪 3 个控制指标对柔性路面厚度及组合进行计算。

根据理论要求结合北京市地理、交通、气候条件，系统地测定了土基、沥青混凝土、碎石、砂砾、石灰粉煤灰稳定砂砾、石灰土等材料的回弹模量值，用多年统计资料分析北京市交通及增长规律，将以上参数代入理论计算公式中，并利用室内环道验证了其数据及理论的可靠性。

上述计算方法在近几年的北京市的道路工程设计中普遍采用。成果已纳入《城市道路设计规范》，在全国普遍采用。

(五) 立交型式选择的适用条件及设计依据研究

1987～1990 年承担国家“七五”攻关科技研究项目中的子课题之一——立交型式选择的适用条件及设计依据的研究。运用系统工程原理，以交通流理论作指导，使用数理统计及工程经济学的方法，在全国主要城市道路立体交叉和平面交叉口的观测基础上分析研究。

课题得出立交建设中 4 个主要技术和经济问题的设计定量依据，包括：

提出灯管平面交叉口服务交通量值，从交通运行角度确定修建立交的定量依据；

以交通流理论为依据，分析立交交通运行规律和结构特点。建立首蓿叶、环形、喇叭型 3 种典型立交通行能力组合计算原理及计算公式。

运用系统工程学中的层次分析法，用通行能力、延误、安全和经济 4 个指标，提出修建城市道路机、非分行立交的依据。

运用工程经济学的方法，按道路立交和平面交叉口交通流特征参数及各项经济因素，建立城市道路立交经济评价的方法和公式。

课题研究为城市道路立交建设提供了系统的技术和经济的量化体系及其量化的依据，

减少立交建设的盲目性。

（六）城市道路立交工程交通功能评估系统

1988～1990年承担建设部“七五”科技发展重点项目中的子课题——城市道路立交工程交通功能评估系统的研究。

课题采用系统工程分析方法，建立层次性的立体交叉交通功能评价体系，包括：

把影响交通功能的各个指标组成一个递阶结构模型，以系统分析其总体功能；

应用模糊集合论的方法，对各个评价因素作综合考虑，合理确定各个评价因素的权重，并最终对立交方案的交通功能作出定量的总体评价；

提出用“功效系数”表征各个评价指标满意程度的统一表达式；

提供了一套计算机应用软件。

（七）小流域洪水计算与泥石流的研究

1961～1978年进行小流域洪水计算与泥石流研究，为道路、桥梁、水利排洪和供水等工程设计提供有关水文水力等基础数据。

1. 小流域的洪水计算　1961～1964年，经专题研究提出“小汇水面积雨洪最大径流计算”图解法（院技规64－10），适用于700平方公里以下的山区小流域。当时由于缺乏20平方公里以下的小流域的观测和调查资料，应用到较小面积时可靠性较差。1964～1978年，经过10多年的现场观测和资料积累，结合具体工程进行了大量的历史和现况洪水调查，获得200多个小面积的大洪水资料，另外还对平原、半山区半平原的资料进行分析。最终成果即“北京地区最大洪峰流量计算公式制订说明”和“北京平原地区洪峰流量的计算”，于1978年完成。

该公式已收集到《城市道路设计手册》中，为北京地区有关公路规划部门使用。

2. 泥石流的研究　1969年以来，北京北部山区多次暴发泥石流，造成严重的灾害，破坏了多条公路及其桥涵。为了在工程设计中防治泥石流对公路的破坏，对泥石流的形成条件、激发因素、暴发频率、泥石流沿沟道运动的状况以及流速、流量计算的方法等进行调查研究，收集了几十条山沟近100个河段的泥石流流量、流速、容重和流域特征等调查资料。在此基础上，综合出北京地区泥石流设计流量的计算方法，稀性泥石流水面线推算方法等，为山区公路桥涵防治泥石流的设计提供的依据，并取得多项成果。其中公开发表的成果有：“北京怀丰公路南段泥石流的分布特征”、“稀性泥石流流速公式及陡坡山沟糙率系数的确定”、“北京山区泥石流变化的特征及其设计流量的计算”、“北京山区泥石流对居民点的危害及预防对策”、“山区大比降河沟洪水和稀性泥石流水面线的推算”等。

道路专业主要科研成果见表3－1。

表3－1　道路专业主要科研成果一览表

序号	课题名称	成果主要内容	完成日期（年）	推广应用情况	主要负责人
1	各种性能道路沥青材料的配制试验	进行煤沥青、石油沥青、页岩沥青等配制试验。提出试验报告	1956	供设计应用	许其昌　孔繁良
2	道路翻浆调查与观测	对翻浆区几条街道进行冻结深度观测。提出调查分析及观测方法	1959	供设计施工参考	卡维德
3	城市道路交通量的规律和换算系数研究	通过对高峰及一般小时交通量观测经分析提出换算系数	1963	已在设计中应用	颜本菘
4	路口转弯半径的研究	观测确定各种车辆右转弯的设计车速，横向系数 μ，提出最小转弯半径的计算方法，改变了凭经验确定平交路口转弯半径的做法	1963	μ 值的确定列入大专教材及有关道路书籍	徐　森
5	自行车爬坡能力的研究	测定老、中、青、男、女不同体力类型，对北京市不同坡度、坡长道路骑车上坡能力，统计分析得出自行车爬坡最大长度	1963	用于设计，并为“城市道路设计规范”采用	房道生　佟克正
6	机动车道及非机动车道通行能力的研究	理论计算与实际调查相结合得出路段与路口机动车通行能力；依靠观测数据统计分析得出非机动车通行能力	1963～1964	用于设计。非机动车通行能力为“城市道路设计规范”采用	房道生　佟克正 王嘉惠
7	石灰土在城市道路工程中应用	对石灰土成分选择、稳定性、强度增长规律、防止冻害及裂缝调查等提出总结	1964	已在工程设计中应用	石志圻、赵继志
8	小流域洪水计算与泥石流的研究	两项成果均提供计算方法及有关计算式和有关参数	1978	成果均已在工程设计中应用	刘德昭
9	环形平面交叉口通行能力的研究	提出环形交叉口的通行能力设计计算式及有关参数值	1979	用于设计，并编入《城市道路设计规范》	傅连合
10	交通信号灯管制交叉口机动车通行能力	提出通行能力的计算公式及有关参数值及服务水平	1980	用于设计，并编入《城市道路设计规范》	傅连合
11	设计小时交通量的研究	取得小时交通量确定方法、计算公式及有关参数	1985	用于设计，并编入《城市道路设计规范》	傅连合
12	北京市柔性路面设计方法及参数的研究	提出弯沉、弯拉、抗剪3个控制指标及主要设计参数	1988	用于工程设计，编入《城市道路设计规范》	林治远　杨树祺
13	沥青混凝土路面低温缩裂控制指标研究	沥青混凝土低温拉伸强度、模量收缩系数等，提出修正系数（K）极限强度	1988	可用于设计	王志英等
14	城市道路与铁路立体交叉设置条件的研究	运用动态投资回收期作评价指标。用费用效益分析方法，建立起数学模型	1988	拟用于设计规范	齐秀珍　杨树祺
15	交通量增长规律	依历年车辆增长数字及1981～1985年对北京市16条干道交通量调查，分析得出交通量增长率	1989	用于“北京市柔性路面设计方法与参数”	杨树祺
16	立交型式选择的适用条件及设计依据研究	建立起立交修建选型和立交评估的定量标准体系	1990	为规划、设计、建设部门提供科学依据	李炯为

续表

序号	课题名称	成果主要内容	完成日期（年）	推广应用情况	主要负责人
17	城市道路立交工程交通功能评估系统	应用本成果可迅速优选立交方案及优劣排序	1990	已在工程中试用	朱丙庚
18	城市沥青路面使用性能和可靠度分析	运用可靠性理论概率论方法，提出了设计参数统计特性的思路与方法	1990	阶段性成果供设计参考	杨树祺　刘向荣
19	沥青混凝土面层底部弯拉应力验证	为沥青混合料面层底部弯拉应力的理论计算提供了依据	1991	供设计计算应用	杨树祺　相伟丽
20	北京市立体交叉与交通事故分析	经对资料分析提出立交改进措施及减少事故方法与预测	1992	供设计应用	杨树祺　王亚平
21	路基强度指标的研究	经试验分析，提出冰冻深度冬季聚水量公式等，完善了土基强度设计	1993	供设计应用	周恒瑾　徐维红
22	装配式悬壁挡土墙试验研究	确定了防滑榫的位置、地基最佳含水量及静摩擦系数等可靠依据	1994	已用于工程设计	林贵昌　梁为民
23	水泥混凝土路面加铺沥青混凝土防止反射裂缝的研究	研究表明加铺应力吸收层对防止反射裂缝是有效的	1995	已在工程中试用	李津生　李　东

第二节　桥梁专业

一、科研课题

60年代初期，结合预应力混凝土T梁桥设计，开展了穿珠式后张梁的试验研究。成果用于工程设计。

60年代中期，结合采用先张粗钢筋预应力混凝土T梁桥设计，进行工程性试验研究，为设计提供依据。继而通过工程总结，实现定型化、标准化，在工程设计中推广。

70年代提出斜板桥实用计算成果供设计使用。为桥梁抗震设计与计算，在地震区震害调查基础上，分析提出在构造计算上的完善方法和参数。成果编入了《京津地区抗震暂行规定》，部分内容为《全国桥梁抗震规范》所采用。

80年代初期，由于立交桥梁设计的需要与发展，开展多项桥梁结构应力的试验研究工作，如：薄壁墩光弹性试验应力分析、门式刚架角隅节点区光弹性试验研究、圆孔箱梁梁端三向光弹性试验应力分析等。成果均在设计中采用。

80年代中期以来，先后开展先张预应力空心梁工程性试验，为设计提供依据。与有关单位合作研制成功钢铰线压花锚具设备，同期还开展钢桥桥面铺装材料的试验研究。配合东便门立交桥设计中采用单柱式支承连续弯箱梁结构，开展弯箱梁桥结构研究，证明这种新桥型结构可满足使用要求，为以后推广应用提供依据。此外还结合京榆路潮白河大桥抗震设计，开展桥梁减震研究，成果用在该工程设计中。

90年代以来，结合立交桥桥面防水材料使用中出现的问题，进行立交桥面柔性铺装防水材料性能研究。为设计与施工选材提供评价手段与体系。近年大型立交桥日益增多，为保证工程质量，开展不同类型桥的动、静力及温度应力等测试分析工作，提供有关数据为设计所用。为解决道路交通噪声污染问题，由北京市科委立项，与北京市劳保所合作，开展了“城市道路立交隔声屏障的研究”。研究成果实施在三义庙立交桥示范工程中，降噪值达 10 分贝，达到技术要求。

40 年来院桥梁专业共完成科研成果 22 项，获部、市级科技进步奖 8 项。

二、项目选介

（一）预应力钢铰线“压花锚”研制

1986～1988 年由院研究所与中国建筑科学研究院结构所联合开发预应力钢筋混凝土结构中应用的新型固定端锚具——钢铰线“压花锚”，提供设计、生产设备、施工工艺的成套技术与方法。

“压花锚”研制工作内容包括：方案设计（花长、花径、锚固长度、配套及有关施工工艺），压花成型专用设备的研制，进行“压花锚”的静力荷载、低固荷载传递、动力度量等系统实验。经实验证明，“压花锚”的极限荷载、延伸率等各项指标均达到国际规范（FIP）标准的要求，并在北京市蒲黄榆立交桥等工程中获得成功应用。

（二）北京市北窑钢桥桥面板铺装材料试验研究

1989～1991 年针对北窑钢桥沥青铺面损坏情况，参照国内外钢桥桥面铺装理论和方法，通过室内试验，选用延性好的材料和高温稳定性好的硬化性材料与现有路用石油沥青进行掺配试验。获得掺配有高性能改性沥青工艺方法和适合于各种特殊铺装工程的改性沥青系列产品，确定适合于北窑桥铺装用的改性沥青及铺装材料和方式。通过大型环道模拟高温试验和现场试验证明所确定的铺装材料和方式是合理的。

这一课题研制开发的改性沥青产品，其性能达到国内外相应产品的性能。

（三）弯箱梁桥结构测试研究

1988～1991 年结合北京市东便门立交 11#、12# 桥采用单柱式支承连续弯箱梁新型桥梁结构型式，进行模型实验及原型实测。内容包括：上部结构稳定性分析；端部截面剪应力分布；跨中及中墩截面正应力分布及挠度。

模型采用铝材，几何比例 1∶80，采用电阻应变测量法，同时测量反力、应变和挠度。荷载分为集中荷载及均布荷载，共进行 34 种工况实验。原型实测对象为北京市东便门立交 12# 桥，同样采用电阻应变测量法，对该桥 4 个实测截面进行现场实测，实测测点达到 300 点，实测选车以尽可能接近规范确定的汽－20 级汽车荷载各技术指标为原则，分别布置在端部截面剪应力及跨中、中墩截面应力最不利位置。模型、原型实测数据全部采用计算机处理，得出图形表格，消除人为因素干扰，提高可靠度。

模型实验及原型实验实测成果证明：单柱式支承连续弯箱梁这种结构型式，移动中墩横向位置可改善端部支座反力分布。从实测应力及挠度上看，全桥具有较大的抗震刚度，完全可以满足使用要求。

（四）立交桥面柔性铺装防水材料性能研究

1992～1992 年开展了用于立交桥面柔性铺装防水材料性能评价手段和体系的研究，通过对北京市现有桥梁柔性铺装防水系统的使用性能进行调查，分析损坏原因，并通过室内外模拟试验研究，并对几类防水材料进行评价，为设计和施工科学选材提供依据。这一项目开发研制了测定防水材料与水泥混凝土桥面板间的粘结性能，以及防水材料与沥青混凝土铺装层间的抗剪性能等方法和设备。

（五）北京市四元桥动、静力实测分析

1993～1994年进行北京市四元桥动、静力实测分析。四元立交是1座全互通式4层大型立交。主要匝道桥采用独柱支承预应力连续箱梁。其静力部分研究内容主要有：箱梁跨中截面纵向应力分布及挠度，箱梁支承截面纵向应力分布，箱梁端支承截面剪应力分布及支座反力，箱梁悬挑翼缘正应力分布等。荷载包括静载和等效超－20汽车荷载。动力部分研究内容为脉动法实测箱梁频率和振型，有限元动力计算分析及箱梁抗震分析。

静力实测采用电阻应变测量法，首先在箱梁混凝土内预埋电阻应变传感器，测量初值。在箱梁系统形成各阶段，实测箱梁应力变化情况，直至箱梁全部完成。活载采用等效超－20汽车荷载。按照各截面最不利荷载位置布车，实测各测试截面应力变化及跨中截面的挠度值，综合分析实测结果，与设计计算和有限元分析值进行对照。动力实测采用脉动法，给出了桩周原状土、桩、承台、墩柱的动力特性，特别是对全桥整体进行了切向、径向、竖向及扭转的频率和振型分析，实测结果与有限元计算结果进行了对比，并在此基础上进行了该桥的抗震分析。

课题静力部分全面验证了箱梁端部截面、中支承截面及跨中截面在静载和等效超－20级汽车活载作用下的安全性，可保证该桥的正常运营。对独柱弯桥偏载作用影响进行实测研究，为此种桥型设计提供了实测数值依据。对悬挑翼缘受力进行了初步分析。课题动力部分比较全面地给出了桩周原状土、桩、承台、墩柱的振动基频和本桥整体的动力特性，包括频率和振型。还采用《SAP90》程序，进行有限元动力分析并输入Elcentro－NS波进行抗震分析。

（六）长桥、宽桥温度应力实测分析

1994～1995年对北京市公主坟立交桥的墩柱钢筋应力进行现场实测。该立交主桥较宽，桥梁整个横截面支承采用单个双柱预应力盖梁，盖梁的跨度较大，当墩柱长度较小时，墩柱的温度应力将较大，由此计算得出的墩柱配筋量相当大，而承台下钻孔灌注桩可以产生弹性变形，改善墩柱的受力状态。如何考虑桩的弹性变形影响是课题研究的一个主要内容。

城市立交桥梁当全桥较长时，桥梁纵向温度应力分析较为复杂。在桥梁结构设计中，经常采用滑板支座以减缓纵向温度应力，由于支座本身和施工中的种种问题，需要现场实测加以检验。

采用稳定性较好的钢弦式钢筋计，对公主坟立交桥6个墩柱进行实测。首先在墩柱浇注时预埋钢筋计，在全桥主体结构全部完成后，测试墩柱从年初最冷到8月最热之间的钢筋应力变化。实测过程为：以年初某一较冷夜里为实测零点，进行初始值测试，以后每月测试2～3次，直至8月最热时测试终值，从而得到升温全过程墩柱钢筋应力变化值。

通过现场实测桥梁横向温度应力变化值证明，当盖梁跨度较大而墩柱长度较短时，应考虑桩弹性变形对墩柱应力的影响。此时以承台上表面为盖梁墩柱计算边界与实验情况有很大不同。实测墩柱钢筋应力仅为常规方法计算值的1/4。本课题提出了桩弹性变形的计算方法，其计算值与实测值相吻合。

现场实测桥梁纵向温度应力，对滑板支座的效果进行检验，实测的温度应力变化值比计算值大1倍。为此专门对该桥进行现场施工质量调查，发现以下几个问题：第一，箱梁端部封锚混凝土与盖梁联为一体，造成橡胶支座不能产生剪切变形，使得上部结构温度变形全部传到盖梁墩柱上；第二，简支T梁支座槽被混凝土填死，使得橡胶支座有效变形高度降低，实际有效高度仅为设计高度的1/2～2/3。第三，滑板支座基本不起作用，这主要因为在滑板支座的聚四氟乙烯与不锈钢板之间有一层混凝土砂浆，使得摩擦系数发生改变。以上几个问题造成实测值比设计值大1倍。施工质量问题已提交施工单位进行改进处理，由于设计配筋以抗震要求为基准，温度应力尚不能对桥梁安全性产生影响。

（七）城市道路立交隔声屏障的研究

1994～1995年院结合北京市四北三环道路改造工程设计开始研究城市道路立交隔声屏障。这是北京市科委的合同项目。

首先对道路交通噪声的产生原因、传播规律等声学原理进行了系统分析研究，结合道路桥梁的设计要求，研制开发《城市道路立交隔声屏障设计系统》。该系统以交通噪声传播规律以及惠更斯原理为基础，包括交通噪声预测、隔声屏障几何尺寸及材料参数设计和隔声屏障降噪效果评价3大部分。本项目应用该系统对北京市三义庙立交桥隔声屏障示范工程进行了声学设计。还通过对隔声屏障的结构安全如抗风荷能力，对司机心理的影响和行车安全、隔声屏障的耐久性能、易于施工以及与周围环境协调等几方面进行详细考虑和试验研究，设计安装三义庙立交桥隔声屏障。该屏障应用抗冲击性能优良的PC聚碳酸脂板新材料和彩色钢板组角做为隔声屏障的单元，采用拼插式施工。施工方便。

本项目实施的三义庙隔声屏障示范工程经过北京市环境保护监测中心实测表明，降噪值达10分贝，达到了技术要求。

本项目成果《城市道路立交隔声屏障设计系统》将原有方法计算机化，输出结果图形化，开展隔声屏障的优化设计。

桥梁专业主要科研成果见表3－2。

表3－2　桥梁专业主要科研成果一览表

序号	课题名称	成果主要内容	完成日期（年）	推广应用情况	主要负责人
1	薄壁墩光弹性实验应用分析	试验对墩身、墩顶处的应力影响等做了系统研究	1981	应用于工程设计	苏庆东
2	门式刚架角隅节点区光弹性实验应力分析	研究得出：直线加腋可以改善角隅处的应力集中。曲线加腋效果显著	1982	已用应于工程设计	苏庆东
3	圆孔箱梁梁端三向光弹性实验应力分析	为解决梁端常发生剥落裂缝进行三向光弹试验，提出应用成果	1983	用于工程设计	苏庆东
4	先张预应力空心梁原型测定	结果说明增加腹宽与环筋改善应力分布，为设计提供了依据	1985	用于京开公路新发地立交工程	苏秋菊
5	北京市北窑立交桥桥面铺装试验研究	对改性沥青和黏层油组成进行试验研究及力学性能指标的测定	1986	已用于该工程设计中	赵天伟
6	预应力钢铰线“压花锚”研制	通过设计及对设备的系统实验，提出压花成型专用设备供工程使用	1988	用于南二环立交工程中	孙尚文　苏秋菊
7	京榆路潮白河大桥减震设计研究	研制成具有隔震和消能装置，可使桥梁在地震时起到减震效果	1990	已用于该工程设计中	谢万春

续表

序号	课题名称	成果主要内容	完成日期（年）	推广应用情况	主要负责人
8	北京市北窑钢桥面板铺装材料试验研究	试验提出适合该种桥型面板铺装用改性沥青及材料组成和铺装方式	1991	通过现场试验拟在工程中应用	李　东　周恒瑾
9	弯箱梁桥结构测试研究	测试应力及挠度，全桥具有较大抗弯、刚度，满足使用要求	1991	已在工程设计中应用	罗　玲　苏秋菊
10	立交桥面柔性铺装防水材料性能研究	提出防水材料性能评价手段和体系，为设计、施工选材提供依据	1994	已在工程设计中应用	李　东　相伟丽
11	北京市四元桥动、静力实测分析	通过动、静力实测研究，为独柱连续预应力弯箱梁桥的设计提供依据	1994	已在工程设计中应用	张　恺
12	长桥、宽桥温度应力实测分析	实测得出桥梁横向温度应力变化情况，以及有关的计算值	1995	已用于工程设计	张　恺
13	城市道路立交隔声屏障的研究	提出“设计系统”用于示范工程，取得了降噪10分贝的效果	1995	用于西北三环道路改造工程	相伟丽　李　东

第三节　给水专业

一、科研课题

50年代北京市以地下水为供水水源，院结合工程设计与施工要求，开展、加大管径以提高产水量的生产性勘探试验，为地下水水源的水厂兴建提供设计依据。

60年代初由于北京市市区地下水超量开采，水源的开发始向地表水转换。为给新建水厂工程设计提供先进的工艺技术，先后开展机械搅拌加速澄清池、虹吸滤池试验研究。成果用于工程设计，在北京市水源六厂和北京印染厂建成投产，继而编制全国通用图，在国内推广。

在分析以上两项新技术的基础上，开发出快速澄清滤池，用于北京第二毛纺厂给水工程。

1965年～1970年间，为改变农村饮用水的落后状况，研究制成压力罐式自来水系统。在全国广大农村得到推广。

70年代初结合北京市水源八厂工程设计，研制设计侧向流斜板除砂器，在工程中进行应用。

70年代中期借鉴国外资料，研究设计同向流斜板沉淀池，用于北京燕山石化公司外部供水工程。1983年针对运转中发现的问题，改变原来的斜板构造，研制成功梯形斜板沉淀池。

80年代初，对絮凝在水处理中的重要性加深了认识，进行了波形板填料反应器的研究。针对水源水体污染，为保证和提高出水水质，结合工程设计需要，开展深度处理工艺技术研究，提出臭氧－活性炭的联合工艺。该工艺在国内首次用于北京市田村山净水厂工程设计。

80年代中期，为使水厂加氯间跑氯事故得到及时处理，研制设计氯吸收装置，在国内获得推广应用。为满足农村给水工程的需要，研制成功用于压力罐供水系统中的简易补气装置。采用多年研究的给水处理新技术，组合成高效一体化净水器，在村镇“改水”工程中应用。

80年代末期，结合水库水质的低浊度特点，开展微絮凝直接过滤试验研究，还进行了预臭氧直接过滤净水工艺试验。

90年代初期，在总结了多种形式斜板沉淀工艺研究的基础上，从简化板组结构，提高沉淀效率出发，开始进行了侧向流波形斜板沉淀工艺研究，成果在北京市第九水厂一期工程设计中应用。

该专业40年来共提出科研成果55项，荣获全国科学大会奖3项，国家发明奖1项，国家星火计划奖1项，部、市级科技进步奖10项和日内瓦国际发明展览会银质奖1项。

二、项目选介

（一）机械搅拌加速澄清池

1962～1964年开展机械搅拌加速澄清池试验研究。结合院1962年承担北京市水源六厂改扩建工程（工业用水）设计任务，在收集国外样本的基础上，进行模型试验，取得定性成果。继而进行生产性试验，规模为16立方米/时，直径2.6米，澄清效果良好，验证了其功能及有关设计数据。

通过试验研究取得了一、二反应室上升流速、回流比、泥渣浓度、沉降比等有关设计参数及运转控制条件，验证了其功能与特点。

根据试验取得的参数，设计北京市水源六厂4座大型澄清池（直径23.88米，水量1360立方米/时）于1965年投产。此后全国广泛采用。

（二）虹吸滤池

1964～1966年进行虹吸滤池试验研究。1964年在设计北京印染厂工业用水处理工程中，对日本来华展出虹吸滤池技术进行了资料分析和试验研究，取得有关设计参数，如滤速、工作周期及冲洗控制条件等，并根据试验研究成果进行设计。工程于1966年投产，是国内第一座虹吸滤池。此后，在国内推广应用。

试验研究得出用明渠代替管道，用进水堰和小虹吸管的形成和破坏代替进水阀和滤速调节器，使滤池各格均匀进水；用大虹吸管的形成与破坏，代替反冲洗进、排水阀；采用多孔板小阻力配水系统和加大池深并使各格滤池底部联通，利用其他格的滤后水，借重力反冲某一格滤料层。用清水出水堰高度，控制反冲洗水头以调节反冲洗强度。省掉反冲洗水泵，增加运行的可靠性；利用虹吸原理和孔口缩流负压原理并用滤池水位，自动控制滤池大小虹吸管的形成和破坏，可实现水力自动控制滤池的工作和反冲洗。

（三）农村压力罐式自来水系统

1965～1980年，为农村给水工程提供造价低、工期短、运行管理简便的供水技术。1965年开始开展以压力罐（即气压罐）取代水塔，以薄壁塑料管代替金属管材的试验研究工作。

通过试验确定该系统由水源井（或贮水池）、水泵、压力罐、补气装置、自控电气、塑料供水管道组成。

压力罐设在水泵与供水管道之间，利用空气的可压缩性，通过电器自动控制可自动连续供水；薄壁塑料管，其输水能力比金属管材提高 17%～29%，价格仅为金属管材的 31%～50%。该管材已编入轻工部标准，并编入《中国农村给水工程设计手册》；简易自动补气装置系 80 年代初期研制，利用水泵工作时造成的负压，采取定量补气、超限排气方法。该装置取得了国家专利。

目前，北京市郊农村，已有 200 多万人依靠这种系统供水。该系统在国内 30 个省、市、自治区推广应用。

（四）同向流斜板沉淀池

1973～1975 年进行同向流斜板沉淀池试验研究。其液面负荷可比一般斜板沉淀池提高约 5 倍，是 种高效沉淀技术。试验研究通过生产性试验，取得有关设计参数及其构造与功能。

沉淀池体主要由若干组沉淀单元、集水槽、污泥浓缩室、排泥管及池体组成。其中，沉淀单元由斜板、导流板、梯形强制集水支渠、矩形集水干渠等构成。

斜板由沉淀段与导流段两部分组成。在沉淀段完成泥水分离，上层澄清水入集水支渠，沉在板上污泥沿板下滑，经导流板沉入污泥浓缩室。

强制集水支渠为梯形断面，在上下两侧开孔，开孔率分别为 85%、15%，水头损失在 10 厘米以内，可均匀收集澄清水。

集水干渠断面为矩形，设计在每块斜板中部，下端与集水支渠相连，上端与集水槽相连，可将由支渠收集的清水输至集水槽，并可起到支撑斜板的作用。

通过生产性试验取得主要设计参数，用于北京燕山石化公司田村水厂一期工程，共建造两座沉淀池，单池产水量为 8.64×10^4 立方米/日。1975 年建成投产，沉淀后出水浊度为5～7 度,各项指标均达到设计要求。

（五）压力式侧向流斜板除砂器

1976～1978 年为去除管井、大口径、渗渠等地下水取水构筑物从地层中带出的细砂，避免砂粒进入输水系统，结合工程设计需要通过模型及生产性试验，开展课题的试验研究。

侧向流斜板除砂器的水流沿水平方向流动，水中砂粒靠重力下沉落于斜板板面上，斜板与水平面呈 45°倾角。落于板面上的砂粒沿斜板下滑落于下部的集砂部位，沉砂由中心设置的穿孔管排出。清水从斜板后部流出。其构造采用了中间设肋板，斜板固定于其上向两侧倾斜构成人字形结构，由环形带将斜板的下端连结起来形成一个整体。人字构造中间的管底部形成一个集砂空间。除砂器直接安装于管路上。

试验结果证明在水平流速为 0.1 米/秒的情况下可去除几乎全部 0.01 毫米以上直径的砂子（斜板沿管轴向长度为 2 米），对一般管井取水含砂量去除率 95%以上。

此项成果已用于北京市水源八厂工程水源井设计。

（六）应用臭氧、活性炭处理地表水的研究

1979～1981 年针对北京市永定河引水及京密水系水源的水质情况及北京市用水特点、为北京市田村山净水厂设计提供技术先进、经济合理的深度处理工艺及参数，开展臭氧、活性炭处理地表水的研究。

通过单一及组合多种试验，对受轻度污染的水源，经过常规工艺处理后，采用臭氧、活性炭联合处理工艺，取得较好的净水效果。北京市田村山净水厂取用的是受污染的地表水源，当臭氧投加量 2 毫克/升，接触时间约 10 分钟，活性炭层高 1 米时，处理后出水的色、臭、味、汞及有机磷等污染物质均能达到国家饮用水卫生标准。根据 6 种工艺流程取得有关设计参数比较，联合工艺的净水成本最低，处理后水质好、保证率高。同时在炭滤池层中产生有生物炭作用，延长了活性炭使用周期，减少反冲洗水量。

北京市田村山净水厂是国内首次采用臭氧－活性炭联合工艺的城市净水厂，于 1985 年投产，运行结果达到设计预期目的。

（七）波形板填料反应器

1980～1982 年为了提高在水处理絮凝过程中的效果，以便在后续的工艺过程中把悬浮物去除，保证出水水质，开展了波形板填料反应器研究。

波形板的波长与波高之比约 5∶1。波峰、波谷相对组成波形板组，相对的波峰距离近，构成缩颈，相对的波谷距离远构成一个腔体。水流流过时在缩颈处流速大，形成高速流，在腔体中由于缩颈出流高流速的携带形成涡流，造成水中颗粒相互碰撞的良好机会和条件。由于在同一反应级中每个腔体中的流态相同，有相同的速度梯度 G 值，使需要的能量得以在每个腔体中均匀分配，从而极大地提高了反应速率。

试验和生产实践表明波形板反应器具有反应时间短（约 5 分钟），反应效率高，对流量的变化有较强的适应性，在流量变化 ± 35％左右时，仍能保持良好的反应效果，从而克服了水力反应器对水流量变化敏感的弱点，获得优良的反应性能。由于效率高、停留时间短，使反应容积减小到仅为一般水力反应器的 1/2～1/4。

（八）纵向集水梯形斜板沉淀池

1980～1983 年开展高效率净水构筑物——纵向集水梯形斜板沉淀池的试验研究。

梯形斜板沉淀池工艺构造的主体是由横断面呈梯形的斜板和集水管组（支管与干管）组合成若干独立沉淀单元体以及澄清水廊道、污泥浓缩室和排泥管构成。整体安装时，只需将集水管组并排放入池内然后将梯形斜板顺着支管之间连续缝隙插入，锚固后即形成若干个倾斜的沉淀单元体。

梯形斜板的功能：一是承受由水中分离出来的沉渣；二是把沉渣滑送到污泥浓缩室。沉渣上层分离出的澄清水靠两侧的集水管导出。

集水管组除收集澄清水外，还支承梯形斜板，故省去一整套支架构造。此技术已应用到自来水厂（站）和小型净水器及泥水分离装置中。

这种新型沉淀池用于北京燕山石化总公司田村净水厂二期工程设计，斜板长 2.3 米，梯形板宽 399 毫米，板距 38 毫米，斜板倾角 40°；集水支管内径 32 毫米，集水干管内径 150 毫米，表面负荷率为 30 立方米/平方米·时。

工程 1984 年 5 月建成投产，沉淀后出水浊度为 5～7 度。各项指标达到设计要求。

（九）BZ 型一体化净水器研制

1980～1985 年研制 BZ 型一体化净水器。采用院多年研究成果，其中有梯形斜板沉淀，波形板反应，以及单阀压力过滤等净水工艺，是一种新型高效净水装置。

净水器由反应、沉淀、过滤 3 个单元工艺组成。梯形斜板沉淀，是由宽度 0.4 米的若干沉淀单元组成的斜置矩形体，在其前端和下方设置波形板反应和过滤设施。各单元工艺之间紧凑衔接，实现低压式水力净化过程，做到反应、沉淀、过滤 3 单元工艺间无阀门连接，水流衔接自然，利用空间充分。过滤采用了虹吸滤池的分格方式，以自身的过滤清水和压力，通过滤池下部连通的配水系统，对滤层反冲洗。在反冲洗时，将沉淀水用穿孔管引入各单元滤室，形成了固定式表面冲洗。省去了反冲洗进水和过滤水阀门和沉淀进水阀门，实现了“单阀压力式过滤”。

通过试验及生产性测定取得主要技术参数：总停留时间 20 分钟，沉淀表面负荷 25 立方米/平方米·时，滤速 10 米/小时，冲洗强度 15 升/秒·平方米～16 升/秒·平方米，工作压力≤0.55 兆帕（MPa），超载系数 1.20。

目前 BZ 型净水器在国内农村、乡镇企业、宾馆、旅游地、部队广泛应用。净化后出水浊度为 3 度以下，达到国家生活饮用水标准。

（十）氯吸收装置

1982～1986 年为解决给排水净化过程中，氯消毒设备跑氯事故开展氯吸收装置的研制。利用氢氧化钠溶液与氯气作用生成次氯酸钠和氯化钠的原理，将跑出的氯气迅速吸收，以免造成人畜伤亡、作物枯萎、设备腐蚀等。本装置委托某给排水设备厂加工试制，经多次改进而定型，已应用于北京市田村山净水厂、第九水厂、辽宁省辽阳第三水厂等工程。

该装置采用玻璃钢耐腐蚀风机，抽吸跑出的氯气和过量的空气压入碱液槽上部，使氯气通过两级吸收塔后排入大气。为降低塔高，吸收塔分为两级，内装填料以加大气液接触面积，氯气从下而上碱液自上而下两相接触对流方式，经吸收后的尾气通过除雾装置排入大气。碱液泵为耐腐蚀泵，碱液从槽中抽吸压至两个吸收塔顶部，均匀喷洒到填料上，借重力回流到碱液槽内。碱液槽为钢板内作防腐蚀衬里，存储碱液供反复循环吸收使用。装置配有氯传感器，当发生漏氯事故时能自动报警和开机。由于风机容量大，开机后使跑氯房间形成负压，氯气不会外泄，保证周围环境不受影响。

装置设计吸收能力：50 公斤/时、100 公斤/时、500 公斤/时、1000 公斤/时，进气浓度≯10%，尾气排放量＜2 公斤/时。

（十一）直接过滤净水工艺

1984～1987 年开展的直接过滤工艺研究是过滤前无沉淀的水处理系统。适用于水质终年稳定低浊度低色度的原水。以出水浊度小于 0.5NTU、水头损失 1.8 米两项指标控制进行的煤砂双层滤料直接过滤试验，无烟煤厚 400 毫米，粒径 1.0 毫米～2.0 毫米，石英砂厚 400 毫米，粒径 0.5 毫米～1.0 毫米。结合工程设计实际，以北京市密云、怀柔水库为水源，直接过滤结果为投药量 1 毫克/升，滤速 8 米/时，进水浊度 1～3（NTU），出水均＜0.5（NTU），滤程（平均值）35～68 小时。人工配浊 25 度进水直接过滤结果为投药量 1.5 毫克/升，滤速 8 米/时，水温 22～25℃，进水 20～30（NTU），出水 0.5（NTU），水头损失 1.8 米～1.98 米，滤程为 35 小时。

直接过滤处理低温低浊水要求较为理想的脱稳，微弱的凝聚，一部分絮凝作用在过滤过程中完成，可较充分地发挥滤床整体的吸附、纳污能力。

此试验研究成果用于北京市第九水厂一期工程（50 万立方米/日），设置跨越管，可以不经机械搅拌加速澄清池采用直接过滤工艺。此外，北京市外文出版事业管理局、民族学院、燕山大酒店等洗澡废水处理回用工程采用直接过滤工艺。

（十二）侧向流波形斜板沉淀新工艺

1991～1993 年在多年异向流波形板沉淀工艺研究的基础上，从简化斜板组结构，提高沉淀效率出发，结合北京市第九水厂二期工程设计的需要，开展侧向流波形斜板沉淀工艺研究。

试验规模为25立方米/时，进行半生产性试验，进水量12立方米/时、20立方米/时、25立方米/时、34立方米/小时，相应板面负荷0.71立方米/平方米·时～2.02立方米/平方米·时，进水浊度2NTU（水库水）时，沉淀出水浊度0.60～1.06NTU，进水浊度21.2～20.4NTU（配浊水）时，沉淀出水浊度0.80～2.42NTU。

试验证明侧向流斜板沉淀具有水流方向与滑泥方向相互垂直，水流不干扰沉泥下滑的特点而能获得理想的沉淀效果；波形板较之普通平板纵向刚度大，使板厚适当减薄，节约板材；采用上下开孔方法解决板面冲洗问题；波形形状使沉泥向波谷集中形成泥束，有利于沉泥的下滑，提高固液分流效果，并可降低安装倾角节省材料。

研究结果已用于北京第九水厂二期工程设计，规模为50万立方米/日。建成投产后取得良好的沉淀效果。

给水专业主要科研成果见表3-3。

表3-3　给水专业主要科研成果一览表

序号	课题名称	成果主要内容	完成日期（年）	推广应用情况	主要负责人
1	旋流反应池试验研究	采用切线进水形成旋流反应的水力条件，缩短了反应时间	1958	用于沧州水厂工程	李万英
2	机械搅拌加速澄清池	取得了主要设计参数及运转控制条件。验证了其功能与特点	1964	率先用于北京水源六厂，编制全国通用图，全国推广应用	毕延龄　翟海峰
3	虹吸滤池	提供了主要参数及运行操作条件，验证了工艺构造及其功能	1966	首先用于北京印染厂给水工程，编制通用图在全国推广	毕延龄　陆　萄
4	不足量酸还原氢—钠型串联水质软件试验研究	采用不足量酸还原与缓冲串联钠交换系统，节约酸量，减轻腐蚀	1966	用于北京印染厂水质软化工程	翟海峰　高士国
5	农村压力罐式自来水系统	提出了以压力罐取代水塔，以薄壁塑料管材代替金属管材的供水系统	1970	在北京郊区及全国农村推广应用	力伯法　刘学功
6	地下水除砷试验研究	采用2米高淋洒曝气，石英砂层过滤处理后达到饮用水标准	1973	已用于工程设计	孟书琪
7	同向流斜板沉淀池（给水斜板斜管沉淀装置）	试验验证了工艺构造与功能，为设计提出了主要技术参数	1975	用于北京石化供水厂一期工程	刘学功　毕延龄
8	快速澄清滤池——综合净水构筑物	将絮凝、沉淀、过滤3单元，集为一体，停留时间为50分钟，出水5度以下	1976	已用于北京第二毛纺厂给水工程	陆　萄　李运衡
9	压力式侧向流斜板除砂器	通过试验提供工艺构造及有关设计数据	1978	用于北京水源八厂，并已形成产品在国内推广	高士国　崔　玉 张维明
10	饮水容器内壁环氧涂料试验研究	环氧树脂为主剂，改性胺为固化剂。物化性好，毒理试验正常	1980	已在全国推广应用	高士国　董瑞菊 崔文荣
11	应用臭氧活性炭处理地表水的研究	通过多种工艺对比，提出臭氧活性炭联合处理工艺及有关设计参数	1981	在国内首次应用于北京田村山水厂工程	崔　玉　刘学功

续表

序号	课题名称	成果主要内容	完成日期（年）	推广应用情况	主要负责人
12	波形板填料反应器研究	验证了工艺构造及工作原理，提出设计主要技术数据	1982	已在多个水厂应用。近期在第九水厂二期工程进一步推广	高士国　张德彦
13	纵向集水梯形斜板沉淀池	研究得出新的工艺构造、功能及特点，提出完善的设计数据	1983	用于北京石化二期供水工程及小型给水工程	陆　荀　力伯法
14	净水厂污泥处理的试验研究	进行了污泥比阻值及化学调节剂选择性试验及带式挤压生产性试验	1984	用于净水厂污泥脱水工程	刘希曾　刘文琪
15	BZ型一体化净水器	提出组合式工艺构造、净水效果及工艺参数	1985	已在全国推广应用	陆　荀　崔招女
16	BJ－1型高效净水器研制	波形板反应、集泥式异向流波形斜板沉淀和压力式过滤组合为一体。	1986	已应用于小型给水工程	张德彦
17	氯吸收装置	提出工艺构造、工作原理以及主要技术性能	1986	已应用于北京新建水厂及在全国推广	毕延龄　杨晓白
18	直接过滤净水工艺	试验取得直接过滤工艺的适应性及控制条件及有关参数	1987	在北京市第九水厂一期工程中设置应用条件，并已在小型给水工程应用	阮如新　崔招女
19	给水净化工艺对病毒去除研究	常规和直接过滤工艺对病毒去除效果为99.99%，并提出浊度与病毒去除相关性	1987	对提高饮用水标准有参考价值	阮如新
20	密怀水库水质特征与给水工艺相关性研究	经对水质资料分析，明确水质类型，提出了在工程设计中应注意问题	1988	已应用于北京第九水厂工程	武　桂
21	集泥式异向流波形斜板沉淀工艺研究	斜板底部加设水平集泥槽。使其表面负荷提高到25立方米/（平方米·时）	1989	用于小型净水工程中	张德彦
22	水中放线菌生活习性和致臭特性研究	经对密云、怀柔水库调查及生理活性试验，提出放线菌是产生臭味主要因素	1990	供设计参考	董瑞菊
23	预臭氧直接过滤净水工艺研究	该工艺可改善絮凝效果。延长滤程，减少水中三氯甲烷母体，使其出水含量降低	1991	供设计参考	阮如新　徐袁春
24	侧向流波形斜板沉淀新工艺	提供了新形斜板的组合结构以及解决板面冲洗措施及有关数据	1993	已在北京市第九水厂二期工程中应用	高士国　阮如新 崔招女

第四节　排水专业

一、科研课题

建院初期，结合设计需要，开展了雨水口宣泄能力的模型试验，提出雨水口合理布置及技术措施。

50年代末期，开始对污水在管道内最小流速的实测分析，提出按最小充满度下不淤流速控制的最小坡度。同时对居住小区污水管流量进行全年测量，推导出生活污水流量变化系数公式。成果均为设计采用。

60年代，连续10年进行大量的雨量观测分析，得出地面集水时间、径流系数、延缓系数及重现期等重要设计参数。同时结合工程设计需要，开展橡胶坝的试验研究，并用在北京市南护城河疏浚工程中。

60年代末期，结合北京燕山石化总公司工业废水处理工程设计工艺选择，进行多种有机废水试验研究，提出有关运行效果及设计数据。

1976年开始，历经10余年，对氧气曝气活性污泥法工艺进行研究，经小试、中试，于1985年设计建成我国第一座氧气曝气污水处理厂——天津石化污水处理厂。1986年，在设计的上海石化水质净化厂改造工程中进行了生产性测定，为进一步推广提供了依据。

80年代初，对深井曝气法工艺进行系统研究开发，在制药化工等行业高浓度有机废水处理工程中推广应用。并由院主编《深井曝气设计规范》，经批准在全国实施。1975～1995年，为提高活性污泥法中的曝气充氧效果，降低能耗及运行费用，陆续研制开发出多种新型曝气器，其中有：固定螺旋、射流、密集多喷嘴、陶瓷微孔、膜片式橡胶微孔等。这些曝气器均已形成产品，用于工程实践。1983～1984年，研制河道计量建筑物——平坦V型堰，用于北京市北护城河治理工程。

80年代中期，为节约水资源，开展生活污水（含少部分工业废水）处理回用的试验研究，为宾馆、饭店的中水回用及北京市方庄小区污水厂三级处理提供工艺流程及设计参数。

90年代以来，开展生物吸附氧化法（A－B法）处理城市污水研究。成果已在中小工程中应用。同时还开展“京津地区水资源研究——北京市城市废水管理研究”和“中国华北四城市水资源研究——北京市凉水河上游污染治理与回用研究”等。

40年来排水专业共取得研究成果62项，80%以上的成果用在工程设计中，对推动设计技术水平提高和行业的科技进步起到很大促进作用。自80年代以来共获得部、市级科技进步奖14项。

二、项目选介

（一）北京市暴雨径流观测分析——径流系数、集水时间及延缓系数

1961～1974年，在北京市新建百万庄居住小区暴雨观测。观测范围11.65公顷，观测管径φ300毫米～φ1100毫米，管线长986.5米。该地区房屋大多为3～4层楼房，雨污水分流，地面平均坡度1.4‰，地面覆盖透水与不透水各占50%左右。

观测区内设置两台自计雨量计，以测降雨量，选择3个自然条件不同的起点井和4个中间井，并设有观测室安设3种自动水位计进行测流。为保证测流精度还建立一个控制面积2.4公顷和一个控制面积11.65公顷的巴士计量槽。单一覆盖面积的流量较小，采用测流精度较高的三角堰测流。

经过10多年的实地观测，累积107场降雨和300多个测点资料。通过整理和分析，得出结果如下：

地面集水时间——地面坡度为2‰～5‰范围内，地面流行距离为60～115米内，雨水沿地面流行速度约为每分钟10米，如果流行距离加长可按每分钟10米增加流行时间。

径流系数——在有前期雨（9.5毫米～70.0毫米）的情况下径流系数最大，实测综合

平均径流系数为0.59～0.63；当汇流面积小，汇流时间短时，平均径流系数较大(0.61～0.64)；而汇流面积大，汇流时间长时，则较小（0.54～0.60）。因此推荐综合径流系数采用0.55～0.60。

延缓系数——从观测中可以明显看出管道内有空隙容积。对其量有多少，如何计算和表达，虽经多次组织了全国对这方面有研究的院、校共同研讨，仍未能取得共识。最后确定在未取得统一意见前，仍沿用苏联“AKX”理论的延缓系数 m=2。

（二）新型河道计量建筑物——平坦 V 型堰的研制

1982～1984 年结合工程需要，研制新型明渠量水建筑物，该量水建筑物是 1982 年《明渠测流标准》（ISO4377）中提出的。该堰最大的特点是测流精度高、测流幅度宽。堰的几何形状是一三维实体堰。由于堰口的几何形状决定了该堰具有测量大小流量的特点。

1983～1984 年配合北京市北护城河治理，修建量水建筑物工程，为达到工农业用水小流量（$Q=0.2$ 立方米／秒）、洪峰流量（$Q\geqslant 60$ 立方米／秒）计量准确的要求，与北京市水利局共同研究开发平坦 V 型堰。

通过水工模型试验堰体的几何尺寸、堰体上游渠槽长度，以及堰体上游水位观测的合理位置提出科学的可靠数据。

在北护城河治理工程实施中，由于平坦 V 型堰堰体、堰口尺寸精度要求高，经比较选择铸铁堰口，以保证堰口的角度要求。

平坦 V 型堰竣工后，由市河道管理部门对给出的流量公式进行了率定后投入使用。

（三）氧气曝气活性污泥法工艺

1975～1982 年对北京市高碑店污水处理厂污水及化工等多种工业废水进行小试、中试，直至为 2000 立方米/日规模氧与空气曝气活性污泥法对比试验，结果证明氧气曝气工艺的高效节能性能。1985 年为天津石化公司废水处理厂普通曝气池改为氧气曝气池。该池 1986 年 9 月竣工，通过投产运行、考核，完全达到设计要求，是我国第一个氧气曝气污水处理厂。后为上海石化总厂水质净化厂设计，将原空气曝气池改为氧气曝气池。该工程 1988 年 5 月运行，处理水量可达 30000 立方米/日，生化需氧量和化学需氧量去除率平均值分别可达 96.0%和 87.2%。在有机负荷相同条件下，处理能力较原表曝提高了 2 倍。

通过生产性试验，证实氧气曝气活性污泥法的优点包括氧气曝气的时间只为空气曝气的 1/3～1/4，基建工程数量和占地面积也相应减少 1/3～1/4；制氧电耗为 0.5 千瓦小时/立方米，与多孔管空气曝气相比，可节约 50%左右；氧气曝气比空气曝气的剩余污泥量可减少 30%左右，一般为 0.3 公斤/去除公斤 BOD_5～0.5 公斤/去除公斤 BOD_5。

（四）深井曝气活性污泥法工艺

1980～1983 年进行深井曝气活性污泥法工艺试验研究。利用深井作为曝气池。深井被沿轴向分隔为底部相通的升流管和降流管两部分。混合液 0.8 米/秒～2 米/秒的流速，夹带着供入的空气在井中作上、下循环往复流动，进行氧的传质和生化过程，靠井底静水压力作用使混合液中溶解氧可达 40 毫克/升，污泥浓度 8 克/升～10 克/升，氧的利用率 40%～80%，充氧能力 0.1 公斤氧/立方米·时～0.5 公斤氧/立方米·时。动力效率为 2.3 公斤氧/千瓦·时～3.3 公斤氧/千瓦·时。使曝气池容积负荷提高 5～10 倍，可达到 5 公斤 BOD_5/立方米·日～20 公斤 BOD_5/立方米·日。运转动力由水泵或压缩空气提供，一般只需 2 米左右的水头，节约了能量。在固液分流前先经脱气池去除大气泡，再经沉淀池完成固液分离，可不设初沉池。产泥量比传统工艺低20%。

推荐主要技术参数为深井口径0.7米～4.5米，井深50米～100米，循环流速0.8米/秒～2米/秒，空隙率＜20%，氧利用率40%～90%，污泥浓度8克/升～10克/升，容积负荷5公斤BOD_5/立方米·日～20公斤BOD_5/立方米·日；大气泡脱气池容积为深井容积20%～40%；气浮沉淀池固体负荷150公斤悬浮物/平方米·日～300公斤悬浮物/平方米·日。

(五) 新型曝气器的开发与研制

1980～1995年新型曝气器的开发与研制系针对国内长期以来多采用传统的大气泡曝气设备（孔径为3～6毫米的穿孔管），氧的利用率低，造成能源浪费的问题。院自80年代初陆续研制开发出多种新型曝气器，其中有：固定螺旋曝气器、射流曝气器、密集多喷嘴曝气器、陶瓷微孔曝气器以及近年来开发的膜片式橡胶微孔曝气器等。已推广用于工程实践，并多已形成产品。

研制开发的几种新型曝气器其充氧性能比较如表3－4，充氧性能数值均为非稳态清水试验结果。

表3－4　院研制的几种曝气器充氧性能比较表

曝气器名称 充氧性能	射流曝气器	单螺旋曝气器	双螺旋曝气器	密集多喷嘴曝气器	微孔曝气器	膜片式橡胶微孔曝气器
氧的利用率(%)	14.0～17.0	7.4～11.1	9.5～11.0	7.0	20.0～25.0	15.0～21.0
动力效率（公斤氧/千瓦·时）	2.60～2.70	2.24～2.48	1.50～2.25	/	4.00～6.80	2.7～4.4

(六) 污水资源化——污水再生回用的研究与开发

1984～1990年，院相继承担了建设部和北京市科委“中水技术开发和利用研究”、“中水道的开发及示范工程”的科研项目，结合北京市方庄小区污水处理厂与饭店、宾馆“中水”回用工程设计的需要，开展较系统的研究工作。

“中水技术开发和利用的研究”推荐的工艺流程和主要设计参数为：首次提出用Zeta电位测定二级处理出水，对二级出水通过颗粒分析，预测混凝沉淀过滤后的处理效果；采用强化消毒新技术，投加1%投氯量的碘化钾，可减少投氯量50%，经混凝、沉淀、过滤和消毒后，水中病毒去除率可达99.91%。

“洗澡废水的净化和回用”是“中水道的开发及示范工程”的子课题，目的是为宾馆、饭店、机关、院校和大中型企业建设洗澡废水为原水的中水道系统，研究适宜的处理工艺及设施。通过试验选定了上向流直接过滤，活性炭吸附物化法的工艺。通过清华园浴池和外文出版发行事业管理局浴室两个示范工程，净化后出水用于冲洗厕所等生活杂用。

1988年院承接了市科委下达的“小型中水设备装置化、系列化的设计与研究”课题。综合多年积累的科技成果与中水工程实践，提出两个系列3种不同处理工艺设备，即：

B－CC系列：用于处理一般生活污水，采用射流曝气接触氧化→物化深度处理。其工艺流程为：生活污水→格栅→生物接触氧化沉淀→净水器→贮水池→回用。

（生物接触氧化沉淀→滤罐→贮水池）

B－AC系列：用于处理洗浴废水，采用预曝气——直接过滤。其工艺流程为：洗浴废水→格网→预曝气池→毛发过滤器→向上流过滤器→贮水池→回用。

两种系列设备处理水量为100立方米/日，200立方米/日，300立方米/日。

（七）生物吸附——氧化法（A－B法）处理城市污水

1990～1992年开展生物吸附——氧化法（简称A－B法）处理城市污水研究。

小试及生产性试验研究的污水水质：BOD_5 70毫克/升～199毫克/升，CODcr215毫克/升～534毫克/升，PH值7～8。处理规模为24立方米/日。试验流程为原污水→A级曝气池→A级沉淀池→中间调节池→B级曝气池→B级沉淀池→出水。

试验取得的主要成果：A级和B级曝气时间分别为0.5小时和2.0小时，污泥负荷分别为2公斤BOD_5/公斤MLSS·d～4公斤BOD_5/公斤MLSS·d和0.2公斤BOD_5/公斤MLSS·d～0.4公斤BOD_5/公斤MLSS·d。A－B法工艺CODcr去除率80%以上，BOD_5去除率90%以上。

通过对拟建的水量为20000立方米/日的污水处理工程进行方案的技术经济分析，采用A－B法与普通曝气活性污泥法相比，可节省投资15.72%，节省运行费用（未含沼气利用）16.8%，节省占地13.74%。

推荐的主要技术参数为：

污泥负荷（公斤BOD_5/公斤MLSS·d）：A级2～5，B级≤0.3；

容积负荷（公斤BOD_5/立方米·日）：A级6～10，B级≤0.9；

污泥浓度SS（克/升）：A级2～3，B级3～4；

水力停留时间（时）：A级0.5～0.75，B级2.0～4.0；

沉淀时间（时）：A级1～2、B级2～4。

（八）北京、天津水资源研究——北京市废水管理的研究

1988～1993年开展的京津水资源研究系国家科委组织，由亚洲开发银行提供技术援助，法国SAFEGE——意大利LOTTL公司联合提供技术咨询的研究项目。其总体内容包括北京与天津两地水的管理机构、水价、水资源、城市供水和城市废水管理的研究五大部分。“北京市城市废水管理的研究”为内容之三（子课题），内容包括北京市现况污水系统的分析，污水的总体规划，废水再利用战略，有效的污水处理工艺以及纺织、印染等工业废水专项的研究。城市污水实施活动和优先项目重点研究区集中于北京市第二大污水系统——凉水河流域上游（新开渠和莲花河段）。

研究的成果提出主报告和附件两册。主报告总结和概括了北京市现况污水系统，2000年污水总体规划和废水再利用战略，实施计划优先项目，纺织、印染工业废水专项的调查和研究结果、评价和建议。附件为重点调研报告以及优先实施的市政污水和工业废水专项叙述的可行性研究。包括吴家村污水处理厂工程，郑王坟污水处理厂以及相关的新开渠、莲花河东岸污水截流管工程，北京印染厂工业废水和清河毛纺厂工业废水治理和再利用。

“北京市废水管理研究”课题组由院、北京市规划设计研究院、北京市市政工程局及其所属的北京市政工程管理处等从事北京市城市污水规划、设计、建设和管理的主要单位共同组成。研究的成果被推荐为政府部门进行决策的参考材料。

（九）北京市凉水河上游段污染治理与回用研究

1991～1992年承担“华北地区水资源管理研究”中北京、天津、太原和潍坊四城市

"城市污水处理与回用"的北京部分——北京市凉水河上游段污染治理与回用研究。为北京凉水河的上游段建立一个水质模型；提供污水处理及回用资料，输入"华北地区水资源管理研究"的宏观经济模型，估算为把水质达到国家水质标准而投入的基础设施与管理工作所需的投资和费用与效率，制定污水处理及回用规划。

成果报告共5册：初始报告，水质模拟报告，污水处理与回用方案报告，费用与影响报告及最终报告——研究区的治理和回用战略。研究课题由联合国开发计划署的技术合作部提供技术援助，英国麦克唐纳国际工程公司（Mott MacDonald International）提供技术咨询。研究组由院和北京市规划设计研究院、北京市政工程局市政管理处组成。

排水专业主要科研成果见表3-5。

表3-5 排水专业主要科研成果一览表

序号	课题名称	成果主要内容	完成日期（年）	推广应用情况	主要负责人
1	农药废水处理试验研究	通过现场不同处理工艺试验，取得了运行及设计参数	1967	为北京农药厂废水处理提供依据	李万英
2	生化法处理石化废水试验研究	针对废水中含有酮、酚、醇、醛等多种有机物进行试验取得成果	1972	用于石化向阳厂废水处理工程	翟海峰
3	电镀废水处理试验研究	取得使用氯化钡处理含铬废水，石灰处理含镉废水成果及设计参数	1974	用于北京电镀总厂废水处理	刘希曾
4	北京市暴雨径流观测分析——径流系数、集水时间及延缓系数	通过大面积长时间雨量观测，对10多年107场雨、300多个测点资料整理分析，取得实用成果	1974	该成果已广泛用于设计中	李远义 谢锡爵 石鑫培
5	纯氧、空气流化床的试验研究	证明该工艺具有生物膜及活性污泥的综合性特点，提出设计参数	1977	曾用于北京针织六厂废水处理	李连生 孟书琪
6	离子交换法处理含铬废水再生回收铬酸新流程	采用水射器吸收碱液，完成再生和回收铬酸的过程	1977	用于北京329厂废水处理工程	张秉镛 刘运爽
7	射流曝气接触氧化沉淀一体化处理涂布废水	经过生产性试验提出一体化工艺及设计参数	1981	用于天津感光胶片厂废水处理	真炳时 刘学功
8	深井曝气活性污泥法新工艺	生产性试验与工程性测定，总结出了工艺构造及其特点，推荐出主要技术参数	1983	已在国内十余个工程中推广应用	曲际水 李连生 孟书琪
9	新型河道计量建筑物——平坦V型堰的研究与实施	通过试验提出堰体尺寸，渠槽长度及合理布置及施工要求等	1984	已用于北护城河治理工程中	俞惠文
10	污水资源化——污水再生回用的研究与开发	为节约水资源，结合方庄污水处理厂与宾馆中水回用工程设计需要，开展了系统的试验研究，其中有： 1．中水道的开发及示范工程； 2．大理石生产废水处理和回用； 3．洗澡废水净化与回用研究； 4．中水处理装置规范化、定型化	 1987 1987 1989 1991	用于方庄小区污水处理厂工程；在国内大理石厂及石材中心等污水处理工程推广；在北京等地区宾馆、院、校中水回用工程中应用；	刘文琪 陆荀 崔招女 叶安
11	污泥好氧消化试验	通过试验取得停留时间15天，容积负荷1公斤VSS/立方米，污泥含水率98%	1988	用于方庄污水处理厂工程	叶安

续表

序号	课题名称	成果主要内容	完成日期（年）	推广应用情况	主要负责人
12	全自动水处理装置（洗瓶废水处理与回用）	以陶粒代替硅藻土滤料，滤速32米/时，周期24小时，达到日本装置水平	1990	用于北京制药厂洗瓶废水处理回用	胡志宏
13	氧气曝气活性污泥法	经小试、中试及工程性试验测定证实该工艺的优点并提出有关设计参数	1990	已用于石油、化工废水处理工程	常憬 任锋
14	北京、天津水资源研究（北京市废水管理研究）	归纳近10年的废水现状提出全市污水回用战略	1991	供领导部门决策应用	刘希曾 余英影 刘学功
15	北京市凉水河上游段污染治理与回用研究	提出污水治理战略方案，工程项目实施的优先顺序及投资的估算费用等	1991	为该流域的污染治理与回用提供依据	刘希曾 余英影
16	生物吸附——氧化法（A－B法）处理城市污水	通过小试及生产性试验研究证实了该工艺的特点，提出了较为完整的设计参数	1992	已在中小型污水处理工程中应用	何彪名 刘桂芬 张荣辉
17	新型曝气器的开发与研制	自80年代初始，为了节约能源，先后研制出固定螺旋、密集多喷嘴、射流、陶瓷微孔、膜片橡胶微孔5种新型曝气器，均已用于工程设计中	1980～1995	5种新型曝气器分别应用在不同类型的污水处理工程中，均取得了节能效果	真炳时 孟书琪 任锋 杭世珺
18	生物吸附——生物膜过滤法（A—BF法）处理城市污水试验研究	在A－B法基础上研究开发的新工艺；生物膜滤池将生物膜技术与过滤技术结合于一体	1995	已用于污水处理装置及小型污水处理工程	刘学功 何彪名 张力高 段素娟

第五节　给水排水结构专业

一、科研课题

建院40年来，运用理论分析与工程实测、模拟试验相结合的方法，进行多项研究，取得科研成果23项，其中多数成果纳入国家有关设计规范与规定。共获得国家、部、市级科技进步奖13项。

50年代，通过试验与实测，解决钢筋混凝土排水管道敷设后的裂缝问题。与北京市制管厂联合研制预应力钢筋混凝土管，在国内应用推广。同期对石棉水泥管进行试验研究。对现浇矩形水池池壁基础提出了按独立基础进行计算，底板与基础整体浇注的设计方法。

60年代中期，为了护城河改建工程设计需要，与塑料研究所等单位研制出塑料弹性止水带，在给排水水池结构上曾广泛应用。

1970～1975年，对矩形装配壁板水池采用水平向后张预应力的施工方法，通过测试提出设计依据。对圆形装配式缠丝预应力水池进行测定分析，取得实用成果。同时对矩形水池采用分单元组装成大容量水池的方案，已在工程中应用。

1973～1985年，开展市政工程设施抗震研究。通过震害资料的分析，首次提出管道与土共同作用的地震动力分析模式与计算公式，拟定有盖矩形水池结构空间结构模式及计算公式。通过试验提出贮水池采用弹性池壁设计计算模式以及湿式螺旋导轨贮气罐和赤道式球形贮罐自振周期的计算方法。以上成果均为《室外给水排水和煤气热力工程抗震设计规范》采用。

1983～1987年，通过光弹与石膏模型试验并经电算扩展，取得钢筋混凝土圆管力学性能的研究成果。结合设计，对钢管荷载图形进行调整，修正弯矩计算公式，取消钢性环使管壁厚度减薄，节约大量钢材，在长距离输水工程中应用。

1985年，为克服塑料止水带的缺陷，与有关单位合作研制开发新型橡胶止水带，用于工程设计中。

1989～1991年，结合《埋地给水钢管水泥砂浆衬里技术标准》的编制，开展水泥砂浆衬里力学性能研究。

1990年，与有关单位合作，对缠丝大口径玻璃钢管道进行荷载试验。

1990～1993年与北京市市政工程研究院合作开展《城市给水管网的地震动反应和抗震对策研究》，为“设计规范”修编提供依据。

二、项目选介

（一）给水排水管道力学性能的试验研究

1955年建院初期，对钢筋混凝土排水管道力学性能进行研究。结合龙须沟等下水道工程中发现管子敷设后出现裂缝，经分析是由于管子直接敷设在地基上或放在浇筑的混凝土平板上，管子受力条件不好造成的。1956年提出采用混凝土管座的办法。为此对用90°、135°、180°混凝土管座支承角的管子进行砂箱法荷载模拟试验及现场实地外荷载试验。经过计算和分析，确定了90°、135°、180°三种混凝土管座支承角的管子的管顶及管侧的弯矩系数。

1956年以后采用自行确定的管子弯矩系数计算混凝土管座的钢筋混凝土排水管的内力，保证了管子的正常使用。在院主编的《给水排水工程结构设计规范》（GBJ69－84）中，采用了该弯矩系数。

1984～1986年，为管道在土压力作用下的应力状态进行更深入的研究，采用光弹性模型和石膏模型两种模拟实验研究管体管座和地基三者的共同作用，探讨地基刚度，管座刚度，管体与管座粘结条件等对圆管应力场和截面设计控制应力值的影响。通过试验分析，提出确定管座刚度、管体截面、配筋的具体方案。

1981年结合编制《给水排水工程结构设计》（GBJ69－84）对管道上作用汽车荷载在土中的分布进行测试，根据测试确定车轮压在土中的垂直分布角以35°计算最接近实际情况。

1983年对钢管的结构计算中，结合给水工程的特点进行研究。在苏联水电系统《58规范》的基本理论基础上，对荷载图形作调整，通过理论推导修正地面瞬时荷载作用下弯矩计算公式等，取消了《58规范》中设置刚性环的规定。通过上述理论研究，减薄管壁厚度取得较大经济效益。该计算方法已被《给水排水工程结构设计规范》（GBJ69－84）以及《给水排水工结构设计手册》采用。

1989～1991年结合编制《埋地给水钢管道水泥砂浆衬里技术标准》采用水泥砂浆内衬的管径为ϕ600毫米、ϕ1000毫米、ϕ1400毫米的钢管在室内进行外荷载试验。通过试验取得水泥砂浆出现裂缝及其开展的规律，不同管径时水泥砂浆强度变化的规律等数值，该成果已应用在上述规范中。

1990年与广州市自来水公司等单位共同进行国家重点开发的大口径玻璃钢管管材现

场荷载试验。对 ϕ1800 毫米缠绕工艺生产的玻璃钢管，在覆土 1.2 米和地面 29 吨汽车荷载作用下，用 3 种不同回填土密实条件进行管子变位、管道上作用的土压力值和管子应力测试，取得数据，对今后玻璃钢管的应用和设计计算提供依据。

同期还结合北京市第九水厂二期工程，对 ϕ2600 毫米球墨铸铁管进行现场测试，为设计与施工提供数据。

（二）贮水池的试验研究

1955～1989 年结合工程实际持续开展贮水池的试验研究。50 年代矩形水池采用独立基础整体浇注的设计方法，在地下水位以上，地基承载力不低于 120 千牛/平方米的情况下，这种设计有明显的经济效益。60 年代后期通过压力盒测地基反力，证明计算假定在地基较好的条件下是可行的。

70 年代初，对机械缠丝预应力圆形装配壁板 2000 立方米～10000 立方米水池，在实际工程中采用钢丝应力测定仪，百分表等仪器测得缠丝应力的平均值；钢丝预应力损失值；混凝土壁板水平向平均压力值以及壁板在缠丝时向内的位移值。

70 年代中期，对水平向后张预应力矩形装配壁板水池在实际工程中采用压力盒、应变传感器、混凝土表面应变仪以及倾角仪等测得地基反力、底板应力、水池注水阶段应力应变以及池角变形等。

80 年代以来，在 10 万立方米以上的大型水池设计中采用拼装式定型水池（即分若干单元对不同容量的水池可拼装而成）。通过水池结构沉降测量，证明设计适当可行。

（三）市政工程设施抗震研究

1973 年国家计委下达由院和市公用局共同负责主编《室外给水排水和煤气热力工程抗震设计规范》。为掌握地震的动力影响及其对工程设施的作用，通过实地调查研究和文献记载分析开展市政工程设施抗震研究。

70 年代中期进行在地震波作用下地下管道的动力反应研究。

通过对 1975 年辽南海城地震、1976 年河北唐山地震中给水、排水管道的震害数据统计分析，实测震害地区剪切波速、反核震害数据统计获得管－土共同作用的计算参数，在国内首次提出考虑管－土共同作用下的地下管道地震动分析模式，并给出了具体计算公式。

矩形有盖水池的动力特性研究。80 年代初开展通过对国内若干大型清水池的振动特性实测，证明矩形有盖水池结构在地震动影响下存在空间工作特性：顶盖的横向传递作用，平行于地震动方向的边墙可吸收大量的地震荷载，成为良好的抗震墙结构。据此拟定有盖矩形水池结构的空间工作模式，并给出具体抗震计算公式和空间工作参数。这一研究成果收入 1985 年美国机械工程学会（AMSE）的管道和压力容器（P.V.P）分会年会论文集。

同期开展贮水池的动水压力计算模式研究，针对给水排水工程设施的特点（池体结构材料、容积、水深、长宽比等），通过动力模型试验（在震动台上进行），拟定采用弹性池壁、脉冲动水压力的计算模式，提出考虑地震动呈脉冲作用（地震动周期远较水体振周期为短）的同时计入池壁弹性变形对动水压力的分布影响。

对赤道式球形贮罐的动力特性研究。通过实测不同容量的赤道式球罐的动力特性（采用突然释放方法激振），进行统计分析后，获得这类球罐结构的自振周期计算方法和阻尼影响的修正系数。

开展湿式螺旋轨气罐的动力特性研究。实测不同容量的这类贮罐的动力特性，据此统计分析提出自振周期的确定方法。并经唐山地震中天津大港的湿式螺旋轨贮气罐的震害实测，进行反核，拟定抗震验算方法。

上述各项研究成果，均已列入《室外给水排水和煤气热力工程抗震设计规范》（TJ 32－78）中，供抗震设计应用。

（四）弹性止水带的研制和开发

1965年，结合北京市前三门及东、西护城河改为雨水暗沟，矩形钢筋混凝土结构暗沟须20米做一道变形缝的要求，开展弹性止水带的研制。针对一般铜板或钢板止水不能适应沟道的竖向不均匀沉降，与北京市塑料研究所等单位共同研制塑料弹性止水带。院承担止水带在水压力作用下变形性能试验，取得塑料止水带适应2厘米～3厘米不均匀沉降差的数据。该塑料止水带在护城河改建中及一些给排水水池结构上广泛应用。

1981年，为进一步提高止水带适应变形的性能及质量，在参考国外资料的基础上，与北京市市政三公司、橡胶六厂等单位研制开发新型橡胶止水带（XM－322）。根据止水带的功能与机理将其变形段（伸缩部分）锚固肋和止水肋分开。通过试验证明新型橡胶止水带的变形适应能力可达4厘米～5厘米。这种新型止水带已在北京市给排水结构和管道结构中广泛应用，并在国内给排水行业中应用。

（五）大型设缝矩形清水池设计与研究

1982～1988年在总结国内各种不同池型的清水池的利弊，并吸取国外有关设计经验的基础上开展大型设缝矩形清水池的设计研究，提出本成果并形成标准图。

大型设缝矩形清水池采用5种标准单元，角单元、边单元、中间单元、带中隔墙的中间单元、带中隔墙边单元，根据工程需要组合成任意容量的大型水池。各单元之间设变形缝，用止水带防水。各标准单元按不同部位分别由底板、池壁、柱和四周均为悬挑的无梁板组成。单元平面尺寸定为15米×15米，以满足施工要求，避免混凝土收缩和温度应力引起的开裂，为标准化、机械化施工提供有利条件。

北京市第九水厂净配水厂清水池采用大型设缝矩形清水池设计，容量10.7万立方米。平面尺寸为255.9米×90.9米，由5种基本类型102个单元组合而成，每个单元之间用橡胶止水带连接，池高5米，池内设两道钢筋混凝土墙。

（六）城市给水管网的地震动力反应及抗震对策

1990～1993年经北京市科委立项，由院与北京市市政工程研究院合作，开展给水管网的地震动力反应研究并提出抗震对策。

研究首先对震害进行统计分析，表明管道震害主要由于管道纵向瞬时拉压交替作用。考虑管土共同工作采取弹性地基梁的分析模式；同时认为土的抗剪强度有限，当强烈地震时的地面位移量超过土体的承受能力时，管土间将发生滑移，从而大大减少管道的纵向位移量。研究通过确定地震波影响下管道可能发生的最大位移量和承插式接口的允许位移量，以判断已建地下管道的抗震动力和进行管道的抗震设计。

试验方法采用足尺模拟，内容分二个方面，一是针对国内常用的承插式管材和接口填料构造，进行允许位移量的试验，一是针对管土共同工作模式，进行管土间轴向摩阻力的试验。

通过试验，获得给水管道承插式管材不同填料接口的抗震性能——允许轴向拉伸位移和角位移量，管土间的轴向阻抗力，给出相应的轴向阻抗系数。提出可供工程实用的地下管道抗震计算模式及相应的计算方法，提出地下给水管道系统抗震措施。

本项研究成果供正在修订中的《室外给水排水和煤气热力工程抗震设计规范》（TJ 32－78）与《抗震鉴定标准》采用。

给水排水结构专业主要科研成果见表3－6。

表3－6　给水排水结构专业主要科研成果一览表

序号	课题名称	成果主要内容	完成日期（年）	推广应用情况	主要负责人
1	预应力钢筋混凝土管的研制	试验增强了管壁抗拉强度并解决了防渗、接口等技术问题	1957	已应用于工程设计中	栗培光　钟启承
2	石棉水泥管研制	提出挤浆法、卷层法工艺及管体内外压强、弹性系数及接口等成果	1958	已在工程中应用	孙绍平、许广存
3	矩形装配壁板水池应力测试	取得了地基反力、底板应力以及注水阶段应力应变值等成果	1975	已应用于工程设计中	钟启承　沈世杰
4	市政给水钢管结构设计方法	通过理论推导修正了弯矩计算公式，经研究减薄了管壁厚度	1985	用于工程设计，并编入《设计规范》	刘雨生　钟启承
5	钢筋混凝土圆管应力状态研究	通过光弹、石膏两种模拟试验取得管体、管座与地基三者关系及有关参数	1986	用于GBJ69－84《设计规范》修编中	沈世杰　苏庆东
6	新型橡胶止水带及其工程应用	经过改型、试验确定了橡胶止水带的变形适应能力	1987	形成商品已在全国推广应用	王憬山　王志英
7	埋地玻璃钢管结构性能现场试验	进行现场荷载试验及管道应力等试验，取得数据成果	1990	为设计推广应用提供了依据	潘家多　兰玉祥
8	钢管水泥砂浆衬里力学性能研究	不同管径、提出砂浆配比及不同厚度在集中荷载下极限变形位移、裂缝等参数	1991	用于钢管道水泥砂浆衬里技术标准	苏秋菊　刘庆仁
9	城市给水管网的地震动反应及抗震对策	试验结果，经归纳分析得出了地下给水管道系统抗震措施	1993	用于《室外给排水和煤气热力工程抗震设计规范》修编中	沈世杰　刘雨生
10	高碑店污水处理工程结构监测	对曝气池、消化池、泵房等主要构筑物进行现场实测，提出数据	1994	供工程设计分析采用	李长泰　王憬山

第六节　机电专业

一、科研课题

自60年代开始，院机电专业结合设计需要，与生产、科研单位协作，开展机、电新技术新产品的研制工作。1962～1978年研制自闭式水锤消除器，经过工程实践完成了全国通用图的编制。

1980年结合道路工程设计中的交通量测量，研制自行车流量计数器。结合污水管道中流量的计量，研制开发超声多普勒流量计。

1985～1986 年为解决高层建筑加压供水系统的停泵噪声问题，研制消声止回阀。同期又研制单口大、小孔口高速进排气阀和机械搅拌加速澄清池搅拌机、刮泥机性能研究。

1987～1988 年结合工程与设计的需要，研制气压供水罐简易补气装置和多功能的双速自闭闸阀。

1990～1994 年，在已开发的大、小孔口排气阀的基础上，进一步研制双孔高速进排气阀。同期，与有关单位合作，还研制了“调流消能阀”、“软密封闸阀”等多项专用阀门，上述成果解决了管道安全运行、水锤防护、自动排气、消能、消声等技术问题，并形成产品，用于工程实践。在此期间，还结合北京市第九水厂工程设计，进行大容量水泵调速技术研究。40 年来机电专业共取得科研成果 27 项。获得全国科学大会奖 1 项，获得部、市级科技进步奖 11 项。

二、项目选介

（一）自闭式水锤消除器

1969～1978 年，为解决压力管道供水过程中时有发生较大停泵水锤事故，影响供水的经济合理和安全，甚至造成人身伤亡等问题，开展“自闭式水锤消除器”的研制。于 1978 年完成全国通用图。主要是采用下开式的低压动作原理，达到正压水锤波到来前打开阀板，以保证消锤的良好功能。另外，采用了活塞面积大于阀板面积的液压截止阀，利用管道压力自动复位。通过工程实用，效果良好，在全国推广使用。

（二）消声止回阀

1982～1983 年，为解决高层建筑物内部加压供水系统的停泵噪声问题，在研制缓闭止回阀基础上研制消声止回阀。针对停泵时止回阀板由回流水推动撞在阀口上产生水锤形成近 90 分贝的噪声进行研究。

消声止回阀阀板上装有扭转弹簧，停泵时在扭簧作用下迅速使止回阀关闭以消除关阀噪声。阀板上设置有泄水孔，由阻尼器缓慢关闭，以消除关阀水锤。

经过样机的研究与设计，通过北京燕京饭店实用检测获得降噪消锤良好效果，形成产品推广应用。

（三）单口大、小孔口高速进排气阀

1983～1986 年，为解决压力输水管道中的空气及时排气，防止空气滞留管内产生气阻，减少水量，增加电耗等问题开展研究。高速进排气阀改变旧式排气阀的构造，使大量空气由阀的底部进入，从球碗的窗口呈对称形在浮球上方排出，气流不直接吹到球上，可增大排气能力数倍。通过现场样机试验及工程应用取得良好排气效果。

（四）双速自闭闸阀

1986～1988 年，开发研制双速自闭闸阀。该阀装在水泵出水管上，可同时代替水泵出水管上的电动阀、止回阀、水锤消除器，即一阀代三阀。

停电或事故停泵时，以厂内管道的压力水作动力，通过电磁阀换向，由液压缸内的活塞带动阀板关闭，在关闭过程中，阀板先快速后慢速关闭，起到止回阀和消除器的作用。由于水泵出水管取消了止回阀，可节省泵房面积，消除停泵水锤，而且节电。以管径 500 毫米阀为例，每年节电 50 万千瓦·时以上。该阀得到推广应用。

（五）双孔口高速进排气阀

1989～1990 年，在研制的单口大、小孔口高速进排气阀的基础上，研制双孔口高速进排气阀。该排气阀将大小孔口分离式阀门集成一体。通过试验测定，其排气性能良好，克服了原有双孔排气阀浮球易起跳的缺点，且体积小、构造紧凑、使用安全可靠。已形成产品，规格为管径80毫米、100毫米、150毫米、200毫米。

（六）调流消能阀

1990～1991年结合工程设计需要，设计研制调流消能阀。该阀用于自水库或蓄水池取水的重力输水管道上，可以装在管道的起端或其他任意位置，用以调节压力、流量的变化。

调流消能阀使介质通过固定筒的辐射板整流，从活动套筒与倒锥形阀座之间的环形截面出流，达到调流目的。在负压区装设自动进气阀避免气蚀产生，其气蚀系数可降低到0.2以下，在某水源工作中安装运行后，效果很好。

（七）大容量水泵调速技术研究

1990～1991年开展大容量水泵调速技术研究。项目针对目前国内给水泵站多采用水泵台数组合或用阀门阻力进行流量、扬程调节致使水泵均在较低效果工况下工作（$n \leqslant 0.6$）造成能量浪费的问题，采用先进高效的变频调速，将水泵的运行高效区大幅度扩展，使供水流量、扬程变化时均在高效区工作，从而取得节省电能的效果。此项技术适用于城市或工业给水水量、扬程变化较大的泵站。以北京市第九水厂为例，每年节省电能约1240万千瓦·时，电费约348万元，经济效益非常显著。

机电专业主要科研成果见表3－7。

表3－7　机电专业主要科研成果一览表

序号	课题名称	成果主要内容	完成日期（年）	推广应用情况	主要负责人
1	自闭式水锤消除器	采用下开式低压动作原理，保证了消锤的良好功能	1978	编制全国通用图进行推广	毕延龄
2	自行车流量计数器研制	采用P－MOS集成电器及晶体管元件组成，传感器用导电橡胶	1980	可用于车流量计量	张进京
3	超声多普勒流量计研制	传感器为管外安装，经标准计量局测试，总误差±2.64%	1984	可用于含固形物水质流量测量	张进京
4	消声止回阀研制	阀板上装有扭转弹簧，以消除关阀噪声。设置泄水孔、阻尼器，消除关阀水锤	1983	已应用在高层建筑供水工程中	王光杰　张延蕙
5	单口大、小孔口高速进排气阀	空气由阀底进入，由浮球上方排出，可提高排气量数倍	1986	已在工程中应用	王光杰　张延蕙
6	机械搅拌加速澄清池搅拌机和刮泥机	搅拌机、刮泥机各部件的性能及有关参数研究与设计	1986	已编制成行业技术标准，推广应用	王光杰　张延蕙
7	气压供水罐简易补气装置	借助水泵出水管设置止回阀达到超量补气功能，简单、可靠、便宜	1987	已在国内村镇供水工程中应用	毕延龄　刘学功
8	隔膜式排泥阀研制	用液压方式启闭阀门，并改变排泥阀进泥方向，消除水锤	1988	已在第九水厂一期工程中应用	孔凡生
9	双速自闭闸阀	通过电磁阀换向，由液压缸内活塞带动阀板关闭，起到止回与消锤作用	1988	已在工程中应用	王光杰　陈春明

续表

序号	课题名称	成果主要内容	完成日期（年）	推广应用情况	主要负责人
10	双孔口高速进排气阀	该阀是将大、小孔口分离式为一体的排气阀，节约材质、安装方便	1990	已在工程中推广应用	张延蕙　陈春明
11	调流消能阀研制	成果用于重力输水管道，达到调压调流目的，气蚀系数降至0.2以下	1991	已在工程中应用	王光杰　韩振旺
12	大容量水泵调速技术	采用先进高效的变频调速，使流量扬程变化时，均在高效区工作，达到节电的目的	1991	已在第九水厂等工程设计中应用	[illegible]
13	缓闭止回阀Ⅲ型研制	该阀结构简单，调整方便，性能可靠，节能	1994	已在工程中应用	王光杰

第三章 计算机技术的应用

70年代中，院开始在工程设计中应用计算机技术，开发适合设计需要的应用软件。80年代末，院计算机软件的开发和应用进入一个新的阶段，软件开发基本队伍约30人。1990年院开发的软件获北京市第一届工程设计软件奖8项：ADD建筑设计软件包获AutoCAD一等奖；弯桥结构分析程序、立交桥三维模型系统、铁路斜框架空间分析、市政工程概算程序、道路立交CAD获二等奖；AutoCAD高级语文图形库、消化池结构CAD程序获三等奖。其中，获得第三届全国设计计算机优秀软件奖有：ADD建筑设计绘图软件包、弯桥结构分析程序为银质奖；城市道路CAD系统软件为铜质奖。ADD建筑设计绘图软件包被列为国务院生产办“八五”新产品推广项目。

90年代以后院先后完成的简支梁桥CAD软件包，获首都规划建设委员会办公室科技进步二等奖；建设工程概算系统软件包、预应力连续梁桥CADPXYM获首都规划建设委员会办公室科技进步三等奖。设计编制的各专业应用的工具软件十几项。

1994年以来，院各专业工程数据库开始建立，为全院联网、提高工程效率、实现资源共享作准备；工程多媒体已应用于方案设计和项目投标，可完成桥梁、厂区、建筑三维模型、渲染、动画、音乐、解说、录像合成。截至1995年底，全院拥有微机334台，工作站6台，小型机1台及一定数量的外围设备；各专业基本具备了采用CAD技术完成工程设计主要工作的能力。

第一节 计算机技术在工程设计中的应用

自1975年在工程设计中引进计算机技术，发展过程大体分为两个阶段。

1975～1985年为初创阶段，计算机主要用于科学计算，应用最见成效的是桥梁专业。

1975年，第一设计室桥梁专业为引进计算机技术，邀请北京市计算中心的专家来院举办第一个计算机语言和TQ－16机操作系统学习班。随后又请北京大学力学系、重庆交通工程学院的专家主讲弹性力学问题的有限单元法。在此基础上，院与北京工业大学联合开发桥梁专业第一个结构计算程序——铰结板梁桥计算程序，并用于编制《装配式钢筋混凝土实体板》和《装配式钢筋混凝土宽腹T梁》标准图集。与此同时院自行开发桥梁荷载横向分布计算程序、桥梁纵向水平力计算程序、道路纵断及土石方计算程序和道路挡土墙计算程序等。

1976年，院参加交通部组织的公路桥梁计算程序会战，联合开发包括桥梁综合计算程序、简支梁桥、拱桥计算程序在内的一批桥梁结构分析程序。

1980年，院桥梁专业将应用最广泛的《桥梁综合计算程序》移植到北京市计算中心新安装的B6810大型机上，进行复杂桥梁结构分析和计算。从1984年开始将已开发的程序移植到微机环境下工作，此项工作约历时4年。

1986～1995年为第二阶段。这一时期，院计算机的应用开发由单纯的科学计算扩展到 CAD 技术的应用，由少数专业普及到所有专业。

1986 年院安装了第一台计算机——UV32（宇宙机），并开始筹建院计算站。1987 年计算站正式建立，并安装第一台图形工作站——APOLLO4000，引进多台微机，开始建立院自己的应用开发环境。

与此同时，为加强组织领导，确定一位副总工程师负责抓全院计算机技术开发与应用工作，并于 1987 年在院技术委员会下设立计算机专业组。从此，院的计算机应用开发工作列入院技术发展目标。

为保证软件质量，加强软件开发工作管理，1988 年院编写《软件工程方法指南》。1989 年制订有关软件开发的管理标准。1990 年受中国勘察设计协会市政设计协会的委托，院负责编制《市政工程设计计算机软件开发标准》，同年由建设部城建司颁布实施。

1991 年，在制订 1991～1995 年技术发展规划的同时，制订院《计算机应用开发规划》。规划中原则上规定了到 2000 年的远期发展目标，对“八五”期间的发展目标、资源要求、保证措施等都做出明确的规定。提出立足自主开发，采用边培训、边开发、边应用的方针，引进与开发相结合，能引进尽量引进的原则；软件技术要建立在较高的起点上，硬件装备应选择普及型，不盲目追求高档次、大系统；树立系统的观点，确定明确的目标，质量与数量并重，电算化与标准化并行等软件开发的指导思想。

在这一时期，计算机技术在院工程设计中应用的重要特征，是计算机辅助设计（CAD）技术的推广应用。1986 年，桥梁专业与北京市计算中心联合开发《桥梁三维模型系统》，这是国内第一个自造型开发的以三维造型为核心、以高档图形工作站为开发环境的工程 CAD 系统。从 1987 年开始推广微机 CAD，提高 CAD 应用水平。选定 AutoCAD 为基本的图形支撑软件，开发一批适合于院设计工作情况的应用软件，主要有：简支梁桥 CAD 软件包、道路 CAD 系统、建筑设计绘图软件包、城市污水处理厂专家系统、桥梁结构空间计算程序等。与此同时引进一批适用的 CAD 软件。CAD 技术的应用逐步扩展到各个专业。

从 1992 年开始，一方面积极组织力量开发工程 CAD 软件，注意培养一批既有工程设计经验、又能进行软件开发应用的复合型人才，同时对青年工程师进行培训，大面积普及以 AutoCAD 为支撑平台的计算机绘图。

院 10 年来投资近千万元使硬件装备已具有一定规模用以支持计算机的推广应用。目前，院拥有小型机 1 台，工作站 6 台，各类微机 334 台，同时配备了激光打印机、喷墨式绘图机以及大屏幕投影仪等外围设备。

截至 1995 年，计算机技术在院的工程设计、科研、测量以及内部管理中都得到了不同程度的应用。工程设计中比较复杂的计算分析多由计算机来完成。桥梁专业已基本实现电算化。1995 年全院计算机出图量占出图总量的 87.4%，其中道桥专业已达到 90% 以上。更重要的是体现在计算分析的深化和设计方案的优化方面，计算机的高速度及记忆功能，为进行精确计算及多方案比选创造了条件。

第二节　工程设计应用软件优秀成果选介

一、桥梁综合计算程序

该程序为桥梁结构计算通用程序。凡是能比拟成平面杆系的桥梁结构，或其他非桥梁结构均可进行静力计算，其功能有可为预应力混凝土、钢筋混凝土、混凝土、钢、砖石结构，或为上述材料的组合结构桥梁进行静力计算；结构体系可以分阶段形成，各阶段可具有不同的静力图式，对于桥梁结构常用的各种施工工艺，程序能按体系形成及使用阶段进行综合分析；程序包含有桥梁结构可能承受的所有荷载形式，活载最不利效应，采用动态规划法在相应影响线上自动加载求得，活载可沿纵向、横向以及纵横两向同时布置；程序最终提供各种荷载形式下的节点位移、内力、截面应力，对于钢筋混凝土构件可进行截面配筋及裂缝验算。

该程序第一版完成于 1976 年，运行于 TQ－16 机，1980 年移植于 B6810 大型机，1988 年改编为微机版，是桥梁专业使用最广泛的计算程序。

二、桥梁结构空间分析系统

该程序系统是院开发的桥梁结构计算通用程序。系统除具备桥梁综合计算程序全部功能外，还配备空间梁、板单元、空间预应力分析以及平面自动加载等功能，使系统能对各种平面形状（正、斜、弯）的组合桥梁结构进行空间受力分析。系统将有限元分析与工程设计内容相结合，功能较多，实用性强。

程序 1990 年立项开发，1995 年底完成并交付试用。

三、简支梁桥 CAD 软件包

该软件包由 3 个结构计算程序和 19 个绘图程序组成，适用于简支梁桥的计算机辅助设计。整个软件包由统一的用户菜单进行驱动，是集计算与绘图于一体的 CAD 系统。

桥梁上部结构可为钢筋混凝土或预应力混凝土，主梁截面型式可为 T 形、I 形梁或空心板，中墩为柱式，桥台为重力式，基础为钻孔灌注桩基础。

软件 1989 年立项开发，1993 年底全部完成。

四、城市道路 CAD 系统

该软件能进行道路导线自动计算与绘图，道路纵断面设计与绘图，道路土石方计算与土方断面绘图和道路路面等高线绘制。

软件以院开发的 AutoCAD 图形库为图形支撑平台，在 DOS 下生成 AutoCAD 图形，使用灵活方便，多模块间数据共享，系统性较强。

该软件开发于 1988～1990 年。

五、建筑设计绘图软件包

该软件包适用于一般的工业与民用建筑设计，可绘建筑平、立、剖面图，透视图和基础、墙身大样等详图，以及自动绘制门窗表、预制构件表等。

软件提供完善的修改编辑手段，输入方式与传统的人工设计方法一致，符合建筑设计人员的习惯，操作简单，使用方便，同时具有良好的扩充环境。

软件包开发于 1988～1990 年。

六、城市污水处理专家系统

该软件为建设部国家“八五”科技攻关项目——污水处理工程CAD的子课题，专家系统主要由推理机、解释器、知识库和学习机四部分组成。系统对污水处理工程设计的可行性研究提供技术上的支持，通过建立知识库，利用知识库中存贮的有关污水处理工艺设计知识和规划，经过推理机推理判断，智能化地辅助设计人员选择出最佳的工艺流程。

软件开发于1993～1995年，是国内第一个达到实用化程序的污水处理工程专家系统。

第三节　计算机技术在管理工作中的应用

1985年计算机技术开始用于院管理工作。院直属设计、科研所、队、主要职能管理部门陆续配备用于管理工作的计算机及相关设备，培训管理人员。

计算机应用于院各项管理的主要工作内容有：设计、科研工作的计划经营管理，及院各项职能管理工作的文件编制、数据处理、储存、检索、打印等。财务工作实现了会计工作全部电算化。

目前为进一步提高院各项管理工作的水平，使数据统计、文件资料处理方便、快捷、准确，院进一步培训提高管理人员计算机应用水平，改善计算机装备，解决通用软件，为逐步建立全院办公自动化联网。

直属所、队、主要职能部门管理工作中计算机应用状况见表3－8。

表3－8　管理工作中计算机应用状况一览表

单　位	应用起始年	人员及设备	管理工作内容
第一设计所	1988	计算机管理工作人员3人。设备：486机1台，386机1台，打印机1台	经营的计算管理及文件处理
第二设计所	1988	计算机管理工作由所管理室主抓，各设计室专人协助，共有管理人员10人，所管理室配有计算机3台	编制管理报表，所各项管理制度，统计产值及各项费用等
第三设计所	1988	计算机管理工作人员2人，设备为486机1台	编制设计工作、完成项目报表等计划管理工作及数据统计等
第四设计所	1989	1992年前，设计算机管理工作人员1人，设备与技术研究所合用0520长城计算机1台，1992年后，管理工作人员增至3人，所计算机房配有计算机3台，打印机1台，与设计工作合用	编制打印各类管理文件、报表
研究所	1988	计算机管理工作人员3人，设备486机3台	科研工作计划管理（立项、进度、鉴定、报奖等），目标管理、财务管理
工程监理部	1993	计算机管理人员：办公自动化1人，监理资料管理2人。设备：386机1台，486机2台，打印机3台	编制、储存、打印、监理工作规划、月报、会议纪要等监理文件归档储存
院办公室	1989	计算机管理人员1人，设备286机1台	公文处理
院生产办公室	技术科 1995	计算机管理人员1人，设备486机1台，打印机1台	科研、业务建设工作管理、给水排水图库管理
院生产办公室	经营科 1989	计算机管理人员6人，设备486机2台，586机1台，打印机1台	生产计划管理、数字统计分析、合同管理。1993年开发院生产管理系统，1995年1月正式使用实现了软盘报表、数据交换

续表

单　位	应用起始年	人　员　及　设　备	管　理　工　作　内　容
外　经　处	1994	计算机管理人员 1 人，设备 486 机 1 台	往来信函、传真文件、合同、标书、工程表处理
档　案　室	1994	计算机管理人员 1 人，设备 486 机、386 机各 1 台	院设计档案数据库，已录入各专业档案数据 5 万余条
图　书　室	1994	设备 486 机 1 台	正进行计算机图书管理前期准备
财　务　处	1989	1989 年上机会计人员 1 人，1993 年增至 3 人，设备 286 机、386 机各 1 台	会计工作，包括工资、资金计算全部电算化
人　事　处	1990	计算机管理人员 1 人，设备 286 机、486 机各 1 台，打印机 1 台	职工基本数据库
党委办公室		计算机管理人员 1 人，设备 HFL 机 1 台，打印机 1 台	文件、档案、存储、检索及信息处理
党委组织部	1994	计算机管理人员 1 人，设备 386 机 1 台	党组织及党员资料管理
共青团团委		计算机管理人员 1 人，设备 386 机 1 台	团组织数据库，青年人才库及文字表格处理

第四章　科技学术组织及科技信息

院科技组织主要有技术委员会、技术顾问委员会，以及10个挂靠在院的全国性和北京市的专业学术组织。

院技术委员会成立于1962年，主要承担院重大工程设计方案和重大技术的审议，为院长和总工程师提供咨询。

院技术顾问委员会成立于1987年，由院离退休的总（副总）工程师等技术专家组成，主要担任院重点工程的审议、技术指导和咨询。

挂靠在院的全国性和北京市的专业学术组织主要有中国土木工程学会、中国工程建设标准化协会、中国勘察设计协会、北京市土建学会等下属学会或专业委员会；还有北京地区给水排水技术信息网等。院在上述组织中承担组织领导，开展专业学术交流，推进专业技术标准化，及科研成果和产品鉴定等工作。

院技术信息工作主要结合设计、科研任务及专业技术发展需要，进行技术专题研究、文献翻译、刊物编辑、技术交流等活动。据不完全统计，建院以来，院专业技术人员共出版专著、编著或译著21种，在专业刊物上发表论文210篇。

第一节　院技术委员会、技术顾问委员会

一、院技术委员会

1956年成立首届院技术委员会（以下简称技委会），王明之任主任委员。1962年改组，由正、副院长、各专业副总工程师以及计划室、技术室、研究所各设计室有关主任、所长、主任工程师组成。院长丁洪任主任、副院长许京骐为副主任。

技委会的任务是审议院级大型或重点工程项目的设计方案，重点科研项目的科研大纲或成果。办事机构为技术室。技术室配有专业齐全的技术骨干，对准备在技委会汇报、审议的设计项目，协助各专业副总与有关设计室、组专业人员一起，勘察现场、研究，形成不同比较方案，汇总提出推荐意见，为会议作好准备。会议一般在听取设计或科研主管人员和项目负责人汇报后，集思广益，鼓励与会人员发表不同意见，通过讨论，达成共识，补充、完善原提方案。

1962～1966年，技委会一般每半月召开1次，形成制度。技委会协助院领导审定设计项目设计方案或科研大纲及成果。1966年6月“文化大革命”开始，技委会停止活动。

1972年恢复院技委会，孙谦任主任。1979年8月重新组建院技委会，主任由林治远担任。1981年进行改组，由石鑫培任主任。

1987年10月院升为局级单位后，再次重新组建了技委会，由高士国任主任。

技委会下设道路、桥梁、给水、排水、结构、机电等专业组，1987年以后增设了计算机专业组和测量专业组，后将专业组改名为专业委员会。

技委会的性质为院最高审议机构，非决策性组织，主要是对重大工程方案和重大技术

问题进行讨论审议，提出意见和建议，为院长和总工提供咨询。

技委会的另一个职责是评选院级的优秀设计、科技进步、优秀科研项目，在评选中有决定权，一般以投票方式评选。

技委会下设的专业组或专业委员会承担审议本专业的重大技术问题或对要参评的项目提出评选或排序意见，供技委会考虑。

二、院技术顾问委员会

经上级主管部门同意，1987 年 10 月 24 日院（87）院办发字第 21 号文《关于颁发我院技术顾问委员会和技术委员会工作条例通知》，决定成立技术顾问委员会，随文还颁发了“技术顾问委员会条例”。1988 年 1 月 14 日，院技术顾问委员会（以下简称技顾委会）正式成立，由 16 人组成，主任委员林治远，副主任委员李远义、许京骐。委员石鑫培、冯先松、那祥、刘千里、伊承勋、毕延龄、李万英、张中和、张鼎昌、姚振华、强十洲、彭瑞民、颜本菘。

1988 年经院领导决定，增补石鑫培、毕延龄为副主任委员，刘千里为秘书长，1993 年增补潘家多、朱锦文为委员。1994 年增补潘家骅为委员。

院技术顾问委员会主要从事和担任一些院重点工程的审定、技术指导、技术咨询等工作。参加院每年举行的设计质量评选（评优）项目的活动，对院在设计工作存在的一些问题提出意见和建议。列席参加院技委会，对院的一些重点科研设计方案进行讨论，提出意见。应邀派出参加国内科研项目鉴定会和大型建设项目的评审会及院交办的其他任务。如在 1991 年 6 月接受院委托，对国内外市政工程技术水平进行调查，技顾委会为此组织道路及给排水两个小组（共 7 个委员）开展工作，于 1993 年 10 月完成调查报告。1991 年初开始，部分委员参与建设部《中国市政工程设计通志》的编写工作。1993 年下半年开始部分委员参加院志的编写工作，大部分委员参与拟稿、审稿工作。

第二节　挂靠的全国性和北京市的专业学术组织

从 70 年代开始，院属各专业参加全国或北京市有关专业学术组织的活动。截止 1995 年底，挂靠在院的全国和北京市的学术组织共有 10 个。通过这些学术组织，开展国内外学术交流，出版论文与刊物。

一、中国土木工程学会给水排水学会

中国土木工程学会给水排水学会，是 1985 年 11 月在市政工程学术委员会中分离出来成立的。院许京骐、李远义曾任委员会名誉委员，石鑫培、陈震任委员。1987 年经中国土木工程学会批准，委员会改为学会理事会。

为便于开展学术活动，该会陆续成立给水、排水、建筑给水排水、给排水机电、给排水结构、工业给水排水等专业学术委员会和各省（自治区）、市学会。各专业委员会根据专业技术发展需要，先后组建了约 30 个专题研究会。

该会原挂靠在建设部城建司，1990 年 3 月，经建设部决定，挂靠在院。1991 年 5 月，院长曲际水任该会第二届常务副理事长，朱锦文任秘书长，沈世杰、陈震任理事。

该会自 1985 年成立以来，各专业学术委员会及所属研究会和地方学会积极开展了各种学术活动。据不完全统计，共组织学术交流会 90 多次，交流论文资料约 2.3 万篇，编辑出版论文集15种。1989年7月于北京召开给水、排水国际会议；1994年7月在北京举行了1994年国际给水排水会议与展览，交流论文141篇，出版了《给水与废水处理国际会议论文集》。

二、中国土木工程学会给水排水学会结构委员会

1985年11月中国土木工程学会给水排水学会成立后，在原全国市政工程八大设计院给水排水结构技术交流会的基础上，成立了给水排水学会结构委员会，挂靠在院，筹建会议于1986年8月在北京召开。会议议定在8大设计院外，适当扩大范围；委员会的年会每两年召开1次。

1987年3月在贵州省贵阳市召开结构委员会第一届大会和一届一次学术交流会。院沈世杰被选为主任委员，凌庚龙、王憬山为委员。

1991年9月在山东省烟台市召开结构委员会第二届大会和二届一次年会。院沈世杰继续当选为主任委员，凌庚龙为副主任委员，王憬山为委员。

给水排水学会结构委员会成立后，共召开了4次学术交流年会，总计交流学术论文250篇。论文内容主要围绕计算机应用技术的开发，预应力混凝土技术在给水排水工程结构上的应用，软土地基处理技术，贮液结构的防渗，防腐技术以及地下管道结构的新材料、新结构的开发和应用。

三、中国土木工程学会市政工程学会城市道路与交通工程学术委员会

该会是1987年3月19日由中国土木工程学会、市政工程学会、城市道路交通工程学术委员会在广西南宁市召开大会成立的。该会挂靠在院并由院林治远任名誉委员，范励修任主任委员。

该会成立以来，共召开5届年会及多次学术交流会，发表学术论文182篇；编辑出版的论文集收集有代表性论文64篇；协助主管部门分析研究、审查、编写专业技术标准、规范、准则、规定等。

四、中国工程建设标准化协会管道结构委员会

该会于1987年5月29日成立并召开第一届委员会（当时称全国管道结构标准技术委员会），挂靠在院。院潘家多任主任委员，刘雨生任副主任委员兼秘书长，沈世杰任委员。1992年11月换届，成立第二届委员会，上述任职继续担任原职。

管道委员会下设2个分委员会，工业管道委员会、塑料和增强塑料分委员会。院百音为塑料和增强塑料分委员会委员。

管道结构委员会成立7年来主要进行了下列工作：

组织编制推荐性工程建设标准。已完成并出版的有：《钢管水泥砂浆内衬技术标准(CECS10:89)》(由院主编)、《埋地输油输气管道结构设计规范（CECS15:90)》、《振动挤压输水压力圆管设计规范（CECS16:90)》；正在编制的有：《管道结构常用术语》，输水钢管跨越和输油输气管道穿越、预应力钢筒混凝土管、玻璃纤维增强塑料管等结构设计规范。

组织主持科研成果和管材产品技术鉴定，包括：《钢筋混凝土圆管应力状态研究》、《钢管水泥砂浆衬里力学性能试验研究》、《直径1800毫米玻璃钢管的外荷载试验》、《中国新兴铸管联合公司球墨铸铁管管材》等鉴定。

接受委托对塑料管材和增强塑料管材，防腐涂料，预应力钢筒混凝土管，钢松套伸缩节等产品进行评议，并推荐为中国工程建设标准化协会的推荐产品。

1992 年 4 月组织主持《管道工程结构技术国际研讨会》。这是在我国举行的第一次管道结构国际会议，有来自美国、英国、意大利、俄罗斯、德国、日本、乌克兰、新加坡、马来西亚和中国香港、台湾等 13 个国家和区域的专家 46 人以及国内专家 146 人，共收到论文 106 篇，出版了中、英文论文集。会议举行期间还组织了“管道工程结构技术国际展览会”和技术交流会，包括煤沥青磁漆防腐涂料，UPVC 管材应用技术，聚乙烯防腐胶带，不开槽顶管施工技术等。

五、中国工程建设标准化协会贮藏构筑物委员会

1986 年 3 月在广州召开第一届第一次全体会议，院陈震任主任委员，钟启承任副主任委员，沈世杰任秘书长。1991 年 5 月于苏州召开第二届第一次全体委员会，院钟启承任主任委员，沈世杰任副主任委员，王憬山任秘书长。

委员会的主要任务：开展有关贮藏构筑物标准方面的学术活动；接受委托，组织委员及专家承担或参与有关贮藏构筑物标准的制订、修订和审查以及标准化人员培训等工作；接受委托，对有关科研成果进行鉴定，组织选刊有关的学术论文，参加国内外有关标准化工作的活动等。

1986～1994 年，两届委员会，开展了以下几项工作：

组织推荐性技术标准的制定。包括：《砖砌圆筒仓技术规范》（1989 年 2 月批准出版），《贮藏构筑物常用术语标准》（1989 年 12 月批准出版），《混凝土水池软地基处理设计规范》，《钢筋混凝土贮液构筑物变形缝设计规范》，《钢筒仓技术标准》。

组织学术活动与人员培训工作。分别在北京、福州、南京与规范管理组结合《给水排水工程结构设计规范》（GBJ69－84）组织讲座 3 次，与《钢筋混凝土筒仓设计规范》（GBJ77－85）的筒仓规范及贮料构筑物规范管理组共同组织技术交流会 2 次，协助《给水排水工程结构设计规范》规范管理组修订《规范》；委托委员所在单位进行有关课题研究，如对板式结构裂缝开展宽度的合理计算以及相应的裂缝控制宽度等课题。

科研成果与产品鉴定工作。包括 1987 年 9 月组织对新型橡胶止水带（XZ322－30）及其在工程中应用的研究成果的鉴定，1988 年二季度协助筒仓规范管理组对钢卷板筒仓研究成果进行鉴定；1991 年、1993 年组织对膨润土防水板系列产品进行鉴定；1992 年组织对大型设缝清水池科研与设计成果进行鉴定；1993 年组织对变形缝密封材料新产品——CL109A 聚硫复合密封材料进行技术论证。

六、中国工程建设标准化协会城市交通工程委员会

该会于 1992 年 11 月在重庆市成立，挂靠在院。院范励修任主任委员，张均任常务委员兼秘书长，王春富任委员。委员会设轨道交通工程、常规交通工程 2 个分委员会。委员会主要工作有：开展城市道路工程建设标准化学术活动；接受委托、组织城市交通工程标准的制订、修订和审查及科学研究、科研成果鉴定；开展城市交通工程建设标准化的宣传普及、信息交通和咨询服务工作；组织培训城市交通工程建设标准化人员；组织出版城市交通工程技术的学术论文集；组织参加国内外有关标准化工作的活动；接受委托、负责本专业范围内产品质量标准的评价等工作。

七、中国勘察设计协会市政工程设计协会

该协会是经建设部批准，为中国勘察设计协会的二级组织。1990 年 3 月成立。协会由24个市政公用行业的甲级设计院组成，挂靠在院。院曲际水、陈震为理事会常务理事。曲际水担任常务副理事长，陈震任常务副秘书长。下设机构有技术开发部、质量管理部、计算机应用专业委员会等，分别挂靠在其他设计院。

协会的任务有协助政府部门加强行业管理、宣传、贯彻党和政府有关方针、政策和法令；组织研究深化设计体制改革，加强市政设计管理、促进技术进步、提高设计质量等方面的问题；接受政府部门委托，起草行业政策，技术法规；研究促进行业发展途径和方法。举办各种培训班、研究班和技术业务讲座；推动本行业电子计算机的应用开发；调查、搜集、整理全行业基础资料，编辑出版有关刊物，广泛交流行业信息；组织国内外技术交流活动。

协会自1990年成立以来共召开4次全体理事会，总结上一年协会工作和布置下一年协会工作。

协会成立几年来，秘书处协助建设部城建司开展设计评优、质量检查、总结执行全面质量管理、培训院长和总工等方面工作。

八、北京市土建学会给水排水专业委员会

北京市土建学会由北京市土木工程学会与建筑学会合并组成，归北京市科协领导。该会按所属专业，建立了建筑、给水排水、园林、结构、计算机等若干个委员会。

给水排水专业委员会1985年3月挂靠在院，院石鑫培任主任委员。1989年2月，主任委员改由院陈震担任。

给水排水专业委员会下设水处理、规划与管网、工业用水、结构、施工与医院污水处理等6个学组。多数学术活动由专业学组组织开展。各专业跨学科交流和学术年会由专业委员会组织。1985年以来共组织学术活动100余次，并组织出版多种论文集。

专业委员会每年召开1次工作会议，报告年度工作，交流年度活动情况、制定下年度活动计划。

九、北京市土建学会道桥专业委员会

该会成立于1989年，院范励修任主任委员。

主要任务是组织北京地区有关道路、桥梁专业的学术交流活动，交流新经验、新技术，促进了技术进步及市政建设的发展。

十、北京地区给水排水技术情报网

该情报网的前身是1972年成立的北京地区给水排水技术协作组，1975年改称情报网。成员为北京市及在京的中央部委和军队技术部门的专业科研设计单位，并有天津市、廊坊地区等有关单位参加，共有70多个单位。

该网设有中心组，成员由各大系统代表组成，其任务是制订年度工作计划，落实分工单位。

主要活动有组织学术报告会、信息发布会、产品介绍会、技术评议会、研讨会、座谈会、咨询会、技术培训班、资料展示、工程参观、观看专题录像、科技电影、幻灯等，交流新技术、新产品、新材料、新设备。

情报网自1975年成立以来，共组织各类情报活动182次。组织与国外专家技术座谈会10多次，编辑出版全国发行的“给水排水技术动态”季刊78期。编辑出版各种专题资料300多万字。

第三节 科技信息工作

建院到70年代初，院科技信息工作基本上分散进行。除技术研究所配合科研任务，有少数人进行课题技术资料搜集、翻译和整理外，广大设计人员则根据设计任务自行搜集技术资料。1972年4月，为系统地开展专业科技信息工作，满足设计科研工作需要，推动专业技术的发展，院设置专职科技信息工作部门——设计管理室科技情报资料组（简称情报组）。确定其工作职责，为院各设计专业搜集提供国内外专业技术信息资料，负责接待院外技术来访，组织参与社会上有关的专业学术组织的活动。

1981年2月，情报组升级为院直属职能部门——科技情报室。1987年升级为院情报技术供应处，1989年更名为情报处，其专职科技信息工作人员发展为16人。近年随着改革形势的发展院属机构几经变动。1991年情报处撤销，科技信息工作由院生产办公室技术科设专职人员管理。

院科技信息工作的指导方针是面向设计、面向科研和面向经营管理，坚持为院的科技进步服务。在三面向方针指导下，院科技信息工作结合设计科研任务和专业技术发展的需要，开展技术专题研究，国外技术文献翻译，信息资料搜集，编辑技术刊物，组织技术交流等项工作。为扩大信息源、扩大院在国内外专业技术方面的作用和影响，还积极参与和国内外技术同行的学术联络活动。

院科技信息工作每年年初向院专业技术领导和设计、科研部门了解任务情况及技术信息要求，征求工作意见，并结合院科技发展规划内容制订年度科技信息工作计划。此外，还随时配合设计、科研工作需要提供技术服务。工作重点为院承担的重大设计科研项目及新技术、新工艺、新标准的引进。80年代初，配合高速道路设计课题，情报室组织人员集中翻译了约15万字的国外关于高速道路设计技术规程、工程实例等技术资料。1983年，院承担处理水量百万立方米的大型地面水厂——北京市第九水厂设计，在初步设计工作伊始，情报室按不同专题，提供11册技术信息资料，包括水质标准、直接过滤、净水技术、药剂自动投加、节能、钢管防腐、日本给水技术概况等。围绕科研项目提供的专业技术资料有中水回用技术、钢结构桥面铺装、垃圾填埋渗滤液处理。

为服务于科技人员的技术更新和技术素质的提高，科技信息工作把获取的有关的最新专业技术信息，通过出版院内技术期刊，组织技术讲座和参观，及时提供给院内专业技术人员。

1972～1986年期间，院情报组曾专门设立了院技术接待室，负责接待院外的技术来访和信访，同时对外交流院内编辑的技术信息资料。高峰时期，日接待技术来访、信访达十几起，由接待室约请院内技术骨干出面解答或函复，扩大了院的技术影响。

80年代以后，全国和地方性的专业学术组织学会或情报网的学术活动十分活跃，国内与国际学术组织的交往也日益增多，院广泛参与了有关学术组织的工作或活动。通过这些工作或活动，更多地掌握了国内外最新的专业技术动态。同时，积极参加专业技术推广工作。80年代与中国建筑技术中心合作，负责给水净化斜板沉淀技术在国内的推广，推动这项技术的开发，提供技术经验与资料。

自1972～1995年底，院科技信息部门完成技术专题论文53篇、技术专题资料158

项，专业技术译文597篇，编辑技术信息刊物，有全国给水排水情报网主办的“给水排水技术动态”122期，30周年院庆技术论文集2册（给水排水论文集，道路桥梁论文集），40周年院庆技术论文集1册，院技术论文双年刊——“设计与科研”共5期，院内部技术信息刊物——“市政科技参考”282期，院各专业的技术总结，资料汇编539种。此外，负责主办专业学术组织的全国或地区性专业学术会议66次，参与组织国际专业会议——北京国际给水排水会议2次（1989年7月及1994年7月）。还组织院内外学术专题座谈会、报告会约150次。共接待院外技术来访、信访万余次。

组织完成的院内各专业技术专题论文或专题资料主要有：

道路专业与桥梁专业：国外高速公路发展情况及技术标准，道路立交工程国内、国外实例，桥梁支座及接缝型式，弯桥型式及结构计算，斜桥型式及结构计算，弯桥扭矩分析，钢筋混凝土桥体外预应力结构简介，土工织物在土木工程中的应用，混凝土碱骨料反应等。

给水专业：饮用水直接过滤处理技术，北京市水源的开发与节流，长距离输水设计中的问题，给水工程设计节能技术，生物活性炭净水的机理研究进展，二氧化氯消毒的应用与发展，生物技术的应用，净水厂污泥处理，预臭氧在水处理中的应用等。

排水专业：城市污水处理技术的发展水平与趋向，生物吸附氧化法（A－B法）污水处理工艺，序批式活性污泥法污水处理工艺（SBR），氧气曝气法的国内外发展概况，氧化塘设计资料，污水再生回用技术，道路立交排水设计，垃圾卫生填埋技术等。

第四节　院主办专业刊物《特种结构》及专业技术专著、译著、论文

《特种结构》（Special Engineering Structures）季刊。建设部主管，北京市市政工程设计研究总院主办。1984年1月创刊，国内外公开发行。国内刊号CN11－1943/TU（代号：82－337），国际刊号ISSN1001－3598（代号：Q4128），持有刊载与建筑业有关的国内外广告的广告许可证。

《特种结构》主要刊载贮液、气、料等贮藏构筑物；烟囱、水塔、电视塔、微波塔、输电杆塔等高耸构筑物；各种管道，管架等构筑物的结构分析探讨、科研测试成果、设计施工总结、工程实例，国内外有关设计规范和编制说明介绍，并辟有专栏为读者解答、探讨疑难技术问题，提供国内外技术情报信息等。《特种结构》被国家科委评为国内外中文核心期刊，被《美国工程索引》选录。

专业技术专著、译著见表3－9。

专业技术论文见表3－10。

表 3－9　专业技术专著、译著一览表

序号	书　　名	作　者	主　编、参编章节及名称	出版社及出版日期（年）
1	水和废水技术研究	曲际水	第十三章工业废水处理 13－4，深井曝气法处理制药废水	中国建筑工业出版社，1992
2	水和废水技术研究	刘文琪	第十二章城市污水回用 12－2，中水技术开发与利用	中国建筑工业出版社，1992
3	城市污水处理新技术	王彩霞	主　编	中国建筑工业出版社，1990
4	给水净化新工艺	翟海峰	第四章沉淀（澄清）新工艺 4－1 同向流斜板沉淀池	学术书刊出版社，1990
5	农村自来水	刘学功，崔国臣等	全　书	中国建筑工业出版社，1977 第一版，1985 第二版
6	净水厂排水处理设备设计	伊承勋	全书编译	中国建筑工业出版社，1979
7	污水处理机械设计计算	伊承勋	全书译校	机械工业出版社，1982
8	道路隧道设计	刘堪秀	全　书	中国建筑工业出版社，1981
9	城市道路立体交叉	彭世明	全　书	人民交通出版社，1981
10	水泥路路面设计施工纲要	杨春华	全书编译	中国建筑工业出版社，1983
11	平面交叉路口的规划与设计	杨春华	全书编译	中国建筑工业出版社，1988
12	水污染防治手册	李远义	第三篇污水的物理法和化学法处理	上海科学技术出版社，1989
13	城市道路设计手册	颜本菘	共十三篇	中国建筑工业出版社，1985
14	给水排水设计手册	张中和　李远义等	共 11 册，主编 5、6 册，并参编其他册的有关章节	中国建筑工业出版社，1986
15	简明排水设计手册	张中和等 10 余人	全书共约 85 万字	中国建筑工业出版社，1990
16	土木工程指南	林治远等	道路工程部分	中国建筑工业出版社，1991
17	水环境指标	杭世珺等	第三、四、五章编译	中国环境科学出版社，1989
18	给水排水工程结构设计手册	沈世杰等	第七篇管道，第八篇抗震	中国建筑工业出版社，1984
19	建筑结构构造资料集（上册）	王憬山等	管道册	中国建筑工业出版社，1990
20	援外成套项目设计基础资料汇编	朱锦文　余英影	第二篇土建及公用部分篇，第一章建筑部分	对外经济联络部出版社，1976
21	弯梁的设计	吴西伦	全书	人民交通出版社，1990

表3-10 专业技术论文一览表

道路专业

序号	论文名称	作者	刊物或会议名称	出版（发表）日期（年）
1	沥青混凝土路面车辙搓板现象研究分析	颜本菘	《城市建设》	1956
2	在改建城市道路中怎样对待旧路面	颜本菘	《城市建设》	1957
3	从道路设计的角度来看竖向规划设计	颜本菘	《城市建设》	1957
4	我们对疏干路基土壤所采取的措施	颜本菘	《城市建设》	1958
5	对城市道路分类及其主要技术指标的浅见	颜本菘	《城市工程通讯》	1982
6	北海大桥的改建	林治远、颜本菘	《土木工程》	1957
7	三元立交工程设计	彭世明	市政工程学会（会议）	1986
8	广州环城高速公路-广佛立交工程简介	彭世明	市政工程学会（会议）	1986
9	贵-黄公路环境评价	彭世明	交通部会议论文集	1991
10	北京市城市交通综合体系规划研究	彭世明	交通部会议论文集	1991
11	首都立交简介	彭世明	《公路》	1982
12	公路停车场规划设计	彭世明	《公路》	1980（上），1981（下）
13	牛王庙立交枢纽	彭世明	《现代化杂志》	1984
14	三元立交枢纽简述	彭世明	《交通与运输》	1985
15	巨型环岛立交	彭世明	《北京勘察设计》	1990
16	道路立体交叉规划与设计	佟克正	中国土木工程学会第三届年会论文集	1986
17	玉蜓立交方案构思	佟克正	《北京规划建设》	1989
18	北京柔性路面设计方法及参数的研究	杨树祺	土木学会第五届年会论文集	1988
19	城市沥青路面可靠度设计的交通参数研究	杨树祺	公路学会年会论文集	1990
20	城市沥青路面可靠性设计的研究	杨树祺	全国道路与交通工程学术会议论文	1991
21	沥青混凝土底部弯拉应力验证	杨树祺、相伟丽	全国道路与交通工程学术会议论文	1991
22	大北窑桥桥面铺装材料试验研究	相伟丽	中国公路学会年会论文集	1992
23	城市道路立交选型	李炯为、刘建军	土木工程学报	1991
24	环形平面交叉路口通行能力的观测研究	傅连合	全国大城市交通工程会议	1980
25	信号灯管制路口机动车通行能力观测研究	傅连合	全国大城市交通工程会议	1980
26	城市道路立交的技术经济分析	范励修	《大连市政》	1988
27	北京地区主要干线公路设计评述	范励修	北京地区公路技术交通会	1989
28	北京二环道路工程总体设计	范励修	《北京规划建设》	1993
29	道路工程标准	范励修、张均任	《中国土木工程指南》	1993
30	西厢工程设计评述	范励修	《北京勘察设计》	1993
31	水泥混凝土路面的调查和总结	徐　森	水泥混凝土路面设计理论和参数研究报告集	1982
32	《城市道路设计规范》简介	林治远、赵坤耀	《工程建设标准化》	1992
33	北郊亚运村道路交通工程设计简介	倪士聪	《北京公路》	1990

续表

序号	论文名称	作者	刊物或会议名称	出版（发表）日期（年）
34	首都机场高速公路规划设计	倪士聪	《城市道路与防洪》	1994
35	高速公路 ABC	倪士聪	《北京公路》	1989
36	土工布在市政工程中的应用	倪士聪	全国城市道路与交通工程学术会议论文集	1991
37	浅谈交通工程	佟克正	《市政工程通讯》	1979
38	城市立交型式及其交通运行分析探讨	佟克正	《市政工程通讯》	1980
39	安全迅速、舒适的城市交通	佟克正	《光明日报》	1982
40	如何选择城市立体交叉	佟克正	市政工程学术论文选集	1982
41	对解决城市交通问题的看法	佟克正	中国建筑技术发展中心《市政参考》	1985
42	立交选型问题简述及工程实例分析	佟克正	高级专业技术干部研修班	1988
43	城市快速路规划设计有关问题的探讨	佟克正	《中国土木学会城市道路与交通工程学术会议论文集》	1991

桥梁专业

序号	论文名称	作者	刊物或会议名称	出版（发表）日期（年）
1	板梁式弯桥空间计算	谢万春	《道路与排洪》	1984
2	横向变刚度梁式弯桥的空间计算	谢万春	中国土木工程学会第三届年会论文集	1985
3	独柱支承的预应力连续弯桥设计	谢万春	中国土木工程学会第五届年会论文集	1990
4	横向变厚度弯板的空间计算	谢万春	第一次全国城市桥梁学会论文集	1987
5	组合截面中混凝土凝缩和徐变产生的应力重分布	谢万春	《城市道路与防洪》	1990
6	后张预应力梁的侧稳定	谢万春	桥梁学术会议论文集	1991
7	各种桥型技术经济指标	王澍冀	《北京勘察设计》	1990
8	弯箱梁桥实验研究	刘庆仁	全国桥梁年会	1991
9	XL 型预应力筋联结器及应用	罗保恒等	《桥梁建设》	1990
10	钢纤维混凝土桥面设计应用与调查分析	罗保恒	《纤维混凝土的研究与应用》	1992
11	城市桥梁设计新技术的应用	谢万春、那　祥	《北京勘察设计》	1993
12	深层搅拌桩在软地基的应用	兰长青	《特种结构》	1993
13	一条现代化的快速公路——京石公路（北京段）	姚振淮	《北京勘察设计》	1988
14	京石公路基本特征分析	王肇基、姚振淮	《交通工程》	1989
15	京石公路设计	姚振淮	《北京公路》	1988
16	从京石公路设计特点论我国高速公路的基本特征	王肇基	《北京公路》	1980

给水专业

续表

序号	论文名称	作者	刊物或会议名称	出版(发表)日期(年)
1	压力式侧向流斜板除砂器设计与应用	高士国,李京璋,张维明	《给水排水》	1981
2	北京水源八厂大口径井管设计与实践	李京璋,张维明	《市政技术》	1992
3	饮用水生物处理的发展和应用	李京璋	《湖南给水排水》	1993
4	二氧化氯在饮用水处理中的应用	李京璋	《公用科技》	1993
5	田村山净水厂沉泥脱水处理设计体会	陆元珍	《给水排水》	1990
6	水净化系统对病毒去除效果的初探	翟海峰	《给水排水》	1987
7	BUT 型泥水分离器在石材生产废水处理和回用	翟海峰	《城镇供水》	1993
8	BZ 型一体化净水设备的技术性能及其特点	翟海峰,崔招女	《北京勘察设计》	1989
9	给水净化工艺病毒去除率与浊度去除率相关性研究	阮如新等	1989 年北京国际给排水会议论文集	1989
10	自然水体的土霉臭与给水净化研究配臭技术	阮如新,董瑞菊,李昕	《给水排水》	1993
11	预加臭氧对饮用水净化的作用	阮如新,徐袁春	《给水排水》	1993
12	北京地区密云、怀柔水库水质特征及直接过滤净化工艺的研究	阮如新	全国过滤技术研讨会	1990
13	适用于农村的压力罐自来水系统	刘学功	《村镇建设》	1983
14	塑料管在农村给水工程中的应用	刘学功	《特种结构》	1985
15	北京市郊区农村简易自动化无塔式供水设备	李同德	《给水排水》	1976
16	板面负荷斜板沉淀设计的技经指标探讨	李同德	《给水排水》	1979
17	北京地表水进入城市供水系统产生影响估计	李同德	《北京科技开发》	1984
18	关于滤池小阻力水均匀性探讨	李同德	《给水排水》	1982
19	建立独立的水工业体系是解决北京水资源短缺最优化选择	王彩霞	全国节水会	1990
20	虹吸滤池水力自动试验研究	毕延龄,韩淑芬	《给水排水》	1979
21	漏氯跑氯事故处理	毕延龄,韩淑芬,杨晓白	《给水排水》	1991
22	给水工程设计与技术发展	高士国	《北京规划建设》	1993
23	北京第九水厂一期工程设计运行总结(上、下)	毕延龄等	《给水排水》	1994
24	北京第九水厂二期工程平面布置设计构思	刘益萱,钟亮洁	《给水排水》	1994
25	水力絮凝器的理论与实践	高士国	给水与废水处理国际会议论文集	1994
26	水库水源嗅味来源与防治研究	李万英,董瑞菊	给水与废水处理国际会议论文集	1994
27	北京第九水厂设计与运行总结	毕延龄等	给水与废水处理国际会议论文集	1994
28	水泵调速技术在城市给水工程中的应用与节电计算	毕延龄,潘骏寿,田用三	给水与废水处理国际会议论文集	1994
29	侧向流波形斜板沉淀工艺试验研究	高士国,阮如新	《中国给水排水》	1994

排水专业

续表

序号	论文名称	作者	刊物或会议名称	出版(发表)日期(年)
1	纯氧活性污泥法用于处理石油化工废水	李远义,常 憬,任 峰	国际水处理学术会议论文	1989
2	美国城市污水处理现状	李远义,常 憬	中国科学技术情报研究所出版	1983
3	曝气池充氧自动调节试验	常 憬	《给水排水》	1980
4	城市污水处理厂的节能技术研究	常 憬	全国排水委员会年会论文集	1993
5	城市污水也是水资源应当开发利用	常 憬	三学会论文集	1979
6	城市污水处理厂的污泥处理	常 憬	城市污水厂污泥处理研讨会论文	1990
7	氧气曝气活性污泥的研究	常 憬,任 锋	《给水排水》	1985
8	曝气设备充氧试验数据的推求方法及设计中的应用	常 憬,任 锋	《给水排水》	1985
9	污泥的好氧消化	常 憬,任 锋	《上海环境科学》	1989
10	对北京市污水处理厂建设技术经济政策的建议	石鑫培	《中国给水排水》	1989
11	污水再生回用的经济分析和再生工艺的选择	王彩霞	四学会学术交流论文集	1988
12	立交泵站设计总结	王彩霞	全国给排水30周年技术交流会	1984
13	两级活性污泥法研究	阮如新	国际水污染研究与控制协会第二届亚洲会议论文	1988
14	活性炭吸附生物氧化法探讨	刘学功	《环境污染与防治》	1981
15	泡沫分离法处理印染废水中洗涤剂研究	刘学功	《环境污染与防治》	1981
16	射流曝气用于处理焦化废水试验研究	刘学功	《炼焦化学》	1982
17	射流曝气接触氧化沉淀池处理涂布废水研究	刘学功	《环境保护》	1982
18	新型曝气设备——固定螺旋曝气器	翟海峰	《环境污染与防治》	1980
19	密集多喷嘴曝气器的试验研究	翟海峰	《环境污染与防治》	1981
20	微孔曝气器的评述	翟海峰	《给水排水》	1989
21	中水技术应用于工业冷却水	叶 安,胡志红	《给水排水》	1989
22	中水处理技术与工艺	刘学功,崔招女	《给水排水》	1993
23	城市雨水沟管空隙容量的利用	蒋旨谨	《土木工程学报》	1989
24	城市雨水沟管空隙容量的利用	蒋旨瑾,李远义,张文熙	国际水处理学术会议论文	1989
25	中国的水质污染与下水道(日文)	杭世珺	月刊下水道(日本)	1988
26	导管式氧化沟技术	杭世珺	《中国给水排水》	1989
27	国外生物降磷研究动向	杭世珺	《给水排水》	1987
28	在厌氧条件下流入基质组成对磷释放的影响	杭世珺	《给水排水》	1988
29	厌氧生物转盘处理高浓度有机废水的研究	杭世珺	《给水排水》	1991
30	北京地区印染废水处理的发展情况	杭世珺	国际水处理学术会议论文	1989
31	厌氧生物转盘对处理高浓度有机废水研究	杭世珺	WATER TREATMENT	1992

续表

序号	论 文 名 称	作 者	刊物或会议名称	出版(发表)日期(年)
32	开发污水资源的B－CC系列中水处理装置	刘学功,叶 安	《北京勘察设计》	1993
33	高碑店污水处理厂设计中的几个问题	李远义,常 慑	《北京规划建设》	1993
34	雨污水管道费用函数	李玉娴,王霞萍	《市政开发研究》	1992
35	关于深井曝气工艺的运转和设计	曲际水,李连生,刘希曾	《中国给水排水》	1985
36	厌氧、好氧活性污泥法,厌氧条件下流入基质组成对磷释放的影响(日文)	宗宫功,津野洋,杭世珺等	日本第22回下水道研究发表讲演集	1985
37	城市污水废热利用	杭世珺	中国土木工程学会给排水学会排水委员年会论文集	1993
38	深井曝气工艺原理与开发应用	曲际水	中国土木学会给排水年会论文集	1987
39	北京市废水处理和水质污染的现况	曲际水	环境技术(日)	1983
40	由磷的收支和TOC的去除试析厌氧循环滤床的非稳定状态下的动力学解析	曲际水、桥 本	日本第21届下水道协研究会下水道协会志(日)	1985
41	关于厌氧循环滤床法净化机能的稳定状态下的解析研究	曲际水,桥 本	发酵工程学会1984年年会水处理技术(日)	1984
42	关于厌氧循环滤床法的净化机能及循环影响的研究	曲际水,桥 本	用水与废水(日)	1985
43	关于厌氧循环滤床的净化机能的非稳定状态下的解析研究	曲际水,桥 本	日本第35届废弃物对策全国协议会用水废水(日)	1986
44	Effects of westewater strengthon the Perormance of an Anaeobic Filter	曲际水,桥 本	J.Fermant Technol, VO1.64, NO.6(发酵技术)	1986
45	Steadt－state kinetics and Biomna Estimation in the Amaerobic Fillter	曲际水,桥 本 藤 田	大阪大学工学报告第37卷	1987
46	微孔曝气器的研究	任 锋	《水处理技术》	1986
47	上海石化总厂水质净化场“氧曝”的设计与研究	任 锋	《建筑通讯》	
48	关于AB法处理城市污水试验及动力学解析的研究	曲际水,张荣辉	1994年给水与废水处理国际会议论文集	1994
49	高碑店污水处理厂设计	李远义,常 慑	1994年给水与废水处理国际会议论文集	1994
50	生物脱氮工艺的机理与参数	曲际水	给水排水学会排水专业委员会二届二次年会论文集	1993
51	北京高碑店污水处理厂水泵级配控制节能方式探讨	黄一心,杭世珺 张 韵	1994年给水与废水处理国际会议论文集	1994
52	建筑中水处理技术与装置	刘学功,崔招女	1994年给水与废水处理国际会议论文集	1994
53	高碑店污水处理厂设计	李远义,常 慑	《中国给水排水》	1993

结构专业

续表

序号	论文名称	作者	刊物或会议名称	出版(发表)日期(年)
1	无梁板结构矩形水池的抗震分析	沈世杰	美国 ASTM-PVP 1985 年论文集	1985
2	关于普通钢筋混凝土圆管设计的几个技术问题	沈世杰	《特种结构》	1985
3	在地震影响下贮水构筑物的动水压力	沈世杰	《特种结构》	1984
4	给水排水工程抗震	沈世杰	《特种结构》	1985
5	城市供水工程的抗震鉴定与措施	沈世杰	中国抗震救灾论文集	1986
6	地下管线系统抗震鉴定与措施	沈世杰	《中国工程抗震研究四十年(1949~1989)》	1989
7	地下管道在地震波作用下的动力反应分析探讨	沈世杰	《特种结构》	1989
8	有关冬季施工问题	钟启承	《工程建设》	1953
9	地面车辆对地下构筑物的影响	钟启承	《市政工程》	1956
10	关于给排水结构设计中的几个问题	钟启承	《市政工程》	1981
11	设计圆形缠丝预应力水池需注意的问题	钟启承	《特种结构》	1984
12	设缝矩形钢筋混凝土清水池简介	钟启承	《特种结构》	1984
13	铸铁管在使用中一些问题的探讨	钟启承	《铸铁管通讯》	1985
14	给水铸铁管柔性接口应用及存在问题	钟启承	《铸铁管》	1986
15	埋设地下管道时如何处理各种管道的交叉问题	潘家多	《特种结构》	1985
16	怎样处理管道地基	潘家多	《特种结构》	1987
17	给水排水管道在中国的发展	潘家多,刘雨生	管道工程结构技术国际会议论文集	1992
18	玻璃钢管在给排水管道工程的开发应用	潘家多	《中国玻璃全国工业协会通讯》	1992
19	我国给水排水管道结构技术现况及发展趋势	潘家多	《特种结构》	1993
20	关于市政给水钢管结构设计的若干问题	刘雨生	《特种结构》	1986
21	10 立方米矩形清水池的结构设计	刘雨生	《特种结构》	1987
22	延性铸铁管结构设计初探	刘雨生	《铸铁管》	1989
23	矩形无梁板水池的抗震分析	姚传洪	《ASME》(美国机械工程学会论文集上)	1984
24	球墨铸铁管在给水工程中的应用	刘雨生	《特种结构》	1993
25	水池抗震设计	姚传洪	《给水排水》	1979
26	钢筋混凝土圆管应力实验研究	苏庆东	《特种结构》	1988
27	浅论膨润土的防水作用	鞠建英	《防水杂志》	1988
28	膨润土的防水机理及在地下水工程中的应用	鞠建英	《特种结构》	1991
29	ϕ1800 毫米玻璃钢管的外荷载试验	兰玉祥等	《特种结构》	1990
30	水厂建筑 CAD 系统	刘雨生,徐士芳	《北京勘察设计》	1993
31	矩形清水池底板地基反力测试分析	谢 娴,汪骏祥	《特种结构》	1985
32	污水处理构筑物的地基处理设计实例	朱玉尊	《特种结构》	1987

续表

序号	论 文 名 称	作 者	刊物或会议名称	出版(发表)日期(年)
33	国内外水池结构设计概况	凌庚龙	《工业建筑情报》	1986
34	软弱地基土加速澄清池设计的沉降分析	凌庚龙	《特种结构》	1991
35	重庆梁沱水厂取水泵站结构设计与施工	凌庚龙	《特种结构》	1993
36	φ54.8米辐流式预沉池设计与施工	濮晓蓁	《特种结构》	1993
37	金海湖水上运动场的设计	王憬山,盛亦节	第十一届亚运会工程交流会	1991

机械专业

序号	论 文 名 称	作 者	刊物或会议名称	出版(发表)日期(年)
1	机械加速澄清池搅拌机设计	张延蕙,王光杰	《给水排水》	1985
2	缓闭止回阀	张延蕙,王光杰	《给水排水》	1979
3	消声止回阀	张延蕙,王光杰	《给水排水》	1984
4	单口大口径自动排气阀	张延蕙,王光杰	《给水排水》	1985
5	给排水工程常用阀门和水锤防护专用阀门	王光杰	北京土建学会设备专业委员会,全国建筑水处理研究会等4单位学术报告会	1993

管理工作部分

序号	论 文 名 称	作 者	刊物或会议名称	出版(发表)日期(年)
1	抓好继续教育推动技术进步	陈 震,刘彦瑞	《北京继续教育》	1990
2	管理科学的继续教育成效显著	刘彦瑞	《北京继续教育》	1990
3	加强领导与管理是搞好继续教育的关键	刘彦瑞	《北京继续教育》	1991
4	继续教育与西厢工程	刘彦瑞	《北京继续教育》	1992
5	健全制度讲求实效是搞好继续教育的关键	刘彦瑞	《北京继续教育》	1992
6	应用模糊数学分析继续教育需求	刘彦瑞	第五次国际继续工程教育会议论文集	1992
7	以改革为动力,不断解放和发展设计科研能力	周 复	《北京勘察设计》	1993
8	依靠科技进步,创新设计水平	张文熙	《北京勘察设计》	1993
9	北京市市政设计研究院科技成果撷萃	翟海峰	《北京勘察设计》	1993
10	以改革为动力,不断解放和发展设计科研能力	曲际水	《北京规划建设》	1993
11	依靠科技进步,提高设计水平	翟海峰	《北京规划建设》	1993
12	对我院微缩档案经济效益的探讨	宋彦荣	《北京档案缩微》	1990
13	巩固深化全面质量管理,努力提高质量水平效益	曲际水	《理论与实际》	1991
14	改革上船,破浪前进	曲际水	《中国勘察设计》	1993
15	急设计人员所急,继续教育明显	刘彦瑞	《北京继续教育》	1993
16	北京立交桥	张靖凡	《北京走向世界》	1992

续表

序号	论文名称	作者	刊物或会议名称	出版(发表)日期(年)
17	北京桥魂	张靖凡	《历史的史命》第一辑	1993
18	掀开“城市道路”的新篇章	张靖凡	北京市“新中国第一”征文选《昨天的开拓》(下册)	1994
19	第一条城市快速路	范励修	北京市“新中国第一”征文选《昨天的开拓》(下册)	1994
20	为了亿万农民的健康	翟海峰	北京市“新中国第一”征文选《昨天的开拓》(下册)	1994
21	污水变清流,夙愿变现实	常　憬	北京市“新中国第一”征文选《昨天的开拓》(下册)	1994
22	为了第一面五星红旗的升起	赵　遐	北京市“新中国第一”征文选《昨天的开拓》(上册)	1994
23	实施科学管理,提高设计质量	陈　震	《北京勘察设计》	1990
24	坚持唯物辩证法,深化全面质量管理	陈　震	《北京勘察设计》	1991
25	解放思想,深化改革	陈　震	《北京勘察设计》	1991
26	加强科学管理,提高综合效益	陈　震	《北京勘察设计》	1994
27	抓好继续教育,推动技术进步	陈　震	《北京勘察设计》	1990

第四篇　对外开拓

市政院涉外工作始于50年代末对第三世界国家的经济援助项目。改革开放以后，特别是80年代，院积极参加国际技术交流与学术交往，争取国外技术咨询公司和技术专家对院重大设计科研项目进行咨询与合作，还外派技术人员研修、培训和工作。从80年代后期开始，院参与国际市场和国内的外贷工程市场的竞争与投标。1994年院参与建立两个中外合资的工程公司——龙马（集团）工程有限公司（简称“龙马公司”）及北京京江国际工程咨询有限公司（简称“京江公司”）。1995年“龙马公司”在马来西亚首次工程中标。

1993年7月，国家对外经济贸易部授予市政院“对外经营权”，院外经工作逐步实现了与国际工程市场的通行做法接轨。通过投标、联合投标等多种方式跻身于国际工程咨询领域。截至1995年12月，院共向境外派出人员达512人次，参与国际工程投标、承包设计、考察、验收工程及设备、经援、工程监理、培训进修、参加国际会议等活动项目。

第一章 对外交往

改革开放以来，院与国外同行进行广泛的学术交流与技术合作，向国外派遣技术人员接受培训、进行研修和短期工作，与国际上一些著名工程公司和专家进行合作与交往，在引进先进技术的同时，学习和了解国外的经营方法和管理经验，特别是了解国际工程咨询市场的工作程序、法规、规范，为与国际接轨培训技术力量。截至1995年12月，院共向境外派出考察、交流人员338人次，培训、进修人员50人次。涉及英国、美国、德国、法国、瑞典、丹麦、奥地利、荷兰、日本、新加坡、马来西亚、泰国等国家以及中国香港特区。

第一节 技术交流与学术会议

自70年代末开始，院广泛开展涉外技术交流活动，交流新技术，组织及参加学术会议，发表学术论文，组织出版论文集。参加国外专家来京进行技术交流的活动主要有：

1979年，参加荷兰莫勒公司访华团和北京市的有关水处理专家进行为期7天的技术交流，介绍莫勒公司的技术和设备等情况。

通过波形板反应器、带防悬浮栅的波形板逆向流沉淀器、集泥式异向流波形板沉淀器、侧向流斜板等技术交流，院开发成功《北京I型波形板填料反应器》(1982)、《集泥式异向流波形斜板沉淀器》(1989)、《侧向流波形斜板沉淀器》(1993)。院于1980年立项开发波长20厘米和50厘米的波形板反应器，取得成功，并于1987年获得国家专利。

1980年和美国格列芬公司进行技术交流，通过交流丰富了院研究运用臭氧进行水处理的工艺知识。

院参加或组织在国内召开的国际学术会议主要有：

1989年10月，院负责组织中国土木工程学会在北京召开的“国际给水与排水会议。”在会上，院有2篇论文参加交流，分别为《城市雨水沟管空隙容量的利用》、《中国北方及沿海开放城市的供水问题》。上述两篇文章均收入《国际给水排水论文集》。

1992年4月挂靠在院的中国工程建设标准化协会管道结构委员会在北京召开《管道工程结构技术国际研讨会》，这是在我国举行的第一次管道结构国际会议。来自美、英、意、俄、德、日、乌克兰、新加坡、马来西亚和中国香港、台湾等13个国家和地区的专家46人和国内专家146人参加，大会共收到中外论文106篇。会议出版中、英文论文集。会议期间还组织“管道工程结构技术国际展览会”，国内外参展单位29个，参观人数达7000人次。

1994年7月，院负责组织在北京召开的“94国际给水排水学术及展览会”，曲际水院长任组委会副主席，李远义总工程师任顾问委员会顾问，张中和高级工程师任技术委员会副主席。会议代表160人。来自14个国家和地区，大会论文集共收入论文144篇。会上院发表《水力絮凝器的理论与实践》、《北京第九水厂设计与运行总结》、《高碑店污水处理厂设计》、《建筑中水处理技术与装置》、《水库水源臭味来源及防治研究》、《关于 AB 法处理城市污水试验及动力学解析的研究》、《水泵调速技术在城市给水工程中的应用与节电计算》、《北京市高碑店污水处理厂水泵级配控制节能方式探讨》等 8 篇论文，后均收入大会论文集。

派遣专业人员出国参加国际学术会议和科技交流活动主要有：

1980～1995 年，院派赴美国、日本、捷克、泰国、保加利亚、菲律宾等国家和澳门地区参加各学科专业性的学术讨论会、技术交流会、研讨班共计 15 人次。在会上发表论文、介绍经验，其中：

1980 年 8 月，院副总工程师沈世杰在美国机械工程学会（ASME）管道和压力容器（P、V、P）分会组织召开的“生命线地震工程学术讨论会”上宣读学术论文“地下管道抗震设计”，通过总结中国海城、唐山等大地震中有关管道震害的经验和分析，对地下管道的抗震提出实用设计方法；

1987 年 4 月，研究所所长杨树祺参加在捷克布拉格举行的“国际建筑物无障碍研讨会”，在会上代表中国残疾人联合会宣读题为《无障碍市政工程环境设计》的论文；

1988 年 11 月，院高级工程师阮如新参加在泰国曼谷举行的“国际水污染研究与控制协会”第二次亚洲会议，在会上发表题为“两级活性污泥法研究”的论文。

第二节　国外技术咨询与培训

1984 年以来院积极争取国外工程咨询公司和专家对重大设计项目进行技术咨询和合作，从中学习吸收国外先进技术和经验，提高院的学术水平和设计技术水平。

1984 年与联邦德国专家合作，设计中德武汉长江啤酒厂的废水处理工程。在工艺设计中采用悬挂式曝气器和分散布置的鼓风机等技术。

1985 年院与联邦德国林德公司合作，为化纤厂的废水处理工程设计纯氧曝气活性污泥装置。

1985 年院聘请美籍华人专家肖法桐博士为顾问，对北京市方庄小区污水处理厂工程设计进行咨询，在设计中采用污泥处理好氧消化技术及在一级处理池上加设顶盖以防止臭气对居民区的环境污染措施。

1985 年接受英国麦克唐纳公司对高碑店污水处理厂工程的设计咨询，院在原初步设计的基础上，为保证处理效果、方便管理、节约用地将活性污泥浮选浓缩改为与一次污泥混合进行重力浓缩，将初沉池设计为方形。

1991 年 11 月和 1992 年 1 月，为开展首都机场高速公路设计，两次聘请美国柏诚（亚洲）公司的美籍专家 Podwal Bruce 和蔡锦耀来院对首都机场高速公路建设方案进行咨询，交流对高速公路的环境设计与评价、道路的线型设计、交通分析、立交型式选择、收费方式、安全设施、路面防裂、桥梁结构、监控通讯系统设计原则和快速施工技术。

80 年代开始，院逐年派出技术人员赴技术发达国家培训、进修实习和工作，了解和掌握当今国际同行业的先进技术水平和最新发展趋势。

1981～1994 年，院派赴意大利、日本、美国、英国研修、实习和工作的人员共 11 人次，期限由 3 个月到 2 年不等。其中：1981 年，刘希曾参加意大利水处理讲习班 3 个月；

1983年，曲际水到日本大阪大学研修2年，课题是“生物除氮”；1984年，杭世珺到日本京都大学研修2年，课题是“生物除磷”及“污水处理CAD”；1985年，丁纪舜到日本工作实习1年；此外院派李艺、陈建生等6人先后到英国、美国、日本等国的工程咨询公司实习工作。

第二章 涉外经营

改革开放以来，院与中国建筑总公司等单位合作参与了十几个境外工程和几十项境内外资工程的投标。国家外经贸部授予市政院对外经营权后，为开拓国际市场和国内外贷款项目市场，院分别于1994年4月在马来西亚、1994年9月在北京成立中外合资“龙马（集团）工程有限公司”和“北京京江国际工程咨询有限公司”（以下简称“龙马公司”、“京江公司”）。

第一节 工程投标

80年代开始，院多次与中国建筑总公司等单位合作，参与了塞浦路斯利马索尔、泰国曼谷、尼泊尔加德满都、巴基斯坦拉合尔、叙利亚大马士革以及马来西亚等国10余项境外项目的投标（包括供水、输水、排水、城市立交、道路等）。1995年10月，“龙马公司”在马来西亚“古晋中华商厦”工程总承包项目中中标。这是院首次在境外投标获得的工程总承包项目。该项目建筑面积3000多平方米，合同金额260万美元。

80年代后期，院开展国内外资工程项目的招投标内容以承包给排水厂站的设备成套项目为主。截至1995年底，院“京江公司”竞投“上海长桥泵站”设备成套项目中标。该项目为院首次在境内中标且按照世行招投标程序进行的外资项目，项目合同金额501万美元。

第二节 合资与合作公司

1994年4月，院与北京市建筑设计研究院及马来西亚儒代堂工程有限公司在马来西亚古晋市注册成立“龙马（集团）工程有限公司”。这是院在境外设立注册的首家中外合资公司。该公司经营范围包括：建筑工程、市政工程、土木工程设计施工；装修、咨询、技术服务、工程监理、工程承包、施工机械、机电设备、房地产业、进出口贸易、矿山开采、计算机技术与设备等，注册资金8万美元。

1994年9月，院与美国“姜氏工程咨询有限公司”在北京注册成立“北京京江国际工程咨询有限公司”。这是院在中国境内成立的首家中外合资公司，营业范围包括：国际工程投标、咨询、设计、监理、总承包及相关配套业务，注册资金10万美元。

第三章　涉外工程

涉外工程包括境外工程和境内外资工程。院参与涉外工程始于50年代的对外经济援助项目。80年代后期，院与其它单位合作，开拓国际工程市场，承接境外工程和境内外资工程设计。按世界银行、亚洲开发银行（以下简称世行、亚行）或有关贷款国政府要求编制项目可行性报告、工程和设备标书。通过国外专家的评估、审查，掌握国际通行的设计程序、方法；内容、条例；通过世行、亚行提供国内外培训和有关出国进行技术考察与设备洽谈，解决项目有关技术问题，了解和掌握国外技术发展水平与趋向。

第一节　对外经援项目与境外工程设计

一、对外经援项目

1957～1990年，院积极承接国家分配的援外工程任务，先后承担了蒙古、越南、索马里、扎伊尔、阿尔及利亚、苏丹、赞比亚、毛里塔尼亚、斯里兰卡、格林纳达、马达加斯加、塞舌尔、刚果、苏丹等10几个国家10余个项目的工程设计、咨询、监理和施工管理、验收等任务。专业涉及给水、排水、道路、桥梁、结构、机、电等。这些工程由中国政府投资，采用中国的设计规范，与中国的施工单位合作。具体项目有：

（一）索马里哈尔格萨市供水工程设计

1970年10月中国援索水源队打成六口深井。水源取自深层地下水，供水规模为4000立方米/日。供水工程由水源地、一、二级加压泵房、输水管线直径300毫米钢管23公里、高地钢筋混凝土水池1500立方米以及配水系统组成。

设计完成日期1971年3月。施工期为1971年9月～1973年9月。

（二）索马里哈尔格萨市供水扩建工程设计

工程包括：增加水源井6口，扩建一、二级加压泵站，铺设DN300毫米输水管23公里，增加1500立方米高地水池1座，增加配水管网10余公里。扩建工程在原有供水工程基础上增加了消毒措施，使供水水质符合生活饮用水要求。扩建供水规模4000立方米/日。投资额2300万元人民币。

设计完成日期：1984年，施工期为1985年10月～1987年10月。

（三）索马里巴依多瓦市供水工程设计

工程包括：3座深井泵房；在井附近处的高位水池；2公里输水管道重力输水至市内配水管网，以及在二号泉处建引泉室及加压泵站，将水直接加压输水配水管网。工程规模1000立方米/日。

设计完成日期：1976年。

（四）民主刚果（原扎伊尔）金沙萨检阅台、广场、道路及给排水工程设计

该项目由国家计委、经贸部和建设部组织。院承担该项目中广场、道路及室内外、给排水管道工程设计。广场规模6.4万平方米；道路面积2.1万平方米；给排水管线长6公

里，断面为φ200毫米～4×4米方沟。

设计完成日期：1975年。

(五) 马达加斯加木腊芒加兵工厂给水工程设计

设计采用原水经跌水、曝气、过滤除铁后经加药进清水池工艺。供水规模：2400立方米/日。投资额70万元人民币（仅用于设备安装）。

设计完成日期：1988年。

(六) 斯里兰卡普塔兰供水工程设计

为解决普塔兰镇3.5万居民饮用水供水问题，由中国成套出口公司委托我院承担该工程设计。由于水中含铁量超标，采用除铁处理。工艺流程为跌水曝气，过滤、消毒后进清水池。供水规模7000立方米/日。投资额3400万元人民币。

设计完成日期：1990年。

(七) 斯里兰卡奇劳供水工程设计

该工程旨在解决奇劳镇3.7万居民供水问题。由于原水含铁偏高，需除铁。工艺流程为跌水曝气——无阀滤池过滤——加氯消毒。供水规模7200立方米/日。投资额3800万元人民币。

设计完成日期：1990年。

(八) 毛里塔尼亚首都给水工程验收

该工程由国家对外经济贸易部委托我院进行工程验收。验收合格后投产，全部工程移交给毛里塔尼亚政府管理。

(九) 格林纳达供水工程方案评估

该工程由国家对外经济贸易部委托我院进行项目考察评估，并提出项目考察报告及工程方案。

完成日期：1987年。

(十) 刚果韦索供水工程验收

该工程由中国成套设备进出口公司委托我院进行验收。工程竣工后，由我院验收合格，并移交当地政府管理。供水规模为：1550立方米/日。

1987年2月设计完成，竣工日期1989年12月。

(十一) 阿尔及利亚城市建设工程

该项目由国际工程咨询公司等单位组织，我院潘家骅、孙尚文参加咨询专家组，于1985年3月～1987年3月对该国BBA省的道路等多项工程进行咨询和设计，该省客运中心工程被当地报界称为中阿经济合作的典型。

此外还有蒙古乌兰巴托道路工程设计、越南北方3#公路勘察设计、阿尔及利亚道路广场工程设计、赞比亚公路验收及咨询、苏丹大桥咨询及施工管理和塞舌尔游泳池施工监理等。

二、境外工程设计

院已完成的境外项目主要有由中国建筑工程总公司委托院承担的博茨瓦纳首都哈博罗内污水处理厂设计，处理厂规模远期为8万立方米/日，近期为4万立方米/日。污水经二级处理后排放。工程总投资7000万普拉。哈市对工程设计要求采用博茨瓦纳设计标准、技术规模和合同条款（Fidic条款），即英国（BS）和南非（SABS）标准。设计按哈市要求，经过概念设计（即方案设计）、初步设计、施工设计、工程设备投招标4个阶段，从1991年1月开始，编制项目建议书和可行性研究报告，完成初步设计、设备投招标文件和施工图，历时2年多。在施工阶段，哈市要求院设计组作为监理方与其雇佣的管理工程师密切配合，完成施工和运行的交验工作，严格按国际上通用的Fidic条款中索赔等要求进行。工程于1995年3月30日动工，于1997年7月30日交工。1997年8月开始污水运转，目前出水水质已达到设计要求。

设计水质

按常规的城市生活污水的进出水水质进行设计。

进水水质：BOD_5=300毫克/升，COD=400毫克/升，SS=300毫克/升。

出水水质：BOD_5=20毫克/升，SS=30毫克/升，COD=38毫克/升。

工艺流程采用传统的二级处理活性污泥法表面曝气器充氧工艺。即：

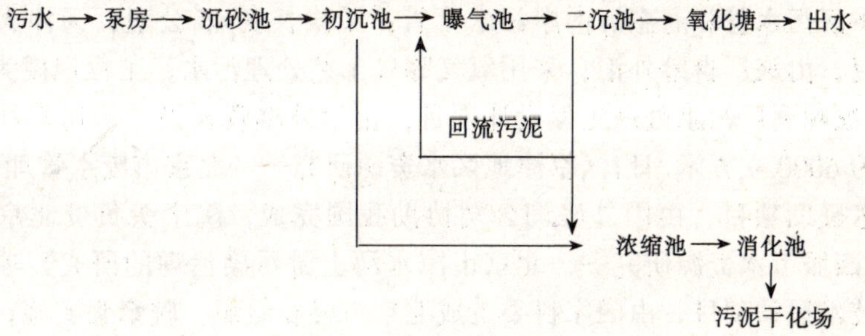

沉砂池：采用平流式曝气沉砂池，长17.8米×宽6米，有效水深H = 3.3米。

初沉池：为圆形辐流式沉淀池，直径D=32米，有效水深H=4米，共2座。

曝气池：矩形，长92米×宽34米，有效水深H=4.5米，共2组。曝气装置为倒伞形表面曝气器，共10台。

二沉池：为圆形辐流式沉淀池，直径D = 32米,有效水深H = 4米,共4座。

污泥浓缩池：采用重力浓缩，圆形，直径D=14米，有效水深H=4.5米，共2座。

污泥消化池：为立式，圆形，直径D=16米，高H=10米，共4座。

污泥干化场：总面积为20万平方米。

设备及自控系统均采用招标方式选定。设备由英国Biwater公司提供；自控仪表由查尔顿公司和坎兹公司提供。总的设备和仪表自动化水平与南非水平相当，即相当于欧洲英、法当今水平。

这是院第一次打入境外市政工程设计市场，收取所在国硬通币作为设计费的项目，也是院按国际上的设计咨询模式与通用设计文件构成内容，第一个在境外完成各专业、各阶段设计文件的项目。标书文件包括商务条款、技术要求及工程量清单，按国际FIDIC条款撰写。

截至1995年12月，院共向境外派出投标设计、监理人员82人次。

第二节　境内外资工程设计与科研

院承担的境内外资工程设计与科研项目包括：世界银行等国外机构向国内城市提供外币贷款的大型环境项目设计；亚洲开发银行等国际机构对我国进行技术援助的科研项目；以及企业自筹外汇、委托院设计的工业废水处理项目。其中，北京市第九水厂一二期工程设计项目，由日本协力基金提供部分贷款；一二期工程各50万立方米/日；重庆梁沱水厂工程设计项目，由日本协力基金提供贷款，工程规模30万立方米/日，一期工程20万立方米/日；北京市高碑店污水处理厂一期工程设计项目，由日本海外协力基金提供贷款，工程规模为50万立方米/日；北京市阿苏卫城市垃圾填埋厂设计项目，由世界银行贷款，工程规模2000吨/日；北京市区水污染治理工程设计项目，由世界银行提供贷款，包括北京第三水厂保护区污水管和通惠河南岸污水干管，干线长度45公里；天津大化纤污水处理工程设计项目，由该厂自筹外汇，采用氧气曝气工艺处理污水，工程规模为10000立方米/日；中德武汉啤酒厂污水处理工程设计项目，由中外合资建设，采用悬挂式微孔曝气器，工程规模为6000立方米/日；《京津地区水资源研究——北京市废水管理研究》项目，为亚洲银行技术援助项目，由国外咨询公司协助我国完成，院牵头负责北京市排水子项目；《中国华北四城市水资源研究——北京市凉水河上游污染治理的研究》项目，为联合国技术开发署技术援助项目，由国家科委责成北京市科委组织，院牵头实施，内容是北京市凉水河流域水污染治理方案的研究，由美国麦克唐纳公司担任技术咨询。

第五篇　生产管理

院生产管理机构及职责分工，随经济体制改革，进行过多次裁并调整。

1955～1966年，生产管理主要是对设计、科研的计划管理和技术管理，分别由计划室与技术室对口承担。1958年，为裁并机构，精简行政管理人员，一度将计划室合并到技术室，统一承担设计、科研计划、技术管理。1961年，为加强计划统计工作，又恢复计划室设置。

1966～1976年"文化大革命"期间，生产管理机构与职责分工又进行过两次合与分的变动。1968年，院革命委员会决定，计划室、技术室合并，改建为生产组，全院生产及计划、技术管理工作统一由生产组承担；1972年，生产秩序开始恢复，生产组已不能满足生产管理的需要，经建设局党委批准，撤销生产组，成立设计管理室并下设计划组、技术组和科研情报资料管理组，生产管理工作划为设计管理室统一管理，设计计划管理、技术管理及科研管理分别对口由计划组、技术组及科研情报资料管理组具体承担。

中共十一届三中全会以后，随着企业化经营的开展，生产管理机构及管理职责分工又进行多次变动。1981年，院党委决定，撤销设计管理室，组建计划财务科、技术室和科研情报室，设计计划管理、技术管理及科研管理，由计划财务科、技术室及科研情报室分别承担。1984年，为加强质量管理和生产经营管理，经市规划局党组批准，撤销技术室和计划财务科，组建总工程师办公室和生产管理室，全院技术、质量和科研管理划为总工程师办公室承担，计划经营管理划为生产管理室承担。

1987年，院升为局级事业单位后，经首都规划委员会办公室批准，生产管理机构合并设置为经营计划处、技术处，经营计划管理工作划为经营计划处承担，设计技术管理及科研管理划为技术处承担。

1993年，为精简二线人员，加强生产经营与统一管理的职能作用，院党委决定经营计划处与技术处合并，成立生产办公室。全院生产管理工作，包括设计、科研及业务建设的技术、质量及计划管理，统一划归生产办公室管理。生产办公室下设计划科、技术科。由计划科分工承担设计经营、统计分析等管理工作；技术科分工承担设计技术、质量、技术经济及科研、业务建设管理业务。院生产管理工作主要有经营计划管理、技术管理（包括技术质量管理、技术经济管理、科研及业务建设管理）、全面质量管理。

生产管理模式主要有两个时期的变化，1955年建院至1978年期间，是事业单位计划经济的管理模式。此期间院按北京市主管部门要求安排生产计划、完成生产任务，按市政府拨付的经费控制成本开支。1978年中共十一届三中全会以后，院生产管理模式逐步过渡为事业单位企业化经营管理，逐步实行了自主经营、自负盈亏、自我发展、自我约束的管理模式。1986年实行设计任务全部委托，全面收费后，经济上开始进行独立核算，生产任务除北京市的要求外，逐步向国内其他省市及国外设计市场扩展，广泛开展投标，多渠道承揽咨询设计任务。

第一章 经营计划管理

经营计划管理工作主要开展经营管理、计划管理及统计分析管理。

建院初期，计划管理、统计分析管理处于起步阶段。1956 年建立计划管理、统计分析管理规章制度（试行草案）。

中共十一届三中全会以后，经营计划管理工作不断完善，并采用了计算机管理技术。1987 年院设立经营计划处（1993 年改为生产办公室，下设经营计划科）后，经营计划管理设任务管理、合同管理、测钻委托管理、计划管理及统计分析管理等专职人员，加强经营开拓的管理。1988～1989 年，分别制定并颁布执行院《经营计划管理制度》及《计划管理手册》。

第一节 制度建设

1955 年 12 月，根据国家建设委员会颁发的“勘察设计机构计划编制及统计规章”和国家统计局颁发的有关统计工作规定，院制定《北京市市政工程设计院计划管理制度（草案）》，初步规定勘察设计计划项目编制年、季、月工作计划，开展统计、调度工作制度等内容、范围和要求。1957 年上半年，经院务会议讨论通过，正式颁布实行。

1957 年院制定《北京市市政工程设计院勘测设计工作程序（草案）》，规定代甲方拟订计划任务书、大型工程勘测设计程序（包括初步设计、技术设计编制程序）、一般工程勘测设计程序等内容和要求。

1958 年为便于衡量生产部门工作水平，统一计算标准，建立生产人员经济核算观念，制定了《北京市市政工程设计院工作量计算办法（草案）》，规定设计、测钻采用货币计算工作量的标准，科学研究、文印装订采用实物工作量计算的标准，1959 年经修订后实施。1962～1964 年，对工作量计算方法及工日定额，逐年进行了修改补充，制定桥涵、给水、排水、河湖、水源井、污水泵站等 10 多项设计工日定额。

1959～1961 年，随计划管理工作的开展，陆续对原“计划管理制度（草案）”进行修改和补充，增加承接任务、下达任务、计划检查、计划变更、计划平衡的管理办法，制定了计划安排表、进度统计表、工日利用分析表及工作卡片。

1978 年，随着生产秩序的恢复，院重新制定《计划管理制度（讨论稿）》，进一步规范测钻委托、编制计划、检查计划及统计工作的内容和要求。

1988 年，根据全面质量管理工作的要求，于 6 月份制定《北京市市政设计院经营计划管理制度》。1989 年，经进一步完善和补充，改编为《北京市市政设计院计划管理手册（测设部门）》（以下简称《手册》）。《手册》规定经营管理总则，经济承包指标与指标分解的原则和方法，合同管理，收费标准的采用及收费管理办法，计划编制程序、原则、调整、检查及考核规定，统计管理编码序列，完成设计项目、设计概算额、收费额、实物工作量、图纸量以及使用生产工日、图纸重复利用率、设计周期等统计内容和要求，完成概算增长率、收费增长率、全员概算额、全员收费额、万元收入成本计算、工日定额对比率、合同履行兑现率、作业率、出勤率、图纸重复利用率等统计分析指标的计算方法和要求，设计能力、工时利用、设计增长速度、设计定额、工日价格等统计分析方法和要求，以及使用计算机文件库、数据库、表格库、图形库、管理软件等使用计算机进行计划、统计管理的办法和要求。同时制定使用任务委托单、任务通知书、计划安排表、工时利用统计表、报出项目统计表、测量钻探委托书、索取资料结算单、造价与收费估算表、收费通知单、文件报出卡、文件发送单、各种合同格式等20项附件或表格的形式和内容。

第二节　经营管理

经营管理工作，主要开展了设计任务管理、合同及收费管理、测钻委托管理及技术市场业务的管理。

一、设计任务

1978年以前，院主要承担国家和市政府下达的市政工程设计任务。1955～1978年24年期间共完成设计项目3108项，平均每年完成129项；共完成设计概算145043.90万元，平均每年完成6043.50万元。1955～1978年院报出设计项目数及完成设计概算额见表5-1。

表5-1　1955～1978年院报出设计项目及完成设计概算额统计表

统计年份	报出项目	完成概算（万元）
1955	81	1514.10
1956	139	3529.50
1957	108	2510.00
1958	179	4757.20
1959	245	5318.70
1960	312	8499.20
1961	91	1050.80
1962	66	845.00
1963	106	2038.60
1964	87	3610.00
1965	91	10127.50
1966	73	1062.30
1967	108	2785.20
1968	84	3715.20
1969	117	6368.20
1970	114	6778.20
1971	114	2952.90
1972	121	3697.00
1973	175	7822.70
1974	162	21089.90
1975	122	16545.90
1976	101	5702.90
1977	138	10555.30
1978	174	12167.60
合　计	3108	145043.90

1979～1984年院逐步增多承接委托工程设计，并实行委托工程设计收费。这期间，承接委托收费项目较少，尚属企业化经营的开拓阶段。

从1984年开始，由原生产管理部门承接任务，逐步发展为由院生产管理部门牵头与一线生产部门共同开展承揽业务。1992年院实行“两保一挂”承包责任制后，生产经营进一步发展为全院职工的经营活动，采取院生产管理部门统一管理、设计所协助办理（承揽任务、签订合同）、全院职工积极参与（介绍任务、提供信息）的经营措施。与此同时，院制定了承揽任务及提供信息奖励制度。

此外1984年以后，院进一步加大开拓设计市场的力度，陆续在大连市、深圳市、海口市、厦门市及广西北海市建立了5个外省市设计分院，承接广东、广西、海南、福建、东北各省市及周边地区的咨询设计业务。

1986年起，院实行设计任务全部委托，全部收费办法，将效益与单位或个人紧密挂钩，更大地提高了全院职工开拓市场、承揽业务的积极性，承接项目、地区、范围有进一步拓宽。

进入90年代后，随着院内计算机技术的开发和应用，生产能力进一步提高，加上设计市场竞争激烈等因素，设计业务逐年不足。为加强经营开拓，扩大业务来源，院提出“确保北京、面向全国、走向世界”的经营方针，采取走出去请进来的方法，进一步加强同北京市有关单位、同全国各省市及国际同行业单位的业务联系，开展业务合作，承接承包咨询设计业务。1994年主要在北京市开展同各开发公司的联络，承揽各开发区的小区市政配套业务，并在北京市亦庄经济技术开发区建立设计分院。与此同时，分院加强了同当地政府主管部门及业主的联络。通过加强设计质量、提高技术水平，开展优质服务等措施，扩大和保持了设计市场业务。1992年以来，分院每年完成设计概算值均在10亿元以上，先后承接石家庄市二环路、邯郸市二环路、贵州污水处理厂、广西污水处理厂等大型市政设计业务，不断扩大东莞市及湛江市的供水设计业务，在广东、广西、河北、贵州等省市发展新的设计市场。

为进一步开拓国际设计市场，1994年院取得对外经营权后，即组建外经处并与美国姜氏公司合作成立“京江公司”；与北京市建筑设计研究院联合同马来西亚儒代堂有限公司联营，在马来西亚设立了境外公司——“龙马（集团）公司”，开展国际工程咨询设计及工程总承包业务。

1995年，院加强了经营班子，对各级党、政、技领导干部及全院职工加强了经营意识的教育，组织生产管理部门与生产部门相结合的经营网络，开展全方位经营活动，发动全院职工参与经营、承揽业务。1995年各级领导带头在北京市走访市有关委、局、区县和开发公司20多家，建立业务联系，承接设计咨询任务30余项；与外地18个省市30多个地区建立联系，承接外地市政工程设计业务10余项；组织参加10多项国际工程或国际贷款项目的投标活动，并在马来西亚古晋中华总商会办公楼工程总承包项目及世界银行贷款的上海长桥泵站机电设备项目等工程中中标。

1979～1995年17年期间，院共完成设计项目5795项，平均每年完成351.6项，是1978年以前每年平均完成项目的2.7倍；完成设计概算共计1906922.99万元，平均每年完成112171万元，相当1978年以前每年平均完成概算额的18.6倍。1979～1995年院报出设计项目数及完成设计概算额见表5－2。此外，5个分院共完成设计概算682321万元。

1985～1995年分院完成设计概算额见表5－3。

表5－2 1979～1995年院报出设计项目数及完成设计概算额统计表

统计年份	报出项目	完成概算（万元）
1979	216	14583.50
1980	225	12203.80
1981	268	21227.30
1982	242	23814.90
1983	193	32963.50
1984	329	46295.50
1985	281	66431.00
1986	274	64874.00
1987	344	65219.80
1988	446	62780.42
1989	353	57366.00
1990	335	72181.46
1991	326	89083.41
1992	480	153058.52
1993	500	278478.27
1994	500	444497.94
1995	483	401863.67
合　计	5795	1906922.99

表5－3 1985～1995年分院完成设计概算额统计表

年份	深圳分院完成概算（万元）	海南分院完成概算（万元）	厦门分院完成概算（万元）	大连分院完成概算（万元）	北海分院完成概算（万元）	合计完成概算（万元）
1985	323			637		960
1986	1909			137		2046
1987	4454			1410		5864
1988	4635			2200		6835
1989	13909	3541		760		18210
1990	24090	4283	1538	4550		34461
1991	28133	9833	9923	8120		56009
1992	86947	15083	14923	9590		126543
1993	62708	30458	35015	21900		150081
1994	49341	41666	24615	25940		141562
1995	50722	33000	29470	20460	6098	139750
总　计	327171	137864	115484	95704	6098	682321

二、合同及收费

合同及收费管理工作，从1979年试行委托项目收费后开始进行。当时没有成熟的管理办法和管理制度，未设专职管理人员，合同及收费工作由计划管理人员兼职办理。合同采用院编制的合同试行文本。收费采用市建委下达的试点单位临时收费标准。

1984年以后，根据国家颁布的《建设工程勘察设计合同条例》及国家计委颁发的《工程设计收费标准》，院着手制定合同管理及收费管理办法，并修定合同文本。1987年院颁布执行院修定的《市政工程设计合同》铅印本。1988年，院制定合同管理办法和收费管理办法，并编入1988年院《经营计划管理制度》及1989年院《计划管理手册》，在全院颁布执行。

1989年，北京市开展“重合同，守信誉”活动后，院进一步加强合同及收费的管理工作，制定院生产管理部门与生产部门两级合同及收费管理办法，即在院生产管理部门统一管理合同与收费的前提下，允许设计所经院同意代签部分合同、代收设计费。

1994年，院有关领导及生产管理人员，参加北京市西城区举办的合同法培训班后，在全院开展了争创“重合同，守信誉”单位称号的活动。1995年下半年，经北京市西城区工商局检查验收，通过“重合同，守信誉”单位达标认证。1996年3月，经北京市工商行政管理局批准，颁发了《授予北京市市政工程设计研究总院为1995年“重合同，守信誉单位”》奖牌。

(一) 合同管理

1987年院设置专职合同管理员，建立合同台帐，规定合同签订手续主要内容及要求有：

合同签订—按初步洽谈（即与建设单位进行委托业务意向谈判，在谈判协商的基础上填写委托书或委托意向书）、技术洽谈（洽谈确定技术标准、工艺及设计基础资料的提供）、商务谈判（谈判确定出图进度、收费标准、付款方式办法、双方义务与权力、双方索赔等）的程序进行。

合同拟订—分综合专业项目与一般项目两种情况。跨所综合专业较大工程设计合同，由生产管理部门经营管理人员拟定或组织拟定草稿，经设计总负责人签认，报院长批准；也可委托设计所负责人拟稿，生产管理部门会签编号后报院长批准。一般项目合同，由设计所负责拟定合同草稿，经所长签认，送生产管理部门审查编号后，送总（副总）工程师审，报院长批准（所管项目不经院领导审、批）。分院合同及院属公司的合同签订，除特大工程、技术复杂需经院会签、审批外，一般由分院或公司自行办理。

合同文本—工程设计合同，1994年以前采用院编制合同文本；1994年以后改用由北京市城乡建设委员会制定，北京市工商行政管理局监制的《北京市工程设计合同》。办理技术市场业务合同，1990年以前，采用由北京市技术市场协调指导办公室制定，北京市工商行政管理局监制的《北京市技术交易合同》；1990年以后，改用由国家科学技术委员会监制的《技术转让合同书》、《技术服务合同书》、《技术咨询合同书》及《技术开发合同书》。

(二) 收费管理

由生产管理部门会同财务部门组织进行。生产管理部门负责组织收费工作，与生产部门共同办理收费；财务部门负责收款业务。其收费标准与收费方式为：

收费标准—1992年以前总院执行国家计委于1984年、1985年颁发的《工程设计收费标准》、《工程勘察收费标准》；1992年以后院执行国家物价局与建设部1992年颁发的《工程勘察和工程设计收费标准》及国家物价局与建设部1993年颁发的《城市规划设计收费标准》（1993年以前执行的是国家计委1987年颁发的《城市规划设计收费标准》）。各分院或外省市设计项目收费标准，一般采用总院执行的收费标准，有的项目经甲方要求采用当地收费标准。单项设计一般采用其他行业相关的收费标准，没有收费标准的一般按2%的标准收费。

收费方式— 一般按合同生效、初步设计报出、施工图报出三个阶段，分别按20%及60%分段收费；小型工程按合同生效、施工图报出两个阶段，各按50%进行收费；大型工程项目，设计周期较长，经建设单位同意，在施工图进行过程中收取施工图设计费的一部分，作为第三次预付款，并在施工图报出后，留10%设计费，作为设计抵押金，在竣工投产使用后予以结清。

1984～1995年总院及各分院每年完成收费额统计表见表5-4。

表5-4　1984～1995年总院及各分院每年完成收费额统计表

年　份	总　院（万元）	深圳分院（万元）	海南分院（万元）	厦门分院（万元）	大连分院（万元）	北海分院（万元）	分院合计（万元）	全院合计（万元）
1984	773.05							773.05
1985	1013.85	3.56			10.70		14.26	1028.11
1986	1321.26	21.00			2.30		23.30	1344.56
1987	1107.95	49.00			23.70		72.70	1180.65
1988	1317.14	51.00			35.70		86.70	1403.84
1989	1378.36	153.00	42.50		12.78		208.28	1586.64
1990	1298.03	265.00	51.40	20.00	76.50		412.90	1445.93
1991	1719.83	422.00	118.00	129.00	124.96		793.96	2513.79
1992	2515.98	1652.00	181.00	194.00	145.00		2172.00	4687.98
1993	4531.57	1191.46	365.50	455.20	270.00		2282.16	6813.73
1994	6093.18	750.00	500.00	320.00	305.00		1875.00	7968.18
1995	7174.81	771.00	432.42	383.11	220.59	84.00	1891.12	9065.93
总　计	30245.01	5329.02	1690.82	1501.31	1227.20	84.00	9832.35	40077.36

三、测钻委托

1964年3月以前，院生产机构设有测量钻探队，设计所需测量、钻探资料实行内部委托，由生产管理部门按生产任务下达给测量钻探队组织完成。1964年3月以后，院测量钻探队，并入市规划局下属勘测处。此后测量钻探任务实行对外委托。一般由设计负责人提出委托书，由院生产管理部门统一委托市规划局勘测处（后分为勘察院和测绘院）进行。

1985年6月，为加强工程测量与设计的配合，院重新组建测量队。部分测量任务实行内部委托，下达给院测量队负责组织完成。

1987年以后，随市场经济的开展，有部分测量钻探任务委托中国航空工业勘察设计研究院和中国兵器工业部勘察研究院承担。

1992年，为适应市场竞争的形势，根据上级主管部门的要求，对测钻任务委托试行招标议标方式。1995年，试行招标评标方式，对中标单位进行委托，在京沈高速路工程中进行了试点。测量钻探任务招投标工作，由院生产管理部门组织进行，负责标书拟定、组织专家评议、评选中标单位等工作。由北京市勘察设计管理处进行监督、指导。

1977～1995年期间，院委托测量业务达3131项，委托钻探业务1229项。

分院及外地工程测钻任务委托，一般由甲方（建设单位）负责。院负责提供测、钻委托书及必要的图纸。

四、技术市场

1984年，北京市科委成立《北京市市政工程及水处理技术开发部》，率先在北京市开展技术市场活动。根据市科委精神，院也相应成立《市政工程及水处理开发部》，负责与市科委联系办理技术市场业务。当时办理的合同主要是一些小型咨询项目。

1987年7月，北京市科技协作中心，批准院成立《北京科技协作中心市政设计院分部》。此后院开展技术市场活动，主要通过北京市科技协作中心合同登记处办理。开展的主要项目是技术咨询项目及部分技术转让、技术开发和技术服务项目。

1993年及1995年，北京市勘察设计管理处先后成立“新科”技术市场合同登记处及“京惠”技术市场合同登记处。从行业系统要求，院每年选取部分技术市场项目，通过“新科”或“京惠”技术市场合同登记处，办理技术市场业务。

1994年，北京市科技咨询中心理事会，批准院为北京市科技咨询中心理事单位。此后，院办理技术市场业务，部分项目又通过北京市科技咨询中心合同登记处进行，根据“075号合同”精神，重点办理技术服务项目。

为加强技术市场业务的管理，1987年以后，院生产管理部门设置专职技术市场管理员，负责或组织生产部门与甲方办理技术合同，与技术市场合同登记部门办理技术市场合同，上缴管理费，提取和分配劳动酬金等管理工作。

为加强政策把关，1994年院建立技术市场项目逐级审核制度。对技术市场项目采取按工程管理级别（院管、所管两级），分别由院总（副总）工程师审核（院管项目）及设计所主（副主）任工程师审核（所管项目）的措施。院生产管理部门，根据审签意见组织办理技术合同和技术市场合同。

分院办理技术市场业务，有北京总院办理与当地办理两条渠道。在北京办理的项目，按北京有关政策和手续，由院生产管理部门统一办理。在当地办理的项目，按当地有关政策规定和手续，由分院自行办理。

1987～1995年，院在北京办理技术市场项目数量及金额见表5－5。

表 5－5　1987～1995 年院在北京办理技术市场项目数量统计表

年　度	项 目 数 量	金 额（万元）
1987	30	105.00
1988	33	95.00
1989	22	115.67
1990	32	87.30
1991	22	79.97
1992	21	400.72
1993	21	151.02
1994	61	3271.59
1995	71	1631.09
总　计	313	5937.36

第三节　计划及统计分析管理

计划管理主要进行任务预测、组织制定年度生产计划及季度工作计划、组织调度（检查落实生产计划、协调生产人员及工程进度）。

统计分析管理主要进行生产要素及生产指标的统计及其实施情况的分析和反馈。

一、任务预测

1984 年以前，院的设计任务来源于北京市各委、办、局，通过市政府下达或市领导直接交办，院未开展正规任务预测工作。

1984 年以后，随着企业化经营的开展，为实现经济承包责任制指标，院提出加强任务预测措施，将任务预测交生产管理部门组织进行，于上年底预测下年生产任务情况，编制生产任务项目预测表，由计划管理人员，根据上年遗留工程项目、下年市计划会议安排项目（俗称大本上的项目—— 包括当年建设和提前年度规划设计项目）、委托单位提供项目及院领导或一线生产部门了解的任务信息项目进行编制。

任务预测的内容主要有：下年计划实施及可能实施的项目清单，下年任务预计工作量，完成产值（设计概算值）估算，完成收费指标估算，编制下年任务形势分析报告，提出注意问题及措施建议。任务预测报告，由院领导和院长办公会讨论，进行研究决策，作为下年编制年度计划的重要依据。

院每年按任务预测情况制定、调整对上（上级主管部门）承包指标及对下（院生产部门）分解承包指标。参照任务预测情况，协调安排各生产部门的项目、进度、质量要求和收费指标。

1984 年以来，每年按任务预测报告编制年度计划，组织安排生产。1995 年与 1984 年相比，完成产值指标平均每年增加 69.8％。

二、计划管理

建院初期，计划管理工作范围，包括生产计划（设计、科研、测量、钻探计划）、劳动工资计划、基本建设计划、物资供应计划等项目。

1955～1960 年，院承担北京市管线及市政公用各局年度计划建设项目的汇总与综合平衡任务，编制平衡的年度计划草案，上报市人委审批。院编制设计年度计划以此为依据。此后，则根据上级机关综合平衡后的市政公用各局计划，确定院年度计划项目。

季度计划，由计划室根据年度计划提出工作项目进度要求，转生产室编制项目货币工作量预算及进度表。月度工作计划，由生产室组织设计人员，依据季度计划和要求进行编制。调度工作，由计划室组织进行，主要开展工作有：按月工作计划检查生产进度、协调生产任务、组织人员调配、组织计划调整、组织反馈及检查落实院生产会议决议的执行情况。

1957 年院制定《计划管理制度》第一稿，计划管理工作开始按制度进行。

“文化大革命”期间，计划管理工作处于半停顿状态，委托任务较少，计划管理工作主要是按北京市下达任务要求，组织季度计划安排。

1978 年以后，生产秩序逐步恢复，院进一步加强计划管理的规范化、制度化工作，采取按业务性质分工管理的办法。生产管理部门着重管理生产计划，劳动工资、物资供应等计划转其他职能部门进行管理。

1988 年以后，计划编制范围为年度生产计划、季度生产计划、室月生产计划和班组生产作业计划及大型工程综合设计计划 5 个类别。

年度生产计划　为全院全年控制计划。参照任务预测，由生产管理部门进行编制，报院批准后实施。其主要内容包括：全年任务形势分析、目标和要求，计划指标及完成工作量，重点工程、指令性任务的要求，全院生产能力的测算，奖金控制水平测算，全院收入测算，保证计划实施的具体措施，工日分配比例控制，年度经营策略 9 个方面。

季度生产计划　为保证年度计划的完成，组织生产的控制性计划。由生产管理部门组织各设计所进行编制。其主要内容包括季度进行（或完成）项目，任务项目的投资和工程量，审批管理级别和设计阶段，季度完成工作内容、日期及全部完成日期，项目总负责人、项目负责人（或设计负责人）及设计人的安排，对测钻资料、管线综合图要求时间，备用及准备项目，施工配合项目等。

室月生产计划　依据季度计划，由设计所组织下属设计室进行编制。其主要内容包括：月计划完成项目，确定项目负责人、设计负责人、设计人、校对人，制定工作的工序、内容和起讫日期。

班组生产作业计划　依据设计室月生产计划，由设计室组织下属班组进行编制。其内容按室月生产计划要求进行，并提出完成室月生产计划的具体措施。

大型工程综合设计计划　为保证国家重点工程或北京市指令性任务的完成而编制。按工程要求，由工程主持人组织各专业负责人进行编制。其主要内容包括：工程总项目及子项目，专业配合时间和进程，全部项目起讫日期及进度要求，确定项目负责人和专业负责人。

计划的调整和变更，一般按两种情况进行。即：设计所内部原因进行调整和变更计划的中小型项目，经甲方同意，在不影响季度计划执行的情况下，由设计所在月生产计划或班组生产作业计划中进行调整，报生产管理部门备案；大型工程或上级及甲方提出的计划调整变更项目，由设计所或生产管理部门报请主管总（副总）工程师及主管院长批准后，进行调整变更。

计划检查，由生产管理部门于每季度中和季度末组织设计所主管所长及计划员进行。

主要检查工作有：计划执行情况及存在问题，研究分析计划调整的原因及措施。

计划考核，主要进行合同履约率、指令性计划完成率和收费完成率的考核。院每年根据年度生产计划安排制定计划考核指标，由生产管理部门于每季末进行季度生产计划考核，于年底进行年度生产计划考核。

三、统计分析管理

1966年以前，统计分析工作主要是按国家统计报表要求，由生产管理部门进行统计上报工作。其主要统计内容有：年、季、月生产报表，各类人员工资报表及完成基本建设投资的报表。

“文化大革命”期间，统计工作时有时无，统计项目较少。

80年代以后，随着企业化经营的开展，院不断加强统计分析的管理，使统计分析工作逐步成为编制年度生产计划的重要依据，指导全院生产任务安排。

1988年，生产管理部门建立计算机工作站，配备统计分析软件和数据库，由生产管理部门专职统计分析管理人员与各设计所计划员联网开展运用计算机进行统计分析管理工作。建立项目编码、合同编码、存档编码、人员编码等计算机统计编码序列。

1988年以来，统计分析工作主要开展完成工作量、工作指标及生产能力的分析统计。

（一）完成工作量统计

完成设计项目　按建设单位委托内容、按专业、按设计阶段3种类别进行统计。

完成概算额　按方案、初步设计、施工图设计3个阶段进行概算额、投资额完成量统计。

完成收费额　按设计前期费、设计费、咨询费、测量费、技术服务费分别统计。

完成实物工作量　道路按公里、平方米，桥梁按座、平方米，给水、雨水、污水、煤气及热力管线按公里，给水厂、水源井、污水及中水处理厂、给排水泵站按座、吨/日，照明及变电站按座、变电能力，工业与民用建筑按平方米及等级，工程测量按标准平方公里分别统计。

复用图纸张数　按标准图及重复使用设计图张数进行统计。

完成设计图纸张数　按施工图纸折合成2#标准图的张数进行统计。

生产工日数　按设计前期、初步设计、施工图设计、配合施工四个阶段的实用工日数进行统计。

设计周期　按设计前期、初步设计、施工图设计3个阶段设计周期进行统计。

（二）完成工作指标统计

完成概算额增长率　按当年完成概算额与近5年平均完成概算额之比计算。

完成收费增长率　按当年完成收费额与近5年平均年完成收费额之比计算。

全员完成概算额　按统计期内完成概算额全院人均值计算。

万元收入成本　按总成本比总收入计算。

设计周期对比率　按综合统计设计周期与综合定额周期比计算。

实耗工日对比率　按综合统计实耗工日与综合定额工日比计算。

合同兑现率　按合同如期完成数与计划完成数比计算。

作业率　按统计期内作业工日与实有工日比计算。

出勤率　按直接生产人员实际作业天数与计划作业天数比计算。

图纸复用率　按复用图纸张数与全部图纸张数比计算。

（三）生产能力分析

设计能力综合分析　按完成概算额、任务分配与组合、任务复杂程度、设计市场动态分析全院设计能力。

工时利用分析　按生产工日与非生产工日的使用情况，分析生产任务及生产工日安排的合理性。

设计能力增长速度　按设计能力增长率，分析生产能力增长及生产计划安排的规律性、合理性。

国家设计定额工日与设计周期定额对比分析　按国家工日定额与设计周期对比，分析合理的工日定额和设计周期。

工日价格　按工日价格不平衡情况，分析各专业工日价格合理值，提出调整系数。

第四节　经营承包管理

院开展经营承包管理活动，主要经过两个阶段。1983～1991 年为试行技术经济责任制阶段，1992 年以后为实行“两保一挂”承包责任制阶段。

一、试行技术经济责任制

1983 年根据北京市二委（市建委、市计委）一部（市财政部）联合通知的精神，院酝酿试行技术经济责任制，试行全面收费。1984 年初院提出《关于市政设计院试行技术经济责任制》的请示，经主管局（市规划局）上报市建委。1984 年 6 月，据市建委批复，院全面试行技术经济责任制，每年提出 5 项技术经济承包指标，实行全面完成 5 项指标后，按国家计委、财政部、劳动人事部规定的留院使用盈余金额按 4:3:3 的比例，分别作为生产发展基金、职工福利基金、奖励基金，进行分配、使用，贯彻多劳多得，并按 2% 的比例每年晋升职工工资。

1984 年以后，院每年制定任务、质量、进度、成本、技术开发 5 项指标，报上级主管部门（1986 年以前报市规划局及市建委，1986 年 10 月以后报市首规委办）审批执行。1984～1991 年 5 项承包指标值见表 5－6。

表 5－6　1984～1991 年 5 项承包指标值

项目	年度	1984	1985	1986	1987	1988	1989	1990	1991
包任务	完成概算额（亿元）	1.45	1.76	2.5	4	4.5～5	4	4	5
	完成收费额（万元）	300	500	800	800	680	680	680	800
包质量	合格品率（%）	100	100	100	100	100	100	100	100
	优良品率（%）	90	90	90	90	90	90	90	90
	优级品率（%）	/	20	20	20	20	20	20	30
	市级以上获奖项目（项）	3	3	3	3	3	3	4	4～5
包进度	合同履约率（%）	90	90	90	90	90	90	90	90
	重点工程保证率（%）	100	100	100	100	100	100	100	100
包成本	控制经费额（万元）	181～190	220	270	256	380	440	440	510
包技术开发	投入工日比率（%）	20	20	20	20	20	20	20	20
	采用先进技术成果（项）	2	2	2	2	2	2	2	2

二、实行“两保一挂”承包经营责任制

1992年，为进一步转换经营机制，推动企业化经营的开展，经北京市市政府批准，院与市政府下属10个委局签订《实行“两保一挂”承包责任制协议书》，在“八五”后4年期间（1992～1995年），实行保上交利润递增包干、保科技进步、工资总额和实现利润挂钩（即“两保一挂”）的承包经营责任制。

实行“两保一挂”承包经营责任制后，院进一步扩大和落实经营自主权，推动经营机制的转换；实行自负盈亏，包死基数，确保上交利税；进行自我约束，转变机关职能等工作。院内部管理，实行全面质量管理，对各处、所、队实行两级经济核算，资金与实现利润挂钩。

实行“两保一挂”承包经营责任制以后，院每年制定奋斗目标，按奋斗目标落实全院承包经营工作。1992～1995年主要奋斗目标指标值见表5－7。

表5－7　1992～1995年主要奋斗目标指标值

项目		1992	1993	1994	1995
经营计划目标	完成概算额（亿元）	6	11.5	20	30
	完成收费额（万元）	800	2900	5000	6000
	确保重点工程项目（项）	7	7	11	14
	经费开支控制额（万元）	676	866	1200	1600
	实现利润（万元）		660	1100	1165
	国有资产增长率（%）		10	8	4
技术进步目标	科研开发项目（项）	28	24	24	45
	设计采用新技术（项）	2	2	2	2
	计算机制图率（%）	/	18	25	75
	举办高研班（个）	2	3	5	3
	举办进修班、培训班（个）	4	9	11	10
	举办技术讲座（次）	1	4－5	22	15－25
质量目标	设计合格品率（%）	100	100	100	100
	设计优良品率（%）	90	85	85	85
	设计优级品率（%）	25	3	3	3
	获市级以上优秀成果奖（项）	5	14分	14分	14分
	获科技进步奖（项）	2			
改革管理目标	完善制度项目（项）	1	3	/	3
	深化改革项目（项）	2	4	11	4
后勤服务目标	完善制度项目（项）	3	/	1	2
	改善生活条件（项）	3	2	3	2
	职工福利（项）	3	7	3	5
精神文明建设目标	职业道德遵守率（%）	95	95	95	95
	文体活动开展面（%）	90	90	90	90
	计划生育率（%）	100	100	100	100

三、内部承包管理

1984年，院全面试行“技术经济承包责任制”后，在对上实行技术经济指标承包的同时，对内开展逐级技术经济承包活动。院对生产部门及行政管理部门制定“承包考核管理办法”，各生产部门制定“承包责任制”，将对上承包指标进行逐级落实。

1987年，在总结1984年以来院制定的各项技术经济承包责任制试行规则的基础上，编制《市政院技术经济承包责任制规则》(以下简称《规则》)。《规则》内容有：《市政院承包、考核、计奖管理总则》、《精神文明建设今明两年重点考核细则》、《1987年经费(成本)承管、承包、考核、计奖实施细则》、《设计所承包、考核、计奖实施细则》、《研究所承包、考核、计奖实施细则》、《行政处承包、考核、计奖实施细则》、《文印室承包、考核、计奖实施细则》、《核发“加班费”管理实施细则》、《关于职工考核扣、免奖金管理细则》、《关于职工培训学习颁发奖学金的规定》、《关于技术咨询工作管理细则》、《关于我院职工受聘兼任技术顾问的规定》13项承包、考核、计奖的管理办法。

1989年，在1987年及1988年两年承包、考核、计奖办法的实践基础上，按照全面质量管理“PDCA循环”的方法，对1989年的承包、考核、计奖办法又做了进一步的调整和完善。适当提高“万元奖金额”的比例，加强对质量的考核。编制执行《北京市市政设计研究院承包考核计奖办法》(以下简称《考核计奖办法》)，内容包括：《关于调整、完善承包、考核、计奖办法的原则》、《关于发放奖金程序的规定》、《设计所完成任务数量与进度考核计奖管理细则》、《工程设计、科研、业务建设质量考核、计奖管理细则》、《精神文明建设考核、计奖细则》、《经费承包、承管奖惩办法》、《职能管理、后勤部门考核、计奖管理细则》、《全面质量管理考核、计奖办法》、《研究所综合承包计奖细则》、《建筑设计室1989年考核计奖管理细则》、《承揽任务奖励细则》、《工作突出贡献奖励细则》、《关于我院职工在外单位受聘，兼任技术顾问的规定》15项考核管理办法。

1990年以后，对1989年的《考核计奖办法》，逐年进行局部的调整和补充。从1990年开始增加固定奖金项目（工龄津贴和效益工资)，逐步完善产值计奖办法及工程质量、精神文明建设等单项奖的管理办法。

1993年，由于实行“两保一挂”承包责任制，院重新修订《考核计奖办法》，对设计所承包计奖办法，由实现产值计奖改为实现利润计奖。即：在鼓励多创收的同时，鼓励节省开支降低成本。1993年院对设计所按计算毛利润的12.5%计提奖励基金，对测量队按计算毛利润36%计提奖励基金。

1995年在总结过去承包、考核、计奖经验的基础上，编制《1995年院承包考核计奖办法》(附录6)、《1995年分院承包管理办法》(附录7)、《关于院属经济实体的管理办法》(附录8)等3册“承包、考核、计奖”管理办法。

1993年以后，随着“院承包考核计奖办法”修订和执行，各生产部门制定部门“承包管理及奖金分配的办法”。逐步推行“项目承包办法”，采用多种承包形式和奖金分配办法。在承包形式上有：承包到人、承包到组、承包到室及由所承包等。在奖金分配上有：明码标价、按产值提奖、按工日定额计奖及按部门平均奖计奖等办法。

第二章　技术管理

技术管理主要开展有：设计技术与质量管理、技术经济管理、科研与业务建设管理。

1956年院着重抓设计工作程序及各级生产人员的岗位责任制工作，并于1957年编制《北京市市政工程设计院勘测设计工作程序及各级生产人员责任制（草案）》。1978年，院在设计管理室下设概算组，指导全院设计项目概算的编制。

1980年，院调整技术管理机构，组建技术室和科研情报资料室，充实专职设计、科研技术管理人员。编制《北京市市政设计院技术管理工作细则》。

1986年以后，为适应市场经济及企业化经营的需要，院加强技术管理制度建设。1986年编制颁行《北京市市政设计院设计工作技术管理制度》，1988～1989年编制颁行《北京市市政设计研究院技术管理标准》(以下简称《技术管理标准》)。此后，院开展技术管理工作，主要是遵循《技术管理标准》的规定进行管理。

第一节　制度建设

1957年，根据北京市1956年颁布的《暂行生产技术责任制度》及《暂行生产技术联系制度》的内容和要求，院着手编制《勘测设计工作程序（草案)》和《各级生产人员责任制（草案)》，规定“初步设计编制程序”、“技术设计编制程序”；确定设计室主任、组长、工程师、技术员及设计总负责人，专业负责人的岗位责任。

1959年，在总结前两年技术管理工作经验的基础上，制订《北京市市政工程设计院关于技术管理的几项暂行规定（草案)》，进一步规定“工程分级管理”、“工程设计工作程序”、“综合设计负责人与设计总负责人职责”、“综合设计要求”、“采用和推广新技术规定”、“测钻与设计的联系办法”及“技术存档、质量事故汇报的办法和要求”。

1962年，院编制并颁行“设计总负责人工作制度”、“项目负责人职责”、“技术总结暂行管理办法”、“设计质量评定办法”、“管线综合设计规定”、“紧急工程技术管理措施”、“配合施工暂行规定”、“技术档案管理制度”等技术管理规定。

1980年为进一步明确技术室技术管理人员的职责，院编制颁行《技术管理工作细则》，内容包括工程管理、业务建设、技术文件收发、技术档案管理等工作细则。

1986年，按着企业化经营的需要，重新编制并颁布执行《技术管理制度》。进一步明确“市政工程的设计工作程序”；道路、桥梁、给水、排水四大主专业的“设计文件组成和深度规定”；“设计技术责任制”；“设计文件校审及审批规定”；“市政工程设计质量评定标准及评定办法”；“编制市政工程设计文件统一规定”；“市政工程设计概算编制办法”；“技术文件归档及技术档案管理办法”；“变更设计、施工洽商单及配合施工办法”等内容和要求。

1988～1989年，院根据“全面质量管理”达标要求，在总结1986年以来执行《市政院技术管理制度》经验的基础上，制定《技术管理标准》。其主要内容规定和要求包括29

个方面，即：

工程设计工作程序　规定设计全过程、设计任务下达、可行性研究、初步设计、施工图设计、设计后期工作等程序和要求。

工程设计项目分级管理　规定项目管理等级的划分、项目分级标准、分级管理内容、项目管理技术岗位设置及任职资格等内容和要求。

工程设计技术岗位责任　规定项目总负责人、项目负责人、专业负责人、设计人、校核人、审核人、审定人的职责。

工程设计技术质量责任　规定总工程师、副总工程师、主任工程师、副主任工程师、项目总负责人、项目负责人、专业负责人、设计人、校核人、审核人、审定人的质量职责和质量权限。

工程设计工序管理　规定可行性研究、初步设计、施工图设计、设计后期的设计管理工序。

工程设计前期工作　规定项目建议书、可行性研究及设计任务书、可行性研究报告的组成（包括：给水工程、排水工程、城市防洪工程、城市道路工程、城市桥梁工程）内容和要求。

工程设计编写开工报告及完工报告　规定编写设计开工报告及设计完工报告的基本要求、编制及审批的程序、报告的格式及内容提示的要求。

工程设计事先指导、中间检查、成品校审管理　规定事先指导、中间检查、成品校审的全面质量管理原则、方法和内容。

工程设计相关专业间协同工作制度　规定资料搜集与技术调研、测钻与科研试验委托、互提设计条件、设计条件变更、图纸绘图、设计变更的协作配合要求。

工程设计后期工作　规定配合施工、变更设计和施工洽商、工程试运行和设计回访、设计质量考评、工程设计总结的内容和要求。

工程设计文件组成及深度　规定道路、桥梁、给水、排水四个专业的初步设计及施工图设计两个阶段的设计文件组成的内容和深度要求。

工程设计文件编制　规定设计文件的编排和格式、设计文件签署、设计文件编号的统一格式和要求。

工程设计成品质量标准及评定办法　规定可行性研究报告评定标准，初步设计评定标准，施工图设计评定标准，成品质量的构成及等级和质量评定办法。

全面质量考核细则　规定全面质量10项考核标准及奖罚制度。

设计质量信息反馈管理　规定信息反馈程序、信息范围及内容、信息来源及收集、信息管理等内容和办法。

工程设计质量剖析制度　规定质量剖析的主要项目、剖析的方法、质量剖析的组织管理工作内容和要求。

工程设计成品（抽）查制度　规定成品抽（审）查的内容和范围及方法。

工程设计创优评估制度　规定工程设计创优工作及工程设计评优工作的内容和方法。

科研管理制度　规定科研工作程序、科研课题选定与科研成果鉴定和奖励申报办法、科研成果质量评定标准及办法、科研成果的应用及管理规定、科研经费管理办法、科研工作人员岗位责任10项制度。

科研及业务建设项目统一编号　规定科研及业务建设项目编号规则及管理办法。

技术标准管理制度　规定技术标准的立项程序、制订程序、标准图、通用图、定型图编制程序及技术标准的管理与使用制度。

技术标准编制　规定技术标准编制的构成（包括：前引、总则、技术标准内容及附录）及各项目编制的内容、顺序和要求。

技术总结、设计资料汇编管理　规定设计技术总结、专题技术总结、设计资料汇编、设计手册、工程设计实例的项目选定条件和等级划分，编制程序及成果的管理与使用办法。

管理标准编制　规定管理标准构成内容、编制顺序及格式（包括：标准的前引、总则、正文、附录）等要求。

计算机软件项目管理　规定软件项目的确定、软件开发的组织管理、软件生存期的阶段划分及软件开发计划、文档管理、软件评审与验收、软件质量评价、软件的使用与保管、软件引进等内容和要求。

业务建设成果质量标准及评定办法　规定业务建设成果质量标准，各类标准图及定型图质量考评与标准、业务建设成果质量等级及评定办法等内容和要求。

科研业务建设项目创优评优制度　规定科研业务建设项目创优计划与计划实施、评优等级与原则、评审程序的内容和办法。

合理化建议和技术改进奖励办法　规定合理化建议及技术改进内容要求、奖励标准和方法。

科技人员继续教育制度　规定科技人员岗前及岗位培训、职工外出学习管理、研修班论文评定等办法及职工教育奖励办法。

第二节　设计技术管理

设计技术管理主要开展技术质量管理和技术经济管理。

一、技术质量管理

1956年，根据北京市对设计技术与质量管理要求，院抓了各级设计人员技术责任管理，把设计质量保证落实到人。重点抓工程主持人、设计人、绘图人的技术质量责任及组长、室主任的技术质量管理责任。为加强专业之间及专业内部技术质量上协调一致，进而保证设计总体质量，开展设计人之间及专业之间联系配合制度管理，对初步设计及重大方案设计和技术经济指标的确定，进行联合审查。

1959年以后，随着技术管理制度的编制执行，院从抓设计工作程序入手，开展代甲方拟定计划任务书；严格初步设计、技术设计、大型工程勘测设计的编制等技术质量规格化管理工作。随着设计任务量及规模的不断发展，采用工程设计分级管理的方法，按院、室两级进行工程分类管理。由于大型综合性工程的需要，院采取综合负责人和设计总负责人分工负责技术质量管理的措施。为推动设计技术与质量的提高，开展对推广采用新技术、进行质量评定、管线综合、配合施工、变更设计、紧急工程技术质量要求的制度化管理，加强测钻与设计配合、建立健全技术档案等环节的管理。

1978年以后，随着生产秩序的恢复，技术管理工作进行了整顿和加强。1978年9月，根据国家经委关于开展“质量月”活动通知要求及市委关于整顿质量工作的指示精神，院开展第一次“质量月”活动。组织进行全院质量大检查工作，开展质量问题讨论分析、总结经验、吸取教训等交流活动。1978～1984年期间，先后于每年9月组织了7次“质量月”活动。1985年以后，根据城乡建设环境保护部及市建委要求，“质量月”活动改为经常性质量检查活动。院采取年中质量检查、平时设计质量抽查及重点工程质量复查等方式进行。

1989年以后，为加强技术质量管理，院重点抓了6个方面的工作。

（一）设计全过程管理

按设计前期、设计阶段、设计后期三个层次进行考核。

设计前期工作　主要开展对项目建议书、可行性研究报告、设计任务书按规格化要求进行编制的考核。

设计阶段工作　主要开展对初步设计、施工图设计严格设计程序的考核。

设计后期工作　主要开展对设计交底与配合施工、参加工程试运转、进行设计回访及工程设计总结等制度执行规定的考核。

三个阶段的考核结果，列入设计技术质量考核内容，作为年终质量奖评定依据之一。对于突出的总结材料，列入业务建设项目，按业务建设成果另行奖励。

（二）工程设计分级管理

根据工程项目的重要性、规模及技术复杂程度，对工程设计采用三级管理的方式。即院管项目、所管项目、室管项目。对技术复杂、规格较大或市以上重点工程列为院级管理项目。一般中小工程列为所级管理或室级管理项目。由院生产管理部门征求有关领导和人员意见后确定立项级别，报主管院长批准执行。

院级管理项目，其方案及重大技术问题的处理，由院技术委员会或其下属专业组进行讨论，由院总（副总）工程师负责审定。所级及以下管理项目，由设计所进行管理，除较大技术性问题需征求院总（副总）工程师意见确定外，一般由设计所主（副主）任工程师审定。

（三）工程设计事先指导、中间检查、成品校审全面质量管理

按设计管理级别、设计阶段分层次进行

院管项目　由院总（副总）工程师或设计所主任工程师负责事先指导，包括拟定设计工作大纲、拟定总体开工报告、确定设计原则、优选设计方案、推广采用新技术、开展技术经济分析。由设计所主（副主）任工程师和专业负责人负责中间检查工作，院生产管理部门配合，必要时院总（副总）工程师参加。由院总（副总）工程师负责审定工作。

所管及所以下管理项目　由设计所主（副主）任工程师和专业负责人负责事先指导工作。由设计所组织中间检查，由设计所主（副主）任工程师负责审定。

（四）专业协调配合管理

为加强专业间的技术质量配合，对两个专业以上的工程项目，组织资料收集与技术调研、设计条件提供与设计条件变更、测钻与科研试验委托、图纸会签与变更设计等技术协调工作。主要内容要求有：

工程资料收集与技术调研　一般由主体专业负责人负责组织，由项目总负责人进行综合协调。

设计条件的提供　由项目总负责人或项目负责人组织各有关专业进行。设计条件的变更，一般问题由专业负责人协商解决，重大问题由项目总负责人或项目负责人召开专业协调会协调变更。

测钻与科研试验的委托　一般由项目总负责人或项目负责人进行综合协调，由主体专业负责人汇总提供委托书，报院生产管理部门统一进行委托。

图纸会签　包括总平面图、管线综合图、专业设计总图的会签及专业间技术配合关系的最终审查。由专业负责人进行会签，项目总负责人或项目负责人进行总签。

设计变更　由专业负责人负责通报项目总负责人或项目负责人及相关专业负责人变更，必要时由项目总负责人或项目负责人组织专业协调会协调和变更。

(五) 定期质量检查、质量抽查与质量复查

院每年年中进行一次定期质量检查活动，并根据设计项目或管理需要进行不定期质量抽查。对紧急的重点工程，由于工期紧、时间短，采取设计后期或施工图报出后进行质量复查的措施。

质量检查、抽查、复查，一般由主管院长领导，生产管理部门具体组织（拟订计划、确定检查项目、检查内容和要求），由技术管理人员与设计所联系配合进行。

每次检查、抽查、复查活动后，由生产管理部门组织提出书面总结报告，分析质量问题及原因、质量发展趋向，总结经验，提出改进措施，报告主管院长及总（副总）工程师。必要时通报各设计部门或召开有关领导及骨干会议进行总结。

质量检查、抽查、复查的结果，列为质量考核的重要内容，由生产管理部门征求总（副总）工程师意见，进行考核评分，作为年终质量奖计算依据之一。

(六) 工程设计质量考核与评定

为鼓励开展创优秀设计活动，推动设计质量及技术水平的提高，从 1979 年开始，每年开展一次优秀设计成果评奖活动，并通过评奖活动组织经验交流。

优秀设计成果评奖活动，由院技术管理部门组织，在各设计部门开展自评的基础上，院技术委员会或其下属各专业组评审，提出评审等级报主管院长批准后奖励。

院优秀设计成果（含测量成果）设立了一、二、三等奖 3 个等级。1983 年～1995 年期间，全院评选出优秀设计一等奖 46 项，二等奖 89 项，三等奖 146 项，共计 281 项，约占全院工程设计及工程测量总项目数的 10%。

二、技术经济管理

1955 年建院到 60 年代初，院没有技术经济管理机构或专职管理人员。其间 1956 年以后，根据国家要求，在院内开展过工程预算文件的编制工作，由设计组自行编制，由工程主持人汇总提出正式编制文件。

“文化大革命”期间，设计文件编制概算工作由院技术管理部门代管，大部分工程设计未进行设计概算的编制，个别项目由设计人员编制完成。

1978 年以后，根据上级主管部门的要求，为加强经济核算，控制基本建设投资，院开展工程设计编制概算的组织筹备工作。院在设计管理室下设置概算组，指导生产室编制工程概算工作。此期间院概算组承担并完成了《1978 年北京市市政工程概算定额》的编制，参加建设部组织的《市政工程投资估算指标》的编制，在院开展概算编制培训及组织指导设计人员进行设计概算编制工作。

中共十一届三中全会以后，院技术经济及其管理工作逐步纳入正轨。院生产管理部门设置了技术经济管理组，充实概算管理人员，进一步明确技术经济管理人员的岗位责任制。与此同时，院生产管理部门，加强概算编制的审核及重点工程、外地工程概算编制组织指导工作。

80年代中期，为适应经济体制改革，开展企业化经营，根据北京市有关部门关于技术经济专业人员专职化的要求，院进一步加强技术经济专业队伍建设，培养扩大技经专职人员。院生产管理部门设置主任经济师、副主任经济师，负责全院技经专业技术管理。各设计所组建技术经济（概算）专业组，设计所配备副主任经济师并按专业加强技经人员配备，负责本所技术经济的管理和概算编制，开展可行性研究、工程项目估算与经济评价。在此期间院生产管理部门技经管理人员组织各所技术经济组共同完成《北京市市政工程概算定额》修订稿。

1986年以后，院参加国家建设部组织的《城市基础设施工程投资估算指标》的编制，担任道路主编、桥梁参编。同时院内根据全面质量管理工作要求，在总结历年技术经济管理及概算编制的经验基础上，开展技术经济管理制度的编制。1990年制定《技术经济管理规定》，纳入院《技术管理标准》，在院内颁布实施。1990年以后，院技术经济管理遵照《技术经济管理规定》进行管理。主要开展工作有：

（一）技经工作程序管理

对工程设计项目的概算或可行性研究报告的估算，坚持按编制、校核、审核和审定的程序进行。工程设计项目设经济专业负责人，对专业的技术经济文件编制质量、水平及进度全面负责。院技术经济管理组，负责对部分院管重点工程概算编制的指导、协调及管理。

工程项目概算编制、校审，按不同的工程管理级别，分别确定任职资格，进行质量把关。院技经管理人员，对部分重点工程项目、外省市或国外工程项目的设计概算，负责审查或抽查，指导补充定额的编制及指导或参加国内外投标项目的经济评估。

（二）设计概算编制规范化管理

概算定额采用国家及北京市颁布的概算定额。1989年以来，北京市先后更换两次建设工程概算定额，即1989年定额、1992年定额。配合每次新定额的发布，院技术经济管理组按照有关文件要求，结合院具体情况，发布新定额使用通知及相应的实施办法。提出概算编制表格形式。在概算定额实施过程中，院技经管理组负责及时传达上级部门下达的有关设计概算编制文件，及时通知有关人工工资调整、材料价差调整等资料信息。

（三）技术经济指标分析

为进行工程设计方案经济评价，开展工程投标快速报价，院加强专业工程项目技术经济指标分析工作。对道路、桥梁、给水、排水四大主专业在编制设计概算的同时，提出进行设计项目技术经济指标分析的要求。

截至1995年底，全院设置有经济师14人，其中高级经济师4人，中级经济师8人，初级经济师2人；全院专职概算人员发展为18人，占全院生产人员的比例约4.5%。全院获北京市概算专业资格证书共33本，其中市政工程概算资格证书14本，土建工程概算资格证书12本，安装工程概算资格证3本，电气工程概算资格证书4本。

第三节　科学技术管理

科学技术管理，主要开展有科研与试验管理及业务建设管理。

一、科研规划与课题管理

1955年建院之初，院设置技术研究所，承担北京市市政工程设计、施工所需的试验研究工作。1955～1978年期间，科研管理由院技术管理部门人员兼管，主要的管理工作是：安排科研及试验项目，安排计划及科研经费的使用。

1978年以后，为加强科研及情报工作，院设置科技情报室，配备专职科研与情报管理人员。为进一步推动全院科研工作，1984年以后，随着机构的变动，科研管理及专职管理人员，先后设置在经营计划室、总工办、技术处、生产办公室等生产职能管理部门。

院科研管理制度的编制起步较晚，1981年制定并颁发《科研管理制度》（试行本），对“科研工作程序”、“科研工作责任制”、“科研经费管理办法”作出暂行规定。1984年制定《优秀科研、业务建设成果奖励办法》。1986年制定《科研档案管理办法》。1989年依照全面质量管理工作的要求，总结历年来科研及其管理工作开展的经验，修定《科研管理制度》，系统地规定“科研工作程序 ”、“科研课题选定与科研大纲审批”、“科研计划管理”、“试验研究工作的工序质量管理”、“科研成果鉴定和奖励申报”、“科研成果质量评定”、“科研成果的应用管理”、“科研经费的管理”、“科研工作人员责任制”等九个方面的管理内容和要求，于1989年10月，纳入了《技术管理标准》，在全院颁布实施。

改革开放以来院试验研究项目逐年增加，科研管理不断完善和加强，主要开展的科研管理工作有：

（一）组织编制科技发展规划

院于1981年、1983年、1985年、1991年曾先后4次制定科技发展规划。科技发展规划的编制，由主管院长领导，由总工程师组织有关专业副总工程师共同编制，院长办公会进行研究补充，院技术委员会各专业组进行评议和修改，院职工代表大会进行审查通过，颁布实施。院生产管理部门协同科研管理人员承担具体组织管理工作。

（二）编制科研年度计划

科研年度计划的编制，以院技术发展规划为依据，结合当年生产发展的需要、国家及北京市对科研项目的要求编制。其编制工作由院生产管理部门组织进行，于上年底或当年初，根据各专业总（副总）工程师、各生产部门（研究部门和设计部门）提出的研究项目及计划草案，进行综合编制成册，报主管院长批准后正式下达。

（三）科研课题管理

科研课题项目的管理级别分院级、所级两级管理。由各生产部门，根据科研年度计划安排要求，对申报项目或院安排项目编制项目（课题）可行性研究报告（即科研大纲），报院生产管理部门，作为立项、开题的依据，由院生产管理部门汇总并根据项目规模及其重要性，提出管理级别意见，连同科研大纲一起送院总（副总）工程师审查后，报主管院长批准执行。由生产管理部门与项目承担部门签订科研合同。

科研课题计划的实施，按院科研年度计划总要求及科研项目合同规定进行。承担项目部门，每半年进行一次自检，填写《合同项目执行情况表》，报院生产管理部门。院生产管理部门每半年进行一次全院科研年度计划执行情况及各科研课题进展情况的检查，年终组织提出总结报告，上报院主管领导审查。其中国家及市科研项目，经院领导审查后，上报国家或市有关主管部门。

科研项目计划调整，由项目主管生产部门提出计划变更报告，报院批准后进行变更。

（四）科研成果管理

科研成果管理，主要开展有科研成果的审查、鉴定、评比、奖励、申报、归档、推广应用及申请专利等工作。内容和要求为：

科研成果的审查、鉴定　在科研项目承担部门提出完工报告、提交完整技术资料后及时进行。一般成果由院内组织审查、鉴定。重要成果，经院审查后，由院向上级主管部门（国家或市科研成果管理部门）申请鉴定。重点项目的成果，在鉴定的同时，还按《科研成果密级评价方法》组织专家进行国家密级评定。科研成果的鉴定，一般采取鉴定会议、通信鉴定、检测鉴定等 3 种方式进行。1979 年以来，经上级主管部门鉴定的科研成果共 49 项。

科研成果评比奖励　按院内评比和申报国家奖两种情况管理。院内优秀科研成果评比设一、二、三等奖，每年年末评选，与业务建设成果评比同步进行，由生产办公室组织，采取生产部门自评，院技术委员会评定，报主管院长审批定级的办法进行。院设科技进步奖励基金（含优秀科研成果奖及优秀业务建设成果奖）。1983～1995 年全院评选出优秀科技进步一等奖 25 项，二等奖 69 项，三等奖 77 项，共计 171 项。

科研成果的申报　根据国家及部、市要求，每年申报一次部、市级以上优秀科研成果，包括国家自然科学奖、发明奖、科学技术进步奖、星火计划奖及部、市级科学技术进步奖。科研成果申报，由院生产管理部门，在院评选优秀科研成果的基础上，根据国家或北京市规定的标准和要求，参照院或上级主管部门对科研成果评定、鉴定的意见，提出推荐项目，由项目主管生产部门填写《奖励申报书》，院生产管理部门会同总（副总）工程师研究填写申报意见，连同技术资料、文件上报有关主管部门。1978 年以来申报获国家级、部、市级科研成果奖、科技进步奖共 76 项。

科研成果归档　按院制定的《科研档案管理办法》，由专题负责人按院规定进行资料整理和存档工作。院生产管理部门及档案管理部门进行审查、核实。对于未存档或技术档案资料不完备的项目，院不给予评奖，不申报国家或部、市级的各类科研成果奖励。

科研成果推广应用　首先在院内组织用于设计，对重点科技成果，院及时上报各主管部门组织推广，并使其商品化。建院以来，院共完成科研成果 245 项，其中用于设计、生产的成果约占 75%。

（五）科研经费管理

1986 年以前，科研经费主要靠北京市事业费拨款。实行企业化经营后，科研经费的来源发展为：院开发项目的科研经费，由院收入中安排；建设单位委托项目，由建设单位按签订的合同金额预以支付；国家或部、市下达科研项目，由国家或部、市有关部门拨付。科研经费采取专款专用，按计划支用，由院生产部门会同财务部门进行管理。项目完成后，编制结算表报院及上级主管部门审查备案。

二、业务建设管理

业务建设项目，包括国家、部（市）、院级设计规范、技术规定、定额、标准图（通用图、定型图）等技术标准，设计资料汇编、设计手册、计算方法、计算图表以及重要的工程设计技术总结等。随着计算机的开发应用，工程设计软件的开发和维护项目以及办公自动化软件开发项目，也陆续列入业务建设项目。

业务建设由院生产管理部门统一管理，负责安排项目，制订年度计划，开展中间检查，组织成果评定、奖惩及成果的推广应用等。

1978年以前，院业务建设由生产管理部门人员兼职管理。主要管理的项目是设计所需的规定、规程、计算图表和标准图（定型图）的编制管理。

1978年以后，院生产管理部门设置专职科研与业务建设管理人员。随着业务建设管理的加强，业务建设的项目和范围不断发展扩大。除院每年有计划地配合生产需要安排业务建设项目外，还陆续承担国家下达的设计规范、技术标准等项目的编制工作。

业务建设管理制度，1988年以前未单独进行编制。1989年按着全面质量管理的要求，制定《业务建设项目编号统一规定》、《技术标准管理规定》（包括技术标准立项程序，技术标准制定程序，标准图、通用图、定型图的编制程序，技术标准的管理与使用）、《技术标准编制基本规定》（包括标准的构成，标准的前言、总则、正文、附录等部分的编制和要求）、《技术总结及设计资料汇编管理规定》（包括项目选定条件，工作程序及成果的管理与使用等规定）、《管理标准编制的基本规定》（包括标准的构成及格式，前引、总则、正文、附录的编制内容和要求）、《计算机软件项目管理基本规定》（包括软件项目的确定，软件开发的组织管理，软件生存期的阶段划分，软件计划、文档、评审与验收、质量评价、使用与管理及引进等管理规定）、《业务建设成果质量标准及评定办法》（包括质量标准、质量等级及评定办法）、《业务建设创优评优制度》8项规定，纳入院《技术管理标准》，于1989年10月正式颁布实施。主要开展的业务建设管理工作有：

（一）组织编制业务建设年度计划

业务建设年度计划，以院技术发展规划为依据，按着院生产设计的需要及国家、北京市下达业务建设项目要求，结合当年生产任务进行编制。由院生产管理部门统一组织进行。

（二）业务建设项目管理

业务建设项目管理，包括业务建设项目安排及业务建设项目的实施与检查。

业务建设项目安排　1984年以前，主要依据院领导和各生产部门按生产需要提出的项目及国家、北京市下达任务项目，由院生产管理部门进行综合安排。1984年以后，院实行承包责任制，规定各生产部门业务建设承包指标，每年安排业务建设工日为生产总工日的10%～20%，实行完成工日与承包奖金挂钩的办法安排，即在保证完成国家和北京市下达项目的前提下，按实现工日指标要求，进行院内项目的安排。1992年院实行“两保一挂”承包责任制后，业务建设项目采取承包办法，按国家和市下达任务要求、院生产及管理要求安排。采用明码标价，按项目承包进行组织和管理。1993年以后，科研与业务建设项目实行统一管理，统称科技进步项目。院制定《科技进步项目承包及奖金使用办法》，进一步发展项目承包，按项目承包的办法，由生产部门提出申请安排业务建设项目意见，编写工作大纲，经审定后，由生产管理部门进行协调汇总，提出全院项目安排表，报主管院长批准实施并签定项目承包协议。

（三）业务建设成果管理

业务建设成果管理，包括成果的验收、发布执行；成果的评比、奖励；成果归档与使用等。主要内容和要求为：

成果的验收、发布执行　由院生产管理部门统一组织进行。由项目总负责人负责提交送审文件（包括编制依据及技术资料，计算书，方案说明及图册，技术经济分析及评价材料），生产部门主（副主）任工程师审核，院总（副总）工程师审定（必要时组织专业组讨论），院技术委员会审议，生产管理部门检查后报主管院长，由院长办公会审查通过后，进行发布。对于国家或北京市下达的项目，按有关上级部门要求，由院生产管理部门组织送审上报。

成果的评比、奖励　按科研成果评比奖励的程序与科研成果评比奖励同步进行。由生产管理部门统一组织，按院《业务建设成果质量标准及评定办法》的规定，进行质量评定。院优秀业务建设成果设一等、二等、三等奖，由院科技进步奖励基金中提供资金进行奖励。

成果归档　由院生产管理部门负责组织检查。其中院技术标准，由院生产管理部门直接管理并组织归档；国家或市下达的项目，由院生产管理部门按上级主管部门要求，组织成果管理组进行归档和管理，必要时由生产管理部门负责统一上报有关上级主管部门；院技术规定，由项目负责人填写存档登记表，经项目承担部门负责人审签后，报生产管理部门审查，由生产管理部门统一办理归档；标准图类图纸文件，直接由项目负责人按规定进行归档并报院生产管理部门备案。

成果使用　由院生产管理部门统一管理。其中院技术标准属院专有技术成果，限院内使用，未经院领导批准不得对外提供；专业技术标准的推广使用，经院主管部门批准后，采取签订技术转让合同或其他方式进行有偿转让使用。

第三章　全面质量管理

1986年下半年，根据国家计委和“首规委办”《关于勘察设计单位推行全面质量管理的通知》要求，开展了全面质量管理工作。1987年，院正式成立全面质量管理领导小组和全面质量管理办公室（以下简称“全质办”），各所、处设立全面质量管理组，各科、室配设质量管理员，建立全面质量管理的组织体系。

1986年7月，院领导和主管部门人员参加国家计委举办的勘察设计系统全面质量管理研修班，随后院内举办中层以上干部全面质量管理培训班，学习全面质量管理基本知识。1987年以后，院及各处、所相继举办处以下干部学习班，轮训室主任以上干部；在院职工中举办全面质量管理基本知识讲座。

1987年下半年开始开展目标管理、工序管理和QC小组活动，按全面质量管理要求建立健全各项规章制度。

1986～1989年，经推行全面质量管理工作，全院逐步形成质量保证体系，建立组织保证、设计全过程质量保证和工作保证的体系。全面质量管理工作达到国家计委规定的八条基本标准。1989年11月，北京市全面质量管理达标验收组对院推行全面质量管理工作进行检查验收，通过达标验收标准。

第一节　制度建设

制度建设主要开展岗位责任、标准化体系和信息反馈等制度的建立与完善工作。

一、建立健全以质量责任制为核心的岗位责任制度

为推行全面质量管理工作，加强全面质量管理工作的基础建设，从1987年开始，院首先开展以质量责任制为核心的岗位责任制的建立、健全与完善工作。为加强工程设计技术岗位责任，进一步明确各级技术岗位的职责及各级技术人员的质量职责与权限，陆续制定完善《工程设计技术岗位责任制度》和《工程设计标准质量责任制度》。1988年组织制定职能管理部门《各处职责范围和处长职责》，规定院办公室、技术处、“全质办”、经营计划处、情报处、行财处、宣教处、基建办公室等部门的职责范围及其处长（主任）的职责。为规范院长负责制的领导体制，制定《党委工作条例》、《职代会工作条例》、《院长工作条例》、《党内制度若干规定》及《行政工作规则》等制度。规定院内重大问题决策程序、各级领导机关的职责范围及各级领导干部的职责和权力。院以质量为核心的岗位责任制作为全院党、政、技各部门和各个岗位开展行政、业务、管理各项工作执行、检查、考核的依据，在全院贯彻执行。

二、建立健全标准体系

院标准体系制定有管理标准体系和专业技术标准体系。1987年以前，随着生产和技术的发展，院制定过多项专业技术标准，但按全面质量管理的要求，不够全面和系统，缺乏管理标准的建立。

1987 年以后，通过推行全面质量管理工作，院“全质办”组织全院党、政、技及后勤等各方面人员，开展建立健全院管理标准体系和专业技术标准体系的编制、完善工作。其中：

管理标准，安排 132 项。包括：基础管理标准 16 项、岗位责任制标准 25 项、生产管理标准 33 项、行政管理标准 51 项、党群管理标准 7 项，于 1989 年全部编制完成（附录 9)。

专业技术标准，按 7 个专业（道路、桥梁、给水、排水建筑结构、电气、机械专业)，四个层次（基础标准、通用标准、专业标准、标准图或通用图）安排 536 项。1990 年，经进一步归纳调整，按 7 个专业修改为 291 项，“八五”期间增加 13 项，总计 304 项（附录 10)。

三、建立健全信息反馈制度

院确定技术管理部门为全院技术、质量信息管理中心，负责组织、协调、管理全院技术质量信息反馈工作。

1989 年，院制定《设计质量信息反馈管理制度》，规定质量信息反馈的全过程，包括：信息的收集、鉴定、整理、分析、综合和决策，信息内反馈（即设计过程中设计部门质量信息反馈及设计抽、检查或设计复查发现的信息反馈）和外反馈（即设计市场、主管部门、建设部门、施工安装单位、使用运营部门对设计质量的信息反馈）等内容。

设计质量信息反馈，重点抓三个环节，即：设计抽、检及复查环节，配合施工、竣工验收和试运转环节，设计回访环节。

信息反馈的管理，由掌握信息的生产部门或生产管理部门，负责填写质量信息反馈单，报院技术管理部门整理，由院技术管理部门按质量信息反馈循环网络，进行质量信息管理。质量信息反馈循环网络见图 5－1。

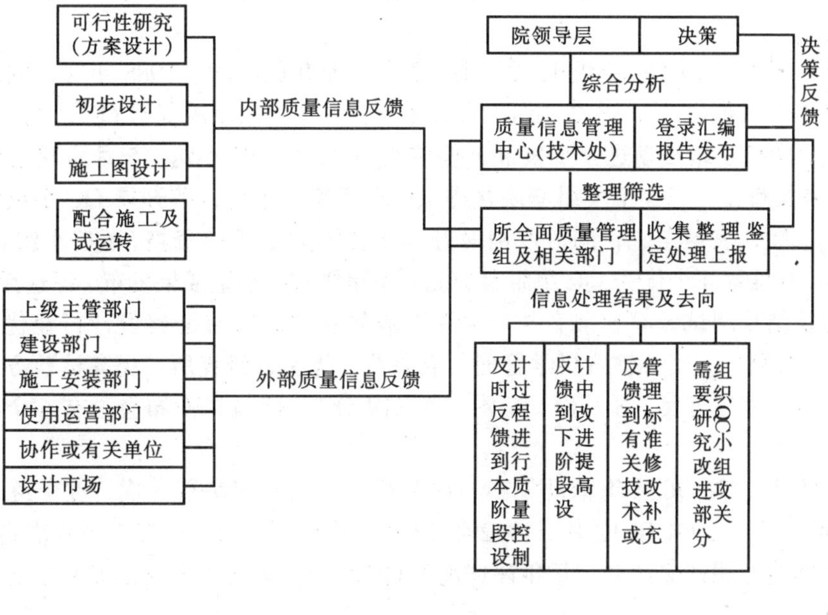

图 5－1　质量信息反馈循环网络示意图

第二节　目标管理

1987年下半年，院全面质量管理领导小组研究决定，以目标管理为突破口，按以点带面逐步展开的方法，在全院推行全面质量管理。采取对全院各项工作和任务转化为目标的措施与通过目标进行领导和管理的方法，开展质量管理工作并将目标管理纳入企业经营管理体系。为开展目标管理，院及各处、所分别制订目标展开图，组成两级目标管理网络，进行横向到边（目标制定从院到部门到人），纵向到底（院总目标分解到部门，落实到人），以分保总（以基层分解目标保院总目标）的目标管理活动。

院目标管理工作，按目标制定、目标分解、目标实施和总结评价四个程序进行。按目标量化、对策措施、管理点、执行者和检查者等内容和要求进行目标制定和管理工作。1988年院制定三年发展规划，在总的工作方针中提出强化推行全面质量管理的8个方面的目标，即生产、质量、技术进步、全面质量管理、电算、人员素质、后勤服务、经济承包责任等目标。此后院每年根据院发展规划要求及各项工作开展的需要，制订院目标展开图，经院工作会议和职工代表大会审议通过，院办公会布置下达。1989年院工作目标调整为经营计划、质量、技术进步、管理、成果、精神文明、后勤服务七类目标。1990年及以后，增加党务工作和党群工作两类目标，形成九个目标类别。各处、所根据院目标展开图制定处、所目标展开图，报院全质办备案，进行检查和管理。

院目标展开图的制订及目标管理工作，由“全质办”负责，统一组织进行。

第三节　QC小组活动

为加强群众性质量管理工作，根据全面管理的要求，院于1988年开始组织了QC小组活动。

1988年，全院组织QC小组15个，约90人参加开展活动。1988年底，院组织第一次QC小组成果发布会，有13个小组发布成果，有6个小组获院优秀QC小组奖。

1989年，QC小组活动进一步发展，全院组织42个QC小组。5月份院组织第二次QC小组成果发布会，有3个小组获院优秀QC小组奖。年中，院开展QC小组活动普查工作，肯定成绩，表扬先进，同时取消对开展工作不力小组的资格，QC小组调整为36个。7月份，院推荐4个优秀QC小组参加北京市市级QC小组成果发布、评选活动，其中研究所“弯桥结构测试计算机软件”攻关课题成果获“北京市勘察设计行业优秀QC小组”一等奖，行财处“幼儿饮食科学管理”成果获二等奖，研究所“提高试验方案和数据处理水平”成果获三等奖。8月份，院举办第三次QC小组成果发布会，有6个小组获院优秀QC小组奖。

1990年以后，院QC小组活动发布与评奖活动定为每年举行一次，在年终总结前进行。1990年10月、1991年12月、1992年12月分别举办第四、第五、第六次QC小组成果发布会并同时开展评奖活动。每年评选优秀QC小组一等奖1名、二等奖2名、三等奖3名。

1990～1992年，院QC小组活动成果发布共36项，其中1990年14项，1991年12

项，1992 年 10 项。

1992 年，院评选出的“首都机场路通道桥快速设计”优秀成果，推荐参加北京市市级 QC 小组成果评选，于 1993 年 4 月被评为“北京市勘察设计行业 QC 小组活动”一等奖。

第四节　工程设计工序管理

为推行工程设计的优化工序，实现设计工序的全过程管理，院于 1989 年制定《工程设计工序管理规定》及《试验研究工作质量管理》制度，经院长办公会审查通过在全院颁布实施。

院按可行性研究、初步设计、施工图设计、设计后期四个阶段及相应的规定标准和内容要求进行工序管理，编制各个阶段工程设计工序管理表，规定工序、内容、标准、执行者、参加者、责任者、检查者及管理点、信息反馈、提交成果十项基本要求和内容。

为推行工序管理，1989 年初，在总结分析传统管理工作的基础上，院首先开展“五单”（设计条件提供单、设计校审单、设计质量评定单、变更设计通知单、工程质量事故汇报单）管理。5～6 月份组织总（副总）工程师，正、副主任工程师和部分设计项目负责人开办质量管理高研班，研讨总结在项目工序管理中，抓好事先指导、中间检查和成果检验三个环节的工序管理要点；研讨制定管理标准；根据“关键少数和次要多数”的原则，研讨提出选好各个环节的质量管理点及对管理点加强控制的措施。

1989 年下半年，推行工序管理进入全面展开巩固提高阶段。针对“三边”工程的特点，开展抓好“三边”工程三个环节的工序管理工作。即：

一抓“预防为主”的管理　抓设计原则、设计依据、专业协调、配合施工等主要环节，设置管理点，提出加强控制措施；抓“事先指导”环节基础资料准确、可靠，技术标准、设计原则的制定正确合理，设计方案的确定经济先进等基础质量保证项目。

二抓“自主控制”的管理　对每道工序的工作内容、深度、质量标准及管理点提出加强控制措施，并由具体责任者和校审者按岗位职责和质量责任要求完成；对主要设计人员，尤其是项目负责人和专业负责人，坚持岗位任职资格，以用人的质量保证工作质量，进而保证工序质量和产品质量。

三抓设计复查“补救”的管理　对重点工程尤其是“三边”工程工期紧、任务急的项目，采取在设计后期或施工开始阶段及时组织设计复查；对查出的问题及时采取技术措施，与施工单位及甲方密切配合进行“补救”处理，消除工程隐患。

为加强工序管理，院按不同的工程设计管理级别（院管项目、所管项目、室管项目）及不同的设计阶段（方案、初步设计、施工图设计、设计后期）编制设计过程工序管理表（或单），包括：开工报告表、事先指导记录单、设计条件提供单、设计校审单、中间检查记录单、信息反馈单、质量评定单（简称“八单”）。编制《设计工作工序管理实施细则》，指导工程技术人员在设计过程中有效掌握和运用工序管理的方法。

1993 年底，根据工序管理运用情况，对《设计工作工序管理实施细则》进行修定。进一步明确规定：设计过程三阶段（方案、初步设计、施工图设计），由项目（总）负责人按《技术管理标准》要求负责填写“八单”；设计后期阶段设计的变更及质量问题的处理，由设计负责人按《技术管理标准》要求，填写工程质量事故汇报单、变更设计通知单、工程洽商记录单、设计质量信息反馈单和配合施工日志。对于工程规模较小、技术简单、涉及专业少的小型工程（一般为室管项目），其设计过程三阶段要求填写“五单”，即事先指导记录单、中间检查记录单、设计校审单、设计条件提供单和质量评定单。对于重点“三边”工程，在施工图设计文件终审即将结束时，由主管院长主持，进行全面设计复查，由项目（总）负责人组织编写复查纪要。

第六篇　行政管理

院行政管理工作主要有文秘管理、人事与劳动工资管理、财务管理、后勤管理（包括后勤服务、基建、档案及图书管理）、内部保卫及职工教育管理。机构设置、职责分工随着生产经营的发展、改革深化，经历多次裁并调整。截至1995年底，机构与职责分工确定为：院办公室承担文秘管理，人事处承担人事与劳动工资管理，财务处承担财务管理，行政处承担后勤服务与基建管理，档案室承担档案及图书管理，保卫处承担院内部保卫工作，教育处承担院职工教育管理。

第一章　文秘管理

院行政文秘管理主要开展院对内对外办文、办事、办会及重大事项的综合协调、调查研究、信息反馈和服务工作。院办公室承担全院行政文秘管理工作，为院长处理行政事务的综合管理部门。办公室下设政务秘书组、文牍秘书组、办事组，设行政秘书、印章与介绍信管理专职人员、文件收发与文件管理专职人员；分工负责文字秘书工作、机要秘书工作和综合秘书工作；包括行政拟文、撰稿、院总结、管理院公章、院介绍信、办理机要通信、文件收发、组织文件立卷、拟办、复制、传达、催办、归档、组织信访接待与处理、开展调查研究、进行来客接待与服务等工作。

第一节　机构与职责

1955年建院时，院设立办公室，为院领导日常办事机构。主要负责全院行政事务工作的管理，完成院领导交办的各项任务。

1963年院精简机构，将院总务科、文印科划归院办公室，办公室增加了总务、行政与技术档案、设计文件与图纸的复制装订等职责。

“文化大革命”开始后，办公室的工作，改由院革委会下属的办事组承担。撤消办公室。办事组为院革委会日常办事机构。

1972年办事组撤消，恢复院办公室，由党委和革委会双重领导，办公室职责增加党委办公室工作职能。与此同时，将办公室主管的技术档案管理、设计文件及图纸的复印装订工作划归院新成立的设计管理室；将总务工作划归院行政科。

1978年5月，院革委会撤消，恢复院长领导全院行政工作机制，办公室确定为协助院长处理全院行政事务工作的职能机构。与此同时，将办公室承担的党委办公室工作职能划归院政治处。

1986年院实行设计任务收费，经济进行独立核算后，为开拓国内外设计市场，办公室进一步加强了内宾、外宾接待工作，协助院领导组织外宾接待，配合计划、技术部门承担内宾接待。1994年院成立外经处，外宾接待任务主要由外经处负责，院办公室协助外经处承担具体接待安排事项。

第二节　制度建设

建院初期，院办公室行政文秘工作，主要按北京市人民委员会办公厅下发通知要求进行。按要求进行年度总结。开展行政文书处理和档案管理。

1956年，根据国家档案局《国家机关文书处理工作和档案工作暂行条例》（草案）精神，院制定《北京市市政工程设计院资料借用及送交暂行办法》、《北京市市政工程设计院关于技术资料、图纸保密及管理工作几项暂行规定》、《北京市市政工程设计院关于技术资料、图纸搜集、使用、外送处理方法的暂行规定（草案）》等制度。分别规定了资料借用手续、复制、保密、来访阅看与索取、送交与修改或报废等办法和要求；技术资料分级（绝密、保密、一般资料三级）原则、保管、搜集与借用、外送与复制、保密员的设置与职责、定期检查工作做法和要求；技术资料周转与增减、向院外单位搜集资料、院内各部门资料互借与领用等办法和要求等。

1975年为进一步维护党和国家机密，保证公文、函件及时、准确的处理，加快周转速度，院制定《北京市市政设计院公文处理暂行办法》；为进一步做好群众来信来访工作，制定《信访工作暂行办法》；为贯彻中共中央和国务院关于加强档案工作的决定，制定《文书档案工作暂行规定》等制度。其中：第一项制度，规定外来公文或公函签收、登记、批办、呈送、转交的手续和要求；第二项制度，规定信访接待的原则、工作方法及来信来访登记、接待、批转、检催、处理等程序和要求；第三项制度规定院档案工作在院党委领导下暂时分口负责保管，党政公文由办公室保管，人事保卫档案由政治处保管，技术、资料档案由设计管理室保管、财会档案由行政科保管，此外规定了档案工作的基本任务（接收、整理、保管、借阅、销毁和移交、立卷、归档）、办公室归档范围、归档时间和要求、档案鉴定与利用或销毁要求。

1988年按全面质量管理要求，院制定岗位责任管理标准，其中办公室制定《院办公室职责范围》及《院办公室主任职责》等制度。

院办公室职责范围有：

管理职能七项，包括贯彻院长、院长办公会、院务会的决议和决定，督促、检查、反馈执行的情况；承办上级和院领导批示办理的事项和临时交办的工作；组织并协调全院性活动，推行全面质量管理；按照院长的要求，协调部门之间的关系和工作；外事活动的管理；接待和处理人民群众来信来访；院精神文明建设分管部分的考核。

文秘工作七项，包括组织各部门起草全院性的工作计划、总结和规章制度；院行政会议的准备、记录、编发纪要等工作；院内外文件的收发、传阅、催办、反馈以及对外发文的核稿；院文书档案的收集、整理、保管和借阅；院行政印章和介绍信的管理和使用；院行政和技术重要活动的信息反馈工作；院行政规章制度的管理，编写院大事记。

调研工作三项，包括根据形势和任务，结合中心工作，收集报刊重要文章和法律法规，提供院领导参考；沟通院长和部门领导的思想，了解群众的重要反映，听取意见和建议；根据院长的要求，进行专题调研，并写出报告。

接待及服务工作四项，包括接待外宾以及上级和兄弟单位的负责同志来访，安排必要的食宿和交通事宜，并组织有关人员进行洽谈；院行政、技术领导的后勤服务工作；审批承管费用的使用；安排院值班人员。

院办公室主任职责为：在主管院长领导下，对办公室工作全面负责，包括贯彻上级的决定和指示，执行院长办公会、院务会的决议、检催、落实交办的工作，并提出建设性意见；负责本室的两个文明建设，加强思想政治工作，抓好政治和业务学习，帮助职工解决具体困难；按照院长要求，组织全院性活动，安排、协调、了解各部门的工作，反馈执行中的要求和建议；起草全院工作计划、规章制度、总结和专题报告，对院内外公文提出拟办意见；主持制定本室的规章制度、工作计划、岗位责任制和奖惩规定，聘任、使用、考核室内干部，抓好QC小组活动；管理院行政印章，审批院办公室印章的使用；组织内外宾接待，审批有关费用；汇总全院各单位奖金分配的考核评分结果，转达相互间的意见；反映群众的要求；安排好院行政、技术领导的后勤服务；完成院长和主管院长交办的各项工作。

1990年院制定行政管理标准，办公室在1975年以来执行制度的基础上，进一步修定，制定《公文处理规定》、《信件收发规定》、《行政印章管理规定》、《内宾接待工作规定》、《外宾接待工作规定》、《院值班规定》、《信访工作办法》、《传真管理办法》、《复印机管理办法》等制度。

《公文处理规定》，进一步规范了收外来公文与院发公文的基本程序。收外来公文基本程序规范为：院外来文→院办公室登记、编号→主任拟办→院领导阅示→院办公室分发登记→承办部门落实→反馈办理结果→院办公室归档；院发公文基本程序规范为：主办处所拟稿→本单位领导审核→有关职能部门（或副总）核稿或会签→院长或总工审定签发→院办公室登记编号→打字→起草人校对→文印、装订→院办公室盖章（存档两份）→对院内、外发送。此外进一步完善了公文承办与检催、归档与查阅的规定与要求，以及拟办公文的规定。《信件收发规定》，规定普通函件、机要、紧急公文、大宗邮件的传送要求、收发时间及邮件要求。

《行政印章管理规定》，规定院章使用范围，院章须经院领导审批签字，在院办公室登记后使用制度；办公室印章使用范围，办公室印章由办公室主任批准后使用制度；各单位印章使用范围，各单位印章须经本单位领导批准后使用制度。

《内宾接待工作规定》，规定院办公室接待（因公来院）客人的范围；有关部门或个人需院办公室接待客人的手续及接待要求。

《外宾接待规定》，规定对外事接待人员及工作人员的要求注意事项；外事接待工作程序：洽谈部门填写申请单→院办公室初审→院长审批→院办公室请示上级机关批准→安排业务、技术洽谈和食、宿服务；外事活动经费使用，按财政部、外交部的规定进行。

《信访工作办法》，规定信访工作的范围，包括人民群众提出的多种问题、建议、批评、要求、申诉、控告、检举等；办公室指定专人负责拆阅人民来信，接待重要人民来访并及时向领导汇报，并根据领导指示进行处理；对于申拆、控告、检举的问题，在及时报告领导后，一般转给被举报者所属上级机关或检查、纪检、监察部门处理；来信来访进行登记、接待、批转和处理结果要有记载，对上级机关转来的人民来信要由院领导签发答复函件等要求。

第三节　文书管理

院行政文书管理内容涉及院行政、经营工作、设计科研工作、外事活动、调研信息、信访等。1955年建院时，院办公室设文牍秘书组，除负责行政印章的保管使用，还负责文书的立卷、归档。文书档案亦由院办公室保管。1972年院党委文书立卷，其归档管理工作一度划归院办公室，至1978年这部分工作划归院政治处。1995年院设立档案室，文书档案保管统一划归院档案室。院办公室将建院以来行政文书档案约1200卷移交给院档案室。院办公室仍负责文书档案的立卷，归档工作。行政文书还包括有奖旗、奖章、奖杯、奖状及各类证书等实物，由1955年至1994年共110件。

行政管理文书档案归档范围分上级机关及兄弟单位的公文（信函）、院制发的公文（信函）、院内会议文件、通报、编制的计划总结、规章制度，调查统计材料、出版物及信访材料等类别，并按其内容划分为永久、长期、短期三种保管期限。

为准确、及时地处理文书，提高文书管理工作质量，多年来院办公室不断强化文书管理规范化和程序化工作，并将工作重点放在公文处理上。自1975年院多次制定、修定公文处理办法（规定），要求发出公文标题明确，收文机构名称全衔称谓，内容确实、数字准确、格式符合规定、文字简洁、篇幅简短、附件齐全，并且使用国务院颁布的公文主题词表。在公文处理程序化方面要求公文收发严格登记、编号、签收签发、公文承办及时、检催、严格、执行有关保密规定，公文立卷归档按规定期限收集齐全、装订整齐、移交手续清楚。

第四节　调查研究与信息工作

院办公室开展调查研究与信息工作主要围绕院的重要行政和技术活动，进行综合性或专题调查研究、提供信息。调查研究报告和信息供院领导及时了解情况、采取措施、研究决策参考，并为院向北京市主管部门汇报工作、反映问题、通报情况服务。

1955年建院之初，上报北京市人委的调研材料，主要有院的基本情况，包括机构或人员业务情况、院当时存在的主要问题及院完成的设计工作与建议、下放返乡职工情况、固定职工增加情况等。此后还就院计划管理工作、院技术研究所计划管理工作、院设计工作中的技术革命技术革新、设计人员思想改造及院贯彻党对知识分子政策等问题，作调查研究写出调研材料上报。

“文化大革命”期间调查研究及信息工作中断。1976年恢复调查研究及信息工作，重点围绕院设计科研工作进行。1977年围绕创全优设计，推动各设计室制定“学大庆”活动规划进行调研。1981年院开展“为人民服务，对人民负责”的讨论，通过调查研究交流了院各部门对工作的推动情况。1984年调查研究工作转向院如何深化改革，探索经济技术承包形式。1992年围绕改革工作写出调查报告“我院进一步深化改革的几点意见”，上报北京市政府，为此后院实行“两保一挂”经济技术承包协议作准备。1994年为总结组织综合性市政工程设计工作经验，院办公室对院第四设计所北京西客站市政配套工程设计工作进行了调研。

自80年代来，院办公室还不定期地向北京市主管部门报送有关信息。内容有：通报重要工程设计进展情况及建议领导关注的问题，通报院生产经营中存在的问题，以及职工对一些重大事件的反响。自1991年到1995年，每年约有4～5篇信息上报。其中《50年一遇洪水造成怀柔、延庆两县路毁情况》、《西厢天宁寺立交东路为保护古树赶做设计方案》、《我院连续5个月赤字运转，原因是设计费欠款太多》等被市刊物《昨日市情》选用。

为使院领导进一步了解有关情况，院办公室还及时派人深入工程设计现场和设计人员中间了解情况。90年代以来先后对北京市东三环路改造工程设计现场、北京市八达岭高速公路潭峪沟隧道工程配合施工情况及院广西北海设计分院现场条件等进行调研，通过了解及时总结归纳情况，提出问题和建议向院领导汇报。

第五节　群众信访工作

群众信访工作主要由院办公室负责，按中共北京市委、市政府关于处理群众来信来访工作的有关规定和办法进行。对群众来访的意见和要求按规定进行记录；对群众来信按规定进行登记。来访记录和来信经办公室主任阅批后，转有关部门处理。处理过程中院办公室负责督促检查，处理结果要求写出书面材料，由办公室主任或交院长批阅后发出或归档。有的来信来访由办公室组织有关部门或人员用电话或约见会面与信访者交谈解决，建院至“文化大革命”前，院办公室负责信访工作年度总结，并上报北京市人委办公厅。“文化大革命”后，群众信访工作列入院年度工作总结，由办公室负责不定期向市主管部门汇报。

建院至“文化大革命”前，院接受的群众信访（绝大部分是来信）年平均近20件。其主要内容有关于北京市市政工程建设的意见，对院工程设计存在问题的批评、职工工资待遇、粮食定量、票券补助等福利问题，以及有关职工家庭生活或职工个人生活、工作作风问题等。

“文化大革命”后，为拨乱反正，配合深化改革及加强群众联系，院信访工作加强了统一管理归口处理的办法。对群众信访工作中重大问题，由院办公室及时向院领导报批，进行转办、催办；有的经院领导批示后，组织人事、财务等有关部门联合调查处理。信访工作内容，70年代末，主要围绕平反“文化大革命”中一些职工的冤假错案，历次政治运动受触及职工提出的申诉，及五六十年代职工下放返乡遗留的问题。80年代初，信访主要内容转向职工生活福利方面，如解决住房，子女工作接班、职称评定、工作调动、工资奖金、家庭民事纠纷等。1984年根据中共北京市委、北京市政府制定的“北京市各级党政机关信访工作暂行规定”，院建立了院级领导接待职工来访日制度。每周三下午，1名院级领导在信访室值班。1989年，院制定“信访工作办法”，使信访工作更加规范，并根据北京市第七次信访工作会议精神，重点围绕整党，纠正不正之风，平反冤假错案，解决历史遗留问题进行工作安排。此外院信访工作承担办理北京市信访办转来的信件，其内容80%以上反映对北京市市政工程竣工工程的意见，此类信件一般由院办公室及时组织院技术骨干进行接待处理。

第六节　接待工作

院办公室承担来访内宾、外宾的接待工作。“文化大革命”前，由于院基本上承担北京市市政工程设计任务，接待工作量小，接待工作偏重安排工作与业务洽谈交流。

80年代以后，院设计科研业务向外省市及国外开拓，内外宾接待工作量增加。除院各设计职能处所自行接待项目外，院办公室负责接待来访洽谈工作的省市自治区部门领导和国外技术专家学者和商贸公司人员。由院办公室安排洽谈场所，联系住宿、招待事宜。

为做好接待工作，1989年院制定了内宾接待工作规定和外宾接待工作规定。1992年以后办公室每年接待内宾平均约50余次300～400人，外宾平均约10余次，20～30人。

第二章　人事与劳动工资管理

院人事与劳动工资管理主要开展干部队伍的管理、职称评定、劳动工资及离退休干部管理工作，包括：院科级以下干部管理，会同组织部门考核处级干部，培养、使用、管理专业技术干部，全院干部及工人的调动、考核、奖惩、工资审批、人事档案管理，退休审批，接收大专院校毕业生及军队转业干部安置工作。其职能的履行机构为院人事处。

1955年4月院成立时，组建人事科，在院长领导下实施对全院干部的任免、调配、晋升及人事、劳动工资管理。1963年为实施党管干部的原则，由党委组织部长兼人事科科长。1968年2月市政院成立革命委员会，下设政工组负责人事工作。1972年5月，院成立政治处并下设组织科，统一负责组织、人事工作。1982年6月，根据党、政分工的原则，撤消政治处，再次成立人事科。1987年4月，人事科改为人事处。1988年10月，人事处与保卫处合并为人保处。1990年5月，根据保卫工作的需要，保卫部门从人保处划出，1991年9月，人保处改为人事处。

第一节　制度建设

市政院成立时，为局级事业单位，隶属市委、市人委，后经隶属关系调整，先后隶属规划局、建设局、市政局、首都规划委员会等。院人事管理主要制定对职工考核、任免、录用、调配、奖惩、晋升、工资福利、请假等制度及贯彻上级有关人事、劳资方面指示、规定的文件等实施细则；其次根据本院实际需要为加强管理制订管理办法及暂行规定。

干部管理制度有：1955年制定《在职干部管理规定》、《后备干部制度》、《调配干部暂行规定》、《选拔任用干部制度》；1957年制定《干部参加劳动制度》、《干部考核制度》；1988年制定《关于实行行政干部聘任的规定》、《高等学校毕业生见习办法》、《职工退休、退职办法》、《关于职工流动的规定》、《出国、出境人员管理办法》，1990年修改；1990年制定《关于因公、因私出国、出境人员管理细则》、《关于离、退休职工回聘的规定》；1991年制定《聘用制干部管理的实施细则》；1995年制定《关于做好九四、九五年度工作人员考核的通知》。

劳动工资福利管理制度有：1980年制定《关于职工配制眼镜的意见》；1984年制定《职能、后勤工作质量奖励实施细则》，1990年修改；《关于二线人员的奖金分配系数暂行规定》，1995年修改；1987年制定《关于职工考勤扣免奖管理细则》；1988年制定《职工休假制度的规定》、《职工病假期间生活待遇的规定》、《职工探亲待遇规定》、《劳保用品发放标准规定》、《实行内部工龄津贴的办法》、《保健津贴发放办法》、《家庭财产保险集体投保细则》；1990年制定《关于工资总额统计与管理的暂行规定》、《关于职能、后勤部门综合奖考核及单项奖核发办法》、《关于浮动工资实施细则》；1992年制定《关于实行岗位技能工资制的试行办法》、《岗位技能工资浮动升级的办法》；1994年制定《关于工人岗位的划分及技术工人等级设置的规定》、《关于实施事业单位升级奖励工作试行办法的意见》、

《关于工资津贴实施意见》；1995 年制定《支付临时工（计划外用工）工资标准的暂行规定》、《支付值班费、加班费标准的暂行规定》、《职能管理、技术后勤部门考核计奖办法》、《关于在职工作人员实行补贴的规定》。

专业技术聘任管理制度有：1987 年制定《高、中级技术职务聘任工作初次测评与评委会评审相结合的二次测评法》；1988 年制定《技术职务聘任工作实施条例》；1991 年制定《专业技术人员业务考核管理细则》。

奖惩及其他管理制度有：1988 年制定《职工奖惩规定》、《人事档案管理条例》、《查阅档案规定》；1993 年制定《人事工作秘密及其密级具体范围的规定》。

第二节　干部管理

院人事处负责对中层以下干部考核、考察、培养、任命、奖惩等管理。其主要工作有：对在职干部考察提出奖惩、晋升意见，为院领导任命干部提供依据；对在职中层干部和后备干部考察，提出干部队伍建设动态培养工作意见；定期分析干部的思想动态；定期进行管理知识、理论水平、业务能力等岗位培训。考察采取领导和群众评议相结合的方式。

干部的配备一般由院、处（所）、科室三个层次组成。其中：

院级干部　按照隶属关系由市委、市政府及主管局任免，含党、政、技（总工）。

中层干部　1987 年前为科级，1987 年后为处级。党委系统由党委任命。行政系统按照干部管理权限，由人事处（科）、组织（科、部）分别或共同管理，经党政班子研究批准，由人事部门办理任命。

科级干部　由处（所）提名，人事部门考察后，经院长办公会研究审批，人事部门办理任命。

科级以下干部组长等由所、队务会确定，人事处备案。

分院及承包公司的党、政、干部由院或处下达任命，一般享受原级别待遇。

1960 年起，按照市委组织部《关于提拔、调配干部和加强对领导干部管理的意见》，制定干部管理、业务培训、干部下放劳动锻炼以及职工政治思想教育的计划。于 1962 年1月，选拔 7 名德才兼备的技术干部担任设计室主任或副主任工程师，并有计划地分批抽调干部到工地、农村参加劳动，参加社会实践。

1963 年，对干部普遍进行考察工作，考察政治水平、业务能力、群众关系、民主作风、组织能力。通过考察分析，提出干部调整安排使用及培养的意见，按照接班人的标准进行选拔，充实干部队伍工作。

1980 年按照邓小平提出“坚决解放思想，克服重重阻碍，打破老框框，勇于改革不合时宜的组织制度、人事制度”的要求，进行了人事制度改革的探索。确定干部、人事工作以经济建设为中心，坚持四项基本原则，坚持改革开放的基本路线服务宗旨及贯彻“革命化、年轻化、知识化、专业化”的方针。

中共十一届三中全会以来共提拔中层干部 91 名。近几年来，50 年代参加工作的领导干部即将退休，面临干部新老交替，院按照政治上充分信任、工作中放手使用、生活上关心照顾的原则，培养和选拔一批中、青年干部，使结构比例趋于合理。

第三节 职工队伍

建院时院职工队伍由市道路工程局、上下水道工程局设计、勘测、试验机构和原市政建设委员会计划室人员合并组成。随着每年大专院校、中专毕业生和复转军人分配来院，招工及机构变动增减人员，职工队伍陆续调整发展。

50年代初，大、中专毕业生比例约为1∶2。为提高干部的业务技术水平，从1956年起组织中专学历技术干部79人参加业余大学学习，1966年前取得大学毕业文凭20名。由于“文化大革命”的开始，业大学习停止，经与北京业余城建学院联系对即将毕业人员办理了大学毕业证60余名，对部分人员学完专业课中途结业人员办理了大专结业证20余名。

1964年3月院测量钻探队并入市规划局勘测队职工200名。1964年10月市水利局设计处17名技术人员合并到院第二设计室。1970年1月院水利专业大部分人员划归市水利局。1968年市政工程局所属市政工程研究所并入院，1971年调回市政工程局。1971年12月建工部北京给水排水设计院援外工程设计人员5名调院；1974年11月院试验研究室的道桥组、材料结构组、土工试验组、车间大部分合并到市政工程局市政研究所，共75名。

1975～1976年，为增加院青年技术力量从北京土木建筑工程学校接收两届中专毕业生近百人，组织30名高中毕业生参加工民建、机电专业培训班，1983年前后部分青年技术干部取得了大专以上学历。

1978年以来，为适应向国外发展的需要，组织英、日、法等语种的笔译和口译的学习；先后派往国外进修、深造60人次，出国考察、订货、经援300多人次。

1980年为解决专业技术人员实际困难，着手进行解决技术干部夫妻分居的问题。为减少职工后顾之忧，1982年院成立“绘图、誊写综合生产服务社”即知青社，安置了院职工的待业子女。

1982年以来院每年吸收一定数量的大学本科毕业生充实力量，由大专院校招收或代培研究生近30名。至建院40周年，院大专以上干部人员551名，占技术人员的84.9%。

为合理调配各类专业人员的结构比例，1982年制定人才发展规划，预测和确定各专业之间的结构比例；抽调专业人员加强技术经济力量，设立技术经济专业。

1984～1987年，为充实干部队伍，贯彻中共中央组织部、劳动人事部《关于调整以工代干问题的通知》和劳动人事部《吸收录用干部问题的若干规定》，开展“工代干”整顿工作，办理了工转干部50余名。

1955～1995年院职工发展统计见表6－1。

1979～1995年院离退休职工统计见表6－2。

表 6－1　1955～1995 年院职工发展一览表

年度	全院职工				行政干部			专业技术干部（含政工系列）					工　人		
	总人数	院级干部	中层干部	其他职工	总人数	中层及以上干部	一般干部	总人数	享受教授研究员待遇高级工程师	高级工程师	工程师	助工及以下	总人数	技术工人	普通工人
1955	541	3	20	518	75	20	55	281			38	243	185	162	23
1956	633	3	26	604	86	26	60	317			78	239	230	202	28
1957	540	3	23	514	54	14	40	273			54	219	213	185	28
1958	538	4	25	509	53	13	40	271			65	206	214	186	28
1959	593	4	21	568	60	15	45	322			64	258	211	186	25
1960	616	5	22	589	72	12	60	311			61	250	233	203	30
1961	636	5	21	610	75	12	63	358			64	294	203	178	25
1962	576	5	28	543	69	13	56	353			64	289	154	134	20
1963	591	5	27	559	68	14	54	373			64	309	150	133	17
1964	481	4	30	447	56	16	40	370			67	303	55	41	14
1965	527	6	25	496	56	10	46	418			66	352	53	42	11
1966	565	6	25	534	56	10	46	456			66	390	53	42	11
1967	565	6	25	534	56	10	46	456			66	390	53	42	11
1968	567	6	25	536	55	10	46	456			65	391	56	45	11
1969	565	6	25	534	55	10	46	454			65	389	56	45	11
1970	519	4	24	491	64	14	50	384			51	333	71	60	11
1971	474	4	23	447	61	14	47	343			51	292	70	55	15
1972	493	4	23	466	62	14	48	337			52	285	94	79	15
1973	554	4	51	499	64	19	45	335			52	283	155	125	30
1974	492	3	51	438	50	5	45	306			40	266	136	110	26
1975	496	4	51	441	44	10	34	308			40	268	144	114	30
1976	660	5	50	605	44	10	34	402			36	366	214	168	46
1977	667	6	52	609	59	15	44	400			36	364	208	164	44
1978	697	6	54	637	55	10	45	420			59	361	222	174	48
1979	699	6	38	655	49	10	39	428			158	370	222	174	48
1980	714	6	57	651	31	13	18	445		19	196	230	238	189	49
1981	720	8	55	657	27	10	17	464		14	199	251	229	184	45
1982	773	8	65	700	31	10	21	519		14	268	237	223	183	40
1983	799	8	65	726	32	10	22	553		20	259	274	214	177	37
1984	808	9	77	722	43	10	43	553		20	252	281	212	175	37
1985	825	8	78	739	51	10	41	577		19	246	312	197	157	40
1986	814	9	75	730	50	10	40	572		19	238	315	192	154	38
1987	854	8	47	799	46	16	30	623		131	192	300	185	145	40
1988	848	8	46	794	35	8	27	628		113	231	284	185	145	40

续表

年度	全院职工				行政干部			专业技术干部（含政工系列）					工人		
	总人数	院级干部	中层干部	其他职工	总人数	中层及以上干部	一般干部	总人数	享受教授研究员待遇高级工程师	高级工程师	工程师	助工及以下	总人数	技术工人	普通工人
1989	835	8	46	781	35	8	27	631	17	112	212	290	169	131	38
1990	824	8	48	768	32	8	24	623	17	107	202	297	169	131	38
1991	825	8	63	754	34	9	25	626	17	117	251	241	165	130	35
1992	817	8	59	750	40	11	29	627	14	127	282	204	150	120	30
1993	814	9	58	747	40	11	29	627	13	138	273	203	147	119	28
1994	825	10	57	758	33	1	32	665	10	180	267	208	127	106	21
1995	823	11	63	749	26	2	24	671	17	169	272	213	126	106	20

表6－2　1979～1995年院离退休职工一览表

年度	全院离退休人员				离休人员							退休人员							
					总人数	行政干部			技术干部			总人数	行政干部			技术干部			工人
	总人数	院级干部	中层干部	其他职工		院级	中层	一般	教授	高工	工程师及以下		院级	中层	一般	教授	高工	工程师及以下	
1979	9		2	7								9		2	3			4	
1980	10		3	7								10		3	3			4	
1981	10		3	7								10		3	3			4	
1982	16		5	11	7		2	2		3		9		3	3			3	
1983	22	2	9	11	13	2	6	2		3		9		3	3			3	
1984	25	2	9	14	13	2	6	2		3		12		3	5			4	
1985	24	2	8	14	13	2	5	2		3	1	11		3	4			4	
1986	37	2	8	27	13	2	5	2		3	1	24		3	5			16	
1987	36	2	7	27	13	2	4	3		3	1	23		3	4			16	
1988	79	5	7	67	16	2	4	4	3	2	1	63		3	7	14	7	26	6
1989	95	5	7	83	16	2	4	4	3	1	2	79		3	8	14	13	34	7
1990	101	5	9	87	17	2	5	5	3		2	84		4	8	14	16	35	7
1991	109	5	10	94	17	2	5	5	3		2	92		5	8	14	20	37	8
1992	124	5	14	105	18	3	5	5	3		2	106		5	7	18	25	39	12
1993	141	5	20	116	18	3	5	5	3		2	123		6	6	21	35	42	13
1994	149	5	21	123	17	3	5	5	2		2	132		6	6	22	37	46	15
1995	175	6	24	145	18	3	5	5	2		3	157	1	6	7	29	49	46	19

第四节　职称评定

建院时，院有职称专业技术人员281名，占全院职工51.94%；1959年增到322名，占全院职工54.30%；1978年增加为420名，占全院职工60.26%；1995年增加为671名，占全院职工81.53%（其中工程技术人员612名，经济、翻译、会计、医务、图书、档案、幼教、统计等专业51名，政工系列23名）。至1995年底全院有享受教授研究员级待遇高级工程师17名，高级职称169名，中级职称272名，初级职称213名。

院技术干部技术职务（职称）的晋升，建院后至1976年前按工资档次相应确定专业技术职称，其间1963年破格晋升13名工程师。1978年以后，为落实知识分子政策，晋升了21名工程师。1980年贯彻国务院《工程技术干部职称暂行规定》的要求，院成立"技术干部职称评定委员会"，负责全院技术职称评定。对各类专业技术干部进行职称套改、评定、晋升工作；对1966年以前1～6级工程师套改为高级工程师，7～9级工程师套改为工程师，并对1966年以后晋升工程师的，进行复查，共套改（含退休人员）高级工程师19名、工程师220名、助理工程师81名、技术员95名；对"文化大革命"期间入学的"工农兵大学生"进行定职考试、考核评定职称。

1987年经北京市职称改革领导小组批准，院为首批聘任专业技术职务试点单位，实行专业技术职务聘任制和以职务工资为主要内容的结构工资制度。院建立了中、初级评审组织，并按照首批试点要求及北京市职称改革领导小组办公室要求的标准和控制名额组织评审工作。专业技术职务聘任制度的主要内容为：根据实际需要设置专业技术工作岗位并规定明确的职责，在定编定员的基础上确定高、中、初级专业技术合理结构比例，组织专业技术人员聘任和任职，确定任期及专业技术职务工资。

1991年，院成立职称改革领导小组，设立中级评审委员会、高级行业评审组。院取得具有工程、经济中级以下技术职务评审资格和推荐高级技术职务评审资格。

1992年市政院被评为市科技干部管理先进单位。

1994年受首规委高级专业技术职务评审委员会委托，院组成以给排水、道路、桥梁、给排水结构、市政工程机电设计的高级专业技术职务专业答辩组协助市评审工作。

专业技术职务评定，按专业知识和学术水平进行考评。高、中、初级专业技术职务，一般按具备的相应学历，规定的资历以上方可申报。对少数不具备规定学历或资历，但确有真才实学，贡献突出符合破格晋升的专业技术人员，可以不受有关学历、资历条件的限制破格申报。

专业人员在取得某一级职务的任职资格时，应通过学历、资历、能力、业绩、工作态度、学识水平、外语水平等多方面考核或考试。其晋升办法，1987年以来采用初级测评与评委会评审相结合的二次测评法。初级测评包括工作成绩、工作能力、技术水平、事业心、知识面、人际关系、管理知识7个要素，每个要素按A、B、C、D 4级测评，由上级、同级、下级共12名测评人采用不计名打分的办法进行，得出初级测评分数，并在初评组内进行推荐排序。评委会评审包括工作成绩、工作能力、技术水平、论文水平、外语成绩、学历、技术工作年限、初级测评分数8个要素并参照初级测评分数的排列与宏观控制名额，进行差额推荐评审，确定相应的名额，报有关评审组评审。

外语水平的考试，1987年首批试点时，采用晋升高级职称要求外文笔译在两小时不低于字符4000字，晋升中级职称要求外文笔译在两小时内不低于字符2000字，对具备一定外语水平的可申请免试。

1994年为使评审工作更加规范化，要求必须进行论文答辩。受首规委高评委的委托，院组成北京市市政同行专业答辩组5个，负责全市市政设计专业的晋高论文答辩工作。

1978年按照北京市科技干部局的要求，建立专业技术人员考绩档案制度。1991年制定的考核管理细则规定专业技术人员每年年底填写考核登记表并附书面总结，按照工作态度、成绩、能力和学识水平等17项内容进行量化考核。采取自我评价、科室初评、所（处）复议方式提出考核等级并将复议意见转告本人。

历年晋升专业技术职称汇总（含当年的离退休人员）见表6-3。

表6-3 历年晋升专业技术职称一览表（含当年离退休人员）

年 度	享受教授级待遇高级工程师	高级工程师	工程师	助工及以下	合 计
1963（破格）			13		13
1973			3		3
1978			21		21
1979			95	56	151
1980（复查套改）		19	220	176	415
1981		6	71	10	87
1987		115	188	201	504
1988		27	57	76	160
1989	35		16	42	93
1990				18	18
1991		33	121	8	162
1992		29	46	19	81
1993		40	36	23	99
1994		12	23	37	72
1995	19	21	19	40	99

第五节 劳动工资

院劳动工资执行国家制定的劳动工资及北京市有关局规定、细则、政策，其性质按国家机关、事业单位标准执行。

一、工资制度

建院时按照国家机关、工作人员工资标准，实行工资制。1956年根据国务院关于适当提高工资水平，按照按劳取酬的原则对企业、事业和国家机关的工资制度进行改革的精神，采用行政人员执行国家机关工作人员表四之三，机关工人执行国家机关工作人员表六，试验室工人按测绘、土木建筑工人工资标准。1985年，为进一步消除现行工资制度中的平均主义和其他不合理因素，再次进行工资制度改革，实行国家机关行政及专业技术人员均以职务工资为主要内容的结构工资制；工资结构由基础工资、职务工资、工龄津贴、奖励工资四个部分组成；基础工资以工作人员本人的基本生活费计算，职务（含技术职务）工资，按照工作人员的职务高低、责任大小、工作繁简和业务技术水平确定，工龄津贴，每工作1年每月发给0.5元，奖励工资、用于奖励在工作中做出显著成绩的工作人员。此后，职务变动兑现相应工资等级，低于最低档工资的进入最低档，高于最低档就近高套。1993年，随着人事制度改革，为进一步调动工作人员积极性，理顺工资关系，再次进行工资制的改革，在科学分类的基础上，依据按劳动分配原则建立体现事业单位不同类型、不同行业特点的工资制度，与机关的工资制度脱钩，引入竞争及激励机制，加大工资中活的部分，建立符合事业单位不同类型、不同行业特点的津贴、奖励制度；工作人员的取酬与其实际贡献紧密结合，克服平均主义；工资系列分为职员、技术人员、工人3部分；职员按职务等级工资制，包括职务工资和岗位目标管理津贴两部分；专业技术人员按职务工资等级工资制，按职务系列，每一职务分别由若干工资档次和津贴组成；工人按技术工人技术等级职务和普通工人等级工资确定。

除3次工资制度改革外，还进行了部分人员工资调整和奖励工资工作，包括有：1959年1%升级；1960年工资相当17级以上党员干部进行降低1%工资；1963年43.1%升级；1972年10.4%低工资职工增加工资；1977年34.28%调整工资；1978年3%升级。1979年48.42%调整工资；1982年65.57%增加一级工资，29.41%增加二级工资；1984年3%升级；1986年33.17%升级；1989年14.46%增加一级工资，85.54%增加二级工资；1992年调整工龄工资0.5元至1元；1994年3%奖励晋级，3%提前晋级；1995年3%奖励晋级。

二、劳资制度

建院时按照国家机关、事业单位工作人员劳资制度的有关规定执行，包括请假规定，福利费使用规定，职工退休、退职、伤亡怃恤规定，1958年享受探亲假期的规定，1979年职工子女统筹医疗办法，测量钻探队、研究室工人享受野外工作人员洗理和防暑降温的标准，1980年执行对有显著职业性毒害工作的人员享受保健津贴及增加所有职工的洗理、书本、交通费及防暑降温费的待遇，1988年职工退休可享受洗理、书本费等规定。

1984年院试行技术经济责任制，设计按定额收费，盈余金额按生产发展基金、集体福利基金、奖励基金4:3:3比例分配使用。1990年，随着深化改革的进行，院内增设效益工资和工龄工资。效益工资按工龄定浮动级，即实习期满浮动一级，工龄4年及以上浮动两级；工龄工资按每满1年为0.5元。1992年院对市签定“两保一挂”承包责任制协议书，工资总额和实现利润挂钩；建立岗位技能工资系列标准，增设个人岗位技能工资；院内工龄工资由0.5调至1元。1993年上半年、下半年各浮动一级岗位技能工资。1994年将院内部工龄工资套入岗位技能工资系列标准，并浮动一级。1995年浮动工资转入岗位技能工资。

第六节　离、退休干部管理

1978年前，退休职工的关系在北京市民政局，由街道办事处管理。1978年国家颁布文件后，退休干部改由院管理；工人关系仍留在北京市民政局，由街道办事处管理。以后由于经费等原因，街道不接纳退休工人，于1986年起退休工人也改由院管理。

1982年根据国务院《关于老干部离职休养制度的几项规定》精神，院分工组织部门管理离休干部，人事部门管理退休人员。

随着离退休人员逐年增加，于1989年11月经北京市机构编制委员会批准，院成立老干部活动站（副处级），配备2名专职干部，统一管理离退休人员工作。为协调部门之间工作关系，由组织部门牵头，人事部门、老干部活动站参加，成立“老干部工作协调小组”。

1995年为贯彻中央、市委“进一步加强对老干部工作领导”的指示精神，院成立老干部处，人员编制为3人。同时成立“老干部工作领导小组”，由党委书记任组长，1名副院长任副组长，组织部、人事处、工会、行政办公室、财务处、行政处、老干部处领导为成员。开展定期或不定期的政策研究，解决老干部工作中的重大问题。

根据劳动人事部《贯彻国务院关于老干部离职休养规定中具体问题的处理意见》的规定范围，到1995年底，院办理离休干部共25人。其中，第二次国内革命战争时期参加革命工作的1人，抗日战争时期参加革命工作的8人，解放战争时期参加革命工作的16人。

根据《中共中央组织部关于行政十四级、十八级以上离休后分别按司级和处级待遇的通知》规定，为12人办理了提高待遇的审批手续。其中：享受司局级待遇的7人，享受处级待遇的5人。

根据中央关于“干部离休以后政治待遇不变”的精神，院按规定级别范围定期或不定期组织离休干部学习中共中央文件和市委重要文件；按在职干部同等待遇发给离休干部学习资料；举办离休干部政治学习班。院离休干部单独成立党支部，每月2次活动。院党委每年召开2次老干部座谈会，向老干部通报情况，听取意见。

按照国务院《关于老干部离职休养制度的几项规定》精神，院及时落实中央、市委有关老干部生活待遇的规定。1994年根据经济效益情况，院党委决定分别给离退休人员每月增加生活补贴，每年国庆节、元旦、春节等重大节日为部分离退休人员发放一定数额的节日补助费和节日慰问品。院坚持每年对离退休职工进行一次健康检查，坚持春节期间院、所领导举行团拜，慰问生病住院的离退休干部。为丰富离退休干部精神文化生活，院建立离退休干部活动站，配备活动器材和活动用品，建立活动制度，定期举行各种比赛活动。此外，每年有计划地组织离退休干部参观城市建设等活动。

到1995年底，全院离退休职工共有175人，其中局级6名，处级24名，教授级高工31名，高工49名，工程师49名，一般干部12名，工人19名。为开展党的活动建立退休党支部，每月进行一次组织活动。为发挥离退休老干部、老专家作用，院回聘离休干部8名，退休干部56名，共64名，在各种岗位上继续发挥他们的优势，为院发展建设再作贡献。

第三章　财务管理

院财务管理主要开展有固定资产、货币资金与流动资金、成本核算、利润形式与分配等管理，包括：计算院的设计、测量、生产经营成果，进行全面、连续、系统综合的反映，为全院的管理和发展提供必要的测算数据和可靠的会计资料；定额上交国家税金及应上交款；整理收支单据，填制记账凭证，登记账簿，编制会计报表，按收入额、成本支出额、利润等价值指标，对全院的分配进行管理；贯彻执行国家方针、政策、法律、法规，对院财务收支进行监督，维护财经法纪，加强财会队伍的建设等。

1955～1979 年，院施行的是预算会计制度，即生产任务由市政府下达，全部经费由财政局拨付，实行全额预算、经费包干办法。账务处理比较简单，每年收到财政拨款后，支付全院的日常开支和人工费等，年终向财政局报告经费支出情况。

1979～1983 年，经费来源分为市财政局拨款和委托设计收费两部分，市财政局拨款用于完成市政府下达计划任务的开支，委托设计收费按预算外资金管理。

1984 年以后，市财政局停止对院的拨款，院实行全面收取设计费，自收自支，自负盈亏。

第一节　管理机构与人员

1955～1979 年，财务机构隶属在院行政科的总务组，财务人员 2～3 人。

1979～1984 年，财务机构分两部分管理，一是行政会计、一是工程会计。行政会计 2 人，编制在行政科总务组内，管理市财政局的财政拨款。工程会计 2 人，编制在计划管理室内，管理委托设计的收费。

1984 年以后，财务机构开始独立设立，成立了财务科，1988 年成立财务处。

1984 年以前，根据会计和出纳互相监督的原则，财务设“会计”和“出纳”两个岗位。1984 年以后，随着会计业务工作量增大、人员增加，按工作岗位划分，先后设置财务科长（处长）、处长助理、会计、记账、制单和出纳等岗位。

1992 年以前，全院财务报销在财务处进行，1992 年以后，随着院实行两级经济核算，各所、处、队设置了“报销会计”，由各部门的报销会计对财务处办理报销业务。

1979 年，院有 1 人取得会计师资格，1992 年 1 人取得高级会计师资格，目前有高级会计师 2 人，会计师 1 人，助理会计师 2 人，会计员 1 人。院下属的研究所有高级会计师 1 人、会计师 1 人、助理会计师 1 人。

第二节　固定资产管理

固定资产的来源，1984 年以前是靠国家事业费拨款购置。1979～1984 年间，实行部分收费和 1984 年以后实行全面收费、自收自支的企业化管理之后，靠两类资金来购置，一是企业所得税后的利润留成，二是可以在成本中计提的固定资产折旧形成的更新改造基金。

固定资产的标准 1992 年以前是使用年限 1 年以上，单价 500 元以上的设备、仪器、工具、建筑物等。1992 年以后单价改为 1500 元。

一、固定资产分类

生产用固定资产包括：房屋建筑及建筑物、仪器、仪表、计算机设备、机电设备、工具、量具、运输设备。

非生产固定资产包括：房屋建筑及建筑物、仪器、仪表、计算机设备、机电设备、工具、运输设备。

二、固定资产的购置、新建或扩建

购置单台价格万元以上的固定资产，由申请购置的部门提出“设备购置调研论证报告”，行财部门审核后报主管院长批准后购置。新建、扩建的项目以及 1 万元以上的翻建、改造、加固等工程，施工合同和预算均由院基建办公室审核后报主管院长批准，由财务部门按已批准的施工合同预算和国家规定的“基本建设工程价款结算办法”执行，一般由工程主持部门领导审批，经财务处长批准后付款，工程竣工后由院基建办公室主持制定“工程竣工决算”，向院房管部门办理交付使用财产，财务部门据以增加固定资产的账面数额。零星购置的固定资产，填三联入库单，将固定资产验收入库，再填三联出库单领出使用。出库、入库单的三联用途是：一联是库房据以记载固定资产实物账，一联是库房记账人员据以记固定资产分类、分布账，一联随财务报销凭证由财务人员据以增加固定资产的账面数额。

三、固定资产的分级管理

行政处负责全院固定资产的全面管理工作，包括健全管理制度、实物的调配、调出调人、淘汰、报废，以及使用效益、维护、检修等方面的监督、检查工作。具体管理固定资产的实物和账目。

研究所、测量队具体负责本单位的固定资产账目和实物的管理。

领用固定资产的单位，负责所使用设备的使用效益、维护、检修，并保持固定资产的完好使用状态。

固定资产的调出经主管院长批准。固定资产的报废，先由行政处组织技术人员对实物进行鉴定，填报“固定资产报废申请单”，经主管院长批准后处理。

全院的固定资产账目与实物的核对，每年由行政处组织一次全面的盘点、核查，并及时处理盈亏做到账实相符。

四、固定资产折旧的计算和提取

应提取折旧的固定资产：房屋和建筑物、在用的设备、仪器、工具、运输设备。

不提折旧的固定资产：土地、在库的设备、仪器、工具、库外停用封存的设备及待处理的设备、仪器、工具。

提取折旧的方法，按平均年限法。其折旧年限见表 6－4 及表 6－5。

表 6-4 设备、仪器、仪表折旧年限一览表

设 备 名 称	折旧年限
普通金属切削车床	18 年
起重设备	19 年
其他机械设备	18 年
锅炉及附属设备	20 年
其中：快装锅炉	16 年
发电机组	23 年
空气压缩设备	19 年
空调设备	18 年
其中：小型空调设备	15 年
电器设备（包括变压器配电设备）	18 年
电讯设备	30 年
输电线路	35 年
载货汽车 50 万公里	12 年
载客汽车 80 万公里	15 年
其他运输设备	15 年
自动化控制设备	10 年
电子计算机	8 年
通用测试仪器及设备	10 年
其他自动化控制及仪器、仪表	12 年
一般工具	18 年
电焊机	16 年
其他工具及生产工具	18 年
管理部门的设备工具	22 年
医务部门的设备工具	20 年
教育部门的设备工具	22 年
电视机	8 年
生活福利部门的设备、工具	20 年
其他非生产用设备及器具	22 年
除尘装置	12 年
木工机械	18 年
印刷设备	16 年
缝纫机	10 年
通风机械	18 年

表 6-5　房屋及建筑折旧年限一览表

结 构 类 别	折旧年限
钢筋混凝土结构	60 年
砖混结构	50 年
砖木结构	40 年
其他建筑物	30 年

在执行过程中，对个别技术更新发展较快的技术设备有的适当缩短使用年限。账面已提足折旧的固定资产，超年限使用期间不再提取折旧。未到使用年限提前淘汰或报废的固定资产，其未提足的折旧费，一般补提足额。全部折旧均按季度提取并计入成本费。

第三节　流动资金管理

一、流动资金的来源

院流动资金来源有：财政拨款、上级拨入、企业自有资金拨入、预收设计费、未结算的设计收入等。

1955～1979 年，流动资金来源于财政拨款、无偿使用。采取预算申请、由主管局和财政局核拨的方法，院根据工资、办公、调研差旅等费用的需要，列全年预算明细表送市规划局审核后报市财政局核准并将核准的全年预算额分月拨入院的账号内，年终若有节约，由银行注销上缴财政局。

1979～1983 年，流动资金来源有财政拨款和委托设计收费两部分组成。财政拨款按 1979 年以前的方法。委托设计收费则根据设计项目概算乘以收费率分阶段预收，小工程也有采用一次收费。

1984 年实行全面收费至 1989 年上缴企业所得税之前，流动资金采取当年盈余的 40% 上交上级主管部门市规划局和市财政局，由规划局按需要拨回院的办法。其间 1986 年，院还由企业盈余留成中的生产发展基金拨出 50 万元用于流动资金。此外对按合同向建设单位预收的勘察设计定金等，在合同项目尚未投入生产之前，以及在初步设计、施工图阶段收取的设计费尚未作为营业收入转入损益之前，也形成院流动资金的一部分。

二、流动资金的安排使用

流动资金的管理一般在年度开始的 1 个月内，由行政处、财务处综合提出全院各项财务计划、预算。计划、预算的内容包括：全院的财务收支 3 年规划，全院年度财务收支综合计划，院年度经费预算，各部门经费承包、承管预算，研究所年度财务收支计划，基本建设年度收支计划，固定资产年度购置计划，房屋维修管理年度收支预算等。上述计划由行政处、财务处会同研究所、基建办公室，进行审核并综合平衡制定，其中对款项较大的项目进行落实资金来源和可靠效益分析工作。各项计划、预算均经院长办公会讨论通过，并经职代会审查建议后，经院长批准下达执行。

院长批准下达的全年财务收支计划，年度预算，由主管财务副院长和各业务部门主管副院长协调，然后分工实施。各主管副院长，对所主管部门承包、承管的财务收支负责管理、检查、监督和控制。各部门对其承包、承管的财务收支直接对主管副院长负责，并对主管财务副院长、院长负责。财务处对全院财务计划、预算执行情况行使管理职能，各项年度财务计划、预算执行情况每季度全面核算一次并用报表形式报告主管领导，报告内容包括：全年预算数，本季度预算数，本季度实际执行数，预计年终执行数，全年可能的盈亏情况。具体项目分为工资总额和经费，工资总额包括档案工资、津贴、补贴、加班工资、院内补贴和奖金，经费包括交通补贴、洗理费、回民补贴、保健补贴、取暖补贴、工会经费、福利费、生产材料费、文印晒图装订费、电算费、资料费、差旅费、误餐费、会议费、影像费、业务交往费、出国费用、外事费用、质量监督管理费、办公费、宣传费、邮电费、水电费、供热费、器具修理费及图书、劳保用品、家具、仪器及工具、房屋修缮、设备维修、职工教育费和固定资产折旧费等。

财务计划、预算的调整，由财务处会同行政处，根据上半年各项财务计划、预算的执行情况，于当年第三季度初提出调整意见。经主管财务副院长、院长批准后执行。

第四节　专项资金的管理

专项资金包括：专用基金和专项拨款。专用基金从院成本和利润中提取，包括更新改造基金、大修理基金、技术开发费、生产发展基金、集体福利基金、奖励基金和后备基金；专项拨款包括上级单位指派院完成的科研专项或规范编制等项目，所需经费，由下达任务的主管部门通知市财政局、市科委等部门或直接专项拨付院专款专用、专项管理。

专用基金是1984年院实行自收自支之后陆续建立起来的。

已建立的主要项目有：

更新改造基金　收入来源为从成本中提取的固定资产折旧基金和固定资产变价收入，主要用于固定资产的重新购置。

大修理基金　按比例从成本中提取，一般按同期固定资产折旧的50%提取。主要用于固定资产的大修理和结合大修理对固定资产进行技术改造而增加的开支；小型维修或修理费按实际发生额直接在成本中列支。

技术开发费　按收取设计费的10%在成本中列支，专项管理。用于科研和技术装备，院主要用于研究所和计算站的开支，绝大部分用于计算机设备的购置和改造。

生产发展基金　由院企业所得税后的留成中按比例提取。1984～1986年，是从当年的盈余上缴能源基金、上交主管部门和财政后盈余留成中提取的，当年上交能源基金是盈余的15%，上交主管部门和财政是盈余的25%，剩下的60%留成盈余中，生产发展基金按40%提取。1987～1989年生产发展基金按50%在留成盈余中提取。1989～1993年，生产发展基金按50%在企业所得税后留利中提取。生产发展基金主要用于购置大型的生产用固定资产、机器设备、生产用基本建设投资及经财政局批准动用部分投资新建职工宿舍等，适当将一小部分转为流动基金用。

集体福利基金　1984～1986年按院留成盈余的30%提取。1986～1989年按院留成盈余20%提取。1989～1993年按企业所得税后留利的20%提取。集体福利基金主要用于单位的集体福利事业支出，如新建职工住宅、医务室、托儿所、职工食堂、职工浴池等较大项目开支；也用于对生活困难职工的补助。

奖励基金　1979～1983年从委托任务收费盈余中提取25%作为奖励基金，1984～

1987年按院留成盈余的30%提取。1988年按院留成盈余的25%提取，1989～1993年按院企业所得税后留利润的30%提取。

后备基金　1988年按当年盈余留成的5%提取，1989年、1990年，按当年企业所得税后留利的5%提取。

此外；遵照国务院《国家能源交通重点建设基金征集办法》的通知，从1983年起上交国家能源重点建设基金。1983年上半年按盈余的10%上交，下半年为盈余的15%。1984年后改为按盈余的15%上交。1989年以后，根据国务院发布的"国家预算调节基金征集法"中的规定，与上交能源基金的基数同口径，上交10%预算调节基金。1983～1990年，院共上缴能源基金758.68万元，上缴预算调节基金120.89万元，1991年后，按国家规定停止缴纳。

历年专项基金结存情况见表6-6。

表6-6　历年专项资金结存情况一览表（万元）

年　度	更新改造基金	大修理基金	技术开发费	生产发展基金	集体福利基金	奖励基金	后备基金
1983年					204.07		
1984年				134.47	32.21	62.27	
1985年				193.79	137.97	77.37	
1986年	1.92		79.39	103.21	170.52	74.00	
1987年	8.36	1.03	31.37	187.17	79.99	73.07	25.76
1988年	11.55	6.38	63.31	333.46	111.92	138.72	52.64
1989年	76.75	26.46	34.09	440.28	117.69	175.06	70.78
1990年	69.50	54.11	46.04	389.79	14.65	248.96	70.78
1991年	111.97	50.11	54.96	202.82	-37.40	288.24	70.78
1992年	203.28	80.64	39.07	58.73	37.50	210.95	70.78

第五节　成本核算与管理

一、成本核算

院成本分为设计成本和期间费设计成本。包括院为提供设计成果和劳务所发生的各项直接支出（直接工资、直接材料费等）及各项应分摊归入设计成本的间接费。期间费包括院发生的管理费、经营费和财务费；管理费有由院统一负担的经费、工会经费、职工教育经费、技术开发费、咨询费、讼诉费、审计费、业务招持费、坏账损失、上交上级管理费、税金等；经营费有承揽设计任务或提供劳务过程中发生的应由院负担的差旅费、广告费、保险费等；财务费有院经营期间发生的利息净支出、汇兑损失、银行手续费等。

1955～1979年，院施行预算会计制度，无需进行成本核算，而是按会计期实行实报实销方法，整个账务处理，资金周转情况如图6-1。

1979～1983年院实行部分委托任务收费后，对委托收费部分作了成本核算分析，分析结果证明按设计项目进行成本核算难以解决脑力劳动人工费及设计项目不均衡等问题，因而采取以设计所为成本核算单位进行成本核算。

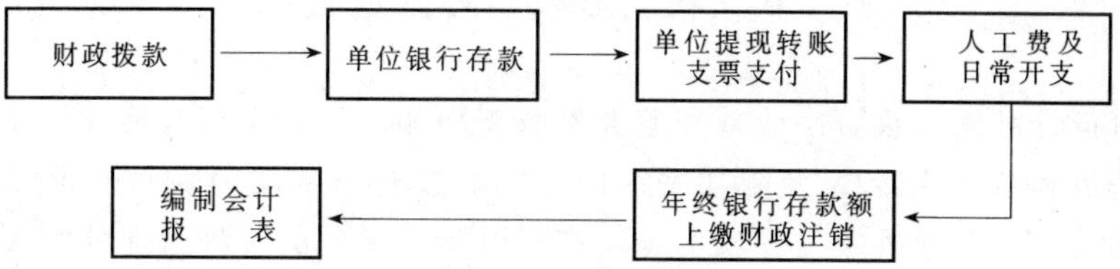

图 6－1　账务处理，资金周转图

1984 年以后，院逐步形成较规范的成本核算模式，采取年初制定成本目标，经院务会讨论，院长批准后下达执行。成本项目按直接人工费、直接材料耗用、资料费、电算费、差旅费等进行统计计算，以设计所或部门为核算单位，形成直接成本；对使用辅助生产部门的文印晒图、交通、水电等辅助生产费按一定的比例分配，计入各所各部门成本内；管理费、财务费按期间费列入当期损益。各所、各部门直接成本加辅助生产费和期间费形成院的总成本。

1983～1990 年院总成本支出情况见表 6－7。

表 6－7　1983～1990 年院总成本支出情况一览表

年　度	成本支出（万元）
1983 年	183.65
1984 年	212.76
1985 年	280.19
1986 年	248.40
1987 年	292.47
1988 年	362.09
1989 年	428.39
1990 年	496.20

二、成本管理

院成本管理大体分三个阶段

1955～1979 年院统一管理成本，院财务部门根据任务量、人员的配备、设计进展情况，结合当时的物价因素，制定全年需要的资金总量，经院领导审查报市财政局批准后下拨执行。

1979～1983 年。院成本管理，基本上仍属全院统一管理模式，另外增加了对会计资料的测算及设立财务账之外的辅助台账等项目。

1984 年以后，采取以设计所为成本核算对象的成本管理模式。即年初由院财务处收集汇总全院各项成本费用的预算计划，制定全年的全院成本目标计划，并分解落实到各设计所及职能后勤管理部门；经会计业务运行后，每季度由财务处向各设计所和职能后勤部门提供季度内的成本开支额，并与主管的所长、处长交换意见，提出下一个季度应该注意的问题。年终由财务处编制全年全院成本表，并分析成本目标的执行情况，作为下年度的参数。

第六节　利润形成、分配及管理

院利润有设计利润、投资净收益和营业外收支净额。设计利润包括设计收入减去设计成本、期间费用和各种流转税及附加费后的余额。投资净收益为院对外投资的收入减去投资损失后的余额。营业外收支净额为与生产经营活动无关的各种营业外收入减去营业外支出的余额。

一、利润形成

1955～1979年院实行财政拨款不计算利润。

1979～1983年，院实行部分委托工程收取设计费，将收取的设计费减去必要的开支后，剩下的为院利润，当时叫盈余，金额较少，主要用于弥补福利和职工奖励支出。

1984～1991年，院实行全面收取设计费。当年的设计收入减设计成本（包括辅助生产成本和管理费）后形成利润。1988年前叫盈余，1988年后叫利润。

1992年院与市政府10个委办局签订“两保一挂”责任协议书，规定院在保上缴利润递增包干（每年递增4%），保科技进步的前提下，实行工资总额和实现利润挂钩的办法，用实现的设计收入减去设计成本、营业税金及附加费，加上投资净收益和营业外收支净额形成毛利润，用工效挂钩的公式计算出当年新增工资额。具体公式如下：

$$当年新增工资额=\frac{当年实现毛利润-当年利润基数}{当年利润基数+0.75\times当年工资总额基数}\times0.75\times当年工资总额基数$$

用当年实现毛利润减去当年新增工资额后的余额形成利润。

1992～1995年保上交利润、利润基数、工资总额基数见表6-8。

表6-8　1992～1995年保上交利润、利润基数、工资总额基数一览表

年　度	1992年	1993年	1994年	1995年
保上交利润数	33.28	34.61	36.00	37.44
当年利润基数	190.00	656.70	1133.86	1024.80
工资总额基数	309.23	1001.74	1910.04	2095.81

二、利润的分配

1983～1988年，利润分配为40%上缴，其中25%上交市规划局及财政，15%上缴能源交通基金。剩余的60%为院利润留成，按比例列为各项专用基金。利润形成及分配比例情况见图6-2。

1989～1991年，利润分配为15%上交企业所得税，15%上交能源交通基金，10%上交预算调节基金，剩余60%为院利润留成，按比例列为各项专用基金（见图6-3）。

1992～1995年，利润分配为15%上交企业所得税，剩余的85%为院利润留成或未分配利润挂账处理。对已上交的企业所得税减去当年的保上交利润数后的80%由市财政返回院为返回资金。1992～1993年的返回资金列入院专用基金、生产发展基金内。1994～1995年的返回资金列入院未分配利润。从1994年开始，与国际会计准则接轨，取消专用基金，提留盈余公积金、公益金和未分配利润挂账。

1992～1993年院利润分配如图6-4。

1994～1995 年院利润分配如图 6－5。

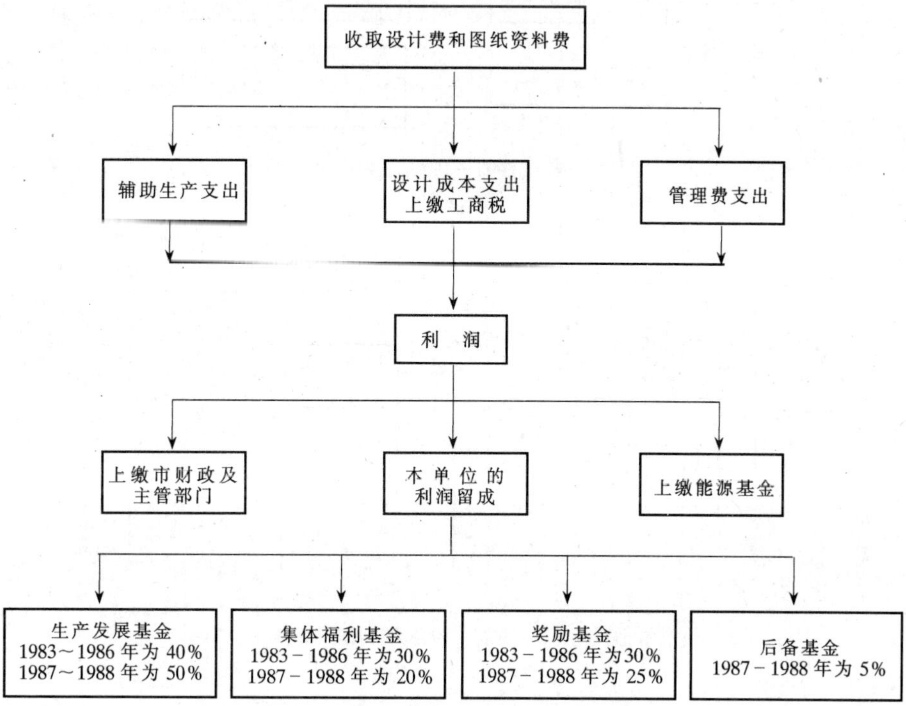

图 6－2　1983 年～1988 年利润形成分配比例图

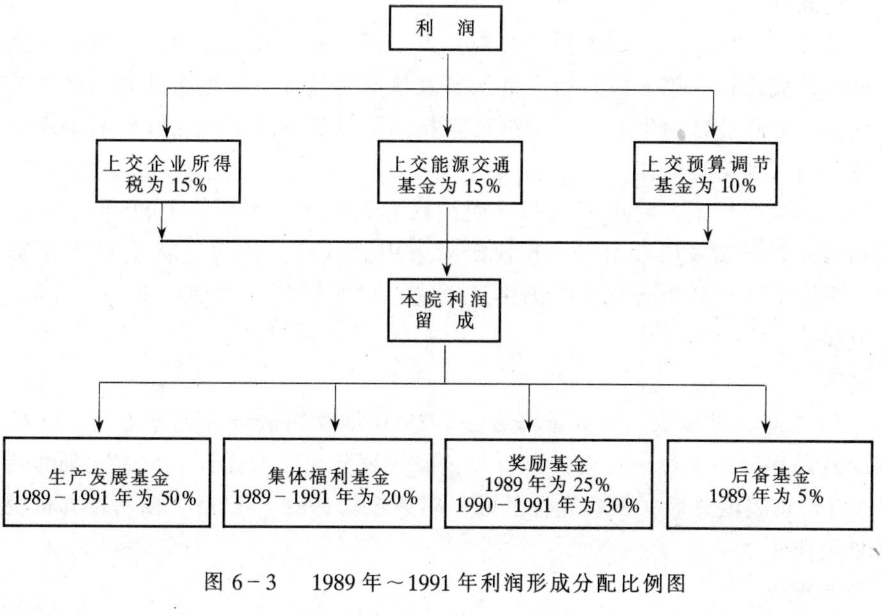

图 6－3　1989 年～1991 年利润形成分配比例图

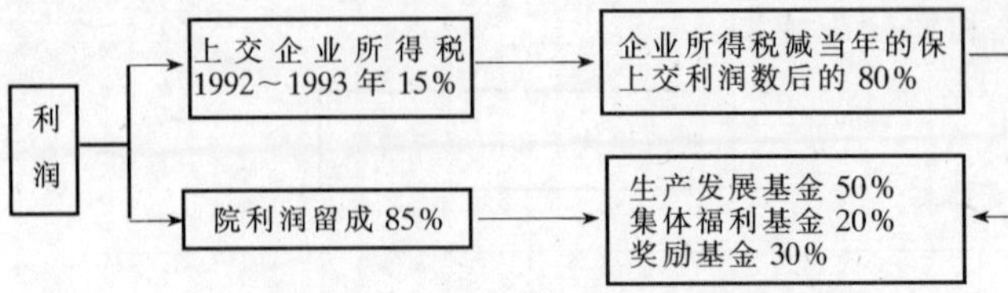

图 6-4　1992～1993 年利润分配图

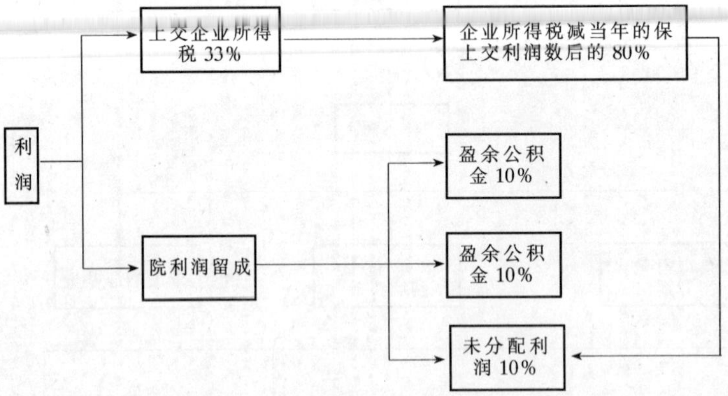

图 6-5　1994～1995 年利润分配图

第七节　会计基础工作

一、会计凭证

院会计凭证分原始凭证和记账凭证两类，为了保证原始凭证的合法合规，院规定由出纳人员审核原始凭证把好第一关，由会计人员复核原始凭证，做好会计和出纳两个岗位的互相监督工作。记账凭证由财会人员根据已审核的原始凭证或其他会计资料整理填制。

二、会计科目和会计账簿

根据会计制度的规定，院设置总账、明细账和日记账。1955～1989 年，院总账、现金日记账和银行日记账采用订本式，其他账簿采用活页式。1989 年院会计工作实行电算化管理后，现金日记账和银行日记账仍用订本式，总账和各类明细账全部用计算机打印，年终装订成册。

三、记账

1955～1979 年，院按收、付式记账方法。1980 年改用借贷式记账方法。并按国家规定，使用国营勘察设计单位统一会计科目。记账凭证分为收款凭证、付款凭证和转账凭证 3 种，用科目汇总表汇总后，依次登记总账、明细账。1989 年以后，使用计算机统计原始凭证，借贷记账法。

四、会计报表

院会计报表主要包括资产负债表，损益表、财务状况变动表及财务情况说明书。

1993 年以前按资金平衡表、成本表及财务收支情况表的格式编报。1994 年以后，改为资产负债表、损益表和财务状况变动表的形式编报。一般按季、年报出，特殊需要时按月报出。

五、财产清查

为保证院固定资产、低值易耗品、生产材料及其他劳保用品做到账实相符。院规定每季度进行一次账实相符核对，每年底结合清产核资进行财产清查，将盘存表与账面办理盘盈、盘亏账务处理。1995年根据北京市国有资产管理局统一规定，院开展一次较大规模清产核资工作，对国有资产进行产权登记，取得了“产权登记证”。

六、会计档案

院会计档案包括会计凭证、会计账簿和会计报表等会计核算资料。为加强会计档案工作，院制定“会计档案管理办法”，对会计档案的管理原则，归档范围、整理立卷、管理办法、借阅制度、鉴定销毁等方面作了具体规定。财务部门指派专人对会计档案进行整理装订、立卷归档。1992年以前，全部会计档案由财务部门保管，1992年院成立档案室后，改为当年和前一年的会计档案由财务部门管理，以前年度的会计档案送档案室存档并管理。

七、经济核算与分析

经济核算与分析工作，院开展得比较晚，1979年以前市财政拨款时，基本上没有开展这项工作。1979年开始部分委托工程实行收费，为向企业化管理过渡，搞了一次较大规模的经济核算与分析工作，抽两名会计人员对院1979年以前的会计资料、报出设计概算资料，进行调卷、分析，计算院、所两级成本和工日成本，对会计季报，年报进行分析说明。1990年后，对设备购置、固定资产投资，对外投资，成本增长情况开展定期和不定期分析，特别是1992年院与市政府10个委办局签定“两保一挂”承包协议书之后，经济核算分析工作，列为院日常重要工作，及时为院领导经营决策提供分析资料。

八、业务建设

1988年财政部和市财政局布置开展会计工作达标升级活动，1989年取得达标证书，同年又取得三级证书并于1995年通过三级复查验收。1989年院组织进行会计工作计算机化普及工作，目前全院财会人员均取得“会计电算上岗合格证”。1992年参加“北京市勘察设计单位会计制度”编制工作，院是主编单位。1993年全市大规模开展会计工作与国际会计准则接轨，院财务处组织学习贯彻“企业会计准则”和“财务通则”，于1994年接轨。1995年参加财政部“勘察设计企业会计制度”和“财务制度”编制工作，院为参编单位。

第四章 后勤与档案图书管理

1955年建院时后勤管理由院办公室下设总务科负责。1958年压缩机构，总务科撤销改为总务组。1972年，文印组与总务组合并成立行政科。行政科下设食堂、文印、医务、总务、司机、维修、财务等业务部门，负责全院后勤工作。1984年后，撤销行政科，成立服务公司。1987年中，随院机构变动，服务公司撤销改为行财处，后勤工作由下设的三科一队负责，即后勤科负责食堂、医务、托儿所（1992年7月，托儿所改为幼儿园，升为科级单位）、招待所、计划生育、献血等业务工作；供应科负责文印、物资和技术装备供应工作；房管科负责房屋管理和维修，以及传达室门卫、报纸分发、会议室管理等服务性工作；汽车队负责车辆管理维修与保养。1993年，院机构变动，行财处改为行政处。1993年后，行政处下属单位办了两个独立经济实体。其中供应科整建制改为艺文服务公司；房屋维修从房管科分离出来，成立艺兴装璜工程公司。1993年，食堂成立贝乐小吃店，亦为独立经济实体。1994年7月，行政处改为服务总公司，与院签订内部承包协议书，没有领取营业执照，为对内承包一种形式，对外还是行政处。服务总公司职能有2个，一个是对外经营、创收，由总公司下属6个经济实体进行操作，总公司负责监督、指导与协调，第二是服务管理职能，包括房屋、车辆、幼儿园、医务室管理以及后勤服务工作。

1976年院组建基建组，隶属院办公室。1981年院抽调力量成立基建科、1987年基建科划归行政处。1991年基建科由行政处划出成立基建办公室。

建院时，院档案、图书、资料由院办公室下设资料管理组管理。1957年以后，院档案、图书、管理部门经过多次调整，分别由院办公室、技术室、设计管理室、技术供应室、情报室、档案室等部门或其下设机构管理。

第一节 后勤管理

一、职工食堂

1955年，职工食堂隶属市道路工程局管理，炊事员8人，其中院5人，操作间在地下室，设备简陋，供400人用餐。

1958～1967年，院迁到南礼士路规划局院内办公，与规划局合用一个食堂，隶属规划局管理，炊事员16人，其中院5人，供600人用餐。1967年，食堂改为院管理，并增设专职管理员和会计。

1985年5月，市政院迁到月坛南街乙2号新建办公楼内，食堂面积300平方米。设有小卖部和招待间，炊事员13人。此后陆续购置炊事机械和设备，如冷库、和面机、轧面机、搅肉机、电烙饼铛、电炸锅、保鲜柜等。

1993年7月，职工食堂在保证职工就餐前提下，创办贝乐小吃店，有法人营业执照，是一个独立核算的经济实体。职工食堂的职能有了变化，既对职工服务，也对外创收。管理干部2人，炊事员有11人，其中正式职工5人，截至1995年底，有4人获正式厨师职称。

二、房屋

房屋管理由房管科负责，其主要职责是房屋管理和房屋维修管理。1995年底，办理领取办公楼《办公房所有权证》和《土地使用证》及职工宿舍《公房所有权证》，随后建立产权档案。

职工住房收费按北京市公用住宅租金标准，水电费、供暖费按北京市统一标准。职工住房分配由院分房委员会领导小组负责制定并遵照职工住房分配方案分房。房管科负责办理租售手续工作。

房屋维修，其职责是对办公用房，职工住房的门窗、水、电、办公桌椅、电梯等进行维修。1993年以前，由院维修组负责。1993年后，在维修组基础上，创办艺兴装璜工程公司，为独立的经济实体，一方面负责办公楼、职工宿舍的维修，另一方面负责对外创收、承揽装修工作和制作各种模型。该公司制作的西直门立交桥模型获北京市科学技术协会科普画廊一等奖。

三、物资供应

物资供应包括办公用品、劳保用品、家具及固定资产设备购置等管理。1987年以前，由总务组负责办公用品、劳保用品、家具的物资供应，由技术供应组负责技术装备、固定资产的供应、计算机穿孔和技术资料复印。

1987年成立行财处后，总务组的行政后勤物品采购库房管理和技术供应组的技术装备采购及库房管理，划入供应科管理。1991年，两个库房合并，实行统一管理。

四、文印、打字

1955年建院初期，文印、打字、晒图人员为行政班组编制，工作人员5名。70年代以后，发展成一个大组，分打字、装订、晒图3个小组。工作人员有15名。1987年以后，由行政班组改为供应科。工作人员25名。其职责主要有两个方面，一个是文印打字，一个是库房管理。

从1990年起，加强职工的技术培训，到1994年后，经考核在岗的职工全部取得技工职称证，其中高级工3名，中级工15人。

五、幼儿园

60年代初期，在广安门外史家胡同职工宿舍中腾出两间房办了简易托儿所。1969年在马尾沟正式成立院托儿所，面积140平方米。入托儿童最多达80名。1974～1978年托儿所迁到大帽胡同研究所办公楼内。1979年又迁到南礼士路院汽车库平房内。1992年在复兴门北大街新建院幼儿园，建房面积1200平方米。于1992年“六一儿童节”前迁入。

1980年以后，为加强保教工作，先后送出3名职工培训学习幼教专业，同时招收幼教专业毕业生，增加幼教师资力量。目前，一级教师6名，二级教师1名，保育员3名。

1989年，幼儿园营养配餐的质量管理QC小组，获北京市勘察设计系统幼儿“科学喂养”质量管理QC小组第二名。

六、汽车队

建院初期，机动车辆管理是总务组业务范围之一，司机2名。60年代成立司机班，司机10名。1987年司机班改为汽车队，队长1名（副科级），司机15人（不包括研究所、测量队的司机)。1994年,汽车队升为正科级,设队长1名,副队长1名。汽车队负责对司机安全教育及汽车的维修保养和管理,几十年来未发生一起重大伤亡事故。多次被院评为先进集体,受到市、地区安委会的表扬。

七、保健医疗

60年代,院设有保健室,配医务人员1名。1970年成立医务室,配备医务人员3人。1995年7月,医务室升为科级单位,业务由西城区卫生局指导。医务室负责全院职工日常医疗,定期为职工体检及开展常见病、慢性病的保健工作。全院职工享受指定医院公费医疗。

八、公民义务献血

60年代,院开始组织职工公民义务献血。献血指标由北京市公民义务献血办公室下达。此项工作由1名院领导主管,具体工作1979~1987年由院办公室负责,1988年后,由行政处负责。每年献血指标,由院下达至各处所,各处所由一名党政领导具体负责本部门献血任务的完成。1979~1985年,全院职工公民义务献血共有152人次。1986年以后,全院职工无偿献血共有224人次。从1986年起,院连续10年无偿献血超额完成指标,年年被评为市级无偿献血先进单位。组织人员多人次被评为市级先进组织工作者。

九、计划生育

1977年前后,院成立计划生育领导小组,办事机构设在院工会。领导小组由院党政主要领导、人事、宣传、工会、共青团和各科室主要负责人组成。各科室成立科室领导小组,班组设立宣传员。

1981年7月,院计划生育工作按京卫字45文精神转交行政管理,办事机构设在行政科。领导小组由院领导、人事、宣传、工会、共青团和各处所的主要领导组成,各行政班组设立宣传员。院计划生育工作受该系统及地区(街道)双重领导。

1978年,院落实中共中央及北京市计划生育文件精神,认真贯彻"四率"(计划生育率、节育率、一胎率、晚婚率)要求,做到无计划外生育、无三胎、无间隔不合理、无未婚先孕。院实现合理率100%,得到地区的好评,被月坛街道评为先进单位。

1979年4月,国务院第一次提出"把计划生育工作的重点转移到一对夫妇只生一个孩子上来"后,院计划生育领导小组召开两次扩大会,狠抓落实。全院实现按计划出生,合理生育率100%,节育率87%。

1980年9月25日中共中央发表《关于控制人口增长问题致全体共产党、共青团员的公开信》。院党委要求各级党组织要认真组织党员、团员学习,宣传和贯彻中共中央发表的控制人口增长问题的精神。全院全年计划生育"四率"指标均达到要求。

1981年,为深入宣传计划生育人口理论和纪念《公开信》发表1周年,院党委要求,组织全院党员、团员和全体职工深入学习"公开信"和人口理论。与此同时院制定了计划生育奖惩暂行规定。

1982年,院计划生育领导小组,贯彻中共中央、国务院发出的《关于进一步做好计划生育工作的指示》及北京市下发的《关于进一步做好计划生育工作几个具体问题的规定》,全院实现计划生育率100%、晚婚率100%、一胎率100%、节育率100%。

1983~1988年的5年中,院开展关心育龄职工的思想,宣传计划生育政策,咨询指导,发放药具,为绝育职工排困解难,手术后登门慰问,对部门进行计划生育指导等工作，达到“三无”（无多胎生育、无计划外生育、无大月份引产）、“四率”的要求，年年被月坛地区评为先进单位。

1988～1993年，院继续加强计划生育工作的基础建设。计划生育工作实施目标管理。院同各处所签定目标责任书。计划生育工作由各级领导负责，层层把关，做到连续5年，年年达标，被地区评为先进单位。

1993～1995年，院计划生育“四率”均达到北京市的要求，被月坛地区评为先进单位。

第二节　基建管理

一、制度建设

1988年院制定基建管理规定。规定的主要内容有：凡基建任务均由基建办统一管理；对1000平方米以上的建筑应报市建委招标办招标；建立阶段验收、竣工验收及自购材料、设备验收制度；对大型设备的购置，先进行可行性研究；对合同外增加项目须会同设计施工签署洽商记录；建立基建项目全过程档案制度等。

二、房屋建设

办公用房和福利设施　1955年建院时院与北京市道路工程局合用西单北大街114号楼房和平房，办公用房面积1600平方米。1959年市政院迁到南礼士路规划局院内，占用规划局部分楼房及平房办公，总面积共约2500平方米。1975年在市建委和规划局的支持下，于1985年4月建院30周年之际，在月坛南街落成10000平方米办公用房。以后又于1987年续建院内北小楼，1990年续建院内西小楼，1991年在南礼士路公园北侧建成了1200平方米的幼儿园，1992年在主楼顶加盖一层。

1978～1992年共建成办公和福利设施用房15250平方米。加上原大帽胡同研究试验楼，目前全院办公用房共计20070平方米。详见表6－9。

表6－9　业务楼及福利设施建筑一览表

设施名称	平方米	竣工时间（年）	备注
大帽胡同研究试验楼	4820	1952	
院业务主楼	10000	1985	
院北小楼三层	900	1987	含地下室
院西小楼四层	550	1990	含地下室
院业务楼九层及电梯间	1100	1992	
幼儿园	1200	1991	
花乡办公楼	1500	1992	
合计	20070		

职工宿舍　50年代院兴建白纸坊宿舍楼1栋及部分平房共3100多平方米。1978年后院加强兴建职工宿舍，先后与市政工程局合建甘家口宿舍，院分得921平方米；与建筑设计院合建宿舍楼，院分得1441平方米；与北京市统建办公室合建左家庄宿舍，院分得

5262 平方米；与中建总公司在车道沟合建宿舍楼，院分得 3500 平方米，与市政工程局合建车道沟宿舍楼，院分得 2400 平方米。此外，1985 年后院陆续投资组建、合建建成月坛南街、复外北大街、定慧北里、羊坊店等宿舍楼（1993 年后羊坊店宿舍楼与花乡宿舍楼对换）。1978～1995 年 18 年中院共建职工宿舍楼 46205 平方米，706 套。加上原有宿舍楼，院到 1995 年共有职工宿舍楼 49035 平方米，729 套。详见表 6－10。

表 6－10　职工宿舍楼建筑一览表

设计名称	平方米	套	竣工时间
白纸坊宿舍	2250	23	1956 年
大帽胡同南楼宿舍*	580		1952 年
甘家口宿舍	921	14	1979 年
建院宿舍	1411	24	1980 年
工体宿舍	550	10	1980 年
左家庄宿舍	5262	84	1983 年
索家坟宿舍	150	3	1984 年
车道沟 23# 宿舍	3500	50	1985 年
月坛南街宿舍	2338	39	1985 年
复外北大街宿舍	4300	65	1986 年
花乡宿舍	15870	240	1992 年
车道沟宿舍	2400	35	1994 年
定慧北里宿舍	9503	142	1995 年
合计	49035	729	

*　部分试验楼改建

三、分院房屋建设

深圳分院　1991 年在深圳市福田区福华路东山岭购办公及宿舍用房 1330 平方米。

海南分院　1990 年在海口市花园新屯购办公及宿舍用房 185 平方米。1992 年在海南琼山市府城海怡花园购办公及宿舍用房 2860 平方米，共计 3045 平方米。

厦门分院　1991 年及 1994 年在厦门东区嘉莲里分别购办公及宿舍用房 600 平方米和 200 平方米，共计 800 平方米。

大连分院　1990 年在大连市技术经济开发区港新小区港林里购办公及宿舍用房 279 平方米。

北海分院　1995 年在广西北海市四川南路沈四新村建办公及宿舍用房 6310 平方米，计划 1996 年竣工。

第三节　档案及图书管理

一、档案管理

1955 年建院时，院的档案资料是由原北京市道路工程局、北京市上下水道工程局和北京市自来水公司 3 个单位设计部门的文件档案、图书、资料汇合构成，由院办公室下设资料管理组负责管理。1957 年院办公室下设了图档组，负责管理全院的设计档案，而文书档案由办公室直接管理，并按照1956年国务院颁发的“关于加强国家档案工作的决定”开展整理工作，先后制定《文书档案册》、《文书档案归档范围》、《技术档案管理制度》。院档案工作逐步走上正轨，全面推动文书处理分部门立卷归档、设计档案实行集中统一管理等办法。

“文化大革命”开始后，档案工作机构瘫痪，一度无专人管理，尤其是文书档案，失散损坏较多。

1975年起，院先后在设计管理室，技术供应处，情报处下设图档组或技术档案组管理全院的设计档案，其他各种门类档案由各业务主管部门管理。1976～1978年院办公室着手院文书档案的整理工作，鉴定全部档案。1981～1983年，进行建院以来第一次设计档案的全面整理和鉴定工作，底图和蓝图分库管理，与此同时院进一步完善管理制度，并充实管理人员。

1990年、1991年院两次向北京市城建档案馆移交蓝图档案8760卷。

《档案法》和《档案法实施办法》公布施行后，院开始建立档案全宗的准备工作。1991年院成立档案管理领导小组，建立处级综合档案部门——档案室。1992年起实施目标管理，并被北京市列为试点单位。1992年4月，档案室下设立档案一科和档案二科，分别负责科技档案与文书等档案的管理工作。1992年6月，院党政领导主持召开院第一届档案工作会议。当年7月，全院档案实行集中统一管理，由档案室对全院档案工作实行统一的监督和指导，并加强业务建设，扩大档案信息的开发利用。1992年9月，经院长办公会讨论通过颁布实施《院档案管理标准》。1992年11月，北京市档案局和首规委办组成的联合考评组对院档案工作进行考察，同意院为北京市科技事业单位档案管理市级先进单位。

1993年1月，院召开第一届“档案开发利用专题研讨会”，公布院第一批档案工作论文共9篇。

1993年11月，国家档案局，首规委办，北京市档案局组成考评组对院档案工作进行全面考核，同意院为国家一级档案管理单位。

1995年5月，院通过档案管理国家一级的复查。1995年10月，院档案室被评为“北京市档案系统先进集体”。

院档案搜集了建院以来院从事各项生产、经营、党群管理和行政管理活动直接形成的有保存价值的各种文字、图纸、计算书、图表、声像、实物等不同形式的历史记录资料，为院两个文明建设提供重要信息资源。

截止1995年底，院除已向北京市城建档案馆移交29460卷（张）档案外，院内库藏档案有175282卷（张、册、盘、件），分为以下6大类：

科技档案，包括设计档案、科研档案、测量档案、机读档案、基建档案、设备档案共155167卷（张）。

文书档案，包括党委档案、纪委档案、工会档案、团委档案、院办档案、离退休档案、全质办档案、教育处档案、行政处档案、工程监理部档案、人事处档案、保卫处档案、计划与技术管理档案、档案管理档案共2524卷。

会计档案，包括凭证、账簿、报表共3352卷。

声像档案，包括照片、底片、录音、录像档案共12452（张、册、盘）。

缩微卡档案，包括缩微胶片 66 盘、开窗卡 15000 张。

实物档案，包括奖状、奖品、证书、印信共 241 件。

二、图书管理

1955 年建院时，院有图书约 3000 多册，由原北京市上下水道工程局、自来水公司及道路工程局三家设计部门合并时转来。内容包括中文、外文图书及中文期刊。管理人员 2 人，隶属院办公室领导，后归技术室领导。

1958 年“大跃进”中，管理方式由创建初期的闭架借阅改为开架借阅。

1962 年成立图书室仍划归院办公室领导。工作内容增加技术资料部分。原来由资料室（现档案科）保管的技术资料移交给图书室。

1972 年，图书室由院办公室分出，划归设计管理室领导，并增设社会科学图书栏目。

1983 年制定了第一部《技术图书、资料管理办法》，图书管理工作做到有章可循，对加快图书、资料的周转，提高藏书的流通率和利用率起到积极作用。借阅图书、资料人数由 1980 年的 2000 人次增加到 1993 年的 5000 人次（增长了 150%），借阅各种书刊数量由 1980 年的 2000 册次增加到 4500 余册次，藏书利用率由 3.3%，增长到 5.8%。

1984 年为提高藏书质量，开展自建馆以来第一次较大规模的中文技术图书、俄文图书及俄文期刊的藏书剔旧工作，共剔除图书 3000 多册。并将设计手册 2100 多册划拨到各设计室。

1985 年开始按照国家标准局颁布的《普通图书著录规则》，对馆藏 3 万册中文图书著录进行改编、标引，使编目工作走向标准化、科学化。在进行标准化著录的基础上建起公务目录、读者书名目录，逐步完善目录体系。两项工作于 1988 年 6 月全部完成。

1987 年院成立技术情报处，图书室划归该处领导并改名图书馆。

1993 年 4 月图书馆从技术处划归档案室。

1995 年末图书馆藏中文技术图书 26000 余册，外文图书 5500 余册，中文期刊 110 余种，外文期刊 79 种，各种学术刊物 110 种，技术情报资料 26000 余册。

第四节　技术装备

院技术装备主要有电子计算机设备、科研试验仪器设备、测量仪器设备、技术后勤设备和机动车辆。

一、电子计算机设备

建院到 1975 年的 20 年中，院内设计计算使用的计算工具为计算尺、手摇计算机、计算器等手工计算工具。1975 年起在工程设计中开始使用计算机技术，并开发第一批工程设计应用程序软件。1985 年院购置第 1 台多用户计算机（宇宙机）和第 1 台微机（286 机）。目前已发展有小型机——VAX4000/200 型 1 台，工作站——APOLLO、DN4000 和 DN3000 各 1 台、VAX 机工作站 4 台；微机以 486 为主共 334 台，绘图机 0 号 6 台，数字仪 0 号 2 台；计算机网络和远程通讯设备正在筹建中。

二、科研试验仪器设备

建院初期科技研究项目主要是道路翻浆、白灰土的应用、沥青材料和水质软化、雨水口渲泄能力及预应力钢筋混凝土管、石棉水泥管等项目，为此添置了相应的仪器设备。60

年代以后开始研究机械搅拌加速澄清池、虹吸滤池和工业废水处理等技术，相应添置了部分水质处理的仪器设备。80 年代以后技术研究项目不断发展，购置仪器设备有大幅度增加，给排水专业增添国产原子吸收分光光度计、日本产荧光分光光度计、日本产总有机碳测定仪（TOC)、原联邦德国产紫外线设备、美国及荷兰产离子计及日本产 BOD 自动测定仪等；结构测试专业配置 7V08、7V13 数据采集器；道路专业配置室内环道路试验机及为试验配备进口多功能计算机和绘图机等设备，可进行路面模拟试验及沥青混凝土高温稳定性试验。

三、测量仪器设备

建院时组建的测钻队，于 1964 年合并到市规划局勘测处，全部仪器设备带走。1985 年院新组建测量队，购置水准仪，经纬仪，主要开展小型工程测量。1990 年后随着大型任务的增多，陆续购置国内外一些先进的仪器设备，瑞士 PI1000 测距仪及高精度水准仪和经纬仪等。目前已具备有完成各种工程用图、管线定线、精密测量量距、水准、三角点控制测量、复杂线型立交桥的计算放测、桥梁变形监测、使用计算机进行计算、计算机绘制地形图、纵断面图、横断面图等仪器设备。

四、技术后勤设备

技术后勤设备主要有文印打字、晒图、复印、装订等设备。建院初期，只有打字机 2 台，手摇油印机 1 台，石碳精装晒图机 1 台。随着设计、科研工作的发展，1980 年增添配备高效多功能的晒图机（进口荷兰和日本晒图机)、大型工程复印机，打字机更新为四通中英打字机；装订更新对开自动切纸机为全自动裁纸机。此外为满足工程设计需要，装备了工程技术用照像机、录像机、摄像机等全套设备。

五、机动车辆

建院初期院有吉普车 2 辆，60 年代后院开始增加更新车辆，至 1987 年院部机动车增至 20 多辆，成立了汽车队。到目前为止已发展到各种型号车辆 35 辆。另外，院科学技术研究所拥有机动车 6 辆，测量队拥有机动车 4 辆。全院（不包括分院）共拥有各种机动车 45 辆。

主要技术装备名称数量详见表 6－11。

表 6－11　技术装备一览表

项　目	设　备　名　称	数　　量（台）
电子计算机设备	小型机—VAX 4000/200 型	1
	工作站—APO110 DN4000 DN3000 VAX 机工作站	 1 1 4
	以 486 为主的微机	334
	绘图机 0 号	6
	数字仪 0 号	2

续表

项　目	设　备　名　称	数　量（台）
科研试验设备	化验设备	40
	试验设备	30
	测试设备	30
测量仪器设备	测距仪	4
	高精度水准仪	2
	普通水准仪	10
	经纬仪	8
	无线对讲机	10
	PL1500 机	6
技术后勤设备	晒图机	6
	复印机	9
	切纸机	2
	打字机	11
	照像机	8
	录像机	11
	摄像机	2
	音响设备	5
机动车辆	汽车	45 辆

第五章　内部保卫

内部保卫主要工作有：打击刑事犯罪、查处治安案件；进行院内重点部位、要害部门及重点工程的保卫；积极开展消防安全宣传与管理。职能履行机构为院保卫处。

院保卫组织隶属院领导，业务上接受公安机关的指导，为院职能部门。

1955年建院时，院设保卫科，有专职干部两人，党组书记主管。1960年人事科、保卫科合并，至1961年人保科分开，重新恢复保卫科。1965～1966年保卫科编制3人。科长1人，两名保卫干部分管内勤、外勤。1966年“文化大革命”保卫科工作处于瘫痪。1968年市政院革命委员会成立后，保卫工作划归政工组。1971年恢复保卫科。1987年市政院确定为局级后，保卫科改为保卫处。1988年院机构调整，人事处、保卫处再次合并。1990年4月人保处再度分开，恢复保卫处。

第一节　组织、制度建设

1956年院成立“治安保卫委员会”，各科室、所、队等基层单位成立治保小组，每个小组由3～5人组成。1962年公安部《治安保卫委员会工作细则》（试行草案）下达后，对治保会力量进行整顿充实，明确主要任务是“防奸、防特、防火、防盗”。

80年代初，中央决定开展为期3年的严厉打击刑事犯罪的斗争，院保卫部门在院党委的领导下成立“严打办公室”，抽调专人组成工作小组，发动群众揭发检举犯罪分子。开展了对可疑人员和可疑线索的内查外调并通过“严打”净化内部治安环境等工作。

1981年院在党委领导下成立治安综合治理领导小组。之后又对领导小组成员进行多次调整。1986年明确党委书记为组长，主管副院长为副组长，党政工团等部门参加的综合治理领导小组，主要任务是加强人、地、物的管理，在职工中开展法规教育，防火及防盗教育，提高职工的法规意识和治安防范意识。

1985年3月为加强内部安全管理，根据院内情况制订院《内部治安与安全管理条例》。

1985年11月市政府《关于加强机关、团体、企事业单位治安防范工作的通知》和1987年《关于企业保卫责任制暂行规定》下达后，保卫部门在党委领导下进行传达贯彻，并制订院实施细则（暂行）。

1985年后，为加强消防工作，在总结消防工作经验的基础上先后制订《院消防安全管理规定》、《运用明火作业审批规定》、《消防设备管理办法》等制度。

1993年底市政府发布《北京市企业治安保卫责任制规定》（9号令）。1994年3月院制订并发布《市政设计研究院治安保卫责任制规定》，明确各级领导干部在治安保卫工作中的责任。同月，各处、所、队治保负责人与院主管领导签定了“治安保卫责任书”，列入院精神文明考核项目。

1995年市委、市政府提出整顿、重建“治安保卫委员会”的工作后，院对“治保会”

进行较大调整，由党委书记担任“治保会”主任，主管副院长任副主任，各处、所、队党支部书记任委员并兼本单位本部门的治保小组长，保卫处处长任治保会办公室主任。重新制订《院治安保卫委员会工作条例》，进一步加强对治保工作的领导。

第二节　保卫工作

一、安全保卫

1955 年院保卫组织建立时确定“党委领导、群众路线”的工作原则，其主要任务有：协助查破现行反革命案件和刑事案件，查处治安案件；监督被依法判处管制和戴帽反革命分子，坏分子；保卫重点工程和要害部位的安全；开展防特、防盗、防火、防破坏事故的宣传工作；做好内部治安防范管理，同刑事犯罪活动和其他危害治安的行为作斗争；做好防火工作，领导内部义务消防队；领导治安保卫委员会工作；做好重大节假日、重大群众活动、重要会议等安全保卫工作；协助有关部门做好保密工作，同盗窃、出卖党和国家机密的行为作斗争；完成上级党政领导和公安机关交办的其他任务。

1955～1965 年间，重点抓了发动群众，做好预防犯罪工作，未发生重大案件。

建院后，院陆续承担“三线”工程、中南海内部市政设施“519”工程、水源厂、地铁、钓鱼台国宾馆、毛主席纪念堂等国家和北京市重点工程项目设计。保卫部门会同有关部门，负责人员政审和报上级领导审批以及图纸的保密管理工作，并对参加重点工程的人员进行保密检查等工作。

1980 年遵照公安部全国经保会议“预防为主、确保重点、打击敌人、保障安全”的方针，院内保工作主要任务进一步明确以预防为主，维护内部治安秩序，预防和打击反革命分子、刑事犯罪分子的破坏活动，同治安灾害事故作斗争，确保重点工作、重点部位及要害部门的安全，做好防火、交通安全管理工作，在党委领导下开展治安综合治理工作等。

根据要害部门、重点部位的概念，1990 年明确院内部重点部门、部位 14 处。其中化学药物毒品库、档案窖由市公安局确定为市三级要害部门。院保卫部门对各部位提出相应的安全管理措施。

1995 年初，为进一步加强各重点部门、部位的安全管理，对重点部门、部位重新确定，撤消化学药物毒品库，库存剧毒药物全部送交公安机关销毁。重新确定 15 处重点部门或部位，并分别建立保卫档案，明确安全负责人、部位性质、作用，制定安全防范管理措施。

1973～1992 年市政院内部职工中因违法犯罪行为被劳教 1 人，受拘留处罚 4 人。

1992 年院研究所被评为市治安综合治理先进集体，行政处 1 名职工被评为市治安综合治理先进个人。

二、消防

建院后，消防安全管理列为保卫部门一项重要工作，分工 1 名同志专项负责。

1957 年《中华人民共和国消防监督条例》公布后，院消防工作的主要任务确定为：贯彻“消防条例”及有关法规；向群众宣传防火知识，树立防火意识；建立健全内部防火制度，加强防火措施；建立群众义务消防队，在职工中开展防火教育，坚持日常防火管理工作，开展经常性的防火安全检查；追查火警事故，协助公安消防机关调查火灾事故原因等。

1980 年后，消防工作进一步加强，建立院防火委员会，由主管副院长担任主任，保卫部门负责人担任副主任，共有 5 名成员组成。重新组建义务消防队，共有队员 30 名，每个科室均设有义务消防队员。

在日常防火管理中贯彻“谁主管谁负责”的原则，建立防火责任制，按各单位、各部门划分防火责任区。

在消防设施、器材的管理上，坚持两年 1 次的检修制度。对各种不同类型的消防器材建立管理档案，按分布区域确定保管人。

坚持安全检查制度。每逢节假日及大型群众性活动前均开展防火安全检查。1980～1995 年共发现和解决火灾隐患 50 余处，其中重大隐患 6 处。

每逢“119”消防活动日，在职工中开展防火宣传教育，发放宣传材料、播放防火教育录相，开展防火知识考核等。

1955 年至今，市政院未发生较大火灾事故。

第六章 职工教育

建院时，院工程设计科研人员大部分为中专毕业生或高初中生。1956 年院领导决定，由人事科和技术科负责人才管理，开展职工培训。1956 年至 60 年代初，院职工培训工作主要采取聘请大专院校教授来院为工程科技人员讲授大学通用基础课（如，数学等）和专业基础课（如，土力学、水力学等），推选中专（含高中）文化程度的中青年科技人员报考业大等方式进行学习，先后培训 79 人，约占科技人员的 30%。此后随着院进一步开展全员性职工培训，送职工到各大专院校的业大、函大、“七二一大学”及中专、技工学校、城区的文化补习班学习。

1977 年为培养机电和结构专业科技人员，院组办电气、结构专业培训班。参加学习的学员有 40 多人，由具有初、高中文化程度的新职工组成，学制两年。1979 年全员结业。

1979 年院正式成立教育组，设置职工教育专职管理人员，制定培训规划和年度培训计划，建立专项教学经费和教学基地。此后院培训工作重点为对部分专业人员组织高中基础课和大专学历教育以及专业技术、电算、外语……培训；对非专业领导干部组办专业技术知识讲座班；对工人组办测量技术培训，初中文化补课和近代史讲座。

1986 年以后依据北京市科技干部局《科技干部继续教育规划》，院按科技人员的不同层次组办培训班、进修班、高级研修班。自 1986 年至今已有 2155 人次参加培训、进修和研修。

1956～1995 年职工参加各类学习人次见表 6－12。

表 6－12 1956～1995 年职工参加各类学习人次一览表

职工类别	学习内容		人次
工人	文化	初，高中文化基础课	236
		近代史	160
	学历	初中	109
		高中	53
	技术	测工	20
		电梯工	10
		其他	107

续表

职工类别	学习内容		人次
干部	文化	初中、高中	348
	学历	中专	47
		大学	168
		研究生	2
	专业知识、专业技术	电算、外语、给排水道桥、结构、机电、建筑、工程项目经济评价、科学管理、医务、档案、财务等	8730
	科技培训、进修、研修	培训班	1077
		进修班	826
		高级研修班	252

第一节 机构、设施与经费

1956年开始，院职工教育分工由人事科和技术科负责。1979年院正式成立教育组，在院和人事部门的指导下，在技术、计划室主管下，由两名工程师和一名教师专管全院职工教育。1983年成立教育科，直属院领导，由两名工程师主持教育工作。1985年院精简机构，教育科划属技术管理部门管理，改为教育组。1991年院调整机构，成立培训中心(1993年后改名为教育处)，直属院党委和院长领导，人员由4名高级工程师和1名政工师组成（1995年底精简为1名高级工程师和1名政工师主管教育）。除院专门设立主管教育机构外，各生产所（处）都有1名领导负责本所（处）的职工教育，形成两级管理体制。

1979年院开始筹建教学设施，当时比较简陋，只有2处工棚（100多平方米），30套旧办公桌椅。1990年设150平方米的教室，50套桌椅，1套录音和放录相设备。

职工教育经费自1979年开始按国家规定职工教育经费不低于职工工资总额的1.5%提取专用。历年教育经费见表6－13。

表6－13 历年教育经费一览表

年份	经费额（元）	年份	经费额（元）
1979	8100	1988	34950
1980	9750	1989	36750
1981	11400	1990	36750
1982	11400	1991	39300
1983	14850	1992	59250
1984	17250	1993	122550
1985	30150	1994	197700
1986	30150	1995	191400
1987	30900		

第二节　教育管理

一、制度建设

为加强对院在职职工教学的管理，1981年制定《关于学习和交费暂行规定》。包括：学员参加学习应根据“院职工培训规划”要求，结合科室工作需要及职工现有水平，制定年度培训计划，年初报院审批，由院室分别组织实施；学员允许报考建工学院夜大学，西城区职工业余中学，西城区工会组织的科技文化学习班，如有特殊需要，应由室另行提出申请报院批准；凡经院批准到院外参加学习的学费、实验费、辅导费由院负责交付，未经院批准的一律自付，全科制学员期末总成绩经补考后仍有两门课程不及格者学费自付，中途退学者自付本学期学费，学员的书本费、讲议费自付；学员学习与工作关系规定（参加业余学习的职工，当业余学习与本职工作在时间上发生矛盾时应服从本职工作）；学员必须遵守办学单位的考勤考核制度，各科学员的学习成绩存入技术档案，作为晋升和考核条件之一。

1987年院制定《关于职工培训学习颁发奖学金的规定》。主要精神为：鼓励职工作好本职工作，积极参加业余学习，对学习成绩优秀的学员分3个等级颁发奖学金。

1988年制定《1988～1990年科技人员继续教育暂行办法》，提出按科技人员的不同层次组织各种学习班，包括：组织高级工程师参加“高级研修班”，组织工程师参加“进修班”，组织初级技术员参加“培训班”等，开展继续教育。

1989年制定《科技人员继续教育制度》，对科技人员的岗前培训、岗位培训、职工院外学习的管理等用制度的形式固定下来。

1992年制定院实施《北京市职工教育条例》的暂行规定，共7章22条，对组织领导、各级职责、学习时间、内容形式、教师管理、经费、校舍、设备、学习考核登记、职工学习的权利和义务、奖励和处罚等作了相应的规定。

二、教育培训规划与计划

（一）1981～1985年培训规划

依据1981年国务院《关于加强职工教育工作的决定》和院职工的组成与生产需要，于1981年编制。在规划中制定提高职工文化知识，提高科学技术水平，提高外语水平，提高管理水平的目标设想。在提高文化水平规划中，计划5年内使具有初中文化职工130名中的50%提高到高中文化程度。在提高科技水平规划中，计划5年内培送具有中专（含高中毕业生）程度的308名职工中的30%进入夜大学，对具有大专以上学历的科技人员普遍进行科学技术理论的培养。在提高科技人员外语水平规划中，计划5年内办5个外语培训班，培训100～150人，使其达到工科大专外语水平。在提高管理水平中，安排组织各级领导（非专业技术领导）进行专业知识、管理知识的学习，提高其管理水平。

（二）1986～1990年培训规划

依据国务院关于“1990年要有一批科技人员掌握七十年代末和八十年代国外先进科学技术”的要求和生产建设、生产技术发展的需要，于1986年编制。在规划中提出：要在普遍提高科技人员学习近代先进科学技术的基础上重点培养一批掌握近代科技的骨干；每年安排一定时间组织专业技术讲座，介绍国内外专业技术发展，介绍专业技术成果，使广大科技人员了解国内外专业技术水平，掌握新的科学技术；组织一部分人到院外进行专题专业进修等。规划中规定5年内给排水专业要在深度处理、污水回用、污泥处理、污水排放、城市垃圾处理等方面进行有侧重的培训；道桥专业要在刚柔性路面结构设计理论、交通工程的研究应用、高速公路设计技术理论、大跨度深基础桥、斜拉桥及弯桥的设计技术理论，进行有侧重的培训；全院各类专业干部普及电算知识，各设计室（所）要专门培养2～10人掌握本专业设计计算程序技术；继续举办外语学习班，各设计室通过考核选拔10～15名外语基础好的技术骨干送外校专门培养；组织科级以上领导干部系统学习社会主义经济建设基本方针政策，学习现代化管理科学基础理论（TQC）。

（三）1991～1995年培训规划

根据1991～1995年院技术发展规划，于1991年编制。规划中规定：1995年前高级工程师采取通过参加高级研修班开展专题研修，对新技术、新理论和标准化建设进行研讨并通过继续教育了解本学科最新信息；工程师重点学习掌握设计科研技术并通过继续教育掌握本专业和相关专业的新理论、新工艺、新方法，了解专业的发展水平和最新动向；助理工程师、技术员采取通过培训班及继续教育充实完善专业的基础理论和专业知识，加强基本技能训练，提高独立工作能力。

第三节　培训内容与形式

1956～1978年主要是根据生产需要，以外送培训为主。1979年至今，则根据培训规划的内容、目标，组织实施，总的培训内容与形式，可分为3类，即：文化知识教育，学历教育，专业技术教育。

一、文化知识教育

1979年为贯彻全国职工教育会议提出的“要大力开展职工教育，提高广大职工的科技文化水平”要求，对30多名青年职工进行初中高中代数、三角、几何、物理、化学的补课，组织9名青年职工参加西城区职工中学的学习，组织28名青工参加电视中等数学的学习。

1982年根据国务院文件规定：“对青年职工要争取在二三年内扫除文盲，并在1985年前使现有文化程度不到初中毕业水平的职工60%～80%达到初中毕业水平”。院组织“青工双补”，对40岁以下初中文化程度的113人（初中108人，小学5人）中的109人进行初中语文、代数、几何的补习。

1983年后依据岗位需要，院逐年组织职工到业余职工中学参加文化课的学习。

二、学历教育

1955年院成立时科技人员的主体是北京市土木建筑工程学校毕业生。为提高科技人员的技术理论水平和学历，1956年院动员中专（含高中）生报考北京城市建设业余学院、清华大学等院校业大。

1979年，为进一步提高院科技人员的技术文化水平，院组织专业（含高中）生报考北京建工学院夜大学，清华大学、北京工业大学、西城区职工大学业大，北京市工会职工业大，宣武红旗业大等业余大学、电视大学。有100多人考取了给排水、道桥、环保、电子、自控、档案管理等业大专业。

1979年院还组织电大机械专业大专班，有10名中专生参加学习。1981年全部毕业。

三、专业技术教育

1977年为解决结构、电气初级设计人员的不足，院组办结构、电气中专培训班，48名青年职工参加两年脱产培训。由院有经验的工程师担任讲课，组织学习高等数学、静力学、材料力学、结构力学、电工原理、电子学、供配电等课程，1979年结业44人。

1978年针对刚参加工作的青年科技人员缺乏制图基本功的问题，院组织制图培训班，参加的学员117人，结业60人。

1979年为尽快使院各级非专业技术的领导熟悉业务，组织领导业务学习班，由各专业工程师承担讲课。教师按给排水、道桥等专业编写18份讲义，有29名领导参加学习。同年为提高科技人员技术水平和相关的技术知识，对新来院的54名青年科技人员组织水力学、排水管道设计技术及污水处理设计技术的学习；对广大科技人员组织矩阵代数、数理统计、概率论、回归分析、有限元结构分析及交通工程等学习；组织118名科技人员参加电算语言BCY和电算应用技术的学习；组织科技人员外语（英、日、俄）学习2000多人次。

1988年后院在普遍提高科技人员学习科学技术的基础上分别以进修班、培训班的形式对中、初级科技人员进行掌握近代科技技术的培训；以高级研修班的形式组织高级工程师对专业专题进行研讨。技术培训内容有：道路工程技术国内外发展动态，国外城市交通组织与环境设计，美国高速公路情况考察报告，日本阪神地震考察报告，城市道路交通发展，给排水专业技术国内外发展动态，管材及管道结构国内外发展综述，以及Auto CAD、C语言、专家系统，JJZ—3梁板组合结构程序，预应力钢筋混凝土桥梁通用程序，公路建设可行性研究，城市快速路总体设计与城市交通工程，快速路主辅路系统的功能分析与交通组织，桥梁美学，公路桥梁设计规范，黄石长江大桥设计，部分预应力混凝土在城市桥梁中的应用，点支承异型板设计与计算，桥梁综合计算程序，水源九厂一期设计施工运转经验与教训，高碑店污水厂设计技术，给排水管道结构设计技术，清水池设计CAD图素库，取水口设计应注意的技术问题，污水回用再生技术，污水厌氧处理技术，排海工程设计技术，水处理过程控制与集散系统，生物化学，净水自控，地基础抗震，钢筋混凝土结构屈服后性能及地震反应，高层建筑抗震设计，软地基基础，有限元分析，部分预应力混凝土原理与设计计算，结构动力分析方法，框排架弹性动力分析……。

1988年后组织培训班、进修班、高级研修班有：

培训班　岗前培训班（共8期）、道路桥梁专业课培训班、给排水专业课培训班、SAP90程序培训班、简支梁桥CAD软件培训班、预应力连续梁CAD培训班、市政工程概预算编制及软件培训班、计算机绘图基础知识培训班、市政工程管线综合技术培训班、ISO9000系列标准，FIDIC条款培训班、如何使用对外经营权培训班、兼职档案员培训班、计划员培训班等。

进修班　快速路与立交工程设计技术进修班、给水工程设计技术进修班、桥梁设计进修班、渲染透视进修班、住宅建筑设计进修班、招标投标技术进修班（二期）、企业管理进修班、工程设计质量进修班、QC小组理论班、BASIC计算机语言进修班（二期）、BASIC结构化电算基础进修班（二期）、Auto CAD进修班（二期）、计算机应用进修班、I—DEAS支撑软件进修班、BD排版语言进修班、市政工程软件开发标准进修班、SAP90程序进修班（二期）等。

高研班　1988年举办城市道路与桥梁专业高级研修班和污水、废水处理回用高级研修班。

城市道路与桥梁专业高级研修班研讨“城市道路立交标准”、“城市立交选型”、“立交桥桥型与结构”、“城市道路立交工程经济效益分析和综合评估”、“城市道路交叉口的通行能力”、“城市高架路的建设”、“立交桥CAD系统的开发利用”。学员撰写了18篇论文，29名学员领取城市道路与桥梁专业高级研修班结业证书。

污水、废水处理回用高级研修班研讨“城市污水再生回用的研究与开发”、“污水回用再生工艺流程的优化选择”、“污水废水的物化处理技术”、“污水资源化和对水质的要求”。19名学员参加研讨，撰写19篇论文，全部学员领取污水、废水处理回用高级研修班结业证。

1989年举办给排水工程特种结构高级研修班、城市供水高级研修班、工程设计质量高级研修班。

给排水工程特种结构高级研修班研讨“矩形清水池池壁、底板设计”，“现浇钢筋混凝土贮水构筑物裂缝的成因与对策”，“设缝清水池结构形式的探讨”，“北京城区给水厂站建筑工程地基处理探讨”，“深井结构设计计算问题研究”，“地下管道抗震计算模式探讨”，“高杆灯的高柔杆件结构设计探讨”。17名学员参加研讨，撰写17篇论文，全部学员领取给排水工程特种结构高级研修班结业证。

城市供水高级研修班研讨“用过滤工艺处理低温低浊水”，“论滤池小阻力配水的均匀性”，“在滤前澄清净化设计中一些问题的探讨”，“水净化系统对病毒去除效果初探”，“饮用水处理中二氧化氯的应用”，“长距离城市供水工程设计与研究”。15名学员参加研讨，撰写15篇论文，领取城市供水高级研修班结业证。

工程设计质量管理高级研修班学员有院高级工程师、副院长、院总工、副总工、各所（处）长和主任工程师，共有25人撰写论文，领取工程设计质量管理高级研修班结业证。

1990年举办了市政工程机械电气与自控高级研修班、工程设计质量管理第二期高级研修班。

市政工程机械电气与自控高级研修班研讨“大型水泵机组变频调速技术”，“集散型计算机控制系统”，“污水处理场电气与自控”，“污水处理场曝气工艺仪表自控”，“液压偶合调速装置在水厂中的应用”。10名学员参加研讨，撰写10篇论文，领取市政工程机械、电气与自控高级研修班结业证。

工程设计质量管理第二期高级研修班重点研讨“工序管理在工程设计中的应用”、“如何加强以预防为主，实现全过程质量控制”、“如何做到：事先指导，中间检查，成品校审，三个设计环节的过程控制”、“如何抓好管理点”、“如何加强出手质量管理”、“如何建立健全信息反馈机制”。24名学员参加了研讨，撰写24篇论文，领取工程设计质量管理高级研修班结业证。

1991年举办了城市快速路高级研修班。研讨“城市立交桥设计新技术与标准化”、“城市快速路交通组织与立交选型”。20名学员参加研讨，撰写20篇论文，领取城市快速路高级研修班结业证。

1993年举办了活性污泥法、污水处理科学计算高级研修班、给排水工程管道结构技术高级研修班、快速路功能与设计标准高级研修班。

活性污泥法，污水处理科学计算高级研修班重点研讨“应用电子计算技术、编制活性污泥法处理污水工艺的科学计算方法”、“活性污泥法的设计参数与计算方法”、“活性污泥法A—O系统计算及系数确定”、“生物吸附—氧化法（A—B）处理城市污水的计算与设计参数”、“T型DE氧化沟的计算及参数确定”、“沉淀池参数及计算”、“污泥处理计算及参数的确定”。9名学员参加学习研讨，撰写9篇论文，领取活性污泥法污水处理科学计算高级研修班结业证。

给排水工程管道结构技术高级研修班重点研讨“管道结构设计中的技术问题”、“各种因素在管道上的作用”、“周围介质的抗力”、“不同支承条件下的内力分析”、“薄壁结构的稳定变形等控制要求”。19名学员参加学习研讨，撰写19篇论文，领取给排水工程管道结构技术高级研修班结业证。

快速路功能与设计标准高级研修班重点研讨“菱型立交的进出口设计”、“辅路宽度确定功能分析”、“高等级道路路面结构设计”、“道路挡土墙的设计计算”、“软土地基处理”。23名学员参加学习研讨，撰写23篇论文，领取快速路功能与设计标准高级研修班结业证。

1994年组办 城市桥梁结构设计高级研修班重点研讨“弯桥计算模型的合理选取”，“合理考虑桩基础的纵向计算”、“承台合理计算及配筋”，“独柱支承桥梁的横梁计算”、“梁板式结构大悬臂合理配筋”、“城市桥梁桥台设计”。18名学员参加学习研讨。

1995年组办市政工程建设项目经济评价方法高级研修班、交通量预测分析与交通工程高级研修班。

市政工程建设项目经济评价方法高级研修班重点研讨“国民经济评价”、“外部效益量化分析及参数选用”、“投资估算成本计算方法”、“各专业工程评价案例方案比选方法”、“经济评价计算机程序”。16名学员参加研讨。

交通量预测分析与交通工程高级研修班重点研讨“城市道路网络规划理论与方法”，“城市交通量预测分析”，“车速与车流的关系”，“交通预测与决策”，“交通量分配”，“交通量增长趋势”，“交通量发生、吸引、转移”、“交通量预测分析实际应用”。17名学员参加学习研讨。

第七篇　党群工作

建院时，全院共有党员 20 名，设一个党支部。1955 年 8 月，经中共北京市委批准成立市政院党组。1956 年 3 月撤销党支部成立党总支，隶属市委机关党委领导。1960 年 9 月，经北京市市委批准撤销党组及党总支，成立市政院党委会，同年 12 月经全体党员大会选举市委批准产生中共市政院第一届党委会，隶属市委建工部领导。1968～1986 年 10 月，党的组织领导关系随着行政机构的改属曾隶属过市政局、建设局党委或规划局党组（党委）。1986 年 10 月又归属市委城建工委（城建部）领导。到 1995 年，院选举产生党委会八届，发展建立党支部 12 个，有中共党员 290 名。

在市政院党组织领导下，建院初期，与党组织建立的同时，成立了市政院团总支委员会，下设 6 个团支部，共有团员 50 余人。至 1995 年，经团员大会选举，院党委批准，选举产生 7 届团委，团员发展为 110 名。

为加强职工行使民主权力，院于 1956 年成立工会。1984 年 9 月，院召开第一届职工代表大会。至 1995 年，共召开职工代表大会三届 12 次会议，设立工会经费审查委员会，组建 10 个基层工会和 76 个工会小组。对院各项行政工作进行支持、协调和监督。

建院以来，院党群组织始终围绕党的中心工作，结合院设计、科研各项生产任务及经营管理、职工队伍建设等工作开展活动。

第一章　中国共产党

第一节　组织机构

一、历届党委会

1955年4月，院成立时，建立党支部，许京骐任书记。

1955年8月，经中共北京市委批准成立院党组，成员许京骐、戎占峡、郭信、张鼎昌，许京骐为党组书记。1956年3月，撤消党支部成立党总支，许京骐任总支书记。1957年7月钟铮到院工作，任党组副书记副院长。1960年2月丁洪到院任党组书记兼院长，党组成员有丁洪、钟铮、张鼎昌、戎占峡、黄常5人。

1960年9月，经中共北京市委批准撤消院党组成立党委会。同年11月经全院党员大会选举产生第一届党委会，12月中共北京市委批准。第一届党委会由丁洪、钟铮、戎占峡、黄常、史乃俊、赵遐、吴守智、苏文波、方文学9人组成；常委由丁洪、钟铮、戎占峡、黄常、史乃俊5人组成；丁洪任党委书记，钟铮任副书记。

1962年9月，党委换届改选，全院党员大会选举产生了第二届党委会。第二届党委会由丁洪、钟铮、许京骐，戎占峡、黄常、赵明、赵遐、史乃俊、苏文波、方文学、张鼎昌11人组成。本届党委会未设常委，丁洪任党委书记，钟铮任副书记。1963年4月丁洪调园林局工作，张启功调院任党委书记兼院长。

1964年2月，党委换届改选，全院党员选举产生第三届党委会。第三届党委会由张启功、钟铮、钟国生、许京骐、戎占峡、黄常、赵遐、史乃俊、苏文波、方文学、黄震东、张鼎昌、杜永汉13人组成；设常委7人：张启功、钟铮、钟国生、许京骐、黄常、史乃俊、赵遐。张启功任党委书记，钟铮任副书记。1965年10月市委建工部任命黄常为党委副书记，同年12月又任命史乃俊为党委副书记。1971年11月上级党委任命周立人为党委书记兼革命委员会副主任。

1972年5月，经全院党员大会选举产生第四届党委会。第四届党委会由周立人、王强毅、张启功、孙谦、顾勇、赵遐、史乃俊、邢宝洲、方文学、梁树、刘长禄、冯耀君、郑荣林13人组成；常委由周立人、王强毅、张启功、孙谦、顾勇5人组成；周立人任党委书记，王强毅、孙谦任副书记。

1975年5月，经全院党员大会选举产生第五届党委会。第五届党委会由周立人、王琪、邢宝洲、赵遐、史乃俊、王国华、刘杰、王禹华、孙尚文、贾志学、冯耀君、娄相举、薛玉琴、惠金明、左志祥15人组成；常委由周立人、王琪、邢宝洲、赵遐、史乃俊、王国华、刘杰7人组成；周立人任党委书记，王琪、邢宝洲任副书记。1975年7月，刘安五调院任党委常委、革命委员会副主任；1975年10月，王琪调城市规划管理局工作。1978年5月，刘安五任院长兼党委副书记，赵遐任党委副书记。1979年3月，周立人调建筑工程学院工作，刘安五任党委书记兼院长。

1981年1月，经全院党员大会选举产生第六届党委会。第六届党委会由刘安五、赵遐、史乃俊、王禹华、林治远、石鑫培、贾志学7人组成。刘安五任党委书记，赵遐任副书记兼纪委书记。

1983年11月经市委城建部批准，新老领导班子交替，任命王禹华为党委书记，贾志学为副书记。老干部刘安五、赵遐退居二线，任命为咨询员。

1984年6月，经全院党员大会选举产生第七届党委会。第七届党委会由王禹华、贾志学、范励修、史乃俊、王国华、王镜泉、高悦先7人组成。王禹华任党委书记，贾志学任副书记兼纪委书记。

1986年10月，市委确定院为局级单位。1987年4月市委任命王禹华、苏庆东、曲际水、赵国基为党委委员。王禹华任党委书记，苏庆东任副书记，赵国基任纪委书记。1988年5月市委市政府任命曲际水院长兼任党委副书记，1992年周复调院任党委副书记兼纪委书记，免去苏庆东副书记之职。

1992年6月，经院党员大会选举产生第八届党委会，由王禹华、曲际水、周复、李森、贾志学、张宪吉、刘学功7人组成。王禹华任党委书记，曲际水（兼）、周复任副书记。1995年12月周复任党委书记。王禹华退休。

二、党委工作机构

1956年3月，院建立党总支后成立党团办公室。

1963年10月取消党团办公室，成立党委办公室、组织部、宣传部。

1968年9月取消党委办公室、组织部、宣传部，成立政工组，下设组织组、宣传组、保卫组。

1972年6月政治组下设的组织组、宣传组、保卫组改为组织科、宣传科、保卫科。

1973年1月政治组改为政治处，下设仍为组织科、宣传科、保卫科。

1982年6月取消了政治处，设立党委办公室、组织部、宣传部。1987年6月增设党委统战部。1989年11月又增设老干部活动站，1995年2月成立老干部处。

第二节　组织工作

一、基层党组织建设及其活动

1955年4月院成立时，建立第一个党支部。1956年3月党员人数增多，成立了党总支，并先后在各科、室、所、队建立7个党支部。1960年9月，撤消党总支成立党委，下设9个党支部。到1995年12月，院共有党支部12个，生产一线设计、科研、测量党支部6个，行政后勤党支部1个，职能处室机关支部3个，离休、退休支部各1个。党员基本情况见表7－1。

表 7-1　党员基本情况一览表

类别 时期	党委	支部	党员总数	性别		年龄			文化程度		
				男	女	35 岁以下	36 岁至 50 岁	51 岁以上	大专以上	中专（含高中）	初中以下
1955 年 4 月	—	1	20	14	6	18	2	—	6	7	7
1966 年	1	8	115	81	34	63	48	4	60	27	28
1976 年	1	7	136	88	48	41	78	17	61	36	39
1987 年	1	10	236	142	94	65	152	19	152	46	38
1988 年	1	11	267	160	107	66	89	112	176	49	42
1989 年	1	11	268	160	108	56	102	110	182	46	40
1990 年	1	11	269	159	110	59	97	113	182	47	40
1991 年	1	11	268	158	110	52	92	124	183	46	39
1992 年	1	11	265	157	108	48	91	126	182	45	38
1993 年	1	11	266	158	108	52	90	124	186	44	36
1994 年	1	11	282	168	114	65	93	124	205	43	34
1995 年 12 月	1	12	290	173	117	64	93	133	210	46	34

1955 年 4 月至 1966 年 5 月，院党组、党委在市委、市政府的领导下，认真贯彻党的路线、方针、政策，不断加强思想政治工作。根据设计工作的性质，把职工思想建设、人才培养、技术发展、提高工程技术人员的素质，作为党组织的主要任务。经过 10 多年的工作，培养了一支能贯彻国家建设方针、政策，对工程建设具有高度责任感的科技队伍，并培养树立了不断探求技术进步和艰苦奋斗能打硬仗的好传统。

1966 年 5 月至 1976 年 10 月为“文化大革命”时期。1966 年 6 月起，院党政领导相继受到冲击，党委陷入瘫痪状态，党的组织生活随之停止。1969 年 9 月，院成立整党建党领导小组，由 7 人组成，领导党的工作。到 1969 年 12 月先后建立 6 个党支部。根据市委关于重建基层党委的通知，于 1972 年 6 月选举产生院第四届党委。

1978 年 12 月中共十一届三中全会确立正确的思想路线、政治路线和组织路线，把工作重点转移到社会主义现代化建设上来，院党委认真贯彻执行十一届三中全会以来的路线、方针、政策，清理“左”的影响，纠正、平反冤假错案 43 件；认真落实党的知识分子政策，调动广大职工献身于四化建设的积极性。

1986 年 10 月北京市委、市政府确定院为局级单位。1987 年至 1992 年 6 月，党委组织全院党员、干部认真学习马列主义、毛泽东思想和邓小平同志建设有中国特色社会主义理论，不断提高贯彻执行党的一个中心两个基本点的基本路线的自觉性，主要包括：以经济建设为中心，确保完成设计科研任务；坚持四项基本原则，反对资产阶级自由化；解放思想，坚持深化改革。

在加强党的建设，发挥党组织的政治核心作用和党员的先锋模范作用方面，坚持从严治党的方针，开展了干部考察和领导干部及党员民主评议等活动，加强了各级领导班子建设、党员队伍的建设和党内廉政建设，认真抓好精神文明建设，贯彻党的知识分子政策，调动一切积极因素，建设“四有”职工队伍。

近年来，院党委重点从六个方面发挥政治核心作用，一是认真贯彻党的路线、方针、政策和市委、城建工委的指示精神；二是牢固树立为经济建设服务的指导思想，促进和保证本单位生产和改革任务的完成；三是负责处级以上干部的任免，参与本单位生产经营、改革开放、奖金分配、职工福利等重大问题的决策和实践，支持行政领导依法行使职权；四是加强和改进党的建设，思想政治工作，精神文明建设；五是领导好工会、共青团工作，全心全意依靠广大职工；六是从政治学习、廉洁自律、贯彻民主集中制、团结协作等方面加强班子的自身建设。

二、党员管理教育

为了搞好党员的管理教育，院党委制订《关于党内制度建设若干规定》和《党支部、党小组、党员考核手册》和《发展工作标准》。坚持党员民主评议制度、党的“三会一课”制度（党员大会、支部会、党小组会、党课），做到每季度上一次党课，支部组织好一次活动，党小组开好一次生活会。1986 年以来，坚持开展“争优创先”（争当优秀党员、争创先进党支部）活动，提高基层党组织的战斗力，每年“七一”前进行总结评比表彰活动。采取抓好典型，搞好先进事迹的宣传；把表扬鼓励先进同鞭策批评结合起来；把自我批评和群众监督结合起来；以点带面，推动党的建设等方式，促使广大党员在本职工作中能高标准要求，在群众面前能做表率，在关键时刻能当先锋。此外对党员进行马列主义、毛泽东思想和邓小平同志建设有中国特色理论、党的基本路线和党的基本知识教育，进行党的优良传统、党风党纪和党的方针政策和形势任务教育，使党员能坚持理想、信念，牢记党的宗旨，不断增强党性观念，强化执政意识，在思想上、政治上高标准、严要求，充分发挥党支部战斗堡垒作用和共产党员的先锋模范作用。历年评选先进支部、先进党员见表7－2。

表 7－2　历年评选先进支部、先进党员一览表

年　度	先进党支部（个）	优秀党员（人）	优秀书记（人）	备　注
1981		18		规划局局级 9 人
1982		20		规划局局级 8 人
1983		19		规划局局级 9 人
1984		19		
1985		23		规划局局级 12 人
1986	1	22		市级 1 人：罗玲
1987	1	12		
1988	1	13	1	市级优秀党务干部 1 人：史乃俊； 市级党务 30 年荣誉称号 2 人：刘安五、赵遐
1989～1991	1	14	1	1991 年市级 1 人：王勤义； 一所被评为城建系统先进基层党组织
1992	1	14		
1993	1	14		市级优秀共产党员“十杰”：罗玲
1994	1			一所被评为城建系统红旗党支部
1995	1	12	1	市城建系统优秀党支部书记 1 人：严菊英

三、整党、党员重新登记

（一）整党

根据中共中央关于整党的决定和中共北京市委的部署，市政院于 1984 年 7 月至 1986 年 6 月开展了整党工作。

整党的指导思想，为贯彻党的十二届三中全会决定，保证改革和促进改革，并牢固树立改革必胜的信念。

整党的基本任务是统一思想，整顿作风，加强纪律，纯洁组织。解决的重点是增强党员的党性，提高广大党员和党员干部的政治素质；彻底否定“文化大革命”，肃清“左”的影响，与党中央在思想上政治上保持高度一致；牢固树立共产主义理想、全心全意为人民服务的宗旨；加强党风建设，抵制资本主义的腐朽思想和各种歪风邪气侵蚀的能力；坚持民主集中制，发挥党员先锋模范作用。

整党分 4 个阶段：

第一阶段——学习文件，提高认识。1985 年 10 月～11 月分两期进行。有 216 名党员参加。

第二阶段——对照检查，群众评议。于 1985 年 11 月至 1986 年 4 月在坚持自上而下，领导带头，开展批评与自我批评，边整边改的原则下进行。

第三阶段——组织处理、党员登记。根据中共中央关于整党的决定中的政策规定和中宣部“关于抓紧解决整党中遗留的组织处理问题的通知”，在思想作风和组织整顿的基础上进行党员登记工作。全院党员除 1 名不予登记外，其他党员全部进行登记。1986 年 10 月进行整党总结。

第四个阶段——制订整改措施，组织验收。向中共北京市委城建部申请对院整党工作验收。

通过整党，使全体党员受到深刻的党性、党风、党纪教育，普遍提高党员的政治素质，提高党支部的战斗力和党员的先锋模范作用。

（二）党员重新登记

根据中共中央和中共北京市委关于党员重新登记工作的指示，市政院 1990 年 3 月开始党员重新登记工作。分为准备（成立党员重新登记领导小组和办公室）、党员标准教育、个人总结申请登记、党委审批、党员重新登记总结五个阶段进行。北京市委城建工委于 1991 年 1 月 4 日同意验收。

四、发展党员工作

院 1955 年 4 月成立时，有党员 20 名。到 1995 年 12 月共接收新党员 177 名。

为保持党组织的先进性、纯洁性，提高党组织的战斗力，在发展党员工作中，院各级党组织，认真执行发展工作程序，严格履行党章规定的入党手续，坚持标准，保证质量，有领导、有计划地进行。

“文化大革命”时期，党组织受冲击并陷入瘫痪、半瘫痪状态，广大党员被迫停止组织生活，党员发展工作一度处于停滞状态。

中共十一届三中全会以来，认真落实知识分子政策，解决知识分子入党难的问题，使院发展工作有较大的突破和进展，逐步做到规范化、程序化、制度化。1990 年以来，院党委重点加强发展党员的基础工作，主要内容：一是提高认识，教育各级党的干部和广大党员认清发展党员的重要性和紧迫性，认清当代青年的本质，认清院发展党员的潜力。二是明确重点，认清院是知识密集型单位，党员政治上、业务技术上必须是强的，要把发展重点放在生产一线青年技术骨干上。三是打好基础，从扩大入党积极分子队伍，提高这支队伍的素质抓起，主动到群众中去，启发他们的觉悟，鼓励他们申请入党，从实际工作中培养、锻炼、考察入党积极分子。四是坚持标准，及时发展，发展党员工作取得良好的效果。历年发展党员情况见表 7－3。

表 7－3　历年发展党员情况一览表

时　间（年）	人　数（人）	时　间（年）	人　数（人）
1956	8	1976	2
1957	1	1977	6
1958	1	1978	15
1959	5	1979	3
1960	1	1980	5
1961	1	1981	1
1962	1	1982	3
1963		1983	9
1964		1984	12
1965	14	1985	18
1966	1	1986	13
1967		1987	6
1968		1988	3
1969		1989	1
1970	1	1990	1
1971	1	1991	3
1972	2	1992	2
1973	3	1993	5
1974	3	1994	12
1975	3	1995	6

第三节　宣传工作

一、机构设置

1955～1963 年宣传工作未设专职机构，由党团办公室兼管。

1963 年 10 月，经市委建工部批准，院党委撤消党团办公室，成立宣传部。

1973 年 1 月成立政治处，下设宣传科。

1982 年 6 月，根据规划局党组决定，院恢复宣传部。

二、理论教育工作

50年代院成立之初，针对院职工队伍特点，一方面组织全院职工学习《马克思主义唯物史观》、《苏共党史》、《中共简史》、《政治经济学》、《社会发展史》和《新民主主义经济政策》等理论著作，一方面加强对职工进行形势、任务、党的方针政策和过渡时期的总路线教育。

1961年根据市委指示精神，在干部中开展国内形势的思想教育运动，教育干部正确认识困难时期的形势，发奋图强、自力更生，更好地建设我们的国家。思想教育的中心思想是发挥党员作用，引导群众向前看，战胜困难，振奋精神，把群众的积极性引导到工作和学习中去。为贯彻市委宣传工作会议精神，加强党的思想建设，党委决定每月用两个党日活动对党员进行党章、党纲、共产党员修养的教育，由党委委员分工讲党课。

1962年为加强政治思想工作，组织干部系统地学习理论和时事政策，以提高思想觉悟；在工人中进行社会主义教育；加强党员思想教育，提高党支部战斗堡垒作用。年内办了6期党员轮训班。

1963年，响应毛主席“向雷锋同志学习”号召，全院开展“学雷锋，作好事”和学习毛主席著作搞好思想革命化的群众性活动。号召学习雷锋的世界观、人生观，提高克服困难的自觉性；以文艺形式开展歌唱雷锋先进事迹等活动。结合业务组织设计人员学习毛主席著作《为人民服务》、《增产节约、勤俭建国》、《以农业为基础》等文章，大兴调查研究，开展大讨论以统一思想，提高政策水平。

1964年，根据市委发出的《关于在各行各业中普遍开展学大庆、赶大庆运动的决定》，开展学大庆运动。为促进职工思想革命化，院开展学习毛主席著作活动。4～6月份学习《实践论》、《改造我们的学习》、《为人民服务》、《纪念白求恩》；7～8月份学习《矛盾论》；9～12月份学习《中国社会各阶级的分析》等。党员分5个单元自学《做一个好共产党员》一书。

1965年，根据市委布置，制订《学习毛主席著作计划》，要求各支部加强领导，把毛主席著作学习放在头等地位，结合设计革命实践学习，理论联系实际，学以致用。

1966年初组织全院职工，听关于焦裕禄先进事迹录音报告，随之在职工中掀起学习焦裕禄热潮。

“文化大革命”之初，党员学习。主要围绕着“以阶级斗争为纲”进行组织。

1978年，开展学大庆群众运动，学大庆“三老四严”的科学态度和高质量、高速度、高水平完成各项任务的精神。1979年4月市政院被命名为“大庆式企业”单位。

1979年，重点学习中共十一届三中全会和五届人大二次会议精神，在组织全院职工、党员普遍学习的同时，分3期，采取办学习班的形式，组织党委委员和中层以上领导干部进一步深入学习中共十一届三中全会公报，学习邓小平关于坚持四项基本原则的讲话。重点讨论什么是最大的政治、什么叫解放思想、工作重点转移依据、工作重点转移的深远意义和工作重点转移后还要不要加强思想政治工作5个问题。11月份举办了4期党员轮训班，141名党员参加学习。

1981年，组织职工学习中共十一届六中全会《关于建国以来党的若干历史问题的决议》，进一步统一对一些重大历史问题的认识，加深对党的路线、方针、政策的理解。开展“为人民服务、对人民负责”的大讨论。学习毛主席的《为人民服务》、《纪念白求恩》

等著作，使职工的思想境界和精神面貌发生了很大变化。

1982年，根据中央和市委指示精神，把学习、宣传、贯彻中共第十二次代表大会文件作为中心任务。在全院职工中开展五讲四美活动；学习中共十二大文件，学习《宪法修改草案》、《新党章》、《首都人民公约》和交通、市容、卫生管理法规；进行形势与政策教育，共产主义理想教育，民主与法制教育，社会主义与爱国主义教育，革命传统教育，党纪、党风教育；对党员分4个阶段进行“反对思想腐蚀”、“坚持共产主义思想”轮训。制定全院职工文明礼貌公约和技术人员道德守则。

1983年，重点进行《邓小平文选》的学习。5～6月举办两期党员轮训班。10月中旬举办两期干部读书班。抽调158名青年职工参加党委宣传部组织的青年脱产学习班，深入系统地进行马列主义基础知识，中国近代史以及共产主义道德、理想、情操教育。

1984年，结合中心工作，组织职工学习《邓小平文选》，党中央、国务院对《北京城市总体规划方案》的批复，六届人大二次会议上的《政府工作报告》，中央《关于经济体制改革的决定》等文件。组织党员及积极分子学习新党章。

1985年，组织职工学习邓小平同志《建设有中国特色的社会主义》理论，学习中共十二届三中全会文件和全国六届人大三次会议政府工作报告。组织党员到党建先进单位北京化工三厂举办“七一”党日活动。10月按市委统一布置开展整党。

1986年，根据中宣部和北京市委统一部署，组织室主任以上干部参加干部理论学习的正规化教育，学习《马克思主义哲学》。组织参加规划局和北京市组织的政治经济学统一考试。

1986年组织全院职工进行普及法律常识教育。学习《干部（职工）法律常识读本》；请西城区司法局法律顾问处的领导和律师来院讲课，并安排法律咨询、开庭审理，参观展览，观看电影与录像，进行法律知识竞赛等活动。

1987年，院对全体党员进行一次坚持四项基本原则、反对资产阶级自由化的教育，进一步端正政治方向。组织全院职工学习中共十三大文件和六届人大五次会议的《政府工作报告》。组织新党员学习《新时期党的基本知识》一书，并进行考试，有46人参加。为适应改革开放、搞活的形势，对政治学习方法进行了改革探索，把内容类似，要求基本一致的专题进行穿插结合，分层次综合安排。本着理论与实际相结合的原则，就大家关心的问题归纳出30个题目，开展写小论文活动，让职工自选题目，结合学习写出论文成果。

1988年为适应新时期改革开放的要求，认真贯彻中共十三大精神，组织全院职工学习社会主义初级阶段的理论和党的基本路线，进行四项基本原则教育。

1989年，根据中央、市委的部署，组织职工学习邓小平重要讲话和江泽民、李鹏在中共十三届四中全会上的讲话，传达中共十三届五中全会精神。

1990年为贯彻落实中央和市委关于全党都要认真学习马克思主义哲学的决定，于4月份起开始分层次分阶段地组织全院职工，特别是领导干部，学习《马克思主义哲学纲要》和《社会主义若干理论问题纲要》，院处两级领导干部及正、副总工程师等参加院宣传部组织的哲学研讨班。研讨班采取分散与集中相结合的方式分两阶段进行。4月份的第一阶段主要采取自学、讨论 、辅导及论文交流的办法，在通读的基础上每人写论文提纲一篇。9月份的第二阶段主要对“社会主义是中国的历史选择”等议题进行研讨，每人完成论文一篇。次年2月召开优秀论文发布会，城建工委领导在会上讲话，认为“市政院领导干部学习《两纲》取得可喜成绩，在本系统走在了前面”。

1991年，根据市委要求，学习江泽民在中国共产党成立70周年大会上的讲话等。

1992年，院把认真学习邓小平南巡重要谈话和党的十四大精神作为首要任务。在学习中分层次提出要求，坚持每月一次院党委中心组学习；举办两期处级干部脱产政治理论学习班，有90%的处级干部参加学习；利用政治学习和党日活动时间组织党员职工学习，采取“三会一课”、参观展览、看录像、听录音等形式，对党员进行马克思主义基本理论、党的基本路线、基本知识以及党的优良传统作风等方面的教育；对青年职工继续进行双基教育，培训率达92%。

1993年，院把学习建设有中国特色社会主义理论和正确执行党的基本路线作为首要任务。坚持每月一次党委中心组学习；举办两期处级干部脱产政治理论学习班，有94.5%的处级干部参加学习，并交了学习论文；利用政治学习时间组织全院职工结合院生产和思想实际开展多种形式的学习和讨论，请国家计委研究中心主任林兆木来院作十四大和全国人代会精神辅导报告，在职工中开展解放思想，转变观念的讨论；举办学习中共十四大精神知识竞赛活动，近90%的在京职工交了580份答卷，分院职工有49名寄来答卷，参加竞赛。

1994年政治理论学习的主要内容是通读《邓小平选集》三卷，学习中共十四届三中全会和四中全会决定，重点抓好处以上干部的学习，坚持每月两次院中心组的学习，出勤率达90%左右；选送两名院级干部去市委党校进修。3月份举办两期每期1周的处级干部通读邓选三卷的脱产轮训班，11月份举办全体处级干部学习中共十四届四中全会决定的读书班，出勤率均达95%以上。全年举办处级以上干部理论讲座4次。对党员要求学好邓选三卷的重要篇目，对干部要求坚持每月两个半天的政治学习制度，对工人要求每月进行一次宣讲。每季度突出一个重点，一季度为通读邓选三卷，二季度为把学习特色理论与学习宣传、贯彻北京市总体规划相结合，三季度为深入学习社会主义市场经济理论，四季度为学习中共十四届四中全会决定。

1995年，院各级党组织坚持政治学习制度，组织广大干部，以《建设有中国特色社会主义理论纲要》为线索，深入学习邓小平同志建设有中国特色社会主义理论。院中心组学习18次，坚持率90%，出勤率83%。8月份举办两期为期1周的处级干部学习《纲要》轮训班，出勤率达95%，处以上干部学习每人撰写一篇论文。与此同时组织《当代中国唯物辩证法——邓小平著作中的哲学思想》、《马克思主义哲学著作选编》的学习。对18名45岁以下中青年处级干部，组织他们重点学习市委规定的9篇马列主义哲学著作，进行哲学辅导考试，平均分96分。1995年院上报市两篇调研报告《职工道德建设现状调查及成果转化情况》、《实施跨世纪科技人才工程，提高全院科技文化素质》。每位院级干部，正处级干部及处级单位围绕各自的工作重点和两个文明建设中出现的难点问题开展调查研究28项。

三、思想政治工作

1956年院制定《知识分子工作七年规划》，进行贯彻党的知识分子政策，开展知识分子政治技术现状分析、加强思想改造、发展党员与培养积极分子、发挥高级知识分子的作用、培养新生力量、增强新老知识分子的团结、促进老干部学习科学技术知识、密切党员领导干部与高级知识分子的关系、解决知识分子工作、进修、生活条件与待遇等思想政治工作。

1957年5月中旬开始整风运动。结合整风开展反对官僚主义，宗派主义和主观主义，加强党领导生产，改进领导作风等政治思想工作。

1958年进一步强调加强党对生产和思想政治工作的领导，加强思想教育以提高设计质量。7月根据党组扩大会关于进一步加强党对生产业务领导的要求，组织支部开展把政治思想工作和生产业务结合起来做，加强总结经验的活动。

1959年以共产主义教育为纲加强政治思想工作。开展“三大（大搞群众运动、大搞技术革命、大力加强企业管理）、五比（比质量、比效率、比产值、比成本、比安全）的红旗竞赛活动”，年终评出红旗小组7个，获流动红旗的小组13个，先进工作者61人。

1960年结合开展技术革新和技术革命运动，全院召开比武大会，组织多种形式的对口赛、对手赛等活动。

1961年对3年来贯彻党的知识分子政策及政治思想工作进行总结。肯定了3年来在贯彻党的知识分子政策方面取得的成绩与经验，提出存在的问题和改进措施。

1962年开展“五好竞赛”活动。小组的五好是政治思想好、完成计划好、工作质量好、内外协作好、执行制度好；个人五好的第四好为学习技术好。

1963年制订《一九六三年政治思想工作要点》进行在职工中进行社会主义教育、反修正主义教育，总结几年来深入业务做思想工作的经验。主要经验有：首先解决对该项工作必要性的认识；抓好技术人员在生产业务中正确贯彻党的方针、政策问题，不断提高政策思想；必须抓好生产业务全过程中特别是在关键环节上反映出来的各种各样思想认识问题，善于掌握思想规律，增强预见性，做好事前的思想工作；经常注意调整各方面人员之间的关系，保证职工队伍亲密团结，充分发挥革命积极性；经常研究总结典型，不断丰富工作经验。

1964年进一步开展“五好”竞赛活动，掀起比学赶帮热潮。开展学解放军，学大庆，提出思想革命化、机关革命化目标。开展社会主义教育运动和设计革命，组织设计科研人员“下楼出院”，住在工程现场进行设计、试验、配合施工、参加劳动。

1965年开展设计革命，继续推行“下楼出院”，制订的主要措施有：学习毛主席著作、促进干部思想革命化，机关工作革命化；领导干部深入调查研究，抓典型，抓总结经验。全年院干部参加劳动的有254人，共劳动8362天，平均每人劳动32.9天。

1966年2月掀起学习焦裕禄热潮。

1968年4～7月开展“清理阶级队伍”运动。9月制定并经院革委会讨论通过《院整党建党工作计划》。

1969年6月制订《加强革命团结促进思想革命化的措施》。

1970年1月根据市革委会布置，开展“批判极‘左’思潮”。

1972年3月，开展批判林彪《571工程纪要》。7月制订并贯彻院《认真看书学习，加强思想革命化的决议》。8月开展“批林整风”。

1976年，周总理、朱委员长、毛主席先后逝世，开展群众性悼念活动。

1976年11月传达中央16号文件，开展揭批“四人帮”运动。

1977年1月组织全院职工开展纪念敬爱的周总理逝世一周年活动，9月开展纪念伟大领袖毛主席逝世一周年活动。院职工在纪念会上朗诵自创的诗词，缅怀毛主席和周总理的丰功伟绩。院出版了 36 个专刊。

1978 年提出奋战一年把院建成大庆式设计院的目标，开展设计、科研室（所）建成学大庆先进科室，全院 2/3 以上班组建成学大庆先进班组活动。1979 年 4 月市政院被市委命名为“大庆式企业”单位，4 月 7 日召开全院庆祝大会。2 月在市工业学大庆会议上，院道桥室被命名为“学大庆标杆集体”。10 月院团员青年集会进行总结“百日创全优”活动，庆祝共青团十大的召开。

1979 年宣传工作的重点是传达贯彻、深入学习中共十一届三中全会文件，推动全院工作，包括政治工作，转到现代化建设上来，政治思想工作深入到生产业务工作中去，把完成生产任务看成是政治思想工作的成果。12 月份召开班组思想政治工作交流会，交流政治工作如何适应党的工作重点转移的经验。

结合贯彻党的实事求是思想路线，组织院党、政、技领导、高级职称技术人员、九三学社成员、政工部门负责人开展《实践是检验真理的唯一标准》大讨论。组织技术人员、科室中层干部及职能管理部门干部学习马克思主义哲学、政治经济学、科学社会主义和中共十一届三中全会路线、方针、政策，对刚毕业的大学生和工人举办政治轮训班，开展正面教育。

1981 年 2 月，院参加城市规划管理局召开全局政治工作会议，就院政治思想工作的体会进行发言，介绍院落实党的知识分子政策、结合业务做好思想政治工作、结合中心工作分析职工的思想状况、进行正面教育和形势教育、表扬先进集体和个人、加强班组建设和关心群众生活等方面的经验和作法。

1982 年下半年提出全院在党风、党纪、院风等方面的具体奋斗目标和措施，在全体党员中开展反对资本主义思想腐蚀，坚持共产主义思想教育活动；开展“为人民服务，对人民负责”的大讨论及第五次“质量月”宣传活动。

1983 年 3 月组织“全民文明礼貌月”，开展三优一学（优质服务、优良秩序、优美环境，学雷锋）活动，学习蒋筑英、罗健夫、朱伯儒、张海迪等人的先进事迹。9 月开展第六次“质量月”宣传活动。

1984 年贯彻《国营企业思想政治工作纲要》，加强思想政治工作，大力进行社会主义精神文明建设。3 月份开展文明礼貌月活动，以治理“脏、乱、差”为主要内容进行争做文明市民、创文明单位教育。9 月份开展第七次“质量月”宣传活动。四季度正式开始整党，结合院《关于检查落实知识分子政策工作的总结》进行教育活动。

1985 年制订《关于党政领导干部抓党风责任制规定》。2 月院党委决定追认王镜泉同志为模范政治工作者，号召全院党员干部向他学习。10 月～11 月，216 名党员分两期参加整党提高阶段的学习。

1986 年 1 月～5 月份在全院职工中进行普及法律常识教育。9 月份作出《关于党政技领导干部端正党风纠正不正之风责任制的规定》和《关于建立若干制度的决定》，规定了领导干部学习制度、到科室现场办公制度、组织生活会制度、联系群众制度、评议干部制度、计划总结制度、建立健全会议制度等。

1987 年 3 月制订《院关于坚持四项基本原则，反对资产阶级自由化斗争的教育安排》、《院关于“七五”期间加强社会主义精神文明建设九条措施》。贯彻中共十一届三中全会路线、方针、政策，进行“以经济建设为中心，坚持四项基本原则，坚持改革开放”基本路线教育。6 月 27 日全院党员大会纪念中国共产党成立 66 周年，会上表彰在两个文明建设中成绩突出，勇于改革，发挥先锋模范作用的 12 名优秀共产党员和第一设计所党支部。

1988 年开展院党政主要领导深入各处所队开座谈会，进行调查研究活动，探讨新时期政治思想工作的有效途径，于 5 月份召开院第一次思想政治工作研究会，写出对思想工作再认识的报告——“我院思想政治工作新格局的设想”。院、所、室各级领导围绕院内生产经营活动，开展职工思想政治工作，强化内部改革的思想政策教育。进行优化组合的形势教育，在改革开放条件下，进行竞争意识，质量意识和为用户服务的思想教育等。6 月30 日纪念中国共产党成立 67 周年全体党员大会，表彰先进党支部书记和优秀共产党员。

1989 年元月制订并实施《党群管理标准七项规定》，主要内容包括：精神文明建设考核计奖管理细则，党支部工作条例，政治理论学习制度，若干会议制度，秘密文件管理暂行规定，关于党内制度建设若干规定，党委关于端正党风健全党风责任制的规定。3 月份根据市委布置，发动全院职工对院、处两级领导班子进行民主评议。8 月院成立思想政治工作研究会。

1990 年 7 月院举行第一届第二次思想政治工作研究会，通过《院思想政治工作研究会章程》（修订稿）。该年院思想政治工作研究会被北京市城建工委评选为先进研究会。1990～1991年组织院职工学习《马克思主义哲学纲要》、《社会主义若干问题学习纲要》。

1991 年元月，组织全院团员开展教育评议活动，110 名团员参加评议。2 月院召开职工思想政治工作研究会第一届年会，院党、政、技领导 24 人参加会议。3 月制定《关于进一步密切联系群众下基层的具体措施》。6 月 29 日院召开全体职工大会庆祝中国共产党成立 70 周年，表彰近两年在两个文明建设中做出成绩和贡献的 14 名优秀共产党员及优秀党支部书记、先进党支部。

1992 年 9 月市政府授予市政院“首都建设突出贡献设计研究单位”荣誉称号，建设部授予市政院“社会主义精神文明建设先进单位”称号，北京市规委授予市政院 10 人为“首都市政建设突出贡献设计专家”称号，院以大会表彰及院讯等形式宣传介绍先进人物先进事迹。

1992 年院加强职工的思想政治工作和社会主义精神文明建设，围绕各项设计科研任务，围绕深化改革、“上船”承包、实行岗位技能工资等进行深入细致的思想工作，引导职工正确处理国家、集体、个人三者利益关系，反对一切向钱看的思想，使院“团结、开拓、务实、自强”的精神和优良传统作风进一步深入人心。

1993 年为适应全国改革开放的大好形势和院的实际，制定全年政治思想工作重点是引导职工从五个方面解放思想，提高认识：一是克服自满情绪、厌战情绪，确立保重点工程和今年各项工作全面超去年的目标；二是克服因循守旧、畏难情绪，增强自觉走向市场、加快改革步伐、转换内部经营机制的决心；三是克服大锅饭思想，树立按劳，按效益，按贡献分配的新观念；四是克服等靠要的思想，树立敢闯、敢试、敢创新的新观念；五是克服新形势下政治工作无所作为的思想，进一步明确坚持两手抓，两手都要硬和政治工作服务于经济工作的思想。

1994 年继续加强各级领导干部的调查研究工作，围绕带有全局性的新问题和工作中的重点和难点开展调研，全院共列调研题目 23 项，每个院级干部确定一个调研课题，其中三项为院重点题目，即："事业单位转为企业单位的调查研究"；"培养实现小康跨世纪人材的调查研究"，"进一步完善承包经营责任制的调查研究"。

1995年年初建设部确定市政院为职业道德试点单位。院按准备、教育、建制三个阶段开展职业道德建设活动。在准备阶段，采用职工问卷等形式，进行调查摸底，明确重点问题；在教育阶段采取组织学习、重点引导、评选典型、知识竞赛、演讲比赛等方法，发动群众自己教育自己；在建制阶段，职业道德规范坚持自下而上、反复讨论、共同制定方法，共制定出设计、科研、测绘、后勤和职能五个部门的职业道德规范。4月份开展院庆40周年活动，通过办展览、报告会、群众文艺汇演等形式，对职工进行一次敬业爱院、继承和发扬优良传统的教育。5月份，以纪念抗日战争胜利50周年为契机，组织"爱我北京，爱我中华"春游参观活动，进一步激发广大职工的爱国热情。

四、宣传报导

（一）院内宣传报导工作

建院40年来，院内开展过多种形式的形象化教育，如：结合国庆、院庆、春节、元旦、七一等组织各种读书、征文活动和知识竞赛，举办歌唱伟大的社会主义祖国、歌颂伟大的中国共产党等专题演唱会和文艺汇演；举办职工书法、绘画、摄影、雕塑、集邮展览会，黑板报及宣传栏等。

院宣传刊物《院讯》，是党委宣传部门主办的通讯刊物，1982年9月15日创刊出版，至今已坚持有14年的时间。《院讯》共出刊395期，共编发稿件近3000件。它的任务是结合院实际宣传共产主义思想、道德、风尚，宣传党的中心工作，鼓舞职工完成各项任务，宣传、表扬、交流院职工热爱党、热爱祖国、热爱社会主义并为之努力作贡献的好思想、好作风、好经验。1989年《院讯》的任务是宣传治理、整顿和深化改革的指导方针，为两个文明的建设服务，紧密围绕院的中心工作，报导院内大事，传递信息，上下沟通，进行舆论引导。

1990年《院讯》宣传报导的重点是弘扬职工振奋精神、团结协作、努力进取的先进事迹，进一步贯彻治理整顿和深化改革的动态；报导设计科研项目，尤其是重点工程项目的进展情况和成果；反映职工文明素质，道德水平，法制观念和服务质量的典型信息。

1995年《院讯》的出版坚持突出四个重点即：重点工程的报导，先进典型的报导，青年职工的报导，精神文明建设成果的报导。

（二）公开报刊的宣传报导工作

1983年以前，院对外报导工作较少，只有《北京日报》、北京人民广播电台、《北京科技报》的新闻报导中偶有几则有关院的消息。

1984年院先与北京市的8个新闻单位挂钩，而后又联系一些中央新闻单位。一年多的时间，院与《人民日报》、《北京日报》，中央人民广播电台、中央电视台、北京人民广播电台、北京电视台等14家新闻单位建立了经常性的联系。通过主动送稿件、提供信息资料、现场参观、举办记者招待会、邀请参加座谈会等多种形式，向新闻单位介绍院业务范围与工作成就，宣传院职工为首都市政建设的献身精神，提供由院设计的市政工程信息，通过新闻单位把院介绍于社会。1988年院新闻报导汇编第一集出版，共收集1984～1987年间报导的有关院工程、设计科研成果、人物专访等报导150篇。

1994年一年院在各种报刊、杂志、广播电台、电视台发稿近百篇。《北京日报》以较大篇幅介绍罗玲事迹。《光明日报》以记实的形式大幅报导市政院成就。

1995年在各种报刊、杂志、电台、电视台发表有关院的报导百余篇。在春节期间播放由首规委和北京电视台主办的《心系蓝图》文艺晚会，在此晚会上，院有10名设计师走上舞台作嘉宾主持，人数列城建口各单位之首。2月17日美国侨报以《妙手绘蓝图，飞虹架京城——记中国十大女杰之一罗玲》为题刊登大幅报导。9月11日香港文汇报中华风采利用一个整版刊登《罗玲为首都北京画彩虹》进行报导。9月17日中央电视台黄金时间播出以院先进人物罗玲等人为原型的中国电视剧制作中心拍摄的两集电视剧《母亲桥》。8月份，以《全国桥梁设计大师中国十大女杰罗玲》为题目，制作院成就宣传展品，在西单《北京科普画廊》展出，获得北京市科协授予的一等奖。

第四节　纪律检查

一、机构设置

1980年以前，没有专门的纪检机构，党委和各支部设立了监察委员，对党员进行纪律教育，与各种违法乱纪现象作斗争，监督党员干部执行党的纪律，受理党员违纪案件。

1980年6月，经市规划局党组批准建立院纪委。1981年2月，经党员大会选举，院第六届党委会第一次会议决议，并报规划局党组批准，院纪委由赵遐等5人组成，赵遐兼任书记，梁立秋任副书记。

1984年6月15日，全院党员大会选举贾志学等5人为院纪委委员。经纪委会选举，规划局党组批准，贾志学兼任书记，纪委设专职委员一人。

1987年4月11日经市委组织部批准，赵国基任院纪委书记。

1992年4月17日，市委批准周复任院党委副书记兼纪委书记。

1992年6月20日，全院党员大会选举周复等5人为院纪委委员。经第一次纪委会选举，市委组织部批准，周复兼任纪委书记。纪委设专职委员一人。

1993年10月11日，市委组织部批准张潞明任纪委书记。

二、党风建设和党纪教育

院纪委成立以来，主要通过整党开展清查清理工作，组织党员重新登记、党员民主评议等重大活动，组织党员学习邓小平同志建设有中国特色社会主义理论，进行理想、宗旨、纪律教育，使广大党员自觉清理来自“左”或右的思想影响，加深对全面贯彻党的基本路线的理解，提高在政治上同党中央保持一致的自觉性。

近几年来院纪委组织学习江泽民同志在中纪委的重要讲话和在北京考察工作时的讲话，传达贯彻中纪委两次会议精神，以提高全体党员特别是各级领导干部反腐倡廉的自觉性。1988年院纪委修订《关于端正党风健全党风责任制的规定》，进一步明确：各级党员领导干部要根据分工在抓好各自业务工作的同时，抓好党风建设，对自己管辖范围内党员干部出现党风问题承担责任。1990年制订《关于加强处以上领导干部廉政建设的若干规定》，提高领导干部自我净化、自我约束的能力。1993年为贯彻落实中纪委二次全会精神，又将上述规定修订为《关于处以上领导干部廉洁自律的若干规定》。1995年为规范自身行为，加强领导班子建设，制定《领导班子行为规范》，下发到基层，以便广大职工对执行情况予以监督。

在重点抓好领导干部廉洁自律的同时，还开展认真纠正行业不正之风的工作。1984年以来，先后围绕送“红包”、个人接受“回扣”、指定产品厂家、收受好处费、受聘兼职、业余设计等问题，进行群众性的议、摆、查活动，进一步提高广大党员和职工抵制不正之风的自觉性，遏制行业不正之风。为从管理上堵塞漏洞，使党风廉政建设纳入制度化的轨道，1991年制定《关于加强廉政建设纠正行业不正之风的措施》——即“五要十不准”；修订《关于在外单位受聘兼职管理规定》、《住房分配原则和要求》、《禁止用公款装修住房的规定》。1993年制定《加强院风建设，维护设计、科研、工作正常秩序的若干规定》等。

近几年还按照中纪委逐步建立健全领导干部廉政监督制约机制的部署和要求，实行《党政机关县（处）级以上领导干部收入申报的规定》、《国家机关工作人员在国内交往中收受礼品实行登记制度的规定》、《国有企业实行业务招待费使用情况向职代会报告的规定》。1984年以来还按照城建工委的要求，进行对“小金库”、“物资供管销”、“多种经营”等问题的专项治理工作，使院的党风廉政建设取得明显的效果。

三、案件处理

纪委建立以来，组织和参与查处党员、群众违纪问题和案件共10余起。给予党内严重警告处分1人，警告处分1人，不予登记1人，行政记大过处分1人。

第五节　统战工作

一、机构设置

1960年以前院统战工作未设专门机构，由党组副书记主管。1960年12月，院成立党委会，统战工作改由党委组织部负责。1963年起，党委下设统战委员专职管理统战工作。1987年6月以后，根据市委指示，院成立统战部，并在各支部设立统战委员，在党委的领导下开展院内统战工作。全院统战委员共设10名（兼职）。

二、非党知识分子工作

1956年，院党组贯彻中央召开的关于知识分子问题工作会议精神，针对当时对知识分子在政治上的进步估计不足、在工作上发挥作用不够等问题，提出改进措施，制定《知识分子工作七年规划》。经市委批准，任命两位党外老专家为副院长。

1962年，院党委根据中央广州知识分子工作会议聂荣臻、陈毅同志报告的精神，认真总结3年来在贯彻知识分子政策等方面的经验与问题，向受过冲击被伤害过的同志进行道歉，为进一步发挥老知识分子作用，经上级批准，任命几位老专家分别担任各专业副总工程师，挑选一批优秀技术干部担任各设计室行政或技术负责人。

中共十一届三中全会以后，院进一步组织落实党对知识分子的政策工作。先后为27名技术干部落实政策，为5名技术干部解决夫妻两地分居问题，为2名高级工程师解决身边无子女的困难；选拔42名优秀专业技术骨干，分别担任院、室两级领导职务；发展21名具备入党条件的业务骨干入党。

1991年，党委决定院党、政、技领导班子成员，每人每年联系两名高级知识分子，开展交朋友活动。

三、台属工作

中共十一届三中全会以后，院进一步加强对台亲属工作，认真传达贯彻中央对台工作会议精神。1987年，根据中共北京市委对台办公室《关于进一步摸清去台人员在京亲属情况的通知》精神，在院内开展调查摸底工作，摸清全院共有台属37人。

1988年6月，院制定“关于三胞（港、澳、台同胞）和外籍华人来京探亲工作暂行规定”。

1995年2月，传达江泽民总书记对台工作八点主张和看法精神，组织台属进行座谈。

四、侨务工作

市政院归国华侨主要来自印度尼西亚、缅甸、柬埔寨、越南、日本等国家，共有侨务工作对象14人，其中包括归侨5人，侨眷7人、港澳同胞亲属2人。

1981年1月，一名归侨被评为北京市先进归侨。

1984年5月，为加强侨务工作，院成立侨联小组。

1989年，一名归侨荣获全国优秀归侨知识分子称号。

1992年4月，院党委向归国从事祖国建设30年以上的归侨等5人颁发了荣誉证书。

1993年，归侨3人，侨眷2人，被市侨联评选为“八五计划、十年规划做贡献”活动先进个人。

1995年，侨务工作对象增至23人，其中归侨5人，侨眷16人，港澳同胞亲属2人。

五、民主党派工作

院民主党派有九三学社和中国民主同盟。1955年建院时，院即建立九三学社支社。

1989年中央14号文件《中共中央关于坚持和完善中国共产党领导的多党合作和政治协商制度的意见》下发后，院党委分别在处级干部会和全体党员会上进行认真传达，组织学习贯彻。

1990年6月，院制订贯彻落实中央14号文件的措施。

1992年党委统战部对院民主党派基层组织及其成员与作用情况，进行调查了解，撰写专题调查报告。

1993年，经过考察，提拔2名九三学社成员为处级干部。

截止1995年底，全院民主党派成员发展为54人。其中九三学社成员，由1987年前的35人增至为52人；民主同盟成员，由原来的1人增至为2人。

六、少数民族工作

院职工中有回、满、蒙、纳西、壮、藏等少数民族共31人。其中有2人担任局级领导职务，有6人担任处级领导职务。

1994年，院有5位少数民族高级工程师，载入由国家民委编写的“中国少数民族专家、学者辞典”。

1995年 院统战工作对象分布情况见表7－4。

表 7-4　1995 年院统战工作对象分布情况一览表

类　别	人　数
非党高级知识分子	116
九三学社成员	52
民盟成员	2
北京市人民代表大会代表	2
全国政治协商会议委员	1
市政治协商会议委员	3
区政治协商会议委员	1
归国华侨	5
侨眷	16
台属	37
港澳同胞亲属	2
少数民族	31
原国民党起义投诚人员	7

第二章　职工代表大会与工会

第一节　职工代表大会

院职工代表大会于1984年开始组建，1984～1995年，院已召开了三届职工代表大会。

一、职工代表大会条例

1984年9月院第一届第一次职工代表大会，审议通过《院第一届职工代表大会暂行条例》，确立了职工代表大会是院实行民主管理的基本形式，是职工行使民主管理权力的机构。1988年8月，院第一届第三次职工代表大会，对《院第一届职工代表大会暂行条例》进行修改，审议通过《院职工代表大会条例》；1992年8月院第二届第一次职工代表大会，审议通过二届《院职工代表大会条例》；1995年2月院第三届第一次职工代表大会审议通过第三届《院职工代表大会条例》。

二、组织制度

大会主席团——院第一届第一次、第二次职工代表大会主席团实行常任制。从院第一届第三次职工代表大会开始，大会主席团成员改由各职工代表组协商、推荐，经职工代表组长和工会小组负责人联席会议协商确定候选人，并在职工代表大会预备会上经全体职工代表选举产生。

联席会议——职工代表组长和工会小组负责人联席会议，是在职工代表大会闭会期间，为解决临时需要职工代表大会审议或审查某些重要问题，而由院工会委员会召集有各职工代表组组长、工会小组负责人和特邀代表参加的会议。为使民主管理经常化，院各届职工代表大会始终坚持联席会议制度。

三、历届职工代表大会

院第一届职工代表大会，共召开5次会议，职工代表99名，征集职工和职工代表提案685条。

第一届第一次职工代表大会于1984年9月召开，审议通过《院第一届职工代表大会暂行条例》、《院工作报告》、《院分房调房办法》等文件。

第一届第二次职工代表大会于1986年3月召开，审议通过《院1985年工作总结及1986年工作要点》、《财务收支的基本情况》、《关于我院第一届职工代表大会主席团工作情况的报告》、《关于我院第一届第一次职代会提案意见落实情况的报告》。

第一届第三次职工代表大会于1988年8月召开，审议通过《关于第二次职代会后主席团的工作报告》、《院职工代表大会条例》、《关于下半年工作和深化改革的意见》、《关于第一届职代会第二次会议提案处理情况的报告》、《关于请示复议办公楼设空调系统的意见》。

第一届第四次职工代表大会于1991年12月召开，审议通过《院1991～1995年发展规划纲要》,《关于进一步深化改革完善承包责任制的意见》、《住房制度改革实施方案》、《职工租房购房办法》。

第一届第五次职工代表大会于 1992 年 3 月召开，审议通过《院 1992 年工作要点》、《院 1991 年财务执行情况和 1992 年财力预算》、《院 1992 年集体福利基金安排使用意见》、《院住房管理的若干规定》。

院第二届职工代表大会，职工代表 98 名，共召开 5 次会议，征集职工和职工代表提案 144 条。

第二届第一次职工代表大会于 1992 年 8 月召开，审议通过《院关于深化改革，促进经济上新台阶的意见》、《关于实行岗位技能工资制的试行办法》、《关于调整 1992 年承包考核计奖办法的规定》、《院第一届职工代表大会工作报告》、《院职工代表大会条例》。

第二届第二次职工代表大会于 1993 年 2 月召开，审议通过《院 1993 年工作要点》、《院 1993 年承包考核计奖办法》、《分院 1993 年承包考核计奖办法》、《1993 年工程设计质量、科技进步承包办法》、《院 1992 年财务预算执行情况和 1993 年财务预算》、《院 1992 年福利基金收支情况和 1993 年福利基金预算》、《内部核算试行办法》、《关于院二届一次职代会职工代表提案的处理和落实情况的报告》。

第二届第三次职工代表大会于 1993 年 7 月召开，审议通过《院 1993 年上半年工作总结及下半年工作安排》。

第二届第四次职工代表大会于 1994 年 2 月召开，审议通过《院关于 1994 年工作安排的意见》、《1994 年院承包考核计奖办法》、《1994 年人事制度改革的意见》、《1993 年集体福利基金收支情况和 1994 年集体福利基金预算》。

第二届第五次职工代表大会于 1994 年 7 月召开，审议通过《院 1994 年上半年工作总结和下半年工作安排》。

院第三届职工代表大会至 1995 年 12 月已召开 2 次会议，职工代表 100 名，征集职工和职工代表提案 107 条。

第三届第一次职工代表大会于 1995 年 2 月召开，审议通过《院 1995 年工作要点》、《院职工代表大会条例》、《院第二届职代会工作情况报告》、《1995 年院承包考核计奖办法》、《1994 年院集体福利基金收支情况和 1995 年院集体福利基金预算》。

第三届第二次职工代表大会于 1995 年 7 月召开，审议通过《院 1995 年上半年工作总结和下半年工作安排》。

第二节　工会委员会

一、机构设置

1956 年 12 月经上级批准正式成立院工会。设主席、副主席各 1 名，基层工会 7 个，隶属市总工会领导。1959 年 3 月由于院属事业单位，院工会大部分停止活动，只有院测量钻探队工会工作继续开展。1964 年 3 月测量钻探队调出院，该工会组织及工作同时转出。1981 年 5 月恢复院工会。

1981 年 5 月 14 日召开院工会第一届会员代表大会，会员代表 120 人。民主选举出院工会第一届委员会 13 名委员。在 5 月 14 日工会第一届第一次委员会上，选举工会主席 1

人、副主席3人、专职工作人员3人。设下属基层工会7个。院工会隶属北京市规划局工会领导。

院工会第二届会员代表大会于1984年6月11日召开，会员代表83人，民主选举出院工会第二届委员会13名委员。在6月19日工会第二届第一次委员会上，选举工会主席1人、副主席2人、专职人员4人。设下属基层工会10个，74个工会小组。

1986年10月23日院确定为市属局级事业单位后，工会隶属关系改由市总工会领导。

院工会第三届会员代表大会于1992年1月30日召开，会员代表86人，民主选举出院工会第三届委员会13名委员和院工会第三届经费审查委员会5名委员。在2月27日工会第三届第一次委员会上，选举工会主席、副主席各1名，在工会第三届第一次经费审查委员会上，选举工会经费审查委员会主任、副主任各1名。该届工会设下属基层工会10个，76个工会小组。设专职工作人员4人。

二、工会活动

(一) 开展爱国立功竞赛

1981年以来院工会围绕院的各项工作目标和工作任务，开展爱国立功竞赛活动。主要有：

组织各基层工会按院分解给本处、所的各项工作目标和工作任务，制定竞赛实施计划，落实到科室、个人，抓好措施，定期检查，年终评选标兵；围绕本处、所的重点工程、重点工作、方案评选、投标、技术攻关、业务建设等工作，开展专项专题的竞赛活动。鼓励职工在竞赛中不断创出工作、技术、服务新水平，对缩短设计周期、降低成本、推进技术进步、增加经济效益、确保完成工作目标和任务等进行评选。近几年全院每年评选出10名院的“爱国立功竞赛标兵”。有18名职工获北京市“爱国立功竞赛标兵”称号。一所桥梁二组、二所工艺二组、东南外二环市政工程设计集体，经市总工会批准获北京市模范集体称号。

为使“二线”职工更好地为“一线生产”服务，保证生产任务的完成，院工会与行政处一起组织行政后勤战线的全体职工开展优质服务竞赛，以服务态度好、服务质量好、工作效率高、两个文明建设一起抓为标准，先后评选出3个优质服务集体和12名优质服务个人。有2名职工获北京市“职工生活五条线达标”先进职工称号。

为促进青年职工掌握基本功、提高技术水平、做好本职工作，工会同团委、教育处、计算站一起，组织开展基本技能竞赛，在技术人员中举办仿宋字、工程制图、计算机中英文输入、计算机软件编制等竞赛活动；在行政后勤人员中开展炊事员刀工、汽车修理、珠算、幼教老师讲故事、折页子等岗位“比武”竞赛。累计有近650人次参加竞赛，发布了33项计算机软件成果；1450余人次参加观摩和评选。

为全面推动工会工作，近年来院工会组织评选先进基层工会和先进工会小组活动，先后有1所工会、4所工会、行政处工会、生产办机关工会被评为院先进基层工会；有30组次的工会小组被评为院先进工会小组；有1人获中国建设建材工会全国委员会优秀工会干部称号；2人次获市总工会优秀工会干部，优秀积极分子称号。4所工会被授予北京市“模范职工之家”的称号。

近年来经院推选报上级批准，先后有13人次获得全国先进工作者、北京市劳动模范、北京市先进工作者、建设部劳动模范、全国优秀科技工作者、全国“五一”劳动奖章、全国“三八”红旗手、全国巾帼建功奖章、全国先进女职工、首都劳动奖章、北京市“三八”红旗手标兵、北京市“三八”红旗奖章。1所获北京市先进模范集体称号。

（二）为职工办实事

近些年来，院工会根据职代会决定和职工提案，检查督促院有关部门办成一大批实事。主要有：修建院内北小楼、西小楼及办公楼加层，缓解办公用房拥挤状况。给设计所购置文件柜，改装5～8楼各房间的照明，增添计算机，改善工作条件和设备。解决职工住房，除车道沟、花乡宿舍已分配使用外，定慧北里9503平方米宿舍即将竣工交付使用。为解决职工上下班乘车困难问题，开通院至白纸坊、左家庄、清华大学、花乡等4路班车。此外还为院宿舍安装有线电视天线；阳台加钢窗，安装电话总机，为职工装防盗门、抽油烟机；办职工家庭财产保险；职工定期检查身体；修建幼儿园，改善幼教条件；在春节、国庆节等大的节日，坚持慰问职工活动；购置节日食品、防暑降温饮料等具体事务。

每年组织一次劳动模范、院先进职工、院精神文明建设先进职工、院爱国立功竞赛标兵休养活动，已有800多人次先后到北戴河、承德、桂林、青岛、庐山、黄山等地休养。自1992年起，对有休假的职工分3年组织到北戴河等地渡假。每年平均有30％左右的职工进行休假。

为35周岁以上职工逢五逢十过生日，至1995年底已达957人次。此外对287名有生活困难的职工进行补助；探望有病职工2473人次；办理职工子女统筹医疗3910人次。

坚持“八一”、春节慰问复转军人、军烈属；“六一”儿童节慰问幼儿园小朋友和教师；“三八”妇女节慰问女职工等工作制度。

推进工会事业发展，经市总工会批准，于1993年8月院工会组建成立“北京市市政设计研究院工程技术开发公司”，利用其收入增加工会活动经费，在新年、院庆等活动中为职工办福利。

（三）推进精神文明建设

工会坚持用邓小平同志建设有中国特色社会主义理论和党的基本路线武装职工，开展多种形式的教育活动，先后举办“亚运在我心中”知识竞赛；《劳动法》知识竞赛；院“团结、开拓、务实、自强”八字精神讲演、征文、黑板报竞赛；职业道德讲演竞赛，不断提高职工思想道德素质和主人翁意识。

每年开展一次五月鲜花歌咏比赛活动，已进行到第七届。1994年10月组织参加国庆游园演出。1995年5月组织参加首规委系统五月鲜花歌咏比赛。在纪念毛泽东同志诞辰一百周年、院庆4周年等活动中，院举办文艺演唱会。配合思想政治教育、爱国主义教育，组织职工参观“渣滓洞展览”等活动。

为充分发挥群众组织和体育骨干的作用，院工会于1992年成立院职工体育协会。为贯彻《体育法》和《全民健身计划纲要》推进职工体育活动的开展，先后组织成立院羽毛球队、乒乓球队、足球队、桥牌队等。自1985年开始，院每年组织一次趣味运动会，已举办到第十届。1995年成立了院职工钓鱼协会。此外每年组织1次职工春游，现已进行7次。

工会组织职工先后参加北京市第七届、第十一届运动会、北京市第七届职工运动会的开幕式表演；北京市政府机关桥牌比赛；北京市第三届机关运动会；首都勘察行业运动会；华远杯桥牌比赛；西城区羽毛球、乒乓球比赛等活动。

1988年以来院4次被市总工会授予“北京市职工体育先进单位”称号，院羽毛球队、桥牌队被市总工会批准为“先进体育运动队”。先后有7人被市总工会批准为“先进体育积极分子”，有4人被市总工会批准为“先进体育工作者”。

三、女职工工作

院职工有近1/2是女职工。为维护女职工特殊利益，调动她们的积极性，1992年院成立女职工工作委员会，选举产生主任1人，副主任2人。

1994年“三八”妇女节，市委常委城建工委书记强卫、市妇联副主席吴秀萍、首规委领导崔凤霞来院慰问女职工。在首规委系统庆祝“三八”妇女节大会上院女职工代表作先进事迹报告。此外院组织女职工开展《“迪康杯”全国女职工迎’95世界妇女大会知识大奖赛》和《迎’95世妇会全市女职工竞赛》活动。在“知识大奖赛”活动中院获市总工会组织奖 。1995年为贯彻《劳动法》，按照市总工会要求，在女职工中，开展学习对照《劳动法》、《女职工劳动保护规定》、《女职工禁忌劳动范围》、《母婴保健法》活动；进行女职工劳动保护检查。1993年、1994年有2名女职工先后被评为市总工会先进女职工干部和中国建设建材工会全国委员会优秀女职工干部。

四、职工技术协会

1993年院工会成立职工技术协会，并成为城建职工技术协会理事单位、北京市职工技术协会团体会员。1994年4月经北京市社团办公室批准，成立具有社团法人资格的北京市市政设计研究院职工技术协会，并为市职工技术协会委员单位。院职工技术协会选举会长1人、副会长2人、顾问2人、常务理事6人，下属8个分会。1995年9月院职工技术协会开展有偿服务，依法登记成立北京市四方建都技术咨询中心。中心设总经理1人、副总经理3人、总工程师1人、总会计师1人，并设办公室、业务部、财务部。

院职工技术协会积极开展合理化建议和技术革新活动，推进技术进步，提高经济效益，1992年以来院开展的《混凝土网格护坡》《上地产业基地道路工程》、《西北旺道路工程》、《首都机场候机楼改造工程》、《深圳市福强路皇岗桥地基处理》、《西北二环路桥梁改造工程》6个项目，取得经济效益514.55万元，被北京市合理化建议技术革新领导小组评为北京市1991～1992年合理化建议技术革新活动最佳成果单位。1993年院《机械搅拌澄清池搅拌机刮泥机技术标准》、《生物吸附——氧化法处理城市污水研究》、《钻孔灌注桩挡土墙》、《膜片式微孔曝气器研制》、《调流消能阀》5项技术成果，被北京市职工技术协会评为1993年优秀成果，同时院研究所被评为先进集体。1994年院《西北三环三义庙立交桥隔声屏障》、《城市给水管网的地震动反应及抗震对策》、《侧向流波形斜板沉淀》、《立交桥面柔性铺装防水材料性能研究》4项技术成果被北京市职工技术协会评为优秀技术成果。同时，院职工技协研究所分会被评为先进集体。院《锚杆钢丝网喷射混凝土护坡》、《温榆河旅游别墅开发区道路》2项成果，被北京市城建职工技术协会评为优秀科技成果，同时院职工技协二所分会被评为先进集体。1995年院《污水处理工程CAD》、《XWP——500橡胶微孔曝气器》、《水泥混凝土路面加铺沥青混凝土防止反射裂缝的研究》3项技术成果，被北京市职工技术协会评为优秀技术成果。同时院职工技协生产办公室分会被评为先进集体。

五、工会财务

院工会经费按《工会法》规定，由行政按职工工资总额2%计拨。院工会按工会经费

15%上缴市总工会。1986 年开始会员会费全部留在各基层工会用于开展工会活动使用，不上缴院工会。

院工会财务独立，财务工作聘请院财务处有关人员兼职。院工会经费审查委员会对院工会和所属企业经费收支和财产管理进行审查监督。院工会财务管理，于 1991 年经市财政局、市总工会财务部批准为财务管理达标单位。

第三章　共　青　团

第一节　机构设置

1955年4月，随院成立和院党组织建立同时，成立院团总支委员会，隶属于市人委机关团委。团总支设总支书记1人，副书记2人，下设6个团支部，有团员50余人。

1958年12月，经团员大会选举，党组织批准，组成第二届团总支委员会，设团总支书记、副书记各1人。团总支下设8个团支部。

1963年经团员大会选举，党组织批准，组成第三届团总支委员会。由于团员、青年人数增加，团总支改为团委。设团委书记、副书记各1人。团委下设8个团支部，团员增加为120余人。

1966年1月，经团员大会选举，党组织批准，组成第二届团委。设团委书记、副书记各1人。

1966年10月，因“文化大革命”，团组织受到冲击而停止活动。

1969年11月，开始进行整团工作。

1970年8月，选举产生第四届团总支。先后隶属于建设局、市政局团委。院设团总支书记、副书记各1人。团总支下设6个团支部。

1974年6月，经团员大会选举，党组织批准，产生第五届团总支。1975年后隶属市规划局团委。院设团总支书记、副书记各1人。团总支下设5个团支部，有团员30余人。

1978年9月，由于团员人数骤增，党委决定恢复成立团委。经团员大会选举，党委批准，产生第三届团委。设团委副书记2人。团委下设6个团支部，有团员90余人。

1982年5月，经团员大会选举，党委批准，产生第四届团委。设团委书记、副书记各1人。团委下设6个团支部，有团员90余人。

1984年4月，经团员大会选举，党委批准，产生第五届团委。设团委书记、副书记各1人。团委下设8个团支部。有团员110余人。

1986年7月7日，经团员大会选举，党委批准，产生第六届团委。1987年4月团委隶属团市委。院设团委书记1人，团委副书记2人。

1992年6月28日，经团员大会选举，党委批准，产生第七届团委。设团委书记、副书记各1人。

第二节　团的活动

1955年建院后，院团总支围绕院的中心工作组织青年团员学习党的各项方针政策，提高思想觉悟和思想水平，提高群众观点。进行加强调查研究，加强专业技术学习，向老同志请教，在岗位工作中起先锋模范作用等教育活动。

进入60年代以后，组织团员青年掀起学习毛主席著作热潮，开展“又红又专，做共产主义接班人”的大讨论；深入现场，深入工地，深入农村，培养同工农之间的感情；开展社会调查，参加劳动，改造世界观；参加业余大学的学习等活动。

“文化大革命”开始后，团组织陷入瘫痪。1969年经过整团，恢复建立团组织并组织团员青年再次掀起学习毛主席著作，学习党的方针、政策，学习科学文化知识的高潮。组织团员青年参观天津三条石展览，进行阶级教育；参观顺义焦庄户地道，进行革命传统教育；开展“学雷锋、树新风，争当新长征突击手”、“百日创全优”活动；组织青年爬香山、爬泰山，进行爱祖国大好河山的教育；参加植树等义务劳动；开展“实践是检验真理的唯一标准”的大讨论等活动。

中共十一届三中全会后，院团委不断总结过去经验，结合新的形势，开展生动活泼、符合青年人特点和时代要求的思想教育形式；开展各种征文比赛、演讲比赛，召开座谈会、报告会，组织参观学习等活动，帮助团员了解党的政策，提高思想觉悟。

1990～1991年，前苏联与东欧一些国家发生激烈政治动荡，团委针对团员、青年思想实际，举办各种学习、研讨活动，组织“党在我心中”主题教育，帮助引导团员青年坚定政治信念，在改革中建功立业。1990年9月，第十一届亚运会在北京召开，团委抓住这一机遇，对青年进行爱国主义教育，组建200人的亚运会义务服务队伍，参加各项服务工作。在此项活动中，院团委荣获“亚运先锋银奖”，并有3位同志荣获市级二等功；院获得“文明观众最佳组织奖”、“标准亚运交通岗全优上岗单位”称号。

1992年，组织团员青年参加全市统一开展的“社会主义好”大型主题教育活动。

1994年5月，组织青年团员参加团市委等13家单位组织的“中华传统美德教育”主题活动。9月，组织部分团员青年参加远南运动会文明观众队伍。1994年10月1日，组织部分青年参加天安门广场国庆45周年晚会。

1995年建院40周年，组织团员参加各项庆祝活动，并协助院举办院史展览，号召广大青年学习市政院优良传统和作风，进一步树立“爱院、爱岗、敬业”精神。1995年是抗战胜利50周年，组织青年参观、学习、听报告，开展“勿忘国耻、兴我中华”主题教育活动。1995年4月，组织参加全市开展的“跨世纪青年素质”主题教育活动，院近300名青年参加。通过开展读书看报、征文讨论、知识竞赛、参观科技展览、组织科技竞赛、开展体育比赛等活动，促进青年素质的全面提高。荣获市授予的“局级优秀组织奖”。

第三节　青年工作

50～60年代，团组织结合青年特点，开展多种为院生产服务培养青年业务骨干的活动，主要有：开展青年技术比武、擂台赛、搞突击、提合理化建议、搞技术革新、开展增产节约等。

70年代，为提高青年职工的业务和工作水平，组织青工开展仿宋字、描图、计算尺等基本技能比赛；组织团干部深入基层，下现场，围绕生产做思想政治工作。

70年代末，开展“百日创全优”活动，号召青年“学雷锋、树新风、争创新长征突击手”。

80年代，组织团员青年开展不计报酬，加班突击重点工程；举办外语学习班，提高团员青年外语水平；组织参观设计工程，提高业务水平等活动。

90年代，围绕院中心工作，有重点地组织团员青年开展活动。1992年，开展首届院优秀青年评比表彰活动，7人荣获院“优秀青年”称号，9人获“院先进青年”称号。同年12月，举办首届“院青年学习论文演讲发布会”，12篇优秀论文分获一、二、三等奖。1993年，组织全院道桥专业青年技术人员参加“大北窑立交新桥护栏方案评选”活动。1994年，开展“第二届院优秀青年”评比活动，6人荣获“院优秀青年”称号，10人获“院先进青年”称号。此外还与工会联合开展首届青年计算机软件大奖赛等活动。1995年，团委和教育处共同举办院“第二届青年科技论文”评比活动，共征集论文39篇，经专家评审，19篇论文分获一、二、三等奖；与工会、教育处、计算机站等部门联合开展第二届青年计算机软件大奖赛；团委与生产办等部门联合开展青年岗位能手和先进操作法评比活动。此外院团组织还根据青年人富有朝气、爱好文体活动的特点，组织生动活泼、形式多样、健康向上的文体活动：组织观摩电影和文艺节目；开展爬山夺旗比赛；进行野营打靶训练；组织主题团日；开展读书、摄影、歌咏、游艺、舞会等活动；组织乒乓球、羽毛球、篮球、排球、足球比赛及外出旅游、参观名人故居、文物古迹、名山大川等活动。

院团员与青年近年来思想、业务素质有较大提高，在工作中涌现出不少先进个人和集体，据不完全统计，截止1995年12月，全院35岁以下青年中，有24人当选为院先进职工，11人被评为院级精神文明个人，1人获“共和国重点工程建设青年功臣”称号，2人被评为北京市优秀青年知识分子，1人入选北京市百名优秀青年，1人被北京市委城建工委、团市委等单位授予“首都青年建设奖章”，1人获市级“百名优秀青年岗位能手”称号，1人被评为1994年度市级优秀团员，1人获1995年度市级“优秀团干部”称号；一所团支部荣获1992年度“北京市红旗团支部”称号；院团委被评为1990年度院精神文明先进集体。

第八篇　人　物

入志人物为1955～1995年曾在北京市市政工程设计研究总院工作过的著名专家、先进人物，院党政正、副院级领导，院总工程师，处、所(含原科级)正职领导，分院及经济实体主要负责人，被选为市级以上中国共产党历届代表大会代表、人大代表、政协委员，获得市、部级以上劳动模范、先进工作者、全国三八红旗手、经市政府批准为“突出贡献专家”等光荣称号者及从事市政工程设计工作具有高级专业技术职称以上的人员。

入志人物简介54名，其中著名专家、先进人物26名，历届党、政、技院级领导28名。

一、著名专家、先进人物简介

陈明绍　男，1914年出生，汉族，广东大埔人，1936年毕业于清华大学土木系，曾任西北农学院副教授，东北大学、重庆大学、北京大学教授。中华人民共和国成立后，历任北京卫生工程局副局长，总工程师，上下水道工程局局长。1955年4月任北京市市政工程设计院副院长，代院长，总工程师。1959年调建工学院任教，1960年调北京工业大学任教并任副校长。享受教授、研究员级待遇高级工程师。

担任过第六、七届九三学社北京市主任委员；九三学社第八、九届中央副主席，第五、六、七届全国政协委员，第八届全国政协常委；北京市第二届人大常委会副主任；国务院环境保护委员会科学顾问；北京市科协副主席、荣誉委员。

1978年获北京市教委优秀教师一等奖，1988年获北京市科协荣誉奖，1989年获国家科技进步二等奖。一级教授。享受政府特殊津贴。

50年代，负责组织解决北京市垃圾堆积粪便处理问题，整修全城6大系统旧沟，修建下水道，组织对龙须沟整治工程的施工。为北京市蓄水灌溉和引水的需要，负责组织制定北京市水利规划，指导永定河引水工程设计，并任指挥部副指挥。1960年到北京工业大学任教负责筹建流体力学教研室。1974年接受市政府下达任务，组织研究成功除尘器，撰写了《除尘技术基础理论》。中共十一届三中全会后，任北京工业大学副校长，负责领导全校科研工作，组织开展基础理论研究、应用研究和推广技术研究，撰写了《工程流体力学》、《除尘技术基本理论与应用》、《能源与环境》等书，发表学术论文20余篇。

社会兼职：先后担任中国土木工程学会、中国计算机应用学会、中国建筑热能动力学会理事长，北京能源学会副理事长。参加编写《中华人民共和国法定计量单位》和推行国际单位制等工作。

许京骐　男，1919年8月出生，汉族，浙江瑞安人。1942年清华大学土木工程系毕业。1946年10月加入中国共产党，同时参加革命工作。曾任重庆中央水利实验处副研究员，清华大学水工试验所副研究员。1948年任中共南方局清华大学教职员支部书记。

中华人民共和国成立后，历任中共北京市委学委委员，北京市高校教育工会党组书记兼秘书长。1950年任北京市建设局道路工程局副局长。1955年4月任北京市市政工程设计院副院长、党组书记，1975年任院总工程师。1978年调北京建筑工程学院任副院长、院长兼党委副书记。曾任北京市第二届政协委员，北京市第八届人大代表。享受教授、研究员级待遇高级工程师。享受政府特殊津贴。1988年后任市政院技术顾问委员会副主任。

任市政院副院长期间，主管全院生产，领导制定、贯彻各项计划、技术管理制度。1961～1966年协助院长主持院技术委员会，审定全院各专业院级项目工程方案设计和科研大纲。70年代初，参与编制国家给水排水设计规范，并审定《室外排水设计规范 TJ14—74》，参与修订《室外排水设计规范 GBJ14－87》。1984年离休后曾教授《环境科学导论》、《城市水资源与供排水管理》等课程；指导编审《全国城建管理干部教材》和《城市基础设施管理》；在《中国给水排水》、《给水排水》等杂志或学术会议上发表《城市污染控制与对策浅议》、《改革城市水资源经济管理体制》、《关于城市节水的几个问题》、《关于工业废水排入市政管道管理体制改革的建议》等9篇论文，其中《城市污水回收与回用规划的制定与实施》获全国城市给水排水标准委员会1995年年会优秀论文奖。1992年参加亚洲开发银行技术援助项目《北京、天津水资源研究》工作，指导院承担的《北京市污水管理》分课题的研究，撰写了北京市总课题的中方总报告。1989年担任北京市基本建设高级经济师职务考评组成员。

社会兼职：1953～1959年任北京市土木工程学会副理事长，中华全国自然科学联合会北京分会第二届委员会、北京市科学技术协会筹委会党组书记，秘书长；1962～1964年，1979～1984年，任北京市土木建筑学会副理事长；1984年任《中国给水排水》编委会委员；1985～1994年任北京市人民政府第一届至第五届专业顾问团给水排水组组长；1987～1995年任全国城市给水排水标准委员会顾问；1989年任北京市对外科技交流协会理事；1990～1995年任中国给水排水学会工业给水排水委员会顾问。

林治远　男，汉族。1913年2月出生。广东潮阳人。1935年北洋大学土木工程系毕业。1956年加入中国共产党。中华人民共和国成立后历任北京市人民政府建设局技正、正工程师，北京市人民政府建设局道路工程事务所主任。1955年调市政院，历任设计室主任、技术室主任、副院长、院副总工程师、总工程师。1988年退休后任院技术顾问委员会主任。原二级工程师，享受教授、研究员级待遇高级工程师。享受政府特殊津贴。

1989年获建设部授予中国工程设计大师称号。

40余年主要从事城市道路与公路的设计及科研工作，领导主持重大工程设计与科研项目：1949～1951年连续3年主持天安门国庆工程设计与施工，包括1949年开国大典毛主席亲手升起第一面五星红旗所用的旗杆与自动升降设施。1959年国庆10周年工程中主持天安门广场、道路工程项目设计。包括天安门广场的全部铺装，广场东西侧道路的修建，东、西长安街的改建等。1965～1972年负责北京市山区道路设计，主要有三家店至大同公路的北京段，怀柔至丰宁公路，琉璃庙至四海公路等。1970～1980年负责北京市二环快速路北半环的设计。包括10处立体交叉。1981～1988年负责组织并完成建设部(原城市建设总局)委托市政工程设计院主编的《城市道路设计规范》，主持北京市柔性路面设计方法与参数的研究工作。1988～1993年负责组织完成建设部委托市政工程设计院主编的《柔性路面设计参数测定方法》。1989～1991年担任中国土木工程学会编辑的《中国土木工程指南》中第五篇"道路工程"的主编，组织并完成城市道路与公路部分内容的编写工作。主持编写《城市道路立体交叉工程设计》。

1988 年 11 月获中国土木工程学会“学会积极分子”称号。1988 年 12 月获中国公路学会“从事公路交通工作 50 周年老专家”称号。1990 年为中国公路学会与中国交通工程学会荣誉理事。

李肇祥　男，1912 年 3 月出生。汉族，广东中山人。1934 年清华大学土木工程系水利卫生组毕业。1934～1935 年在美国罗氏基金卫生工程师训练班戴雅博士指导下进修 1 年。1938～1939 年任云南省抗疟委员会工务科长兼工程队长。1939～1940 年任中央水工试验所经济部西昌办事处水利专员、重庆大学给水工程教授。1942～1949 年任珠江水利工程局设计科长、工务处长及副局长，兼任广西大学、华侨大学教授。1950 年参加中华人民共和国建设。在北京市卫生工程局任计划室副主任、副总工程师、设计处长。原一级工程师。承担兴办城市河道工程，整修北京市下水道系统；规划高碑店污水处理厂、清河污水处理厂及右安门污水泵站位置等；修建大管径下水管道及四海下水道方沟等。1951 年春任中国土木工程学会筹备会秘书长。1953～1955 年任北京市建委副总工程师、计划室主任，负责审核市建设项目，进行综合设计、施工。1955～1964 年任北京市市政工程设计院副总工程师、副院长、市政工程技术研究所主任。在担任副院长期间，曾借调至市委农林工作部水利办公室任总工程师。1957～1958 年任怀柔水库总工程师。1958～1959 年任密云水库总工程师，负责建筑物及潮河水坝工程。1959～1961 年主持密云水库一库带十库工程。1964 年调北京市规划局任总工程师。1979 年调水利局任总工程师。享受教授、研究员级待遇高级工程师。

曾担任北京市第一届人大代表。北京市第一至七届政协委员。

社会兼职：中国土木工程学会第一、二届常委兼副秘书长，1990 年 5 月起被选为荣誉会员。北京市水利学会副理事长。1985 年获北京市科协荣誉铜质奖牌。

主要著作有：参加合编《卫生工程俄中名词辞典》、《英汉土木建筑工程词汇》、《现代科学技术辞典》、《英汉词海》、《语言大典》、《英汉水利水电工程词典》。合译《建筑工程管理及实践》。

李远义　男，1912 年 10 月出生，汉族。湖北宜昌人。1937 年毕业于清华大学土木工程系。1944～1948 年任重庆市下水道工程处设计科长，设计修建合流下水道，并制定了重庆市的排水规划。1949 年赴美约翰霍浦金斯大学进修，1950 年获卫生工程硕士学位。1951 年回国，在北京市卫生工程局，参加首都的城市建设工作。

1955 年调市政院，历任设计室副主任、院副总工程师、总工程师。原二级工程师，享受教授、研究员级待遇高级工程师。享受政府特殊津贴。1988 年退休后任院技术顾问委员会副主任。

先后从事首都排水和污水处理工程的规划、设计及科研工作。50 年代中，参与制订北京市城市排水工程规划，主持城区和近郊污水干管规划设计。1956 年翻译了俄国专家布托克著《生活污水处理》一书。60 年代主持北京城区护城河的改河工程设计。70 年代中，参与向阳化工厂污水处理厂、首都机场污水处理厂等工程设计，并为高碑店污水处理厂的设计进行工艺试验优选工作。1975 年翻译英文书《工业废水处理》。80 年代中，主持北京市方庄小区、亚运村及高碑店等污水处理厂设计。为推广纯氧曝气的科研成果，主持天津石化和上海金山石化两厂的废水处理工程设计。

社会兼职：历任中国土木建筑学会给水排水学术委员会委员和顾问。1981 年由市科委聘为高级技术职称评定委员。1983年由市政府聘为城市规划专业顾问。1984年被聘为《中国给水排水》杂志编委。《给水排水设计手册》主审人。1986年由水利电力部聘为《水利百科全书》第15分支副主编。1986年由清华大学聘为博士学位答辩委员会委员兼博士论文评阅人。1987年被聘为北京市技术职务聘审委员会高级工程师职务考核评审组成员。1989年由北京建筑工程学院和哈尔滨工业大学聘任为硕士学位答辩委员会成员。1990年由国家环保局聘为"七·五"攻关课题成果鉴定委员会委员。

黄震东 男,1915年6月出生。宁夏回族自治区银川市人。1937年清华大学土木工程系毕业。1951年为九三学社社员。1961年6月加入中国共产党。1977~1983年选为北京市第五、第六届政协委员。1980年任北京市科协第二届委员会委员。1978~1985年任北京水利学会副理事长兼秘书长。1980年任北京市人民政府第四、第五届专业顾问团水资源专业顾问。1981年任北京市城市规划委员会顾问。1984年任北京矿产资源管理委员会委员。1982年任国际水资源协会(IWRA)会员。原二级工程师。享受教授、研究员级待遇高级工程师。享受政府特殊津贴。1988年退休。

1937~1949年期间曾任兰州西北技专农田水利系副教授。1950年以后历任北京市卫生工程局、上下水道工程局设计处主任。1955年调入市政院,任院副总工程师、第二设计室主任。1970年调北京市水利局水利勘测设计处任总工程师。1978年任北京市水利局、北京市水资源委员会总工程师。

在卫生工程局及上下水道工程局时,主要担任市区排水系统规划设计和城区河湖水系整治设计。在市政院时,负责北京市水利规划和引水工程、中小型水库设计及郊区排水河道整治设计,担任永定河引水、十三陵水库和京密引水三大工程设计总工程师。1978年以后,负责组织设计、科研规划和高等院校等单位开展缓解北京水资源战略对策研究,负责主编《北京水资源》3卷。"六五"国家科研攻关第38项分课题《北京水资源系统分析及其数学模型的研究》为技术领导小组成员。1980年任北京水利志编辑委员会顾问并参与《北京水利志》的编修。退休后被聘为北京市水利局科学技术委员会副主任。

力伯法 男,1918年8月出生。汉族。北京人,1941年毕业于清华大学土木工程系。中华人民共和国成立后,曾担任北京市自来水公司工程师、副经理。1955年4月调北京市市政工程设计院任室主任,院副总工程师、总工程师。原三级工程师。1985年12月病逝。

曾被选为第一、二、三、四、五届北京市人民代表大会代表。

50年代参加了北京市水源一厂、二厂的恢复和建设工作及城市配水管网的调查工作。1955~1962年参与领导北京市水源三厂、四厂、百口井工程及水源五厂、六厂、七厂设计工作。1964年参与北京印染厂外部给水工程设计,在国内首次采用机械搅拌加速澄清池和虹吸滤池。1971~1976年参与领导水源八厂设计,审查快速沉淀和过滤等综合净水性能的新型一体化构筑物——快速澄清滤池,指导梯形斜板沉淀器系统的研究。80年代参与臭氧活性碳的试验研究项目及田村山水厂设计工作。晚年致力于解决北京水资源短缺、水资源管理开发与利用等方面的研究。

社会兼职:担任过北京市土木建筑学会一、二、三、四届理事和第四届给排水专业委员会副主任,第五届理事会给排水专业委员会名誉委员及中国建筑学会市政工程学术委员会委员。

彭瑞民 男,1913年出生,江苏省吴县人。汉族。1935年6月交通大学唐山工学院土木工程系毕业。1949年在北京市卫生工程局设计科工作。1955年调市政院任主任工程师。原三级工程师,享受教授、研究员级待遇高级工程师。九三学社社员。1988年退休,任院技术顾问委员会委员。

主要从事给水排水结构及水利工程结构设计、审定工作。50年代针对北京市地下水位较高,深埋大口径排水管道遇到流砂问题,总结提出被扰动地基不同程度不同处理的方法,在北京市西浜河路污水管工程中首次获得成功。1956～1960年在永定河引水工程设计中,成功设计了防冲混凝土砌块料护坡。1961～1966年在前三门污水管及通惠河北岸五心砖拱污水干线工程基础处理设计中,利用窖木打短桩解决了严重流砂段安全敷设问题。在水利化运动中先后主管勘查、设计及配合施工的工程有:海子水库(今金海湖公园)、北台上水库(今雁栖湖公园)、崇各庄水库、天开水库。在通县兴隆庄设计了北京市第一座低扬程轴流泵排灌站。1969年以后负责给水工程结构设计的方案及审核工作,有石化供水、水源八厂等工程。担任《现代科学技术词典》编审及百科全书编译审核工作。担任院《特种结构》杂志英文文摘的编译审核工作。

罗 玲 女,1940年7月出生,汉族。福建省福州市人。1963年毕于北京工业大学道桥系。7月分配到市政院工作。1980年3月加入中国共产党。历任室主任工程师、院副总工程师、总工程师。享受教授、研究员级待遇高级工程师。享受政府特殊津贴。1993年被建设部授予设计大师称号。当选中国共产党第十四次全国代表大会代表,北京市第九、十届人民代表大会代表,中国妇女第七次代表大会代表,第十二届全国工会代表大会特邀代表。曾被评为北京市"三八"红旗手,北京市有突出贡献科学、技术、管理专家,国家级有"突出贡献的中青年科学、技术、管理专家",北京市"三八红旗奖章",全国"三八"红旗手,全国"巾帼建功"标兵。1992年获"首都市政建设突出贡献设计专家"称号。1993年6月评为北京市共产党员"十杰"。1994年被授予建设部"劳动模范"、行业标兵。1995年被评为全国先进工作者。1995年2月被评为中国"十大女杰"。

在院从事桥梁设计工作,先后主持和参与了60多座城市立交桥的设计和山区跨河桥设计。1973年以来,参加设计北京市二环路、三环路上的立交桥有:复兴门、建国门、朝阳门、西直门、西北角、学院路、三元、大北窑、方庄、北杨树街、东西厢等立交桥。在建国门立交设计中,担任下部结构的设计负责人。在西直门立交桥设计中,担任设计总负责人。在北京市二环路及立体交叉桥工程设计中,担任主要设计负责人。在三元立交桥工程中担任主要设计人。参加设计与审核北京木城涧大跨度拱型煤仓封闭工程。在青岛港八号码头市政配套工程——铁港立交桥设计中担任项目总负责人。1987年以来参加北京市"东厢"道路工程桥梁部分设计和审定工作。负责"西厢、南厢"道路工程桥梁设计的审定工作。参加京石高速公路三期、四期桥梁设计的审定工作。负责亚运村市政配套工程部分桥梁设计审定工作。负责首都机场高速公路及东三环道路改建工程立交桥的审定工作。

曾在国际岩土、力学、结构交流会发表题为"介绍一座弯斜预应力连续桥梁的结构与设计"论文;在中国土木工程学会市政专业委员会第一次桥梁学术交流会上发表"介绍一座钢箱连续桥梁的设计与施工"论文;在全国立交桥交流会议上,交流5篇论文。

沈世杰 男,1931年1月出生。汉族。上海市人。1953年毕业于南京工学院。1956年清华大学水利系土力学研究生毕业。1957年调市政院,历任副主任工程师、主任工程师、院副总工程师,享受教授、研究员级待遇高级工程师。享受政府特殊津贴。"九三学社"北京市委员会委员及工程技术委员会副主任委员。曾被选为北京市西城区第九、第十届人大代表并任常务委员，北京市第七届政协委员会委员，北京市第十届人大代表、北京市西城区第九届政协委员。1986年被建设部和中国建筑工会评为“在城乡建设科技工作中做出重大贡献”，授予“劳动模范”称号；同年经国家人事部批准授予国家级“有突出贡献的中青年科学、技术、管理专家”称号。1992年获“首都市政建设突出贡献专家”称号。

1956年参加工作，一直从事给排水工程结构和科研工作。70年代，进行市政工程特种结构设计、研制及标准规范工作。完成完整的系列有：常规设计规范、抗震设计规范和对已建相应工程设施的抗震鉴定；主编《室外给水排水和煤气热力工程抗震设计规范》，负责制定技术条件及编写编制说明。结合市政工程特点，制定抗震对策：以1975年海城地震和1976年唐山地震中的震害统计资料为基础，拟定管道与土体共同工作，存在相对位移的计算模式以及可满足工程实用的计算参数，其计算模式在日本给水和煤气管道的抗震规范中被采用。1980年以“地下管道抗震设计”论文赴美国加州参加“生命线地震工程”学术交流。拟定供水工程矩形无梁式结构贮液构筑物结构空间工作分析模式及计算方法，1985年在美国ASME的PVP年会论文集上正式发表。80年代主编国家《给水排水工程结构设计规范》，针对倒锥壳水塔高悬心构筑物、在侧向荷载作用下的P—△效应，提出分析模式；对矩形贮液构筑物的角隅应力提出计算方法；对钢筋混凝土圆管的配筋量及构造提出确定方法及具体计算模式。发表学术论文有：“矩形无梁板带盖水池结构的动力分析”、“关于普通钢筋混凝土圆管设计的几个技术问题”、“地下管道在地震波作用下的动力分析探讨”等。

社会兼职：现任中国给水排水学会理事兼结构委员会主任委员。1979年参加中国工程建设标准化协会，任常务理事兼副秘书长、学术委员会主任委员、贮构委员会副主任委员。

毕延龄 男，1927年3年出生。汉族。北京市人。1946年毕业于北京市高级工业学校土木专业。中华人民共和国成立后在北京市自来水公司任厂长、副主任。1955年调市政院，历任主任工程师、院副总工程师。享受教授、研究员级待遇高级工程师。享受政府特殊津贴。1988年退休后任院技术顾问委员会副主任。1953、1988年被评为北京市劳动模范。1989年被评为全国先进工作者。1992年获“首都市政建设突出贡献设计专家”称号。

解放初期参加水源一、二水厂和补压井的技术改造工作。1955年以来负责和指导北京市几个大水厂的工程设计，其中有水源三厂、四厂、五厂、六厂、七厂、八厂、九厂一期、田村水厂。田村山水厂以及外省市营口、大连、辽阳水源工程设计。指导给水工程几个新型水处理设备的试验研究设计以及通用图设计。1961年主持水源六厂建设，采用新技术水处理构筑物机械搅拌加速澄清池，达到世界先进水平，推广到全国200多座水厂采用。指导完成机械搅拌加速澄清池全国标准图图集。1965年负责北京印染厂水处理工程设计，在国内第一次设计了虹吸滤池。后在全国普遍推广，并完成全国通用图集。1973年指导田村水厂设计，完成同向流斜板沉淀池试验。在石化供水工程中负责改进水锤消除器，设计出一种新型的自闭式锤消除器。指导全国农村给水标准图设计工作，承担世界银行贷款农村给水项目评估和设备招标工程。发表过水模拟管网分析、水泵调速节电计算、北京九厂一期设计运行总结等文章。

沈中治 男，1939年9月出生。汉族。浙江省嘉兴县人。1962年毕业于上海同济大学桥梁工程专业后分配到市政院工作。1978年12月加入中国共产党。历任设计室主任、副主任工程师、院副总工程师。享受教授、研究员级待遇高级工程师。享受政府特殊津贴。

1988年获“首都劳动奖章”、“全国优秀科技工作者”称号和“全国五一劳动奖章”。1992年获“首都市政建设突出贡献设计专家”称号。1994年获“北京市职工职业道德标兵”称号。

从事桥梁、隧道和地下通道、抗震工程设计和桥梁计算机电算的领导工作。1965年负责设计北京市三雁公路长安岭隧道，采用“锚栓衬砌”新技术。30年来共承担桥梁设计上百座，主要工程有：北京市的西南三环立交桥、小月河桥梁、亚运村工程桥梁、京石公路三期工程桥梁等。在北京市“东厢”道路工程中承担劲松、广渠门2座立交桥设计中采用了“点支承异形板桥”；在“西厢”工程中主持天宁寺、广安门3座立交桥设计中采用了“点支承预应力异形板”、“球形支座”、“钢管混凝土”等新技术、新工艺。后又负责“南厢”永定门立交，西北二环改造桥梁工程设计及首都机场高速公路四元立交桥等设计，任项目负责人及审核、审定等工作。1966～1975年承担北京市桥梁抗震加固。桥梁抗震试验和桥梁抗震设计规范工作，对几十座主要的旧桥提出加固方案性设计。在京津地区桥梁设计规范中，第一次提出桥梁地震力的计算公式。参加交通部主办的公路桥梁抗震规范编制工作，任编制组副组长。1976～1980年参加桥梁电算工作，任电算组长，亲自编制或合作编制的桥梁电算程序有：“墩桩式盖梁”、“正交简支梁”、“桥面桥”等5个桥梁专业的计算程序。1983年以来承担前门、王府井、北二环及天安门等地下人行通道设计。参加牡丹江市牡丹江大桥设计及深圳、海南等地立交桥梁和天桥、地道设计。

撰写论文4篇：《点支承异形板梁的设计和计算》、《点支承异形板的设计技术规定》、《京石路中小桥梁的工序管理》及《人行通道的优化设计》，在有关杂志发表。

石蕴中　男，1935年4月出生。满族。北京市人。大学文化程度。1956年8月于北京市土木建筑工程学校道路与桥梁专业毕业后分配到市政院工作。1965年12月加入中国共产党。历任副主任工程师、深圳分院院长。享受教授、研究员级待遇高级工程师。享受政府特殊津贴。1993年获“首都劳动奖章”、“全国五一劳动奖章”、“全国优秀科技工作者”荣誉称号。

1958～1965年主要参与及负责山区和远郊区公路设计工作，主要项目有：密云环湖路、北京天文台路、京密公路、房山至坨里、上清水至小龙门等工程。1966～1970年借调到国家建设部任第二汽车制造厂直属设计大队第七设计队队长，主要负责二汽路桥设计任务。1970～1975年，参加配合北京二期地铁工程建设，任设计组组长。1975～1976年赴扎伊尔共和国，在首都金萨沙检阅台、观礼台、人民集会广场设计组工作，负责集会广场设计。1976～1980年负责组织和参加《城市道路标准图》修改编制工作，完成了12分册标准图合订本。参与主编《城市道路设计手册》，参与《城市道路隧道设计》、《城市立交设计》二书的修改审核工作。1980～1990年在北京三元、安贞、蓟门、马甸、东便门、玉蜓等立交工程中负责设计审核工作及昌平路(三环至西三旗段)道路设计。1990年参加第十一届亚运会市政配套工程设计的审核工作，主要项目有：北中轴、安立路、北四环三条干线道路新建、改建任务以及安慧立交、双北立交(安华立交)等。1990年后参加深圳市北环、雅园、金田、益田、新洲等立交设计。1992～1994年在深圳分院负责道路立交设计审核、审定及部分设计总负责人工作。1994年在深圳国际机场扩建工程市政配套设施首期、中期、远期规划设计方案工作中任设计总负责人。

潘骏寿　男，1934年11月出生。汉族。河北新城人。1955年8月，北京市土木建筑工程学校给排水专业毕业后分配到市政院工作。1966年6月北京城建业余学院给排水专业毕业。1978年加入中国共产党。历任副主任工程师、主任工程师,室副主任、院副总工程师。享受教授、研究员级待遇高级工程师。1990年被评为建设部系统劳动模范。从事给水工程设计、试验研究工作。担任大、中型项目设计负责人或项目负责人20余项,技术审定30余项。1956～1958年担任北京市南城给水干线工程及西长安街管线综合设计负责人。1963年担任北京市水源六厂工程技术审核人。1964年担任北京印染厂给水工程设计负责人及审核人。70年代以来担任设计项目负责人的主要工程有:北京胜利化工厂供水工程,燕山石化供水工程,北京第九水厂一期工程及营口市,辽阳市,石家庄市供水工程,索马里哈格萨市供水工程。此外参加《市政给水管网钢管的结构计算方法》研究项目。担任5113供水工程、辽阳市汤河水源工程技术审定,北京第九水厂一期工程项目负责人。在技术刊物或年会上发表论文4篇。

潘家多 男,1925年8月出生。汉族。江苏苏州人。1946年9月毕业于上海圣约翰大学土木工程系。1946～1949年曾在上海市都市计划委员会、浙赣铁路局、华盖建筑师事务所工作。1950年1月到北京市卫生工程局工作。1955年调市政院,历任副主任工程师、主任工程师、院副总工程师。享受教授、研究员级待遇高级工程师。享受政府特殊津贴。1993年退休后任院技术顾问委员会委员。

1953年代表设计组出席北京市劳模代表大会。1959年被评为北京市劳动模范,出席1959年全国群英会和1960年北京群英会。1983～1993年被选为北京市第八届、第九届人民代表大会代表,人大常委委员、人大常委城建委员会委员。

多年来主要从事给水排水工程结构设计,水源二厂、三厂、七厂等水厂土建结构设计,前三门截流管、古城污水管等管道结构及高碑店污水处理工程设计。1956年组织并编制北京市第一套排水管道结构设计标准图。在此期间,提出较大技术革新措施11项。60年代主要负责技术管理工作,并负责前三门、西护城河改建暗沟结构设计工作,编写出版院排水管道结构设计规程。70年代负责房山向阳曙光化工厂污水处理场及首都机场污水处理场土建结构、石化总厂供水工程厂站结构、田村山水厂土建结构、北京第三水泥管厂建厂工程、亚运会金海湖水上运动场等设计工作。参加组织编写国家工程建设标准《给水排水工程结构设计规范》,编写《给水排水工程结构设计手册》,主编《建筑结构构造资料集》的特种结构篇,编写《中国大百科全书·土木工程篇》中的管道结构条目等工作。

社会兼职:1984年起任《特种结构》杂志编委会副主任委员。1987年起任中国工程建设标准化协会管道结构委员会主任委员,中国工程建设标准化协会第三届、第四届理事会理事。

冯先松 男,1924年12月出生。汉族。四川省巫山县人。1950年7月于清华大学土木工程系结构专业毕业。1959年加入中国共产党。1955年调市政院,任副主任工程师。享受教授、研究员级待遇高级工程师。享受政府特殊津贴。1988年离休后任院技术顾问委员会委员。享受局级待遇。

1959年被评为北京市先进工作者。1960年2月出席北京市工业交通运输、基本建设、财贸方面先进集体和先进生产者代表大会。

在院期间主要从事桥梁设计及审核、审定工作。50年代负责主持颐温路沿线桥梁设计,在国内首次采用轻型桥台;负责密古公路沿线桥梁设计,参与京密公路沿线桥梁和顺平公路奉伯大桥设计。60年代负责三雁公路沿线桥梁和隧洞设计。1965～1967年支援越南,承担越南3号公路桥涵设计。1967～1970年邢台地震后,负责京津地区桥梁抗震规范的编制工作,从城震理论出发对桥梁抗震进行研究,提出梁式桥柔性墩台地震力计算方法及计算程序,其计算方法被铁路及公路设计规范采用。70年代后负责北京地区桥梁抗震加固设计,承担复兴门立交桥、阜成门立交桥及怀丰公路、秦九路、京密公路、怀沙路、西南三环沿线桥梁设计和温榆河桥的设计、审核工作。为提高初、中级设计人员的技术水平,曾编写8篇技术讲义并编写"弹性结构体系的一般原理"、"桥梁结构地震力计算"、"城市桥梁规范"、"双曲拱桥"(设计与施工)等技术资料。

1985年被聘为国家科学技术委员会发明评审员。

刘德昭　男,1940年3月出生。汉族。湖南省临澧县人。1961年11月毕业于北京大学地质地理系自然地理陆地水文专门化专业,分配市政院工作。1978年8月加入中国共产党。历任总工办副主任、计算站站长、技术处副处长、副主任工程师。享受教授、研究员级待遇高级工程师。1982年被授予北京市劳动模范,1992年被授予全国设计系统思想政治工作研究会1990～1991年度工作先进个人。

来院后主要从事北京地区小流域水文计算工作和泥石流调查研究工作;参加并主持北京市小汇水面积最大洪峰流量计算公式研究;负责完成桥梁水文计算工作,进行河段水面推算工作;参加外省市防洪工程及防洪规划工作,主要有:龙岩市、厦门市、海口市、武夷山和山西宁武等地区的工程及深圳给水工程规划等。发表论文30多篇,参加1981年、1986年第一届、第二届全国泥石流学术会议,发表论文"稀性泥石流流速公式的选择及其陡坡流速公式糙率系数的分析"、"北京地区泥石流特征及其设计流量的计算";参加1993年首届全国泥石流滑坡防治学术会议,发表论文"北京山区泥石流对居民点的危害及其预防对策"。

倪士聪　男,1936年3月出生。汉族。上海人。1965年参加中国共产党。1958年毕业于南京工学院(今东南大学)公路与城市道路专业后分配市政院工作。历任技术室副主任、设计室主任、所长。享受教授、研究员级待遇高级工程师。1991年被评为北京市勘察设计行业全面质量管理先进个人。1992年获"首都市政建设突出贡献设计专家"称号。1995年被评为北京市先进工作者。

从事道路桥梁工程设计、审核及组织领导工作。1959～1972年承担国防三线工程的道路、桥梁及公路设计,任设计负责人。1965～1967年支援越南承担越南3号公路设计。1991年,担任首都机场高速公路设计总负责人。1994年担任八达岭高速公路设计总负责人。1995年担任石家庄市二环路设计总负责人。

1986年发表《北京道路立体交叉工程设计》、1993年发表《高速公路ABC》、《北郊亚运村道路交通工程设计简介》、《首都机场高速公路规划设计》等文章。

刘雨生　男,1941年4月出生。汉族。北京人。1963年北京工业大学工民建专业毕业后分配到市政院工作。历任副主任工程师、所长、院副总工程师。享受教授、研究员级待遇高级工程师。享受政府特殊津贴。

1992年获"首都市政建设突出贡献设计专家"称号。1993年任北京市第八届政协委员会委员。1995年被评为北京市先进工作者。

来院后主要从事给排水工程结构设计工作。先后在30多项给排水厂站及大型给水管道工程中任结构专业负责人,担任审核及审定工作。主持和组织完成大型给水工程结构设计工作。主持研究《市政给水钢管的结构设计方法》,成果于1984年纳入国家标准《给水排水工程结构设计规范》(GBJ68－84)。主持编制《大型设缝矩形清水池标准图》。主持编著《给水排水工程结构设计手册》、《铸铁管》和《钢管》等给水管道篇，提出结构设计方法，1984年出版。参加《城市给水管网的震动反应及抗震对策》研究工作。参加编写《埋地给水钢管水泥砂浆衬里技术标准》。

社会兼职：1987年起任中国工程建设标准化协会管道结构委员会副主任委员兼秘书长。

佟克正 男，1937年9月出生。满族。辽宁省开源县人。大学毕业。1956年毕业于北京土木建筑工程学校道路与桥梁专业后分配市政院工作，1978年7月加入中国共产党。历任院情报资料室副主任工程师、总工办副主任工程师、四所主任工程师、院副总工程师。享受教授、研究员级待遇高级工程师。1995年被评为北京市先进工作者。

来院后主要从事城市道路与山区公路设计。50年代参加西顺城街道路、化工一厂和东郊煤气储备站等厂内道路设计、沙河西万亩稻田乡溪渠系统勘测设计；60年代完成浆砌片石重力式挡土墙标准图、护坡标准图、灯控路口通行能力计算方法、城市道路路段通行能力计算方法；参加三雁山区公路、怀丰公路和上庄至王庄公路设计；70年代参加阜成门立交桥设计，担任技术情报管理工作；80年代参与北京市东南二环、西南二环、亚运村市政配套工程道路方案研究和技术管理工作，90年代调四所主管道路设计工作，完成北京西客站南广场、北广场、莲花池快速路等道路和立交方案及施工图设计，北京首都机场扩建工程道路系统设计，部分西三环和公主坟立交方案及施工图，东四环和南四环快速路方案和初步设计，德胜门和西直门立交改造方案设计，北京上地产业信息开发区和北京市工业开发区道路设计。修改立交形式而被采纳项目有：三元立交采用匝道立交形式，使两座相近的立交形成一个整体；玉蜓立交、东便门立交修改非机动车道系统、安慧立交将规划的标准苜蓿叶(混行)立交改为机动车与非机动车分行立交等。

主要发表文章有：《安全、迅速、舒适的城市交通》；1985年发表《对解决城市交通问题的看法》；1986年发表《道路立体立交规划与设计》和《立交选型问题及实例分析》；1989年发表《玉蜓立交构思》。

茆励修 男，1932年9月出生。汉族。河南汲县人。1953年加入中国共产党。1952年于北京工业学校毕业。1965年北京业余城市建设学院道桥专业毕业。1952年8月参加工作。曾任北京市建设局、道路工程局技术员。1955年调入市政院。历任设计室副主任、设计管理室主任、院副总工程师、院长、总工程师。享受教授、研究员级待遇高级工程师。享受政府特殊津贴。1992年获"北京市有突出贡献的科学、技术、管理专家"称号，并获"首都市政建设突出贡献设计专家"称号。

主要从事道路、交通工程设计和技术管理领导工作。1952～1958年参加西直门至颐和园道路、建国门内大街、复兴门外大街、西北郊学院区、东郊工业区等道路干线工程设计或担任项目负责人。1959～1962年担任国庆工程天安门广场、游行大道及附近地区道路的设计负责人，并从事技术管理工作。1963～1970年担任道桥设计室副主任兼山区公路测设队长，领导山区延庆公路、三雁公路、柏平公路、怀丰公路等干线公路测设工作。1970～1980年担任院生产管理部门负责人、设计管理室主任，负责院计划、技术管理工作。80年代以来，主管道路专业设计技术工作，主持审定重点工程有："东厢"、"西厢"、"南厢"道路工程、亚运村道路工程、二环道路改造工程、京石高速公路、京开公路、昌平公路、首都机场高速公路、三元立交桥、玉蜓桥、天宁寺桥、安慧桥等道路和立交工程以及外省市的一些道路和立交工程。1983～1987年，担任院长期间重点抓生产管理、改革、行政领导工作。

发表论文有：《北京地区主要干线公路设计评述》、《城市道路立交的技术经济分析》、《试论三边工程设计的工序管理》、《北京二环道路工程总体设计》等。

社会兼职：中国土木工程学会市政工程学会副理事长，中国工程建设标准化协会城市交通工程委员会主任委员。

高士国　男，1939年11月10日出生。汉族。河北迁安人。1957年于北京市土木建筑工程学校毕业分配市政院工作。1966年北京业余城市建设学院给排水专业毕业。1960年加入中国共产党。历任室副主任、副主任工程师、主任工程师、院副总工程师、总工程师。享受教授、研究员级待遇高级工程师。享受政府特殊津贴。

1965年9月28日参加全国工业、交通战线社会主义建设技术革新积极分子大会，并作为全国劳模代表团成员参加1965年国庆节观礼活动。1991年聘为市高级职称评审委员会委员，连任至今。1994年获北京市有突出贡献的科学、技术、管理专家称号。

来院后主要从事给水设计、科研工作。1959年完成当时国内最大直径1.2米的南城干线的给水设计，并在设计中改进了支墩设计方法和构造措施。1960～1963年参加百口井设计，并负责编制《给水管道图》、《给水管道支墩设计技术规定》及《给水管道焊接管件技术规定》。1963～1964年参加北京维尼纶厂外部给水工程设计，并用地下水代替库水，提出氢－纳离子交换处理地下水方案。1964年主持北京印染厂外部给水工程设计，与有关人员试验成功并采用了虹吸滤池、机械搅拌加速澄清池、再生氢离子交换等新技术。1970年负责主持房山石油化工总厂和各分厂的给水工程设计，完成了胜利化工厂、东风化工厂给水工程设计和拒马河引水、张坊水库引水方案。1973年完成昆明湖引水方案，并负责水源八厂设计工作。1975年组织完成首都机场供水工程施工图设计；负责“侧向流斜板除砂器的研究”与“饮水容器内壁涂料”科研课题。1981年任院副总工程师，分管科研工作，指导完成了“波形板反应器”、“集泥式逆向流波形斜板沉淀器”两项成果。1986年在深圳主持开拓并完成给水设计任务。1990年主持完成深圳市2000年给水工程规划方案。1987年主持第九水厂二期工程设计，采用了波形板反应、侧向流斜管沉淀、均质滤层气水反冲洗3项新技术和密集型集团式布置方法。1988年任院总工程师后主持集波形板反应器，侧向流波形斜板沉淀和均质滤层滤池等新技术研究。领导完成了“侧向流波形斜板沉淀器研究”成果，1995年提出G型(改正型)及“均质滤层技术研究”成果。

发表文章有：《侧向流斜板除砂器设计与应用》、《侧向流波形斜板沉淀工艺的研究》、《水力反应的理论与实践》及翻译《深井曝气》等文章。

社会兼职：国家能源基础与管理标准化技术委员会合理用电委员会委员，北京市土木工程协会理事，全国给排水情报网常务副主任，中国土木工程学会给排水委员会理事。

黄顺禧　女，1940年8月出生。汉族。广东鹤山县人。印尼归侨。1965年毕业于北京工业大学土建系公路与城市道路专业。1975年12月加入中国共产党。历任室副主任、室主任、所副主任工程师。高级工程师。1993年任北京市第八届政协委员。1983年被评为北京市“三八”红旗手、全国“三八”红旗手。

来院后主要从事桥梁设计工作，60～70年代参加城区、远郊区跨河桥设计。主要项目有：怀丰公路双曲拱桥，京津公路大件运输桥梁、首都机场Ⅱ号立交桥等。80年代后重点承担城市立交桥设计，主要有：二环路、三环路十几座立交桥设计，“东厢”、“西厢”、“南厢”部分桥梁工程及铁路顶洞工程设计，京石高速路、广宁路、首都机场高速路十几座立交桥梁及阜石路、西南四环路部分桥梁设计或负责审核工作。承担外埠工程有：参加丹东大洋河桥设计投标、锦州小凌河初步设计、青岛8号码头市政配套工程立交桥设计。主持并审核大连新建5号路卧龙河桥施工图设计、厦门机场路8座立交桥方案设计、厦门环岛路立交桥初步设计。

赵瑞琳　男，1936年3月出生。满族。北京人。1954年于北京市土木建筑工程学校毕业。1965年北京业余城市建设学院给排水系毕业。1965年4月参加中国共产党。历任室主任、所长。享受教授、研究员级待遇高级工程师。享受政府特殊津贴。

在十一届亚运会工程市政配套工程中，被评为亚运会建设工程先进工作者。1991年被授予首都劳动奖章。1992年获“首都市政建设突出贡献专家”称号。

长期从事城市排水工程设计，负责审核、审定、担任项目负责人。双营路排水设计任设计审定人，提出将引河入口处跌水上移的重大变更方案，被评为优秀工序管理项目。“西厢”工程担任排水设计审定人。在南二环道路工程设计中任排水专业审定人。世界银行贷款北京环境项目，担任市区水污染治理项目的审定人。北京阿苏卫垃圾卫生填埋场项目，担任专业协调人，主持两个项目的组织协调计划进度工作并参与可行性报告的编制、汇报及各项评估审查工作。高碑店污水处理厂工程设计，担任领导小组副组长。

王春富　男，1934年7月出生。汉族。河北丰南县人。1953年于北京市土木建筑工程学校毕业后分配到道路工程局，1955年调市政院工作。历任室副主任工程师、院副总工程师。享受教授、研究员级待遇高级工程师。享受政府特殊津贴。1992年获“首都市政建设突出贡献专家”称号。

自1953年参加工作，一直从事桥梁工程设计。主持和参加京密公路、密古公路、京周公路、京开公路、京密引水渠、潮白河、永定河、护城河沿线桥梁以及二环路、深圳市的立交桥工程项目设计。在北京业余城市建设学院、北京工业大学任教讲授桥梁工程，受聘为石家庄铁道学院兼职教授。1976年开始引进计算机技术进行桥梁工程设计，组织与参加研制桥梁结构分析软件，成果在国内广泛运用。近年来主持院计算机应用开发工作，建立起计算机应用开发的基本环境，培养了一批计算机应用开发骨干，推广CAD技术的应用。参与并指导市政设计行业计算机应用推广工作，主编《软件工程方法指南》及《市政工程设计计算机软件开发标准》。参加《建设行业软件开发规范》编制。

谢万春　男，1933年11月出生。汉族。河北深县人。1979年9月加入中国共产党。1956年北京市土木建筑工程学校道桥专业毕业后分配到市政院工作。1965年毕业于北京电视大学数学系及北京业余城市建设学院道桥专业。历任室主任、副主任工程师。享受教授、研究员级待遇高级工程师。享受政府特殊津贴。1992年获“首都市政建设突出贡献专家”称号。

30多年来从事桥梁设计工作，主持和指导大型桥梁设计任务有：阜成门立交桥，三环路马甸、安贞、永定门立交桥，永定河安家庄大桥等大中型桥梁20多座。70年代初，研究及编制计算机程序。80年代编写了《弯板桥计算程序》、《横向变刚度梁式弯桥的空间计算》及《横向变厚弯板桥空间计算》的论文，在中国土木工程学会的论文集或期刊上发表。根据北京市建桥的需要撰写了《组合截面中混凝土收缩与徐变产生的应力重分布》，在工作中使用并在杂志上发表。东便门立交桥工程，采用独柱连续预应力弯梁桥。利用独柱偏离梁轴线的方法，改善弯桥受扭条件增加了变梁在独柱支承下的稳定性，并提出偏心优化计算方法。在京榆路工程中，与有关同志共同研究，改变对地震力单一抵抗思路，采用“减”和“消”的方法使地震荷载下降为非控制因素，提出“后张预应力梁侧稳定分析方法”。

二、院历届党、政、技主要领导简介

王明之　男，1899年9月生。上海人。1921年于上海交大毕业。1921～1925年赴美国留学，1930年回国，在清华大学土木系任教。后任西南联大教授至中华人民共和国成立。1949年6月任北京中共中央供给部新市区工程处处长。1950年1月历任北京市建设局局长、卫生工程局局长、道路工程局局长。1955年4月至1958年9月兼市政院院长。1975年8月病逝。

丁　洪　男，1921年2月生。山西省昔阳县人。初中文化程度。1938年3月参加革命工作，同年5月加入中国共产党。历任县青救会主席，中央团校组织处长、教务处副主任，北京市第二建筑公司党委书记、经理。1960年1月调入市政院，任院长兼党组书记、党委书记。1963年5月调北京市园林局。

张启功　男，1916年12月生。安徽省砀山人。初中文化程度。1938年4月参加革命工作。1937年11月加入中国共产党。历任县委宣传部长、武装部长、县委书记、华北行署工程局计划处处长，华直公司党委书记、援蒙公司党委第一书记、北京建筑工程学校党委书记。1963年7月调入市政院，任党委书记兼院长，革命委员会主任。1973年4月调北京市建筑工程学院。

钟国生　男，1925年5月生。山东省济宁市人。1946年毕业于北京北大工学院土木系。1946年参加革命工作。1948年加入中国共产党。历任助理研究员，北京市卫生工程局工务科科长、设计处处长，北京市都市规划委员会水利规划组组长，市委水利办公室副主任，北京市规划局市政规划处处长。1965年7月调入市政院，任院长兼任京密引水工程总指挥部副总指挥。1970年调入北京市水利局。

周立人　男，1921年5月生。河南省清丰县人。1934年7月于清丰县师范学校毕业。1938年2月参加革命工作。1938年12月加入中国共产党。历任宣传队分队长，东进纵队文化干事，分区政治部股长，随军记者，平原省日报编辑，省党校支部书记、秘书，中共北京市委建筑党委宣传部长，第五建筑公司党委书记。1971年11月调入市政院，任党委书记，革命委员会副主任。1979年3月调北京市建筑工程学院。

王　琪　男，1922年9月生。山东沂南人。大学肄业。1941年10月参加革命工作。同年8月加入中国共产党。历任淮南剧团秘书，甘泉县区委书记，交通专家学校主任，徐州分校辅导员，中国人民大学外贸学教研室教员，华东合作总社青岛办事处主任，北京市第六建筑公司党委副书记，北京市委建工部副处长，北京市渔业公司党委书记，市政机械公司党委书记。1973年12月调入市政院，任革命委员会主任，党委副书记。1975年10月调北京市规划局。

刘安五　男，1916年7月生。河北省任丘县人。初中文化程度，1938年参加革命工作，1940年加入中国共产党。历任县政府财政科长、工商局局长、县长，天津人民政府税务局秘书、主任，中央税务总局计划专员，华北税务局税政处副处长，中央建筑工程部处长、机关党委组织部长、党委副书记兼监委书记，建设部北京给水排水设计院党委书记、直属工作部部长兼机关党委书记，第一建筑工程局革命委员会副主任、党委副书记。1975 年 7 月调入市政院，历任革命委员会副主任、党委副书记、院长、党委书记。1983 年 12 月离休。任院咨询员到 1987 年。享受局级待遇。

1989 年 12 月获北京市委颁发从事党务工作 30 年以上为党的建设做出积极贡献的荣誉证书。

王禹华 男，1934 年 2 月生。河北省高阳县人。大学文化程度。1954 年北京市土木建筑工程学校给水排水专业毕业。分配到北京自来水公司参加工作。1955 年 4 月调入市政院。1956 年 10 月加入中国共产党。历任室副主任、室主任、副院长、党委书记。高级政工师。1989 年获全国城建设计系统优秀政治工作者称号。1995 年 12 月退休。

社会兼职：全国城建系统职工思想政治工作研究会会长。

范励修 （见第 394 页简介）

曲际水 男，1943 年 12 月出生。山东蓬莱人，1966 年毕业于北京工业大学给水排水专业。分配到北京铁矿工作。1978 年 9 月调入市政院。1985 年 7 月加入中国共产党。历任研究所副所长、副院长、党委副书记、院长。享受教授、研究员级待遇高级工程师。享受政府特殊津贴。1992 年被选为中共北京市第七届委员会候补委员。1994 年 1 月被建设部授予全国优秀勘察设计院长荣誉称号。

社会兼职：北京勘察设计协会副理事长；北京环境科学学会副理事长；北京城市规划学会常务理事；北京市建筑业联合会常务理事；北京市建筑经营管理研究会副理事长；中国勘察设计协会理事，市政工程设计协会常务副理事长；中国土木工程学会理事，中国土木工程学会给水排水学会常务副理事长。

周　复 男，1940 年 4 月生。上海市人。1962 年 7 月毕业于北京农业大学园艺系。1962 年 9 月参加工作。1970 年 9 月加入中国共产党。历任北京市煤气公司党委组织、宣传干部，市委整党办公室秘书，市委城建部办公室主任，整党办公室主任，市城建开发总公司党委副书记。1992 年 4 月调入市政院，历任党委副书记、纪委书记。1995 年 12 月任党委书记。高级政工师。

陈明绍 （见第 385 页简介）

许京骐 （见第 385 页简介）

李肇祥 （见第 387 页简介）

林治远 （见第 386 页简介）

钟　铮 女，1920 年 7 月生。广东潮安人。高中文化程度。1937 年 7 月参加革命工作。1938 年 3 月加入中国共产党。曾任广东中山县副秘书长，晋察冀热河联合大学教育学院主任，华南分局农林部处长，北京市监委处长。1957 年调入市政院，任副院长，党组副书记，党委副书记，革命委员会副主任。1970 年 1 月调北京市水利局。

黄　常 女，1922 年 6 月生。广东省龙川县人。初中文化程度。1938 年 6 月参加革命工作。1945 年 6 月加入中国共产党。曾任重庆八路军办事处机要秘书，北平市军调处机要秘书。1949 年任北京市人民委员会办公厅机要秘书。1957 年 3 月调入市政院，历任办公室主任，党委宣传部长，党委副书记。1970 年 1 月调北京市水利勘测设计处。

史乃俊 男，1930 年 3 月生。山东省掖县人。初中文化程度。1946 年 2 月参加革命工作。1947 年 11 月加入中国共产党。曾任华东支前公路指挥所副科长，交通部公路局供应科科长。1958年10月调入市政院,历任设计室副主任、主任、党委副书记、革命委员会副主任、副院长、基建办公室主任、调研员。1990年10月离休。1989年12月担任院办公室党支部书记被评为北京市优秀党务工作者。享受局级待遇。

王强毅　男,军代表。1968年10月至1972年11月在市政院任革命委员会第一主任,整建党领导小组组长,党委副书记。1972年11月回部队。

魏恩余　男,工宣队队长。1968年10月至1972年在市政院任革命委员会副主任,1972年回原单位工作。

黄　昏　女,1919年9月生。河北曲阳县人,曲阳县县立师范毕业。1937年10月参加革命工作,华北联合大学文学院毕业。1938年9月加入中国共产党。历任曲阳县妇救会主任,京唐县抗联会宣传部长,张家口市政府教育局副科长,北京市规委办公室副主任,北京市规划局副局长。1970年12月调入市政院,任革命委员会副主任。1971年9月调贵阳市委。

孙　谦　男,1918年5月生。山东博县人。高中文化程度。1938年10月参加革命工作。1940年7月加入中国共产党。曾任山东省商业厅机关党委副书记、人事处副处长、华山西北建筑北京及中建公司矿山设计院总支书记。1971年7月调入市政院,历任党委副书记、革命委员会副主任。1974年12月调北京市市政局市政工程研究所。

邢宝洲　男,1943年10月生。河北省东光县人。高小文化程度。1958年参加工作。1964年加入中国共产党。曾任市第一建筑公司支部副书记。1971年调入市政院,历任支部书记、党委副书记、工会主席、行政处副书记兼副处长。

梁凡初　男,1925年11月生。湖南琏源市人。大学文化程度。1948年5月参加革命工作。同年11月加入中国共产党。曾任清华大学团委委员。中华人民共和国成立后任北京团市委工委五区西单区委组织部干部,北京市委专家工作室第一组副组长,北京规划局经济资料室技术室主任,北京市机械公司修配厂党总支副书记,北京规划局总体规划室副主任。1977年调入市政院,任革命委员会副主任、副院长。1980年6月调北京市人大常委会工作。

赵　遐　女,1927年5月生。北京人。华北联合大学政治学院政治班毕业。1945年6月参加革命工作,同年8月加入中国共产党。曾任晋察冀中央局城工部干部,北京市委建筑党委组织部干事,北京市第一构件厂党委组织部副部长。1960年3月调入市政院,历任人事科副科长、科长、组织部长、政治处主任、党委副书记、纪委书记。1983年12月离休,任院咨询员至1987年。1989年12月获北京市委颁发从事党务工作30年以上为党的建设做出积极贡献荣誉证书。享受局级待遇。

石鑫培　男,1924年11月生。辽宁辽阳人。大学文化程度。1949年2月参加工作。1961年8月加入中国共产党。1955年4月调入市政院,历任设计室主任、副院长、副总工程师。享受教授、研究员级待遇高级工程师。享受政府特殊津贴。1988年4月退休。任院技术顾问委员会副主任。1994年12月27日病逝。

李远义　(见第387页简介)

力伯法　(见第388页简介)

贾志学　男,1936年12月生。热河朝阳市人。大学文化程度。1955年8月分配到市政院。1959年4月加入中国共产党。历任院政治处组织组组长、所党支部书记、所长、党委办公室主任、党委副书记、纪委书记、处长、工会主席。高级政工师。

李　森　男，1935年2月生。北京人。满族。大学文化程度。1955年8月北京市土木建筑工程学校毕业分配到市政院工作。1962年8月加入中国共产党。1966年5月，北京业余城市建设学院给排水专业毕业。历任设计室副主任、主任、副院长兼任龙马有限公司总经理。享受教授、研究员级待遇高级工程师。享受政府特殊津贴。

社会兼职：北京科技协作中心理事。

陈　震　男，1939年9月生。福建人。1963年毕业于清华大学工业民用建筑专业。1963年分配市政院工作。1965年9月加入中国共产党。历任设计室副主任工程师、副主任、副院长。享受教授、研究员级待遇高级工程师。享受政府特殊津贴。

社会兼职：全国贮藏构筑物标准技术委员会主任委员。

高士国　（见第395页简介）

苏庆东　男，1938年12月生。河北新城人。1964年7月毕业于清华大学水工结构专业，分配到市政院工作。1966年3月加入中国共产党。历任研究所副所长、支部书记、党委副书记、副院长兼任深圳分院院长。高级工程师。

赵国基　男，1931年3月生。山西临汾人。高中文化程度。1948年11月参加革命工作。1949年1月加入中国共产党。历任北京市西四区团委干事，团市委组织科长，北京市委组织部干事，市建材局组织处干事，陶然亭公园总支副书记，市城建开发公司宣传处副处长，人保处长。1987年5月调市政院，任纪委书记。高级政工师。1992年5月离休。

张潞明　男，1946年10月生，陕西澄城人。1970年8月毕业于中央党校马列主义基础专业。1970年8月参加工作。1965年5月加入中国共产党。历任7003工程指挥部办事组秘书，北京市房管局办公室秘书，北京市委城建部干部处副处长、处长、市住宅总公司人教部经理，住宅三公司党委书记。1993年10月调入市政院，任纪委书记。高级政工师。

穆祥纯　男，1955年6月生。北京人。回族。大专文化程度。1977年3月加入中国共产党。1975年北京市土木建筑工程学校毕业分配到市政院工作，历任所长助理、副所长、深圳分院副院长、总院副院长兼海南分院院长。工程师。

劳动模范与先进人物名录见表8－1。

院级领导名录见表8－2。

中层及分院党、政正职干部名录见表8－3。

历届党代会、人大、政协会议代表名录见表8－4。

享受教授、研究员级待遇高级工程师名录见表8－5。

高级职称名录见表8－6。

表8－1　劳动模范与先进人物名录

称号 年	全国劳动模范	国家级有突出贡献的中青年科学、技术、管理专家	全国优秀科学技术工作者、全国五一劳动奖章获得者	建设部授予劳动模范	北京市劳动模范，先进工作者	北京市有突出贡献的科学、技术、管理专家	首都劳动奖章获得者	全国“三八”红旗手	中国十大女杰	首都市政建设突出贡献专家
1953					毕延龄，潘家多					
1959					潘家多，冯先松					

续表

称号／年	全国劳动模范	国家级有突出贡献的中青年科学、技术、管理专家	全国优秀科学技术工作者、全国五一劳动奖章获得者	建设部授予劳动模范	北京市劳动模范,先进工作者	北京市有突出贡献的科学、技术、管理专家	首都劳动奖章获得者	全国“三八”红旗手	中国十大女杰	首都市政建设突出贡献专家
1982					刘德昭					
1983								黄顺禧		
1986		沈世杰	沈中治	沈世杰	毕延龄					
1988							沈中治			
1989	毕延龄									
1990				潘骏寿						
1991							赵瑞琳			
1992						罗 玲,范励修		罗 玲		范励修,罗 玲,倪士聪,刘雨生,赵瑞琳,沈中治,沈世杰,王春富,毕延龄,谢万春
1993		罗 玲	石蕴中				石蕴中			
1994				罗 玲		高士国				
1995	罗 玲				倪士聪,刘雨生,佟克正				罗 玲	

表 8-2 院级领导名录

职 务	姓 名	任 职 时 间 (年 月)	备 注
党委领导			
党委书记	丁 洪	1960.2～1963.4	
党委书记	张启功	1963.7～1966.10	
党委书记	周立人	1972.6～1979.3	
党委书记	刘安五	1979.3～1983.11	
党委书记	王禹华	1983.11～1995.12	
党委书记	周 复	1995.12～	
党委副书记	钟 铮	1960.12～1966.10	
党委副书记	黄 常	1965.10～1966.10	
党委副书记	史乃俊	1965.12～1966.10	
党委副书记	王强毅	1972.6～1972.12	整党领导小组组长
党委副书记	孙 谦	1972.6～1974.12	
党委副书记	王 琪	1975.5～1976.10	
党委副书记	邢宝洲	1975.5～1980.12	
党委副书记	刘安五	1978.5～1979.3	
党委副书记	赵 遐	1978.5～1983.11	
党委副书记	贾志学	1983.11～1987.4	
党委副书记	苏庆东	1987.4～1992.4	
党委副书记	曲际水	1988.5～	
党委副书记	周 复	1992.4～1995.11	
纪委书记(兼)	赵 遐	1980.6～1984.4	
纪委书记(兼)	贾志学	1984.6～1987.4	
纪委书记	赵国基	1987.4～1992.4	
纪委书记(兼)	周 复	1992.4～1993.10	
纪委书记	张潞明	1993.10～	

续表

职　　务	姓　　名	任职时间（年　月）	备　　注
行政领导			
院　长(兼)	王明之	1955.4～1958.9	
院　长	丁　洪	1960.2～1963.4	
院　长	张启功	1963.7～1965.6	
院　长	钟国生	1965.6～1966.10	
革委会主任	张启功	[illegible]～1970.1	
革委会主任	王　琪	1973.12～1975.10	
院　长	刘安五	1978.5～1983.11	
院　长	范励修	1983.11～1987,4	
院　长	曲际水	1988.7～	副院长主持工作 1987.5～1988.7
副 院 长(兼)	陈明绍	1955.4～1958.9	
副 院 长(兼)	许京骐	1955.4～1966.10	
副 院 长	林治远	1957.1～1966.10	
副 院 长	李肇祥	1957.1～1964.10	
副 院 长	钟　铮	1957.7～1966.10	革委会副主任 1968.2～1970.1
革委会副主任	史乃俊	1968.2～1978.5	副院长 1978～1987
革委会第二主任	王强毅	1968.10～1972.11	
革委会副主任	魏恩余	1968.10～1972	工宣队代表
革委会副主任	黄　昏	1970.12～1971.9	
革委会副主任	孙　谦	1971.7～1974.12	
革委会副主任	周立人	1971.11～1976.10	
革委会副主任	刘安五	1975.7～1978.5	
革委会副主任	梁凡初	1977.2～1978.5	副院长 1978.5～1980.7
副 院 长	许京骐	1978.5～1978.7	
副 院 长	石鑫培	1979.7～1983.11	
副 院 长	王禹华	1980.11～1983.11	
副 院 长	李　森	1983.11～	
副 院 长	陈　震	1983.11～	
副 院 长	苏庆东	1988.6～	
副 院 长	穆祥纯	1993.12～	
技术领导			
总工程师	陈明绍	1955.4～1958.9	
总工程师	许京骐	1975.2～1978.9	
总工程师	林治远	1979.7～1987.4	
总工程师	李远义	1980.11～1987.4	
总工程师	力伯法	1980.11～1985.12	
总工程师	高士国	1987.4～	
总工程师	范励修	1987.7～1995.12	
总工程师	罗　玲	1995.12～	

表 8-3 中层及分院党政正职干部名录

职 务	姓 名	任职时间(年 月)	备 注
副总工程师(兼)	李肇祥	1958.6~1964.4	
副总工程师	黄震东	1960.4~1970.1	
副总工程师	李远义	1961.12~1978.5	
副总工程师	力伯法	1961.12~1970.11	
副总工程师	吕彦俊	1964.10~1970.1	
副总工程师	王文俊	1979.7~1987.6	
副总工程师	毕延龄	1980.11~1987.6	
副总工程师	钟启承	1980.11~1987.6	
副总工程师	高士国	1980.11~1987.6	
副总工程师	潘家多	1982.11~1987.6	
副总工程师	石鑫培	1983.11~1987.6	
副总工程师	范励修	1987.4~1987.7	
副总工程师	罗 玲	1987.6~1995.12	
副总工程师	王春富	1987.6~1994.4	
副总工程师	潘骏寿	1987.6~1992.5	
副总工程师	常 憬	1987.6~1995.10	
副总工程师	刘希曾	1987.6~	
副总工程师	沈世杰	1987.6~	
副总工程师	朱锦文	1990.5~1993.7	
副总工程师	杨树祺	1991.9~	
副总工程师	佟克正	1995.9~	
副总工程师	沈中治	1995.9~	
副总工程师	钟亮洁	1995.9~	
副总工程师	杭世珺	1995.9~	
党委办公室(政治处)负责人			
主 任	赵 明	1957.1~1963.8	
主 任(兼)	钟 铮	1963.10~1965.10	
主 任(兼)	黄 常	1965.10~1966.10	
政治处主任	赵 遐	1973.1~1982.6	
政治处办公室主任	梁立秋	1978.5~1982.6	
主 任	贾志学	1982.6~1987.6	
主 任	王国华	1991.9~1993.10	
主 任	陈 琦	1995.2~	副主任主持工作 1993.10~1995.2
组织部(组)负责人			
部 长	赵 遐	1963.10~1966.10	
组 长	贾志学	1973.1~1975.4	

续表

职　务	姓　名	任职时间（年　月）	备　注
副科长	刘卫若	1976.9～1982.6	主持工作
部　长	杨春荣	1982.6～1991.6	
部　长	张宪吉	1993.6～	副部长主持工作 1991.6～1993.6
宣传部(组)负责人			
部　长(兼)	黄　常	1963.10～1966.10	
组　长	[illegible]	1972.1～1975.1	
副科长	倪士聪	1975.3～1979.8	主持工作
部　长	王炎根	1982.6～1991.10	
部　长	安立新	1991.10～	
纪检负责人			
专职委员	王　磊	1987.4～1991.9	
专职委员	余培仁	1991.9～1995.12	
老干部处负责人			
副处长	刘宝忠	1991.9～	主持工作
工会负责人			
主　任	黄震东	1956.12～1959.3	
主　席	邢宝洲	1981.5～1984.6	
主　席	王国华	1984.6～1991.9	
主　席	贾志学	1991.9～	
团委(总支)负责人			
总支书记	范励修	1955.4～1958.12	
书　记	王禹华	1964～1966.1	
部支书记	惠金明	1974.6～1978.9	
副书记	贾润元	1978.9～1984.5	主持工作
书　记	闫学谦	1985.7～1990.5	
书　记	陈　立	1991.9～1994.3	副书记主持工作 1990.5～1991.9
负责人	杨维亮	1994.3～	
第一设计所(室)党支部负责人			
书　记	闫德友	1957～1958.9	
书　记	史乃俊	1958.9～1963.12	
书　记	冯连荣	1963.12～1966.10 1969.11～1971.9 1972.1～1973.10	政治指导员 1971.9～1972.12
代书记	邢宝洲	1973.10～1975.2	
书　记	孙尚文	1975.2～1982.6	
书　记	卢长瑞	1982.6～1987.6	
书　记	严菊英	1991.9～	

续表

职　　务	姓　　名	任 职 时 间（年　月）	备　　注
第二设计所(室)党支部负责人			
书　记	方文学	1957～1966.10 1969.11～1971.9 1972.12～1975.5	政治指导员 1971.9～1972.12
书　记	王禹华	1975.5～1980.11	
书　记	王光杰	1981.4～1987.6	
书　记	刘学功	1987.6～1989.5	
书　记	王光杰	1989.5～	
第三设计所(室)党支部负责人			
书　记	杜永汉	1960.12～1966.10	
书　记	梁　树	1969.11～1975.2	
书　记	左志祥	1975.2～1977.11	
书　记	王镜泉	1978.1～1980.3	
书　记	王　琪	1980.3～1991.9	
书　记	赵瑞琳	1991.9～1993.3	
书　记	刘淑萍	1993.3～	
第四设计所(室)党支部负责人			
书　记	徐惠敏	1989.8～1991.9	
书　记	薛玉琴	1991.9～	
老二室(水利室)党支部负责人			
书　记	苏文波	1957～1963.12	
书　记	梁　树	1963.12～1966.10	
研究所(室)党支部负责人			
书　记	戎占峡	1958.6～1963.12	
副书记	魏建荣	1963.12～1966.10	主持工作
书　记	魏建荣	1972.12～1974.12	副书记主持工作 1969.11～1971.9; 政治指导员 1971～1972
书　记	贾志学	1975.1～1982.6	
书　记	王镜泉	1982.6～1985.1	
书　记	孙尚文	1987.6～1990.7	
书　记	刘学功	1991.9～	
测量队(零建设计室)党支部负责人			
书　记	刘长禄	1956～1963.12	
书　记	苏文波	1963.12～1964.3	
副书记	潘　东	1985.5～1987.6	主持工作
行政处(科、劳动服务公司)党支部负责人			
书　记	黄　常	1958.10～1965.10	

续表

职　　务	姓　　名	任　职　时　间（年　月）	备　　注
书　记	刘长禄	1969.11～1972.12	兼书记 1972.12～1973.9
书　记	李　泉	1973.9～1974.1	
副书记	袁国荣	1976.10～1977.9	主持工作
副书记	宋月峰	1977.9～1982.6	主持工作
书　记	余培仁	1982.6～1984.4	
书　记	徐蕙敏	1984.11～1985.5	
副书记	邢宝洲	1985.5～	主持工作
生产办（计划科、技术室、设计管理室、总工办、经营计划室、教育处、财务处）党支部负责人			
设计管理室书记	吴　伟	1973.4～1975.2	
设计管理室代书记	高悦先	1975.2～1980.2	
技术室计财室教育科书记	范励修	1980.2～1981.4	
技术室计财室教育科书记	张鼎昌	1981.4～1984.11	
总工办经营计划室财务科书记	高悦先	1984.4～1984.11	
总工办经营计划室财务科代理书记	张鼎昌	1984.11～1987.6	
技术资料室副书记	杨春荣	1976.1～1977.11	主持工作
科研情报室书记	高悦先	1980.3～1984.4	
技术资料供应室副书记	严菊英	1984.4～1984.11	主持工作
技术资料供应室书记	高悦先	1984.11～1987.6	
情报技术供应处书记	贾志学	1987.6～1987.10	
技术处书记	刘德昭	1991.10～	
党委机关支部负责人			
书　记	郭　信	1956～1963.3	
书　记	赵　遐	1960.3～1966.10	
书　记	崔同声	1973.1～1975.5	军官队
书　记	赵　遐	1975.5～1978.10	
书　记	梁立秋	1978.10～1981.4	
书　记	王镜泉	1981.4～1982.6	
书　记	贾志学	1982.6～1987.6	
书　记	苏庆东	1987.6～1989.8	
书　记	王国华	1989.8～1992.4	
书　记	贾志学	1992.4～	
院办机关联合支部负责人			
书　记（兼）	史乃俊	1987.6～1989.8	
书　记（兼）	邢国庆	1989.8～	

续表

职　务	姓　名	任职时间(年 月)	备　注
办公室负责人			
主　任	戎占峡	1955.4～1958.6	
主　任	黄　常	1958.6～1965.10	
办事组组长	赵　遐	1971.11～1972.12	
主　任	刘长禄	1973.1～1974.11	副主任主持工作 1965.10～1966.5
主　任	王国华	1975.2～1983.11	
主　任	王勤义	1983.11～1987.6	
主　任	丁克林	1988.10～1991.10	副主任主持工作 1987.6～1988.10
主　任	傅连合	1991.10～1995.2	
主　任	吴　琼	1995.2～	
生产办(含原技术室、计划室(科)、总工办、计划技术室、设计管理室、全质办)负责人			
计划室主任	张鼎昌	1955.4～1958.4	
技术室主任(兼)	林治远	1957.1～1958.12	
技术室主任	张鼎昌	1958.12～1960.4	
技术室主任	吴守智	1960.5～1961.6	
总工程师室主任	吴守智	1961.6～1962.10	
技术室主任	史乃俊	1963.12～1965.12	
生产组负责人	赵　遐	1968.11～1971.10	
计划管理室主任(兼)	许京骐	1973.1～1978.5	
设计管理室主任(兼)	许京骐	1976.10～1978.7	
设计管理室主任	范励修	1979.7～1980.2	副主任主持工作 1978.7～1979.7
技术管理室主任	刘千里	1982.11～1984.4	
总工程师室主任(兼)	石鑫培	1982.5～1984.4	
总工程师室主任	刘千里	1984.4～1985.6	
生产管理室主任	孙彦杰	1984.4～1985.6	经营计划室主任 1985.6～1987.6 经营计划处处长 1987.6～1988.10
经营计划处处长	李同德	1988.10～1993.3	
技术处处长(兼)	王春富	1988.10～1991.10	
技术处处长	王勤义	1991.10～1993.3	生产办主任 1993.3～1995.12
生产办主任	傅连合	1995.12～	生产办常务副主任 1995.2～1995.12
人事处(科)负责人			
科　长	郭　信	1955.4～1959.3	
科　长(兼)	赵　遐	1963.10～1966.10	副科长主持工作 1960.3～1963.9
处　长	刘卫若	1987.6～1988.10	科长 1982.5～1987.6
处　长	施晓明	1988.10～1989.10	人保处
处　长	刘卫若	1991.9～	

续表

职　　务	姓　　名	任 职 时 间(年　月)	备　　注
保卫处(科)负责人			
科　长	宋兆瑞	1965.10～1966.7	副科长主持工作 1955.4～1965.10
科　长	聂利泽	1975.2～1980.3	
副科长	王镜泉	1980.3～1982.6	主持工作
副处长	余培仁	1987.6～1988.10 1990.5～1991.9	主持工作
副处长	王志海	1991.9～	主持工作
财务处(科)负责人			
科　长	张鼎昌	1980.1～1984.4	计划财务科
处　长	徐惠敏	1987.6～1988.10	科长 1985.6～1987.6
处　长	徐　明	1995.2～	副处长主持工作 1993.3～1995.2
教育处(教育科、培训中心)负责人			
科　长	冯跃君	1990.5～1991.9	副科长主持工作 1982.9～1990.5
主　任	丁克林	1991.9～1994.3	培训中心
副处长	冯耀君	1994.3～1995.6	主持工作
副处长	刘彦瑞	1995.6～	主持工作
档案室(技术资料室、科研情报资料室、情报资料室、技术开发部、技术供应室、情报技术供应处、情报处)负责人			
技术资料室第一副主任	宋月峰	1976.9～1977.9	主持工作
科研情报室负责人	徐以协	1980.2～1980.6	主任 1980.6～1980.11
情报资料室主任	高悦先	1980.11～1984.4	
市政工程与水处理技术开部主任(兼)	钟启承	1984.11～1987.6	
情报、技术供应处处长	贾志学	1987.6～1988.10	
情报处处长	闫学谦	1988.10～1989.10	
档案室负责人	王炎根	1991.10～1992.7	主任 1992.7～1994.3
档案室主任	丁克林	1994.3～1995.12	
档案室主任	马淑惠	1995.12～	
对外经济合作处负责人			
副处长	陈　立	1994.3～1995.2	主持工作
处　长	凌赓龙	1995.2～	
行政处(行政科、行财处、基建科(处)劳动服务公司、服务总公司)负责人			
行政科(五连连长)	戎占峡	1971.9～1977.6	
科　长	刘玉芝	1977.6～1980.2	基建科科长 1980.2～1985.6
科　长	宋月峰	1983.11～1984.4	
劳动服务公司经理	史乃俊	1984.11～1985.6	
劳动服务公司经理	刘玉芝	1985.6～1987.6	三产办主任 1989.3～1991.10
行政处副处长	宋富顺	1987.6～1988.10	主持工作
行财处处长	傅连合	1988.10～1989.7	

续表

职　务	姓　名	任 职 时 间（年 月）	备　注
行财处处长	贾志学	1989.7～1991.10	
行政处处长	吴　琼	1991.10～1995.2	兼服务公司总经理 1994.7～1995.2
处长兼服务总公司经理	贡建军	1995.2～	
设计一所(室)负责人			
主　任	林治远	1955.4～1957.1	
主　任	史乃俊	1960.9～1963.12	
主　任	章太报	1963.12～1966.5	副主任主持工作 1957.1～1960.9
主　任	徐以协	1966.3～1971.9	
一连连长	张鼎昌	1971.9～1973.1	主任 1973.1～1975.4
主　任	张均任	1977.5～1984.4	副主任主持工作 1975.4～1977.5
主　任	倪士聪	1984.4～1987.7	所长 1987.7～
设计二所(室)负责人			
主　任	力伯法	1955.4～1961.11	
主　任	方文学	1961.11～1966.10	
主　任	佟肇训	1973.1～1975.4	连长 1971.9～1973.1
主　任	王禹华	1975.4～1980.11	
主　任	王光杰	1981.3～1984.4	兼主任 1984.12～1987.6 所长 1987.6～1989.9
主　任	李京璋	1984.4～1984.12	
所　长	凌赓龙	1989.9～1995.2	
所　长	刘雨生	1995.2～	
设计三所(室)负责人			
副主任	杜永汉	1960.12～1966.3	主持工作
主　任	石金培	1966.3～1966.10	主任 1973.2～1979.7
主　任	李　森	1979.7～1983.11	
所　长	赵瑞琳	1987.6～	副主任主持工作 1983.11～1987.6
设计四所(室)负责人			
所　长	孙尚文	1989.4～1990.7	
所　长	张均任	1991.10～	
老二室(水利室)(1970 年 1 月划出)负责人			
主　任	黄震东	1955.4～1960.4	兼主任 1963.12～1965.10
主　任	苏文波	1960.9～1963.12	
副主任	白家宛	1968.2～1970.1	主持工作
主　任	苏文波	1969.8～1970.1	
研究所(室)负责人			
主　任	李肇祥	1955.4 ～1958.6	

续表

职　　务	姓　　名	任职时间(年　月)	备　　注
主　任	戎占峡	1958.6~1966.5	
副主任	张占奇	1968,2~1971.9	主持工作 副连长主持工作 1971.9~1973.1
主　任	张鼎昌	1975.5~1980.3	
连　长	陈　发	1971.10~1972.2	兼指导员
所　长	贾志尚	1981.3~1982.6	副所长主持工作 1980.3~1981.3
所　长(兼)	钟启承	1982.11~1984.3	
所　长	杨树祺	1984.3~1991.9	兼所长 1991.9~
测量队(测量钻探队,零建设计室)负责人			
队　长	牛汉桥	1955.4~1960.2	
队　长	刘长禄	1960.9~1963.12	
队　长	苏文波	1963.12~1964.3	
零建设计室主任(兼)	刘玉芝	1982.10~1984.3	
零建设计室主任	徐惠敏	1984.11~1985.6	
副队长	宋富顺	1985.6~1987.6	主持工作
副队长	吴　琼	1987.6~1991.10	主持工作
队长	韩秋燕	1993.3~	副队长主持工作 1991.10~1993.3
建筑设计室负责人			
副主任	陈仲全	1988.8~1989.3	主持工作
主　任(兼)	刘卫若	1989.4~1991.7	
计算站负责人			
站　长	刘德昭	1988.10~1991.10	
站　长	陈国柱	1991.10~1992.12	
站　长	周正全	1993.3~1995.10	
站　长	徐士芳	1995.10~	
深圳分院负责人			
设计部负责人	李德顺		
设计部经理	伊承勋		
设计部经理	凌赓龙	1987.2~1988.6	
设计部经理	王勤义	1989.7~1990.4	院长 1990.4~1992.12
院　长(兼)	苏庆东	1992.12~1995.2	
院　长	石蕴中	1995.2~	
海南分院负责人			
筹建设计部负责人	李同德	1988.5~1989.7	
院　长	傅连合	1989.7~1991.11	
院　长	卢长瑞	1991.11~1994.3	
院　长(兼)	穆祥纯	1994.3~	

续表

职　务	姓　名	任职时间(年　月)	备　注
厦门分院负责人			
设计部负责人	李同德	1989.7～1993.5	院长 1993.5～1993.12
院　长	张国玉	1994.3～1995.2	
院　长	张　仁	1995.2～	
大连分院负责人			
设计部经理	石蕴中	1989.10～1992.5	
院　长	刘堪秀	1992.2～	
北海分院负责人			
院　长	孟书祺	1995.2～	
北京亦庄经济技术开发分院负责人			
院　长(兼)	张均任	1994.9～	

表 8－4　历届党代会、人大、政协会议代表名录

年　度	姓　名	职　务	参加会议名称
1992	罗　玲	院副总工程师	中国共产党第十四次代表大会代表
1987.12	王禹华	党委书记	中共北京市第六次代表大会代表
1992.12	王禹华	党委书记	中共北京市第七次代表大会代表
1954	力伯法	室主任、工程师	北京市第一届人民代表大会代表
1957	力伯法	室主任、工程师	北京市第二届人民代表大会代表
1958	力伯法	室主任、工程师	北京市第三届人民代表大会代表
1960	力伯法	室主任、工程师	北京市第四届人民代表大会代表
1964	力伯法	室主任、工程师	北京市第五届人民代表大会代表
1957	王明之	院　长	北京市第二届人民代表大会代表
1957	陈明绍	副院长、院总工程师	北京市第二届人民代表大会代表
1957	李肇祥	副院长、院副总工程师	北京市第二届人民代表大会代表
1954	李万英	工程师	北京市第一届人民代表大会代表
1957	李万英	工程师	北京市第二届人民代表大会代表
1958	李万英	工程师	北京市第三届人民代表大会代表
1960	李万英	工程师	北京市第四届人民代表大会代表
1957	王巧英	技术员	北京市第二届人民代表大会代表
1958	钟启承	工程师	北京市第三届人民代表大会代表
1980	潘家多	室主任、工程师	北京市第七届人民代表大会代表
1983	潘家多	院副总工程师	北京市第八届人民代表大会代表
1988	潘家多	院副总工程师	北京市第九届人民代表大会代表
1988	罗　玲	院副总工程师	北京市第九届人民代表大会代表
1993	罗　玲	院副总工程师	北京市第十届人民代表大会代表
1993	沈世杰	院副总工程师	北京市第十届人民代表大会代表

续表

年　度	姓　名	职　务	参 加 会 议 名 称
1955	李肇祥	副院长．院副总工程师	北京市第一届政协委员
1959	李肇祥	副院长．院副总工程师	北京市第二届政协委员
1983	钟启承	院副总工程师	北京市第六届政协委员
1988	钟启承	院副总工程师	北京市第七届政协委员
1992	钟启承	院副总工程师	北京市第八届政协委员
1988	沈世杰	院副总工程师	北京市第七届政协委员
1992	黄顺禧	高级工程师	北京市第八届政协委员
1992	刘雨生	教授级高级工程师	北京市第八届政协委员
1993	张　仁	高级工程师	第八届全国政协委员

表 8－5　享受教授、研究员级待遇的高级工程师名录

潘家多　钟启承　沈世杰　范励修　高士国　许以僔　常　憬　潘家骅　林治远　李远义　彭瑞民　王文俊
毕延龄　李万英　姚振华　石鑫培　冯先松　伊承勋　张鼎昌　强十洲　那　祥　张中和　刘千里　颜本菘
王春富　潘骏寿　刘雨生　罗　玲　陈　震　刘希曾　李　森　杨树祺　谢万春　王明志　汪骏祥　曲际水
倪士聪　石蕴中　沈中治　王光杰　钟亮洁　凌赓龙　赵瑞琳　杭世珺　王憬山　佟克正　刘学功　王勤义
刘德昭　田用三　容社安　卢长瑞　朱锦文　张秉镛

表 8－6　高级职称名录

一、高级工程师 239 名

徐大本　刘诗俊　王肇基　徐　森　尹明华　彭世明　黄顺禧　杨春华　谢　娴　刘益萱　黄一心　田玉岭
张　祺　李佐平　刘坤一　李俊生　章泰报　李运衡　吴西伦　冯昌茂　李炯为　李兴业　罗保恒　姚振淮
张延蕙　百　音　郭文霞　张书林　张　愈　高毓德　杜秉义　蒋旨谨　谢锡爵　韩国桢　何　伟　李德顺
傅连合　宋　玉　蔡德龙　周琪涵　陆元珍　赵　彤　朱克绍　马国俊　余英影　陈　辉　徐履安　许可泰
吴仲琴　丁荫椿　黄秉浦　姚　雄　孟书琪　鞠建英　张文熙　张均任　李京璋　孙惠卿　付宗正　张嘉祥
徐惠敏　李炳琨　赵坤跃　丁纪舜　李曼云　陆　萄　何彪铭　赵天伟　何佩秋　孙尚文　翟海峰　刘　憬
宋富顺　王世乐　郭升杰　朱丙庚　杨福卿　刘　怡　刘盛碧　孟国典　武　桂　姚传洪　李连生　崔招女
陈国仕　李同德　孙彦杰　朱春英　任福济　王玉珊　黄启东　王彩霞　刘　杰　邓照瑜　朱玉莲　王秀兰
何纯提　赵慎余　韩克文　刘文琪　李国祥　濮晓蓁　刘堪秀　李治安　董瑞菊　闫　冰　崔孝光　郑兆葵
陈梅云　李新毓　陈　怡　魏瑞增　李金生　黄文权　常　岭　赵继仁　阮如新　孔繁良　任　锋　姚光石
王志英　张秀兰　张嘉明　张儒源　苏秋菊　刘运爽　徐中豪　王玉良　郭　钧　蔡宏怡　田立时　钱绍如
何晓冬　刘桂琴　陈运珍　黄桂兰　王淑言　张胜增　韩淑芬　刘卫若　杨晓白　陈玲月　刘小琳　程　渡
贾　引　张　捷　郄燕秋　钟　键　周恒瑾　王文贤　俞绍业　林海燕　刘庆仁　施晓明　宋奇叵　吴　琼
赵汝侨　李秀兰　李　雁　徐士芳　李　蒙　曹志农　朱晓芸　相伟丽　叶　安　李宗毅　王　琪　徐　以
王乃震　齐超英　褚　红　张汉瑞　焦光群　田美英　段铁铮　包琦玮　张　仁　张　宁　陈　都　单文宜
冯耀君　刘燕云　丁克林　欧阳蓉　秦大航　刘　沙　卜曦洪　石　薇　杨　青　董全喜　潘　明　武　红
董　红　金　锋　马淑惠　闫保林　刘桂生　何玉珍　王玉康　刘璇亦　温殿忠　贺广民　顾启英　刘　勇
陈东升　洪于洁　薛玉琴　陆慎贤　金丽萍　张力高　张　岚　何　彬　王　芃　宋润田　李桂芬　白　健
杨燕华　李津生　陆　静　梁小琴　董小强　龙安平　翟荣申　王　丽　魏燕玲　张国玉　张荣辉　李　艺
胡志宏　于仲英　李金荣　李　东　金学赤　蔡　芸　翁　红　杨学军　张兰田　陈仲全　刘海泉

二、高级经济师 5 名

俞惠文　李裕娴　杨超群　王澍冀　刘彦瑞

三、副译审 1 名　刘国英

四、高级会计师3名　徐　明　张秀英　杨本睿

五、副研究馆员2名　王炎根　宋彦荣

六、副主任医师1名　邸汝孝

七、高级政工师13名

王禹华　周　复　赵国基　张潞明　王国华　杨春荣　贾志学

严菊英　王　磊　余培仁　刘淑萍　贾志新　安立新

附　　录

附录 1

北 京 市 计 划 委 员 会
北京市基本建设委员会　　（通知）
北　京　市　财　税　局

关于市政设计院对委托设计项目试行取费的通知

规划局：

北京市市政设计院的主要任务是承担首都统一规划的市政工程设计任务。随着首都建设和生产的迅速发展，外部委托设计任务增多，为了适应生产发展的需要，进一步挖掘设计潜力，尽量满足外部委托设计要求，同意市政设计院在保证完成国家下达的正常设计任务的前提下，承担外部委托设计任务，并实行收费，具体收费办法：

1. 委托设计从 1979 年 10 月 1 日起实行收费，10 月 1 日以前委托的设计任务，10 月 1 日以后仍有工作量按实际完成设计阶段的比例收费。

2. 委托设计标准：道路、停车场、上下水道工程设计项目，按审定的设计概算 1.5% 收费，水源厂及污水处理设计项目，按审定的设计概算 2% 收取设计费。

3. 委托设计付款办法：委托设计一律签订合同，签订合同后按工程项目估算先付设计费 50%，交付全部设计图纸和资料，按审定的设计概算结清全部设计费。

4. 委托设计收费范围系指列入北京地区的基本建设项目以外的技措、大修。零建以及外省市委托设计任务。

5. 实行委托设计收费后，市政设计院要加强内部经营管理，加强经济核算，充分调动广大设计人员的积极性，不断提高设计工作效率，不断提高设计质量，更好地为首都市政建设服务，为首都厂矿企业服务。

北京市计划委员会
北京市基本建设委员会
北　京　市　财　税　局
1979 年 11 月 15 日

附录 2

北京市基本建设委员会
北京市计划委员会　（通知）
北京市财政局

关于市政设计院及勘察处试行全面收费的通知

北京市规划局、北京市市政工程局、北京市公用局：

北京市市政设计院、北京市勘察处已分别于 1979 年、1980 年开始对委托勘察设计项目收费，调动了单位和职工的积极性，提高了勘察设计效率，收到了较好效果。现根据国家计委、财政部、劳动人事部设计［1983］1022 号《关于勘察设计单位试行技术经济责任制的通知》，经研究同意北京市市政设计院，北京市勘察处试行技术经济责任制，对承担的勘察设计任务，按如下办法全面试行收费。

一、自 1983 年 1 月 1 日起，承担的勘察、设计任务均收取勘察、设计费。上年跨入的勘察设计项目，按 1983 年内实际完成勘察、设计阶段的比例收费。

二、设计收费标准：

1. 立交桥、立交道路、大中型桥梁，给、排水厂、站，3.5 万伏变电站，单项水工构筑物，按工程设计概算的 2.5%收费。

2. 道路，给、排水管线及河道疏浚工程项目，长度小于 10 公里的按设计概算 2%收费。长度大于 10 公里的，其超过 10 公里的部分按设计概算 1.5%收费。

3. 停车场、广场、立交桥排水泵站及小型桥梁（跨径小于 7 米，总长度小于 21 米）按工程设计概算的 2%收费。

4. 给、排水厂、站和桥梁等构筑物的扩建、改建，加固项目，按上述取费标准加收 50%。

5. 技术服务费，每工日 30 元。

6. 工程地质勘察的取费按原国家建委（81）建发施字 6 号通知中规定标准执行。

三、委托与承担勘察、设计任务的双方必须签订合同。合同签订后，如果委托单位（以下简称甲方）未按合同规定日期交付必要的文件和资料，其耽误时间，按合同规定顺延交付设计资料时间或赔偿延误时间的损失费用。承担设计单位（以下简称乙方）如延误交付设计文件，每推迟一天，乙方赔偿甲方设计费的 1%，直到全部设计费。中途变更设计，已完部分按其部分概算收费，变动部分另行按概算收费，未进行设计部分，不再收费。

四、勘察设计费按进度分期付款，双方签订合同后，即按设计估算收取设计费 30%，施工图交付后收取设计费 60%，其余 10%待工程竣工后，按设计概算结清全部设计费。

按一阶段设计的小型工程项目，设计前期工作和技术服务项目，均按两次收费，即：双方签订合同后，按工程估算收设计费50%，交付设计文件后，按工程设计概算结清全部设计费。

五、市政设计院及勘察处实行全面收费后，仍为事业单位性质，仍按事业单位的财务制度和职工劳保福利待遇执行，并按照国家规定交纳工商税和能源、交通重点建设基金。

每年年初应编制生产和财务收支计划，报主管部门和财政局审批。财政收支相抵后如有盈余，上交主管部门40%，主要用于开展科研活动，组织编制标准、规范、定额、标准设计和评选优秀设计活动，以及补助勘察设计单位的设备更新与小型基建等；其余60%留给勘察设计单位。所留部分的60%用于技术开发、技术装备购置与更新和小型零星基建；40%用于职工集体福利和职工奖金。发给职工奖金的年总额，最多不得超过本单位职工两个月标准工资。如果完不成上级下达的任务和指标，应根据不同情况减少留用比例，并相应少发或不发奖金。具体发放办法，由规划局提出，报有关部门审批。

为了保证实际工作的需要，决定从核定的1983年预算指标中，拨出40万元作为周转金，其余部分缴回市财政。收费后内部管理办法另行报批。

六、北京市测绘处配合市政工程的测绘任务，亦从1983年1月1日起收费，收费标准按原国家建委1980年12月制订的取费标准执行。

北京市基本建设委员会
北京市计划委员会
北京市财政局
1983年7月21日

附录 3

关于北京市市政设计院试行技术经济责任制的批复

北京市城市规划管理局：

你局（84）城规发字第 157 号文《关于市政设计院试行技术经济责任制的请示》收悉。经研究，原则同意，现批复如下：

一、批准北京市市政设计院进一步试行技术经济责任制，是为了多方面进行试点，以促进城市规划设计工作改革的深入进行。通过这次改革，要进一步调动广大勘察设计人员的积极性和创造性，作出更多切合我国国情、技术先进适用、经济效益好的优秀设计。必须把突出技术进步，提高设计质量，确保重点工程建设项目放在首位。

二、同意市政设计院承包的技术经济指标：

1. 包任务。1984 年承包指标为 1.45 亿元（相当于工程投资额 1.8 亿元）。总收入 300 万元，其中设计费收入 290 万元，其他收入 10 万元。

2. 包质量。设计成品要达到使用功能好、经济效益高、技术先进、图纸质量好，并要力争有所创新。设计质量要全部合格，其中优良品率不低于 90%，全年提出不少于 3 项的市、局级优秀设计。

3. 包进度。对重点工程优先安排，尽量压缩设计周期，争取提前完成。对指令性项目必须按计划进度如期完成。一般工程按设计周期定额与建设单位签定合同，按合同兑现。

4. 包成本。经费开支控制额，在总收入为 300 万元时，为 181 万元；在总收入大于 400 万元时，不得超过 190 万元。上交金额不少于 40 万元。

5. 包技术开发。以不少于 20% 的投产技术人员投入科学研究、标准化、情报、编制规范、技术骨干进修和完成上级下达的科研等有关任务。今年要有深井曝气等二项先进技术成果用于设计中。

三、完成五项承包指标之后，按国家计委、财政部、劳动人事部（1983）1022 号文件中规定的留院使用的盈余金额，同意暂按 4:3:3 的比例分配，分别作为生产发展基金、职工福利基金和奖励基金，以后国家有统一规定时则按统一规定执行。

五项承包指标均未完成时，不得提取奖励基金并相应减少留院使用的盈余比例。没有全面完成上述五项承包指标时，当技术发展，质量指标某一项未完成时，奖励基金扣减 30%，其他三项指标某一项未完成时，扣减的比例由院自定。

四、奖励的分配要真正作到多劳多得，不能搞平均主义。要在奖金总额中留出适当比例，对有重要贡献特别是在技术进步上做出突出成绩的技术人员予以特殊奖励。具体奖励办法由设计院自行研究确定，每年职工的晋级面暂按 2% 掌握。

五、市政设计院内部的改革方案，实施细则，由市政设计院具体制定。交报规划局、市建委备案。

北京市城乡建设委员会

1984 年 6 月 20 日

附录 4

北京市市政设计研究院实行“两保一挂”承包责任制协议书

北京市市政设计研究院（以下简称市政院）是市属事业单位、企业化管理的大型骨干设计研究院，承担了北京市和国内外一些大型市政基础工程的设计科研任务，为北京市城市基础设施建设作出了重要贡献。为进一步贯彻科技是第一生产力，加速科技进步，落实中央和市委搞好国营大中型企业的精神，坚持社会主义方向，壮大公有制经济，转换经营机制，使市政院逐步成为自主经营、自负盈亏、自我发展、自我约束的社会主义的科技单位，以适应首都城市建设发展的需要。在“八五”期间对北京市市政设计研究院实行保上交利润递增包干，保科技进步，工资总额和实现利润挂钩（即两保一挂）承包经营责任制。

一、扩大和落实经营自主权，转换经营机制

1. 院在已批准的经营范围外可以开展工程总承包、技贸等项业务。对所属的分支机构，经营方式可自行调整。在政策允许范围内，院可以开展三产等多种经营，并有权自主确定自身的经营范围和经营方式，直接到工商行政管理部门办有关登记注册手续。

2. 市政院享有符合经营范围和经过上级批准的业务范围的对外经营权。经上级批准，确定一批经常出国洽谈业务、执行对外劳务、技术合作任务的管理和技术人员，办理长期出国护照，由市政院人事部门集中管理。

3. 在市编制办核定的机构编制总数内，单位可以自行调整内部机构设备及各部门的人员分配。非机构编制管理部门不得强求单位上下对口设置机构及人员设置的比例。经过批准，可从本市城镇户口的待业人员中招聘工作人员。

4. 除国家管理的价格外，院有权制定其他商品价格和收费标准。

5. 在核定的工资总额范围内，院有权制定内部工资形式和资金分配制度。

6. 利用外资贷款项目，视同外资、合资项目标准收费。采用新技术、新工艺、新材料、新设备的工程设计，经首规委办认可增加收费 10%。凡采取有效措施，取得节约效果的，将节约投资部分的 10% 作为奖励。

7. 研究所享受市属科研院所的待遇。

二、单位自负盈亏，包死基数，确保上交，超收多留，欠收自补

1. 承包期间，单位照章纳税，“八五”承包期内（1992 年～1995 年）确保上交利润 141.3 万元。

分年度指标为：

1992 年	33.3 万元
1993 年	34.6 万元
1994 年	36.0 万元
1995 年	37.4 万元

超承包任务多上交部分，按80%返回给单位，按季结算，年终清算，多退少补，保证兑现。

2.实行工资总额同实现利润挂钩浮动，办法另定。

3.院内实行动态优化劳动组合，试行全员聘任制，具体办法与市人事局另定。

4.逐步形成自我发展机制，确保技术进步和技术装备更新。

(1)技术进步指标：发展科研及软件开发利用，保持技术领先地位。

(2)加强职工培训，提高职工队伍素质，教育经费不低于市有关规定的比例。

(3)承包期内，国家资产以1991年末为基数，确保国有资产年均递增2.5%；折旧基金提足率为100%；国有资产流失率为零（房改等政策性因素除外）；完不成本协议规定的国有资产考核指标，扣减当年新增工资的10%。

三、增强院自我约束能力，政府机关转变职能

院要做到以下几点：

1.进一步发挥党组织的政治核心作用，坚持和完善院长负责制，全心全意依靠工人阶级，健全和完善领导体制，确保设计院的社会主义方向。

2.在确保经济效益的同时，充分体现社会效益和环境效益，保证在“八五”承包期内设计合格品率100%，优良品率达到85%。

3.院内部全面推行承包经营责任制，实行全面质量管理，指标分解，层层承包，有奖有罚。

4.遵纪守法，依法经营，树立良好信誉。

5.加强廉政建设，遵守职业道德，克服铺张浪费，纠正不正之风。

6.努力加强自身建设，立足挖潜，强化管理，深化改革，大胆地转变经营机制。

签定本协议的政府各部门要作到以下各点：

1.确保本协议各项条款落实到位，任何部门不得截留。

2.负责协调和帮助解决院在承包中遇到的新问题。对院的设计科研任务安排应采取措施，适当倾斜，相对保证。

3.对院的经营管理进行指导、监督和服务，不得干预院自主权。

四、双方的权力和义务及说明

1.由于院管理不善，连续两年不能实现承包指标时，政府主管部门有权提出终止承包。

2.协议规定的政策不到位时，院有权提出修改原定目标；不符合协议规定的政策和措施，院有权拒绝执行。

3.如遇国家重大经济政策变化和发生不可抗拒的因素，经双方协商，可对本协议进行修改。

4.本协议承包范围是院全民所有制单位。

本协议经公证处公证后，自签字之日起生效，有关政策从1992年1月1日起实行。

协议有关方面签字、盖章：(略)

1992年6月29日

附录 5

工程设计获奖项目一览表

项目名称	获奖名称	颁奖时间(年)	颁奖单位	主要获奖人员
北京市东南二、三环道路工程(东厢道路工程)	全国第五次优秀工程设计国家金质奖	1992	全国优秀工程设计评选委员会	范励修，石蕴中，焦光群，傅建合等
北京市二环路新建改建工程	全国第六届优秀工程设计国家金质奖	1994	全国优秀工程设计评选委员会	范励修，罗　玲，潘家骅，沈中治，谢万春等
北京市京开公路(南三环—黄村段)道路工程	全国第三次优秀工程设计国家银质奖	1988	国家计委	王玉良，王肇基，张式骞，吴　琼
北京市三元立体交叉工程	全国第三次优秀工程设计国家银质奖	1988	国家计委	范励修，王文俊，彭世明，何　伟，杜秉义
北京市第九水厂工程	全国第六次优秀工程设计国家银质奖	1992	全国优秀工程设计评选委员会	毕延龄，潘骏寿，钟启承，许以傅，田用三等
北京市二环路及立体交叉工程	国家优秀设计表扬奖	1981	国家基本建设委员会	
首都国际机场污水处理场设计	国家优秀设计表扬奖	1981	国家基本建设委员会	
北京市南城污水干线	全国优质工程银质奖	1983	国家质量审定委员会	
北京市三元立体交叉工程	全国优质工程银质奖	1985	国家质量审定委员会	
北京市田村山水厂	全国优质工程银质奖	1986	国家质量审定委员会	
北京市马家堡铁路桥工程	全国优质工程银质奖	1988	国家质量奖审定委员会批准	
青岛市铁港、杭州路立交桥工程	全国优质工程银质奖	1989	国家质量奖审定委员会批准	
京石公路永定河大桥工程	全国优质工程银质奖	1991	国家质量奖审定委员会批准	
农村给水工程(总册)	全国第一届优秀工程建设标准设计银质奖	1992	全国优秀工程建设标准设计评选委员会	毕延龄，钟亮洁，石　薇，陆元珍
TG大型设缝矩形清水池	全国第二届优秀工程建设标准设计银质奖	1994	全国优秀工程设计评选委员会	百　音，王文贤，刘雨生，钟启承
北京市东南二、三环道路工程(东厢工程)	部级优秀设计一等奖	1991	建设部	范励修，石蕴中，张　仁，焦光群
北京市二环路新建改建工程	部级优秀设计一等奖	1994	建设部	范励修，罗　玲，潘家骅，沈中治，谢万春等
首都机场高速公路	部级优秀设计一等奖	1996	建设部	范励修，罗　玲，倪士聪，王玉良，沈中治等
高碑店污水处理厂一期工程	部级优秀设计一等奖	1996	建设部	李远义，常　憬，杭世珺，王憬山，刘坤一等
首都国际机场污水处理工程设计	部级优秀设计二等奖	1981	国家城市建设总局	

续表

项目名称	获奖名称	颁奖时间(年)	颁奖单位	主要获奖人员
北京市西南三环立交桥设计	部级优秀设计二等奖	1984	城乡建设环境保护部	
北京市南城污水干线下段工程设计	部级优秀设计二等奖	1984	城乡建设环境保护部	
京开公路(南三环—黄村段)道路工程	部级优秀设计二等奖	1986	城乡建设环境保护部	王玉良,王肇基,彭世明,何　伟,杜秉义
北京市三元立体交叉工程	部级优秀设计二等奖	1986	城乡建设环境保护部	范励修,王文俊,彭世明,何　伟,杜秉义
北京市田村山净水厂	部级优秀设计二等奖	1986	城乡建设环境保护部	伊承勋,毕延龄,李京璋,陆元珍
天津石化公司污水处理厂	部级优秀设计二等奖	1989	建设部	李远义,常　惯,任　锋,马国俊,高毓德
京石公路(北京段)工程	部级优秀设计二等奖	1989	建设部	范励修,王肇基,姚振淮,罗保恒,丁纪舜
北京市第九水厂工程	部级优秀设计二等奖	1991	建设部	毕延龄,潘骏寿,钟启承,许以僔,田用三等
深圳市雅园立交工程	部级优秀设计二等奖	1996	建设部	王勤义,吴西伦,石蕴中,焦光群,郭树茂
三亚市青田水厂	海南省优秀工程设计二等奖	1996	海南省政府	钟亮洁,刘雨生,许以僔,刘益萱,濮晓蓁等
《公路抗震设计规范》(参加编写)	部级优秀标准规范三等奖	1983	交通部	
S773(一)~(四)虹吸滤池图集	全国优秀建筑标准设计三等奖	1984	全国通用建筑标准设计协作委员会	张书林,刘益萱,谢　娴,百　音
S773(一)~(八)机械加速澄清池	全国优秀建筑标准设计三等奖	1984	全国通用建筑标准设计协作委员会	张书林,郭雯霞,谢　娴,王光杰,黄一心
S234 跌水井	全国优秀建筑标准设计三等奖	1984	全国通用建筑标准设计协作委员会	俞惠文,张嘉祥,郭　钧
S231 圆形排水检查井	全国优秀建筑标准设计三等奖	1984	全国通用建筑标准设计协作委员会	张嘉祥,郭　钧,许可泰,俞惠文
S144 矩形卧式阀门井	全国优秀建筑标准设计三等奖	1984	全国通用建筑标准设计协作委员会	钱宝政,马连魁,陈　震
S235 雨水口	全国优秀建筑标准设计三等奖	1984	全国通用建筑标准设计协作委员会	张嘉祥,郭　钧,俞惠文
S236 耐腐蚀检查井及耐腐蚀管道接口	全国优秀建筑标准设计三等奖	1984	全国通用建筑标准设计协作委员会	王彩霞,邱荣进,刘坤一
S143 圆形立式阀门井及阀门套筒	全国优秀建筑标准设计三等奖	1984	全国通用建筑标准设计协作委员会	钱宝政,杨学军,李桂茹
北京昌平路(北三环路—西三旗路口)	部级优秀设计三等奖	1986	城乡建设环境保护部	朱春英,石蕴中,闫　冰,孙文虎,林富生
北京马家堡铁路立交桥	部级优秀设计三等奖	1986	城乡建设环境保护部	罗保恒,容社安,冯先松,李秀兰,冯世祥
青岛八号码头市政配套工程	部级优秀设计三等奖	1989	建设部	那　祥,尹明华,黄顺禧,吴西伦,何　伟
亚运会北郊市政配套工程	部级优秀设计三等奖	1991	建设部	石蕴中,孙惠卿,尹明华,孙文虎,周宝珍等
京哈公路潮白河大桥	部级优秀设计三等奖	1992	交通部	那　祥,谢万春,黄顺禧,田伟生,杨德山

续表

项 目 名 称	获 奖 名 称	颁奖时间(年)	颁 奖 单 位	主 要 获 奖 人 员
首都国际机场候机楼扩建工程二层汽车平台及坡道	部级优秀设计三等奖	1996	建设部	王甲平,徐中豪,谢万春,罗 玲,张 恺等
北京市阿苏卫垃圾卫生填埋场	部级优秀设计三等奖	1996	建设部	杭世珺,陈建生,瞿 沙,郭奎英,李俊生等
北京市学院路雨水工程	部级优秀设计表扬奖	1986	城乡建设环境保护部	赵瑞琳,潘家多,王憬山,盛亦节
牡丹江大桥工程	部级优秀设计表扬奖	1986	城乡建设环境保护部	沈中治,陈国柱,刘 杰,王文俊,孙尚义
北京市天安门广场地下通道	部级优秀设计表扬奖	1989	建设部	容社安,沈中治,王肇基,刘坤一,杜秉义
北京市三元立体交叉工程	北京市第三届优秀设计一等奖	1987	首都规划建设委员会办公室	范励修,王文俊,彭世明,何 伟,杜秉义
京开公路(南三环—黄村段)道路工程	北京市第三届优秀设计一等奖	1987	首都规划建设委员会办公室	王玉良,王肇基,张式骞,吴 琼,张均任
北京市田村山净水厂	北京市第三届优秀设计一等奖	1987	首都规划建设委员会办公室	伊承勋,毕延龄,李京璋,陆元珍
木城涧煤矿煤仓封闭工程	北京市第三届优秀设计一等奖	1987	首都规划建设委员会办公室	那 祥,王文俊,吴西伦,罗 玲,包琦玮
北京市马家堡铁路立交桥	北京市第三届优秀设计一等奖	1987	首都规划建设委员会办公室	罗保恒,容社安,冯先松,李秀兰,冯世祥
青岛港八号码头市政配套立交工程	北京市第四届优秀设计一等奖	1988	首都规划建设委员会办公室	那 祥,尹明华,黄顺禧,吴西伦,何 伟
京石公路一、二期工程(含永宁桥)	北京市第四届优秀设计一等奖	1988	首都规划建设委员会办公室	范励修,王肇基,姚振淮,罗保恒,丁纪舜
天津石化污水处理厂工程	北京市第四届优秀设计一等奖	1988	首都规划建设委员会办公室	李远义,常 憬,任 锋,马国俊,高毓德
东南二、三环道路工程	北京市第五届优秀设计一等奖	1991	首都规划建设委员会办公室	范励修,石蕴中,张 仁,焦光群,傅连合等
北京市第九水厂工程	北京市第五届优秀设计一等奖	1991	首都规划建设委员会办公室	毕延龄,潘骏寿,钟启承,许以傅,田用三等
金海湖水上运动场	北京市第五届优秀设计一等奖	1991	首都规划建设委员会办公室	王憬山,盛亦节,王乃震,徐 以,卜曦洪等
亚运会北郊市政配套工程	北京市第五届优秀设计一等奖	1991	首都规划建设委员会办公室	石蕴中,孙文虎,周宝珍,尹明华,孙惠卿等
北京市二环路新建改建工程	北京市第六届优秀设计一等奖	1993	首都规划建设委员会办公室	范励修,罗 玲,潘家骅,沈中治,谢万春等
高碑店污水处理厂一期工程	北京市第七届优秀工程设计一等奖	1995	首都规划建设委员会办公室	李远义,常 憬,杭世珺,王憬山,刘坤一等
首都机场高速公路工程	北京市第七届优秀工程设计一等奖	1995	首都规划建设委员会办公室	范励修,罗 玲,倪士聪,王玉良,沈中治等
京石高速公路三、四期工程	北京市第七届优秀工程设计一等奖	1995	首都规划建设委员会办公室	范励修,罗 玲,姚振淮,顾启英,周正全等
北京昌平路(北京三环路—西三旗路口)	北京市第三届优秀设计二等奖	1987	首都规划建设委员会办公室	朱春英,石蕴中,闫 冰,孙文虎,林富生
学院路雨水工程	北京市第三届优秀设计二等奖	1987	首都规划建设委员会办公室	赵瑞琳,潘家多,王憬山,盛亦节,陆 静

续表

项目名称	获奖名称	颁奖时间(年)	颁奖单位	主要获奖人员
牡丹江大桥工程	北京市第三届优秀设计二等奖	1987	首都规划建设委员会办公室	沈中治,陈国柱,刘　杰,王文俊,孙尚文
慕田峪长城道路工程停车场	北京市第三届优秀设计二等奖	1987	首都规划建设委员会办公室	刘　杰,卢长瑞,李俊忠,赵维晋
天安门广场地下通道	北京市第四届优秀设计二等奖	1988	首都规划建设委员会办公室	容社安,沈中治,王肇基,刘坤一
山东齐鲁乙烯排海工程	北京市第四届优秀设计二等奖	1988	首都规划建设委员会办公室	毕延龄,朱锦文,张书林,李炳琨,周琪涵
京榆路潮白河大桥	北京市第五届优秀设计二等奖	1991	首都规划建设委员会办公室	那　祥,谢万春,田伟生,杨德山,黄顺禧等
佳木斯长安路立交工程	北京市第五届优秀设计二等奖	1991	首都规划建设委员会办公室	范励修,罗　玲,潘家骅,彭世明,何　伟
深圳特区2000年城市给水工程规划方案	北京市第六届优秀设计二等奖	1993	首都规划建设委员会办公室	高士国,钟亮洁,何纯提,宋桂杰,石　薇等
首都国际机场候机楼扩建工程二层汽车平台及坡道工程	市第六届优秀设计二等奖	1993	首都规划建设委员会办公室	王甲平,徐中豪,谢万春,张　恺等
阿苏卫垃圾卫生填埋场	北京市第七届优秀工程设计二等奖	1995	首都规划建设委员会办公室	杭世珺,陈建生,瞿　沙,郭奎英,李俊生等
深圳雅园立交工程	北京市第七届优秀工程设计二等奖	1995	首都规划建设委员会办公室	王勤义,吴西伦,石蕴中,焦光群,郭树茂
5113厂给水工程	北京市第三届优秀设计三等奖	1987	首都规划建设委员会办公室	潘骏寿,刘雨生,田用三,黄一心
北京市二环西北角立交	北京市第三届优秀设计三等奖	1987	首都规划建设委员会办公室	黄顺禧,邢玉海,刘桂琴,罗　玲,朱春英
太原制药厂污水处理厂工程	北京市第四届优秀设计三等奖	1988	首都规划建设委员会办公室	苏庆东,李连生,邱跃东,姚传洪,曲际水
大北窑立交桥	北京市第四届优秀设计三等奖	1988	首都规划建设委员会办公室	冯先松,黄顺禧,刘桂琴,赵维晋,杜秉义
通镇给水厂工程	北京市第四届优秀设计三等奖	1988	首都规划建设委员会办公室	毕延龄,朱锦文,李炳琨,百　音,宋建闽
京张公路昌平环岛	北京市第四届优秀设计三等奖	1988	首都规划建设委员会办公室	王肇基,韩有志,彭世明,刘建军,边国栋
京开路北段道路工程	北京市第五届优秀设计三等奖	1991	首都规划建设委员会办公室	王勤义,王玉良,潘家骅,倪　伟,康　颖等
辽阳市汤河水源工程	北京市第五届优秀设计三等奖	1991	首都规划建设委员会办公室	毕延龄,潘骏寿,郭雯霞,百　音
阜新市水厂(水源工程)	北京市第五届优秀设计三等奖	1991	首都规划建设委员会办公室	伊承勋,钟亮洁,赵　彤,富平易,许以僔等
北京制药厂污水处理工程	北京市第五届优秀设计三等奖	1991	首都规划建设委员会办公室	曲际水,李连生,钱绍如,何佩秋,邱跃东等
北京华都啤酒厂污水处理厂	北京市第五届优秀设计三等奖	1991	首都规划建设委员会办公室	任　锋,潘明源,杨　为,陈　都,高毓德等
海口市中心区污水规划	北京市第五届优秀设计三等奖	1993	首都规划建设委员会办公室	赵瑞琳,许可泰,李　萍,曹志农,陈兰英等
北京市公交总公司驾校教练场工程	北京市第六届优秀设计三等奖	1993	首都规划建设委员会办公室	俞绍业,聂大华,和坤玲,陈　东,宋文波等
北京市西部引水应急工程城子水厂炭滤池工程	北京市第六届优秀设计三等奖	1993	首都规划建设委员会办公室	刘益萱,濮晓蓁,张久宝

续表

项目名称	获奖名称	颁奖时间(年)	颁奖单位	主要获奖人员
西郊污水干线工程(扩初)	北京市优秀勘测设计表扬奖	1983	北京市委建工部、市建委、市总工会	
深井曝气处理高浓度制药废水工艺研究	北京市优秀勘测设计表扬奖	1983	北京市委建工部、市建委、市总工会	
八达岭公路工程(南口—三堡段)	北京市优秀勘测设计表扬奖	1983	北京市委建工部、市建委、市总工会	
机械搅拌加速澄清池国家标准图	北京市优秀勘测设计表扬奖	1983	北京市委建工部、市建委、市总工会	
农村给水工程(总册)	北京市标准设计二等奖	1991	首都规划建设委员会办公室	毕延龄,钟亮洁,石　薇,陆元珍
大型设缝矩形清水池标准图	北京市优秀标准设计二等奖	1993	首都规划建设委员会办公室	百　音,王文贤,刘雨生,钟启承
排水管道通用图	北京市优秀标准设计三等奖	1993	首都规划建设委员会办公室	盛亦节,王憬山,严定法,赵瑞琳,郭　钧等

附录 6

工程设计计算机优秀软件获奖项目一览表

项目名称	获奖名称	颁奖时间(年)	颁奖单位	主要获奖人员
建筑设计绘图软件包	第二次全国工程设计计算机优秀软件银质奖	1991	国家工程设计计算机软件评审委员会	徐士芳,陈立群,孙凤琴,张伯英
弯桥结构分析程序	第二次全国工程设计计算机优秀软件银质奖	1991	国家工程设计计算机软件评审委员会	张罗溪,王春富,秦大航,吴西伦
城市道路 CAD 系统软件	第二次全国工程设计计算机优秀软件铜质奖	1991	国家工程设计计算机软件评审委员会	周正全,刘　勇
ADD 建筑设计软件包	北京市第一届工程设计计算机软件一等奖	1991	首都规划建设委员会办公室	徐士芳,陈立群,孙凤琴,张伯英
弯桥结构分析程序	北京市第一届工程设计计算机软件二等奖	1991	首都规划建设委员会办公室	王春富,张罗溪,吴西伦,秦大航
立交桥三维模型系统	北京市第一届工程设计计算机软件二等奖奖	1991	首都规划建设委员会办公室	褚　红,程金环
铁路斜框架空间分析	北京市第一届工程设计计算机软件二等奖	1991	首都规划建设委员会办公室	张　宁,章乃欣
市政工程概算	北京市第一届工程设计计算机软件二等奖	1991	首都规划建设委员会办公室	李治安,惠　斌,董力强,冯立平
城市道路 CAD 软件	北京市第一届工程设计计算机软件二等奖	1991	首都规划建设委员会办公室	周正全,刘　勇
AutoCAD 高级语言图形库	北京市第一届工程设计计算机软件三等奖	1991	首都规划建设委员会办公室	周正全
消化池结构 CAD 程序	北京市第一届工程设计计算机软件三等奖	1991	首都规划建设委员会办公室	何　彬

附录 7

科技成果获奖项目一览表

项目名称	获奖名称	颁奖时间(年)	颁奖单位	主要获奖人员
梯形斜板沉淀器	国家发明三等奖、日内瓦第十四届国际发明展览会银质奖	1986	国家科委	陆　荀,力伯法
给水斜板(斜管)沉淀装置	全国科学大会奖	1978	国家科委	毕延龄,刘学功,翟海峰,吴亚姜
快速滤澄清池	全国科学大会奖	1978	国家科委	陆　荀,孙淑贞,李运衡
农村压力罐式自来水系统	全国科学大会奖	1978	国家科委	刘学功,崔国臣,力伯法,李长祥
新型水锤消除器—自闭式水锤消除器	全国科学大会奖	1978	国家科委	毕延龄,王光杰等
北京市道路立体交叉工程设计	国家科技进步三等奖	1985	国家科委	林治远,那　祥,张均仕,潘家骅,罗　玲
《室外给水排水煤气热力工程抗震设计规范》	国家科技进步三等奖	1985	国家科委	沈世杰,陈　震(合作项目)
斜板(斜管)沉淀器技术推广	国家科技情报成果奖	1986	国家科委	李同德等
农村饮用水净水器(BZ系列)	首批国家星火计划奖	1988	国家星火奖评审委员会	陆　荀,崔招女
立交型式选择的适用条件及设计依据的研究(属大城市综合交通体系规划模式研究的子课题)	部级科技进步一等奖	1991	建设部	李炯为,刘建军,潘家骅,邓昭瑜,钱志华
《城市道路设计规范》	部级科技进步一等奖	1993	建设部	林治远,赵坤跃,王秀兰等
市政给水钢管结构设计方法	部级科技进步二等奖	1985	城乡建设环境保护部	刘雨生,钟启承,沈世杰,潘骏寿
斜板(斜管)沉淀技术推广(合作项目)	部级科技进步二等奖	1987	城乡建设环境保护部	李同德等
水泥混凝土路面设计理论、方法和参数研究	部级科技进步二等奖	1988	交通部	徐　森(合作项目)
农村饮用水一体化净水器(BZ系列)	部级科技进步二等奖	1988	中央爱国卫生运动委员会、卫生部	陆　荀,崔招女
《方便残疾人使用的城市道路和建筑物设计规范》(城市道路部分)	部级科技进步二等奖	1990	建设部	赵天伟,邓昭瑜,相伟丽,聂大华
《公路工程抗震设计规范》	部级科技进步二等奖	1994	交通部	常　岭(合作项目)
《给水排水结构设计规范》	部级科技进步三等奖	1985	建设部	沈世杰,姚传洪,顾绳武,刘忠泽
气压供水罐简易补气装置	部级科技进步三等奖	1988	中央爱国卫生运动委员会	毕延龄,刘学功,张延蕙
《室外排水设计规范》GBJ14－87	部级科技进步三等奖	1989	建设部	余英影(合作项目)
具有弯、斜、坡特点的预应力混凝土连续桥梁的设计	部级科技进步三等奖	1989	建设部	那　祥,罗　玲,王文俊,吴西伦

续表

项目名称	获奖名称	颁奖时间(年)	颁奖单位	主要获奖人员
北京市柔性路面设计方法及参数的研究	部级科技进步三等奖	1990	建设部	林治远,杨树祺,赵天伟,张嘉明,邓昭瑜
洗澡废水净化与回用研究	部级科技进步三等奖	1991	建设部	陆　萄,崔招女,崔国臣,刘运爽,王子元
建筑设计绘图软件包	部级科技进步三等奖	1991	建设部	徐士芳,陈立群,孙凤琴,张伯英
氧气曝气活性污泥法生产性试验研究	部级科技进步三等奖	1991	建设部	任　锋,杨友保,朱　光,金志钢,赵汝桥
生物吸附氧化法(A-B法)处理城市污水研究	部级科技进步三等奖	1993	建设部	何彪名,刘桂芬,张荣辉,刘学功,阮如新
北京市三元立体交叉桥工程设计	北京市科技进步一等奖	1985	北京市人民政府	彭世明,何　伟,杜秉义
北京污水管理研究(属京津水资源管理研究子课题)	北京市科技进步一等奖	1994	北京市人民政府	刘希曾等(合作项目)
纯氧流化床试验研究	北京市科技成果二等奖	1980	北京市人民政府	李连生等
饮水容器内壁环氧涂料试验研究	北京市科技成果二等奖	1982	北京市人民政府	崔文荣,董瑞菊等
纵向集水斜板沉淀池半生产性试验	北京市科技成果二等奖	1984	北京市人民政府	陆　萄,张德彦等
钢筋混凝土圆管应力状态研究	北京市科技进步二等奖	1988	北京市人民政府	苏庆东,苏秋菊,金　锋,刘庆仁,王学锋
大理石生产废水处理和回用	北京市科技进步二等奖	1988	北京市人民政府	陆　萄,刘运爽,崔招女,谭爱涛
独柱支承式预应力弯桥	北京市科技进步二等奖	1990	北京市人民政府	谢万春,冯先松,李兴业,徐中豪,王勤义等
安慧立交桥设计与施工	北京市科技进步二等奖	1990	北京市人民政府	罗保恒,李秀兰,冯先松,张连方
金海湖水上运动场设施的研究设计	北京市科技进步二等奖	1991	北京市人民政府	王憬山,盛亦节,卜曦洪,施晓明
大直径深井成孔及漂浮法下管施工综合技术	北京市科技进步二等奖	1994	北京市人民政府	丁荫椿(合作项目)
大跨度预应力钢箱-混凝土组合连续梁桥设计与研究	北京市科技进步二等奖	1995	北京市人民政府	罗　玲,冯昌茂,贾　引,刘亚珊
射流曝气接触氧化处理涂布废水试验研究	北京市科技成果三等奖	1981	北京市人民政府	真炳时,刘学功
自行车流量计数器的研究	北京市科技成果三等奖	1981	北京市人民政府	张进京等
应用臭氧、活性炭处理地表水试验研究	北京市科技成果三等奖	1982	北京市人民政府	崔　玉,刘学功等
北京地区调查洪水资料汇编	北京市科技成果三等奖	1982	北京市人民政府	刘德昭等(合作项目)
北京Ⅰ型波形板反应器研究	北京市科技成果三等奖	1983	北京市人民政府	张德彦,叶　安,刘文琪
超声波多普勒流量计的研制	北京市科技成果三等奖	1984	北京市人民政府	张进京等

续表

项目名称	获奖名称	颁奖时间(年)	颁奖单位	主要获奖人员
消声止回阀的研制	北京市科技成果三等奖	1984	北京市人民政府	毕延龄,王光杰,张延蕙,陈春明
深井曝气处理污水工艺研究	北京市科技进步三等奖	1985	北京市人民政府	曲际水,孟书琪等
八达岭公路工程	北京市科技进步三等奖	1987	北京市人民政府	王玉良,卢长瑞,邢玉海
单口大、小孔口高速进排气阀	北京市科技进步三等奖	1987	北京市人民政府	王光杰,张延蕙,陈春明
高效净水器	北京市科技进步三等奖	1987	北京市人民政府	陆　萄,崔招女,张德彦
机械搅拌加速澄清池JJ型搅拌机和JG型刮泥机	北京市科技进步三等奖	1987	北京市人民政府	王光杰,张延蕙,王明志
昌平路(北三环—西三旗路口)	北京市科技进步三等奖	1987	北京市人民政府	朱春英,石蕴中,闫　冰
北京矿务局木城涧煤仓封闭工程	北京市科技进步三等奖	1988	北京市人民政府	那　祥,罗　玲,吴西伦,王文俊
新型橡胶止水带(XZ322-30)及其在市政工程中的应用研究	北京市科技进步三等奖	1988	北京市人民政府	王憬山,王志英,盛亦节(合作项目)
中水道的开发及示范工程	北京市科技进步三等奖	1989	北京市人民政府	刘文琪,张　莉,叶　安,柳根勇
工厂预制直径3米钢筋混凝土管穿越铁路顶管技术	北京市科技进步三等奖	1989	北京市人民政府	李佐平,盛奕节等(合作项目)
SSZI45T-10型双速自闭闸阀	北京市科技进步三等奖	1989	北京市人民政府	王光杰,陈春明,张延蕙,韩振旺,孔凡生
北京制药厂深井曝气废水处理工程	北京市科技进步三等奖	1990	北京市人民政府	何佩秋,邱跃东
调流消能阀研制	北京市科技进步三等奖	1991	北京市人民政府	王光杰,韩振旺,李　耀,孔凡生
立交型式选择的适用条件及设计依据研究	北京市科技进步三等奖	1992	北京市人民政府	李炯为,刘建军,潘家骅,邓昭瑜
P42X-型双孔高速进排气阀	北京市科技进步三等奖	1992	北京市人民政府	张延蕙,陈春明,刘小琳
城市道路立交工程交通功能评估系统	北京市科技进步三等奖	1992	北京市人民政府	朱丙庚,康　平,倪士聪,潘家骅
大容量水泵调速技术	北京市科技进步三等奖	1992	北京市人民政府	毕延龄,潘骏寿,许以僔,田用三
中水处理装置规范化、定型化	北京市科技进步三等奖	1992	北京市人民政府	崔招女,叶　安,崔国臣,王　玫
离心蜡脱模工艺制造2.6米内径钢筋混凝土管技术	北京市科技进步三等奖	1992	北京市人民政府	李佐平(合作项目)
钢管水泥砂浆衬里力学性能研究	北京市科技进步三等奖	1993	北京市人民政府	苏秋菊,刘庆仁,王学锋,张　凯
机械搅拌加速澄清池搅拌机、刮泥机技术标准	北京市科技进步三等奖	1993	北京市人民政府	王光杰,张延蕙,刘小琳,王明志
组装式大型设缝矩形清水池设计与研究	北京市科技进步三等奖	1993	北京市人民政府	周琪涵,王文贤,百　音,徐士芳

续表

项 目 名 称	获 奖 名 称	颁奖时间(年)	颁 奖 单 位	主 要 获 奖 人 员
侧向流波形斜板沉淀工艺研究	北京市科技进步三等奖	1994	北京市人民政府	高士国,阮如新,崔招女,刘益萱
城市给水管网的地震动反应及抗震对策	北京市科技进步三等奖	1994	北京市人民政府	沈世杰,刘雨生(合作项目)
城市路桥交通噪声防治技术与示范工程	北京市科技进步三等奖	1996	北京市人民政府	相伟丽,李　东(合作项目)
立交桥面柔性铺装防水材料性能研究	北京市科技进步三等奖	1996	北京市人民政府	李　东,相伟丽,胡跃京,杜小玲
北京市立体交叉挡土墙设计与研究	北京市科技进步三等奖	1996	北京市人民政府	范励修,杨树祺,潘家骅,赵坤耀
均质煤滤料滤池	北京市科技进步三等奖	1996	北京市人民政府	高士国,钟亮洁,刘益萱,何纯提
固定螺旋曝气器研究	北京市科技成果四等奖	1980	北京市人民政府	真炳时等
压力式侧向流斜板除砂器	北京市科技成果四等奖	1980	北京市人民政府	崔　玉,张维明等
环形交叉路口(环岛)通行能力的研究	北京市科技成果四等奖	1980	北京市人民政府	李德顺等

附录 8

1995 年院承包考核计奖办法

1. 总则
2. 设计所、测量队承包计奖办法
3. 经费承包奖罚规定
4. 重点工程补贴办法
5. 承担外地任务的优惠政策
6. 承揽任务提供信息给予中介费或信息费的办法
7. 行使质量否决权的规定
8. 职能管理人员考核计奖办法
9. 专项奖励基金的安排使用管理办法
10. 承包收费指标的奖惩办法
11. 技术市场项目提取劳酬金的办法

1. 总　则

1.1　本办法是在 1994 年承包考核计奖办法基础上进行个别修改和补充。

1.2　本办法为院对所、队、处的承包考核计奖办法。各部门应按照进一步推行项目承包，贯彻效率优先、兼顾公平、多劳多得、奖优罚劣，有利增收节支的原则，制订或完善部门内部的承包考核计奖办法，报生产办备案。

2. 设计所、测量队承包计奖办法

2.1　设计所按计算毛利润 15%计提奖励基金。

2.2　测量队按计算毛利润 36%计提奖励基金。

2.3　计算毛利润：按核算收费额（实收费与预支 50%完成额之和）减内部核算成本计算。

2.3.1　实收费：包括 1995 年完成项目实收款，1995 年收进的 1992 年以前完成项目欠款及 1995 年收进的 1993 年、1994 年完成项目欠款扣除已预支 70%完成额的剩余部分(若无剩余，该部分收费不计奖)。

2.3.2　预支 50%完成额：为 1995 年完成全部合同规定项目未收进费部分的 50%完成额。

2.3.3　特大型、长周期的项目，经院领导批准，可分阶段支付承包奖。

2.3.4　内部核算成本

设计所包括：各项工资、经费、营业外支出、三税、技术开发费及管理费。其中技术开发费按核算收费额 10%提取，管理费按核算收费额 16%提取。其他费用由财务处按有关规定进行核算。

测量队包括：一类科目经费、三税、技术开发费及管理费。其中技术开发费按核算收费额5%提取，管理费按核算收费额12%提取。其他费用由财务处按有关规定进行核算。

2.3.5　各所加晒图纸费和抄资料费，列入所成本。从甲方收进的加晒图纸费和资料费冲所成本。

2.4　根据税务部门的规定，1995年承包奖的发放采取先造表同时扣除个人收入所得税的办法进行兑现。

3. 经费承包奖罚规定

3.1　经费承包指标

3.1.1　设计所：按人均1年经费1.15万元承包，人均实收费超过10万元时，每超1万元其经费承包指标增加0.05万元。总额按实际人数计算。

3.1.2　测量队：按全队1年经费18万元承包。全队实收费超过80万元时，每超1万元其经费承包指标增加0.1万元。

3.2　承包经费项目

3.2.1　设计所承包经费：按全部经费项目计算。

3.2.2　测量队承包经费：按一类经费项目计算。

3.3　奖罚办法：设计所、测量队经费支出未超过指标的按节约金额的15%给予奖励，经费支出超出指标的按超支金额的15%扣奖。

4. 重点工程补贴办法

4.1　在保证质量的前提下，对按期完成重点工程项目的设计人员和管理人员，院按任务量大小、工程紧迫程度给予一定补贴。

4.2　补贴的兑现，由承担重点工程项目的所、队与院签订协议，明确质量、进度指标和补贴金额，按协议进行。

4.3　重点工程补贴采用专款专用方式，不得用于其他项目或其他开支。

5. 承担外地任务的优惠政策

5.1　设计所、测量队承担本市以外地区的任务，院按承担本市任务奖励办法增加3%给予优惠，即按毛利润的18%提奖。其中外地任务成本按外地任务核算收费额占该部门全年核算收费额的比例分摊计算。

5.2　承担外地任务的部门，其经费承包指标予以增加，其增加额度为外地任务核算收费额的10%。

6. 承揽任务提供信息给予中介费或信息费的办法

6.1　鼓励部门或个人开拓市场承担任务。凡部门或个人积极努力、主动为其他部门承揽任务（指直接带领甲方与院签定了合同的项目）或提供信息（指带领甲方来院洽谈任务或带领院有关人员到甲方洽谈，由院做工作后签订了合同的项目），根据工作量大小，按设计费一定比例给予中介费或信息费。本办法不包括生产办人员在内。

6.2　承揽任务中介费按设计费1%－4%的比例分四档累加计提。即，设计费10万以下部分按4%计提；设计费10万至40万部分按3%计提；设计费40万至100万部分按2%计提；设计费100万以上部分按1%计提。未办成项目不提取中介费。

6.3　部门或个人提供信息的信息费按中介费相应比例的10%提取。未办成项目不提取信息费。

7. 行使质量否决权的规定

7.1 为贯彻质量第一的指导思想，各所、队及分院的总承包奖或项目总承包奖按质量奖占45%，进度奖占40%，精神文明优质服务奖占15%进行分配。

7.2 根据院质量目标的要求，各所、 处及分院应完成下列质量承包指标。

7.2.1 设计所、测量队及分院的设计、测绘优良品率85%，优级品率3%，合格品率100%。

7.2.2 每设计所获院级优秀设计一等奖1项或二等奖2项，测量队获院级优秀测量成果三等奖1项。

7.3 达不到7.2规定指标的按下列比例扣承包奖。

7.3.1 优良品率在80%～85%之间时，每低1%扣承包奖1%，优良品率低于80%时，每低1%扣承包奖3%。

7.3.2 出现1项不合格品时扣该项目（按专业单项考核）总承包奖，出现2项不合格品时扣所属项目总承包奖及所、队或分院总质量奖的20%（出现2项以上不合格品时，按每增1项，递增20%计扣所、队或分院的总质量奖）。

7.3.3 出现重大设计、测量质量、安全事故时扣该项目的总承包奖及该所、队或分院全部质量奖。

7.3.4 设计所、测量队完不成获院优秀设计、测量指标时，扣该所、队质量奖5%。

7.4 加强工序管理，对不执行工序管理的项目扣该项目全部质量奖；对工序管理不严格，缺少开工报告、事先指导记录单、校审单、设计条件提供单、中间检查记录、信息反馈单、质量评定单、设计完工报告，每缺1项扣该项目质量奖的15%。小型工程没有开工报告，条件提供单和设计完工报告，其余5项需具备，每缺1项扣该项目质量奖25%。由生产办会同档案室进行考核。设计文件未归档的项目，不结算承包奖。

8. 职能部门考核计奖办法

8.1 职能部门实行定岗、定员、定编。按人员的岗位、责任、贡献、分档分级核定奖金。

8.2 职能管理人员半年考核一次，由上一级对下一级进行考评打分。职能管理人员的分档分级每年评定1次，一定1年。

8.3 职能管理人员的奖金和技术市场劳酬金，按一线人均值的0.80提取。

8.4 分院返总院奖金，职能管理人员按一线人员均值的0.4提取。

8.5 院副总按一线平均奖金水平计取。

8.6 院党政领导班子成员的奖金，按全院平均奖金水平计取，即按全院全年支付的各种奖励性金额总和除以计奖人数计算。

8.7 具体实施细则，结合人事制度改革另行制订。

9. 专项奖励基金的安排，使用管理办法

9.1 科技进步基金：按院毛利润的2%提取。其中1.5%用于业务建设基金，生产办组织和管理；其余0.5%用于优秀设计科研奖励，由生产办组织评选和管理。

9.2 单项奖励基金：按院毛利润的0.5%提取。其中0.3%用于精神文明奖励，由院精神文明领导小组组织评选和管理；其余0.2%用于职能后勤工作质量奖，由人事处组织评选和管理。

9.3　院长基金：按院毛利润1%提取。

10. 承包收费指标的奖惩办法

10.1　为鼓励设计所、测量队及院主管收费部门努力完成或超额完成收费指标，1995年继续实行承包收费奖惩办法。

10.2　全院收费指标6000万元。其中：一所2500万元；二所700万元；三所1300万元；四所1500万元；另测量队100万元。

10.3　全院收费奖励基数2600万元。其中：一所800万元；二所550万元；三所750万元；四所500万元；另测量队40万元。

10.4　设计所、测量队在完成核定收费指标的前提下，按实收费分档奖励。实收费在收费奖励基数以下部分不提奖，超过收费奖励基数1倍以内部分，按超过部分的3‰提奖；超过收费奖励基数1倍以上，2倍以内部分，按超过部分的5‰提奖、超过收费奖励基数2倍以上部分，按超过部分的6‰提奖。

10.5　院收费管理部门，在完成6000万元收费指标的前提下，收费2600万元至6000万元部分，按0.5‰提奖；超过6000万元以上部分，按1‰提奖。

10.6　南二环及西北二环工程设计费（多年拖欠款），除按上述规定提奖外，另对收进费的部门给予该项目实收费的1‰奖励（未完成收费指标不予奖励）。

10.7　设计所、测量队及院收费管理部门未完成收费指标的按上述收费奖励的相应比例反算扣奖，从所、队或部门承包奖中扣除。全院未完成收费指标6000万时，每减收10%扣罚院长和党委书记年总奖金10%，扣罚副院长、副书记、年总奖金的5%。设计所未完成收费指标时，每减收10%扣罚所长和支部书记年总奖金5%。

11. 技术市场项目提取劳酬金的办法

11.1　鼓励各所、队各级开拓技术市场，对符合技术市场政策的项目，由所、队提出办理走技术市场合同。其中采用“四新”的设计项目走技术市场，根据项目管理等级分别由院、所技术负责人审查批准后，由生产办和项目所在部门与甲方签订合同。

11.2　技术市场合同应明确工程项目及“四新”含量，1个合同含多项工程的应列出各项工程的名称及每项工程的“四新”含量。技术市场劳酬金及个人收入所得税按技术市场合同列出的项目和“四新”含量进行计算。

11.3　凡院走技术市场的项目，劳酬金的70%支付有关所。其他30%用于研究所（不含后勤人员）、计算机站、职能、测量队（按职能人均0.5计）、副总（按一线平均值）、院领导（按全院平均值）的分配。测量队自行走技术市场的项目，劳酬金全部支付给测量队。根据税务部门的规定，1995年技术市场劳酬金的发放也要先造表，同时扣除技术市场劳酬金个人收入所得税之后兑现。

11.4　走技术市场项目的实收费扣除技术市场管理费和劳酬金后其余部分仍列入所队收入。

本办法经院三届一次职代会审议通过执行，由院生产办公室负责解释。

附录9

1995年分院承包管理办法

1. 总　则

1.1　根据院三届一次职代会审议通过的“1995年院承包考核计奖办法”的原则和分院经营管理的特点，为充分调动分院、设计所和职工的积极性，有效提高经济效益，特制定本办法。

1.2　本办法为院对分院的承包管理办法。各分院应按照进一步推行项目承包，贯彻效率优先，兼顾公平，多劳多得，奖优罚劣，有利增收节支的原则，制订或完善各分院内部的承包考核计奖办法，报院生产办备案。

2. 承包指标与收费基数

2.1　海南分院承包指标450万；收费基数50万；

2.2　深圳分院承包指标800万；收费基数650万；

2.3　厦门分院承包指标350万；收费基数250万；

2.4　大连分院承包指标250万；收费基数200万。

3. 分院按计算毛利润计提奖励基金（包括各种补贴、津贴、奖金和分院院长基金）根据分院地区差别，承包指标和收费基数采用不同比例，分级计算

3.1　完成收费基数时的奖金计提比例：

3.1.1　海南分院为计算毛利润的22%；

3.1.2　深圳、厦门分院为计算毛利润的20%；

3.1.3　大连分院为计算毛利润的19%。

3.2　完成承包指标时，收费基数与承包指标之间的奖金计提比例：

3.2.1　海南分院为计算毛利润的26%；

3.2.2　深圳、厦门分院为计算毛利润的24%；

3.2.3　大连分院为计算毛利润的23%。

3.3　超额完成承包指标时，超过承包指标部分，扣除该部分收费应上缴的税、费和总院应提管理费后，按40%计提奖金。

4. 计算毛利润按本年度实收费减内部核算成本计算

4.1　实收费：包括设计收费、咨询收费及加晒图收费。对于分包工程支付其他单位的费和咨询费应从总收入中扣除。

4.2　内部核算成本 包括：直接消耗、各种应纳税、费、固定提成三类。

4.2.1　直接消耗：职工工资、生产业务费、差旅费、伙补费、零星购置费（不含1500元以上固定资产购置费）、修缮费、职工福利费、临时工工资及一切为生产经营所支出的费用。现场人员奖励基金，分包工程支付其他单位的设计费及咨询费不计入内部核奖成本。

4.2.2　各种应纳税款：包括三税、设计管理费、质量监督费、房产税、印花税、社会公益性支出等。

4.2.3　固定提成：包括固定资产折旧（房屋按原价50年分摊；计算机、复印机、晒图机、空调机、汽车等设备按5年分摊；其他家具设备按15年分摊）、总院应提管理费（按实收费16%计提）。

5. 分院享有以下经营自主权

承揽任务、签订合同、组织生产、聘用人员、组织承包、对外分包、奖金和补贴的内部分配及收费等（分院自主管理，总院宏观调控）。

6. 分院人员的聘用

采用分院与总院所、处协商招聘办法，聘期一般为两年，通过双方签订合同保证。院内聘用人员有困难时，分院可采取当地招聘或当地分包的办法解决。

7. 分院向总院借聘人员

除担负被借聘人员赴现场各种补贴、奖金及成本外并向总院及有关处、所支付补偿费（该补偿费不列入内部核算成本），其额度为：设计人员按400元/人·月支付有关所或部门（职能、后勤管理人员支付到总院人事处）；提取分院总收费的1%支付总院作为补偿职能、后勤管理人员服务费用及总院院长基金。

8. 分院院长及副院长

其奖金和技术市场劳酬金按现场设计人员平均值乘以下列系数发放；分院院长1.30，分院副院长1.20。

9. 为保证职工的健康，赴分院现场人员伙食费

定为每人每天10元，该部分费用直接拨付食堂使用，列入分院成本，不计入奖励基金总额。专款专用，不得发放个人。

10. 为保证分院收费基数的完成和设计人员的基本收入，对未完成收费基数的分院，其现场人员年总奖励基金按人均2.5万元水平计提（贯彻多劳多得，不是平均发放）。

11. 分院任务需要拿回北京做的，视同总院承担外地任务办法执行。由有关设计所与分院签订协议进行，设计费收入进总院。

12. 分院质量管理、考核及行使质量否决权，按总院有关规定执行。

13. 承包收费指标的奖惩办法

13.1　收费超过承包指标时，可提取超过部分奖金的10%，用于奖励分院院长、收费人员和收费有功的设计人员。

13.2　未完成收费基数的分院，每减收10%扣罚分院院长年奖金水平的5%。

14. 技术市场项目提取劳酬金的办法

14.1　分院应遵从所在地区有关法律、规定和技术市场政策，积极开拓技术市场。走技术市场所提奖酬金的90%用于分院内部分配；其余10%上交总院。

14.2　分院通过总院走技术市场，必须符合北京市技术市场有关政策和1995年院承包考核计奖办法中的有关规定，所提奖酬金的70%归分院，30%上交总院。

14.3　分院走技术市场所提取的劳酬金仍列入分院收入，按计算毛利润计提奖励基金。

15. 本办法经院长办公会讨论通过，自1995年1月1日起执行，由院生产办公室负责解释。

附录 10

关于院属经济实体的管理办法

1. 总　则

1.1　为了适应建立现代企业制度的需要，加强院内宏观控制，规范市场行为，维护正常工作秩序，保护院及所属经济实体（以下简称公司）的合法权益，促进社会主义市场经济的发展，根据国家有关法规及院三届一次职代会精神，制订本管理办法。

1.2　公司为院出资设立的具有企业法人资格、独立经营、自负盈亏的下属单位，依法独立承担民事责任。

1.3　公司从事经营活动必须遵守法律，遵守职业道德，加强社会主义精神文明建设，接受政府有关部门的管理和监督，在生产、经营、技术、行政、人事和财务等方面接受院有关职能部门的指导、管理、协调和监督。

1.4　院设立公司的宗旨是：开发多种经营，充分利用院技术、设备有利条件，调动广大职工的积极性，进一步拓宽市场，扩大任务来源，分流非直接创收人员，创造更多的经济效益和社会效益。

1.5　公司开展有偿业务活动应在公司营业范围内进行，未经院协调批准不得超越营业范围从事其他有偿业务活动，不得损害院生产、技术权益和经济利益，不得影响重点工程和指令性任务的完成，不得截流院生产任务影响全院生产安排和收费指标的完成。

2. 人事管理

2.1　公司设法定代表人 1 人，由院任免。副职是否设置及人选，可根据经营需要，由公司法定代表人推荐，报院按干部管理权限进行任免。

2.2　公司固定人员的聘用，采取双向选择的原则，应以聘用非直接创收人员和离退休人员为主，由公司与被聘人员及所在部门协商聘用，报人事处备案。对院主业生产影响较大的人事调动需报主管院领导批准。

2.3　公司开发业务需聘用临时工作人员时，可与院有关部门协调，招聘半年以上定期工作人员，也可院外招聘临时工，被招聘的人员由公司签订聘用协议，进行管理，并报人事处备案。

3. 经营管理

3.1　公司的经营与核算与院脱钩，享有经营自主权，自主经营，自负盈亏，自我约束。

3.2　公司为院承揽任务，院参照《1995 年院承包考核计奖办法》规定支付公司实收费的 1%～4%，作为承揽任务奖励。

3.3　公司开展咨询、设计项目需签订合同、盖章和收费的，需与院签订委托书，分别按 3%、6%和 6%支付院管理费。

3.4　院设计所（含其他部门）设计人（含在职职工）承揽的咨询、设计任务均需交院生产办进行统一安排，不得截流走公司，更不得转给院外其他实体、公司和单位。公司承接的与市下达我院任务有关的工程咨询、设计项目，或者工程造价超过1500万元的项目，必须交生产办进行统一安排。

3.5 公司承担咨询、设计任务力量不足需委托设计所或借聘在职人员时，均需与有关所或单位双方签订协议，报生产办备案，不得私拉人员进行业余设计或咨询。

院内设计所（含其他部门）或在职职工必须在保证完成院下达任务的前提下，承接公司委托的任务，不得影响院任务和工作安排。

3.6 各公司应执行院计划管理制度，每季向生产办计划科上报计划安排表，完成任务及收费报表。

3.7 各公司承担咨询、设计任务应执行院技术管理制度，确保质量并承担质量责任。

3.8 公司委托院内其他部门进行咨询、设计项目应向被委托部门支付劳酬金。劳酬金安实收费的25%～30%支付（其中实收费的20%支付直接生产人员），同时按劳务报酬所得规定代扣个人收入所得税。非咨询、设计项目的劳酬金可参照本条款规定，制订细则报生产办，经院批准备案实施。公司不得以任务理由抬高劳酬金标准。

3.9 公司管理人员的奖金分配

公司主要负责人的奖金，参照院二线职能相应人员的奖金水平，年终视公司经营情况，由院确定一次性奖励或者扣减。

公司管理人员的奖金比照院内同类人员及其工作情况，由公司主要负责人确定。

由院代支的公司人员工资和奖金等费用，由公司与人事处定期结算。

3.10 公司承担设计项目的收入，院提取收费16%的服务管理费（列入公司成本）。其他经营收入院不提取服务管理费，不摊销其他成本。

3.11 公司的财务管理和利润见《关于院属经济实体加强财务管理的有关规定》。

4. 其他管理

4.1 公司必须保护职工的合法权益，加强劳动保护，实现安全生产。

4.2 公司应采取多种形式加强职工的职业教育和岗位培训，提高职工素质。

4.3 公司应积极组织参加院工会开发的各项活动，维护职工的合法权益。

4.4 公司对外投资、参股、合作需动用公司资金时，必须进行可行性研究并报院批准。

4.5 各公司及有关部门或个人违反上述规定，截流院咨询、设计任务和收入，冲击院生产计划，院将视情节轻重，将其公司、部门或个人所得纳入院收入，扣发奖金或给予行政纪律处分。

5. 本办法经院长办公会讨论通过。由院生产办公室负责解释。

附录 11

北京市市政工程设计研究总院管理标准体系

一、基础管理标准

(一) 规划、承包标准

1. 院发展规划纲要　BSYG-J101-88
2. 技术经济承包责任制总则　BSYG-J102-88

(二) 工作条例、工作规则标准

1. 院长工作条例　BSYG-J201-88
2. 院党委工作条例　BSYG-J202-88
3. 院职代会工作条例　BSYG-J203-88
4. 院工会工作条例　BSYG-J204-89
5. 院共青团委工作条例　BSYG-J205-89
6. 职工职业道德准则　BSYG-J206-89
7. 思想政治工作条例　BSYG-J207-89
8. 院行政工作规则　BSYG-J208-88

(三) 标准体系基本标准

1. 院管理标准体系　BSYG-J301-89
2. 院技术标准体系　BSYG-J302-88
3. 管理标准编制基本规定　BSYG-J303-89
4. 技术标准编制基本规定　BSYG-J304-89

(四) 质量管理标准

1. 全面质量管理机构体系　BSYG-J401-88
2. 院质量管理小组活动管理办法　BSYG-J402-89

二、岗位责任管理标准

(一) 党、政、技领导标准

1. 院长职责　BSYG-G101-88
2. 党委书记职责　BSYG-G102-89
3. 纪委书记职责　BSYG-G103-89
4. 总工程师职责　BSYG-G104-89

(二) 部门标准

1. 院办公室职责范围、主任职责、工作标准　BSYG-G201-89
2. 技术处职责范围、处长职责，全质办职责范围、主任职责，工作标准　BSYG-G202-89
3. 经营计划处职责范围、处长职责、工作标准　BSYG-G203-89

4. 情报处职责范围、处长职责、工作标准 BSYG－G204－89
5. 人保处职责范围、处长职责、工作标准 BSYG－G205－89
6. 行财处职责范围、处长职责、工作标准 BSYG－G206－89
7. 宣教处职责范围、处长职责、工作标准 BSYG－G207－89
8. 基建办公室职责范围、主任职责、工作标准 BSYG－G208－89
9. 所、队、站长职责，工作标准 BSYG－G209－89
10. 党办、组织部、宣传部、统战部、纪委职责、工作标准 BSYG－G221－89
11. 工会职责范围、主席职责、工作标准 BSYG－G231－89
12. 共青团委职范围、书记职责、工作标准 BSYG－G232－89
13. 技术岗位、质量责任制 BSYG－G243－89

三、生产管理标准

(一) 工程设计管理标准

1. 设计工作程序 BSYG－S101－89
2. 设计项目分级管理规定 BSYG－S102－89
3. 设计事先指导、中间检查、成品校审管理制度 BSYG－S103－89
4. 设计质量信息反馈管理制度 BSYG－S104－89
5. 设计文件组成及深度规定 BSYG－S105－89
6. 设计质量剖析制度 BSYG－S106－89
7. 设计成品质量标准及评定办法 BSYG－S107－89
8. 设计质量奖惩制度 BSYG－S108－89
9. 设计创优评优制度 BSYG－S109－89
10. 设计文件编制统一规定 BSYG－S110－89
11. 设计相关专业协同工作制度 BSYG－S111－89
12. 设计前期工作规定 BSYG－S112－89
13. 设计工序管理规定 BSYG－S113－89
14. 设计编制开工及完工报告规定 BSYG－S114－89
15. 设计说明书统一规定 BSYG－S115－89
16. 设计计算书统一规定 BSYG－S116－89
17. 设计复用图纸统一规定 BSYG－S117－89
18. 设计采用新技术一般规定 BSYG－S118－89
19. 设计成品流通程序 BSYG－S119－89
20. 设计质量事故处理办法 BSYG－S120－89
21. 设计配合施工、试运行、设计回访、总结制度 BSYG－S121－89
22. 设计项目投招标及方案竞赛办法 BSYG－S122－89
23. 外地工程技术管理补充规定 BSYG－S123－89
24. 标准的执行、监督及考核办法 BSYG－S124－89
25. 合理化建议和技术进步奖励办法 BSYG－S125－89
26. 技术会议管理办法 BSYG－S126－89

(二) 技经管理标准

1. 设计概算管理规定	BSYG－S201－89
2. 设计概算编制规定	BSYG－S202－89
3. 市政工程技术经济指标及管理规定	BSYG－S203－89

(三) 经营计划管理标准

1. 经营计划管理制度	BSYG－S301－89
2. 设计收费标准和办法	BSYG－S302－89
3. 设计文件、图纸晒印发送规定	BSYG－S303－89
4. 聘任技术顾问及技术咨询规定	BSYG－S304－89
5. 外地设计分院经营计划管理制度	BSYG－S305－89
6. 关于技术市场有关规定	BSYG－S306－89

(四) 技术情报管理标准

1. 技术情报管理制度	BSYG－S401－89
2. 技术文件归档及管理规定	BSYG－S402－89
3. 影像摄制及用品管理规定	BSYG－S403－89
4. 图书资料管理办法	BSYG－S404－89

(五) 科研、业务建设管理标准

1. 科研管理制度	BSYG－S501－89
2. 技术标准管理规定	BSYG－S502－89
3. 技术总结、设计资料汇编的编制与管理规定	BSYG－S503－89
4. 科研、业务建设创优评优制度	BSYG－S504－89
5. 业务建设成果质量标准及评定办法	BSYG－S505－89
6. 业务建设成果评审、鉴定及验收规定	BSYG－S506－89
7. 科研、业务建设质量奖惩制度	BSYG－S507－89
8. 计算机软件开发管理规定	BSYG－S508－89
9. 计算机软件的引进及转让规定	BSYG－S509－89
10. 计算录入文件有关规定	BSYG－S510－89
11. 用户上机有关规定	BSYG－S511－89
12. 计算软件配置管理及使用规定	BSYG－S512－89

(六) 教育管理标准

1. 科技人员继续教育制度	BSYG－S601－89
2. 高研论文评定规定	BSYG－S602－89
3. 职工参加院外学习管理制度	BSYG－S603－89

四、行政办公管理标准

(一) 行政办公管理标准

1. 公文处理规定	BSYG－X101－89
2. 公文收发规定	BSYG－X102－89
3. 行政印章管理规定	BSYG－X103－89
4. 内宾接待工作规定	BSYG－X104－89

5. 外宾接待工作规定	BSYG－X105－89
6. 院值班规定	BSYG－X106－89
7. 信访工作办法	BSYG－X107－89
(二) 人事管理标准	
1. 处以下干部聘任规定	BSYG－X201－89
2. 技术职务聘任工作实施条例	BSYG－X202－89
3. 高等学校毕业生见习办法	BSYG－X203－88
4. 职工退休、退职办法	BSYG－X204－88
5. 职工奖惩规定	BSYG－X205－89
6. 职工流动规定	BSYG－X206－88
7. 出国出境人员管理办法	BSYG－X207－88
8. 职工考勤、请假规定	BSYG－X208－88
9. 处级干部外出和出差规定	BSYG－X209－88
10. 职工休假制度制定	BSYG－X210－88
11. 职工病假期间生活待遇的规定	BSYG－X211－88
12. 职工探亲待遇的规定	BSYG－X212－88
13. 职能、后勤部门考核、计奖实施细则	BSYG－X213－89
14. 劳保用品发放标准的规定	BSYG－X214－88
15. 保健津贴发放办法，内部工龄津贴办法	BSYG－X215－88
16. 家庭财产保险集体投保细则	BSYG－X216－88
17. 职工档案管理条例	BSYG－X217－88
18. 查阅档案的规定	BSYG－X218－88
(三) 财务管理标准	
1. 财务管理规定	BSYG－X301－88
2. 固定资产管理规定	BSYG－X302－88
3. 差旅费管理规定	BSYG－X303－89
4. 转账支票、现金及借款、报销管理规定	BSYG－X304－89
5. 基建支出审批规定	BSYG－X305－89
6. 设计、测绘、试验工作现场补助规定	BSYG－X306－89
(四) 后勤管理标准	
1. 关于整肃院内工作环境的规定	BSYG－X401－88
2. 乘坐院汽车的规定	BSYG－X402－88
3. 电话管理规定	BSYG－X403－88
4. 院集体宿舍管理规定	BSYG－X404－88
5. 家具管理规定	BSYG－X405－88
6. 礼堂会议室管理规定	BSYG－X406－88
7. 职工宿舍管理规定	BSYG－X407－88
8. 文具、仪器、劳保用品管理规定	BSYG－X408－88
9. 晒印、打字、装订的规定	BSYG－X409－88

10. 关于客饭的规定	BSYG－X410－89
11. 计划生育制度	BSYG－X411－88
12. 公费医疗规定	BSYG－X412－88
（五）宣教管理标准	
1. 宣传橱窗管理办法	BSYG－X501－88
2. “院讯”管理办法	BSYG－X502－89
3. 对外新闻报道管理办法	BSYG－X503－88
4. 订阅党报、党刊管理办法	BSYG－X504－89
（六）保卫管理标准	
1. 内部治安管理条例	BSYG－X601－89
2. 交通安全管理规定	BSYG－X602－88
3. 消防安全管理规定	BSYG－X603－89
（七）基建管理标准	
1. 基建管理制度	BSYG－X701－89
五、党群管理标准	
1. 精神文明建设条例及考核规定	BSYG－D101－89
2. 党支部工作条例	BSYG－D102－89
3. 理论学习制度	BSYG－D103－89

附录 12

北京市市政工程设计研究总院技术标准体系

一、道路专业技术标准

(一) 标准和规定

1. 道路工程设计名词、术语统一规定
2. 道路工程结构试验方法统一规定
3. 道路工程设计制图统一规定
4. 交通工程设计标准:

(1) 道路交通统计分析及预测一般规定

(2) 道路交叉路口通行能力分析一般规定

(3) 道路及交叉路口车道分布一般规定

(4) 道路车道与路面宽度统一标准

(5) 道路交通设施统一标准

(6) 道路安全防护设施统一标准

5. 道路设计通用标准

(路面结构、附属构筑物、人行过街构筑物、道路排水、道路防洪等)

6. 道路设计一般规定
7. 道路线型设计技术规定
8. 道路横断面设计技术规定
9. 道路与道路交叉设计技术规定
10. 道路线型设计技术规定
11. 道路路基设计技术规定
12. 道路混凝土路面设计技术规定
13. 道路柔性路面设计技术规定
14. 广场与停车场设计技术规定
15. 道路排水设计技术规定
16. 人行地道设计技术规定
17. 人行天桥设计技术规定
18. 挡土墙设计技术规定
19. 道路附属构筑物设计技术规定
20. 道路交通设施设计技术规定
21. 道路安全防护设计技术规定
22. 公共交通停靠设施设计技术规定
23. 道路无障碍构筑物设计技术规定

24. 道路交通量通行能力技术规定
25. 道路地下管线综合标准

（二）标准图、通用图（定型图）

1. 道路设计标准图例示范
2. 道路设计标准图路拱曲线
3. 道路设计标准图钢筋混凝土管涵
4. 道路设计标准图边沟过道
5. 道路设计标准图倒虹吸
6. 道路设计标准图过水路面及混合式过水路面
7. 道路设计标准图简易构造物
8. 道路设计标准图重力式挡土墙（预制装配钢筋混凝土挡土墙）
9. 道路设计标准图护坡
10. 道路设计标准图柔性路面
11. 道路设计标准图水泥混凝土路面
12. 道路设计标准图设传力杆的水泥混凝土路面
13. 道路设计标准图水泥混凝土路面板加固
14. 道路设计标准图隧道
15. 道路设计标准图涵洞进出口型式（参考）
16. 道路设计标准图重力式浸水挡土墙
17. 道路设计标准图水泥混凝土路面路口分块（参考）
18. 道路设计标准图衡重式挡土墙
19. 道路设计标准图悬臂型重力式混凝土挡土墙及管沟
20. 交通工程设计标准图（标志牌架等）
21. 交通安全防护设施定型图

二、桥梁专业技术标准

（一）技术规定

1. 桥型方案选择一般规定
2. 桥梁结构分析一般规定
3. 混凝土与钢筋混凝土桥梁结构设计一般规定
4. 预应力混凝土桥梁结构设计一般规定
5. 预应力混凝土简支梁桥设计技术规定
6. 预应力混凝土连续梁桥设计技术规定
7. 弯桥设计技术规定
8. 钢筋混凝土异形板梁桥设计技术规定
9. 钢筋混凝土钻孔灌注桩设计技术规定
10. 桥梁结构防水、排水设计技术规定
11. 桥梁支座设计技术规定

（二）标准图、通用图（定型图）

1. 装配式钢筋混凝土实体板桥上部结构标准图

2. 装配式钢筋混凝土斜板桥上部结构标准图
3. 装配式钢筋混凝土宽腹T梁上部结构标准图
4. 地下人行通道通用图
5. 装配式钢筋混凝土矩形板下部构造（轻型桥台）
6. 预应力混凝土T梁标准图
7. 钢筋混凝土连续梁标准图
8. 钢筋混凝土盖梁标准图
9. 桥梁细部构造标准图
(1) 简支梁连续桥面
(2) 桥面铺装
(3) 伸缩缝
(4) 桥头搭板
(5) 抗震设施
(6) 防撞设施
(7) 桩间挡墙
(8) 河道护砌
(9) 调治构筑物
(10) 立交桥桥面排水设施构造图
(11) 顶进框架桥附属设施（刃脚、后挡墙、前后悬臂、钢平台、后背）
(12) 桥梁照明装置（灯杆基座、栏杆留孔等）

三、给水专业技术标准

(一) 标准和规定

1. 地下水源工艺设计统一规定
2. 地表水源工艺设计统一规定
3. 给水厂站设计技术规定（包括水厂规模、厂址选择、水净化处理工艺流程、水质要求、厂站仪表自动化控制设计标准、附属设施等项规定）
4. 给水厂检测设施设计规定（包括机电维修）
5. 输水系统设计统一规定
6. 配水管网设计统一规定
7. 给水管道穿越构筑物统一规定
8. 厂站采暖设计统一规定
9. 管道设计技术规定
10. 埋地给水钢管道水泥砂浆衬里技术规定
11. 加氯间（含氯库）设计技术规定
12. 加氨间（含氨库）设计技术规定
13. 加药间（含药库）设计技术规定
14. 斜板沉淀池设计技术规定
15. 清水池设计技术规定
16. 加药间室内防腐设计技术规定

17. 加药间储药池防腐设计技术规定
18. 泵房设计技术规定
19. 回流水池设计技术规定
20. 回流泵房设计技术规定
21. 厂平面布置设计技术规定
    给水厂站平面布置设计技术规定。
22. 管道测压标准统一规定（包括钢管、预应力管、铸铁管、塑料管等）
23. 流量计井设计技术规定
24. 氯吸收系统设计技术规定
25. 给水排水设计制图规定

（二）标准图、通用图（定型图）

1. 机械搅拌加速澄清池（Q＝200 立方米/时～1800 立方米/时）
2. 虹吸滤池（Q＝320 立方米/时～2400 立方米/时）
3. 深井泵房
4. 潜水泵安装
5. 加氯消毒
   加氯机安装标准图
6. 气压罐给水设备
7. 管道附属构筑物
8. 井管(Dg250－Dg500 毫米铸铁螺纹联接）
   （Dg250－Dg1000 毫米铸铁铆焊联接）
   （Dg250－Dg1000 毫米钢制联接）
9. 深井泵安装及井室（地面和半地下方形井室）
10. 转子流量计安装
11. 压力式侧向流斜板除砂器
12. 压力式侧向流斜板除砂井
13. 加氯机安装
14. 轴流通风机安装
15. 卧式水泵安装设计图表
16. 清水池通用图
17. 真空泵安装
18. 水泵真空吊水
19. 排水泵安装
20. 立交排水泵安装
21. 泵房管件
22. 联轴器罩安装
23. 管道管件
24. 管道附件井
25. 管道支墩

26. 矩形清水池（50立方米、750立方米、1000立方米、1500立方米、2000立方米）
27. 围墙大门
28. 清水池附件
29. 给水厂卫生设备安装
30. 清水池附件补充
31. 给水设计通用图集
32. 清水池吸水喇叭管及支座
33. 回流泵房
34. 流量计井

四、排水专业技术标准

（一）标准和规定

1. 排水工程工艺制图统一规定
   排水管渠设计制图技术规定
2. 排水管渠设计技术规定
3. 排水管渠穿越障碍物统一规定
4. 排水管渠交叉处理统一规定
5. 排水泵站设计技术规定
6. 立交排水泵站设计规定
7. 城市污水处理厂设计技术规定
8. 厂站附属建筑物设计统一规定
9. 曝气器性能的测试统一规定
10. 污泥脱水性能的测试统一规定
11. 污水可生化测试统一规定
12. 厂站机修、电修、检测设施技术规定
13. 厂站通风除臭设计统一规定
14. 排水管渠附属构筑物设计技术规定
15. 管道防腐设计技术规定
16. 容器、构筑物的防腐、防渗设计技术规定
17. 泵站进水闸门井设计技术规定
18. 泵站出水井设计技术规定
19. 深井曝气工艺技术规定
20. 中水回用设计技术规定
21. 立体交叉道路排水设计技术规定
22. 氧气曝气活性污泥法设计技术规定
23. 城市污水工业废水氧气曝气设计规程
24. 三沟式氧化沟设计技术规定

（二）标准图、通用图（定型图）

1. 排水泵站零星大样
2. 钢板管件图集

3. 排水管道通用图集（一）
4. 排水管道通用图集（二）
5. 排水管道设计计算图表
6. 巴氏计量槽标准图
7. 耐腐蚀检查井及耐腐蚀管道接口通用图
8. 井盖、铁爬梯及阀门开关把
9. 圆形排水检查井
10. 扇形排水检查井
11. 跌水井
12. 雨水口
13. 排水管道通用图（修改）雨水检查井
14. 排水管道通用图（修改）污水检查井
15. 排水管道通用图（修改）管壁、基础
16. 排水管道通用图（修改）装配式雨水口
17. 顶管橡胶衬垫
18. 新型橡胶止水带
19. 曝气沉砂池
20. 雨水泵站通用图集
21. 滑轮式水位计标准图
22. 栏杆标准图
23. 倒虹吸标准图
24. 直径 200 毫米～300 毫米暗杆式闸门标准
25. 污泥浓缩池标准图
26. 鼓风机房标准图
27. 宾馆、饭店中水回用通用图

五、给水排水结构专业技术标准

（一）标准和规定

1. 给水排水工程结构名词术语统一规定
2. 给水排水工程建筑结构制图规定
3. 给水排水构筑物荷载规定
4. 地基与基础设计技术规定
5. 给水排水工程抗震设计规定
6. 给水排水工程钢筋混凝土结构构造技术规定
7. 厂站构筑物建筑装修技术规定
8. 泵房系列结构设计技术规定
9. 矩形水池系列结构设计技术规定
10. 钢管结构设计技术规定
11. 混凝土和钢筋混凝土圆管结构设计技术规定
12. 混合结构矩形管道结构设计技术规定

13. 钢筋混凝土矩形管道结构设计技术规定
14. 不开槽施工管道结构设计技术规定
15. 圆形水池结构设计技术规定
16. 预应力混凝土圆形水池结构设计技术规定
17. 沉井结构设计技术规定
18. 高杆灯支承结构设计技术规定
19. 深井结构设计技术规定
20. 钢筋混凝土清水池结构设计技术规定
钢筋混凝土贮液构筑物变形缝设计技术规定

(二) 标准图、通用图

1. 铁路顶管通用图
2. 加速澄清池标准图
3. 虹吸滤池标准图
4. 矩形清水池标准图
5. 设缝矩形清水池通用图
6. 大型设缝矩形清水池通用图
7. 厂站附属构筑物（汽车库、解冻箱）通用图（一）
8. 厂站附属构筑物（吊车梁节点铁爬梯构造、栏杆、围墙水 落管等）通用图（二）
9. 建筑配件通用图
10. 建筑配件通用图—卷材屋面构造详图
11. 建筑配件通用图—建筑抗震构造详图
12. 建筑配件通用图—增补之一
13. 混合结构矩形套管通用图
14. 钢筋混凝土结构矩形套管通用图
15. 矩形套管附件通用图
16. 曝气沉砂池
17. 污泥浓缩池
18. 流量计井
19. 回流泵房

六、电气专业技术标准

(一) 标准和规定

1. 给水工程电气设计一般规定
2. 排水工程电气设计一般规定
3. 给水工程自控仪表设计一般规定
4. 排水工程自控仪表设计一般规定
5. 辅助建筑物电气设计一般规定
6. 道路照明设计一般规定
7. 立交照明设计一般规定
8. 广场照明设计一般规定

9. 加氯、加氨系统电气设计技术规定
10. 滤池电气设计技术规定
11. 取水、配水泵站电气设计技术规定
12. 回流泵房电气设计技术规定
13. 给水厂站中心控制室设计技术规定
14. 水源井补压井电气设计技术规定
15. 加药间电气设计技术规定
16. 混凝、沉淀池构筑物电气设计技术规定
17. 污水泵房（进水、排水、回流）电气设计技术规定
18. 沉砂池、沼气池、曝气池、二沉池电气设计技术规定
19. 鼓风机房电气设计技术规定
20. 污泥处理（消化池、污泥泵房、沼气压缩机房、脱水机房）电气设计技术规定
21. 排水工程厂站中心控制室电气设计技术规定

（二）标准图、通用图

1. 水源井遥控接线图
2.35/6.0 千伏变电所二次结线（重复使用图）
3.66 千伏钢筋混凝土电杆附件加工安装图
4.10 千伏钢筋混凝土电杆加工图（试用图）
5.DT－Z 立交照明图
6. 深井泵房电气安装图
7. 给水设计通用图集（水位控制）
8. 援外给水构筑物定型图深井泵安装（电）
9. 电动机控制结线图
10. 给水气压罐电气设计通用图
11. 吹气装置测量液位系统通用图
12. 雨水泵站电气照明通用图
13.10/0.4 千伏变电所结线通用图
14. 回流泵房
15. 曝气沉砂池
16. 污泥浓缩池
17. 立交照明配电室接线及大样通用图

七、机械专业技术标准

（一）标准与规定

1. 给水排水专用机械名词术语
2. 机械设计计算书及制图采用的计量单位统一规定
3. 压力容器补充技术规定
4. 搅拌设备设计技术规定

(1) 溶药搅拌设备设计技术规定
(2) 混合搅拌设备设计技术规定

5. 闸门设计技术规定
6. 行车式刮泥机设计技术规定

（二）标准图、通用图

1. 给水气压罐标准图
2. 双速自闭闸阀
3. 浓缩池、调节池刮泥机
4. 机械加速澄清池200立方米/时～1800立方米/时搅拌机、刮泥机
5. 高速双孔排气阀
6. UHA型静态混合器
7. 单孔大孔口排气阀
8. 格栅除污机通用图
9. 排水压力容器溶气罐
10. 排水压力容器贮气罐
11. 排水压力容器污泥压力罐
12. 直径2000毫米搅拌机
13. HB－3缓闭止回阀
14. 调流跌落圆筒阀
15. 传力活箍
16. DN25毫米表冲喷嘴
17. 电磁排泥阀
18. Dg20毫米塑料安全阀
19. 4米除砂机
20. 7米刮泥机
21. XNH吸泥机
22. 直径1000毫米螺旋泵
23. 密闭式机械格栅通用图
24. 活动套筒闸通用图
25. 中心传动刮泥机通用图
26. 溶药搅拌机通用图
27. 混合搅拌机通用图
28. 搅拌器标准图
29. 周边传动刮泥机通用图
30. 20立方米/时～120立方米/时机械搅拌加速澄清池刮泥机标准图
31. 静态混合器通用图
32. 行车式吸泥机通用图
33. 周边传动吸泥机通用图
34. 除砂机通用图
35. ф10米浓缩机通用图
36. 高链格栅、除污机通用图

37. 渠道格栅、除污机通用图
38. 可调堰通用图
39. 行车式刮泥机通用图
40. 平面钢闸门通用图
41.DN200 毫米调流消能阀典型图
42.2500 毫米×600 毫米调流堰通用图
43.2500 毫米×1000 毫米调流堰通用图
44.ϕ1400 毫米电动铸铁闸门
45.1000 毫米×1400 毫米手动铸铁闸门
46. 污水处理沉淀池刮泥板通用图
47.ϕ1 米螺旋泵图
48. 矩形池 7 米刮泥机图

后　　记

《北京市市政工程设计研究总院志》是在完成建设部组织的《中国市政工程设计通志》编写工作基础上，根据北京市地方志编纂委员会和首都规划建设委员会办公室关于编纂专业志和部门志指示的精神，进行编纂。院于1993年8月成立编纂委员会。其办事机构与党史办合并组织，称史志办公室。

1993年底开始组织学习，培训骨干，制定篇目和规划，并在原有资料基础上进行补充、撰写。经过1年时间，于1994年12月完成初稿。1995年3月修志办公室召开有院领导、技术专家、主要编写人共30余人参加的评审会，会后，根据评审意见，拟定了修改方案。

为提高质量，1995年4月至1996年3月，邀请北京市地方志办公室、指导处处长谭烈飞，来院向有关编写人员讲授修志理论、志书体例、文字要求等。经过反复研究酝酿，将院志下限改定为1995年12月（原为1994年12月），重新调整篇目，并逐篇进行修改、补充，于1997年8月完成了第二次讨论稿，送交院领导、专业总工及有关专家评审。根据评审意见，再次修改，最后经主管领导审阅定稿。

《北京市市政工程设计研究总院志》的出版，是全体修志人员勤奋工作的结晶，5年来他们在摸索编纂志书的过程中，认真学习修志理论，借鉴他人的编纂经验，任劳任怨，克服各种困难，力求高标准完成每一章节的撰写。为此，我们谨向所有参与编纂及关心、支持本志出版的领导和同志们致以崇高的敬意和衷心的感谢。当然，限于我们对史料的收集、把握及理论素养、文字水平的制约，一定会有不少缺憾，恳请提出宝贵意见。

北京市市政工程设计研究总院院志

编　辑　部

1998年5月5日

图书在版编目（CIP）数据

北京市市政工程设计研究总院志/《北京市市政工程设计研究总院志》编委会编著.—北京：中国科学技术出版社，1999.3
ISBN 7-5046-2609-0

Ⅰ.北… Ⅱ.北… Ⅲ.市政工程-建筑设计-研究机构-历史-北京
Ⅳ.TU99-24

中国版本图书馆 CIP 数据核字（1999）第 01511 号

中国科学技术出版社出版
北京海淀区白石桥路 32 号 邮政编码：100081
中国文联印刷厂印刷
*
开本：787 毫米×1 092 毫米 1/16 印张：30 彩插：40 字数：749 千字
1999 年 1 月第 1 版 1999 年 1 月第 1 次印刷
印数：1-2 000 册 定价：80.00 元